Java网络编程核心技术详解

视频微课版

孙卫琴 编著

電子工業出版社
Publishing House of Electronics Industry
北京•BEIJING

内 容 简 介

本书结合大量典型的实例，详细介绍了用Java来编写网络应用程序的技术。本书内容包括：Java网络编程的基础知识、套接字编程、非阻塞通信、创建HTTP服务器与客户程序、数据报通信、对象的序列化与反序列化、Java反射机制、RMI框架、JDBC API、MVC设计模式、JavaMail API、安全网络通信、XML数据处理和Web服务。

阅读本书，读者不仅可以掌握网络编程的实用技术，还可以进一步提高按照面向对象的思想来设计和开发Java软件的能力。本书适用于所有Java编程人员，包括Java初学者及资深Java开发人员。本书还可作为高校的Java教材，以及企业Java培训教材。

图书在版编目（CIP）数据

Java 网络编程核心技术详解：视频微课版/孙卫琴编著. —北京：电子工业出版社，2020.3

ISBN 978-7-121-38315-1

Ⅰ. ①J… Ⅱ. ①孙… Ⅲ. ①JAVA 语言－程序设计 Ⅳ. ①TP312.8

中国版本图书馆 CIP 数据核字（2020）第 010548 号

责任编辑：孙学瑛
印　　刷：山东华立印务有限公司
装　　订：山东华立印务有限公司
出版发行：电子工业出版社
　　　　　北京市海淀区万寿路 173 信箱　　邮编：100036
开　　本：787×1092　1/16　　印张：37.5　　字数：960 千字
版　　次：2020 年 3 月第 1 版
印　　次：2020 年 3 月第 1 次印刷
定　　价：129.00 元

凡所购买电子工业出版社图书有缺损问题，请向购买书店调换。若书店售缺，请与本社发行部联系，联系及邮购电话：（010）88254888，88258888。

质量投诉请发邮件至 zlts@phei.com.cn，盗版侵权举报请发邮件至 dbqq@phei.com.cn。

本书咨询联系方式：010-51260888-819，faq@phei.com.cn。

推 荐 序

在 IT 行业，大多数 Java 程序员都看过孙卫琴老师的书。孙老师的书，清晰严谨，把复杂的技术架构层层剖析，结合典型的实例细致讲解，读者只要静下心来好好品读，就能深入 Java 技术的殿堂，领悟其中的核心思想，并掌握开发实际应用的种种技能。

读好书，犹如和名师面对面交流，可以全面地学习和传承名师在这个技术领域里的经验和学识。孙老师及其同仁孜孜不倦地钻研 Java 技术，紧跟技术前沿，传道授业、著书立说。无数程序员从中受益，从 Java 小白成长为 Java 大牛。

Oracle 作为 Java 领域的技术引领者和规范制定者，非常欢迎中国的作者把最新的 Java 技术介绍给广大 Java 开发人员，孙老师的书刚好满足了这一需求。如今，Java 在网络应用开发领域得到了非常广泛的运用，这本书深入浅出地介绍了套接字编程、非阻塞通信、数据报通信、RMI 框架、安全网络通信和 Web 服务等网络编程技术。读者如果希望成为高级 Java 开发人员，本书是必备的参考手册和学习宝典。

甲骨文人才产业基地作为 Oracle 在中国的业务拓展公司，非常欣赏这本书，许多老师和学员都用本书作为首选的 Java 网络编程参考书。相信读者能够从中受益匪浅，轻松上手，循序渐进，最后精通技术。

王正平
甲骨文人才产业基地教育产品部总监

前　　言

Java 语言是第 1 个完全融入网络的语言。Java 语言之所以适合编写网络应用程序，归功于它的以下三方面的优势。

（1）Java 语言与生俱来就是与平台无关的。Java 程序能够运行在不同的平台上，运行在不同平台上的 Java 程序之间能够方便地进行网络通信。

（2）Java 语言具有完善的安全机制，可以对程序进行权限检查，这对网络程序至关重要。

（3）JDK 类库提供了丰富的网络类库（如套接字 API、JavaMail API 和 JDBC API 等），大大简化了网络程序的开发过程。

本书将展示如何利用 Java 网络类库来快速便捷地创建网络应用程序，致力于完成以下任务。

- 实现访问 HTTP 服务器的客户程序。
- 实现 HTTP 服务器。
- 实现多线程的服务器，以及非阻塞的服务器。
- 解析并展示 HTML 页面。
- 通过 JDBC API 访问数据库。
- 通过 JavaMail API 接收和发送电子邮件。
- 利用 RMI 框架实现分布式的软件系统。
- 进行安全的网络通信，对数据加密，验证身份，保证数据的完整性。
- 运用第三方开源软件框架，如 Axis、Spring 和 CXF，开发 Web 服务，实现分布式的软件系统。

本书的组织结构和主要内容

本书结合大量典型的实例，详细介绍了用 Java 来编写网络应用程序的技术。本书内容包括：Java 网络编程的基础知识、套接字编程、非阻塞通信、创建 HTTP 服务器与客户程序、数据报通信、对象的序列化与反序列化、Java 反射机制、RMI 框架、JDBC API、MVC 设计模式、JavaMail API、安全网络通信、XML 数据处理和 Web 服务。图 1 展示了本书各章之间的循序渐进关系。

从图 1 可以看出，本书第 1 章介绍了分层的网络体系结构，Java 网络程序位于最上层——应用层，并且通过套接字访问底层网络，也可以说，套接字为应用层封装了底层网络传输数据的细节。套接字（Socket）是 Java 网络编程的基础，第 2 章和第 3 章分别详细介绍了 Socket 与 ServerSocket 的用法。Java 网络程序都采用客户/服务器模式，客户端发出获得特定服务的请求，服务器接收请求，执行客户端所请求的操作，然后向客户端发回响应。本书在介绍服务器端编程时，探讨了服务器端实现并发响应多个客户请求的两种方式：一种方式是运用线程池（第 3 章），还有一种方式是采用非阻塞通信（第 4 章）。在介绍客户端编程时，介绍了 JDK 提供的一种通用的客户端协议处理框架（第 6 章）。

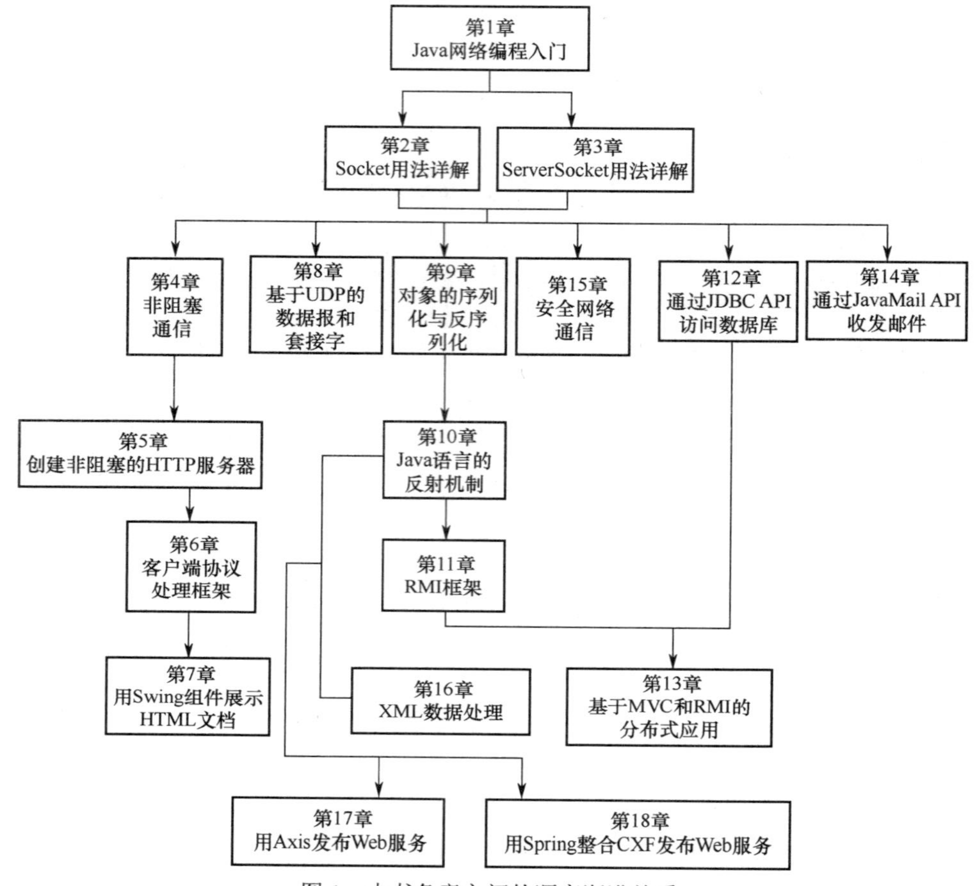

图 1　本书各章之间的顺序渐进关系

利用 Java 网络 API，可以实现基于各种应用层协议（比如 HTTP 和 FTP）的服务器程序与客户程序，本书侧重介绍了 HTTP 服务器（第 5 章）与 HTTP 客户程序（第 7 章）的实现方法，HTTP 客户程序也被称为浏览器。

本书还介绍了两种分布式的软件架构：RMI（第 11 章）和 Web 服务（第 17 章和第 18 章）。这些分布式架构主要解决的问题是，如何让客户端调用服务器端的远程对象。RMI 是 JDK 自带的，它要求客户端与服务器端都是 Java 程序，而 Web 服务允许用任意编程语言编写的客户程序与服务器程序之间能够通信。本书详细介绍了 RMI 框架的用法。RMI 框架在其实现中封装了用套接字通信的细节，此外，RMI 框架的实现会把客户端的方法调用请求信息序列化为字节序列，把它发送给服务器端，然后在服务器端再通过反序列化把字节序列还原为方法调用请求。RMI 框架还运用了动态代理机制，为客户端提供了远程对象的代理。客户端实际上直接访问的是远程对象的代理。为了帮助读者理解 RMI 框架的实现原理，本书第 9 章和第 10 章分别介绍了 Java 序列化以及反射机制。在介绍反射机制时，还介绍了动态代理。

本书第 17 章和第 18 章介绍了在开源软件框架 Axis、Spring 和 CXF 中创建和发布 Web 服务的方法。这些框架软件封装了客户端和服务器端底层通信的细节，使得开发人员只要利用框架软件的 API、注解和配置文件，就能方便地编写与具体业务领域相关的服务程序和客户程序。

本书还介绍了两个常用的客户端的网络 API：JDBC API（第 12 章）和 JavaMail API（第 14 章），这两个 API 分别用于访问数据库服务器和邮件服务器，在它们的实现中都封装了用套接字与服务器通信的细节。Java 客户程序可以通过 JDBC API 来访问各种数据服务器，还可以通过 JavaMail API 来访问各种邮件服务器。

本书第 13 章介绍了一个运用了 MVC 设计模式和 RMI 框架的综合应用。MVC 设计模式把实际的软件应用分为视图、控制器和模型 3 个层次，每个层次相对独立。本书的范例把模型作为远程对象放到 RMI 的服务器端，把视图和控制器放到 RMI 的客户端。

本书第 15 章介绍了 SSLSocket，它支持 SSL（Server Socket Layer）协议和 TLS（Transport Layer Security）协议。运用 SSLSocket，可以实现安全的网络通信，网络上传输的是被加密的数据，并且通信两端还能验证对方的身份。

本书在介绍以上技术时，采用 UML 建模语言中的类框图和时序图来展示对象模型，以及类与类之间的协作关系。此外，本书还把一些常见的设计模式，如静态代理模式、动态代理模式和 MVC 设计模式等运用到实际例子中。阅读本书，读者不仅可以掌握 Java 网络编程的实用技术，还可以进一步提高按照面向对象的思想来设计和编写 Java 软件的能力。

这本书是否适合您

阅读本书，要求读者已经具备了 Java 编程的基础知识。对于不熟悉 Java 语言的读者，建议先阅读本书作者的另一本书《Java 面向对象编程》，本书是它的姊妹篇。《Java 面向对象编程》自 2006 年 7 月出版后，一直畅销至今，受到了广大 IT 读者的欢迎。本书围绕着网络编程，进一步介绍了 Java 语言的一些高级特性，这些特性是作为一个高级 Java 开发人员必须知晓的。深入了解这些高级特性，有助于开发人员熟练地开发分布式的软件系统，或者轻松地学习和掌握现有的分布式软件架构。

本书一方面由浅入深地组织内容，满足 Java 网络编程初学者的需求，另一方面与实际项目紧密结合，介绍了线程池、非阻塞通信和动态代理等高级话题，可作为 Java 开发人员的参考手册。本书还可以作为高校的 Java 教材，以及企业培训教材。

致谢

本书在编写过程中得到了 Oracle 公司在技术上的大力支持。此外，JavaThinker.net 网站的网友为本书的编写提供了有益的帮助，在此表示衷心的感谢！尽管我们尽了最大努力，但本书难免会有不妥之处，欢迎各界专家和读者朋友批评指正。以下网址是作者为本书提供的技术支持网址，读者可通过它下载与本书相关的资源（如源代码、软件安装程序和视频课程、PPT 讲义等），还可以与其他读者交流学习心得，以及对本书提出宝贵意见。

http://www.javathinker.net/javanet.jsp

读者服务

微信扫码：38315

- 获取博文视点学院 20 元付费内容抵扣券
- 获取本书配套 500+分钟的视频微课，以及配套源代码
- 获取免费增值资源
- 加入读者交流群，与更多读者互动
- 获取精选书单推荐

目　录

第 1 章

Java 网络编程入门

所有上过网的人都熟悉这样的过程：打开浏览器程序，输入一个 URL 地址，这个地址指向的网页就会从远程 Web 服务器传到客户端，然后在浏览器中显示出来。网络编程的最基础的任务就是开发像浏览器这样的客户程序，以及像 Web 服务器这样的服务器程序，并且使两者能有条不紊地交换数据。

张三给李四邮寄一封信，张三不必亲自把信送到李四家里，送信的任务由邮政网络来完成。张三只需提供李四的地址，邮政网络就会准确地把这封信送达目标地址。同样，服务器程序与客户程序只需关心发送什么样的数据给对方，而不必考虑如何把这些数据传输给对方，传输数据的任务由计算机网络来完成，如图 1-1 所示。

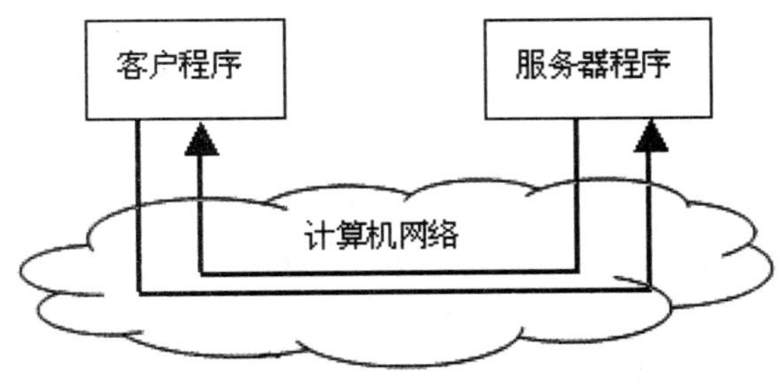

图 1-1　计算机网络负责传输通信数据

由此可见，网络应用程序建立在计算机网络的基础上。本章介绍了计算机网络的一些基本概念，重点介绍了网络的分层思想和 TCP/IP。最后以 EchoServer 和 EchoClient 为例，介绍如何利用套接字创建简单的 Java 服务器程序和 Java 客户程序。

1.1　进程之间的通信

进程指运行中的程序，进程的任务就是执行程序中的代码。以下例程 1-1 的 EchoPlayer 类是一个独立的 Java 程序，它可以在任意一台安装了 JDK 的主机上运行。EchoPlayer 类不断读取用户从控制台输入的任意字符串 XXX，然后输出 echo:XXX。如果用户输入的字符串为“bye”，就结束程序。例程 1-1 为 EchoPlayer 类的源代码。

例程 1-1　EchoPlayer.java

```
import java.io.*;
public class EchoPlayer {
  public String echo(String msg) {
    return "echo:"+msg;
  }
  public void talk()throws IOException {
    BufferedReader br=
             new BufferedReader(new InputStreamReader(System.in));
    String msg=null;
    while((msg=br.readLine())!=null){
      System.out.println(echo(msg));
      if(msg.equals("bye"))  //当用户输入"bye"时，结束程序
        break;
    }
  }

  public static void main(String arg[])throws IOException{
    new EchoPlayer().talk();
  }
}
```

运行“java EchoPlayer”命令，就启动了 EchoPlayer 进程，该进程执行 EchoPlayer 类的 main()方法。图 1-2 演示了 EchoPlayer 进程的运行过程，它从本地控制台中获得标准输入流和标准输出流。本地控制台为用户提供了基于命令行的用户界面，用户通过控制台与 EchoPlayer 进程交互。

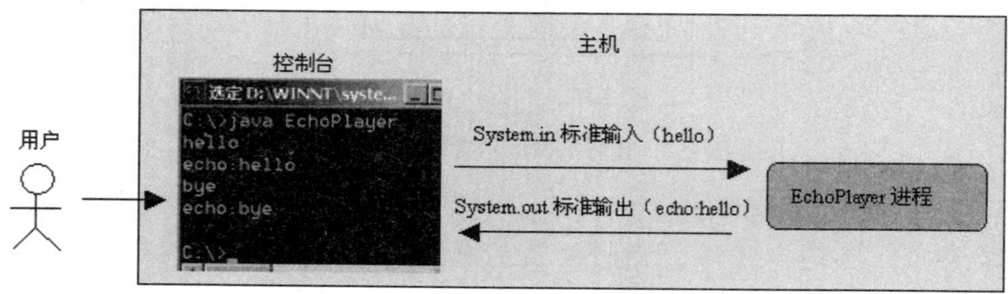

图 1-2　EchoPlayer 进程的运行过程

确切地说，运行“java EchoPlayer”命令，就启动了一个 Java 虚拟机（Java Virtual Machine，JVM）进程，该进程执行 EchoPlayer 类的 main()方法。本书为了叙述方便，把运行 EchoPlayer 类的 main()方法的 JVM 进程直接称为 EchoPlayer 进程。

EchoPlayer 类的 echo（String msg）方法负责生成响应结果。如果需要把生成响应结果的功能（即 echo（String msg）方法）移动到一个远程主机上，那么上面的 EchoPlayer 类无法满足这一需求。在这种情况下，要创建两个程序：客户程序 EchoClient 和服务器程序

EchoServer。EchoClient 程序有两个作用：

- 与用户交互，从本地控制台获得标准输入流和标准输出流。
- 与远程的 EchoServer 通信，向 EchoServer 发送用户输入的字符串，接收 EchoServer 返回的响应结果，再把响应结果写到标准输出流。

EchoServer 程序负责接收 EchoClient 发送的字符串，然后把响应结果发送给 EchoClient。图 1-3 演示了 EchoClient 与 EchoServer 的通信过程。客户机和远程服务器是通过网络连接的两台主机。客户机上运行 EchoClient 进程，远程服务器上运行 EchoServer 进程。

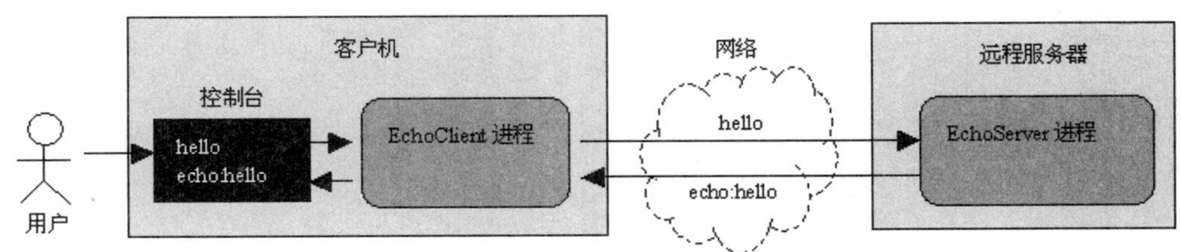

图 1-3　EchoClient 与 EchoServer 通信

张三给李四打电话，两者顺利通话的前提条件是他们各自的电话机都连接到了电话网络上。张三和李四只需关注他们谈话的具体内容，而不必考虑如何把自己的话音传输到对方的电话机上。传输语音信息的任务是由电话网络来完成的。

同样，两个进程顺利通信的前提条件是它们所在的主机都连接到了计算机网络上。EchoClient 与 EchoServer 只需关注它们通信的具体内容，例如 EchoClient 发送信息“hello”，那么 EchoServer 返回信息“echo:hello”。EchoClient 和 EchoServer 都无须考虑如何把信息传输给对方。传输信息的任务是由计算机网络来完成的。

Java 开发人员的任务是编写 EchoClient 和 EchoServer 程序，接下来在两台安装了 JDK 的主机上分别运行它们，两个进程就会有条不紊地通信。

由于进程之间的通信建立在计算机网络的基础上，Java 开发人员有必要对计算机网络有基本的了解，这有助于更容易地掌握 Java 网络编程技术。

1.2　计算机网络的概念

计算机网络是现代通信技术与计算机技术相结合的产物。所谓计算机网络，指把分布在不同地理区域的计算机用通信线路互联起来的一个具有强大功能的网络系统。在计算机网络上，众多计算机可以方便地互相通信，共享硬件、软件和数据信息等资源。通俗地说，计算机网络就是通过电缆、电话线或无线通信设施等互联的计算机的集合。

网络中每台机器称为节点（Node）。大多数节点是计算机，此外，打印机、路由器、网桥、网关和哑终端等也是节点。在本书中，用“节点”指代网络中的任意一个设备，用“主机”指代网络中的计算机节点。

如图 1-4 所示，人与人之间通过某种语言来交流，网络中的主机之间也通过“语言”

来交流，这种语言称为网络协议，这是对网络协议的通俗解释，1.3 节还会更深入地介绍网络协议的概念。

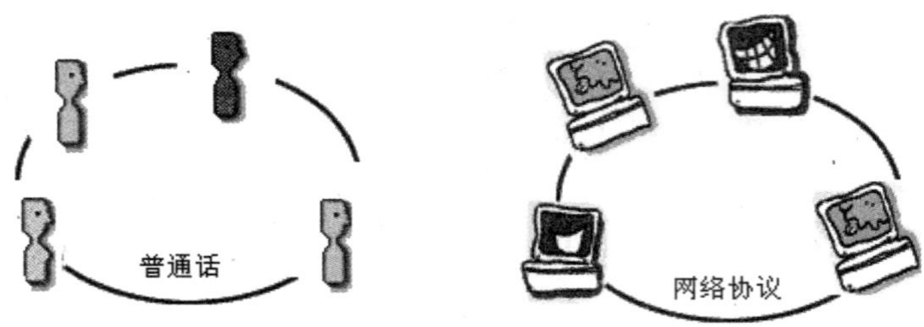

图 1-4　网络协议是网络中主机之间通信的语言

网络中的每个主机都有地址，它是用于标识主机的字节序列。字节序列越长，可以表示的地址数目就越多，这意味着可以有越多的设备连入网络。

按照计算机联网的区域大小，可以把网络分为局域网（Local Area Network，LAN）和广域网（Wide Area Network，WAN）。局域网指在一个较小地理范围内的各种计算机互联在一起的通信网络，可以包含一个或多个子网，通常局限在几千米的范围之内。例如在一个房间、一座大楼，或是在一个校园内的网络可称为局域网。广域网连接地理范围较大，常常是一个国家或是一个洲，是为了让分布较远的各局域网互联。

Internet 是由许多小的网络互联成的国际性大网络，在各个小网络内部使用不同的协议，那么如何使不同的网络之间能进行信息交流呢？如图 1-5 所示，上海人讲上海方言，广东人讲广东方言，上海人与广东人用普通话沟通。与此相似，不同网络之间的互联靠网络上的标准语言—TCP/IP。如图 1-6 所示，一个网络使用协议 A，另一个网络使用协议 B，这两个网络通过 TCP/IP 进行互联。1.4 节对 TCP/IP 做了进一步介绍。

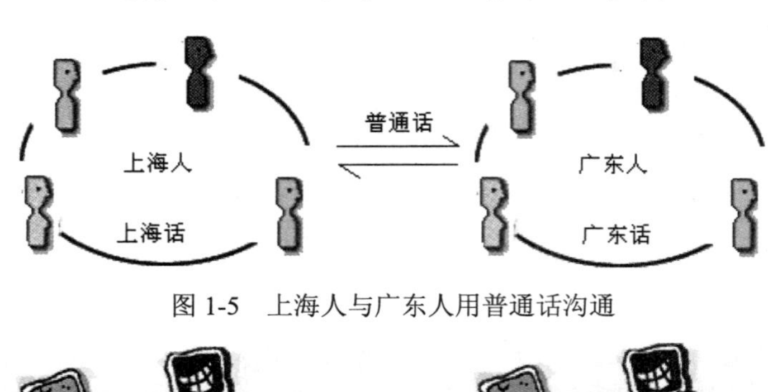

图 1-5　上海人与广东人用普通话沟通

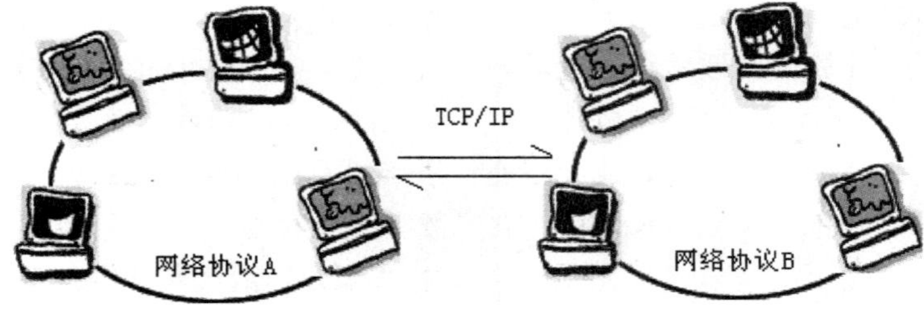

图 1-6　不同的网络通过 TCP/IP 互联

1.3 OSI 参考模型

在计算机网络产生之初，每家计算机厂商都有一套自己的网络体系结构，它们之间互不相容。为此，国际标准化组织（International Organization for Standization，ISO）在 1979 年建立了一个分委员会，来专门研究一种用于开放系统互联（Open System Interconnection，OSI）的体系结构，“开放”这个词意味着：一个网络系统只要遵循 OSI 模型，就可以和位于世界上任何地方的、也遵循 OSI 模型的其他网络系统连接。这个分委员会提出了 OSI 参考模型，它为各种异构系统互联提供了概念性的框架。

OSI 参考模型把网络分为 7 层，分别是物理层、数据链路层、网络层、传输层、会话层、表示层和应用层，如图 1-7 所示。每一层都使用下层提供的服务，并为上层提供服务。

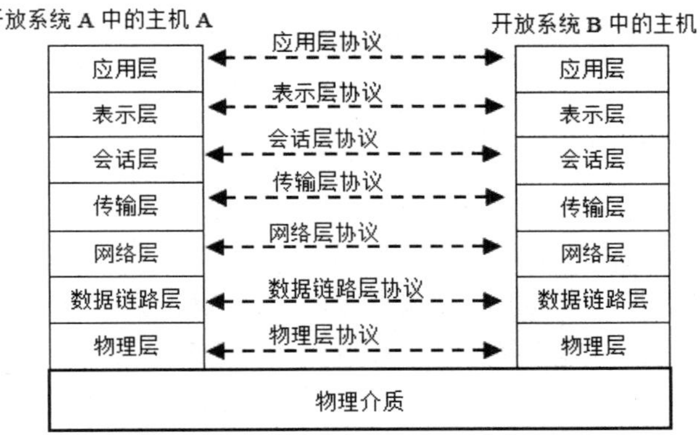

图 1-7　OSI 参考模型的分层结构

不同主机之间的相同层称为对等层。例如主机 A 中的表示层和主机 B 中的表示层互为对等层，主机 A 中的会话层和主机 B 中的会话层互为对等层。

OSI 参考模型中各层的主要功能如下。

（1）物理层（Physical Layer）

传输信息离不开物理介质，如双组线和同轴电缆等，但物理介质并不在 OSI 的 7 层之内，有人把物理介质当作 OSI 的第零层。物理层的任务就是为它的上一层提供物理连接，以及规定通信节点之间的机械和电气等特性，如规定电缆和接头的类型、传送信号的电压等。在这一层上，数据作为原始的比特（bit）流被传输。本层的典型设备是集线器（Hub）。

（2）数据链路层（Data Link Layer）

数据链路层负责在两个相邻节点间的线路上，无差错地传送以帧为单位的数据。每一帧包括一定数量的数据和一些必要的控制信息。数据链路层要负责建立、维持和释放数据链路的连接。在传送数据时，如果接收方检测到所传数据中有差错，就要通知发送方重发这一帧。本层的典型设备是交换机（Switch）。

（3）网络层（Network Layer）

在计算机网络中进行通信的两个计算机之间可能会经过很多个数据链路，也可能还要经过很多个通信子网。网络层的任务就是选择合适的网间路由和交换节点，确保数据被及时地传送到目标主机。网络层将数据链路层提供的帧组成数据包，包中封装有网络层包头，包头中含有逻辑地址信息——源主机和目标主机的网络地址。本层的典型设备是路由器（Router）。

如图 1-8 所示，主机 A 发送的数据先后经过节点 1 和节点 4，最后到达主机 B。相邻两个节点之间的线路被称为数据链路，比如主机 A 与节点 1、节点 1 与节点 4，以及节点 4 与主机 B 之间的线路。数据链路层负责数据链路上的数据传输。从主机 A 到主机 B 的整个路径被称为路由，网络层负责选择合适的路由。

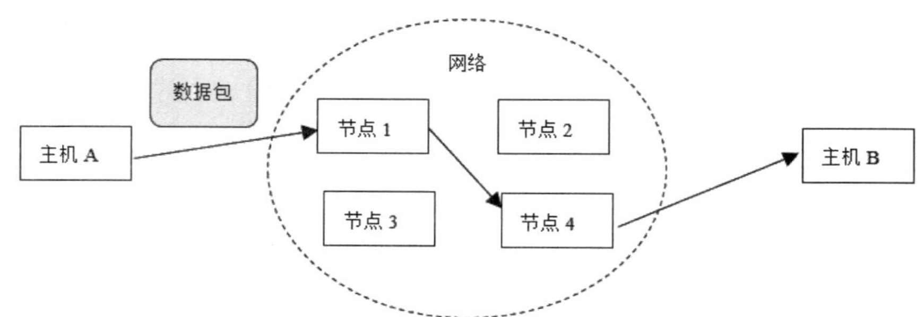

图 1-8　从主机 A 到主机 B 的路由以及数据链路

（4）传输层（Transport Layer）

该层的任务是根据通信子网的特性来充分利用网络资源，为两个端系统（也就是源主机和目标主机）的会话层提供建立、维护和取消传输连接的功能，以可靠方式或者不可靠方式传输数据。所谓可靠方式，指保证把源主机发送的数据正确地送达目标主机；所谓不可靠方式，则指不保证把源主机发送的数据正确地送达目标主机，数据有可能丢失，或出错。在这一层，信息的传送单位是报文。

（5）会话层（Session Layer）

这一层也可以被称为会晤层或对话层，在会话层及以上层次中，数据传送的单位不再另外命名，统称为报文。会话层管理进程之间的会话过程，即负责建立、管理、终止进程之间的会话。会话层还通过在数据中插入校验点来实现数据的同步。

（6）表示层（Presentation Layer）

表示层对上层数据进行转换，以保证一个主机的应用层的数据可以被另一个主机的应用层理解。表示层的数据转换包括对数据的加密、解密、压缩、解压和格式转换等。

（7）应用层（Application Layer）

应用层确定进程之间通信的实际用途，以满足用户实际需求。浏览 Web 站点、收发 E-mail、上传或下载文件以及远程登入服务器等都可以看作是进程之间通信的实际用途。

如图 1-9 所示，当源主机向目标主机发送数据时，在源主机方，数据先由上层向下层传递，每一层都会给上一层传递来的数据加上一个信息头（header），然后向下层发出，最后通过物理介质传输到目标主机。在目标主机方，数据再由下层向上层传递，每一层都先对数据进行处理，把信息头去掉，再向上层传输，最后到达最上层，就会还原成实际的数据。各个层加入的信息头有着不同的内容，比如网络层加入的信息头中包括源地址和目标地址信息；传输层加入的信息头中包括报文类型、源端口和目标端口、序列号和应答号等信息。在图 1-9 中，AH、PH、SH、TH、NH 和 DH 分别表示各个层加入的信息头，数据链路层还会为数据加上信息尾 DT。

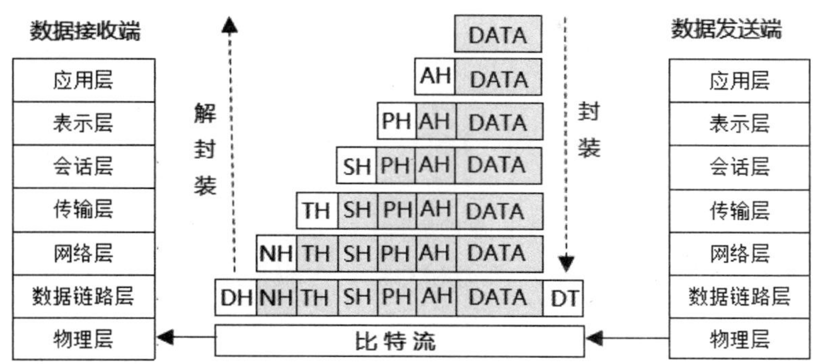

图 1-9 数据在上下层之间的封装和解封装过程

在生活中，也常常采用这种方式来传输实际物品。比如张三给李四邮寄一封信，真正要传输的内容是信。为了保证信能正确到达目的地，在发送时，需要把信封装到一个信封中，上面写上发信人和收信人地址。接收方收到了被封装的信，需要拆开信封，才能得到里面的信。

OSI 参考模型把网络分为多个层次，每个层次都有明确的分工，这简化了网络系统的设计过程。例如在设计应用层时，只需考虑如何创建满足用户实际需求的应用，在设计传输层时，只需考虑如何在两个主机之间传输数据，在设计网络层时，只需考虑如何在网络上找到一条发送数据的路径，即路由。

对等层之间互相通信需要遵守一定的规则，如通信的内容和通信的方式，这种规则被称为网络协议（Protocol）。值得注意的是，OSI 参考模型并没有具体的实现方式，它没有在各层制定网络协议，但它为其他计算机厂商或组织制定网络协议提供了参考框架。网络的各个层次都有相应的协议，以下归纳了 OSI 各个层的一些典型协议，这些协议均由第三方提供。

- 物理层协议：EIA/TIA RS-232、EIA/TIA RS-449、V.35、RJ-45 等。
- 数据链路层协议：HDLC、PPP、IEEE 802.3/802.2 等。
- 网络层协议：IP、IPX、ICMP、IGMP、AppleTalk DDP 等。
- 传输层协议：TCP、UDP、SPX 等。
- 会话层协议：NetBIOS、RPC、NFS、AppleTalk 等。
- 表示层协议：ASCII、GIF、JPEG、MPEG 等。
- 应用层协议：TELNET、FTP、HTTP、SNMP、SMTP 等。

1.4 TCP/IP 参考模型和 TCP/IP

国际标准化组织 ISO 制订的 OSI 参考模型提出了网络分层的思想，这种思想对网络的发展具有重要的指导意义。但由于 OSI 参考模型过于庞大和复杂，所以它难以被投入实际运用中。与 OSI 参考模型相似的 TCP/IP 参考模型吸取了网络分层的思想，但是对网络的层次做了简化，并且在网络各层（除主机-网络层外）都提供了完善的协议，这些协议构成了 TCP/IP 集，简称 TCP/IP。TCP/IP 是目前最流行的商业化协议，它是当前的工业标准或“事实标准”， TCP/IP 主要用于广域网，在一些局域网中也有运用。

TCP/IP 参考模型是美国国防部高级研究计划局计算机网（Advanced Research Project Agency Network，ARPANET）以及后来的 Internet 使用的参考模型。ARPANET 是由美国国防部（U.S. Department of Defense，DoD）赞助的研究网络。最初，它只连接了美国境内的四所大学。在随后的几年中，它通过租用的电话线连接了数百所大学和政府部门。最终，ARPANET 发展成为全球规模最大的互联网络——Internet。最初的 ARPANET 则于 1990 年永久关闭。图 1-10 把 TCP/IP 参考模型和 OSI 参考模型进行了对比。

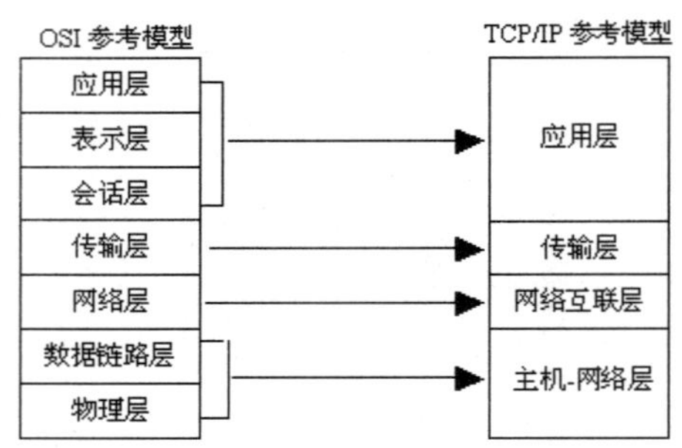

图 1-10　比较 TCP/IP 参考模型和 OSI 参考模型

TCP/IP 参考模型分为 4 个层次：应用层、传输层、网络互联层和主机-网络层。每一层都有相应的协议。确切地说，TCP/IP 应该被称为 TCP/IP 集，它是 TCP/IP 参考模型的除主机-网络层以外的其他三层的协议的集合，而 IP 和 TCP 则是协议集的最核心的两个协议。表 1-1 列出了各层的主要协议，其中主机-网络层的协议是由第三方提供的。

表 1-1　TCP/IP 参考模型的各层的主要协议

应用层	FTP、TELNET、HTTP	SNMP、DNS
传输层	TCP	UDP
网络互联层	IP	
主机-网络层	以太网：　IEEE802.3	
	令牌环网：IEEE802.4	

在 TCP/IP 参考模型中，去掉了 OSI 参考模型中的会话层和表示层，这两层的功能被合并到应用层，同时将 OSI 参考模型中的数据链路层和物理层合并到主机-网络层。下面分别介绍各层的主要功能。

（1）主机-网络层

实际上 TCP/IP 参考模型没有真正提供这一层的实现，也没有提供协议。它只是要求第三方实现的主机-网络层能够为上层——网络互联层提供一个访问接口，使得网络互联层能利用主机-网络层来传递 IP 数据包。

美国电气及电子工程师学会（Institute of Electrical and Electronics Engineer，IEEE）制定了 IEEE802.3 和 IEEE802.4 协议集，它们位于 OSI 参考模型的物理层和数据链路层，相当于位于 TCP/IP 参考模型的主机-网络层。采用 IEEE802.3 协议集的网络被称为以太网，采用 IEEE802.4 协议集的网被称为令牌环网。以太网和令牌环网都向网络互联层提供了访问接口。

（2）网络互联层

网络互联层是整个参考模型的核心。它的功能是把 IP 数据包发送到目标主机。为了尽快地发送数据，把原始数据分为多个数据包，然后沿不同的路径同时传递。如图 1-11 所示，由主机 A 发出的原始数据被分为 3 个数据包，然后沿不同的路径到达主机 B，可谓殊途同归。数据包到达的先后顺序和发送的先后顺序可能不同，这就需要上层——传输层对数据包重新排序，还原为原始数据。

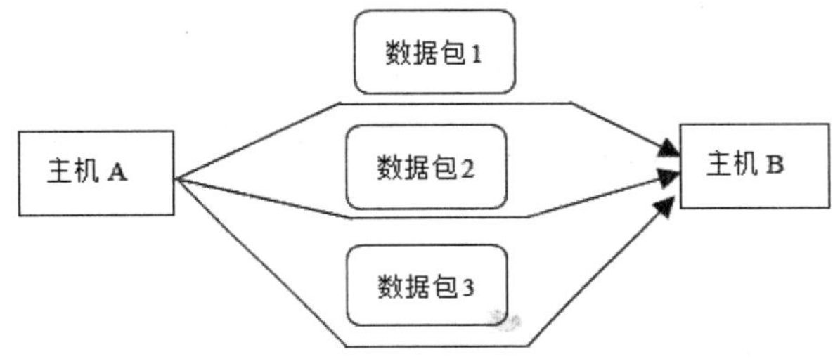

图 1-11　3 个数据包沿不同的路径到达主机 B

网络互联层具备连接异构网的功能。图 1-12 展示了其连接以太网和令牌环网的方式。以太网和令牌环网是不同类型的网，两者有不同的网络拓扑结构。以太网和令牌环网都向网络互联层提供了统一的访问接口，访问接口向网络互联层隐藏了下层网络的差异，使得两个网络之间可以顺利传递数据包。

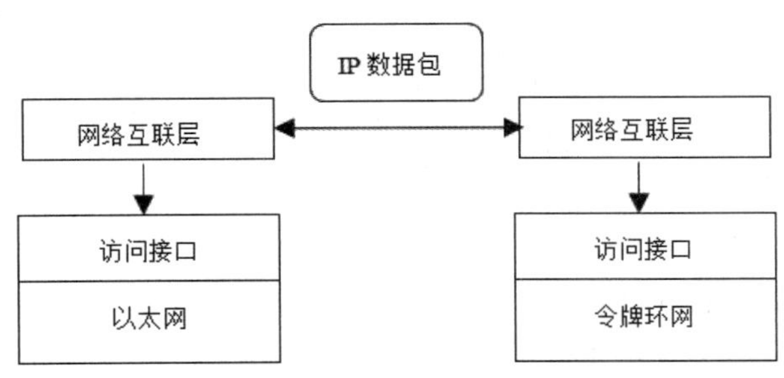

图 1-12　网络互联层连接以太网和令牌环网

网络互联层采用的是 IP（Internet Protocol），它规定了数据包的格式，并且规定了为数据包寻找路由的流程。

（3）传输层

传输层的功能是使源主机和目标主机上的进程可以进行会话。在传输层定义了两种服务质量不同的协议，即传输控制协议（Transmission Control Protocol，TCP）和用户数据报协议（User Datagram Protocol，UDP）。TCP 是一种面向连接的、可靠的协议。它将源主机发出的字节流无差错地发送给互联网上的目标主机。在发送端，TCP 负责把从上层传送下来的数据分成报文段并传递给下层。在接收端，TCP 负责把收到的报文进行重组后递交给上层。TCP 还要处理端到端的流量控制，以避免接收速度缓慢的接收方没有足够的缓冲区来接收大量数据。应用层的许多协议，如 HTTP（Hyper Text Transfer Protocol）、FTP（File Transfer Protocol）和 TELNET 协议等都建立在 TCP 基础上。

UDP 是一个不可靠的、无连接协议，主要适用于不需要对报文进行排序和流量控制的场合。UDP 不能保证数据报的接收顺序同发送顺序相同，甚至不能保证它们是否全部到达目标主机。应用层的一些协议，如 SNMP 和 DNS 协议就建立在 UDP 基础上。如果要求可靠的传输数据，则应该避免使用 UDP，而要使用 TCP。

（4）应用层

TCP/IP 模型将 OSI 参考模型中的会话层和表示层的功能合并到应用层实现。针对各种各样的网络应用，应用层引入了许多协议。基于 TCP 的应用层协议主要包括以下几类。

- FTP：文件传输协议，允许在网络上传输文件。
- Telnet：虚拟终端协议，允许从主机 A 登入远程主机 B，使得主机 A 充当远程主机 B 的虚拟终端。
- HTTP：超文本传输协议，允许在网络上传送超文本，本书第 5 章（创建非阻塞的 HTTP 服务器）对此做了进一步介绍。
- HTTPS（Secure Hypertext Transfer Protocol）：安全超文本传输协议，允许在网络上安全地传输超文本，网上传输的是经过加密的数据，到达目的地后再对数据解密。
- POP3（Post Office Protocol - Version 3）：邮局协议-版本 3，允许用户在客户程序中访问在远程服务器上的电子邮件。
- IMAP4（Internet Message Access Protocol Version 4）：Internet 消息访问协议-版本 4，允许用户访问和操纵远程服务器上的邮件和邮件夹。IMAP4 改进了 POP3 的不足，用户可以通过浏览信件头来决定是不是要下载此邮件，还可以在服务器上创建或更改文件夹或邮箱，删除邮件或检索邮件的特定部分。在 POP3 中，邮件是被保存在服务器上的，当用户阅读邮件时，所有内容都会被立刻下载到用户的机器上。IMAP4 服务器可以被看作是一个远程文件服务器，而 POP3 服务器可以被看作是一个存储转发服务器。
- SMTP（Simple Mail Transfer Protocol）：简单邮件传送协议，是发送电子邮件的协议。

基于 UDP 的应用层协议主要包括：SNMP（Simple Network Management Protocol），即网络管理协议，为管理本地和远程的网络设备提供了一个标准化途径，是分布式环境中的集中化管理协议；DNS（Domain Name System），即域名系统协议，把主机的域名转换为对应的 IP 地址。

1.4.1 IP

IP 网络（即在网络层采用 IP 的网）中的每台主机都有唯一的 IP 地址，IP 地址用于标识网络中的每个主机。IP 地址分为 IPv4 和 IPv6。

（1）IPv4

用 32 位的二进制序列来表示主机地址。为了便于在上层应用中方便地表示 IP 地址，可以把 32 位的二进制序列分为 4 个单元，每个单元占 8 位，然后用十进制整数来表示每个单元，这些十进制整数的取值范围是 0~255。如某一台主机的 IP 地址可为 192.166.3.4。

相对于 IPv6，IPv4 是更早期出现的 IP 地址形式，但现在仍然使用广泛。本书后文在默认情况下采用 IPv4 地址。

（2）IPv6

用 128 位的二进制序列来表示主机地址，大大扩充了可用地址的数目，IPv6 是新一代的互联网络 IP 地址标准。

IPv6 的 128 位地址通常分成 8 段，每段为 4 个十六进制数。例如：

```
AD80:0000:0000:0000:ABAA:0000:00C2:0002
```

以上地址比较长，不易于阅读和书写。零压缩法可以用来缩减其长度。如果有一个段或几个连续段的值都是 0，那么这些 0 就可以简单地以“::”来表示。上述地址可写成：

```
AD80::ABAA:0000:00C2:0002
```

值得注意的是，这种零压缩法只能用一次。例如上例中的“ABAA”后面的“0000”就不能再次简化。这种限制的目的是为了能准确还原被压缩的 0，不然就无法确定每个“::”代表多少个 0。

另外，如果一个段中包含 4 个 0，那么可以用一个 0 来表示。以下 3 个 IPv6 地址是等价的：

```
2000:0000:0000:0000:0000:0000:0000:1
2000:0:0:0:0:0:0:1
2000::1
```

此外，段中前导的 0 也可以省略，因此以下两个 IPv6 地址是等价的：

```
2001:0DB8:02DE::0E13
2001:DB8:2DE::E13
```

在 IPv6 地址中可以嵌入 IPv4 地址，用 IPv6 和 IPv4 的混合体来表示。例如：

```
::FFFF:192.168.89.9
```

在以上地址中，“::FFFF”采用 IPv6 形式，“192.168.89.9”采用 IPv4 形式。以上地址等价于以下的 IPv6 地址：

```
0000:0000:0000:0000:0000:FFFF:C0A8:5909
```

IP 地址的组成

下面以 IPv4 为例，介绍 IP 地址的组成。IP 地址由两部分组成：IP 网址和 IP 主机地址。

IP 网址表示网络的地址，IP 主机地址表示网络中的主机的地址。网络掩码用来确定 IP 地址中哪部分是网址，哪部分是主机地址。

网络掩码的形式与 IP 地址相同，但有一定的限制。在网络掩码的二进制序列中，前面部分都为 1，后面部分都为 0。假定 IP 地址 192.166.3.4 的网络掩码为 255.255.255.0。这个网络掩码的二进制序列为 11111111.11111111. 11111111.00000000。把网络掩码与 IP 地址进行二进制与操作，得到的结果就是 IP 网址。因此，IP 地址 192.166.3.4 的网址为 192.166.3.0。如果把网络掩码设为 255.255.0.0，那么 IP 网址为 192.166.0.0。

在 Internet 上，每个主机都必须有全球范围内唯一的 IP 地址。国际机构 NIC（Internet Network Information Center）统一负责全球地址的规划和管理，与此同时，InterNIC、APNIC、RIPE 和 CNNIC 等机构具体负责美国及全球其他地区的 IP 地址分配。中国地区的 IP 地址分配由 CNNIC 机构负责。

图 1-13 展示了两个互联的网络的配置，从该图可以看出，每个网络都有 IP 网址，两个网络之间用路由器连接。

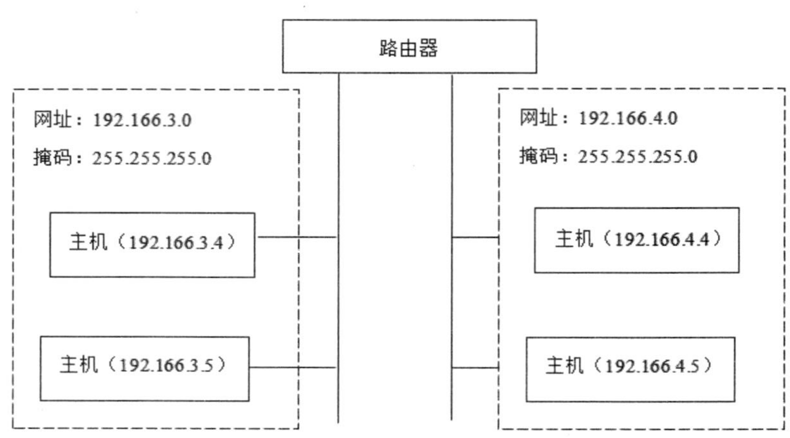

图 1-13　每个 IP 网络都有自己的网址，通过路由器与其他网络连接

子网划分

一个公司可能拥有一个网址和多个主机。例如，如果网址为 192.166.0.0，则可以有 2^{16}（即 65536）个主机加入网中。为了更好地管理网络，提高网络性能和安全性，可以把网络划分为多个子网。子网可包括某地理位置内（如某大楼或相同局域网中）的所有主机。例如对于网址为“192.166.0.0”的网络，可从整个网络中分出 3 个子网，这 3 个子网的网址分别为：192.166.1.0，192.166.2.0 和 192.166.3.0，这些子网的掩码都为 255.255.255.0。

发送数据包的过程

IP 是面向包的协议，即数据被分成若干小数据包，然后分别传输它们。IP 网络上的主机只能直接向本地网上的其他主机（也就是具有相同 IP 网址的主机）发送数据包。主机实际上有两个不同性质的地址：物理地址和 IP 地址。物理地址是由主机上的网卡来标识的，物理地址才是主机的真实地址。如图 1-14 所示，主机 A 向同一个网络上的另一个主机 B 发包时，会通过地址解析协议（Address Resolution Protocol，ARP）获得对方的物理地址，然后把包发给对方。ARP 的运行机制为主机 A 在网络上广播一个 ARP 消息："要寻找地址为 192.166.3.5 的主机"，接着，具有这个 IP 地址的主机 B 就会做出响应，把自身的物理地址告诉主机 A。

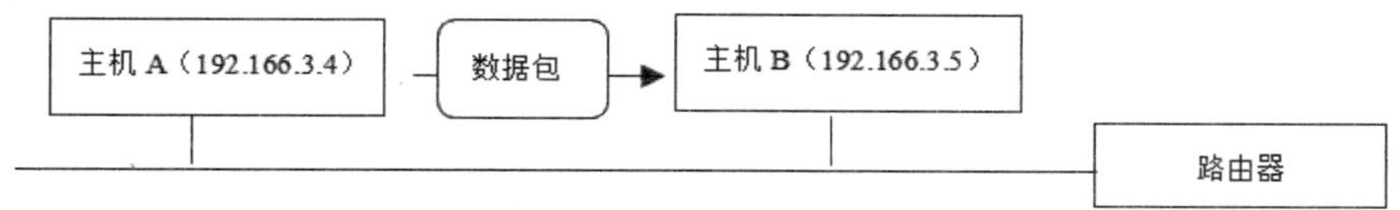

图 1-14　在同一个网络中，主机 A 直接向主机 B 发送 IP 数据包

当主机 A 向另一个网络上的主机 B 发送包时，主机 A 利用 ARP 找到本地网络上的路由器的物理地址，把包转发给它。路由器会按照如下步骤处理数据包。

（1）如果数据包的生命周期已到，则该数据包被抛弃。

（2）搜索路由表，优先搜索路由表中的主机，如果能找到具有目标 IP 地址的主机，则将数据包发送给该主机。

（3）如果匹配主机失败，则继续搜索路由表，匹配同子网的路由器，如果找到匹配的路由器，则将数据包转发给该路由器。

（4）如果匹配同子网的路由器失败，则继续搜索路由表，匹配同网络的路由器，如果找到匹配的路由器，则将数据包转发给该路由器。

（5）如果以上匹配操作都失败，就搜索默认路由，如果默认路由存在，则按照默认路由发送数据包，否则丢弃数据包。

从以上路由器的处理步骤可以看出，IP 并不保证一定把数据包送达目标主机，在发送过程中，会因为数据包结束生命周期，或者找不到路由而丢弃数据包。

域名

虽然 IP 地址能够唯一标识网络上的主机，但 IP 地址是数字型的，用户记忆数字型的 IP 地址很不方便，于是人们又发明了另一种字符型的地址，即所谓的域名（Domain Name）。域名地址具有易于理解的字面含义，便于记忆。IP 地址和域名一一对应。例如 JavaThinker 网站的域名为 www.javathinker.net，对应的 IP 地址为：43.247.68.17。

域名是从右至左来表述其意义的，最右边的部分为顶层域，最左边的则是这台主机的机器名称。域名一般可表示为：主机机器名.单位名.网络名.顶层域名。如：mail.xyz.edu.cn，这里的 mail 是 xyz 学校的一个主机的机器名，xyz 代表一个学校的名字，edu 代表中国教育科研网，cn 代表中国，顶层域一般是网络机构或所在国家地区的名称缩写。

DNS（Domain Name System）协议采用 DNS 服务器提供把域名转换为 IP 地址的服务。DNS 服务器分布在网络的各个地方，它们存放了域名与 IP 地址的映射信息。用户需要访问网络上某个主机时，只需提供主机直观的域名，DNS 协议首先请求地理位置比较近的 DNS 服务器进行域名到 IP 地址的转换，如果在该服务器中不存在此域名信息，那么 DNS 协议再让远方的 DNS 服务器提供服务。

URL（统一资源定位器）

URL（Uniform Resource Locator），即统一资源定位器。它是专为标识网络上资源位置而设的一种编址方式，大家熟悉的网页地址就属于 URL。URL 一般由 3 部分组成：

应用层协议://主机 IP 地址或域名/资源所在路径/文件名

例如 JavaThinker 网站提供的 JDK 安装软件包的 URL 为：

```
http://www.javathinker.net/software/jdk8.exe
```

其中“http”指超文本传输协议，“www.javathinker.net”是 Web 服务器的域名，“software”是文件所在路径，“jdk8.exe” 才是相应的文件。

在 URL 中，常见的应用层协议还包括 ftp 和 file 等，比如：

```
ftp://www.javathinker.net/image/
file:///C:\tomcat\webapps\javathinker\index.jsp
```

以上 file 协议用于访问本地计算机上的文件，使用这种协议的 URL 以“file:///”开头。

1.4.2 TCP 以及端口

IP 在发送数据包的途中会遇到各种状况，例如可能路由器突然崩溃，使数据包丢失。再例如可能前面的数据包沿低速链路移动，而后面的数据包沿高速链路移动而超过前面的包，最后使得数据包的顺序混乱。

TCP 使两台主机上的进程顺利通信，不必担心数据包丢失或顺序混乱。TCP 跟踪数据包顺序，并且在数据包顺序混乱时按正确顺序对其进行重组。如果数据包丢失，则 TCP 会请求源主机重新发送。

如图 1-15 所示，两台主机上都会运行许多进程。当主机 A 上的进程 A1 向主机 B 上的进程 B1 发送数据时，IP 根据主机 B 的 IP 地址，把进程 A1 发送的数据送达主机 B。接下来，TCP 需要决定把数据发送到主机 B 中的哪个进程。TCP 采用端口来区分进程。端口不是物理设备，而是用于标识进程的逻辑地址，更确切地说，是用于标识 TCP 连接端点的逻辑地址。当两个进程进行一次通信时，就意味着建立了一个 TCP 连接，TCP 连接的两个端点用端口来标识。在图 1-15 中，进程 A1 与进程 B1 之间建立了一个 TCP 连接，进程 B1 的端口为 80，因此进程 B1 的地址为主机 B:80。进程 A1 的端口为 1000，因此进程 A1 的地址为主机 A :1000。每个进程都有了唯一的地址，TCP 就能保证把数据顺利送达特定的进程。

在客户/服务器模型中，客户进程可能会与服务器进程同时建立多个 TCP 连接，在客户端，每一个 TCP 连接都被分配一个端口。参见 1.5.2 节的图 1-21。

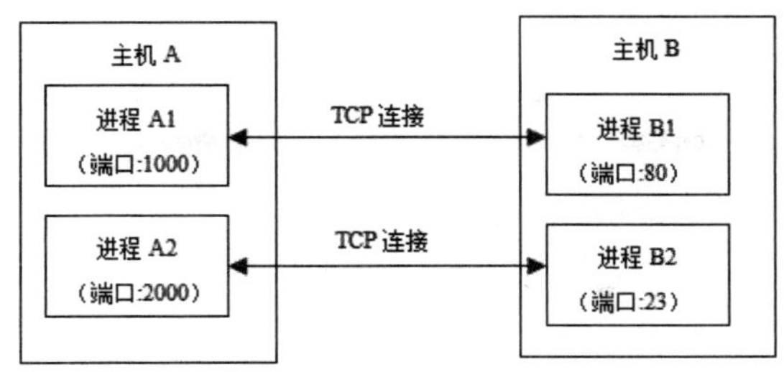

图 1-15　TCP 采用端口来区分进程间的通信

端口号的范围为 0 到 65535，其中 0 到 1023 的端口号一般被固定分配给一些服务。比如 21 端口被分配给 FTP 服务，25 端口被分配给 SMTP（简单邮件传输）服务，80 端口被分配给 HTTP（超级文本传输）服务，135 端口被分配给 RPC（远程过程调用）服务等等。

从 1024 到 65535 的端口号供用户自定义的服务使用。比如假定本章范例中的 EchoServer 服务使用 8000 端口。当 EchoServer 程序运行时，就会占用 8000 端口，当程序运行结束时，就会释放所占用的端口。

客户进程的端口一般由所在主机的操作系统动态分配，当客户进程要求与一个服务器进程进行 TCP 连接时，操作系统会为客户进程随机地分配一个还未被占用的端口，当客户进程与服务器进程断开连接时，这个端口就被释放。

此外还要指出的是，TCP 和 UDP 都用端口来标识进程。在一个主机中，TCP 端口与 UDP 端口的取值范围是各自独立的，允许存在取值相同的 TCP 端口与 UDP 端口。如图 1-16 所示，在主机 A 中，进程 A1 占用 FTP 端口 1000，进程 A2 占用 UDP 端口 1000，这是被允许的。

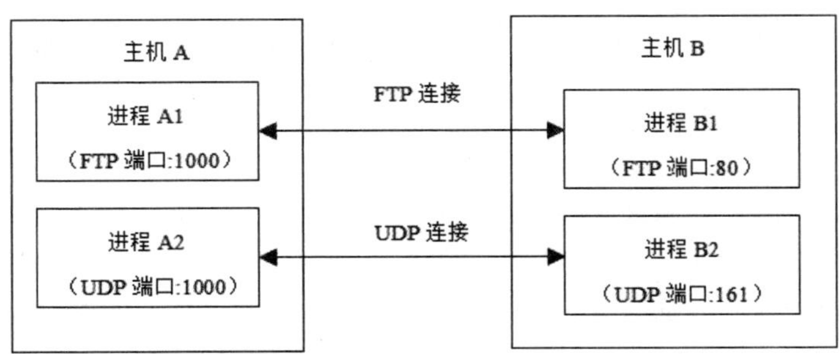

图 1-16　TCP 端口与 UDP 端口的取值范围各自独立

1.4.3　RFC 简介

TCP/IP 是以 RFC（Request For Comment）文档的形式发布的。RFC 指描述互联网相关技术规范的文档。

RFC 由个人编写，这些人自愿编写某一新协议或规范的提议草案，并提交给 Internet 工程任务组织（The Internet Engineering Task Force，IETF）。IETF 负责审阅和发布这些被统称为 RFC 的文档，每个文档都有一个 RFC 编号，并且处于以下六种类型之一。

- 标准协议：Internet 的官方标准协议。

- 标准协议草案：正在被积极地考虑和审阅以便成为标准协议。
- 标准协议提议：将来可能变成标准协议。
- 实验性协议：为实验目的而设计的协议。实验性协议不投入实际运用。
- 报告性协议：由其他标准组织开发的协议。
- 历史性协议：已经过时的协议，被其他协议代替。

在 FRC 的官方网站上已经发布了 8000 多份 RFC 文档。表 1-2 列出了与 TCP/IP 协议相关的 RFC 文档编号。

表 1-2　与 TCP/IP 协议相关的 RFC 文档编号

RFC 编号	协　议	RFC 编号	协　议
768	用户数据报协议（UDP）	862	回应协议（ECHO）
783	日常文件传输协议（TFTP）	959	文件传输协议（FTP）
791	Internet 协议（IP）	1157	简单网络管理协议（SNMP）
792	Internet 控制消息协议（ICMP）	1939	邮局协议-版本 3（POP3）
793	传输控制协议（TCP）	1945	超级文本传输协议-版本 1.0（HTTP/1.0）
821	邮件传输协议（SMTP）	2060	Internet 消息访问协议-版本 4（IMAP4）
826	地址解析协议（ARP）	2068	超级文本传输协议-版本 1.1（HTTP/1.1）
854	Telnet 协议（TELNET）	7540	超级文本传输协议-版本 2（HTTP/2）

在 FRC 的官方网站上输入网址：http://www.ietf.org/rfc/rfcXXXX.txt，就能查看相关的 FRC 文档，这里的 XXXX 表示文档编号。

RFC 文档一旦被正式发布，其编号和内容就不允许改变。如果需要更新 RFC 文档，则会对更新后的 RFC 文档赋予新的编号，再将它发布。例如 HTTP1.0 协议对应的 RFC 文档编号为 RFC1945，它的升级版本 HTTP1.1 协议对应的 RFC 文档编号为 RFC2068。

1.4.4　客户/服务器通信模式

TCP/UDP 推动了客户/服务器通信模式的广泛运用。在通信的两个进程中，一个进程为客户进程，另一个进程为服务器进程。客户进程向服务器进程发出要求某种服务的请求，服务器进程响应该请求。如图 1-17 所示，通常，一个服务器进程会同时为多个客户进程服务，图中服务器进程 B1 同时为客户进程 A1、A2 和 B2 提供服务。以下伪代码演示了服务器进程的大致工作流程：

```
while(true){
  监听端口，等待客户请求;
  响应客户请求;
}
```

服务器进程可以提供各种各样的服务，例如 1.1 节提到的 EchoServer 提供的服务为根据 EchoClient 发出的字符串 XXX，返回字符串“echo: XXX”。除了像 EchoServer 这样的由用户自定义的服务，网络上还有许多众所周知的通用服务，最典型的是 HTTP 服务。网络应用层的协议规定了客户程序与这些通用服务器程序的通信细节，例如 HTTP 规定了 HTTP 客户程序发出的请求的格式，还规定了 HTTP 服务器程序发回的响应的格式。

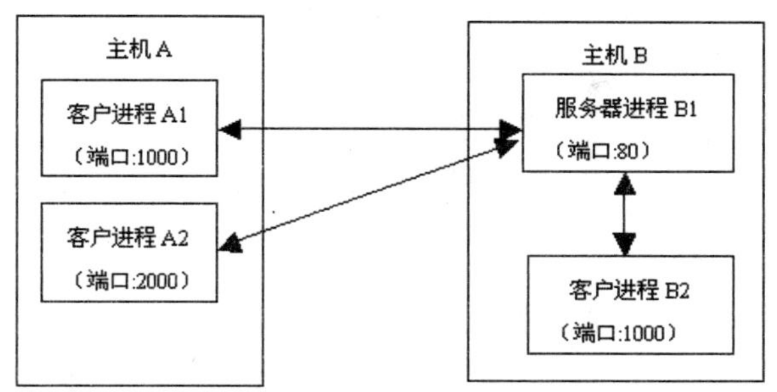

图 1-17　客户进程 A1、A2 和 B2 请求服务器进程 B1 的服务

在现实生活中，有些重要的服务机构的电话是固定的，这有助于人们方便地记住电话和获得服务，比如众所周知的电话 110、120 和 119 分别是报警、急救和火警电话。同样，在网络上有些通用的服务有着固定的端口，表 1-3 对常见的服务以及相应的协议和端口做了介绍。

表 1-3　应用层的一些通用服务使用的端口

服　务	端　口	协　议
文件传输服务	21	FTP
远程登入服务	23	TELNET
传输邮件服务	25	SMTP
用于万维网（WWW）的超文本传输服务	80	HTTP
访问远程服务器上的邮件服务	110	POP3
互联网消息存取服务	143	IMAP4
安全的超文本传输服务	443	HTTPS
安全的远程登入服务	992	TELNETS
安全的互联网消息存取服务	993	IMAPS

1.5　用 Java 编写客户/服务器程序

本书介绍的 Java 网络程序都建立在 TCP/IP 基础上，致力于实现应用层。传输层向应用层提供了套接字 Socket 接口，Socket 封装了下层的数据传输细节，应用层的程序通过 Socket 来建立与远程主机的 TCP 连接以及进行数据传输。

站在应用层的角度，两个进程之间的一次通信过程从建立 TCP 连接开始，接着交换数据，到断开连接结束。套接字可以被看作是通信线路两端的收发器，进程通过套接字来收发数据，如图 1-18 所示。

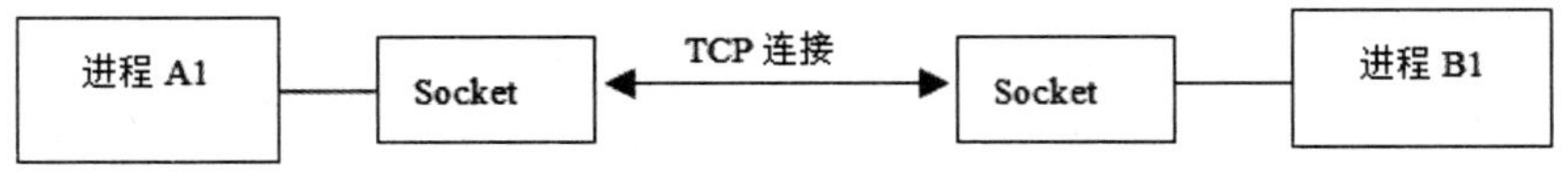

图 1-18　套接字可被看成通信线路两端的收发器

在图 1-18 中，如果把进程 A1 和程 B1 比作两个人，那么图中的两个 Socket 就像两个人各自持有的电话机的话筒，只要拨通了电话，两个人就能通过各自的话筒进行通话。

在 Java 中，有 3 种套接字类：java.net.Socket、java.net.ServerSocket 和 DatagramSocket。其中 Socket 和 ServerSocket 类建立在 TCP 基础上，DatagramSocket 类建立在 UDP 基础上。Java 网络程序都采用客户/服务通信模式。

本节以 EchoServer 和 EchoClient 为例，介绍如何用 ServerSocket 和 Socket 来编写服务器程序和客户程序。

在本书中，服务器程序有时被简称为服务器，客户程序有时被简称为客户。如果没有特别说明，那么服务器是指服务器程序，而不是指运行服务器程序的主机。

1.5.1 创建 EchoServer

服务器程序通过一直监听端口，来接收客户程序的连接请求。在服务器程序中，需要先创建一个 ServerSocket 对象，在构造方法中指定监听的端口：

```
ServerSocket server=new ServerSocket(8000); //监听 8000 端口
```

ServerSocket 的构造方法负责在操作系统中把当前进程注册为服务器进程。服务器程序接下来调用 ServerSocket 对象的 accept()方法，该方法一直监听端口，等待客户的连接请求，如果接收到一个连接请求，accept()方法就会返回一个 Socket 对象，这个 Socket 对象与客户端的 Socket 对象形成了一条通信线路：

```
Socket socket=server.accept();  //等待客户的连接请求
```

Socket 类提供了 getInputStream()方法和 getOutputStream()方法，分别返回输入流 InputStream 对象和输出流 OutputStream 对象。程序只需向输出流写数据，就能向对方发送数据；只需从输入流读数据，就能接收来自对方的数据。图 1-19 演示了服务器与客户利用 ServerSocket 和 Socket 来通信的过程。

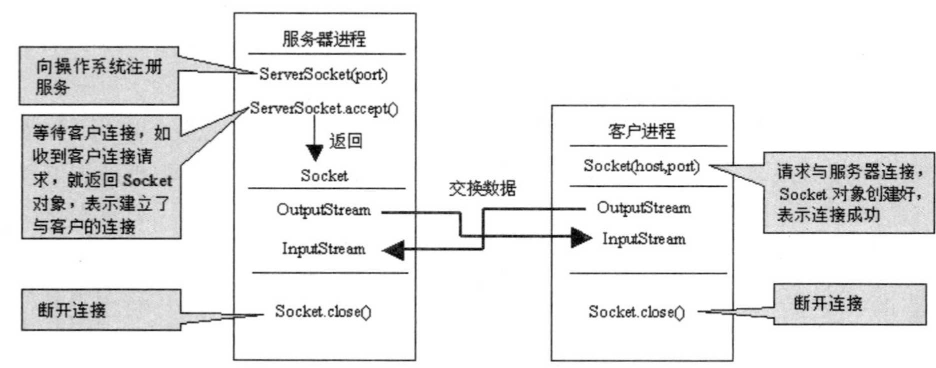

图 1-19　服务器与客户利用 ServerSocket 和 Socket 来通信

与普通 I/O 流一样，Socket 的输入流和输出流也可以用过滤流来装饰。在以下代码中，先获得输出流，然后用 PrintWriter 装饰它，PrintWriter 的 println()方法能够写一行数据；以下代码接着获得输入流，然后用 BufferedReader 装饰它，BufferedReader 的 readLine()方法能够读入一行数据。

```
OutputStream socketOut = socket.getOutputStream();
//参数 true 表示每写一行，PrintWriter 缓存就自动溢出，把数据写到目的地
PrintWriter pw=PrintWriter(socketOut,true);
InputStream socketIn = socket.getInputStream();
BufferedReader br=new BufferedReader(new InputStreamReader(socketIn));
```

例程 1-2 是 EchoServer 的源程序。

例程 1-2　EchoServer.java

```
import java.io.*;
import java.net.*;
public class EchoServer {
  private int port=8000;
  private ServerSocket serverSocket;

  public EchoServer() throws IOException {
    serverSocket = new ServerSocket(port);
    System.out.println("服务器启动");
  }

  public String echo(String msg) {
    return "echo:" + msg;
  }

  private PrintWriter getWriter(Socket socket)throws IOException{
    OutputStream socketOut = socket.getOutputStream();
    return new PrintWriter(socketOut,true);
  }

  private BufferedReader getReader(Socket socket)throws IOException{
    InputStream socketIn = socket.getInputStream();
    return new BufferedReader(new InputStreamReader(socketIn));
  }

  public void service() {
    while (true) {
      Socket socket=null;
      try {
        socket = serverSocket.accept();  //等待客户连接
        System.out.println("New connection accepted "
                       +socket.getInetAddress() + ":" +socket.getPort());
        BufferedReader br =getReader(socket);
```

```
            PrintWriter pw = getWriter(socket);

            String msg = null;
            while ((msg = br.readLine()) != null) {
              System.out.println(msg);
              pw.println(echo(msg));
              if (msg.equals("bye")) //如果客户发送的消息为“bye”，则结束通信
                break;
            }
          }catch (IOException e) {
             e.printStackTrace();
          }finally {
             try{
               if(socket!=null)socket.close();  //断开连接
             }catch (IOException e) {e.printStackTrace();}
          }
        }
      }

      public static void main(String args[])throws IOException {
        new EchoServer().service();
      }
    }
```

EchoServer 类最主要的方法为 service()方法，它不断等待客户的连接请求，当 serverSocket.accept()方法返回一个 Socket 对象，就意味着与一个客户建立了连接。接下来从 Socket 对象中得到输出流和输入流，并且分别用 PrintWriter 和 BufferedReader 来装饰它们。然后不断调用 BufferedReader 的 readLine()方法读取客户发来的字符串 XXX，再调用 PrintWriter 的 println()方法向客户返回字符串 echo:XXX。当客户发来的字符串为“bye”时，就会结束与客户的通信，调用 socket.close()方法断开连接。

1.5.2 创建 EchoClient

在 EchoClient 程序中，为了与 EchoServer 通信，需要先创建一个 Socket 对象：

```
String host="localhost";
String port=8000;
Socket socket=new Socket(host,port);
```

在以上 Socket 的构造方法中，参数 host 表示 EchoServer 进程所在的主机的名字，参数 port 表示 EchoServer 进程监听的端口。当参数 host 的取值为“localhost”时，表示 EchoClient 与 EchoServer 进程运行在同一个主机上。如果 Socket 对象被成功创建，就表示建立了 EchoClient 与 EchoServer 之间的连接。接下来，EchoClient 从 Socket 对象中得到了输出流和输入流，就能与 EchoServer 交换数据。

例程 1-3 为 EchoClient 的源程序。

例程 1-3　EchoClient.java

```
import java.net.*;
import java.io.*;
import java.util.*;
public class EchoClient {
  private String host="localhost";
  private int port=8000;
  private Socket socket;

  public EchoClient()throws IOException{
     socket=new Socket(host,port);
  }
  public static void main(String args[])throws IOException{
    new EchoClient().talk();
  }
  private PrintWriter getWriter(Socket socket)throws IOException{
    OutputStream socketOut = socket.getOutputStream();
    return new PrintWriter(socketOut,true);
  }
  private BufferedReader getReader(Socket socket)throws IOException{
    InputStream socketIn = socket.getInputStream();
    return new BufferedReader(new InputStreamReader(socketIn));
  }
  public void talk()throws IOException {
    try{
      BufferedReader br=getReader(socket);
      PrintWriter pw=getWriter(socket);
      BufferedReader localReader=
              new BufferedReader(new InputStreamReader(System.in));
      String msg=null;
      while((msg=localReader.readLine())!=null){

        pw.println(msg);
        System.out.println(br.readLine());

        if(msg.equals("bye"))
          break;
      }
    }catch(IOException e){
       e.printStackTrace();
    }finally{
      try{socket.close();}catch(IOException e){e.printStackTrace();}
    }
  }
}
```

在 EchoClient 类中，最主要的方法为 talk()方法。该方法不断读取用户从控制台输入的字符串，然后把它发送给 EchoServer，再把 EchoServer 返回的字符串打印到控制台。如果用户输入的字符串为“bye”，就会结束与 EchoServer 的通信，调用 socket.close()方法断开连接。

在运行范例时，需要打开两个命令行界面，先在一个命令行界面中运行“java EchoServer”命令，再在另一个命令行界面中运行“java EchoClient”命令。图 1-20 显示了运行这两个程序的命令行界面。在 EchoClient 控制台，用户输入字符串“hi”，程序就会输出“echo:hi”。

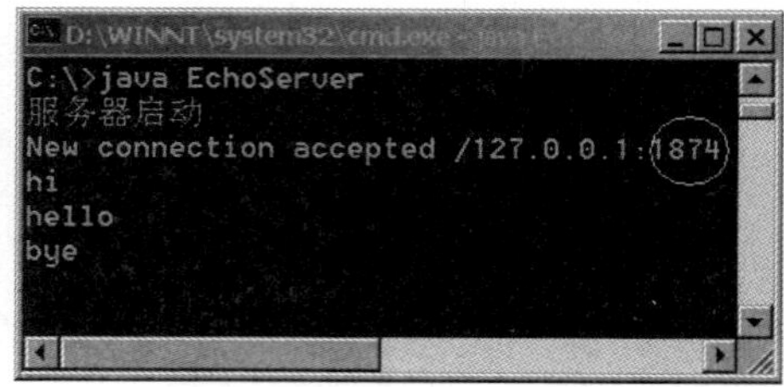

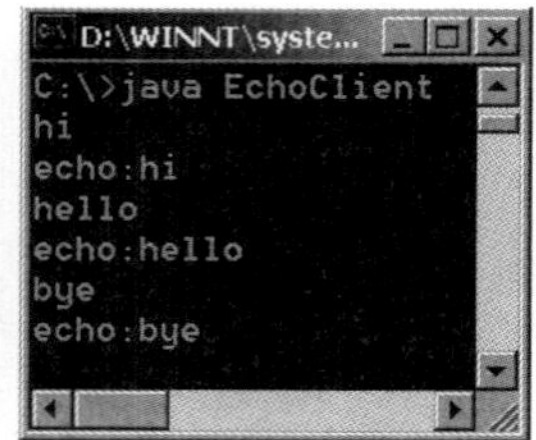

图 1-20　运行 EchoServer 和 EchoClient 程序

> **提示**　如果希望在一个命令行控制台中同时运行 EchoServer 和 EchoClient 程序，那么可以先运行“start java EchoServer”命令，再运行“java EchoClient”命令。“start java EchoServer”命令中“start”的作用是打开一个新的命令行控制台，然后在该控制台中运行“java EchoServer”命令。

在 EchoServer 程序的 service()方法中，每当 serverSocket.accept()方法返回一个 Socket 对象，都表示建立了与一个客户的连接，这个 Socket 对象中包含了客户的地址和端口信息，只需调用 Socket 对象的 getInetAddress()和 getPort()方法就能分别获得这些信息：

```
socket = serverSocket.accept();  //等待客户连接
System.out.println("New connection accepted "
            +socket.getInetAddress() + ":" +socket.getPort());
```

从图 1-20 可以看出，EchoServer 的控制台显示 EchoClient 的 IP 地址为 127.0.0.1，端口为 1874。127.0.0.1 是本地主机的 IP 地址，表明 EchoClient 与 EchoServer 在同一个主机上。EchoClient 作为客户程序，它的端口是由操作系统随机产生的。每当客户程序创建一个 Socket 对象，操作系统都会为客户分配一个端口。假定在客户程序中先后创建了两个 Socket 对象，这就意味着客户与服务器之间同时建立了两个连接：

```
Socket socket1=new Socket(host,port);
Socket socket2=new Socket(host,port);
```

操作系统为客户的每个连接分配一个唯一的端口，如图 1-21 所示。

在客户进程中，Socket 对象包含了本地以及对方服务器进程的地址和端口信息，在服务器进程中，Socket 对象也包含了本地以及对方客户进程的地址和端口信息，Socket 类的以下方法用于获取这些信息。

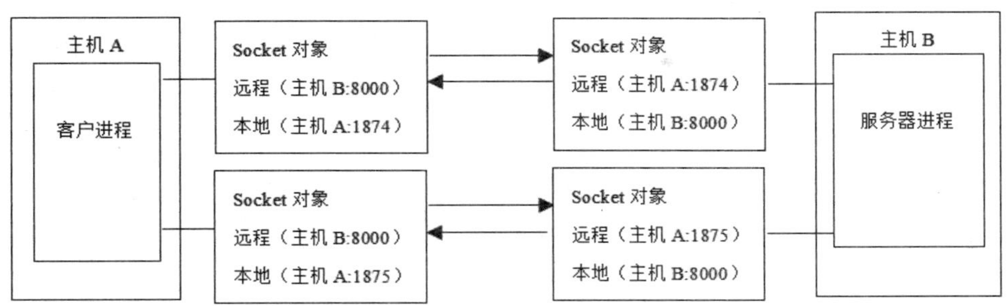

图 1-21　客户与服务器进程之间同时建立了两个连接

- getInetAddress()：获得远程被连接进程的 IP 地址。
- getPort()：获得远程被连接进程的端口。
- getLocalAddress()：获得本地的 IP 地址。
- getLocalPort()：获得本地的端口。

客户进程允许建立多个连接，每个连接都有唯一的端口。在图 1-21 中，客户进程占用两个端口：1874 和 1875。在编写网络程序时，一般只需要显式地为服务器程序中的 ServerSocket 设置端口，而不必考虑客户程序所用的端口。

1.6　小结

简单地理解，计算机网络的任务就是传输数据。为了完成这一复杂的任务，国际标准化组织 ISO 提供了 OSI 参考模型，这种模型把互联网络分为七层，分别是物理层、数据链路层、网络层、传输层、会话层、表示层和应用层。每个层有明确的分工，并且在层与层之间，下层为上层提供服务。这种分层的思想简化了网络系统的设计过程。例如在设计应用层时，只需考虑如何创建满足用户实际需求的应用，在设计传输层时，只需考虑如何在两个主机之间传输数据，在设计网络层时，只需考虑如何在网络上找到一条发送数据的路径，即路由。

由于 OSI 参考模型过于庞大和复杂，使它难以投入实际运用中。与 OSI 参考模型相似的 TCP/IP 参考模型吸取了网络分层的思想，但是对网络的层次做了简化，并且在网络各层（除主机-网络层外）都提供了完善的协议，这些协议构成了 TCP/IP 集，简称 TCP/IP。TCP/IP 参考模型分为四层，分别是应用层、传输层、网络互联层和主机-网络层。每一层都有相应的协议，IP 和 TCP 是协议集中最核心的两个协议。

IP 位于网络互联层，用 IP 地址来标识网络上的各个主机，IP 把数据分为若干数据包，然后为这些数据包确定合适的路由。路由指把数据包从源主机发送到目标主机的路径。

TCP 位于传输层，保证两个进程之间可靠的传输数据。每当两个进程之间进行通信时，都会建立一个 TCP 连接，TCP 用端口来标识 TCP 连接的两个端点。在传输层还有一个 UDP，它与 TCP 的区别是，UDP 不保证可靠的传输数据。

建立在 TCP/IP 基础上的网络程序一般都采用客户/服务器通信模式。服务器程序提供服务，客户程序请求获得服务。服务器程序一般昼夜运行，时刻等待客户的请求并及时做出响应。

Java 网络程序致力于实现应用层。传输层向应用层提供了套接字 Socket 接口，Socket 封装了下层的数据传输细节，应用层的程序通过 Socket 来建立与远程主机的 TCP 连接以及进行数据传输。在 Java 中，有 3 种套接字类：java.net.Socket、java.net.ServerSocket 和 DatagramSocket。其中 Socket 和 ServerSocket 类建立在 TCP 基础上；DatagramSocket 类建立在 UDP 基础上。

1.7 练习题

1. Java 网络程序位于 TCP/IP 参考模型的哪一层？（单选）

   a）网络互联层　　b）应用层　　c）传输层　　d）主机-网络层

2. 以下哪些协议位于传输层？（多选）

   a）TCP　　b）HTTP　　c）SMTP　　d）UDP　　e）IP

3. 假定一个进程已经占用 TCP 的 80 端口，它还能否占用 UDP 的 80 端口？（单选）

   a）可以　　b）不可以

4. 一个客户进程执行以下代码：

```
Socket socket1=new Socket(host,port);
Socket socket2=new Socket(host,port);
```

以下哪些说法正确？（多选）

a）socket1 与 socket2 占用不同的本地端口。

b）Socket 构造方法中的 port 参数指定客户端占用的本地端口。

c）当 Socket 构造方法成功返回，就表明建立了与服务器的一个 TCP 连接。

d）执行第 2 行程序代码会抛出异常，因为一个客户进程只能与服务器建立一个 TCP 连接。

5. 有一种协议规定：如果客户端发送一行字符串“date”，服务器端就返回当前日期信息，如果客户端发送一行字符串“exit”，服务器端就结束与客户端的通信。这种协议应该是哪一层的协议？（单选）

   a）网络互联层　　b）应用层　　c）传输层　　d）主机-网络层

6. HTTP 规定在默认情况下，HTTP 服务器占用的 TCP 端口号是什么？（单选）

   a）21　　b）23

   c）80　　d）任意一个未被占用的端口号

7. 在客户/服务器通信模式中，客户程序与服务器程序的主要任务是什么？（多选）

   a）客户程序在网络上找到一条到达服务器的路由。

   b）客户程序发送请求，并接收服务器的响应。

c）服务器程序接收并处理客户请求，然后向客户发送响应结果。

d）客户程序和服务器程序都会保证发送的数据不会在传输途中丢失。

8. 从哪里可以找到描述 TCP/IP 的具体文档？（单选）

a）JDK 的 JavaDoc 文档　　b）NIC 的官方网站

c）国际标准化组织（ISO）的官方网站　　d）RFC 的官方网站

9. 一个服务器进程执行以下代码：

```
ServerSocket serverSocket=new ServerSocket(80);
Socket socket=serverSocket.accept();
int port=socket.getPort();
```

以下哪些说法正确？（多选）

a）服务器进程占用 80 端口。

b）socket.getPort()方法返回服务器进程占用的本地端口号，此处返回值是 80。

c）当 serverSocket.accept()方法成功返回，就表明服务器进程接收到了一个客户连接请求。

d）socket.getPort()方法返回客户端套接字占用的端口。

答案：1. a　2. a，d　3. a　4. a，c　5. b　6. c　7. b，c　8. d　9. a，c，d

第 2 章 Socket 用法详解

在客户/服务器通信模式中，客户端需要主动创建与服务器连接的 Socket，服务器端收到了客户的连接请求，也会创建与客户连接的 Socket。Socket 可以被看作是通信连接两端的收发器，服务器与客户都通过套接字来收发数据。

本章首先介绍了 Socket 类的各个构造方法以及成员方法的用法，接着介绍了 Socket 的一些选项的作用，这些选项可控制客户建立与服务器的连接，以及接收和发送数据的行为。本章最后介绍了一个 SMTP 客户程序，它利用 Socket 连接到一个 SMTP 邮件发送服务器，然后请求 SMTP 服务器发送一封邮件。

2.1 构造 Socket

Socket 的构造方法有以下几种重载形式。

```
(1) Socket()
(2) Socket(InetAddress address, int port)
       throws UnknownHostException,IOException
(3) Socket(InetAddress address, int port,
      InetAddress localAddr, int localPort)throws IOException
(4) Socket(String host,
     int port) throws UnknownHostException,IOException
(5) Socket(String host, int port, InetAddress localAddr,
    int localPort) throws IOException
(6) Socket(Proxy proxy)
```

除了第 1 个不带参数的构造方法，其他构造方法都会试图建立与服务器的连接，如果连接成功，就返回 Socket 对象；如果因为某些原因连接失败，就会抛出 IOException。

例程 2-1 的 PortScanner 类能够扫描主机上从 1 到 1024 之间的端口，判断这些端口是否已经被服务器程序监听。PortScanner 类的 scan()方法在一个 for 循环中创建 Socket 对象，每次请求连接不同的端口，如果 Socket 对象创建成功，就表明在当前端口有服务器程序监听。

例程 2-1　PortScanner.java

```
import java.net.*;
import java.io.*;
public class PortScanner {
  public static void main(String args[]){
    String host="localhost";
    if(args.length>0)host=args[0];
    new PortScanner().scan(host);
  }
  public void scan(String host){
    Socket socket=null;
    for(int port=1;port<1024;port++){
      try {
          socket = new Socket(host, port);
          System.out.println("There is a server on port "+port);
      } catch (IOException e) {
          System.out.println("Can't connect to port "+port);
      } finally {
        try {
            if(socket!=null)socket.close();
        } catch (IOException e) {e.printStackTrace();}
      }
    }
  }
}
```

2.1.1　设定等待建立连接的超时时间

当客户端的 Socket 构造方法请求与服务器连接时，可能要等待一段时间。在默认情况下，Socket 构造方法会一直等待下去，直到连接成功，或者出现异常。Socket 构造方法请求连接时，受底层网络的传输速度的影响，可能会处于长时间的等待状态。如果希望限定等待连接的时间，那么该如何做呢？此时就需要使用第 1 个不带参数的构造方法。

```
Socket socket=new Socket();
SocketAddress remoteAddr=new InetSocketAddress("localhost",8000);
socket.connect(remoteAddr, 60000);  //等待建立连接的超时时间为 1 分钟
```

以上 SocketAddress 类表示一个套接字的地址，它同时包含了 IP 地址和端口信息。以上代码用于连接到本地机器上的监听 8000 端口的服务器程序，等待连接的最长时间为 1 分钟。如果在 1 分钟内连接成功，则 connect()方法顺利返回；如果在 1 分钟内出现某种异常，则抛出该异常；如果在 1 分钟后既没有连接成功，也没有出现异常，那么会抛出 SocketTimeoutException。Socket 类的 connect(SocketAddress endpoint, int timeout)方法负责连接服务器，参数 endpoint 是指定服务器的地址，参数 timeout 是设定的超时时间，以 ms

为单位。如果参数 timeout 被设为 0，则表示永远不会超时。

不带参数的构造方法的另一个作用是在连接服务器之前，设置 Socket 的选项，2.5 节会对此做详细介绍。

2.1.2 设定服务器的地址

除了第 1 个不带参数的构造方法，其他构造方法都需要在参数中设定服务器的地址，包括服务器的 IP 地址或者主机名，以及端口。

```
//第 1 个参数 address 表示主机的 IP 地址
Socket(InetAddress address, int port)

//第 1 个参数 address 表示主机的名字
Socket(String host, int port)
```

InetAddress 类表示主机的 IP 地址，InetAddress 类提供了一系列静态工厂方法，用于构造自身的实例，例如：

```
//返回本地主机的 IP 地址
InetAddress addr1=InetAddress.getLocalHost();

//返回代表"222.34.5.7"的 IPv4 地址
InetAddress addr2=InetAddress.getByName("222.34.5.7");

//返回代表"2001:DB8:2DE::E13"的 IPv6 地址
InetAddress addr3=InetAddress.getByName("2001:DB8:2DE::E13");

//返回主机名为"www.javathinker.net"的 IP 地址
InetAddress addr4=InetAddress.getByName("www.javathinker.net");
```

2.1.3 设定客户端的地址

在一个 Socket 对象中，既包含远程服务器的 IP 地址和端口信息，也包含本地客户端的 IP 地址和端口信息。在默认情况下，客户端的 IP 地址来自客户程序所在的主机，客户端的端口则由操作系统随机分配，本书 1.4.2 节（TCP 以及端口）已经对此做了介绍。Socket 类还有两个构造方法允许显式地设置客户端的 IP 地址和端口。

```
//参数 localAddr 和 localPort 用来设置客户端的 IP 地址和端口
Socket(InetAddress address, int port,
      InetAddress localAddr, int localPort)throws IOException

Socket(String host, int port,
      InetAddress localAddr, int localPort) throws IOException
```

如果一个主机同时属于两个以上的网络，它就可能拥有两个以上 IP 地址，例如一个主机在 Internet 网络中的 IP 地址为“222.67.1.34”，在一个局域网中的 IP 地址为“112.5.4.3”。假定这个主机上的客户程序希望和同一个局域网上的一个服务器程序（地址为：112.5.4.45:8000）通信，客户端可按照如下方式构造 Socket 对象。

```
InetAddress remoteAddr=InetAddress.getByName("112.5.4.45");
InetAddress localAddr=InetAddress.getByName("112.5.4.3");

//客户端使用端口 2345
Socket socket=new Socket(remoteAddr,8000,localAddr,2345);
```

2.1.4　客户连接服务器时可能抛出的异常

当 Socket 的构造方法请求连接服务器时，可能会抛出以下异常。

- UnknownHostException：如果无法识别主机的名字或 IP 地址，就会抛出这种异常。
- ConnectException：如果没有服务器进程监听指定的端口，或者服务器进程拒绝连接，就会抛出这种异常。
- SocketTimeoutException：如果等待连接超时，就会抛出这种异常。
- BindException：如果无法把 Socket 对象与指定的本地 IP 地址或端口绑定，就会抛出这种异常。

以上 4 种异常都是 IOException 的直接或间接子类，如图 2-1 所示。

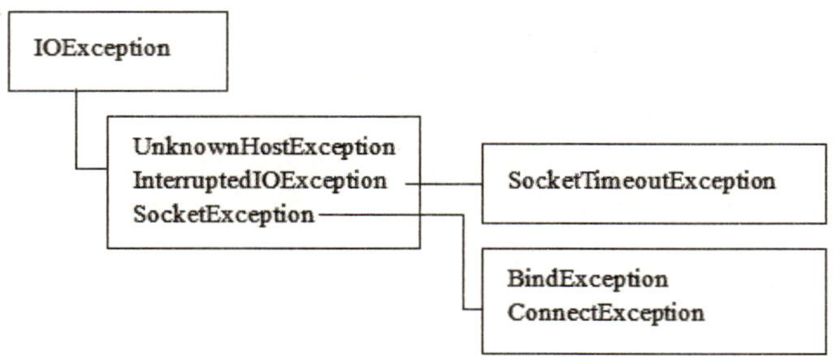

图 2-1　客户端连接服务器时可能抛出的异常

下面以 ConnectTester 类为例，介绍抛出各种异常的原因。ConnectTester 接收用户从命令行输入的主机名和端口，然后连接到该地址，如果连接成功，就会计算建立连接所花的时间；如果连接失败，就会捕获各种异常。例程 2-2 是 ConnectTester 类的源程序。

例程 2-2　ConnectTester.java

```
import java.net.*;
import java.io.*;
public class ConnectTester {
  public static void main(String args[]){
    String host="localhost";
    int port=25;
```

```
        if(args.length>1){
            host = args[0];
            port=Integer.parseInt(args[1]);
        }
        new ConnectTester().connect(host,port);
    }
    public void connect(String host,int port){
        SocketAddress remoteAddr=new InetSocketAddress(host,port);
        Socket socket=null;
        String result="";
        try {
            long begin=System.currentTimeMillis();
            socket = new Socket();
            socket.connect(remoteAddr,1000);  //超时时间为 1s
            long end=System.currentTimeMillis();
            result=(end-begin)+"ms";  //计算连接所花的时间
        }catch (BindException e) {
            result="Local address and port can't be binded";
        }catch (UnknownHostException e) {
            result="Unknown Host";
        }catch (ConnectException e) {
            result="Connection Refused";
        }catch (SocketTimeoutException e) {
            result="TimeOut";
        }catch (IOException e) {
            result="failure";
        } finally {
            try {
                if(socket!=null)socket.close();
            } catch (IOException e) {
                e.printStackTrace();
            }
        }
        System.out.println(remoteAddr+" : "+result);
    }
}
```

在控制台中运行命令“java ConnectTester www.javathinker.net 80”，ConnectTester 类的 connect()方法会请求连接 Internet 网上 www.javathinker.net 主机的 80 端口，如果连接成功，就会打印如下结果。

```
www.javathinker.net/222.73.4.7:80 : 49ms
```

以上打印结果表明客户与服务器建立连接花了 49ms（毫秒），在不同的主机上运行该程序，会有不同的打印结果。

1．抛出 UnknownHostException 的情况

如果无法识别主机的名字或 IP 地址，就会抛出这种异常。在控制台中运行命令“java ConnectTester somehost 80”，如果不存在名为“somehost”的主机，Socket 构造方法就会抛出 UnknownHostException。

2．抛出 ConnectException 的情况

在以下两种情况下会抛出 ConnectException。

（1）没有服务器进程监听指定的端口。例如在控制台中运行命令“java ConnectTester localhost 8888”，如果本地主机的 8888 端口没有被任何服务器进程监听，Socket 构造方法就会抛出 ConnectException。

（2）服务器进程拒绝连接。

下面介绍服务器进程拒绝客户的连接请求的情形。例程 2-3 的 SimpleServer 类是一个简单的服务器程序，它监听 8000 端口。ServerSocket(int port,int backlog)构造方法的第 2 个参数 backlog 设定服务器的连接请求队列的长度，如果队列中的连接请求已满，服务器就会拒绝其余的连接请求。本书 3.1.2 节（设定客户连接请求队列的长度）进一步介绍了 backlog 参数的作用。在本例中，连接请求队列的长度为 2。

例程 2-3　SimpleServer.java

```
import java.io.*;
import java.net.*;
public class SimpleServer {
  public static void main(String args[])throws Exception {
    //连接请求队列的长度为 2
    ServerSocket serverSocket = new ServerSocket(8000,2);
    Thread.sleep(360000);   //睡眠 6 分钟
  }
}
```

例程 2-4 的客户程序 SimpleClient 3 次连接 SimpleServer 服务器程序。

例程 2-4　SimpleClient.java

```
import java.io.*;
import java.net.*;
public class SimpleClient {
  public static void main(String args[])throws Exception {
    Socket s1 = new Socket("localhost",8000);
    System.out.println("第 1 次连接成功");
    Socket s2 = new Socket("localhost",8000);
    System.out.println("第 2 次连接成功");
    Socket s3 = new Socket("localhost",8000);
    System.out.println("第 3 次连接成功");
  }
}
```

先运行“java SimpleServer”命令，启动服务器程序，再运行“java SimpleClient”命令，启动客户程序，客户端会得到如下打印结果。

```
第 1 次连接成功
第 2 次连接成功
Exception in thread "main" java.net.ConnectException:
Connection refused: connect
```

从以上打印结果可以看出，当 SimpleClient 类的 main()方法在第 3 次执行 Socket 构造方法时，由于服务器端已经有了两个客户连接请求，服务器端的连接请求队列已满，因此 SimpleClient 第 3 次请求连接时遭到拒绝。

3．抛出 SocketTimeoutException 的情形

如果客户端等待连接超时，就会抛出这种异常。把例程 2-2 的 ConnectTester 类的 connect()方法做如下修改。

```
socket.connect(remoteAddr,1000);
改为：
socket.connect(remoteAddr,1);
```

以上修改特意缩短了连接超时的时间，把它由原来的 1000ms 改为 1ms，这样就增加了超时的可能性。再次运行命令“java ConnectTester www.javathinker.net 80”，ConnectTester 类的 connect()方法会请求连接 Internet 网上 www.javathinker.net 主机的 80 端口，如果等待连接超时，就会打印如下结果。

```
www.javathinker.net/43.247.68.17:80 : TimeOut
```

4．抛出 BindException 的情形

如果无法把 Socket 对象与指定的本地 IP 地址或端口绑定，就会抛出这种异常。把例程 2-2 的 ConnectTester 类的 connect()方法做如下修改。

```
socket = new Socket();
socket.connect(remoteAddr,1000);
改为：
socket = new Socket();
//bind()方法设定绑定到本地的 IP 地址和端口
socket.bind(new InetSocketAddress(
            InetAddress.getByName("222.34.5.7"),5678));
socket.connect(remoteAddr,1000);

或者改为：
socket = new Socket(
            host,port,InetAddress.getByName("222.34.5.7"),5678);
```

修改后的代码试图把 Socket 的本地 IP 地址设为"222.34.5.7"，把本地端口设为 5678。如果本地主机不具有 IP 地址"222.34.5.7"，或者端口 5678 已经被占用，那么以上 bind()方法或者构造方法就会抛出 BindException。

2.1.5　使用代理服务器

在实际应用中，有的客户程序会通过代理服务器来访问远程服务器。代理服务器有许多功能，比如能作为防火墙进行安全防范，或者提高访问速度，或者具有访问特定远程服务器的权限。

以下程序代码通过代理服务器来连接远程的 www.javathinker.net 服务器。

```
String proxyIP="myproxy.abc.com";//代理服务器地址
int proxyPort=1080;//代理服务器端口
//创建代理对象
Proxy proxy = new Proxy(Proxy.Type.SOCKS,
              new InetSocketAddress(proxyIP, proxyPort));
Socket socket = new Socket(proxy);

//连接到远程服务器
socket.connect(
             new InetSocketAddress("www.javathinker.net", 80));
```

Proxy.Type 类表示代理服务器的类型，有以下可选值。

- Proxy.Type.SOCKS：在分层的网络结构中，Type.SOCKS 是位于会话层的代理类型。
- Proxy.Type.HTTP：在分层的网络结构中，Type.HTTP 是位于应用层的代理类型。
- Proxy.Type.DIRECT：不使用代理，直接连接远程服务器。

2.1.6　InetAddress 地址类的用法

InetAddress 类表示主机的 IP 地址，InetAddress 类的静态工厂方法 getByName()用于构造自身的实例，例如：

```
//返回代表"222.34.5.7"的 IPv4 地址
InetAddress addr2=InetAddress.getByName("222.34.5.7");

//返回主机名为"www.javathinker.net"的 IP 地址
InetAddress addr4=InetAddress.getByName("www.javathinker.net");
```

InetAddress 的 getByName()方法的参数可以是 IP 地址或主机名。一般说来，主机名比 IP 地址要固定许多，主机名通常不会发生变化，而 IP 地址可能会发生变动。所以，在通过 Socket 连接某个服务器时，应该优先考虑提供主机名。

以下程序代码打印 www.javathinker.net 的地址信息。

```
InetAddress addr=InetAddress.getByName("www.javathinker.net");
//打印：www.javathinker.net/43.247.68.17
System.out.println(addr);
```

InetAddress 还提供了获取相应的主机名的两种方法。

- getHostname()：首先从 DNS 缓存中查找与 IP 地址匹配的主机名，如果不存在，再通过 DNS 服务器查找，如果找到，则返回主机名，否则返回 IP 地址。
- getCanonicalHostName()：通过 DNS 服务器查找与 IP 地址匹配的主机名，如果找到，则返回主机名，否则返回 IP 地址。

以上两种方法的区别在于，getHostname()会先查找 DNS 缓存，减少查找 DNS 服务器的概率，这样做能提高查找性能。因为查找 DNS 服务器是很耗时的操作。而 getCanonicalHostName()总是查找 DNS 服务器，确保获得当前最新版本的主机名。

以下程序代码打印本地主机的主机名。

```
System.out.println(InetAddress.getLocalHost().getHostName());
```

InetAddress 类还提供了两个测试能否从本地主机连接到特定主机的方法。

- public boolean isReachable(int timeout)throws IOException
- public boolean isReachable(NetworkInterface interface, int ttl, int timeout) throws IOException

如果远程主机在参数 timout（以 ms 为单位）指定的时间内做出回应，以上方法返回 true，否则返回 false。如果出现网络错误则抛出 IOException。第 2 种方法还允许从参数指定的本地网络接口建立连接，以及 TTL 生存时间。TTL（Time To Live）指 IP 数据包被丢弃前允许存在的时间。

以下程序代码测试本地主机是否能在 10s 内连接 www.javathinker.net 网站。

```
InetAddress addr=InetAddress.getByName("www.javathinker.net");
//打印：true
System.out.println(addr.isReachable(10000));
```

下面介绍一个运用 InetAddress 类的实用范例。很多服务器会监视垃圾邮件发送者(spammer)。Spamhaus 是一家国际知名反垃圾邮件机构，作为一个国际性非营利组织，提供了这一项服务。它的官方网站收集了常见的垃圾邮件发送者的 IP 地址的列表。例如，如何判断 IP 地址“108.33.56.27”是否是垃圾邮件发送者的地址呢？其步骤为调用 InetAddress 的 getByName()方法，该方法通过 DNS 服务器查找“27.56.33.108.sbl.spamhaus.org”，如果查找成功（更确切地说，是返回 IP 地址为“127.0.0.2”的 InetAddress 对象），就说明这是一个垃圾邮件发送者的地址。否则，getByName()方法抛出 UnknownHostException 异常，就说明这不是一个垃圾邮件发送者的地址。

例程 2-5 的 SpamCheck 类演示了如何判断特定 IP 地址是否为垃圾邮件发送者的 IP 地址。

例程 2-5　SpamCheck.java

```
import java.net.*;
public class SpamCheck {
  public static final String BLACKHOLE = "sbl.spamhaus.org";

  public static void main(String[] args) {
    for (String arg : args) {
      if (isSpammer(arg)) {
        System.out.println(arg + "是已知的垃圾邮件发送者");
      }else {
        System.out.println(arg + "是已知的合法邮件发送者");
      }
    }
  }

  private static boolean isSpammer(String str) {
    try {
      InetAddress address = InetAddress.getByName(str);
      byte[] quad = address.getAddress();// 获取主机的 IP 地址
      String query = BLACKHOLE;// 黑洞列表

      //反转这个 IP 地址的字节，并添加黑洞服务的域
      //例如对于 IP 地址"108.33.56.27"，
      //query 的最终取值为"27.56.33.108.sbl.spamhaus.org"
      for (byte octet : quad) {
        int unsignedByte = octet < 0 ? octet +256 : octet;
        query = unsignedByte + "." + query;
      }

      //查找这个地址
      InetAddress.getByName(query);

      return true;
    } catch (UnknownHostException e) {
      return false;
    }
  }
}
```

通过命令“java SpamCheck 108.33.56.27 45.78.123.5 154.65.93.21”运行 SpamCheck 类，会得到以下打印结果。

```
108.33.56.27 是已知的合法邮件发送者
45.78.123.5 是已知的合法邮件发送者
154.65.93.21 是已知的合法邮件发送者
```

2.1.7 NetworkInterface 类的用法

NetworkInterface 类表示物理上的网络接口，它有两种构造自身实例的静态工厂方法，这两种方法都声明抛出 SocketException。

- getByName(String name)：参数 name 是指定网络接口的名字。如果不存在与名字对应的网络接口，就返回 null。
- getByInetAddress(InetAddress address)：参数 address 是指定网络接口的 IP 地址。如果不存在与 IP 地址对应的网络接口，就返回 null。

以下程序代码演示如何创建 NetworkInterface 对象。

```
//创建名字为“eth0”的网络接口，这是一个以太网的网络接口
NetworkInterface ni1= NetworkInterface.getByName("eth0");

InetAddress localAddress=InetAddress.getByName("127.0.0.1");
//创建本地主机上的网络接口
NetworkInterface ni2= NetworkInterface.getByInetAddress(localAddress);
```

NetworkInterface 类的静态 getNetworkInterfaces()方法返回本地主机上的所有网络接口，以下程序代码演示了该方法的用法。

```
Enumeration<NetworkInterface> enu=
              NetworkInterface.getNetworkInterfaces();
while(enu.hasMoreElements()){
  NetworkInterface ni=enu.nextElement();
  System.out.println(ni);
}
```

NetworkInterface 类的以下方法用于获取网络接口的信息。

- public String getName()：返回网络接口的名字。
- public Enumeration getInetAddresses()：返回和网络接口绑定的所有 IP 地址。返回值为 Enumeration 类型，里面存放了表示 IP 地址的 InetAddress 对象。

2.2 获取 Socket 的信息

在一个 Socket 对象中，同时包含了远程服务器的 IP 地址和端口信息，以及客户本地的 IP 地址和端口信息。此外，从 Socket 对象中还可以获得输出流和输入流，分别用于向服务器发送数据，以及接收从服务器端发来的数据。以下方法用于获取 Socket 的有关信息。

- getInetAddress()：获得远程被连接进程的 IP 地址。
- getPort()：获得远程被连接进程的端口。

- getLocalAddress()：获得本地的 IP 地址。
- getLocalPort()：获得本地的端口。
- getInputStream()：获得输入流。如果 Socket 还没有连接，或者已经关闭，或者已经通过 shutdownInput()方法关闭输入流，那么此方法会抛出 IOException。
- getOutputStream()：获得输出流。如果 Socket 还没有连接，或者已经关闭，或者已经通过 shutdownOutput()方法关闭输出流，那么此方法会抛出 IOException。

例程 2-6 的 HTTPClient 类用于访问网页 www.javathinker.net/index.jsp。该网页位于一个主机名（也叫域名）为“www.javathinker.net”的远程 HTTP 服务器上，它监听 80 端口。在 HTTPClient 类中，先创建了一个连接到该 HTTP 服务器的 Socket 对象，然后发送符合 HTTP 的请求，接着接收从 HTTP 服务器上发回的响应结果。本书的 5.1 节（HTTP 简介）对 HTTP 做了进一步介绍。

例程 2-6　HTTPClient.java

```
import java.net.*;
import java.io.*;
public class HTTPClient {
  String host="www.javathinker.net";
  int port=80;
  Socket socket;

  public void createSocket()throws Exception{
    socket=new Socket(host,80);
  }

  public void communicate()throws Exception{
    StringBuffer sb=new StringBuffer("GET "
             +"/index.jsp"+" HTTP/1.1\r\n");
    sb.append("Host: "+host+"\r\n");
    sb.append("Accept: */*\r\n");
    sb.append("Accept-Language: zh-cn\r\n");
    sb.append("Accept-Encoding: gzip, deflate\r\n");
    sb.append("User-Agent:HTTPClient\r\n");
    sb.append("Connection: Keep-Alive\r\n\r\n");

    //发出 HTTP 请求
    OutputStream socketOut=socket.getOutputStream();
    socketOut.write(sb.toString().getBytes());
    socketOut.flush();

    //接收响应结果
    InputStream socketIn=socket.getInputStream();
    ByteArrayOutputStream buffer=new ByteArrayOutputStream();
    byte[] buff=new byte[1024];
    int len=-1;
```

```
    while((len=socketIn.read(buff))!=-1){
      buffer.write(buff,0,len);
    }
    //把字节数组转换为字符串
    System.out.println(new String(buffer.toByteArray()));
    socket.close();
  }

  public static void main(String args[])throws Exception{
    HTTPClient client=new HTTPClient();
    client.createSocket();
    client.communicate();
  }
}
```

以上 HTTPClient 类在发送数据时，先把字符串形式的请求信息转换为字节数组（即字符串的编码），然后发送。

```
socketOut.write(sb.toString().getBytes());
```

HTTPClient 类在接收数据时，把接收到的字节写到一个 ByteArrayOutputStream 中，它具有一个容量能够自动增长的缓冲区。如果 socketIn.read(buff)方法返回“-1”，则表示读到了输入流的末尾。

```
ByteArrayOutputStream buffer=new ByteArrayOutputStream();
byte[] buff=new byte[1024];
int len=-1;
while((len=socketIn.read(buff))!=-1){
  buffer.write(buff,0,len);
}

//把字节数组转换为字符串
System.out.println(new String(buffer.toByteArray()));
```

当运行 HTTPClient 程序时，会打印服务器端发送的 HTTP 响应结果。

```
HTTP/1.1 200 OK
Date: Mon, 23 Sep 2019 09:11:35 GMT
Server: Apache
Set-Cookie: JSESSIONID=
    2C81276B53C7D7D9487A9B59CB3D7EBC; Path=/; HttpOnly
Content-Type: text/html;charset=GBK
Vary: Accept-Encoding
Content-Encoding: gzip
Access-Control-Allow-Origin: *
Content-Length: 587
```

```
Keep-Alive: timeout=5, max=50
Connection: Keep-Alive

昤蟳?0 網趙橎 X? 笘  褨] ╓蹫 HUO 菼 L 皃烊 v 煬猴蛾 T 瓯廟 ┣鷊?
……
```

HTTP 响应结果包括响应头和响应正文，中间以空行隔开。以上响应正文部分是乱码。这是因为 www.javathinker.net 服务器在发送正文内容时，先把它压缩成为 GZIP 格式，客户端需要对压缩数据进行解压，才能得到正文内容。而本范例未对压缩的正文数据解压，就直接将它打印出来，所以会显示乱码。

2.3　关闭 Socket

当客户与服务器的通信结束时，应该及时关闭 Socket，以释放 Socket 占用的包括端口在内的各种资源。Socket 的 close()方法负责关闭 Socket。如果一个 Socket 对象被关闭，就不能再通过它的输入流和输出流进行 I/O 操作，否则会导致 IOException。

为了确保关闭 Socket 的操作总是被执行，可以把这个操作放在 finally 代码块中。

```
Socket socket=null;
try{
  socket=new Socket("www.javathinker.net",80);
  //执行接收和发送数据的操作
  ……
}catch(IOException e){
  e.printStackTrace();
}finally{
  try{
    if(socket!=null)socket.close();
  }catch(IOException e){e.printStackTrace();}
}
```

Socket 类提供了 3 个状态测试方法。

- isClosed()：如果 Socket 没有关闭，则返回 false，否则返回 true。
- isConnected()：如果 Socket 曾经连接到远程主机，不管当前是否已经关闭，都返回 true。如果 Socket 从未连接到远程主机，就返回 false。
- isBound()：如果 Socket 已经与一个本地端口绑定，则返回 true，否则返回 false。

如果要判断一个 Socket 对象当前是否处于连接状态，可采用以下方式。

```
String isConnected=socket.isConnected() && !socket.isClosed();
```

以下这段代码演示了 isClosed()和 isConnected()方法在各种场景中的取值。

```
Socket socket = new Socket();
//值得注意的是，当 Socket 尚未连接远程主机时，isClosed()方法返回 false
System.out.println(socket.isClosed());      //false
System.out.println(socket.isConnected());  //false

SocketAddress remoteAddr=
                 new InetSocketAddress("www.javathinker.net",80);
socket.connect(remoteAddr);
System.out.println(socket.isClosed());      //false
System.out.println(socket.isConnected());  //true

socket.close();
System.out.println(socket.isClosed());      //true
//即使 Socket 已经关闭，只要曾经连接到远程主机，isConnected()方法也会返回 true
System.out.println(socket.isConnected());  //true
```

Socket 和 ServerSocket，以及本书后面章节介绍的 ServerSocketChannel、SocketChannel、SSLServerSocket 和 SSLSocket 等都实现了 java.lang.AutoClosable 接口。这意味着如果在 try 代码块中打开或创建了这些类的实例，那么即使程序没有显式地关闭它们，Java 虚拟机也会在退出 try 代码块时自动关闭它们，释放相关的资源。另一方面，尽管这些类具有自动关闭的功能，仍然建议在程序中及时显式地关闭它们，这样可以提高程序的健壮性并提高其性能。

2.4 半关闭 Socket

进程 A 与进程 B 通过 Socket 通信，假定进程 A 输出数据，进程 B 读入数据。进程 A 如何告诉进程 B 所有数据已经输出完毕呢？有几种处理办法。

（1）如果进程 A 与进程 B 交换的是字符流，并且都一行一行地读写数据，那么可以事先约定以一个特殊的标志作为结束标志，例如以字符串“bye”作为结束标志。当进程 A 向进程 B 发送一行字符串“bye”，进程 B 读到这一行数据后，就停止读取数据。本书的 1.5 节（用 Java 编写客户/服务器程序）的 EchoServer 和 EchoClient 类就采用这种方式。EchoServer 如果读到 EchoClient 发来的字符串“bye”，就不再读取数据。

```
BufferedReader br =getReader(socket);
PrintWriter pw = getWriter(socket);

String msg = null;
while ((msg = br.readLine()) != null) {
  System.out.println(msg);
```

```
    pw.println(echo(msg));
    if (msg.equals("bye")) //如果客户发送的消息为“bye”，就结束通信
      break;
  }
```

（2）进程 A 先发送一个消息，告诉进程 B 所发送的正文的长度，然后发送正文。进程 B 先获知进程 A 将发送的正文的长度，接下来只要读取该长度的字符或者字节，就停止读取数据。

（3）进程 A 发完所有数据后，关闭 Socket。当进程 B 读入了进程 A 发送的所有数据后，再次执行输入流的 read()方法时，该方法返回“-1”，如果执行 BufferedReader 的 readLine()方法，那么该方法返回 null。2.2 节的例程 2-6 的 HTTPClient 类就是依据 read()方法返回“-1”，来获悉已经到达了输入流的末尾。

```
ByteArrayOutputStream buffer=new ByteArrayOutputStream();
byte[] buff=new byte[1024];
int len=-1;
while((len=socketIn.read(buff))!=-1){
  buffer.write(buff,0,len);
}
```

（4）当调用 Socket 的 close()方法关闭 Socket 后，它的输出流和输入流也都被关闭。有的时候，可能仅仅希望关闭输出流或输入流之一。此时可以采用 Socket 类提供的半关闭方法。

- shutdownInput()：关闭输入流。
- shutdownOutput()：关闭输出流。

假定进程 A 执行以下代码，先向进程 B 发送一个字符串，等到进程 B 接收到这个字符串后，进程 A 再调用 Socket 的 shutdownOutput()方法关闭输出流。接下来进程 A 不允许再输出数据，但是仍可以通过输入流读入数据。

```
//发出请求信息
String data=……
OutputStream socketOut=socket.getOutputStream();
socketOut.write(data.getBytes());
socketOut.flush();

//读取响应
InputStream socketIn=socket.getInputStream();
……
if(服务器端返回提示信息，表明已经接收到客户端的所有请求数据)
  socket.shutdownOutput(); //关闭输出流

//继续通过 socketIn 读取数据
……
```

进程 B 在读入数据时，如果进程 A 的输出流已经关闭，进程 B 读入所有数据后，就会读到输入流的末尾。

值得注意的是，先后调用 Socket 的 shutdownInput()和 shutdownOutput()方法，仅仅关闭了输入流和输出流，并不等价于调用 Socket 的 close()方法。在通信结束后，仍然要调用 Socket 的 close()方法，因为只有该方法才会释放 Socket 占用的资源，比如占用的本地端口等。

Socket 类还提供了两种状态测试方法，用来判断输入流和输出流是否关闭。

- public boolean isInputShutdown()：如果输入流关闭，则返回 true，否则返回 false。
- public boolean isOutputShutdown()：如果输出流关闭，则返回 true，否则返回 false。

当客户与服务器通信时，如果有一方突然结束程序，或者关闭了 Socket，或者单独关闭了输入流或输出流，对另一方会造成什么影响呢？ 以下就用 Sender 类（参见例程 2-7）和 Receiver 类（参见例程 2-8）来演示。Sender 表示发送数据的客户程序，它每隔 500ms 发送一行字符串，共发送 20 行字符串。Receiver 表示接收数据的服务器程序，它每隔 1s 接收一行字符串，共接收 20 行字符串。

例程 2-7　Sender.java

```
import java.net.*;
import java.io.*;
import java.util.*;
public class Sender {
  private String host="localhost";
  private int port=8000;
  private Socket socket;
  private static int stopWay= 1;  //结束通信的方式
  private final int NATURAL_STOP=1; //自然结束
  private final int SUDDEN_STOP=2;  //突然终止程序
  private final int SOCKET_STOP=3;  //关闭 Socket，再结束程序
  private final int OUTPUT_STOP=4;  //关闭输出流，再结束程序

  public Sender()throws IOException{
     socket=new Socket(host,port);
  }
  public static void main(String args[])throws Exception{
    if(args.length>0)stopWay=Integer.parseInt(args[0]);
    new Sender().send();
  }
  private PrintWriter getWriter(Socket socket)throws IOException{…}

  public void send()throws Exception {
    PrintWriter pw=getWriter(socket);
    for(int i=0;i<20;i++){
      String msg="hello_"+i;
      pw.println(msg);
```

```
      System.out.println("send:"+msg);
      Thread.sleep(500);  //睡眠 500ms
      if(i==2){  //终止程序，结束通信
        if(stopWay==SUDDEN_STOP){
          System.out.println("突然终止程序");
          System.exit(0);
        }else if(stopWay==SOCKET_STOP){
          System.out.println("关闭 Socket 并终止程序");
          socket.close();
          break;
        }else if(stopWay==OUTPUT_STOP){
          socket.shutdownOutput();
        System.out.println("关闭输出流并终止程序");
          break;
        }
      }
    }

    if(stopWay==NATURAL_STOP){
      socket.close();
    }
  }
}
```

例程 2-8　Receiver.java

```
import java.io.*;
import java.net.*;
public class Receiver {
  private int port=8000;
  private ServerSocket serverSocket;
  private static int stopWay=1;  //结束通信的方式
  private final int NATURAL_STOP=1; //自然结束
  private final int SUDDEN_STOP=2;  //突然终止程序
  private final int SOCKET_STOP=3;  //关闭 Socket，再结束程序
  private final int INPUT_STOP=4;  //关闭输入流，再结束程序
  private final int SERVERSOCKET_STOP=5; //关闭 ServerSocket，再结束程序

  public Receiver() throws IOException {
    serverSocket = new ServerSocket(port);
    System.out.println("服务器已经启动");
  }

  private BufferedReader getReader(Socket socket)throws IOException{
    InputStream socketIn = socket.getInputStream();
    return new BufferedReader(new InputStreamReader(socketIn));
  }
```

```
    public void receive() throws Exception{
      Socket socket=null;
      socket = serverSocket.accept();
      BufferedReader br =getReader(socket);

      for(int i=0;i<20;i++) {
         String msg=br.readLine();
         System.out.println("receive:"+msg);
         Thread.sleep(1000);
         if(i==2){  //终止程序，结束通信
          if(stopWay==SUDDEN_STOP){
            System.out.println("突然终止程序");
            System.exit(0);
          }else if(stopWay==SOCKET_STOP){
            System.out.println("关闭 Socket 并终止程序");
            socket.close();
            break;
          }else if(stopWay==INPUT_STOP){
            System.out.println("关闭输入流并终止程序");
            socket.shutdownInput();
            break;
          }else if(stopWay==SERVERSOCKET_STOP){
            System.out.println("关闭 ServerSocket 并终止程序");
            serverSocket.close();
            break;
          }
        }
      }

      if(stopWay==NATURAL_STOP){
        socket.close();
        serverSocket.close();
      }
    }

    public static void main(String args[])throws Exception {
      if(args.length>0)stopWay=Integer.parseInt(args[0]);
      new Receiver().receive();
    }
  }
```

Sender 类和 Receiver 类的 stopWay 成员变量用来指定结束通信的方式。stopWay 变量的默认值为 1，表示自然结束通信，此外，用户可以通过命令行参数来设置 stopWay 变量的值。

1. 自然结束 Sender 和 Receiver 的通信

先运行“java Receiver”，再运行“java Sender”，Sender 会发送 20 行字符串，然后自然结束运行，Receiver 会接收 20 行字符串，然后也自然结束运行。

2. 提前终止 Receiver

先运行“java Receiver 2”，或者“java Receiver 3”，或者“java Receiver 4”，或者“java Receiver 5”，然后运行“java Sender”。Receiver 接收了 3 行字符串后，就结束运行。但是 Sender 仍然会发送完 20 行字符串后，才自然结束运行。之所以会出现这种情况，是因为尽管 Receiver 已经结束运行，但底层的 Socket 并没有立即释放本地端口，操作系统探测到还有发送给该 Socket 的数据，会使底层 Socket 继续占用本地端口一段时间，2.5.2 节（SO_RESUSEADDR 选项）对此做了进一步解释。

3. 突然终止 Sender

先运行“java Receiver”，再运行“java Sender 2”，Sender 发送了 3 行字符串后，在没有关闭 Socket 的情况下，就结束运行。Receiver 在第 4 次执行 BufferedReader 的 readLine() 方法时会抛出异常。

```
Exception in thread "main" java.net.SocketException: Connection reset
       at java.net.SocketInputStream.read(Unknown Source)
       at sun.nio.cs.StreamDecoder$CharsetSD.readBytes(Unknown Source)
       at sun.nio.cs.StreamDecoder$CharsetSD.implRead(Unknown Source)
       at sun.nio.cs.StreamDecoder.read(Unknown Source)
       at java.io.InputStreamReader.read(Unknown Source)
       at java.io.BufferedReader.fill(Unknown Source)
       at java.io.BufferedReader.readLine(Unknown Source)
       at java.io.BufferedReader.readLine(Unknown Source)
       at Receiver.receive(Receiver.java:29)
       at Receiver.main(Receiver.java:62)
```

4. 关闭或者半关闭 Sender 的 Socket

先运行“java Receiver”，再运行“java Sender 3”，或者运行“java Sender 4”。Sender 发送了 3 行字符串后，会关闭 Socket（运行“java Sender 3”），或者关闭 Socket 的输出流（运行“java Sender 4”），然后结束运行。Receiver 在第 4 次执行 BufferedReader 的 readLine() 方法时读到输入流的末尾，因此 readLine()方法返回 null。

2.5 设置 Socket 的选项

Socket 的选项如下所示。

- TCP_NODELAY：表示立即发送数据。
- SO_RESUSEADDR：表示是否允许重用 Socket 所绑定的本地地址。

- SO_TIMEOUT：表示接收数据时的等待超时时间。
- SO_LINGER：表示当执行 Socket 的 close()方法时，是否立即关闭底层的 Socket。
- SO_SNDBUF：表示发送数据的缓冲区的大小。
- SO_RCVBUF：表示接收数据的缓冲区的大小。
- SO_KEEPALIVE：表示对于长时间处于空闲状态的 Socket，是否要自动把它关闭。
- OOBINLINE：表示是否支持发送 1 字节的 TCP 紧急数据。

2.5.1 TCP_NODELAY 选项

- 设置该选项：public void setTcpNoDelay(boolean on) throws SocketException
- 读取该选项：public boolean getTcpNoDelay() throws SocketException

在默认情况下，发送数据采用 Negale 算法。Negale 算法指发送方发送的数据不会立刻被发出，而是先放在缓冲区内，等缓冲区满了再发出。发送完一批数据后，会等待接收方对这批数据的回应，然后发送下一批数据。Negale 算法适用于发送方需要发送大批量数据，并且接收方会及时做出回应的场合，这种算法通过减少传输数据的次数来提高通信效率。

如果发送方持续地发送小批量的数据，并且接收方不一定会立即发送响应数据，那么 Negale 算法会使发送方运行得很慢。对于 GUI 程序，比如网络游戏程序（服务器需要实时跟踪客户端鼠标的移动），这个问题尤其突出。客户端鼠标位置改动的信息需要被实时地发送到服务器上，由于 Negale 算法采用缓冲，大大降低了实时响应速度，导致客户程序运行很慢。

TCP_NODEALY 的默认值为 false，表示采用 Negale 算法。如果调用 setTcpNoDelay(true)方法，就会关闭 Socket 的缓冲，确保数据被及时发送。

```
if(!socket.getTcpNoDelay())socket.setTcpNoDelay(true);
```

如果 Socket 的底层实现不支持 TCP_NODELAY 选项，那么 getTcpNoDelay()和 setTcpNoDelay()方法会抛出 SocketException。

2.5.2 SO_RESUSEADDR 选项

- 设置该选项：public void setResuseAddress(boolean on) throws SocketException
- 读取该选项：public boolean getResuseAddress() throws SocketException

当接收方通过 Socket 的 close()方法关闭 Socket 时，如果网络上还有发送到这个 Socket 的数据，那么底层的 Socket 不会立刻释放本地端口，而是会等待一段时间，确保接收到了网络上发送过来的延迟数据，再释放端口。Socket 接收到延迟数据后，不会对这些数据做任何处理。Socket 接收延迟数据的目的是，确保这些数据不会被其他碰巧绑定到同样端口的新进程接收到。

客户程序一般采用随机端口，因此出现两个客户程序绑定到同样端口的可能性不大。许多服务器程序都使用固定的端口。当服务器程序被关闭后，有可能它的端口还会被占用一段时间，如果此时立刻在同一台主机上重启服务器程序，由于端口已经被占用，使得服务器程序无法绑定到该端口，导致启动失败。本书 3.5.2 节（SO_REUSEADDR 选项）对此作了介绍。

为了确保当一个进程关闭了 Socket 后，即使它还没释放端口，同一台主机上的其他进程也可以立刻重用该端口，可以调用 Socket 的 setResuseAddress(true)方法。

```
if(!socket.getResuseAddress())socket.setResuseAddress(true);
```

值得注意的是，socket.setResuseAddress(true)方法必须在 Socket 还没有被绑定到一个本地端口之前调用，否则执行 socket.setResuseAddress(true)方法无效。因此必须按照以下方式创建 Socket 对象，然后连接远程服务器。

```
//此时 Socket 对象未绑定本地端口，并且未连接远程服务器
Socket socket=new Socket();
socket.setResuseAddress(true);
SocketAddress remoteAddr=new InetSocketAddress("remotehost",8000);
socket.connect(remoteAddr);  //连接远程服务器，并且绑定匿名的本地端口
```

或者：

```
//此时 Socket 对象未绑定本地端口，并且未连接远程服务器
Socket socket=new Socket();
socket.setResuseAddress(true);
SocketAddress localAddr=new InetSocketAddress("localhost",9000);
SocketAddress remoteAddr=new InetSocketAddress("remotehost",8000);
socket.bind(localAddr);  //与本地端口绑定
socket.connect(remoteAddr);  //连接远程服务器
```

此外，两个共用同一个端口的进程必须都调用 socket.setResuseAddress(true)方法，才能使得一个进程关闭 Socket 后，另一个进程的 Socket 能够立刻重用相同的端口。

2.5.3　SO_TIMEOUT 选项

- 设置该选项：public void setSoTimeout(int milliseconds) throws SocketException
- 读取该选项：public int getSoTimeOut() throws SocketException

当通过 Socket 的输入流读数据时，如果还没有数据，就会等待。例如在以下代码中，in.read(buff))方法从输入流中读入 1024 字节。

```
byte[] buff=new byte[1024];
InputStream in=socket.getInputStream();
in.read(buff));
```

如果输入流中没有数据，in.read(buff))就会等待发送方发送数据，直到满足以下情况才结束等待。

（1）输入流中有 1024 字节，read()方法把这些字节读入 buff 中，再返回读取的字节数。

（2）已经快接近输入流的末尾，距离末尾还有小于 1024 字节。read()方法把这些字节读入 buff 中，再返回读取的字节数。

（3）已经读到输入流的末尾，返回“-1”。

（4）连接已经断开，抛出 IOException。

（5）如果通过 Socket 的 setSoTimeout()方法设置了等待超时时间，那么超过这一时间后就抛出 SocketTimeoutException。

Socket 类的 SO_TIMEOUT 选项用于设定接收数据的等待超时时间，单位为 ms，它的默认值为 0，表示会无限等待，永远不会超时。以下代码把接收数据的等待超时时间设为 3 分钟。

```
if(socket.getTimeout()==0) socket.setTimeout(60000*3);
```

Socket 的 setTimeout()方法必须在接收数据之前执行才有效。此外，当输入流的 read()方法抛出 SocketTimeoutException 后，Socket 仍然是连接的，可以尝试再次读取数据：

```
socket.setTimeout(180000);
byte[] buff=new byte[1024];
InputStream in=socket.getInputStream();
int len=-1;
do{
  try{
    len=in.read(buff);
    //处理读取到的数据
    ……
  }catch(SocketTimeoutException e){
    e.printStackTrace();
    len=0;
  }
}while(len!=-1);
```

例程 2-9（ReceiveServer.java）和例程 2-10（SendClient.java）是一对简单的服务器/客户程序。SendClient 发送字符串“hello everyone”，接着睡眠 1 分钟，然后关闭 Socket。ReceiveServer 读取 SendClient 发送来的数据，直到抵达输入流的末尾，最后打印 SendClient 发送来的数据。

例程 2-9 ReceiveServer.java

```
import java.io.*;
import java.net.*;
public class ReceiveServer {
  public static void main(String args[])throws Exception {
    ServerSocket serverSocket = new ServerSocket(8000);
    Socket s=serverSocket.accept();
    //s.setSoTimeout(20000);
```

```
    InputStream in=s.getInputStream();
    ByteArrayOutputStream buffer=new ByteArrayOutputStream();
    byte[] buff=new byte[1024];
    int len=-1;
    do{
      try{
        len=in.read(buff);
        if(len!=-1)buffer.write(buff,0,len);
      }catch(SocketTimeoutException e){
        System.out.println("等待读超时");
        len=0;
      }
    }while(len!=-1);

    //把字节数组转换为字符串
    System.out.println(new String(buffer.toByteArray()));
  }
}
```

例程 2-10　SendClient.java

```
import java.io.*;
import java.net.*;
public class SendClient {
  public static void main(String args[])throws Exception {
    Socket s = new Socket("localhost",8000);
    OutputStream out=s.getOutputStream();
    out.write("hello".getBytes());
    out.write("every one".getBytes());
    Thread.sleep(60000);  //睡眠 1 分钟
    s.close();
  }
}
```

下面分 3 种情况演示 ReceiveServer 读取数据的行为。

（1）先运行“java ReceiveServer”，启动 ReceiveServer 进程，再运行“java SendClient”，启动 SendClient 进程。当 SendClient 睡眠时，ReceiveServer 在执行 in.read(buff)方法，不能读到足够的数据填满 buff 缓冲区，因此会一直等待 SendClient 发送数据。等到 SendClient 睡眠 1 分钟后，SendClient 调用 Socket 的 close()方法关闭 Socket，这意味着 ReceiveServer 读到了输入流的末尾，ReceiveServer 立即结束读等待，read()方法返回“-1”。ReceiveServer 最后打印接收到的字符串“hello everyone”。

（2）先运行“java ReceiveServer”，启动 ReceiveServer 进程，再运行“java SendClient”，启动 SendClient 进程。当 SendClient 睡眠时，ReceiveServer 在执行 in.read(buff)方法，不能读到足够的数据填满 buff 缓冲区，因此会一直等待 SendClient 发送数据。

趁 SendClient 睡眠还没结束，还没有执行 Socket 的 close()方法之前，在控制台中按

Ctrl-C 键，强行中断 SendClient 程序。正在等待读数据的 ReceiveServer 发现连接断开，in.read(buff)方法立刻抛出 SocketException。ReceiveServer 的打印结果如下。

```
Exception in thread "main" java.net.SocketException: Connection reset
    at java.net.SocketInputStream.read(SocketInputStream.java:168)
    at java.net.SocketInputStream.read(SocketInputStream.java:90)
    at ReceiveServer.main(SimpleServer.java:14)
```

（3）把 ReceiveServer 类中“s.setSoTimeout(20000)”这行代码前的注释符号去掉，从而把等待接收数据的超时时间设为 20s。再次先后运行 ReceiveServer 和 SendClient 程序。ReceiveServer 在等待读数据时，每当超过 20s，就会抛出 SocketTimeoutException，ReceiveServer 的打印结果如下。

```
等待读超时
等待读超时
hello everyone
```

2.5.4 SO_LINGER 选项

- 设置该选项：public void setSoLinger(boolean on, int seconds) throws SocketException
- 读取该选项：public int getSoLinger() throws SocketException

SO_LINGER 选项用来控制 Socket 关闭时的行为。在默认情况下，执行 Socket 的 close()方法，该方法会立即返回，但底层的 Socket 实际上并不立即关闭，它会延迟一段时间，直到发送完所有剩余的数据，才会真正关闭 Socket，断开连接。

如果执行以下方法：

```
socket.setSoLinger(true,0);
```

那么执行 Socket 的 close()方法，该方法也会立即返回，而且底层的 Socket 也会立即关闭，所有未发送完的数据被丢弃。

如果执行以下方法：

```
socket.setSoLinger(true,3600);
```

那么执行 Socket 的 close()方法，该方法不会立即返回，而进入阻塞状态，同时，底层的 Socket 会尝试发送剩余的数据。只有满足以下两个条件之一，close()方法才返回。

- 底层的 Socket 已经发送完所有的剩余数据。
- 尽管底层的 Socket 还没有发送完所有的剩余数据，但已经阻塞了 3600s。当 close()方法的阻塞时间超过 3600s 时，也会返回，未发送的数据被丢弃。

值得注意的是，在以上两种情况中，当 close()方法返回后，底层的 Socket 会被关闭，断开连接。此外，setSoLinger(boolean on, int seconds)方法中的 seconds 参数以 s 为单位，而不是以 ms 为单位。

当程序通过输出流写数据，仅仅表示程序向网络提交了一批数据，由网络负责输送到接收方。当程序关闭 Socket，有可能这批数据还在网络上传输，还未到达接收方。这里所说的“未发送完的数据”就是指这种还在网络上传输，未被接收方接收的数据。

例程 2-11（SimpleClient.java）与例程 2-12（SimpleServer.java）是一对简单的客户/服务器程序。SimpleClient 类发送一万个字符给 SimpleServer，然后调用 Socket 的 close()方法关闭 Socket。

SimpleServer 通过 ServerSocket 的 accept()方法接受了 SimpleClient 的连接请求后，并不立即接收客户发送的数据，而是睡眠 5s 后再接收数据。等到 SimpleServer 开始接收数据时，SimpleClient 有可能已经执行了 Socket 的 close()方法，那么 SimpleServer 还能接收到 SimpleClient 发送的数据吗？

例程 2-11　SimpleClient.java

```
package linger;
import java.io.*;
import java.net.*;
public class SimpleClient {
  public static void main(String args[])throws Exception {
    Socket s = new Socket("localhost",8000);

    //s.setSoLinger(true,0);  //Socket 关闭后，底层 Socket 立即关闭

    //Socket 关闭后，底层 Socket 延迟 3600s 再关闭
    //s.setSoLinger(true,3600);

    OutputStream out=s.getOutputStream();
    StringBuffer sb=new StringBuffer();
    for(int i=0;i<10000;i++)sb.append(i);
    out.write(sb.toString().getBytes());  //发送一万个字符
    System.out.println("开始关闭 Socket");
    long begin=System.currentTimeMillis();
    s.close();
    long end=System.currentTimeMillis();
    System.out.println("关闭 Socket 所用的时间为:"+(end-begin)+"ms");
  }
}
```

例程 2-12　SimpleServer.java

```
package linger;
import java.io.*;
import java.net.*;
public class SimpleServer {
  public static void main(String args[])throws Exception {
```

```
        ServerSocket serverSocket = new ServerSocket(8000);
        Socket s=serverSocket.accept();
        Thread.sleep(5000);  //睡眠 5s 后再读输入流
        InputStream in=s.getInputStream();
        ByteArrayOutputStream buffer=new ByteArrayOutputStream();
        byte[] buff=new byte[1024];
        int len=-1;
        do{
            len=in.read(buff);
            if(len!=-1)buffer.write(buff,0,len);
        }while(len!=-1);
        //把字节数组转换为字符串
        System.out.println(new String(buffer.toByteArray()));
    }
}
```

下面分 3 种情况演示 SimpleClient 关闭 Socket 的行为。

（1）先启动 SimpleServer 进程，再启动 SimpleClient 进程。当 SimpleClient 执行 Socket 的 close()方法时，立即返回，SimpleClient 的打印结果如下：

```
开始关闭 Socket
关闭 Socket 所用的时间为:0ms
```

等到 SimpleClient 结束运行，SimpleServer 可能才刚刚结束睡眠，开始接收 SimpleClient 发送的数据。此时尽管 SimpleClient 已经执行了 Socket 的 close()方法，并且 SimpleClient 程序本身也运行结束了，但从 SimpleServer 的打印结果可以看出，SimpleServer 仍然接收到了所有的数据。之所以出现这种情况，是因为当 SimpleClient 执行了 Socket 的 close()方法后，底层的 Socket 实际上并没有真正关闭，与 SimpleServer 的连接依然存在。底层的 Socket 会存在一段时间，直到发送完所有的数据。

（2）把 SimpleClient 类中“s.setSoLinger(true,0)”前的注释符去掉。再次先后启动 SimpleServer 进程和 SimpleClient 进程。这次当 SimpleClient 执行 Socket 的 close()方法时，会强行关闭底层的 Socket，所有未发送完的数据丢失。SimpleClient 的打印结果如下。

```
开始关闭 Socket
关闭 Socket 所用的时间为:0ms
```

从打印结果可以看出，SimpleClient 执行 Socket 的 close()方法时，也立即返回。当 SimpleServer 结束睡眠，开始接收 SimpleClient 发送的数据时，由于 SimpleClient 已经关闭底层 Socket，断开连接，因此 SimpleServer 在读数据时会抛出 SocketException。

```
Exception in thread "main" java.net.SocketException: Connection reset
    at java.net.SocketInputStream.read(SocketInputStream.java:168)
    at java.net.SocketInputStream.read(SocketInputStream.java:90)
    at SimpleServer.main(SimpleServer.java:13)
```

（3）把 SimpleClient 类中“s.setSoLinger(true,3600)”前的注释符去掉。再次先后启动 SimpleServer 进程和 SimpleClient 进程。这次当 SimpleClient 执行 Socket 的 close()方法时，会进入阻塞状态，直到等待了 3600s，或者底层 Socket 已经把所有剩余数据发送完毕，才会从 close()方法返回。SimpleClient 的打印结果如下。

```
开始关闭 Socket
关闭 Socket 所用的时间为:5648ms
```

当 SimpleServer 结束了 5s 的睡眠，开始接收 SimpleClient 发送的数据时，SimpleClient 还在执行 Socket 的 close()方法，并且处于阻塞状态。SimpleClient 与 SimpleServer 之间的连接依然存在，因此 SimpleServer 能够接收到 SimpleClient 发送的所有数据。

2.5.5　SO_RCVBUF 选项

- 设置该选项：public void setReceiveBufferSize(int size) throws SocketException
- 读取该选项：public int getReceiveBufferSize() throws SocketException

SO_RCVBUF 表示 Socket 的用于输入数据的缓冲区的大小。一般说来，传输大的连续的数据块（比如基于 HTTP 或 FTP 的通信）可以使用较大的缓冲区，这可以减少传输数据的次数，提高传输数据的效率。而对于交互式的通信方式（比如 Telnet 和网络游戏），则应该采用小的缓冲区，确保小批量的数据能及时发送给对方。这种设定缓冲区大小的原则也同样适用于 Socket 的 SO_SNDBUF 选项。

如果底层 Socket 不支持 SO_RCVBUF 选项，那么 setReceiveBufferSize()方法会抛出 SocketException。

2.5.6　SO_SNDBUF 选项

- 设置该选项：public void setSendBufferSize(int size) throws SocketException
- 读取该选项：public int getSendBufferSize() throws SocketException

SO_SNDBUF 表示 Socket 用于输出数据的缓冲区的大小。如果底层 Socket 不支持 SO_SNDBUF 选项，setSendBufferSize()方法会抛出 SocketException。

2.5.7　SO_KEEPALIVE 选项

- 设置该选项：public void setKeepAlive(boolean on) throws SocketException
- 读取该选项：public int getKeepAlive() throws SocketException

当 SO_KEEPALIVE 选项为 true 时，表示底层的 TCP 实现会监视该连接是否有效。当连接处于空闲状态（即连接的两端没有互相传送数据）超过了 2 小时，本地的 TCP 实现会发送一个数据包给远程的 Socket，如果远程 Socket 没有发回响应，TCP 实现就会持续尝试发送 11 分钟，直到接收到响应为止。如果在 12 分钟内未收到响应，TCP 实现就会自动关闭本地 Socket，断开连接。在不同的网络平台上，TCP 实现尝试与远程 Socket 对话的时限会有所差别。

SO_KEEPALIVE 选项的默认值为 false，表示 TCP 不会监视连接是否有效，不活动的客户端可能会永久存在下去，而不会注意到服务器已经崩溃。

以下代码把 SO_KEEPALIVE 选项设为 true。

```
if(!socket.getKeepAlive())socket.setKeepAlive(true);
```

2.5.8 OOBINLINE 选项

- 设置该选项：public void setOOBInline(boolean on) throws SocketException
- 读取该选项：public int getOOBInline() throws SocketException

当 OOBINLINE 为 true 时，表示支持发送 1 字节的 TCP 紧急数据。Socket 类的 sendUrgentData(int data)方法用于发送 1 字节的 TCP 紧急数据。

OOBINLINE 的默认值为 false，在这种情况下，当接收方收到紧急数据后不做任何处理，直接将其丢弃。如果用户希望发送紧急数据，应该把 OOBINLINE 设为 true。

```
socket.setOOBInline(true);
```

此时接收方会把接收到的紧急数据与普通数据放在同样的队列中。值得注意的是，除非使用一些更高层次的协议，否则接收方处理紧急数据的能力非常有限。当紧急数据到来时，接收方不会得到任何通知，因此接收方很难区分普通数据与紧急数据，只好按照同样的方式处理它们。

2.5.9 IP 服务类型选项

当用户通过邮局发送普通信、挂号信或者快件时，实际上选择了邮局提供的不同的服务。发送普通信的价格最低，但发送速度慢，并且可靠性没有保证。发送挂号信的价格稍高，但可靠性有保证。发送快件的价格最高，发送速度最快，并且可靠性有保证。

在 Internet 上传输数据也分为不同的服务类型，它们有不同的定价。用户可以根据自己的需求，选择不同的服务类型。例如发送视频需要较高的带宽，快速到达目的地，以保证接收方看到连续的画面，而发送电子邮件可以使用较低的带宽，延迟几个小时到达目的地也没关系。

IP 规定了一些服务类型，用来定性地描述服务的质量，举例如下。

- 低成本：发送成本低。
- 高可靠性：保证把数据可靠地送达目的地。
- 最高吞吐量：一次可以接收或发送大批量的数据。
- 最小延迟：传输数据的速度快，把数据快速送达目的地。

这些服务类型还可以进行组合，例如，可以同时要求获得高可靠性和最小延迟。服务类型存储在 IP 数据包头部的名为 IP_TOS 的 8 位字段（1 字节）中，Socket 类中提供了设置和读取服务类型的方法。

- 设置服务类型：public void setTrafficClass(int trafficClass) throws SocketException
- 读取服务类型：public int getTrafficClass() throws SocketException

服务类型用 1 字节来表示，取值范围是 0 到 255 之间的整数。这个服务类型数据也会被复制到 TCP 数据包头部的 8 位字段中。在目前的网络协议中，对这个表示服务类型的字节又做了进一步的细分。

- 高六位：表示 DSCP 值（Differentiated Service Code Point），即表示不同的服务类型代码号。DSCP 允许最多有 64（2 的 6 次方）种服务类型。
- 低两位：表示 ECN 值（Explicit Congestion Notification），即显式拥塞通知信息。

64 个 DSCP 值到底表示什么含义，这是由具体的网络和路由器决定的。下面是比较常见的 DCSP 值。

- 默认服务类型：取值是“000000”。
- 加速转发类型：取值是“101110”。服务特点是低损耗、低延迟、低抖动。
- 保证转发类型：共有 12 个取值，参见表 2-1。保证以指定速率传送。

其中第 1 类有最低转发优先级，第 4 类有最高转发优先级。也就是说，当网络出现阻塞时，第 4 类的数据包被优先转发。每一类又包含 3 个取值，其中低丢包率的服务类型丢弃数据包的概率小，而高丢包率的服务类型丢弃数据包的概率大。

表 2-1　保证转发类型的 12 个 DSCP 取值

类型	第 1 类（最低转发优先级）	第 2 类	第 3 类	第 4 类（最高转发优先级）
低丢包率	001010	010010	011010	100010
中丢包率	001100	010100	011100	100100
高丢包率	001110	010110	011110	100110

加速转发类型比其他服务类型有更高的优先级。例如以下代码使得 Socket 采用加速转发类型来收发数据。

```
Socket socket=new Socket("www.javathinker.net",80);

//0xB8 对应二进制数据"10111000",
//低两位表示显式拥塞通知，取值为"00"
socket.setTrafficClass(0xB8);
```

值得注意的是，DCSP 值仅仅为底层的网络实现提供一个参考，有些底层 Socket 实现会忽略 DCSP 值，对它不进行任何处理。

2.5.10　设定连接时间、延迟和带宽的相对重要性

从 JDK1.5 开始，为 Socket 类提供了一个 setPerformancePreferences()方法。

```
public void setPerformancePreferences(int connectionTime,
                                       int latency,int bandwidth)
```

以上方法的 3 个参数表示网络传输数据的 3 项指标。

- 参数 connectionTime：表示用最少时间建立连接。
- 参数 latency：表示最小延迟。
- 参数 bandwidth：表示最高带宽。

setPerformancePreferences()方法被用来设定这 3 项指标之间的相对重要性。可以为这些参数赋予任意的整数，这些整数之间的相对大小就决定了相应参数的相对重要性。例如，如果参数 connectionTime 为 2，参数 latency 为 1，而参数 bandwidth 为 3，就表示最高带宽最重要，其次是最少连接时间，最后是最小延迟。

值得注意的是，setPerformancePreferences()方法所做的设置仅仅为底层的网络实现提供一个参考，有些底层 Socket 实现会忽略这一设置，对它不进行任何处理。

2.6 发送邮件的 SMTP 客户程序

SMTP（Simple Mail Transfer Protocol，简单邮件传输协议）是应用层的协议，建立在 TCP/IP 基础之上。SMTP 规定了把邮件从发送方传输到接收方的规则。该协议的细节在 RFC821 文档中进行了描述。

SMTP 客户程序请求发送邮件，SMTP 服务器负责把邮件传输到目的地。在默认情况下，SMTP 服务器监听 25 端口。在 SMTP 客户与 SMTP 服务器的一次会话过程中，SMTP 客户会发送一系列 SMTP 命令，SMTP 服务器则做出响应，返回相应的应答码，以及对应答码的描述。表 2-2 和表 2-3 分别列出了 SMTP 主要包含的 SMTP 命令和应答码。

表 2-2　主要的 SMTP 命令

SMTP 命令	说　明	SMTP 命令	说　明
HELO	指明邮件发送者的主机地址	DATA	表示接下来将发送邮件内容
MAIL FROM	指明邮件发送者的邮件地址	QUIT	结束通信
RCPT TO	指明邮件接收者的邮件地址	HELP	查询服务器支持什么命令

表 2-3　主要的 SMTP 应答码

应答码	说　明	应答码	说　明
214	帮助信息	421	服务未就绪，关闭传输通道
220	服务就绪	501	命令参数格式错误
221	服务关闭	502	命令不支持
250	邮件操作完成	503	错误的命令序列
354	开始输入邮件内容，以“.”结束	504	命令参数不支持

以下是在 SMTP 客户程序与 SMTP 服务器的一次会话过程中，SMTP 服务器的响应数据（以“Server>”开头的行）以及 SMTP 客户发送的数据（以“Client>”开头的行）。SMTP

客户程序所在的主机的名字为“ANGEL”，SMTP 服务器程序所在的主机的名字为“smtp.abc.com”。

```
Server>220 smtp.abc.com SMTP service ready

Client>HELO ANGEL
Server>250 smtp.abc.com Hello ANGEL,pleased to meet you.

Client>MAIL FROM:<tom@abc.com>
Server> 250 sender <tom@abc.com> OK

Client> RCPT TO:<linda@def.com>
Server> 250 recipient <linda@def.com> OK

Client> DATA
Server> 354 Enter mail, end with "." on a line by itself

Client>Subject:hello from haha
hi,I miss you very much
Client>.
Server>250 message sent

Client>QUIT
Server>221 goodbye
```

例程 2-13 的 MailSender 就是一个 SMTP 客户程序，它用 sendMail()方法请求 SMTP 服务器发送一封邮件。sendMail()方法首先创建与 SMTP 服务器连接的 Socket 对象。当连接成功时，SMTP 服务器就会返回一个应答码为 220 的响应，表示服务就绪。接着 sendMail()方法开始发送“HELO”“MAIL FROM”“RCPT TO”等命令，每条命令都按行发送，即以“\r\n”结束。每发送完一条命令后，都会等接收到了 SMTP 服务器的响应数据，再发送下一条命令。

例程 2-13　MailSender.java

```
import java.net.*;
import java.io.*;

public class MailSender{
  private String smtpServer="smtp.abc.com";  //SMTP 邮件服务器的主机名
  private int port=25;

  public static void main(String[] args){
    Message msg=new Message("tom@abc.com",    //发送者的邮件地址
                        "linda@def.com",  //接收者的邮件地址
                       "hello",  //邮件标题
                       "hi,I miss you very much."); //邮件正文
```

```
  new MailSender().sendMail(msg);
}

public void sendMail(Message msg){
  Socket socket=null;
  try{
    socket = new Socket(smtpServer,port);  //连接到邮件服务器
    BufferedReader br =getReader(socket);
    PrintWriter pw = getWriter(socket);
    //客户主机的名字
    String localhost= InetAddress.getLocalHost().getHostName();

    sendAndReceive(null,br,pw); //仅仅是为了接收服务器的响应数据
    sendAndReceive("HELO " + localhost,br,pw);
    sendAndReceive("MAIL FROM: <" + msg.from+">",br,pw);
    sendAndReceive("RCPT TO: <" + msg.to+">",br,pw);
    sendAndReceive("DATA",br,pw);  //接下来开始发送邮件内容
    pw.println(msg.data);  //发送邮件内容
    System.out.println("Client>"+msg.data);
    sendAndReceive(".",br,pw);  //邮件发送完毕
    sendAndReceive("QUIT",br,pw);  //结束通信
  }catch (IOException e){
    e.printStackTrace();
  }finally{
    try{
      if(socket!=null)socket.close();
    }catch (IOException e) {e.printStackTrace();}
  }
}

/** 发送一行字符串，并接收一行服务器的响应数据*/
private void sendAndReceive(String str,BufferedReader br,
                  PrintWriter pw) throws IOException{
  if (str != null){
    System.out.println("Client>"+str);
    pw.println(str);  //发送完 str 字符串后，还会发送"\r\n"。
  }
  String response;
  if ((response = br.readLine()) != null)
    System.out.println("Server>"+response);
}

 private PrintWriter getWriter(Socket socket)throws IOException{
   OutputStream socketOut = socket.getOutputStream();
   return new PrintWriter(socketOut,true);
 }
 private BufferedReader getReader(Socket socket)throws IOException{
```

```
        InputStream socketIn = socket.getInputStream();
        return new BufferedReader(new InputStreamReader(socketIn));
    }
}

class Message{  //表示邮件
  String from;  //发送者的邮件地址
  String to;  //接收者的邮件地址
  String subject;  //邮件标题
  String content;  //邮件正文
  String data;  //邮件内容，包括邮件标题和正文
  public Message(String from,String to, String subject, String content){
    this.from=from;
    this.to=to;
    this.subject=subject;
    this.content=content;
    data="Subject:"+subject+"\r\n"+content;
  }
}
```

有些 SMTP 服务器还会要求客户提供授权码验证信息。在这种情况下，客户应该先发送“EHLO”命令，接着发送“AUTH LOGIN”命令，再发送采用 Base64 编码的用户名和授权验证码，这样就能通过服务器端的身份认证。例程 2-14 的 MailSenderWithAuth 类先向服务器进行身份认证，然后才发送邮件。

Base64 编码是网络上常见的编码方式，它能把任意的原始字节序列转换为不易被人直接识别的形式，具有加密数据的作用。RFC2045 ~ RFC2049 对 Base64 编码做了介绍。

例程 2-14　MailSenderWithAuth.java

```
package auth;
import java.net.*;
import java.io.*;
import java.util.Base64;
import java.util.Base64.Encoder;
import javax.net.ssl.SSLSocketFactory;

public class MailSenderWithAuth{
  private String smtpServer="smtp.126.com";  //SMTP 邮件服务器的主机名
  private int port=465; //126 网易的 SMTP 服务器监听的端口号

  public static void main(String[] args){
    Message msg=new Message("java_mailtest@126.com",  //发送者的邮件地址
                    "javathinker_mail@sina.com",  //接收者的邮件地址
                    "hello",  //邮件标题
                    "hi,I miss you very much."); //邮件正文
```

```
    new MailSenderWithAuth().sendMail(msg);
  }

  public void sendMail(Message msg){
    Socket socket=null;
    try{
      socket =
       SSLSocketFactory.getDefault().createSocket(smtpServer,port);
      BufferedReader br =getReader(socket);
      PrintWriter pw = getWriter(socket);
      //客户主机的名字
      String localhost= InetAddress.getLocalHost().getHostName();

      String username="java_mailtest";
      String accessCode="access1234";  //授权验证码

      //对用户名和授权验证码进行 base64 编码
      Base64.Encoder encoder = Base64.getEncoder();
      username = encoder.encodeToString(username.getBytes());
      accessCode = encoder.encodeToString(accessCode.getBytes());
      sendAndReceive(null,br,pw); //仅仅是为了接收服务器的响应数据
      //"EHLO "是 SMTP 协议新版中替代原先的"HELO "的 SMTP 命令
      sendAndReceive("EHLO " + localhost,br,pw);
      sendAndReceive("AUTH LOGIN",br,pw);  //认证命令
      sendAndReceive(username,br,pw);  //用户名
      sendAndReceive(accessCode,br,pw);   //授权验证码
      sendAndReceive("MAIL FROM: " + msg.from+"",br,pw);

      sendAndReceive("RCPT TO: " + msg.to+"",br,pw);
      sendAndReceive("DATA",br,pw);  //接下来开始发送邮件内容
      pw.println(msg.data);  //发送邮件内容
      System.out.println("Client>"+msg.data);
      sendAndReceive(".",br,pw);  //邮件发送完毕
      sendAndReceive("QUIT",br,pw);  //结束通信
    }catch (IOException e){
      e.printStackTrace();
    }finally{
      try{
        if(socket!=null)socket.close();
      }catch (IOException e) {e.printStackTrace();}
    }
  }

  /** 发送一行字符串，并接收一行服务器的响应数据*/
  private void sendAndReceive(String str,BufferedReader br,
                         PrintWriter pw) throws IOException{
```

```
    ……
  }

  private PrintWriter getWriter(Socket socket)throws IOException{…}
  private BufferedReader getReader(Socket socket)throws IOException{…}
}

class Message{  //表示邮件
  ……
}
```

以上 MailClientWithAuth 类利用 126 网易的 SMTP 服务器来发送邮件。关于授权验证码的设置和概念，请参见 14.6 节（授权码验证）。为了进行授权码验证，本程序创建了基于 SSL（Secure Sockets Layer，安全套接层）的安全套接字：

```
socket =SSLSocketFactory
        .getDefault()
        .createSocket(smtpServer,port);
```

2.7　小结

除了 Socket 的第 1 个不带参数的构造方法，其他构造方法都会试图建立与服务器的连接，如果连接成功，就返回 Socket 对象；如果因为某些原因连接失败，就会抛出 IOException。

当客户请求与服务器程序连接时，可能要等待一段时间。默认情况下，客户会一直等待下去，直到连接成功，或者出现异常。如果希望限定等待连接的时间，可通过 connect(SocketAddress endpoint, int timeout)方法来设置超时时间，参数 timeout 表示超时时间，以 ms 为单位。

在通信过程中，如果发送方没有关闭 Socket，就突然终止程序，接收方在接收数据时会抛出 SocketException。发送方发送完数据后，应该及时关闭 Socket 或者关闭 Socket 的输出流，这样，接收方就能顺利读到输入流的末尾。

Socket 有许多选项，用来控制建立连接、接收和发送数据，以及关闭 Socket 的行为。

- TCP_NODELAY：表示立即发送数据。
- SO_RESUSEADDR：表示是否允许重用 Socket 所绑定的本地地址。
- SO_TIMEOUT：表示接收数据时的等待超时时间。
- SO_LINGER：表示当执行 Socket 的 close()方法时，是否立即关闭底层的 Socket。
- SO_SNDBUF：表示发送数据的缓冲区的大小。
- SO_RCVBUF：表示接收数据的缓冲区的大小。
- SO_KEEPALIVE：表示对于长时间处于空闲状态的 Socket，是否要自动把它关闭。
- OOBINLINE：表示是否支持发送 1 字节的 TCP 紧急数据。

2.8 练习题

1．对于以下程序代码：

```
Socket socket=new Socket();  //第 1 行
SocketAddress remoteAddr1=
    new InetSocketAddress("localhost",8000); //第 2 行
SocketAddress remoteAddr2=
   new InetSocketAddress("localhost",8001); //第 3 行
socket.connect(remoteAddr1, 60000);  //第 4 行
socket.connect(remoteAddr2, 60000);  //第 5 行
```

以下哪些说法正确？（多选）

a）以上程序代码可以顺利编译和运行通过。

b）第 1 行程序代码创建了一个与本地匿名端口绑定的 Socket 对象。

c）第 1 行程序代码创建的 Socket 对象没有与任何服务器建立连接，并且没有绑定任何本地端口。

d）第 5 行程序代码会运行出错，因为一个 Socket 对象只允许建立一次连接。

e）第 4 行程序代码使 Socket 对象与一个服务器建立连接，并且绑定一个本地匿名端口。

2．当客户端执行以下程序代码时：

```
Socket socket=new Socket("angel",80);
```

如果远程服务器 angel 不存在，会出现什么情况？（单选）

a）Socket 构造方法抛出 UnknownHostException。

b）客户端一直等待连接，直到连接超时，从而抛出 SocketTimeoutException。

c）抛出 BindException。

d）构造方法返回一个 Socket 对象，但它不与任何服务器连接。

3．Socket 类的哪个方法返回 Socket 对象绑定的本地端口？（单选）

a）getPort()

b）getLocalPort()

c）getRemotePort()

d）不存在这样的方法，因为 Socket 对象绑定的本地端口对程序是透明的

4．以下两段程序代码是否等价？（单选）

```
//第 1 段程序
socket.shutdownInput();
socket.shutdownOutput();
```

```
//第 2 段程序
socket.close();
```

a）等价　b）不等价

5．以下哪个选项设定 Socket 的接收数据时的等待超时时间？（单选）

a）SO_LINGER　　b）SO_RCVBUF

c）SO_KEEPALIVE　　d）SO_TIMEOUT

6．如何判断一个 Socket 对象当前是否处于连接状态？（单选）

a）boolean isConnected=socket.isConnected() && socket.isBound();

b）boolean isConnected=socket.isConnected() && !socket.isClosed();

c）boolean isConnected=socket.isConnected() && !socket.isBound();

d）boolean isConnected=socket.isConnected();

7．客户程序希望底层网络的 IP 层提供高可靠性和最小延迟传输的特定服务，客户程序中应该如何提出这一请求？（单选）

a）调用 Socket 的 setPerformancePreferences()方法

b）设置 Socket 的 SO_SERVICE 选项

c）调用 Socket 的 setTrafficClass()方法

d）客户程序无法提出这种请求，必须直接配置底层网络

8．创建一个简单的 HTTP 客户程序：exercise.MyHTTPClient 类，它访问 www.javathinker.net/index.jsp，把得到的 HTTP 响应结果保存到本地文件系统的一个文件中。

答案：1．c,d,e　2．a　3．b　4．b　5．d　6．b　7．c

8．参见配套源代码包的 sourcecode/chapter02/src/exercise/MyHTTPClient.java。

编程提示：参考例程 2-6 的 HTTPClient，把字节输出流改为文件输出流。

第 3 章

ServerSocket 用法详解

在客户/服务器通信模式中，服务器端需要创建监听特定的端口的 ServerSocket，ServerSocket 负责接收客户连接请求。本章首先介绍了 ServerSocket 类的各个构造方法以及成员方法的用法，接着介绍服务器如何用多线程来并发处理与多个客户的通信任务。

本章提供了线程池的一种实现方式。线程池包括一个工作队列和若干工作线程。服务器程序向工作队列中加入与客户通信的任务，工作线程不断地从工作队列中取出并执行任务。本章还介绍了 java.util.concurrent 包中的线程池类的用法，在服务器程序中可以直接使用。

3.1 构造 ServerSocket

ServerSocket 的构造方法有以下几种重载形式。

```
(1) ServerSocket()throws IOException
(2) ServerSocket(int port) throws IOException
(3) ServerSocket(int port, int backlog) throws IOException
(4) ServerSocket(int port, int backlog, InetAddress bindAddr)
        throws IOException
```

在以上构造方法中，参数 port 指定服务器要绑定的端口（即服务器要监听的端口），参数 backlog 指定客户连接请求队列的长度，参数 bindAddr 指定服务器要绑定的 IP 地址。

3.1.1 绑定端口

除了第 1 个不带参数的构造方法，其他构造方法都会使服务器与特定端口绑定，该端口由参数 port 指定。例如，以下代码创建了一个与 80 端口绑定的服务器。

```
ServerSocket serverSocket=new ServerSocket(80);
```

如果运行时无法绑定到 80 端口，以上代码就会抛出 IOException，更确切地说，是抛出 BindException，它是 IOException 的子类。BindException 一般是由以下原因造成的。

- 端口已经被其他服务器进程占用。
- 在某些操作系统中，如果没有以超级用户的身份来运行服务器程序，那么操作系统不允许服务器绑定到 1~1023 之间的端口。

如果把参数 port 设为 0，则表示由操作系统为服务器分配一个任意的可用端口，也被称为匿名端口。对于多数服务器，会使用明确的端口，而不会使用匿名端口，因为客户程序需要事先知道服务器的端口，才能方便地访问服务器。在某些场合，匿名端口有着特殊的用途，3.4 节对此进行了介绍。

3.1.2　设定客户连接请求队列的长度

当服务器进程运行时，可能会同时监听到多个客户的连接请求。例如每当一个客户进程执行以下代码：

```
Socket socket=new Socket("www.javathinker.net",80);
```

就意味着在远程 www.javathinker.net 主机的 80 端口上，监听到了一个客户的连接请求。管理客户连接请求的任务是由操作系统来完成的。操作系统把这些连接请求存储在一个先进先出的队列中。许多操作系统都限定了队列的最大长度，一般为 50。当队列中的连接请求达到了队列的最大长度时，服务器进程所在的主机会拒绝新的连接请求。只有当服务器进程通过 ServerSocket 的 accept()方法从队列中取出连接请求，使队列腾出空位，队列才能继续加入新的连接请求。

对于客户进程，如果它发出的连接请求被加入服务器的队列中，就意味着客户与服务器的连接建立成功，客户进程从 Socket 构造方法中正常返回。如果客户进程发出的连接请求被服务器拒绝，Socket 构造方法就会抛出 ConnectionException。

ServerSocket 构造方法的 backlog 参数用来显式设置连接请求队列的长度，它将覆盖操作系统限定的队列的最大长度。值得注意的是，在以下几种情况中，仍然会采用操作系统限定的队列的最大长度。

- backlog 参数的值大于操作系统限定的队列的最大长度。
- backlog 参数的值小于或等于 0。
- 在 ServerSocket 构造方法中没有设置 backlog 参数。

例程 3-1 的 Client.java 和例程 3-2 的 Server.java 用来演示服务器的连接请求队列的特性。

例程 3-1　Client.java

```
import java.net.*;
public class Client {
  public static void main(String args[])throws Exception{
    final int length=100;
    String host="localhost";
    int port=8000;
```

```
    Socket[] sockets=new Socket[length];
    for(int i=0;i<length;i++){  //试图建立 100 次连接
      sockets[i]=new Socket(host, port);
      System.out.println("第"+(i+1)+"次连接成功");
    }
    Thread.sleep(3000);
    for(int i=0;i<length;i++){
      sockets[i].close();  //断开连接
    }
  }
}
```

例程 3-2　Server.java

```
import java.io.*;
import java.net.*;
public class Server {
  private int port=8000;
  private ServerSocket serverSocket;

  public Server() throws IOException {
    serverSocket = new ServerSocket(port,3);  //连接请求队列的长度为 3
    System.out.println("服务器启动");
  }

  public void service() {
    while (true) {
      Socket socket=null;
      try {
        socket = serverSocket.accept();  //从连接请求队列中取出一个连接
        System.out.println("New connection accepted " +
        socket.getInetAddress() + ":" +socket.getPort());
      }catch (IOException e) {
         e.printStackTrace();
      }finally {
         try{
           if(socket!=null)socket.close();
         }catch (IOException e) {e.printStackTrace();}
      }
    }
  }

  public static void main(String args[])throws Exception {
    Server server=new Server();
    Thread.sleep(60000*10);  //睡眠 10 分钟
    //server.service();
```

```
    }
  }
```

Client 试图与 Server 进行 100 次连接。在 Server 类中，把连接请求队列的长度设为 3。这意味着当队列中有了 3 个连接请求，如果 Client 再请求连接，就会被 Server 拒绝。下面按照以下步骤运行 Server 和 Client 程序。

（1）把 Server 类的 main()方法中的“server.service();”这行程序代码注释掉。这使得服务器与 8000 端口绑定后，永远不会执行 serverSocket.accept()方法，这意味着队列中的连接请求永远不会被取出。先运行 Server 程序，再运行 Client 程序，Client 程序的打印结果如下。

```
第 1 次连接成功
第 2 次连接成功
第 3 次连接成功
Exception in thread "main" java.net.ConnectException:
      Connection refused: connect
       at java.net.PlainSocketImpl.socketConnect(Native Method)
       at java.net.PlainSocketImpl.doConnect(Unknown Source)
       at java.net.PlainSocketImpl.connectToAddress(Unknown Source)
       at java.net.PlainSocketImpl.connect(Unknown Source)
       at java.net.SocksSocketImpl.connect(Unknown Source)
       at java.net.Socket.connect(Unknown Source)
       at java.net.Socket.connect(Unknown Source)
       at java.net.Socket.<init>(Unknown Source)
       at java.net.Socket.<init>(Unknown Source)
       at Client.main(Client.java:10)
```

从以上打印结果可以看出，Client 与 Server 成功建立了 3 个连接后，就无法再创建其余的连接，因为服务器的队列已经满了。

（2）把 Server 类的 main()方法按如下方式修改。

```
public static void main(String args[])throws Exception {
   Server server=new Server();
   //Thread.sleep(60000*10);  //睡眠 10 分钟
   server.service();
 }
```

完成以上修改，服务器与 8000 端口绑定后，就会在一个 while 循环中不断执行 serverSocket.accept()方法，该方法从队列中取出连接请求，使得队列能及时腾出空位，以容纳新的连接请求。先运行 Server 程序，然后运行 Client 程序，Client 程序的打印结果如下。

```
第 1 次连接成功
第 2 次连接成功
第 3 次连接成功
```

```
……
第 100 次连接成功
```

从以上打印结果可以看出，此时 Client 能顺利地与 Server 建立 100 次连接。

3.1.3 设定绑定的 IP 地址

如果主机只有一个 IP 地址，那么在默认情况下，服务器程序就与该 IP 地址绑定。ServerSocket 的第 4 个构造方法 ServerSocket(int port, int backlog, InetAddress bindAddr)有一个 bindAddr 参数，它显式地指定服务器要绑定的 IP 地址，该构造方法适用于具有多个 IP 地址的主机。假定一个主机有两个网卡，一个网卡用于连接到 Internet，IP 地址为 222.67.5.94，另一个网卡用于连接到本地局域网，IP 地址为 192.168.3.4。如果服务器仅仅被本地局域网中的客户访问，那么可以按如下方式创建 ServerSocket。

```
ServerSocket serverSocket=
   new ServerSocket(8000,10,InetAddress.getByName("192.168.3.4"));
```

3.1.4 默认构造方法的作用

ServerSocket 有一个不带参数的默认构造方法。通过该方法创建的 ServerSocket 不与任何端口绑定，接下来还需要通过 bind()方法与特定端口绑定。

这个默认构造方法的用途是，允许服务器在绑定到特定端口之前，先设置 ServerSocket 的一些选项。因为一旦服务器与特定端口绑定，有些选项就不能再改变了。

在以下代码中，先把 ServerSocket 的 SO_REUSEADDR 选项设为 true，然后把它与 8000 端口绑定。

```
ServerSocket serverSocket=new ServerSocket();
serverSocket.setReuseAddress(true);  //设置 ServerSocket 的选项
serverSocket.bind(new InetSocketAddress(8000));  //与 8000 端口绑定
```

如果把以上程序代码改为

```
ServerSocket serverSocket=new ServerSocket(8000);
serverSocket.setReuseAddress(true);  //设置 ServerSocket 的选项
```

那么 serverSocket.setReuseAddress(true)方法就不起任何作用，因为 SO_REUSEADDR 选项必须在服务器绑定端口之前设置才有效。

3.2 接收和关闭与客户的连接

ServerSocket 的 accept()方法从连接请求队列中取出一个客户的连接请求，然后创建与客户连接的 Socket 对象，并将它返回。如果队列中没有连接请求，accept()方法就会一直等待，直到接收到了连接请求才返回。

接下来，服务器从 Socket 对象中获得输入流和输出流，就能与客户交换数据。当服务器正在进行发送数据的操作时，如果客户端断开了连接，那么服务器端会抛出一个 IOException 的子类 SocketException 异常。

```
java.net.SocketException: Connection reset by peer
```

这只是服务器与单个客户通信中出现的异常，这种异常应该被捕获，使得服务器能继续与其他客户通信。

以下程序显示了单线程服务器采用的通信流程。

```
public void service() {
  while (true) {
    Socket socket=null;
    try {
      socket = serverSocket.accept();  //从连接请求队列中取出一个连接
      System.out.println("New connection accepted "
            +socket.getInetAddress() + ":" +socket.getPort());
      //接收和发送数据
      ……
    }catch (IOException e) {
      //这只是与单个客户通信时遇到的异常，可能是由于客户端过早断开连接引起的
      //这种异常不应该中断整个 while 循环
       e.printStackTrace();
    }finally {
       try{
         //与一个客户通信结束后，要关闭 Socket
         if(socket!=null)socket.close();
       }catch (IOException e) {e.printStackTrace();}
    }
  }
}
```

与单个客户通信的代码放在一个 try 代码块中，如果遇到异常，则该异常被 catch 代码块捕获。try 代码块后面还有一个 finally 代码块，它保证不管与客户通信正常结束还是异常结束，最后都会关闭 Socket，断开与这个客户的连接。

3.3　关闭 ServerSocket

ServerSocket 的 close()方法使服务器释放占用的端口，并且断开与所有客户的连接。当

一个服务器程序运行结束时，即使没有执行 ServerSocket 的 close()方法，操作系统也会释放这个服务器占用的端口。因此，服务器程序并不一定要在结束之前执行 ServerSocket 的 close()方法。

在某些情况下，如果希望及时释放服务器的端口，以便让其他程序能占用该端口，则可以显式地调用 ServerSocket 的 close()方法。例如以下代码用于扫描 1~65535 之间的端口号。如果 ServerSocket 成功创建，则意味着该端口未被其他服务器进程绑定，否则说明该端口已经被其他进程占用。

```
for(int port=1;port<=65535;port++){
  try{
    ServerSocket serverSocket=new ServerSocket(port);
    serverSocket.close();  //及时关闭 ServerSocket
  }catch(IOException e){
    System.out.println("端口"+port+" 已经被其他服务器进程占用");
  }
}
```

以上程序代码创建了一个 ServerSocket 对象后，就马上关闭它，以便及时释放它占用的端口，从而避免程序临时占用系统的大多数端口。

ServerSocket 的 isClosed()方法判断 ServerSocket 是否关闭，只有执行了 ServerSocket 的 close()方法，isClosed()方法才返回 true；否则，即使 ServerSocket 还没有和特定端口绑定，isClosed()方法也会返回 false。

ServerSocket 的 isBound()方法判断 ServerSocket 是否已经与一个端口绑定，只要 ServerSocket 已经与一个端口绑定，即使它已经被关闭，isBound()方法也会返回 true。

如果需要判断一个 ServerSocket 是否已经与特定端口绑定，并且还没有被关闭，则可以采用以下方式。

```
boolean isOpen=serverSocket.isBound() && !serverSocket.isClosed();
```

3.4 获取 ServerSocket 的信息

ServerSocket 的以下两个 get 方法分别用于获得服务器绑定的 IP 地址，以及绑定的端口。

```
public InetAddress getInetAddress()
public int getLocalPort()
```

前面已经讲到，在构造 ServerSocket 时，如果把端口设为 0，那么将由操作系统为服务器分配一个端口（称为匿名端口），程序只要调用 getLocalPort()方法就能获知这个端口号。

例程 3-3 的 RandomPort 创建了一个 ServerSocket，它使用的就是匿名端口。

例程 3-3　RandomPort.java

```
import java.io.*;
import java.net.*;

public class RandomPort{
  public static void main(String args[])throws IOException{
    ServerSocket serverSocket=new ServerSocket(0);
    System.out.println("监听的端口为:"+serverSocket.getLocalPort());
  }
}
```

多次运行 RandomPort 程序，可能会得到如下运行结果。

```
C:\chapter03\classes>java RandomPort
监听的端口为:3000
C:\chapter03\classes>jjava RandomPort
监听的端口为:3004
C:\chapter03\classes>jjava RandomPort
监听的端口为:3005
```

多数服务器会监听固定的端口，这样才便于客户程序访问服务器。匿名端口一般适用于服务器与客户之间的临时通信，通信结束后就断开连接，并且 ServerSocket 占用的临时端口也会被释放。

FTP 就使用了匿名端口。如图 3-1 所示，FTP 用于在本地文件系统与远程文件系统之间传送文件。

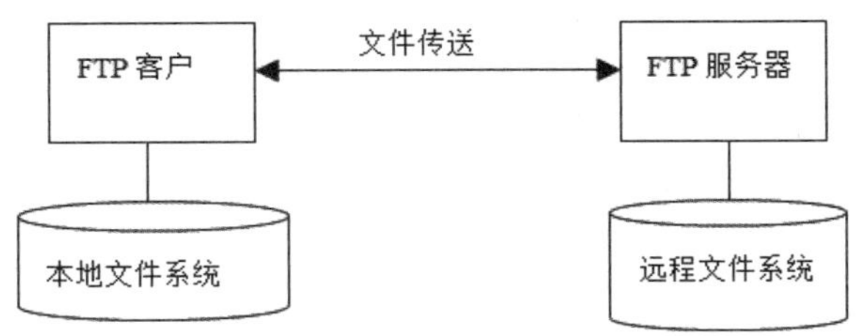

图 3-1　FTP 用于在本地文件系统与远程文件系统之间传送文件

FTP 使用两个并行的 TCP 连接：一个是控制连接，一个是数据连接。控制连接用于在客户和服务器之间发送控制信息，例如用户名和口令、改变远程目录的命令，或上传和下载文件的命令。数据连接用于传送文件。TCP 服务器在 21 端口上监听控制连接，如果有客户要求上传或下载文件，就另外建立一个数据连接，通过它来传送文件。数据连接的建立有两种方式。

（1）如图 3-2 所示，TCP 服务器在 20 端口上监听数据连接，TCP 客户主动请求建立与该端口的连接。

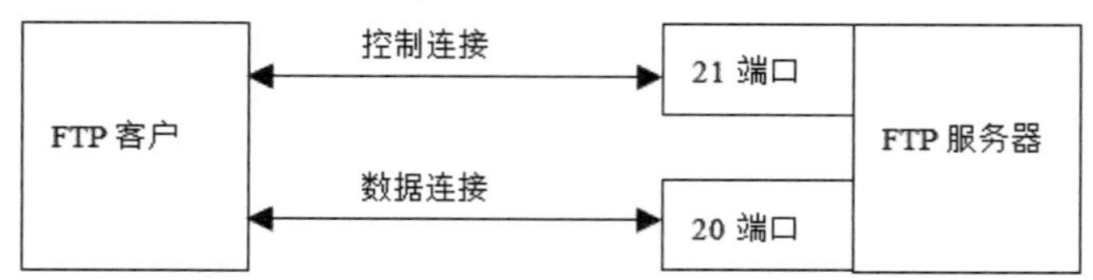

图 3-2　TCP 服务器在 20 端口上监听数据连接

（2）如图 3-3 所示，首先由 TCP 客户创建一个监听匿名端口的 ServerSocket，TCP 客户再把这个 ServerSocket 监听的端口号（调用 ServerSocket 的 getLocalPort()方法就能得到端口号）发送给 TCP 服务器，然后由 TCP 服务器主动请求建立与客户端的连接。

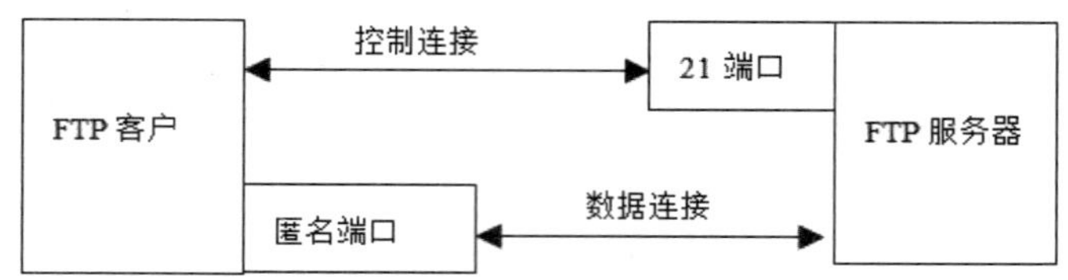

图 3-3　TCP 客户在匿名端口上监听数据连接

以上第 2 种方式就使用了匿名端口，并且是在客户端使用的，用于和服务器建立临时的数据连接。在实际应用中，在服务器端也可以使用匿名端口。

3.5　ServerSocket 选项

ServerSocket 有以下 3 个选项。

- SO_TIMEOUT：表示等待客户连接的超时时间。
- SO_REUSEADDR：表示是否允许重用服务器所绑定的地址。
- SO_RCVBUF：表示接收数据的缓冲区的大小。

3.5.1　SO_TIMEOUT 选项

- 设置该选项：public void setSoTimeout(int timeout) throws SocketException
- 读取该选项：public int getSoTimeout () throws IOException

SO_TIMEOUT 表示 ServerSocket 的 accept()方法等待客户连接的超时时间，以 ms 为单位。如果 SO_TIMEOUT 的值为 0，则表示永远不会超时，这是 SO_TIMEOUT 的默认值。

当服务器执行 ServerSocket 的 accept()方法时，如果连接请求队列为空，服务器就会一直等待，直到接收到了客户连接才从 accept()方法返回。如果设定了超时时间，那么当服务器等待的时间超过了超时时间，就会抛出 SocketTimeoutException，它是 InterruptedException 的子类。

例程 3-4 的 TimeoutTester 把超时时间设为 6s。

例程 3-4　TimeoutTester.java

```
import java.io.*;
import java.net.*;

public class TimeoutTester{
  public static void main(String args[])throws IOException{
    ServerSocket serverSocket=new ServerSocket(8000);
    serverSocket.setSoTimeout(6000); //等待客户连接的时间不超过 6s
    Socket socket=serverSocket.accept();
    socket.close();
    System.out.println("服务器关闭");
  }
}
```

运行以上程序，6s 后，程序会从 serverSocket.accept()方法中抛出 SocketTimeoutException：

```
C:\chapter03\classes>java TimeoutTester
Exception in thread "main" java.net.SocketTimeoutException:
      Accept timed out
      at java.net.PlainSocketImpl.socketAccept(Native Method)
      at java.net.PlainSocketImpl.accept(Unknown Source)
      at java.net.ServerSocket.implAccept(Unknown Source)
      at java.net.ServerSocket.accept(Unknown Source)
      at TimeoutTester.main(TimeoutTester.java:8)
```

如果把程序中的"serverSocket.setSoTimeout(6000)"注释掉，那么 serverSocket.accept()方法永远不会超时，它会一直等待下去，直到接收到了客户的连接，才会从 accept()方法返回。

服务器执行 serverSocket.accept()方法时，等待客户连接的过程也被称为阻塞。4.1 节（线程阻塞的概念）详细介绍了阻塞的概念。

3.5.2　SO_REUSEADDR 选项

- 设置该选项：public void setResuseAddress(boolean on) throws SocketException
- 读取该选项：public boolean getResuseAddress() throws SocketException

这个选项与 Socket 的 SO_REUSEADDR 选项相同。本选项用于决定如果网络上仍然有数据向旧的 ServerSocket 传输，那么是否允许新的 ServerSocket 绑定到与旧的 ServerSocket 同样的端口？SO_REUSEADDR 选项的默认值与操作系统有关，在某些操作系统中，允许重用端口，而在某些操作系统中则不允许重用端口。

当 ServerSocket 关闭时，如果网络上还有发送到这个 ServerSocket 的数据，那么这个 ServerSocket 不会立刻释放本地端口，而是会等待一段时间，确保接收到了网络上发送过来的延迟数据，然后释放端口。

许多服务器程序都使用固定的端口。当服务器程序关闭后，有可能它的端口还会被占用一段时间，如果此时立刻在同一台主机上重启服务器程序，那么由于端口已经被占用，使得服务器程序无法绑定到该端口，服务器启动失败，并抛出 BindException。

```
Exception in thread "main" java.net.BindException:
Address already in use: JVM_Bind
```

为了确保一个进程关闭了 ServerSocket 后，即使操作系统还没释放端口，同一个主机上的其他进程也可以立刻重用该端口，可以调用 ServerSocket 的 setResuseAddress(true)方法：

```
if(!serverSocket.getResuseAddress())
  serverSocket.setResuseAddress(true);
```

值得注意的是，serverSocket.setResuseAddress(true)方法必须在 ServerSocket 还没有被绑定到一个本地端口时调用，否则执行 serverSocket.setResuseAddress(true)方法无效。此外，两个共用同一个端口的进程必须都调用 serverSocket.setResuseAddress(true)方法，才能使得一个进程关闭 ServerSocket 后，另一个进程的 ServerSocket 能够立刻重用相同端口。

3.5.3 SO_RCVBUF 选项

- 设置该选项：public void setReceiveBufferSize(int size) throws SocketException
- 读取该选项：public int getReceiveBufferSize() throws SocketException

SO_RCVBUF 表示服务器端的用于接收数据的缓冲区的大小，以字节为单位。一般说来，传输大的连续的数据块（比如基于 HTTP 或 FTP 的数据传输）可以使用较大的缓冲区，这可以减少传输数据的次数，从而提高传输数据的效率。而对于交互式的通信（比如 Telnet 和网络游戏），则应该采用小的缓冲区，确保能及时把小批量的数据发送给对方。

SO_RCVBUF 的默认值与操作系统有关。例如在 Window10 中运行以下代码时，显示 SO_RCVBUF 的默认值为 65536。

```
ServerSocket serverSocket=new ServerSocket(8000);
System.out.println(serverSocket.getReceiveBufferSize()); //打印 65536
```

无论是在 ServerSocket 被绑定到特定端口之前或者之后，调用 setReceiveBufferSize()方法都有效。例外情况是如果要设置大于 64K 的缓冲区，则必须在 ServerSocket 被绑定到特定端口之前进行设置才有效。例如以下代码把缓冲区的大小设为 128K。

```
ServerSocket serverSocket=new ServerSocket();
int size=serverSocket.getReceiveBufferSize();
//把缓冲区的大小设为 128K
if(size<131072)
  serverSocket.setReceiveBufferSize(131072);
```

```
serverSocket.bind(new InetSocketAddress(8000));  //与 8000 端口绑定
```

执行 serverSocket.setReceiveBufferSize()方法，相当于对所有由 serverSocket.accept()方法返回的 Socket 设置接收数据的缓冲区的大小。

3.5.4 设定连接时间、延迟和带宽的相对重要性

- public void setPerformancePreferences(int connectionTime,int latency,int bandwidth)

该方法的作用与 Socket 的 setPerformancePreferences()方法的作用相同，用于设定连接时间、延迟和带宽的相对重要性，参见 2.5.10 节（设定连接时间、延迟和带宽的相对重要性）。

3.6 创建多线程的服务器

在 1.5.1 节的例程 1-2 的 EchoServer 中，其 service()方法负责接收客户连接，与客户通信。service()方法的处理流程如下：

```
while (true) {
  Socket socket=null;
  try {
    socket = serverSocket.accept();  //接收客户连接
    //从 Socket 中获得输入流与输出流，与客户通信
    …
  }catch (IOException e) {
     e.printStackTrace();
  }finally {
     try{
       if(socket!=null)
         socket.close();  //断开连接
       }catch (IOException e) {e.printStackTrace();}
  }
}
```

EchoServer 接收到一个客户连接，就与客户进行通信，通信完毕后断开连接，然后接收下一个客户连接。假如同时有多个客户连接请求，这些客户就必须排队等候 EchoServer 的响应。EchoServer 无法同时与多个客户通信。

许多实际应用要求服务器具有同时为多个客户提供服务的能力。HTTP 服务器就是最明显的例子。HTTP 服务器上发布了各种各样的网站，任何时刻，HTTP 服务器都可能接收到大量的客户连接，每个客户都希望能快速得到 HTTP 服务器的响应。如果长时间让客户等待，就会使网站失去信誉，从而降低访问量。

可以用并发性能来衡量一个服务器同时响应多个客户的能力。一个具有好的并发性能

的服务器，必须符合两个条件。

- 能同时接收并处理多个客户连接。
- 对于每个客户，都会迅速给予响应。

服务器同时处理的客户连接数目越多，并且对每个客户做出响应的速度越快，就表明其并发性能越高。

用多个线程来同时为多个客户提供服务，这是提高服务器并发性能的最常用的手段。本节将采用 3 种方式来重新实现 EchoServer，它们都使用了多线程。

- 方式 1：为每个客户分配一个工作线程。
- 方式 2：创建一个线程池，由其中的工作线程来为客户服务。
- 方式 3：利用 JDK 的 Java 类库中现成的线程池，由它的工作线程来为客户服务。

3.6.1 为每个客户分配一个线程

服务器的主线程负责接收客户的连接，每次接收到一个客户连接，都会创建一个工作线程，由它负责与客户的通信。以下是 EchoServer 的 service()方法的代码。

```
public void service() {
  while (true) {
    Socket socket=null;
    try {
      socket = serverSocket.accept();  //接收客户连接
      //创建一个工作线程
      Thread workThread=new Thread(new Handler(socket));
      workThread.start();  //启动工作线程
    }catch (IOException e) {
       e.printStackTrace();
    }
  }
}
```

以上是工作线程 workThread 执行 Handler 的 run()方法。Handler 类实现了 Runnable 接口，它的 run()方法负责与单个客户通信，与客户通信结束后，就会断开连接，执行 Handler 的 run()方法的工作线程也会自然终止。例程 3-5 是 multithread1.EchoServer 类以及 Handler 类的源程序。

例程 3-5　EchoServer 类以及 Handler 类（为每个任务分配一个线程）

```
package multithread1;
import java.io.*;
import java.net.*;
public class EchoServer {
  private int port=8000;
  private ServerSocket serverSocket;
```

```
  public EchoServer() throws IOException {
    serverSocket = new ServerSocket(port);
    System.out.println("服务器启动");
  }

  public void service() {
    while (true) {
      Socket socket=null;
      try {
        socket = serverSocket.accept();  //接收客户连接
        //创建一个工作线程
        Thread workThread=new Thread(new Handler(socket));
        workThread.start();  //启动工作线程
      }catch (IOException e) {
         e.printStackTrace();
      }
    }
  }

  public static void main(String args[])throws IOException {
    new EchoServer().service();
  }
}

class Handler implements Runnable{  //负责与单个客户的通信
  private Socket socket;
  public Handler(Socket socket){
    this.socket=socket;
  }
  private PrintWriter getWriter(Socket socket)throws IOException{…}
  private BufferedReader getReader(Socket socket)throws IOException{…}
  public String echo(String msg) {…}
  public void run(){
    try {
      System.out.println("New connection accepted "
        +socket.getInetAddress() + ":" +socket.getPort());
      BufferedReader br =getReader(socket);
      PrintWriter pw = getWriter(socket);

      String msg = null;
      //接收和发送数据，直到通信结束
      while ((msg = br.readLine()) != null) {
       System.out.println("from "+ socket.getInetAddress()
              +":"+socket.getPort()+">"+msg);
        pw.println(echo(msg));
        if (msg.equals("bye"))
          break;
```

```
        }
      }catch (IOException e) {
        e.printStackTrace();
      }finally {
        try{
          if(socket!=null)socket.close();   //断开连接
        }catch (IOException e) {e.printStackTrace();}
      }
    }
  }
```

3.6.2 创建线程池

在上一节介绍的实现方式中，对每个客户都分配一个新的工作线程。当工作线程与客户通信结束时，这个线程就被销毁。这种实现方式有以下不足之处。

- 服务器创建和销毁工作线程的开销（包括所花费的时间和系统资源）很大。如果服务器需要与许多客户通信，并且与每个客户的通信时间都很短，那么有可能服务器为客户创建新线程的开销比实际与客户通信的开销还要大。
- 除了创建和销毁线程的开销，活动的线程也消耗系统资源。每个线程都会占用一定的内存（每个线程需要大约 1MB 内存），如果同时有大量客户连接服务器，就必须创建大量工作线程，它们消耗了大量内存，可能会导致系统的内存空间不足。

线程池为线程生命周期开销问题和系统资源不足问题提供了解决方案。线程池中预先创建了一些工作线程，它们不断地从工作队列中取出任务，然后执行该任务。当工作线程执行完一个任务，就会继续执行工作队列中的下一个任务。线程池具有以下优点。

- 减少了创建和销毁线程的次数，每个工作线程都可以一直被重用，能执行多个任务。
- 可以根据系统的承载能力，方便地调整线程池中线程的数目，防止因为消耗过量系统资源而导致系统崩溃。

例程 3-6 的 multithread2.ThreadPool 类提供了线程池的一种实现方案。

例程 3-6　ThreadPool.java

```
package multithread2;
import java.util.LinkedList;
public class ThreadPool extends ThreadGroup {
  private boolean isClosed=false;  //线程池是否关闭
  private LinkedList<Runnable> workQueue;  //表示工作队列
  private static int threadPoolID;  //表示线程池 ID
  private int threadID;  //表示工作线程 ID

  public ThreadPool(int poolSize) {  //poolSize 指定线程池中的工作线程数目
    super("ThreadPool-" + (threadPoolID++));
    setDaemon(true);
    workQueue = new LinkedList<Runnable>();  //创建工作队列
```

```
    for (int i=0; i<poolSize; i++)
      new WorkThread().start(); //创建并启动工作线程
  }

  /** 向工作队列中加入一个新任务，由工作线程去执行该任务 */
  public synchronized void execute(Runnable task) {
    if (isClosed) { //线程池被关则抛出 IllegalStateException 异常
      throw new IllegalStateException();
    }
    if (task != null) {
      workQueue.add(task);
      notify(); //唤醒正在 getTask()方法中等待任务的工作线程
    }
  }

  /** 从工作队列中取出一个任务，工作线程会调用此方法 */
  protected synchronized Runnable getTask()throws InterruptedException{
    while (workQueue.size() == 0) {
      if (isClosed) return null;
      wait(); //如果工作队列中没有任务，就等待任务
    }
    return workQueue.removeFirst();
  }

  /** 关闭线程池 */
  public synchronized void close() {
    if (!isClosed) {
      isClosed = true;
      workQueue.clear(); //清空工作队列
      interrupt(); //中断所有的工作线程，该方法继承自 ThreadGroup 类
    }
  }

  /** 等待工作线程把所有任务执行完 */
  public void join() {
    synchronized (this) {
      isClosed = true;
      notifyAll(); //唤醒还在 getTask()方法中等待任务的工作线程
    }

    Thread[] threads = new Thread[activeCount()];
    //enumerate()方法继承自 ThreadGroup 类，获得线程组中当前所有活着的工作线程
    int count = enumerate(threads);
    for (int i=0; i<count; i++) { //等待所有工作线程运行结束
      try {
        threads[i].join(); //等待工作线程运行结束
      }catch(InterruptedException ex) { }
```

```
    }
  }

  /**  内部类：工作线程  */
  private class WorkThread extends Thread {
    public WorkThread() {
      //加入当前 ThreadPool 线程组中
      super(ThreadPool.this,"WorkThread-" + (threadID++));
    }

    public void run() {
      //isInterrupted()方法继承自 Thread 类，判断线程是否被中断
      while (!isInterrupted()) {
        Runnable task = null;
        try { //取出任务
          task = getTask();
        }catch (InterruptedException ex){}

        // 如果 getTask()返回 null 或者线程执行 getTask()时被中断，则结束此线程
        if (task == null) return;

        try { //运行任务，异常在 catch 代码块中被捕获
          task.run();
        } catch (Throwable t) {
          t.printStackTrace();
        }
      }//#while
    }//#run()
  }//#WorkThread 类
}
```

在 ThreadPool 类中定义了一个 LinkedList 类型的 workQueue 成员变量，它表示工作队列，用来存放线程池要执行的任务，每个任务都是 Runnable 实例。ThreadPool 类的客户程序(即利用 ThreadPool 来执行任务的程序)只要调用 ThreadPool 类的 execute(Runnable task)方法，就能向线程池提交任务。在 ThreadPool 类的 execute()方法中，先判断线程池是否已经关闭。如果线程池已经关闭，就不再接收任务，否则就把任务加入工作队列中，并且唤醒正在等待任务的工作线程。

在 ThreadPool 类的构造方法中，会创建并启动若干工作线程，工作线程的数目由构造方法的参数 poolSize 决定。WorkThread 类表示工作线程，它是 ThreadPool 类的内部类。工作线程从工作队列中取出一个任务，接着执行该任务，然后从工作队列中取出下一个任务并执行它，如此反复。

工作线程从工作队列中取任务的操作是由 ThreadPool 类的 getTask()方法实现的，它的处理逻辑如下所述。

- 如果为队列为空并且线程池已关闭，就返回 null，表示已经没有任务可以执行了。

- 如果为队列为空并且线程池没有关闭，就在此等待，直到其他线程将其唤醒或者中断。
- 如果队列中有任务，就取出第 1 个任务并将其返回。

线程池的 join()和 close()方法都可用来关闭线程池。join()方法确保在关闭线程池之前，工作线程把队列中的所有任务都执行完。而 close()方法则立即清空队列，并且中断所有的工作线程。

ThreadPool 类是 ThreadGroup 类的子类。ThreadGroup 类表示线程组，它提供了一些管理线程组中线程的方法，例如 interrupt()方法相当于调用线程组中所有活着的线程的 interrupt()方法。线程池中的所有工作线程都加入当前 ThreadPool 对象表示的线程组中。ThreadPool 类在 close()方法中调用了 interrupt()方法：

```
  /** 关闭线程池 */
  public synchronized void close() {
    if (!isClosed) {
      isClosed = true;
      workQueue.clear(); //清空工作队列
      interrupt();  //中断所有的工作线程，该方法继承自 ThreadGroup 类
    }
}
```

以上 interrupt()方法用于中断所有的工作线程。interrupt()方法会对工作线程造成以下影响：

- 如果此时一个工作线程正在 ThreadPool 的 getTask()方法中因为执行 wait()方法而阻塞，则会抛出 InterruptedException。
- 如果此时一个工作线程正在执行一个任务，并且这个任务不会被阻塞，那么这个工作线程会正常执行完任务，但是在执行下一轮 while (!isInterrupted()){…}循环时，由于 isInterrupted()方法返回 true，因此退出 while 循环。

例程 3-7 的 ThreadPoolTester 类用于测试 ThreadPool 的用法。

例程 3-7　ThreadPoolTester.java

```
package multithread2;
public class ThreadPoolTester {
  public static void main(String[] args) {
    if (args.length != 2) {
      System.out.println(
      "用法: java ThreadPoolTest numTasks poolSize");
      System.out.println(
      "  numTasks - integer: 任务的数目");
      System.out.println(
      "  numThreads - integer: 线程池中的线程数目");
      return;
    }
    int numTasks = Integer.parseInt(args[0]);
```

```
    int poolSize = Integer.parseInt(args[1]);

   ThreadPool threadPool = new ThreadPool(poolSize);  //创建线程池

    // 运行任务
    for (int i=0; i<numTasks; i++)
      threadPool.execute(createTask(i));

    threadPool.join();  //等待工作线程完成所有的任务
    // threadPool.close(); //关闭线程池
  }//#main()

  /**  定义了一个简单的任务(打印 ID)   */
  private static Runnable createTask(final int taskID) {
    return new Runnable() {
      public void run() {
        System.out.println("Task " + taskID + ": start");
        try {
          Thread.sleep(500);  //延长执行一个任务的时间
        } catch (InterruptedException ex) { }
        System.out.println("Task " + taskID + ": end");
      }
    };
  }
}
```

ThreadPoolTester 类的 createTask()方法负责创建一个简单的任务。ThreadPoolTester 类的 main()方法首先读取用户从命令行输入的两个参数，它们分别表示任务的数目和工作线程的数目。接着，main()方法创建线程池和任务，并且由线程池来执行这些任务，最后调用线程池的 join()方法，等待线程池把所有的任务执行完毕。

运行命令“java multithread2.ThreadPoolTester 5 3”，线程池将创建 3 个工作线程，由它们执行 5 个任务。程序的打印结果如下所示。

```
Task 0: start
Task 1: start
Task 2: start
Task 0: end
Task 3: start
Task 1: end
Task 4: start
Task 2: end
Task 3: end
Task 4: end
```

从打印结果看出，主线程等到工作线程执行完所有任务后，才结束程序。如果把 main()

方法中的"threadPool.join()"改为"threadPool.close()"，再运行程序，则会看到，尽管有一些任务还没有执行，程序还是运行结束了。

例程 3-8 的 multithread2.EchoServer 利用线程池 ThreadPool 来完成与客户的通信任务。

例程 3-8　EchoServer.java（使用线程池 ThreadPool 类）

```
package multithread2;
import java.io.*;
import java.net.*;
public class EchoServer {
  private int port=8000;
  private ServerSocket serverSocket;
  private ThreadPool threadPool;  //线程池
  private final int POOL_SIZE=4;  //单个 CPU 时线程池中工作线程的数目

  public EchoServer() throws IOException {
    serverSocket = new ServerSocket(port);
    //创建线程池
    //Runtime 的 availableProcessors()方法返回当前系统的 CPU 的数目
    //系统的 CPU 越多，线程池中工作线程的数目也越多
    threadPool= new ThreadPool(
            Runtime.getRuntime().availableProcessors() * POOL_SIZE);

    System.out.println("服务器启动");
  }

  public void service() {
    while (true) {
      Socket socket=null;
      try {
        socket = serverSocket.accept();
        //把与客户通信的任务交给线程池
        threadPool.execute(new Handler(socket));
      }catch (IOException e) {
         e.printStackTrace();
      }
    }
  }

  public static void main(String args[])throws IOException {
    new EchoServer().service();
  }
}

/** 负责与单个客户通信的任务，代码与 3.6.1 节的例程 3-5 的 Handler 类相同 */
class Handler implements Runnable{…}
```

在以上 EchoServer 的 service()方法中，每接收到一个客户连接，都向线程池 ThreadPool 提交一个与客户通信的任务。ThreadPool 把任务加入工作队列中，工作线程会在适当时候从队列中取出这个任务并执行它。

3.6.3 使用 JDK 类库提供的线程池

java.util.concurrent 包提供了现成的线程池的实现，它比 3.6.2 节介绍的线程池更加健壮，而且功能也更强大。图 3-4 是线程池的类框图。

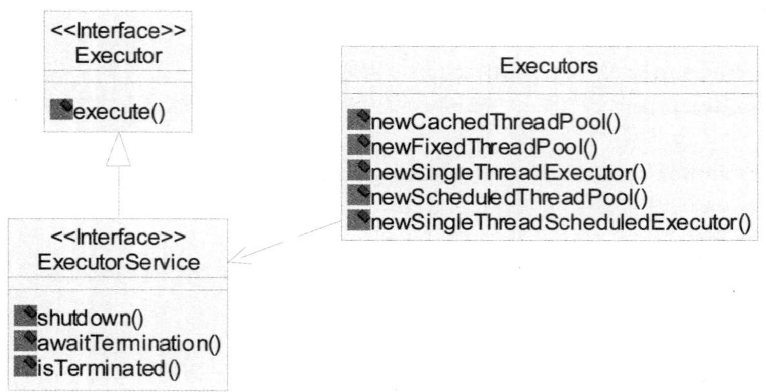

图 3-4　JDK 类库中的线程池的类框图

Executor 接口表示线程池，它的 execute(Runnable task)方法被用来执行 Runnable 类型的任务。Executor 的子接口 ExecutorService 中声明了管理线程池的一些方法，比如用于关闭线程池的 shutdown()方法等。Executors 类中包含一些静态方法，它们负责生成各种类型的线程池 ExecutorService 实例，参见表 3-1。

表 3-1　Executors 类的生成 ExecutorService 实例的静态方法

Executors 类的静态方法	创建的 ExecutorService 线程池的类型
newCachedThreadPool()	在有任务时才创建新线程，空闲线程被保留 60s
newFixedThreadPool(int nThreads)	线程池中包含固定数目的线程，空闲线程会一直被保留。参数 nThreads 表示线程池中线程的数目
newSingleThreadExecutor()	线程池中只有一个工作线程，它依次执行每个任务
newScheduledThreadPool(int corePoolSize)	线程池能按时间计划来执行任务，允许用户设定计划执行任务的时间。参数 corePoolSize 表示线程池中线程的最小数目。当任务较多时，线程池可能会创建更多的工作线程来执行任务
newSingleThreadScheduledExecutor()	线程池中只有一个工作线程，它能按时间计划来执行任务

例程 3-9 的 multithread3.EchoServer 就利用上述线程池来负责与客户通信的任务。

例程 3-9　EchoServer.java（使用 java.util.concurrent 包中的线程池类）

```
package multithread3;
import java.io.*;
import java.net.*;
```

```
import java.util.concurrent.*;

public class EchoServer {
  private int port=8000;
  private ServerSocket serverSocket;
  private ExecutorService executorService;  //线程池
  private final int POOL_SIZE=4;  //单个 CPU 时线程池中工作线程的数目

  public EchoServer() throws IOException {
    serverSocket = new ServerSocket(port);
    //创建线程池
    //Runtime 的 availableProcessors()方法返回当前系统的 CPU 的数目
    //系统的 CPU 越多，线程池中工作线程的数目也越多
    executorService= Executors.newFixedThreadPool(
        Runtime.getRuntime().availableProcessors() * POOL_SIZE);

    System.out.println("服务器启动");
  }

  public void service() {
    while (true) {
      Socket socket=null;
      try {
        socket = serverSocket.accept();
        executorService.execute(new Handler(socket));
      }catch (IOException e) {
         e.printStackTrace();
      }
    }
  }

  public static void main(String args[])throws IOException {
    new EchoServer().service();
  }
}

/** 负责与单个客户通信的任务，代码与 3.6.1 节的例程 3-5 的 Handler 类相同 */
class Handler implements Runnable{……}
```

在 EchoServer 的构造方法中，调用 Executors.newFixedThreadPool()创建了具有固定工作线程数目的线程池。在 EchoServer 的 service()方法中，通过调用 executorService.execute()方法，把与客户通信的任务交给 ExecutorService 线程池来执行。

3.6.4　向线程池提交有异步运算结果的任务

Runnable 接口的 run()方法的返回类型为 void。假如线程 A 执行一个运算任务，线程 B

需要获取线程 A 的运算结果，这该如何实现呢？如果直接靠编程来实现，就需要定义一个存放运算结果的共享变量，线程 A 和线程 B 都可以访问这个共享变量，并且需要对操纵共享变量的代码块进行同步。

java.util.concurrent 包中的一些接口和类提供了更简单的支持异步运算的方法，主要包括 Callable 接口和 Future 接口。

（1）Callable<T>接口：它和 Runnable 接口有点类似，都指定了线程所要执行的操作。区别在于，Callable 接口是在 call()方法中指定线程所要执行的操作，并且该方法有泛型的返回值“<T>”。

（2）Future<T>接口：能够保存异步运算的结果。它有以下方法。

- get()：返回异步运算的结果。如果运算结果还没有出来，当前线程就会阻塞，直到获得运算结果，才结束阻塞。
- get(long timeout,TimeUnit unit)：和第 1 个不带参数的 get()方法的作用相似，区别在于本方法为阻塞限定了时间。如果超过参数的限定时间，还没有获得运算结果，就会抛出 TimeoutException。例如“future.get(50L, TimeUnit.SECONDS)”表示限定时间为 50s。
- cancel(boolean mayInterrupt)：取消该运算。如果运算还没开始，那就立即取消。如果运算已经开始，并且 mayInterrupt 参数为 true，那么会取消该运算。否则，如果运算已经开始，并且 mayInterrupt 参数为 false，那么不会取消该运算，而是让其继续执行下去。
- isCancelled()：判断运算是否已经被取消，如果取消，就返回 true。
- isDone()：判断运算是否已经完成，如果已经完成，就返回 true。

ExecutorService 接口的 submit(Callable<T> task)和 submit(Runnable task)方法的作用与 Executor 接口的 execute(Runnable command)方法相似，都用于向线程池提交任务。区别在于前两个 submit()方法支持异步运算，它们都会返回表示异步运算结果的 Future 对象。

例程 2-5 的 SpamCheck 类采用单个线程，来依次判断所有给定的 IP 地址是否为垃圾邮件发送者的地址。InetAddress 的 getByName()方法会通过 DNS 服务器来查找地址，这是一个很耗时的操作。本节将利用线程池来执行这个查找任务。

例程 3-10 的 LookupTask 类实现了 Callable 接口，负责到 DNS 服务器中查找特定的地址，判断它是否为垃圾邮件发送者的地址。

例程 3-10 LookupTask 类

```
class LookupTask implements Callable<String>{
  public static final String BLACKHOLE = "sbl.spamhaus.org";
  String addr;
  public LookupTask(String addr){
    this.addr=addr;
  }

  public String call(){
    try {
```

```
        InetAddress address = InetAddress.getByName(addr);
        byte[] quad = address.getAddress();// 获取主机的 IP 地址
        String query = BLACKHOLE;// 黑洞列表

        //逆置这个地址的字节，并添加黑洞服务的域
        //例如对于 IP 地址"108.33.56.27",
        //query 的取值为"27.56.33.108.sbl.spamhaus.org"
        for (byte octet : quad) {
          int unsignedByte = octet < 0 ? octet +256 : octet;
          query = unsignedByte + "." + query;
        }
        //查找这个地址
        InetAddress.getByName(query);

        return addr + "是已知的垃圾邮件发送者";
      } catch (UnknownHostException e) {
        return addr + "是已知的合法邮件发送者";
      }
    }
  }
```

例程 3-11 的 SpamCheck 类的 main 主线程从一个"address.txt"文件中读取所有的 IP 地址，每读到一个 IP 地址，都把判断 IP 地址是否为垃圾邮件地址的任务交给线程池来处理。任务执行的结果被存放在一个 Future 对象中。

例程 3-11　SpamCheck.java

```
public class SpamCheck {
  private static final int POOL_SIZE=4; //单个 CPU 时线程池中工作线程的数目

  public static void main(String[] args)throws Exception {
    ExecutorService executorService;  //线程池

     executorService= Executors.newFixedThreadPool(
        Runtime.getRuntime().availableProcessors() * POOL_SIZE);

     BufferedReader fileReader=new BufferedReader(
              new InputStreamReader(
              new FileInputStream("address.txt")));
      String addr=null;
      //存放所有任务执行结果的集合
      Set< Future<String>> futureResults=
           new HashSet< Future<String>>();

      while((addr=fileReader.readLine())!=null){
         LookupTask task=new LookupTask(addr);
         Future<String> future=executorService.submit(task);
```

```
            futureResults.add(future); //任务结果存放在 futureResults 集合中
        }

        /*  遍历访问 futureResults 集合的第 1 种方式
        for(Future<String> result:futureResults){
          //如果任务还没完成，get()方法就会阻塞，直到任务完成，返回结果
          System.out.println(result.get());
        }
    */

        //遍历访问 futureResults 集合的第 2 种方式
        //采用轮询方式，不断遍历访问结果集，打印任务已经完成的结果
        while(!futureResults.isEmpty()){
          Iterator<Future<String>> it=futureResults.iterator();
          while(it.hasNext()){
            Future<String> result=it.next();
            if(result.isDone()){
              System.out.println(result.get());
              it.remove();
            }
          }
        }
        executorService.shutdown();
      }
    }
```

Main 主线程把每个任务返回的 Future 对象都存放在一个集合 futureResults 中，最后遍历访问这个集合。

遍历访问 futureResults 集合有两种方式，一种方式是逐个访问集合中的每个 Future 对象，调用它的 get()方法，如果任务没有完成，main 线程就会进入阻塞状态，直到任务完成，get()方法返回运算结果。

```
for(Future<String> result:futureResults){
  //如果任务还没完成，get()方法就会阻塞，直到任务完成，返回结果
  System.out.println(result.get());
}
```

还有一种方式是采用轮询的方式。多次遍历访问 futureResults 集合。对于集合中的每个 Future 对象，先通过 isDone()方法来判断任务是否完成，只有在任务完成的情况下，才会调用 Future 对象的 get()方法来获得运算结果，这样就避免了阻塞。在打印了运算结果后，会把这个 Future 对象从 futureResults 集合中删除。

```
//采用轮询方式，不断遍历访问结果集，打印任务已经完成的结果
while(!futureResults.isEmpty()){
  Iterator<Future<String>> it=futureResults.iterator();
```

```
      while(it.hasNext()){
        Future<String> result=it.next();
        if(result.isDone()){
          System.out.println(result.get());
          it.remove();
        }
      }
    }
```

3.6.5　使用线程池的注意事项

虽然线程池能大大提高服务器的并发性能，但使用它也存在一定风险。与所有多线程应用程序一样，用线程池构建的应用程序容易产生各种并发问题，比如对共享资源的竞争和死锁。此外，如果线程池本身的实现不健壮，或者没有合理地使用线程池，那么还容易导致与线程池有关的死锁、系统资源不足、并发错误、线程泄漏和任务过载问题。

1. 死锁

任何多线程应用程序都有死锁风险。造成死锁的最简单的情形是：线程 A 持有对象 X 的锁，并且在等待对象 Y 的锁，而线程 B 持有对象 Y 的锁，并且在等待对象 X 的锁。线程 A 与线程 B 都不释放自己持有的锁，并且等待对方的锁，这就导致两个线程永远等待下去，死锁就这样产生了。

虽然任何多线程程序都有死锁的风险，但线程池还会导致另外一种死锁。假定线程池中的所有工作线程都在执行各自任务时被阻塞，它们都在等待某个任务 A 的执行结果。而任务 A 依然在工作队列中，由于没有空闲线程，使得任务 A 一直不能被执行。这使得线程池中的所有工作线程都永远阻塞下去，死锁就这样产生了。

2. 系统资源不足

如果线程池中的线程数目非常多，这些线程就会消耗包括内存和其他系统资源在内的大量资源，从而严重影响系统性能。

3. 并发错误

线程池的工作队列依靠 wait()和 notify()方法来使工作线程及时取得任务，但这两个方法都难于使用。如果编码不正确，就可能会丢失通知，导致工作线程一直保持空闲状态，无视工作队列中需要处理的任务。因此使用这些方法时，必须格外小心，即便是专家也可能在这方面出错。最好使用现有的、比较成熟的线程池，例如直接使用 java.util.concurrent 包中的线程池类。

4. 线程泄漏

使用线程池的一个严重风险是线程泄漏。对于工作线程数目固定的线程池，如果工作线程在执行任务时抛出 RuntimeException 或 Error，并且这些异常或错误没有被捕获，那么这个工作线程就会异常终止，使得线程池永久地失去了一个工作线程。如果所有的工作线程都异常终止，线程池就变为空，没有任何可用的工作线程来处理任务。

导致线程泄漏的另一种情形是，工作线程在执行一个任务时被阻塞，比如等待用户的输入数据，但是由于用户一直不输入数据（可能是因为用户走开了），导致这个工作线程一直被阻塞。这样的工作线程名存实亡，它实际上不执行任何任务了。假如线程池中所有的工作线程都处于这样的阻塞状态，那么线程池就无法处理新加入的任务了。

5．任务过载

当工作队列中有大量排队等候执行的任务，这些任务本身可能会消耗太多的系统资源而引起系统资源缺乏。

综上所述，线程池可能会带来种种风险，为了尽可能避免它们，使用线程池时需要遵循以下原则。

（1）如果任务 A 在执行过程中需要同步等待任务 B 的执行结果，那么任务 A 不适合加入线程池的工作队列中。如果把像任务 A 一样的需要等待其他任务执行结果的任务加入工作队列中，就可能会导致线程池的死锁。

（2）如果执行某个任务时可能会阻塞，并且是长时间的阻塞，则应该设定超时时间，避免工作线程永久地阻塞下去而导致线程泄漏。在服务器程序中，当线程等待客户连接，或者等待客户发送的数据时，都可能会阻塞。可以通过以下方式设定超时时间。

- 调用 ServerSocket 的 setSoTimeout(int timeout) 方法，设定等待客户连接的超时时间，参见 3.5.1 节（SO_TIMEOUT 选项）。
- 对于每个与客户连接的 Socket，调用该 Socket 的 setSoTimeout(int timeout)方法，设定等待客户发送数据的超时时间，参见 2.5.3 节（SO_TIMEOUT 选项）。

（3）了解任务的特点，分析任务是执行经常会阻塞的 I/O 操作，还是执行一直不会阻塞的运算操作。前者时断时续地占用 CPU，而后者对 CPU 具有更高的利用率。预计完成任务大概需要多长时间？是短时间任务还是长时间任务？

根据任务的特点，对任务进行分类，然后把不同类型的任务分别加入不同线程池的工作队列中，这样可以根据任务的特点分别调整每个线程池。

（4）调整线程池的大小。线程池的最佳大小主要取决于系统的可用 CPU 的数目以及工作队列中任务的特点。假如在一个具有 N 个 CPU 的系统上只有一个工作队列，并且其中全部是运算性质（不会阻塞）的任务，那么当线程池具有 N 或 N+1 个工作线程时，一般会获得最大的 CPU 利用率。

如果工作队列中包含会执行 I/O 操作并常常阻塞的任务，则要让线程池的大小超过可用 CPU 的数目，因为并不是所有工作线程都一直在工作。选择一个典型的任务，然后估计在执行这个任务的过程中，等待时间（WT）与实际占用 CPU 进行运算的时间（ST）之间的比值：WT/ST。对于一个具有 N 个 CPU 的系统，需要设置大约 N(1+WT/ST) 个线程来保证 CPU 得到充分利用。

当然，CPU 利用率不是在调整线程池大小过程中的唯一考虑的事项。随着线程池中工作线程数目的增长，还会碰到内存或者其他系统资源的限制，例如套接字、打开的文件句柄或数据库连接数目等。要保证多线程消耗的系统资源在系统的承载范围之内。

（5）避免任务过载。服务器应根据系统的承载能力，限制客户的并发连接的数目。当客户的并发连接的数目超过了限制值，服务器可以拒绝连接请求，并友好地告知客户：服务器正忙，请稍后再试。

3.7 关闭服务器

前面介绍的 EchoServer 服务器都无法关闭自身，只有依靠操作系统来强行终止服务器程序。这种强行终止服务器程序的方式尽管简单方便，但是会导致服务器中正在执行的任务被突然中断。如果服务器处理的任务不是非常重要，允许随时中断，则可以依靠操作系统来强行终止服务器程序；如果服务器处理的任务非常重要，不允许被突然中断，则应该由服务器自身在恰当的时刻关闭自己。

本节介绍的 EchoServer 服务器就具有关闭自己的功能。它除了在 8000 端口监听普通客户程序 EchoClient 的连接，还会在 8001 端口监听管理程序 AdminClient 的连接。当 EchoServer 服务器在 8001 端口接收到了 AdminClient 发送的“shutdown”命令，EchoServer 就会开始关闭服务器，它不会再接收任何新的 EchoClient 进程的连接请求，对于那些已经接收但是还没有处理的客户连接，则选择丢弃，而不会把通信任务加入线程池的工作队列中。另外，EchoServer 会等到线程池把当前工作队列中的所有任务执行完，才结束程序。

例程 3-12 是 multithread4.EchoServer 的源程序，其中关闭服务器的任务是由 shutdownThread 线程来负责的。

例程 3-12 EchoServer.java（具有关闭服务器的功能）

```
package multithread4;
import java.io.*;
import java.net.*;
import java.util.concurrent.*;

public class EchoServer {
  private int port=8000;
  private ServerSocket serverSocket;
  private ExecutorService executorService; //线程池
  private final int POOL_SIZE=4;  //单个CPU时线程池中工作线程的数目

  private int portForShutdown=8001;  //用于监听关闭服务器命令的端口
  private ServerSocket serverSocketForShutdown;
  private boolean isShutdown=false; //服务器是否已经关闭

  private Thread shutdownThread=new Thread(){   //负责关闭服务器的线程
    public void run(){
      while (!isShutdown) {
        Socket socketForShutdown=null;
        try {
```

```
            socketForShutdown= serverSocketForShutdown.accept();
            BufferedReader br = new BufferedReader(
                  new InputStreamReader(
                   socketForShutdown.getInputStream()));
            String command=br.readLine();
           if(command.equals("shutdown")){
             long beginTime=System.currentTimeMillis();
             socketForShutdown
                   .getOutputStream()
                   .write("服务器正在关闭\r\n".getBytes());
             isShutdown=true;
             //请求关闭线程池
             //线程池不再接收新的任务，但是会继续执行完工作队列中现有的任务
             executorService.shutdown();

             //等待关闭线程池，每次等待的超时时间为 30s
             while(!executorService.isTerminated())
               executorService.awaitTermination(30,TimeUnit.SECONDS);
             //关闭与 EchoClient 客户通信的 ServerSocket
             serverSocket.close();
             long endTime=System.currentTimeMillis();
             socketForShutdown.getOutputStream().write(("服务器已经关闭，"
                 +"关闭服务器用了"
                +(endTime-beginTime)+"ms\r\n").getBytes());
             socketForShutdown.close();
             serverSocketForShutdown.close();
             System.out.println("服务器关闭");
            }else{
             socketForShutdown
                   .getOutputStream()
                   .write("错误的命令\r\n".getBytes());
             socketForShutdown.close();
            }
          }catch (Exception e) {
            e.printStackTrace();
          }
        }
      }
    };

    public EchoServer() throws IOException {
      serverSocket = new ServerSocket(port);
      //设定等待客户连接的超过时间为 60s
      serverSocket.setSoTimeout(60000);
      serverSocketForShutdown = new ServerSocket(portForShutdown);

      //创建线程池
```

```
    executorService= Executors.newFixedThreadPool(
            Runtime.getRuntime().availableProcessors() * POOL_SIZE);

    shutdownThread.start(); //启动负责关闭服务器的线程
    System.out.println("服务器启动");
  }

  public void service() {
    while (!isShutdown) {
      Socket socket=null;
      try {
        //可能会抛出 SocketTimeoutException 和 SocketException
        socket = serverSocket.accept();
       //把等待客户发送数据的超时时间设为 60s
        socket.setSoTimeout(60000);
         //可能会抛出 RejectedExecutionException
        executorService.execute(new Handler(socket));
      }catch(SocketTimeoutException e){
         //不必处理等待客户连接时出现的超时异常
      }catch(RejectedExecutionException e){
         try{
           if(socket!=null)socket.close();
         }catch(IOException x){}
         return;
      }catch(SocketException e) {
         //如果是由于在执行 serverSocket.accept()方法时,
         //ServerSocket 被 ShutdownThread 线程关闭而导致的异常,
         //就退出 service()方法
         if(e.getMessage().indexOf("socket closed")!=-1)return;
       }catch(IOException e) {
         e.printStackTrace();
      }
    }
  }

  public static void main(String args[])throws IOException {
    new EchoServer().service();
  }
}
/** 负责与单个客户通信的任务，代码与 3.6.1 节的例程 3-5 的 Handler 类相同 */
class Handler implements Runnable{……}
```

shutdownThread 线程负责关闭服务器。它一直监听 8001 端口，如果接收到了 AdminClient 发送的“shutdown”命令，就把 isShutdown 变量设为 true。shutdownThread 线程接着执行 executorService.shutdown()方法，该方法请求关闭线程池，线程池将不再接收新的任务，但是会继续执行完工作队列中现有的任务。shutdownThread 线程接着等待线程池关闭。

```
    while(!executorService.isTerminated())
        executorService.awaitTermination(30,TimeUnit.SECONDS);  //等待 30s
```

当线程池的工作队列中的所有任务执行完毕，executorService.isTerminated()方法就会返回 true。

shutdownThread 线程接着关闭监听 8000 端口的 ServerSocket，最后关闭监听 8001 端口的 ServerSocket。

shutdownThread 线程在执行上述代码时，主线程正在执行 EchoServer 的 service()方法。shutdownThread 线程一系列操作会对主线程造成以下影响。

- 如果 shutdownThread 线程已经把 isShutdown 变量设为 true，而主线程正准备执行 service()方法的下一轮 while(!isShutdown){…}循环，由于 isShutdown 变量为 true，所以就退出循环。
- 如果 shutdownThread 线程已经执行了监听 8000 端口的 ServerSocket 的 close()方法，而主线程正在执行该 ServerSocket 的 accept()方法，那么该方法会抛出 SocketException。EchoServer 的 service()方法捕获了该异常，在异常处理代码块中退出 service()方法。
- 如果 shutdownThread 线程已经执行了 executorService.shutdown()方法，而主线程正在执行 executorService.execute(…)方法，那么该方法会抛出 RejectedExecutionException。EchoServer 的 service()方法捕获了该异常，在异常处理代码块中退出 service()方法。
- 如果 shutdownThread 线程已经把 isShutdown 变量设为 true，但还没有调用监听 8000 端口的 ServerSocket 的 close()方法，而主线程正在执行 ServerSocket 的 accept()方法，那么主线程阻塞 60s 后会抛出 SocketTimeoutException。在准备执行 service()方法的下一轮 while(!isShutdown){…}循环时，由于 isShutdown 变量为 true，所以会退出循环。

由此可见，当 shutdownThread 线程开始执行关闭服务器的操作，主线程尽管不会立即终止，但是迟早会结束运行。

例程 3-13 是 AdminClient 的源程序，它负责向 EchoServer 发送“shutdown”命令，从而关闭 EchoServer。

例程 3-13　AdminClient.java

```
package multithread4;
import java.net.*;
import java.io.*;
public class AdminClient{
  public static void main(String args[]){
    Socket socket=null;
    try{
      socket=new Socket("localhost",8001);
      //发送关闭命令
      OutputStream socketOut=socket.getOutputStream();
      socketOut.write("shutdown\r\n".getBytes());
```

```
        //接收服务器的反馈
        BufferedReader br = new BufferedReader(
                        new InputStreamReader(
                        socket.getInputStream()));
        String msg=null;
        while((msg=br.readLine())!=null)
          System.out.println(msg);
      }catch(IOException e){
        e.printStackTrace();
      }finally{
        try{
          if(socket!=null)socket.close();
        }catch(IOException e){e.printStackTrace();}
      }
    }
  }
```

下面按照以下方式运行 EchoServer、EchoClient 和 AdminClient，以观察 EchoServer 服务器的关闭过程。EchoClient 类的源程序参见本书的例程 1-3。

（1）先运行 EchoServer，然后运行 AdminClient。EchoServer 与 AdminClient 进程都结束运行，并且在 AdminClient 的控制台打印如下结果。

```
服务器正在关闭
服务器已经关闭，关闭服务器用了 60ms
```

（2）先运行 EchoServer，再运行 EchoClient，然后运行 AdminClient。EchoServer 程序不会立即结束，因为它与 EchoClient 的通信任务还没有结束。在 EchoClient 的控制台中输入“bye”， EchoServer、EchoClient 和 AdminClient 进程都会结束运行。

（3）先运行 EchoServer，再运行 EchoClient，然后运行 AdminClient。EchoServer 程序不会立即结束，因为它与 EchoClient 的通信任务还没有结束。不要在 EchoClient 的控制台中输入任何字符串，60s 后，EchoServer 等待 EchoClient 的发送数据超时，结束与 EchoClient 的通信任务，EchoServer 和 AdminClient 进程结束运行。如果在 EchoClient 的控制台再输入字符串，则会抛出“连接已断开”的 SocketException。

3.8 小结

在 EchoServer 的构造方法中可以设定 3 个参数。

- 参数 port：指定服务器要绑定的端口。
- 参数 backlog：指定客户连接请求队列的长度。
- 参数 bindAddr：指定服务器要绑定的 IP 地址。

ServerSocket 的 accept()方法从连接请求队列中取出一个客户的连接请求，然后创建与客户连接的 Socket 对象，并将它返回。如果队列中没有连接请求，accept()方法就会一直等待，直到接收到了连接请求才返回。SO_TIMEOUT 选项表示 ServerSocket 的 accept()方法等待客户连接请求的超时时间，以 ms 为单位。如果 SO_TIMEOUT 的值为 0，则表示永远不会超时，这是 SO_TIMEOUT 的默认值。可以通过 ServerSocket 的 setSoTimeout()方法来设置等待连接请求的超时时间。如果设定了超时时间，那么当服务器等待的时间超过了超时时间，就会抛出 SocketTimeoutException，它是 InterruptedException 的子类。

许多实际应用要求服务器具有同时为多个客户提供服务的能力。用多个线程来同时为多个客户提供服务，这是提高服务器的并发性能的最常用的手段。本章采用 3 种方式来重新实现 EchoServer，它们都使用了多线程。

（1）为每个客户分配一个工作线程。

（2）创建一个线程池，由其中的工作线程来为客户服务。

（3）利用 java.util.concurrent 包中的现成的线程池，由它的工作线程来为客户服务。

第 1 种方式需要频繁地创建和销毁线程，如果线程执行的任务本身很简短，那么有可能服务器在创建和销毁线程方面的开销比在实际执行任务上的开销还要大。线程池能很好地避免这一问题。线程池先创建了若干工作线程，每个工作线程执行完一个任务后就会继续执行下一个任务，线程池减少了创建和销毁线程的次数，从而提高了服务器的运行性能。

3.9 练习题

1．关于 ServerSocket 构造方法的 backlog 参数，以下哪些说法正确？（多选）

a）backlog 参数用来显式地设置操作系统中的连接请求队列的长度。

b）如果没有设置 backlog 参数，那么连接请求队列的长度由操作系统决定。

c）当一个客户的连接请求被加入服务器端的连接请求队列，就意味着建立了客户端与服务器的连接。

d）如果 backlog 参数的值大于操作系统限定的队列的最大长度，那么 backlog 参数无效。

e）连接请求队列直接由 ServerSocket 创建并管理。

f）ServerSocket 的 accept()方法从连接请求队列中取出连接请求。

2．对于以下程序代码：

```
ServerSocket serverSocket=new ServerSocket(8000);
serverSocket.setReuseAddress(true);
```

以下哪个说法正确？（单选）

a）以上在代码运行时会出错。

b）以上在代码编译时会出错。

c）以上代码尽管在编译和运行时都不会出错，但对 SO_REUSEADDR 选项的设置无效。

d）以上说法都不正确。

3．如何判断一个 ServerSocket 已经与特定端口绑定，并且还没有被关闭？（单选）

a）boolean isOpen=serverSocket.isBound();

b）boolean isOpen=serverSocket.isBound() && !serverSocket.isClosed();

c）boolean isOpen=serverSocket.isBound() && serverSocket.isConnected();

d）boolean isOpen=!serverSocket.isClosed();

4．ServerSocket 与 Socket 都有一个 SO_TIMEOUT 选项，它们的作用是否相同？（单选）

a）相同　　b）不同

5．服务器端对每个客户都分配一个新的工作线程。当工作线程与客户通信结束，这个线程就被销毁。这种实现方式有哪些不足？

6．服务器端采用线程池来保证并发响应多个客户的请求，线程池有哪些优缺点？

7．用 Java 实现一个采用用户自定义协议的文件传输服务器程序 exercise.FileServer 类和客户程序 exercise.FileClient 类。

当 FileClient 发送请求“get”，FileServer 就把 server/demofile.txt 文件发送给 FileClient，FileClient 把该文件保存到客户端的本地文件系统的 client/demofile.txt 中。

当 FileClient 发送请求“put”，FileServer 就做好接收 demofile.txt 文件的准备，FileClient 接着发送 client/demofile.txt 文件的内容，FileServer 把接收到的文件数据保存到服务器端的本地文件系统的 server/demofile.txt 中。

当 FileClient 发送请求“bye”，就结束与 FileServer 的通信。

答案：1．a,b,c,d,f　2．c　3．b　4．b

5．频繁地创建和销毁工作线程，会消耗系统资源，影响服务器程序的运行性能。

6．线程池事先创建了一些工作线程，这些工作线程可以被重复使用，为多个客户服务。而且线程池会灵活控制工作线程的数目。线程池能有效利用系统资源，保证工作线程的数目与客户端的并发请求的数目以及系统的承载负荷能力匹配。

7．参见配套源代码包的 sourcecode/chapter03/exercise 目录下的 FileServer.java 和 FileClient.java

编程提示：客户端每次发送请求时，都是先发送一个 int 类型的数据，指定具体请求数据的长度（以字节为单位）。这样可以确保服务器端方便地读取指定长度的请求数据。

先运行 FileServer，再运行 FileClient。FileClient 的运行结果如图 3-5 所示。

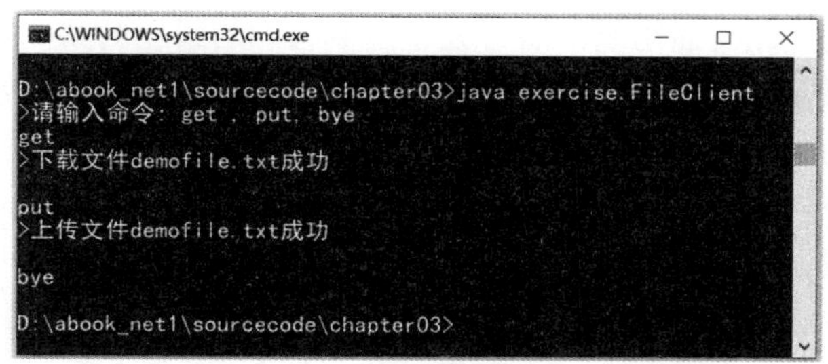

图 3-5　FileClient 类的运行结果

第 4 章

非阻塞通信

对于用 ServerSocket 以及 Socket 编写的服务器程序和客户程序，它们在运行过程中常常会阻塞。例如当一个线程执行 ServerSocket 的 accept()方法时，假如没有客户连接，该线程就会一直等到有了客户连接才从 accept()方法返回。再例如当线程执行 Socket 的输入流的 read()方法时，如果输入流中没有数据，该线程就会一直等到读入了足够的数据才从 read()方法返回。

假如服务器程序需要同时与多个客户通信，就必须分配多个工作线程，让它们分别负责与某个客户通信，当然每个工作线程都有可能经常处于长时间的阻塞状态。

从 JDK1.4 版本开始，引入了非阻塞的通信机制。服务器程序接收客户连接、客户程序请求建立与服务器的连接，以及服务器程序和客户程序收发数据的操作都可以按非阻塞的方式进行。服务器程序只需要创建一个线程，就能完成同时与多个客户通信的任务。

非阻塞的通信机制主要由 java.nio 包（新 I/O 包）中的类实现，主要的类包括 ServerSocketChannel、SocketChannel、Selector、SelectionKey 和 ByteBuffer 等。

本章介绍如何用 java.nio 包中的类来创建服务器程序和客户程序，并且分别采用阻塞模式和非阻塞模式来实现它们。通过比较不同的实现方式，可以帮助读者理解它们的区别和适用范围。

4.1 线程阻塞的概念

在生活中，最常见的阻塞现象是公路上汽车的堵塞。汽车在公路上快速行驶，如果前方交通受阻，就只好停下来等待，等到公路顺畅，才能恢复行驶。

线程在运行中也会因为某些原因而阻塞。所有处于阻塞状态的线程的共同特征是：放弃 CPU，暂停运行，只有等到导致阻塞的原因消除，才能恢复运行；或者被其他线程中断，该线程会退出阻塞状态，并且抛出 InterruptedException。

4.1.1 线程阻塞的原因

导致线程阻塞的原因主要有以下方面。

- 线程执行了 Thread.sleep(int n)方法，线程放弃 CPU，睡眠 *n* ms，然后恢复运行。

- 线程要执行一段同步代码，由于无法获得相关的同步锁，只好进入阻塞状态，等到获得了同步锁，才能恢复运行。
- 线程执行了一个对象的 wait()方法，进入阻塞状态，只有等到其他线程执行了该对象的 notify()或 notifyAll()方法，才可能将其唤醒。
- 线程执行 I/O 操作或进行远程通信时，会因为等待相关的资源而进入阻塞状态。例如当线程执行 System.in.read()方法时，如果用户没有向控制台输入数据，则该线程会一直等读到了用户的输入数据才从 read()方法返回。

进行远程通信时，在客户程序中，线程在以下情况下可能进入阻塞状态。

- 请求与服务器建立连接时，即当线程执行 Socket 的带参数的构造方法，或执行 Socket 的 connect()方法时，会进入阻塞状态，直到连接成功，此线程才从 Socket 的构造方法或 connect()方法返回。
- 线程从 Socket 的输入流读入数据时，如果没有足够的数据，就会进入阻塞状态，直到读到了足够的数据，或者到达输入流的末尾，或者出现了异常，才从输入流的 read()方法返回或异常中断。输入流中有多少数据才算足够呢？这要看线程执行的 read()方法的类。

（1）int read()：只要输入流中有 1 字节，就算足够。

（2）int read(byte[] buff)：只要输入流中的字节数目与参数 buff 数组的长度相同，就算足够。

（3）String readLine()：只要输入流中有 1 行字符串，就算足够。值得注意的是，InputStream 类并没有 readLine()方法，在过滤流 BufferedReader 类中才有此方法。

- 线程向 Socket 的输出流写一批数据时，可能会进入阻塞状态，等到输出了所有的数据，或者出现异常，才从输出流的 write()方法返回或异常中断。
- 如果调用 Socket 的 setSoLinger()方法设置了关闭 Socket 的延迟时间，那么当线程执行 Socket 的 close()方法时，会进入阻塞状态，直到底层 Socket 发送完所有剩余数据，或者超过了 setSoLinger()方法设置的延迟时间，才从 close()方法返回。

在服务器程序中，线程在以下情况下可能会进入阻塞状态。

- 线程执行 ServerSocket 的 accept()方法，等待客户的连接，直到接收到了客户连接，才从 accept()方法返回。
- 线程从 Socket 的输入流读入数据时，如果输入流没有足够的数据，就会进入阻塞状态。
- 线程向 Socket 的输出流写一批数据时，可能会进入阻塞状态，等到输出了所有的数据，或者出现异常，才从输出流的 write()方法返回或异常中断。

由此可见，无论是在服务器程序还是客户程序中，当通过 Socket 的输入流和输出流来读写数据时，都可能进入阻塞状态。这种可能出现阻塞的输入和输出操作被称为阻塞 I/O。与此对照，如果执行输入和输出操作时，不会发生阻塞，则称为非阻塞 I/O。

4.1.2　服务器程序用多线程处理阻塞通信的局限

本书 3.6 节（创建多线程的服务器）已经介绍了服务器程序用多线程来同时处理多个

客户连接的方式。服务器程序的处理流程如图 4-1 所示。主线程负责接收客户的连接。在线程池中有若干工作线程，它们负责处理具体的客户连接。每当主线程接收一个客户连接，主线程就会把与这个客户交互的任务交给一个空闲的工作线程去完成，主线程继续负责接收下一个客户连接。

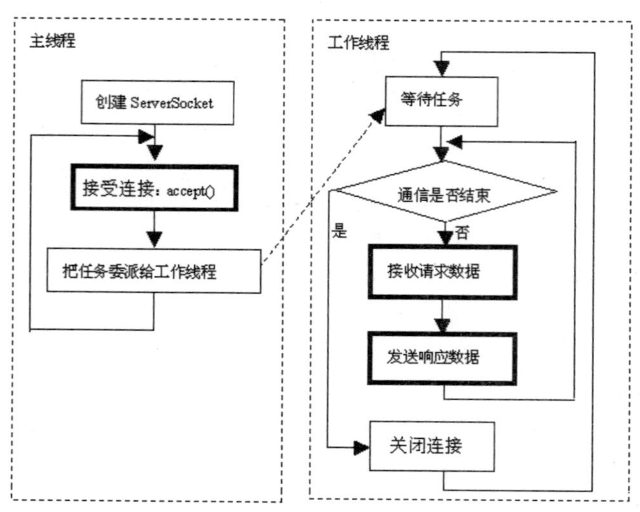

图 4-1　服务器程序用多线程处理阻塞通信

在图 4-1 中，用粗体框标识的步骤为可能引起阻塞的步骤。从图中可以看出，当主线程接收客户连接，以及工作线程执行 I/O 操作时，都有可能进入阻塞状态。

服务器程序用多线程来处理阻塞 I/O，尽管能满足同时响应多个客户请求的需求，但是有以下局限。

（1）Java 虚拟机会为每个线程都分配独立的堆栈空间，工作线程数目越多，系统开销就越大，而且增加了 Java 虚拟机调度线程的负担，增加了线程之间同步的复杂性，提高了线程死锁的可能性。

（2）工作线程的许多时间都浪费在阻塞 I/O 操作上，Java 虚拟机需要频繁地转让 CPU 的使用权，使进入阻塞状态的线程放弃 CPU，再把 CPU 分配给处于可运行状态的线程。

由此可见，工作线程并不是越多越好。如图 4-2 所示，保持适量的工作线程，会提高服务器的并发性能，但是当工作线程的数目到达某个极限，超出了系统的负荷时，反而会降低并发性能，使得多数客户无法快速得到服务器的响应。

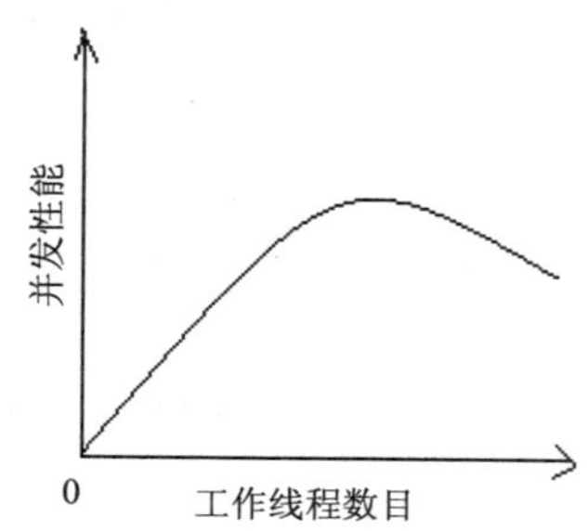

图 4-2　工作线程数目与并发性能的关系

4.1.3 非阻塞通信的基本思想

假如同时要做两件事：烧开水和煮粥。烧开水的步骤如下：

```
锅子里放水，打开煤气炉；
等待水烧开； //阻塞
关闭煤气炉，把开水灌到水壶里；
```

煮粥的步骤如下：

```
锅子里放水和米，打开煤气炉；
等待粥煮开； //阻塞
调整煤气炉，改为小火；
等待粥煮熟； //阻塞
关闭煤气炉；
```

为了同时完成两件事，一种方案是同时请两个人分别做其中的一件事，这相当于采用多线程来同时完成多个任务。还有一种方案是让一个人同时完成两件事，这个人应该善于利用一件事的空闲时间去做另一件事，这个人一刻也不应该闲着。

```
锅子里放水，打开煤气炉； //开始烧开水
锅子里放水和米，打开煤气炉； //开始煮粥
while(一直等待，直到有水烧开、粥煮开或粥煮熟事件发生){  //阻塞
  if(水烧开)
    关闭煤气炉，把开水灌到水壶里；
  if(粥煮开)
    调整煤气炉，改为小火；
  if(粥煮熟)
    关闭煤气炉；
}
```

这个人不断监控烧水和煮粥的状态，如果发生了“水烧开”“粥煮开”或“粥煮熟”事件，就去处理这些事件，处理完一件事后继续监控烧水和煮粥的状态，直到所有的任务都完成。

以上工作方式也可以被运用到服务器程序中，服务器程序只需要一个线程就能同时接收客户的连接、接收各个客户发送的数据，以及向各个客户发送响应数据。服务器程序的处理流程如下：

```
while(一直等待，直到有接收连接就绪事件、读就绪事件或写就绪事件发生){ //阻塞
  if(有客户连接)
    接收客户的连接； //非阻塞
  if(某个 Socket 的输入流中有可读数据)
    从输入流中读数据； //非阻塞
  if(某个 Socket 的输出流可以写数据)
```

```
        向输出流写数据；  //非阻塞
    }
```

以上处理流程采用了轮询的工作方式，当某一种操作就绪，就执行该操作，否则就查看是否还有其他就绪的操作可以执行。线程不会因为某一个操作还没有就绪，就进入阻塞状态，一直傻傻地在那里等待这个操作就绪。

为了使轮询的工作方式顺利进行，接收客户的连接、从输入流读数据，以及向输出流写数据的操作都应该以非阻塞的方式运行。所谓非阻塞，指当线程执行这些方法时，如果操作还没有就绪，就立即返回，而不会一直等到操作就绪。例如当线程接收客户连接时，如果没有客户连接，就立即返回；再例如当线程从输入流中读数据时，如果输入流中还没有数据，就立即返回，或者如果输入流还没有足够的数据，那么就读取现有的数据，然后返回。值得注意的是，以上 while 循环条件中的操作还是按照阻塞方式进行的，如果未发生任何事件，就会进入阻塞状态，直到接收连接就绪事件、读就绪事件或写就绪事件中至少有一个事件发生，此时才会执行 while 循环体中的操作。

4.2 非阻塞通信 API 的用法

java.nio.channels 包提供了支持非阻塞通信的类，如下所述。

- ServerSocketChannel：ServerSocket 的替代类，支持阻塞通信与非阻塞通信。
- SocketChannel：Socket 的替代类，支持阻塞通信与非阻塞通信。
- Selector：为 ServerSocketChannel 监控接收连接就绪事件，为 SocketChannel 监控连接就绪、读就绪和写就绪事件。
- SelectionKey：代表 ServerSocketChannel 以及 SocketChannel 向 Selector 注册事件的句柄。当一个 SelectionKey 对象位于 Selector 对象的 selected-keys 集合中，就表示与这个 SelectionKey 对象相关的事件发生了。

ServerSocketChannel 及 SocketChannel 都是 SelectableChannel 的子类，如图 4-3 所示。SelectableChannel 类及其子类都能委托 Selector 来监控它们可能发生的一些事件，这种委托过程也被称为注册事件过程。

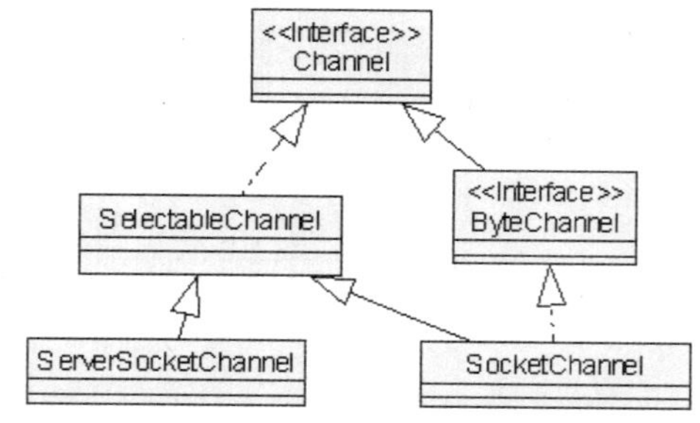

图 4-3　SelectableChannel 类及其子类的类框图

ServerSocketChannel 向 Selector 注册接收连接就绪事件的代码如下：

```
SelectionKey key=
   serverSocketChannel.register(selector,SelectionKey.OP_ACCEPT);
```

SelectionKey 类的一些静态常量表示事件类型，ServerSocketChannel 只可能发生一种事件。

- SelectionKey.OP_ACCEPT：接收连接就绪事件，表示至少有了一个客户连接，服务器可以接收这个连接。

SocketChannel 可能发生以下 3 种事件。

- SelectionKey.OP_CONNECT：连接就绪事件，表示客户与服务器的连接已经建立成功。
- SelectionKey.OP_READ：读就绪事件，表示输入流中已经有了可读数据，可以执行读操作了。
- SelectionKey.OP_WRITE：写就绪事件，表示已经可以向输出流写数据了。

SocketChannel 提供了接收和发送数据的方法。

- read(ByteBuffer buffer)：接收数据，把它们存放到参数指定的 ByteBuffer 中。
- write(ByteBuffer buffer)：把参数指定的 ByteBuffer 中的数据发送出去。

ByteBuffer 表示字节缓冲区，SocketChannel 的 read()和 write()方法都会操纵 ByteBuffer。ByteBuffer 类继承于 Buffer 类。ByteBuffer 中存放的是字节，为了把它们转换为字符串，还需要用到 Charset 类，Charset 类代表字符编码，它提供了把字节流转换为字符串（解码过程）和把字符串转换为字节流（编码过程）的实用方法。

下面几小节分别介绍 Buffer、Charset、SelectableChannel、ServerSocketChannel、SocketChannel、Selector 和 SelectionKey 的用法。如果读者觉得单独看这些类的用法太枯燥，那么可以先阅读 4.3 节，它介绍如何用这些类来创建 EchoServer 服务器程序。

4.2.1　缓冲区

数据输入和输出往往是比较耗时的操作。缓冲区（Buffer）从两个方面提高 I/O 操作的效率。

- 减少实际的物理读写次数。
- 缓冲区在创建时被分配内存，这块内存区域一直被重用，这可以减少动态分配和回收内存区域的次数。

旧 I/O 类库（对应 java.io 包）中的 BufferedInputStream、BufferedOutputStream、BufferedReader 和 BufferedWriter 在其实现中都运用了缓冲区。java.nio 包公开了 Buffer API，使得 Java 程序可以直接控制和运用缓冲区。图 4-4 显示了 Buffer 类的层次结构。

所有的缓冲区都有以下属性。

- 容量（capacity）：表示缓冲区可以保存多少数据。
- 极限（limit）：表示缓冲区的当前终点，不能对缓冲区中超过极限的区域进行读写操作。极限是可以被修改的，这有利于缓冲区的重用。例如，假定容量为 100 的缓冲区已经填满了数据，接着程序在重用缓冲区时，仅仅将 10 个新的数据写入缓冲区中从位置 0 到 10 的区域，这时可以将极限设为 10，这样就不能读取位置从 11 到 99 的原先的数据了。极限是一个非负整数，不应该大于容量。

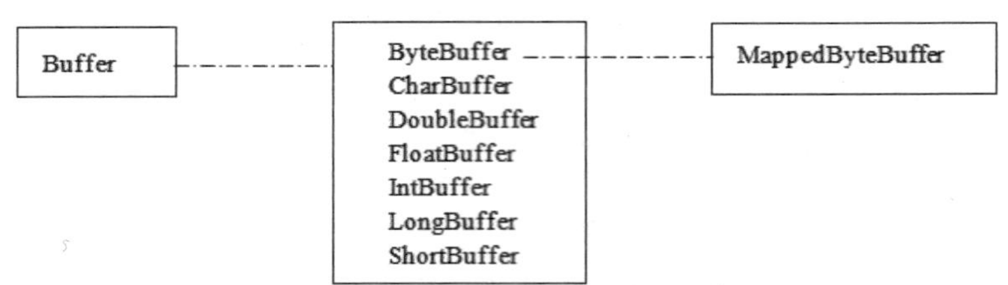

图 4-4　Buffer 类的层次结构

- 位置（position）：表示缓冲区中下一个读写单元的位置，每次读写缓冲区的数据时，该值都会改变，为下一次读写数据做准备。位置是一个非负整数，不应该大于极限。

如图 4-5 所示，以上 3 个属性的关系为：容量>=极限>=位置>=0

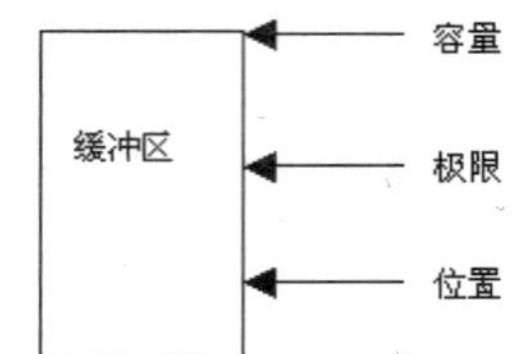

图 4-5　缓冲区的 3 个属性

缓冲区提供了用于改变以上 3 个属性的方法：

- clear()：把极限设为容量，把位置设为 0。
- flip()：把极限设为位置，把位置设为 0。
- rewind()：不改变极限，把位置设为 0。

Buffer 类的 remaining()方法返回缓冲区的剩余容量，取值等于极限-位置。Buffer 类的 compact()方法删除缓冲区内从 0 到当前位置 position 的内容，然后把从当前位置 position 到极限 limit 的内容拷贝到 0 到 limit-position 的区域内，当前位置 position 和极限 limit 的取值也做相应的变化，如图 4-6 所示。

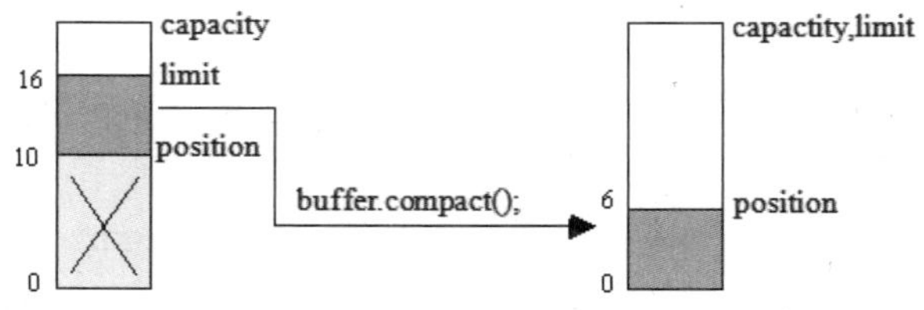

图 4-6　Buffer 类的 compact()的作用

java.nio.Buffer 类是一个抽象类，不能被实例化。它共有 8 个具体的缓冲区类，其中最基本的缓冲区是 ByteBuffer，它存放的数据单元是字节。ByteBuffer 类并没有提供公开的构造方法，但是提供了两个获得 ByteBuffer 实例的静态工厂方法。

- allocate(int capacity)：返回一个 ByteBuffer 对象，参数 capacity 指定缓冲区的容量。

- directAllocate(int capacity)：返回一个 ByteBuffer 对象，参数 capacity 指定缓冲区的容量。该方法返回的缓冲区被称为直接缓冲区，它与当前操作系统能够更好地耦合，因此能进一步提高 I/O 操作的速度。但是分配直接缓冲区的系统开销很大，因此只有在缓冲区较大并且长期存在，或者需要经常重用时，才使用这种缓冲区。

除 boolean 类型以外，每种基本类型都有对应的缓冲区类，包括 CharBuffer、DoubleBuffer、FloatBuffer、IntBuffer、LongBuffer 和 ShortBuffer。这几个缓冲区类都有一个能够返回自身实例的静态工厂方法 allocate(int capacity)。在 CharBuffer 中存放的数据单元为字符，在 DoubleBuffer 中存放的数据单元为 double 数据，以此类推。还有一种缓冲区是 MappedByteBuffer，它是 ByteBuffer 的子类。MappedByteBuffer 能够把缓冲区和文件的某个区域直接映射。

所有具体缓冲区类都提供了读写缓冲区的方法。

- get()：相对读。从缓冲区的当前位置读取一个单元的数据，读完后把位置加 1。
- get(int index)：绝对读。从参数 index 指定的位置读取一个单元的数据。
- put(单元数据类型 data)：相对写。向缓冲区的当前位置写入一个单元的数据，写完后把位置加 1。
- put(int index，单元数据类型 data)：绝对写。向参数 index 指定的位置写入一个单元的数据。

ByteBuffer 类不仅可以读取和写入一个单元的字节，还可以读取和写入 int、char、float 和 double 等基本类型的数据，例如：

- getInt()
- getInt(int index)
- putInt(int value)
- putInt(int index, int value)
- getChar()
- getChar(int index)
- putChar(char value)
- putChar(int index, char value)

以上不带 index 参数的方法会在当前位置读取或写入数据，称为相对读写。带 index 参数的方法会在 index 参数指定的位置读取或写入数据，称为绝对读写。

ByteBuffer 类还提供了用于获得缓冲区视图的方法，例如：

- ShortBuffer　asShortBuffer()
- CharBuffer　asCharBuffer()
- IntBuffer　asIntBuffer()
- FloatBuffer　asFloatBuffer()

例如以下程序代码获取 ByteBuffer 的 CharBuffer 缓冲区视图：

```
CharBuffer charBuffer=byteBuffer.asCharBuffer();
```

以上 CharBuffer 视图和底层 ByteBuffer 共享同样的数据，修改 CharBuffer 视图的数据，会反映到底层 ByteBuffer。不过，CharBuffer 视图和底层 ByteBuffer 有各自独立的位置 position、极限 limit 和容量 capacity 属性。

4.2.2 字符编码 Charset

java.nio.Charset 类的每个实例代表特定的字符编码类型。如图 4-7 所示，把字节序列转换为字符串的过程称为解码；把字符串转换为字节序列的过程称为编码。

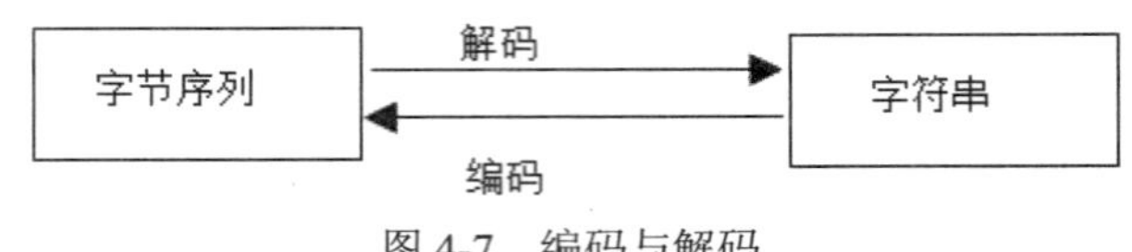

图 4-7 编码与解码

Charset 类提供了编码与解码的方法。

- ByteBuffer encode(String str)：对参数 str 指定的字符串进行编码，把得到的字节序列存放在一个 ByteBuffer 对象中，并将其返回。
- ByteBuffer encode(CharBuffer cb)：对参数 cb 指定的字符缓冲区中的字符进行编码，把得到的字节序列存放在一个 ByteBuffer 对象中，并将其返回。
- CharBuffer decode(ByteBuffer bb)：对参数 bb 指定的 ByteBuffer 中的字节序列进行解码，把得到的字符序列存放在一个 CharBuffer 对象中，并将其返回。

Charset 类的静态 forName(String encode)方法返回一个 Charset 对象，它代表参数 encode 指定的编码类型。例如以下代码创建了一个代表“GBK”编码的 Charset 对象。

```
Charset charset=Charset.forName("GBK");
```

Charset 类还有一个静态方法 defaultCharset()，它返回代表本地平台的默认字符编码的 Charset 对象。

4.2.3 通道

通道（Channel）用来连接缓冲区与数据源或数据汇（即数据目的地）。如图 4-8 所示，数据源的数据经过通道到达缓冲区，缓冲区的数据经过通道到达数据汇。

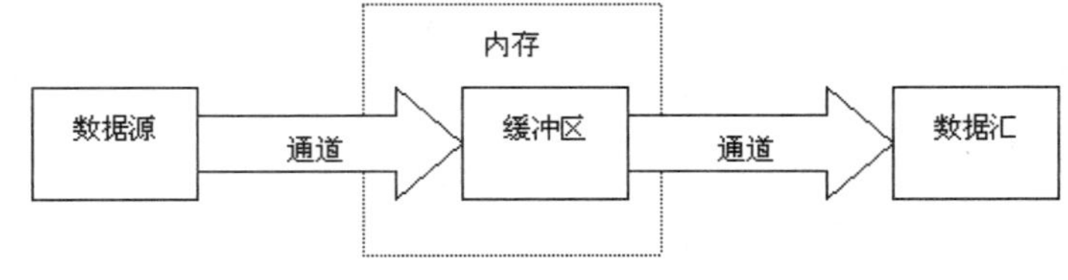

图 4-8 通道的作用

图 4-9 展示了通道的主要层次结构。

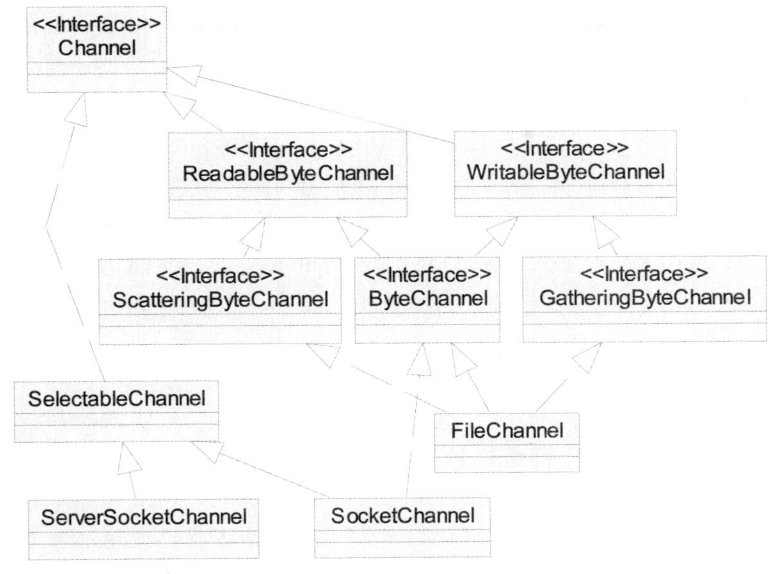

图 4-9　通道的主要层次结构

java.nio.channels.Channel 接口只声明了两个方法。

- close()：关闭通道。
- isOpen()：判断通道是否打开。

通道在创建时被打开，一旦关闭通道，就不能重新打开它。

Channel 接口的两个最重要的子接口是 ReadableByteChannel 和 WritableByteChannel。ReadableByteChannel 接口声明了 read(ByteBuffer dst)方法，该方法把数据源的数据读入参数指定的 ByteBuffer 缓冲区中。WritableByteChannel 接口声明了 write(ByteBuffer src)方法，该方法把参数指定的 ByteBuffer 缓冲区中的数据写到数据汇中。图 4-10 展示了 Channel 与 Buffer 的关系。ByteChannel 接口是一个便利接口，它扩展了 ReadableByteChannel 和 WritableByteChannel 接口，因而同时支持读写操作。

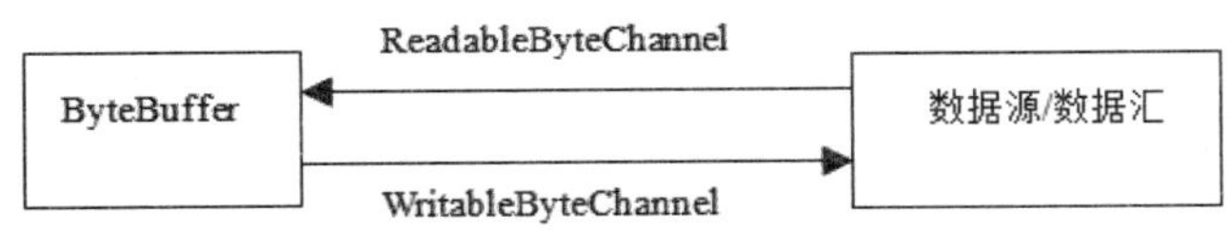

图 4-10　Channel 与 Buffer 的关系

ScatteringByteChannel 接口扩展了 ReadableByteChannel 接口，允许分散地读取数据。分散读取数据指单个读取操作能填充多个缓冲区。ScatteringByteChannel 接口声明了 read(ByteBuffer[] dsts)方法，该方法把从数据源读取的数据依次填充到参数指定的 ByteBuffer 数组的各个 ByteBuffer 中。GatheringByteChannel 接口扩展了 WritableByteChannel 接口，允许集中地写入数据。集中写入数据指单个写操作能把多个缓冲区的数据写到数据汇。GatheringByteChannel 接口声明了 write(ByteBuffer[] srcs)方法，该方法依次把参数指定的 ByteBuffer 数组的每个 ByteBuffer 中的数据写到数据汇。分散读取和集中写数据能够进一步提高输入和输出操作的速度。

FileChannel 类是 Channel 接口的实现类，代表一个与文件相连的通道。该类实现了 ByteChannel、ScatteringByteChannel 和 GatheringByteChannel 接口，支持读操作、写操作、分散读操作和集中写操作。FileChannel 类没有提供公开的构造方法，因此客户程序不能用 new 语句来构造它的实例。不过，在 FileInputStream、FileOutputStream 和 RandomAccessFile 类中提供了 getChannel()方法，该方法返回相应的 FileChannel 对象。

SelectableChannel 也是一种通道，它不仅支持阻塞的 I/O 操作，还支持非阻塞的 I/O 操作。SelectableChannel 有两个子类：ServerSocketChannel 和 SocketChannel。SocketChannel 还实现了 ByteChannel 接口，具有 read(ByteBuffer dst)和 write(ByteBuffer src)方法。

4.2.4 SelectableChannel 类

SelectableChannel 是一种支持阻塞 I/O 和非阻塞 I/O 的通道。在非阻塞模式下，读写数据不会阻塞，并且 SelectableChannel 可以向 Selector 注册读就绪和写就绪等事件。Selector 负责监控这些事件，等到事件发生时，比如发生了读就绪事件，SelectableChannel 就可以执行读操作了。

SelectableChannel 的主要方法如下。

- public SelectableChannel configureBlocking(boolean block) throws IOException

当参数 block 为 true 时，表示把 SelectableChannel 设为阻塞模式，当参数 block 为 false 时，表示把 SelectableChannel 设为非阻塞模式。在默认情况下，SelectableChannel 采用阻塞模式。该方法返回 SelectableChannel 对象本身的引用，相当于“return this”。

SelectableChannel 的 isBlocking()方法判断 SelectableChannel 是否处于阻塞模式，如果返回 true，则表示处于阻塞模式，否则表示处于非阻塞模式。

- public SelectionKey register(Selector sel,int ops)throws ClosedChannelException
- public SelectionKey register(Selector sel,int ops,Object attachment)
  throws ClosedChannelException

以上两个方法都向 Selector 注册事件，例如，以下 socketChannel（SelectableChannel 的一个子类）向 Selector 注册读就绪和写就绪事件。

```
SelectionKey key=socketChannel.register(selector,
                     SelectionKey.OP_READ |SelectionKey.OP_WRITE);
```

register()方法返回一个 SelectionKey 对象，SelectionKey 被用来跟踪被注册的事件。第 2 个 register()方法还有一个 Object 类型的参数 attachment，它被用于为 SelectionKey 关联一个附件，当被注册事件发生后，需要处理该事件时，可以从 SelectionKey 中获得这个附件，该附件可用来包含与处理这个事件相关的信息。以下这两段代码是等价的。

```
MyHandler handler=new MyHandler();  //负责处理事件的对象
SelectionKey key=socketChannel.register(selector,
    SelectionKey.OP_READ| SelectionKey.OP_WRITE,handler);
```

等价于：

```
SelectionKey key=socketChannel.register(selector,
    SelectionKey.OP_READ| SelectionKey.OP_WRITE);
MyHandler handler=new MyHandler();
key.attach(handler);  //为 SelectionKey 关联一个附件
```

4.2.5　ServerSocketChannel 类

ServerSocketChannel 从 SelectableChannel 中继承了 configureBlocking()和 register()方法。ServerSocketChannel 是 ServerSocket 的替代类，也具有负责接收客户连接的 accept()方法。ServerSocketChannel 并没有 public 类型的构造方法，必须通过它的静态方法 open()来创建 ServerSocketChannel 对象。每个 ServerSocketChannel 对象都与一个 ServerSocket 对象关联。ServerSocketChannel 的 socket()方法返回与它关联的 ServerSocket 对象。可通过以下方式把服务器进程绑定到一个本地端口。

```
serverSocketChannel.socket().bind(port);
```

ServerSocketChannel 的主要方法如下。

- public static ServerSocketChannel open()throws IOException

这是 ServerSocketChannel 类的静态工厂方法，它返回一个 ServerSocketChannel 对象。这个对象没有与任何本地端口绑定，并且处于阻塞模式。

- public SocketChannel accept()throws IOException

类似于 ServerSocket 的 accept()方法，用于接收客户的连接。如果 ServerSocketChannel 处于非阻塞模式，当没有客户连接时，该方法就立即返回 null。如果 ServerSocketChannel 处于非阻塞模式，当没有客户连接时，它就会一直阻塞下去，直到有客户连接就绪，或者出现了 IOException。

值得注意的是，该方法返回的 SocketChannel 对象处于阻塞模式，如果希望把它改为非阻塞模式，就必须执行以下代码。

```
socketChannel.configureBlocking(false);
```

- public final int validOps()

返回 ServerSocketChannel 所能产生的事件，这个方法总是返回 SelectionKey.OP_ACCEPT。

- public ServerSocket socket()

返回与 ServerSocketChannel 关联的 ServerSocket 对象。每个 ServerSocketChannel 对象都与一个 ServerSocket 对象关联。

4.2.6　SocketChannel 类

SocketChannel 可以被看作是 Socket 的替代类，但它比 Socket 具有更多的功能。

SocketChannel 不仅从 SelectableChannel 父类中继承了 configureBlocking()和 register()方法，而且实现了 ByteChannel 接口，因此具有用于读写数据的 read(ByteBuffer dst)和 write(ByteBuffer src)方法。SocketChannel 没有 public 类型的构造方法，必须通过它的静态方法 open()来创建 SocketChannel 对象。

SocketChannel 的主要方法如下。

- public static SocketChannel open() throws IOException
- public static SocketChannel open(SocketAddress remote) throws IOException

SocketChannel 的静态工厂方法 open()负责创建 SocketChannel 对象，第 2 个带参数的构造方法还会建立与远程服务器的连接。在阻塞模式以及非阻塞模式下，第 2 个 open()方法有不同的行为，这与 SocketChannel 类的 connect()方法类似，参见本节 connect()方法的介绍。

以下两段代码是等价的。

```
SocketChannle socketChannel= SocketChannel.open();
channel.connect(remote);  //remote 为 SocketAddress 类型

等价于：

//remote 为 SocketAddress 类型
SocketChannle socketChannel = SocketChannel.open(remote);
```

值得注意的是，open()方法返回的 SocketChannel 对象处于阻塞模式，如果希望把它改为非阻塞模式，就必须执行以下代码。

```
socketChannel.configureBlocking(false);
```

- public final int validOps()

返回 SocketChannel 所能产生的事件，这个方法总是返回以下值。

```
SelectionKey.OP_CONNECT | SelectionKey.OP_READ | SelectionKey.OP_WRITE
```

- public Socket socket()

返回与这个 SocketChannel 关联的 Socket 对象。每个 SocketChannel 对象都与一个 Socket 对象关联。

- public boolean isConnected()

判断底层 Socket 是否已经建立了远程连接。

- public boolean isConnectionPending()

判断是否正在进行远程连接。如果远程连接操作已经开始，但还没有完成，则返回 true，否则返回 false。也就是说，无论底层 Socket 还没有开始连接，或者已经连接成功，该方法都会返回 false。

- public boolean connect(SocketAddress remote)throws IOException

使底层 Socket 建立远程连接。当 SocketChannel 处于非阻塞模式时，如果立即连接成功，则该方法返回 true，如果不能立即连接成功，则该方法返回 false，程序稍后必须通过调用 finishConnect()方法来完成连接。当 SocketChannel 处于阻塞模式时，如果立即连接成功，则该方法返回 true，如果不能立即连接成功，则进入阻塞状态，直到连接成功，或者出现 I/O 异常。

- public boolean finishConnect()throws IOException

试图完成连接远程服务器的操作。在非阻塞模式下，建立连接从调用 SocketChannel 的 connect()方法开始，到调用 finishConnect()方法结束。如果 finishConnect()方法顺利完成连接，或者在调用此方法之前连接已经被建立，则 finishConnect()方法立即返回 true。如果连接操作还没有完成，则立即返回 false。如果连接操作中遇到异常而失败，则抛出相应的 I/O 异常。

在阻塞模式下，如果连接操作还没有完成，则会进入阻塞状态，直到连接完成，或者出现 I/O 异常。

- public int read(ByteBuffer dst)throws IOException

从 Channel 中读入若干字节，把它们存放到参数指定的 ByteBuffer 中。假定执行 read()方法前，ByteBuffer 的位置为 p，剩余容量为 r，r 等于 dst.remaining()方法的返回值。假定 read()方法实际上读入了 n 字节，那么 $0 \leqslant n \leqslant r$。当 read()方法返回后，参数 dst 引用的 ByteBuffer 的位置变为 $p+n$，极限保持不变，如图 4-11 所示。

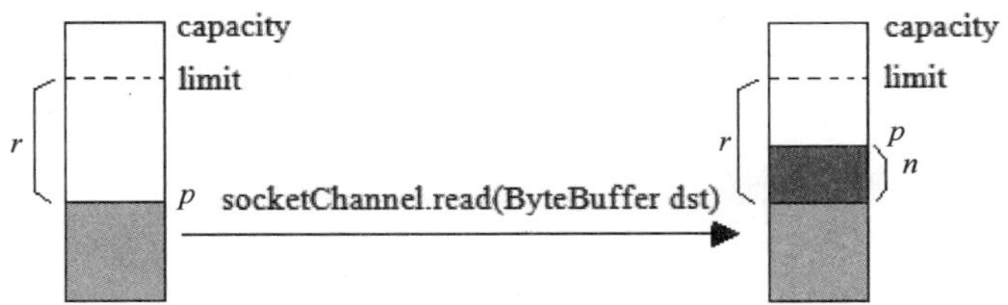

图 4-11　read()方法读入 n 字节

在阻塞模式下，read()方法会争取读到 r 字节，如果输入流中不足 r 字节，就进入阻塞状态，直到读入了 r 字节，或者读到了输入流末尾，或者出现了 I/O 异常。

在非阻塞模式下，read()方法奉行能读到多少数据就读多少数据的原则。read()方法读取当前通道中的可读数据，有可能不足 r 字节，或者为 0 字节，read()方法总是立即返回，而不会等到读取了 r 字节再返回。

read()方法返回实际上读入的字节数，有可能为 0。如果返回“-1”，就表示读到了输入流的末尾。

- public int write(ByteBuffer src)throws IOException

把参数 src 指定的 ByteBuffer 中的字节写到 Channel 中。假定执行 write()方法前，ByteBuffer 的位置为 p，剩余容量为 r，r 等于 src.remaining()方法的返回值。假定 write()方法实际上向通道中写了 n 字节，那么 $0 \leqslant n \leqslant r$。当 write()方法返回后，参数 src 引用的 ByteBuffer 的位置变为 $p+n$，极限保持不变，如图 4-12 所示。

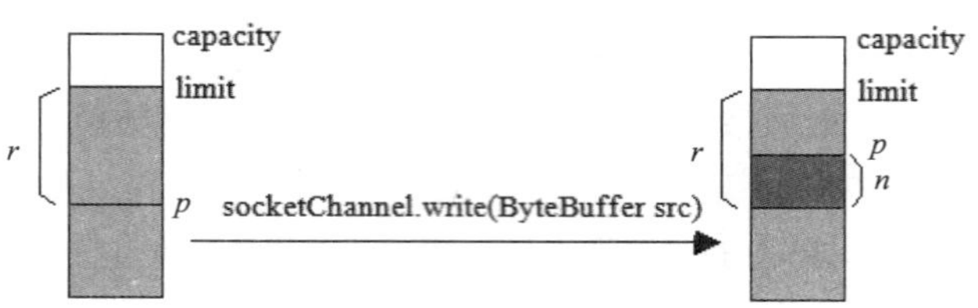

图 4-12 write()方法输出 n 字节

在阻塞模式下，write()方法会争取输出 r 字节，如果底层网络的输出缓冲区不能容纳 r 字节，就进入阻塞状态，直到输出了 r 字节，或者出现了 I/O 异常。

在非阻塞模式下，write()方法奉行能输出多少数据就输出多少数据的原则，有可能不足 r 字节，或者为 0 字节，write()方法总是立即返回，而不会等到输出 r 字节再返回。

write()方法返回实际上输出的字节数，有可能为 0。

4.2.7 Selector 类

只要 ServerSocketChannel 以及 SocketChannel 向 Selector 注册了特定的事件，Selector 就会监控这些事件是否发生。SelectableChannel 的 register()方法负责注册事件，该方法返回一个 SelectionKey 对象，该对象是用于跟踪这些被注册事件的句柄。一个 Selector 对象中会包含 3 种类型的 SelectionKey 的集合。

- all-keys 集合：当前所有向 Selector 注册的 SelectionKey 的集合, Selector 的 keys()方法返回该集合。
- selected-keys 集合：相关事件已经被 Selector 捕获的 SelectionKey 的集合。Selector 的 selectedKeys()方法返回该集合。
- cancelled-keys 集合：已经被取消的 SelectionKey 的集合。Selector 没有提供访问这种集合的方法。

以上第 2 种和第 3 种集合都是第 1 种集合的子集。对于一个新建的 Selector 对象，它的上述集合都为空。

当执行 SelectableChannel 的 register()方法，该方法新建一个 SelectionKey，并把它加入 Selector 的 all-keys 集合中。

如果关闭了与 SelectionKey 对象关联的 Channel 对象，或者调用了 SelectionKey 对象的 cancel()方法，那么这个 SelectionKey 对象就会被加入 cancelled-keys 集合中，表示这个 SelectionKey 对象已经被取消，在程序下一次执行 Selector 的 select()方法时，被取消的 SelectionKey 对象将从所有的集合（包括 all-keys 集合、selected-keys 集合和 cancelled-keys 集合）中被删除。

在执行 Selector 的 select()方法时，如果与 SelectionKey 相关的事件发生了，这个 SelectionKey 就被加入 selected-keys 集合中。程序直接调用 selected-keys 集合的 remove()方法，或者调用它的 Iterator 的 remove()方法，都可以从 selected-keys 集合中删除一个 SelectionKey 对象。

程序不允许直接通过集合接口的 remove()方法删除 all-keys 集合中的 SelectionKey 对

象。如果程序试图这么做，那么会导致 UnsupportedOperationException。

Selector 类的主要方法如下。

- public static Selector open()throws IOException

这是 Selector 的静态工厂方法，创建一个 Selector 对象。

- public boolean isOpen()

判断 Selector 是否处于打开状态。Selector 对象创建后就处于打开状态，当调用了 Selector 对象的 close()方法，它就进入关闭状态。

- public Set<SelectionKey> keys()

返回 Selector 的 all-keys 集合，它包含了所有与 Selector 关联的 SelectionKey 对象。

- public int selectNow()throws IOException

返回相关事件已经发生的 SelectionKey 对象的数目。该方法采用非阻塞的工作方式，返回当前相关事件已经发生的 SelectionKey 对象的数目，如果没有，就立即返回 0。

- public int select()throws IOException
- public int select(long timeout)throws IOException

返回相关事件已经发生的 SelectionKey 对象的数目。该方法采用阻塞的工作方式，返回相关事件已经发生的 SelectionKey 对象的数目，如果一个也没有，就进入阻塞状态，直到出现以下情况之一，就会从 select()方法中返回：

（1）至少有一个 SelectionKey 的相关事件已经发生。

（2）其他线程调用了 Selector 的 wakeup()方法，导致执行 select()方法的线程立即从 select()方法中返回。

（3）当前执行 select()方法的线程被其他线程中断。

（4）超出了等待时间。该时间由 select(long timeout)方法的参数 timeout 设定，单位为 ms。如果等待超时，就会正常返回，但不会抛出超时异常。如果程序调用的是不带参数的 select()方法，那么永远不会超时，这意味着执行 select()方法的线程进入阻塞状态后，永远不会因为超时而中断。

- public Selector wakeup()

唤醒执行 Selector 的 select()方法（也同样适用于 select(long timeout)方法）的线程。当线程 A 执行 Selector 对象的 wakeup()方法时，如果线程 B 正在执行同一个 Selector 对象的 select()方法，或者线程 B 稍后会执行这个 Selector 对象的 select()方法，那么线程 B 在执行 select()方法时，会立即从 select()方法中返回，而不会被阻塞。假如线程 B 已经在 select()方法中阻塞了，也会立刻被唤醒，从 select()方法中返回。

wakeup()方法只能唤醒执行 select()方法的线程 B 一次。如果线程 B 在执行 select()方法时被唤醒后，以后再执行 select()方法，则仍旧按照阻塞方式工作，除非线程 A 再次调用 Selector 对象的 wakeup()方法。

- public void close()throws IOException

关闭 Selector。如果有其他线程正执行这个 Selector 的 select()方法并且处于阻塞状态，那么这个线程会立即返回。close()方法使得 Selector 占用的所有资源都被释放，所有与 Selector 关联的 SelectionKey 都被取消。

4.2.8 SelectionKey 类

ServerSocketChannel 或 SocketChannel 通过 register()方法向 Selector 注册事件时，register()方法会创建一个 SelectionKey 对象，这个 SelectionKey 对象用来跟踪注册事件的句柄。在 SelectionKey 对象的有效期间，Selector 会一直监控与 SelectionKey 对象相关的事件，如果事件发生，就会把 SelectionKey 对象加入 selected-keys 集合中。在以下情况下，SelectionKey 对象会失效，这意味着 Selector 再也不会监控与它相关的事件。

（1）程序调用 SelectionKey 的 cancel()方法。

（2）关闭与 SelectionKey 关联的 Channel。

（3）与 SelectionKey 关联的 Selector 被关闭。

在 SelectionKey 中定义了 4 种事件，分别用 4 个 int 类型的常量来表示。

- SelectionKey.OP_ACCEPT：接收连接就绪事件，表示服务器监听到了客户连接，服务器可以接收这个连接了。常量值为 16
- SelectionKey.OP_CONNECT：连接就绪事件，表示客户与服务器的连接已经建立成功。常量值为 8。
- SelectionKey.OP_READ：读就绪事件，表示通道中已经有了可读数据，可以执行读操作了。常量值为 1。
- SelectionKey.OP_WRITE：写就绪事件，表示已经可以向通道写数据了。常量值为 4。

以上常量分别占据不同的二进制位，因此可以通过二进制的或运算“|”，来将它们进行任意组合。一个 SelectionKey 对象中包含两种类型的事件。

- 所有感兴趣的事件：SelectionKey 的不带参数的 interestOps()方法返回所有感兴趣的事件，例如假定返回值为 SelectionKey.OP_WRITE | SelectionKey.OP_READ，就表示这个 SelectionKey 对读就绪和写就绪事件感兴趣。与之关联的 Selector 对象会负责监控这些事件。当通过 SelectableChannel 的 register()方法注册事件时，可以在参数中指定 SelectionKey 感兴趣的事件，例如以下代码表明新建的 SelectionKey 对连接就绪和读就绪事件感兴趣。

```
SelectionKey key=socketChannel.register(selector,
            SelectionKey.OP_CONNECT | SelectionKey.OP_READ);
```

SelectionKey 的带参数的 interestOps(int ops)方法用于为 SelectionKey 对象增加一个感兴趣的事件。例如以下代码使得 SelectionKey 增加了一个感兴趣的事件。

```
key. interestOps(SelectionKey.OP_WRITE);
```

- 所有已经发生的事件：SelectionKey 的 readyOps()方法返回所有已经发生的事件，例如假定返回值为 SelectionKey.OP_WRITE | SelectionKey.OP_READ，表示读就绪和写就绪事件已经发生了，这意味着与之关联的 SocketChannel 对象可以进行读操作和写操作了。

当程序调用一个 SelectableChannel（包括 ServerSocketChannel 和 SocketChannel）的 register(selector,XXX)方法时，该方法会建立 SelectableChannel 对象、Selector 对象，以及 register()方法所创建的 SelectionKey 对象之间的关联关系，如图 4-13 所示。SelectionKey 的 channel()方法返回与它关联的 SelectableChannel 对象，selector()方法返回与它关联的 Selector 对象。

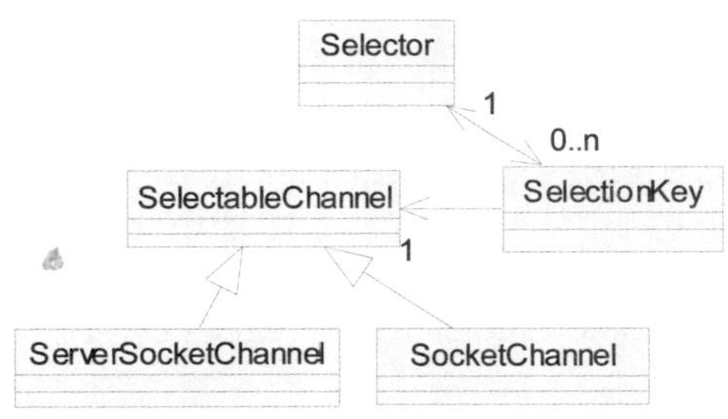

图 4-13　SelectionKey、Selector 与 SelectableChannel 之间的关联关系

SelectionKey 的主要方法如下。

- public SelectableChannel channel()

返回与这个 SelectionKey 对象关联的 SelectableChannel 对象。

- public Selector selector()

返回与这个 SelectionKey 对象关联的 Selector 对象。

- public boolean isValid()

判断这个 SelectionKey 是否有效。当 SelectionKey 对象创建后，它就一直处于有效状态。如果调用了它的 cancel()方法，或者关闭了与它关联的 SelectableChannel 或 Selector 对象，它就失效。

- public void cancel()

使 SelectionKey 对象失效。该方法把 SelectionKey 对象加入与它关联的 Selector 对象的 cancelled-keys 集合中。当程序下一次执行 Selector 的 select()方法时，该方法会把 SelectionKey 对象从 Selector 对象的 all-keys、selected-keys 和 cancelled-keys 这 3 个集合中删除。

- public int interestOps()

返回这个 SelectionKey 感兴趣的事件。

- public SelectionKey interestOps(int ops)

为 SelectionKey 增加感兴趣的事件。该方法返回当前 SelectionKey 对象本身的引用，相当于“return this”。

- public int readyOps()

返回已经就绪的事件。

- public final boolean isReadable()

判断与之关联的 SocketChannel 的读就绪事件是否已经发生。该方法等价于

```
key.readyOps() & SelectionKey.OP_READ != 0
```

- public final boolean isWritable()

判断与之关联的 SocketChannel 的写就绪事件是否已经发生。该方法等价于

```
key.readyOps() & SelectionKey.OP_WRITE != 0
```

- public final boolean isConnectable()

判断与之关联的 SocketChannel 的连接就绪事件是否已经发生。该方法等价于

```
k.readyOps() & SelectionKey.OP_CONNECT != 0
```

- public final boolean isAcceptable()

判断与之关联的 ServerSocketChannel 的接收连接就绪事件是否已经发生。该方法等价于

```
k.readyOps() & SelectionKey.OP_ACCEPT != 0
```

- public final Object attach(Object ob)

使 SelectionKey 关联一个附件。一个 SelectionKey 对象只能关联一个 Object 类型的附件。如果多次调用该方法，则只有最后一个附件与 SelectionKey 对象关联。调用 SelectionKey 对象的 attachment()方法可获得这个附件。

- public final Object attachment()

返回与 SelectionKey 对象关联的附件。

4.2.9 Channels 类

Channels 类是一个简单的工具类，提供了通道与传统的基于 I/O 的流、Reader 和 Writer 之间进行转换的静态方法。

- ReadableByteChannel newChannel(InputStream in)：输入流转换成读通道。
- WritableByteChannel newChannel(OutputStream out)：输出流转换成写通道。
- InputStream newInputStream(AsynchronousByteChannel ch)：异步通道转换成输入流。
- InputStream newInputStream(ReadableByteChannel ch)：读通道转换成输入流。
- OutputStream newOutputStream(AsynchronousByteChannel ch)：异步通道转换成输出流。
- OutputStream newOutputStream(WritableByteChannel ch)　：写通道转换成输出流。
- Reader newReader(ReadableByteChannel ch, String csName)：读通道转换成 Reader。参数 csName 指定字符编码。
- Reader newReader(ReadableByteChannel ch, Charset charset)：读通道转换成 Reader。参数 charset 指定字符编码。
- Reader newReader(ReadableByteChannel ch, CharsetDecoder dec, int minBufferCap)：读通道转换成 Reader。参数 dec 指定字符解码器。参数 minBufferCap 指定内部字节

缓冲区的最小容量。

- Writer newWriter(WritableByteChannel ch, String csName)：写通道转换成 Writer。参数 csName 指定字符编码。
- Writer newWriter(WritableByteChannel ch, Charset charset)：写通道转换成 Writer。参数 charset 指定字符编码。
- Writer newWriter(WritableByteChannel ch, CharsetEncoder enc, int minBufferCap)：写通道转换成 Writer。参数 enc 指定字符编码器。参数 minBufferCap 指定内部字节缓冲区的最小容量。

以上方法的参数包括 ReadableByteChannel、WritableByteChannel 和 AsynchronousByteChannel 类型。SocketChannel 实现了 ReadableByteChannel 和 WritableByteChannel 接口，AsynchronousSocketChannel 实现了 AsynchronousByteChannel 接口。4.5 节会介绍 AsynchronousSocketChannel 的用法。

以下程序代码把 SocketChannel 转换成输入流，接下来就能按照输入流的方式来读取数据。

```
SocketChannel socketChannel=serverSocketChannel.accept();
InputStream in=Channels.newInputStream(socketChannel);
```

4.2.10 Socket 选项

从 JDK7 开始，SocketChannel、ServerSocketChannel、AsynchronousSocketChannel、AsynchronousServerSocketChannel 和 DatagramChannel 都实现了新的 NetworkChannel 接口。NetworkChannel 接口的主要作用是设置和读取各种 Socket 选项，例如本书第 2 章和第 3 章介绍的 TCP_NODELAY、SO_LINGER、SO_SNDBUF 和 SO_RCVBUF 等。

NetworkChannel 接口提供了用于设置和读取这些选项的方法。

- <T> T getOption(SocketOption<T> name)：获取特定的 Socket 选项值。
- <T> NetworkChannel setOption(SocketOption<T> name, T value)：设置特定的 Socket 选项。
- Set<SocketOption<?>> supportedOptions()：获取所有支持的 Socket 选项。

SocketOptionl 类是一个泛型类，SocketOption<T>中的“T”代表特定选项的取值类型，可选值包括 Integer、Boolean 和 NetworkInterface。StandardSocketOptions 类提供了以下表示特定选项的常量。

- SocketOption<NetworkInterface>　StandardSocketOptions.IP_MULTICAST_IF
- SocketOption<Boolean>　StandardSocketOptions. IP_MULTICAST_LOOP
- SocketOption<Integer>　StandardSocketOptions.IP_MULTICAST_TTL
- SocketOption<Integer>　StandardSocketOptions.IP_TOS
- SocketOption<Boolean>　StandardSocketOptions.SO_BROADCAST
- SocketOption<Boolean>　StandardSocketOptions.SO_KEEPALIVE

- SocketOption<Integer>　　StandardSocketOptions.SO_LINGER
- SocketOption<Integer>　　StandardSocketOptions.SO_RCVBUF
- SocketOption<Boolean>　　StandardSocketOptions.SO_REUSEADDR
- SocketOption<Boolean>　　StandardSocketOptions.SO_REUSEPORT
- SocketOption<Integer>　　StandardSocketOptions.SO_SNDBUF
- SocketOption<Boolean>　　StandardSocketOptions. TCP_NODELAY

以下程序代码把 SocketChannel 的 SO_LINGER 选项设为 240s。

```
SocketChannel socketChannel=SocketChannel.open();
socketChannel.setOption(StandardSocketOptions.SO_LINGER,240);
```

例程 4-1 的 OptionPrinter 类会打印出每一种类型的通道支持的所有选项。

例程 4-1　OptionPrinter.java

```
import java.io.*;
import java.net.*;
import java.nio.channels.*;

public class OptionPrinter {

  public static void main(String[] args) throws IOException {
    printOptions(SocketChannel.open());
    printOptions(ServerSocketChannel.open());
    printOptions(AsynchronousSocketChannel.open());
    printOptions(AsynchronousServerSocketChannel.open());
    printOptions(DatagramChannel.open());
  }

  private static void printOptions(NetworkChannel channel)
                           throws IOException {
    System.out.println(channel.getClass().getSimpleName()
          + " supports:");
    for (SocketOption<?> option : channel.supportedOptions()) {
      try{
        System.out.println(option.name() + ": "
                 + channel.getOption(option));
      }catch(AssertionError e){e.printStackTrace();}
    }
    System.out.println();
    channel.close();
  }
}
```

运行以上程序，打印结果会显示每种类型通道支持的所有选项及其默认值。

```
SocketChannelImpl supports:
```

```
SO_KEEPALIVE: false
TCP_NODELAY: false
SO_OOBINLINE: false
SO_SNDBUF: 65536
SO_LINGER: -1
SO_RCVBUF: 65536
IP_TOS: 0
SO_REUSEADDR: false

ServerSocketChannelImpl supports:
SO_RCVBUF: 65536
SO_REUSEADDR: false
……

WindowsAsynchronousSocketChannelImpl supports:
SO_KEEPALIVE: false
TCP_NODELAY: false
SO_SNDBUF: 65536
SO_RCVBUF: 65536
SO_REUSEADDR: false

WindowsAsynchronousServerSocketChannelImpl supports:
SO_RCVBUF: 65536
SO_REUSEADDR: false

DatagramChannelImpl supports:
SO_SNDBUF: 65536
IP_MULTICAST_IF: null
SO_RCVBUF: 65536
IP_MULTICAST_LOOP: true
IP_MULTICAST_TTL: 1
IP_TOS: 0
SO_REUSEADDR: false
SO_BROADCAST: false
```

4.3 服务器编程范例

本节介绍如何用 java.nio 包中的类来创建服务器 EchoServer，本节提供了 3 种实现方式.

- 4.3.1 节的例程 4-2：采用阻塞模式，用线程池中的工作线程处理每个客户连接。
- 4.3.2 节的例程 4-3：采用非阻塞模式，单个线程同时负责接收多个客户连接，以及与多个客户交换数据的任务。
- 4.3.3 节的例程 4-4：由一个线程负责接收多个客户连接，采用阻塞模式；由另一个线程负责与多个客户交换数据，采用非阻塞模式。

4.3.1 创建阻塞的 EchoServer

当 ServerSocketChannel 与 SocketChannel 采用默认的阻塞模式时，为了同时处理多个客户的连接，必须使用多个线程。在例程 4-2 的 block.EchoServer 类中，利用 java.util.concurrent 包中提供的线程池 ExecutorService 来处理与客户的连接。

例程 4-2 EchoServer.java（阻塞模式）

```
package block;
import java.io.*;
……
public class EchoServer {
  private int port=8000;
  private ServerSocketChannel serverSocketChannel = null;
  private ExecutorService executorService; //线程池
  private static final int POOL_MULTIPLE = 4; //线程池中工作线程的数目

  public EchoServer() throws IOException {
    //创建一个线程池
    executorService= Executors.newFixedThreadPool(
        Runtime.getRuntime().availableProcessors() * POOL_MULTIPLE);
    //创建一个 ServerSocketChannel 对象
    serverSocketChannel= ServerSocketChannel.open();
    //使得在同一个主机上关闭了服务器程序，紧接着再启动该服务器程序时，
    //可以顺利绑定相同的端口
    serverSocketChannel.socket().setReuseAddress(true);
    //把服务器进程与一个本地端口绑定
    serverSocketChannel.socket().bind(new InetSocketAddress(port));
    System.out.println("服务器启动");
  }

  public void service() {
    while (true) {
      SocketChannel socketChannel=null;
      try {
        socketChannel = serverSocketChannel.accept();
         //处理客户连接
        executorService.execute(new Handler(socketChannel));
      }catch (IOException e) {
         e.printStackTrace();
      }
    }
  }

  public static void main(String args[])throws IOException {
    new EchoServer().service();
```

```
    }
  }

  class Handler implements Runnable{  //处理客户连接
    private SocketChannel socketChannel;
    public Handler(SocketChannel socketChannel){
      this.socketChannel=socketChannel;
    }
    public void run(){
      handle(socketChannel);
    }

    public void handle(SocketChannel socketChannel){
      try {
          //获得与 socketChannel 关联的 Socket 对象
          Socket socket=socketChannel.socket();
          System.out.println("接收到客户连接，来自: " +
          socket.getInetAddress() + ":" +socket.getPort());

          BufferedReader br =getReader(socket);
          PrintWriter pw = getWriter(socket);

          String msg = null;
          while ((msg = br.readLine()) != null) {
            System.out.println(msg);
            pw.println(echo(msg));
            if (msg.equals("bye"))
              break;
          }
        }catch (IOException e) {
          e.printStackTrace();
        }finally {
          try{
            if(socketChannel!=null)socketChannel.close();
          }catch (IOException e) {e.printStackTrace();}
        }
    }
    private PrintWriter getWriter(Socket socket)throws IOException{
      OutputStream socketOut = socket.getOutputStream();
      return new PrintWriter(socketOut,true);
    }
    private BufferedReader getReader(Socket socket)throws IOException{
      InputStream socketIn = socket.getInputStream();
      return new BufferedReader(new InputStreamReader(socketIn));
    }

    public String echo(String msg) {
```

```
    return "echo:" + msg;
  }
}
```

EchoServer 类的构造方法负责创建线程池，启动服务器，把它绑定到一个本地端口。EchoServer 类的 service()方法负责接收客户的连接。每接收一个客户连接，就把它交给线程池来处理，线程池取出一个空闲的线程，来执行 Handler 对象的 run()方法。Handler 类的 handle()方法负责与客户通信。该方法先获得与 SocketChannel 关联的 Socket 对象，然后从 Socket 对象中得到输入流与输出流，再接收和发送数据。

SocketChannel 实际上也提供了 read(ByteBuffer buffer)，但是通过它来读取一行字符串比较麻烦。以下 readLine()方法就通过 SocketChannel 的 read(ByteBuffer buffer)方法来读取一行字符串，它的作用与 BufferedReader 的 readLine()方法是等价的。

```
public String readLine(SocketChannel socketChannel)throws IOException{
  //存放所有读到的数据，假定一行字符串对应的字节序列的长度小于 1024
  ByteBuffer buffer=ByteBuffer.allocate(1024);
  //存放一次读到的数据，一次只读 1 字节
  ByteBuffer tempBuffer=ByteBuffer.allocate(1);
  boolean isLine=false;  //表示是否读到了一行字符串
  boolean isEnd=false;  //表示是否到达了输入流的末尾
  String data=null;
  while(!isLine && !isEnd){
    tempBuffer.clear();  //清空缓冲区
    //在阻塞模式下，只有等读到了 1 字节或者读到输入流末尾才返回
    //在非阻塞模式下，有可能返回零
    int n=socketChannel.read(tempBuffer);
    if(n==-1){
      isEnd = true;  //到达输入流的末尾
      break;
    }
    if(n==0)
      continue;
    tempBuffer.flip();  //把极限设为位置，把位置设为 0
    buffer.put(tempBuffer); //把 tempBuffer 中的数据拷贝到 buffer 中
    buffer.flip();
    Charset charset=Charset.forName("GBK");
    CharBuffer charBuffer=charset.decode(buffer);  //解码
    data=charBuffer.toString();
    if(data.indexOf("\r\n")!=-1){
      isLine = true; //读到了一行字符串
      data=data.substring(0,data.indexOf("\r\n"));
      break;
    }
    buffer.position(buffer.limit());  //把位置设为极限，为下次读数据做准备
    buffer.limit(buffer.capacity());  //把极限设为容量，为下次读数据做准备
```

```
    }//#while
    //如果读入了一行字符串，就返回这行字符串，不包括行结束符"\r\n"
    //如果到达输入流的末尾，就返回 null
    return data;
  }
```

从以上程序代码可以看出，用 SocketChannel 来读取一行一行的字符串很麻烦，需要操纵 ByteBuffer 缓冲区，而且需要处理字节流与字符串之间的转换。这比使用输入流和输出流来处理一行一行的字符串麻烦多了。

本书配套源代码包的 sourcecode/chapter04/src/block/EchoServer1.java 演示用上述 readLine()方法来读取一行字符串，本书不再列出完整代码。

4.3.2　创建非阻塞的 EchoServer

在非阻塞模式下，EchoServer 只需要启动一个主线程，就能同时处理 3 件事。

（1）接收客户的连接。

（2）接收客户发送的数据。

（3）向客户发回响应数据。

EchoServer 委托 Selector 来负责监控接收连接就绪事件、读就绪事件和写就绪事件，如果有特定事件发生，就处理该事件。

EchoServer 类的构造方法负责启动服务器，把它绑定到一个本地端口，代码如下。

```
//创建一个 Selector 对象
selector = Selector.open();
//创建一个 ServerSocketChannel 对象
serverSocketChannel= ServerSocketChannel.open();
//使得在同一个主机上关闭了服务器程序，紧接着再启动该服务器程序时，
//可以顺利绑定到相同的端口
serverSocketChannel.socket().setReuseAddress(true);
//使 ServerSocketChannel 工作于非阻塞模式
serverSocketChannel.configureBlocking(false);
//把服务器进程与一个本地端口绑定
serverSocketChannel.socket().bind(new InetSocketAddress(port));
```

EchoServer 类的 service()方法负责处理本节开头所说的 3 件事，体现其主要流程的代码如下：

```
public void service() throws IOException{
  serverSocketChannel.register(selector, SelectionKey.OP_ACCEPT );
  while (selector.select() > 0 ){  //第 1 层 while 循环
     //获得 Selector 的 selected-keys 集合
    Set readyKeys = selector.selectedKeys();
    Iterator it = readyKeys.iterator();
    while (it.hasNext()){  //第 2 层 while 循环
```

```
        SelectionKey key=null;
        try{  //处理 SelectionKey
          key = (SelectionKey) it.next();  //取出一个 SelectionKey
          //把 SelectionKey 从 Selector 的 selected-key 集合中删除
          it.remove();
          if (key.isAcceptable()) {处理接收连接就绪事件; }
          if (key.isReadable()) {处理读就绪事件; }
          if (key.isWritable()) {处理写就绪事件; }
        }catch(IOException e){
          e.printStackTrace();
          try{
            if(key!=null){
              //使这个 SelectionKey 失效,
              //使得 Selector 不再监控这个 SelectionKey 感兴趣的事件
              key.cancel();
              //关闭与这个 SelectionKey 关联的 SocketChannel
              key.channel().close();
            }
          }catch(Exception ex){e.printStackTrace();}
        }
      }//#while
    }//#while
  }
```

在 service()方法中，首先由 ServerSocketChannel 向 Selector 注册接收连接就绪事件。如果 Selector 监控到该事件发生，就会把相应的 SelectionKey 对象加入 selected-keys 集合中。service()方法接下来在第 1 层 while 循环中不断询问 Selector 已经发生的事件，然后依次处理每个事件。

Selector 的 select()方法返回当前相关事件已经发生的 SelectionKey 的个数。如果当前没有任何事件发生，select()方法就会阻塞下去，直到至少有一个事件发生。Selector 的 selectedKeys()方法返回 selected-keys 集合，它存放了相关事件已经发生的 SelectionKey 对象。

service()方法在第 2 层 while 循环中，从 selected-keys 集合中依次取出每个 SelectionKey 对象，把它从 selected-keys 集合中删除，然后调用 isAcceptable()、isReadable()和 isWritable()方法判断到底是哪种事件发生了，从而做出相应的处理。处理每个 SelectionKey 的代码放在一个 try 语句中，如果出现异常，就会在 catch 语句中使这个 SelectionKey 失效，并且关闭与之关联的 Channel。

1. 处理接收连接就绪事件

service()方法中处理接收连接就绪事件的代码如下。

```
if (key.isAcceptable()) {
  //获得与 SelectionKey 关联的 ServerSocketChannel
  ServerSocketChannel ssc = (ServerSocketChannel) key.channel();
```

```
    //获得与客户连接的 SocketChannel
    SocketChannel socketChannel = (SocketChannel) ssc.accept();
    System.out.println("接收到客户连接，来自:" +
                       socketChannel.socket().getInetAddress() +
                       ":" + socketChannel.socket().getPort());
    //把 SocketChannel 设置为非阻塞模式
    socketChannel.configureBlocking(false);
    //创建一个用于存放用户发送来的数据的缓冲区
    ByteBuffer buffer = ByteBuffer.allocate(1024);
    //SocketChannel 向 Selector 注册读就绪事件和写就绪事件
    socketChannel.register(selector,
           SelectionKey.OP_READ |
           SelectionKey.OP_WRITE, buffer);  //关联了一个 buffer 附件
  }
```

如果 SelectionKey 的 isAcceptable()方法返回 true，就意味着这个 SelectionKey 所感兴趣的接收连接就绪事件已经发生了。service()方法首先通过 SelectionKey 的 channel()方法获得与之关联的 ServerSocketChannel 对象，然后调用 ServerSocketChannel 的 accept()方法获得与客户连接的 SocketChannel 对象。这个 SocketChannel 对象在默认情况下处于阻塞模式。如果希望它执行非阻塞的 I/O 操作，就需要调用它的 configureBlocking(false)方法。SocketChannel 调用 Selector 的 register()方法来注册读就绪事件和写就绪事件，还向 register()方法传递了一个 ByteBuffer 类型的参数，这个 ByteBuffer 将作为附件与新建的 SelectionKey 对象关联。本节稍后会介绍这个 ByteBuffer 的作用。

2．处理读就绪事件

如果 SelectionKey 的 isReadable()方法返回 true，就意味着这个 SelectionKey 所感兴趣的读就绪事件已经发生了。EchoServer 类的 receive()方法负责处理这一事件。

```
  public void receive(SelectionKey key)throws IOException{
    //获得与 SelectionKey 关联的附件
    ByteBuffer buffer=(ByteBuffer)key.attachment();
    //获得与 SelectionKey 关联的 SocketChannel
    SocketChannel socketChannel=(SocketChannel)key.channel();
    //创建一个 ByteBuffer，用于存放读到的数据
    ByteBuffer readBuff= ByteBuffer.allocate(32);
    socketChannel.read(readBuff);
    readBuff.flip();

    //把 buffer 的极限设为容量
    buffer.limit(buffer.capacity());
    //把 readBuff 中的内容拷贝到 buffer 中，
    //假定 buffer 的容量足够大，不会出现缓冲区溢出异常
    buffer.put(readBuff);
  }
```

在 receive()方法中，先获得与这个 SelectionKey 关联的 ByteBuffer 和 SocketChannel。SocketChannel 每次读到的数据都被添加到这个 ByteBuffer，在程序中，由 buffer 变量引用这个 ByteBuffer 对象。在非阻塞模式下，socketChannel.read(readBuff)方法读到多少数据是不确定的，假定读到的字节数为 n，那么 0<=n<readBuff 的容量。EchoServer 要求每接收到客户的一行字符串 XXX（也就是字符串以"\r\n"结尾），都返回字符串 echo:XXX。由于无法保证 socketChannel.read(readBuff)方法一次读入一行字符串，因此只好把它每次读入的数据都放到 buffer 中，当这个 buffer 中凑足了一行字符串，再把它发送给客户。

receive()方法的许多代码都涉及对 ByteBuffer 的 3 个属性（position、limit 和 capacity）的操作，图 4-14 演示了以上 readBuff 和 buffer 变量的 3 个属性的变化过程。假定 SocketChannel 的 read()方法读入了 6 字节，把它存放在 readBuff 中，并假定 buffer 中原来有 10 字节，buffer.put(readBuff)方法把 readBuff 中的 6 字节拷贝到 buffer 中，buffer 中最后有 16 字节。

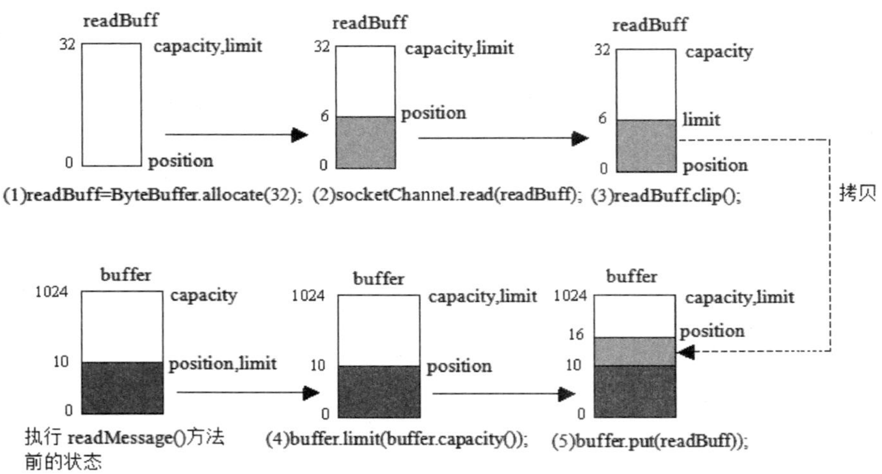

图 4-14　receive()方法操纵 readBuff 和 buffer 的过程

3．处理写就绪事件

如果 SelectionKey 的 isWritable()方法返回 true，就意味着这个 SelectionKey 所感兴趣的写就绪事件已经发生了。EchoServer 类的 send()方法负责处理这一事件。

```
public void send(SelectionKey key)throws IOException{
  //获得与 SelectionKey 关联的 ByteBuffer
  ByteBuffer buffer=(ByteBuffer)key.attachment();
  //获得与 SelectionKey 关联的 SocketChannel
  SocketChannel socketChannel=(SocketChannel)key.channel();
  buffer.flip();  //把极限设为位置，把位置设为 0
  //按照 GBK 编码，把 buffer 中的字节转换为字符串
  String data=decode(buffer);
  //如果还没有读到一行数据，就返回
  if(data.indexOf("\r\n")==-1)return;
  //截取一行数据
```

```
    String outputData=data.substring(0,data.indexOf("\n")+1);
    System.out.print(outputData);
    //把输出的字符串按照 GBK 编码，转换为字节，把它放在 outputBuffer 中
    ByteBuffer outputBuffer=encode("echo:"+outputData);
    //输出 outputBuffer 中的所有字节
    while(outputBuffer.hasRemaining())
      socketChannel.write(outputBuffer);

    //把 outputData 字符串按照 GBK 编码，转换为字节，把它放在 ByteBuffer 中
    ByteBuffer temp=encode(outputData);
    //把 buffer 的位置设为 temp 的极限
    buffer.position(temp.limit());
    //删除 buffer 中已经处理的数据
    buffer.compact();
    //如果已经输出了字符串"bye\r\n"，就使 SelectionKey 失效，并关闭 SocketChannel
    if(outputData.equals("bye\r\n")){
      key.cancel();
      socketChannel.close();
      System.out.println("关闭与客户的连接");
    }
  }
```

EchoServer 的 receive()方法把读入的数据都放到一个 ByteBuffer 中，send()方法就从这个 ByteBuffer 中取出数据。如果 ByteBuffer 中还没有一行字符串，就什么也不做，直接退出 send()方法；否则，就从 ByteBuffer 中取出一行字符串 XXX，然后向客户发送 echo:XXX。接着，send()方法把 ByteBuffer 中的字符串 XXX 删除。如果 send()方法处理的字符串为“bye\r\n”，就使 SelectionKey 失效，并关闭 SocketChannel，从而断开与客户的连接。

EchoServer 的 receive()方法和 send()方法都操纵同一个 ByteBuffer，receive()方法向 ByteBuffer 中添加数据，而 send()方法从 ByteBuffer 中取出数据。ByteBuffer 的容量为 1024 字节。本程序假设这个 ByteBuffer 的容量足够大，不会发生 receive()方法向 ByteBuffer 中添加数据时，缓冲区溢出的异常。如果要使程序代码更加健壮，就要考虑万一缓冲区中已经填充满了数据，无法再添加更多数据的情况，本书 5.2.2 节的例程 5-3 的 ChannalIO 类提供了解决方案，它实现了容量可增长的缓冲区。

4．编码与解码

在 ByteBuffer 中存放的是字节，它表示字符串的编码。而程序需要把字节转换为字符串，才能进行字符串操作，比如判断里面是否包含“\r\n”，以及截取子字符串。EchoServer 类的实用方法 decode()负责解码，也就是把字节序列转换为字符串。

```
public String decode(ByteBuffer buffer){  //解码
  CharBuffer charBuffer= charset.decode(buffer);
```

```
  return charBuffer.toString();
}
```

decode()方法中的 charset 变量是 EchoServer 类的成员变量，它表示 GBK 中文编码，它的定义如下。

```
private Charset charset=Charset.forName("GBK");
```

在 send()方法中，当通过 SocketChannel 的 write(ByteBuffer buffer)方法发送数据时，write(ByteBuffer buffer)方法不能直接发送字符串，而只能发送 ByteBuffer 中的字节。因此程序需要对字符串进行编码，把它们转换为字节序列，放在 ByteBuffer 中，然后发送。

```
ByteBuffer outputBuffer=encode("echo:"+outputData);
while(outputBuffer.hasRemaining())
  socketChannel.write(outputBuffer);
```

EchoServer 类的实用方法 encode()负责编码，也就是把字符串转换为字节序列。

```
public ByteBuffer encode(String str){  //编码
  return charset.encode(str);
}
```

5. 在非阻塞模式下确保发送一行数据

在 send()方法的 outputBuffer 中存放了字符串 echo:XXX 的编码。在非阻塞模式下，SocketChannel.write(outputBuffer)方法并不保证一次就把 outputBuffer 中的所有字节都发送完，而是奉行能发送多少就发送多少的原则。如果希望把 outputBuffer 中的所有字节都发送完，就需要采用以下循环。

```
//hasRemaining()方法判断是否还有未处理的字节
while(outputBuffer.hasRemaining())
  socketChannel.write(outputBuffer);
```

6. 删除 ByteBuffer 中的已处理数据

与 SelectionKey 关联的 ByteBuffer 附件中存放了读操作与写操作的共享数据。receive()方法把读到的数据放入 ByteBuffer，而 send()方法从 ByteBuffer 中一行行地取出数据。当 send()方法从 ByteBuffer 中取出一行字符串 XXX 后，就要把字符串从 ByteBuffer 中删除。在 send()方法中，outputData 变量就表示取出的一行字符串 XXX，程序先把它编码为字节序列，放在一个名为 temp 的 ByteBuffer 中。接着把 buffer 的位置设为 temp 的极限，然后调用 buffer 的 compact()方法删除代表字符串 XXX 的数据。

```
ByteBuffer temp=encode(outputData);
buffer.position(temp.limit());
buffer.compact();
```

图 4-15 演示了以上代码操纵 buffer 的过程。图中假定 temp 中有 10 字节，buffer 中本来有 16 字节，buffer.compact()方法删除缓冲区开头的 10 字节，最后剩下 6 字节。

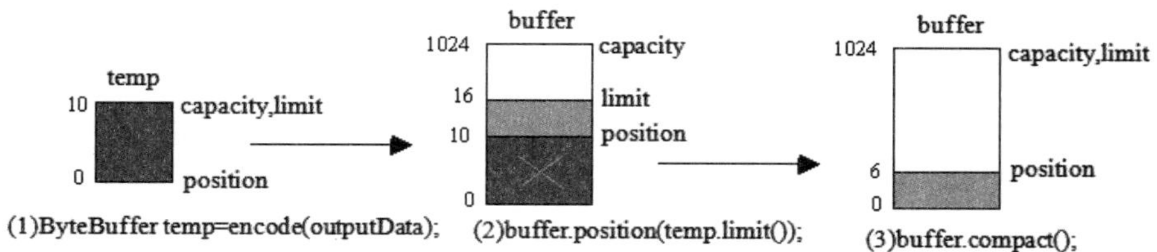

图 4-15　从 buffer 中删除已经处理过的一行字符串 XXX

例程 4-3 是 EchoServer 的源程序。

例程 4-3　EchoServer.java（非阻塞模式）

```
package nonblock;
import java.io.*;
......
public class EchoServer{
  private Selector selector = null;
  private ServerSocketChannel serverSocketChannel = null;
  private int port = 8000;
  private Charset charset=Charset.forName("GBK");

  public EchoServer()throws IOException{
    selector = Selector.open();
    serverSocketChannel= ServerSocketChannel.open();
    serverSocketChannel.socket().setReuseAddress(true);
    serverSocketChannel.configureBlocking(false);
    serverSocketChannel.socket().bind(new InetSocketAddress(port));
    System.out.println("服务器启动");
  }
  public void service() throws IOException{
    serverSocketChannel.register(selector, SelectionKey.OP_ACCEPT );
    while (selector.select() > 0 ){
      Set readyKeys = selector.selectedKeys();
      Iterator it = readyKeys.iterator();
      while (it.hasNext()){
         SelectionKey key=null;
         try{
           key = (SelectionKey) it.next();
           it.remove();

           if (key.isAcceptable()) {
             ServerSocketChannel ssc =
                  (ServerSocketChannel) key.channel();
             SocketChannel socketChannel =(SocketChannel)ssc.accept();
             System.out.println("接收到客户连接，来自:" +
```

```
                         socketChannel.socket().getInetAddress() +
                         ":" + socketChannel.socket().getPort());
           socketChannel.configureBlocking(false);
           ByteBuffer buffer = ByteBuffer.allocate(1024);
           socketChannel.register(selector,
                               SelectionKey.OP_READ |
                               SelectionKey.OP_WRITE, buffer);
         }
         if (key.isReadable()) {
           receive(key);
         }
         if (key.isWritable()) {
           send(key);
         }
       }catch(IOException e){
         e.printStackTrace();
         try{
             if(key!=null){
                 key.cancel();
                 key.channel().close();
             }
         }catch(Exception ex){e.printStackTrace();}
       }
     }//#while
   }//#while
 }

 public void send(SelectionKey key)throws IOException{
   ByteBuffer buffer=(ByteBuffer)key.attachment();
   SocketChannel socketChannel=(SocketChannel)key.channel();
   buffer.flip();  //把极限设为位置，把位置设为 0
   String data=decode(buffer);
   if(data.indexOf("\r\n")==-1)return;
   String outputData=data.substring(0,data.indexOf("\n")+1);
   System.out.print(outputData);
   ByteBuffer outputBuffer=encode("echo:"+outputData);
   while(outputBuffer.hasRemaining())  //发送一行字符串
     socketChannel.write(outputBuffer);

   ByteBuffer temp=encode(outputData);
   buffer.position(temp.limit());
   buffer.compact();  //删除已经处理的字符串

   if(outputData.equals("bye\r\n")){
     key.cancel();
     socketChannel.close();
     System.out.println("关闭与客户的连接");
```

```
    }
  }

  public void receive(SelectionKey key)throws IOException{
    ByteBuffer buffer=(ByteBuffer)key.attachment();

    SocketChannel socketChannel=(SocketChannel)key.channel();
    ByteBuffer readBuff= ByteBuffer.allocate(32);
    socketChannel.read(readBuff);
    readBuff.flip();

    buffer.limit(buffer.capacity());
    buffer.put(readBuff);  //把读到的数据放到buffer中
  }

  public String decode(ByteBuffer buffer){  //解码
    CharBuffer charBuffer= charset.decode(buffer);
    return charBuffer.toString();
  }
  public ByteBuffer encode(String str){  //编码
    return charset.encode(str);
  }

  public static void main(String args[])throws Exception{
    EchoServer server = new EchoServer();
    server.service();
  }
}
```

4.3.3　在 EchoServer 中混合用阻塞模式与非阻塞模式

在 4.3.2 节的例程 4-3 中，EchoServer 的 ServerSocketChannel 以及 SocketChannel 都被设置为非阻塞模式，这使得接收连接、接收数据和发送数据的操作都采用非阻塞模式，EchoServer 采用一个线程同时完成这些操作。假如有许多客户请求连接，可以把接收客户连接的操作单独由一个线程完成，把接收数据和发送数据的操作由另一个线程完成，这可以提高服务器的并发性能。

负责接收客户连接的线程按照阻塞模式工作，如果收到客户连接，就向 Selector 注册读就绪和写就绪事件，否则进入阻塞状态，直到接收到了客户的连接。负责接收数据和发送数据的线程按照非阻塞模式工作，只有在读就绪或写就绪事件发生时，才执行相应的接收数据和发送数据操作。

例程 4-4 是 EchoServer 类的源程序。其中 receive()、send()、decode()和 encode()方法的代码与 4.3.2 节的例程 4-3 的 EchoServer 类相同，为了节省篇幅，不再重复展示。

例程 4-4　EchoServer.java（混合使用阻塞模式与非阻塞模式）

```
package thread2;
import java.io.*;
......
public class EchoServer{
  private Selector selector = null;
  private ServerSocketChannel serverSocketChannel = null;
  private int port = 8000;
  private Charset charset=Charset.forName("GBK");

  public EchoServer()throws IOException{
    selector = Selector.open();
    serverSocketChannel= ServerSocketChannel.open();
    serverSocketChannel.socket().setReuseAddress(true);
    serverSocketChannel.socket().bind(new InetSocketAddress(port));
    System.out.println("服务器启动");
  }

  public void accept(){
      for(;;){
        try{
          SocketChannel socketChannel =serverSocketChannel.accept();
          System.out.println("接收到客户连接，来自:" +
                             socketChannel.socket().getInetAddress() +
                             ":" + socketChannel.socket().getPort());
          socketChannel.configureBlocking(false);

          ByteBuffer buffer = ByteBuffer.allocate(1024);
          synchronized(gate){
                selector.wakeup();
                socketChannel.register(selector,
                                       SelectionKey.OP_READ |
                                       SelectionKey.OP_WRITE, buffer);
          }
        }catch(IOException e){e.printStackTrace();}
      }
  }
  private Object gate=new Object();
  public void service() throws IOException{
    for(;;){
      synchronized(gate){}
      int n = selector.select();

      if(n==0)continue;
      Set readyKeys = selector.selectedKeys();
      Iterator it = readyKeys.iterator();
      while (it.hasNext()){
```

```
        SelectionKey key=null;
        try{
            key = (SelectionKey) it.next();
            it.remove();
            if (key.isReadable()) {
                receive(key);
            }
            if (key.isWritable()) {
                send(key);
            }
        }catch(IOException e){
           e.printStackTrace();
           try{
             if(key!=null){
               key.cancel();
               key.channel().close();
             }
           }catch(Exception ex){e.printStackTrace();}
        }
      }//#while
    }//#while
  }

  public void send(SelectionKey key)throws IOException{…}
  public void receive(SelectionKey key)throws IOException{… }

  public String decode(ByteBuffer buffer){…}
  public ByteBuffer encode(String str){… }

  public static void main(String args[])throws Exception{
    final EchoServer server = new EchoServer();
    Thread accept=new Thread(){
        public void run(){
            server.accept();
        }
    };
    accept.start();
    server.service();
  }
}
```

以上 EchoServer 类的构造方法与 4.3.2 节的例程 4-3 的 EchoServer 类的构造方法基本相同，唯一的区别是，在本例中， ServerSocketChannel 采用默认的阻塞模式，即没有调用以下方法。

```
serverSocketChannel.configureBlocking(false);
```

EchoServer 类的 accept()方法负责接收客户连接，ServerSocketChannel 的 accept()方法工作于阻塞模式，如果没有客户连接，就会进入阻塞状态，直到接收到了客户连接。接下来调用 socketChannel.configureBlocking(false)方法把 SocketChannel 设为非阻塞模式，然后向 Selector 注册读就绪和写就绪事件。

EchoServer 类的 service()方法负责接收和发送数据，它在一个无限 for 循环中，不断调用 Selector 的 select()方法查询已经发生的事件，然后做出相应的处理。

在 EchoServer 类的 main()方法中，定义了一个匿名线程（暂且称它为 Accept 线程），它负责执行 EchoServer 的 accept()方法。执行 main()方法的主线程启动了 Accept 线程后，主线程就开始执行 EchoServer 的 service()方法。因此当 EchoServer 启动后，共有两个线程在工作，Accept 线程负责接收客户连接，主线程负责接收和发送数据。

```
public static void main(String args[])throws Exception{
  final EchoServer server = new EchoServer();
  Thread accept=new Thread(){  //定义 Accept 线程
    public void run(){
      server.accept();
    }
  };
  accept.start();  //启动 Accept 线程
  server.service();  //主线程执行 service()方法
}
```

当 Accept 线程开始执行以下方法时，

```
socketChannel.register(selector,
    SelectionKey.OP_READ|SelectionKey.OP_WRITE,buffer);
```

如果主线程正好在执行 selector.select()方法，而且处于阻塞状态，那么 Accept 线程也会进入阻塞状态。两个线程都处于阻塞状态，很有可能导致死锁。导致死锁的具体情形为：Selector 中尚没有任何注册的事件，即 all-keys 集合为空，主线程执行 selector.select()方法时将进入阻塞状态，只有当 Accept 线程向 Selector 注册了事件，并且该事件发生后，主线程才会从 selector.select()方法中返回。假如 Selector 中尚没有任何注册的事件，此时 Accept 线程调用 socketChannel.register()方法向 Selector 注册事件，由于主线程正在 selector.select()方法中阻塞，这使得 Accept 线程也在 socketChannel.register()方法中阻塞。Accept 线程无法向 Selector 注册事件，而主线程没有任何事件可以监控，所以这两个线程都将永远阻塞下去。

SelectableChannel 的 register(Selector selector,...)和 Selector 的 select()方法都会操纵 Selector 对象的共享资源 all-keys 集合。SelectableChannel 以及 Selector 的实现对操纵共享资源的代码块进行了同步，从而避免对共享资源的竞争。同步机制使得一个线程执行 SelectableChannel 的 register(Selector selector,...)时，不允许另一个线程同时执行 Selector 的 select()方法，反之亦然。

为了避免死锁，程序必须保证当 Accept 线程正在通过 socketChannel.register()方法向 Selector 注册事件时，不允许主线程正在 selector.select()方法中阻塞。

为了协调 Accept 线程和主线程，EchoServer 类在以下代码前加了同步标记。当 Accept 线程开始执行这段代码时，必须先获得 gate 对象的同步锁，然后进入同步代码块，先执行 Selector 对象的 wakeup()方法，假如此时主线程正好在执行 selector.select()方法，而且处于阻塞状态，那么主线程就会被唤醒，立即退出 selector.select()方法。

```
synchronized(gate){  //Accept 线程执行这个同步代码块
  selector.wakeup();
  socketChannel.register(selector,
                      SelectionKey.OP_READ |
                      SelectionKey.OP_WRITE, buffer);
}
```

主线程被唤醒后，在下一次循环中又会执行 selector.select()方法，为了保证让 Accept 线程先执行完 socketChannel.register()方法，再让主线程执行 selector.select()方法，主线程必须先获得 gate 对象的同步锁。

```
for(;;){
  //一个空的同步代码块，其作用是为了让主线程等待 Accept 线程执行完同步代码块
  synchronized(gate){}  //主线程执行这个同步代码块
  int n = selector.select();
  ......
}
```

假如 Accept 线程还没有执行完同步代码块，就不会释放 gate 对象的同步锁，这使得主线程必须等待片刻，等到 Accept 线程执行完同步代码块，释放了 gate 对象的同步锁，主线程才能恢复运行，再次执行 selector.select()方法。

4.4　客户端编程范例

本节介绍如何用 java.nio 包中的类来创建客户程序 EchoClient，本节提供了两种实现方式。

- 4.4.1 节的例程 4-5：采用阻塞模式，单线程。
- 4.4.2 节的例程 4-6：采用非阻塞模式，单线程。

4.4.1　创建阻塞的 EchoClient

客户程序一般不需要同时建立与服务器的多个连接，因此用一个线程，按照阻塞模式运行就能满足需求。本书 1.5.2 节的例程 1-3 的 EchoClient 类是通过创建 Socket 来建立与服

务器的连接的，例程 4-5 的 EchoClient 类通过创建 SocketChannel 来与服务器连接，这个 SocketChannel 采用默认的阻塞模式。

例程 4-5　EchoClient.java（阻塞模式）

```
package block;
import java.net.*;
......
public class EchoClient{
  private SocketChannel socketChannel = null;

  public EchoClient()throws IOException{
    socketChannel = SocketChannel.open();
    InetAddress ia = InetAddress.getLocalHost();
    InetSocketAddress isa = new InetSocketAddress(ia,8000);
    socketChannel.connect(isa);  //连接服务器
    System.out.println("与服务器的连接建立成功");
  }
  public static void main(String args[])throws IOException{
     new EchoClient().talk();
  }
  private PrintWriter getWriter(Socket socket)throws IOException{
     OutputStream socketOut = socket.getOutputStream();
     return new PrintWriter(socketOut,true);
  }
  private BufferedReader getReader(Socket socket)throws IOException{
     InputStream socketIn = socket.getInputStream();
     return new BufferedReader(new InputStreamReader(socketIn));
  }
  public void talk()throws IOException {
     try{
       BufferedReader br=getReader(socketChannel.socket());
       PrintWriter pw=getWriter(socketChannel.socket());
       BufferedReader localReader=
             new BufferedReader(new InputStreamReader(System.in));
       String msg=null;
       while((msg=localReader.readLine())!=null){
         pw.println(msg);
         System.out.println(br.readLine());

         if(msg.equals("bye"))
           break;
       }
     }catch(IOException e){
        e.printStackTrace();
     }finally{
        try{socketChannel.close();
```

```
        }catch(IOException e){e.printStackTrace();}
      }
    }
  }
```

在 EchoClient 类中，调用 socketChannel.connect(isa)方法连接远程服务器，该方法在阻塞模式下运行时，将等到与远程服务器的连接建立成功才返回。在 EchoClient 类的 talk()方法中，通过 socketChannel.socket()方法获得与 SocketChannel 关联的 Socket 对象，然后从这个 Socket 中获得输出流与输入流，再一行行地发送和接收数据，这种处理方式与 1.5.2 节的例程 1-3 的 EchoClient 类相同。

4.4.2 创建非阻塞的 EchoClient

对于客户与服务器之间的通信，按照它们收发数据的协调程度来区分，可分为同步通信和异步通信。同步通信指甲方向乙方发送了一批数据后，必须等接收到了乙方的响应数据后，再发送下一批数据。异步通信指发送数据和接收数据的操作互不干扰，各自独立进行。值得注意的是，通信的两端并不要求都采用同样的通信方式，当一方采用同步通信方式时，另一方可以采用异步通信方式。

同步通信要求一个 I/O 操作完成之后，才能完成下一个 I/O 操作，用阻塞模式更容易实现它。异步通信允许发送数据和接收数据的操作各自独立进行，用非阻塞模式更容易实现它。本书第 1 章和第 3 章介绍的 EchoServer 都采用同步通信，每当接收到客户的一行数据，都发回一行响应数据，然后接收下一行数据。4.3.2 节的例程 4-3，以及 4.3.3 节的例程 4-4 介绍的 EchoServer 都采用异步通信，每次接收数据时，能读到多少数据，就读多少数据。

1.5.2 节的例程 1-3 和 4.4.1 节的例程 4-5 的 EchoClient 类都采用同步通信方式，每次向 EchoServer 发送了一行数据后，都必须等接收到了 EchoServer 发回的响应数据，再发送下一行数据。例程 4-6 的 EchoClient 类利用非阻塞模式来实现异步通信。在 EchoClient 类中，定义了 sendBuffer 和 receiveBuffer 两个 ByteBuffer。EchoClient 把用户向控制台输入的数据存放到 sendBuffer 中，并且把 sendBuffer 中的数据发送给远程服务器；EchoClient 把从远程服务器接收到的数据存放在 receiveBuffer 中，并且把 receiveBuffer 中的数据打印到控制台。图 4-16 展示了这两个 Buffer 的作用。

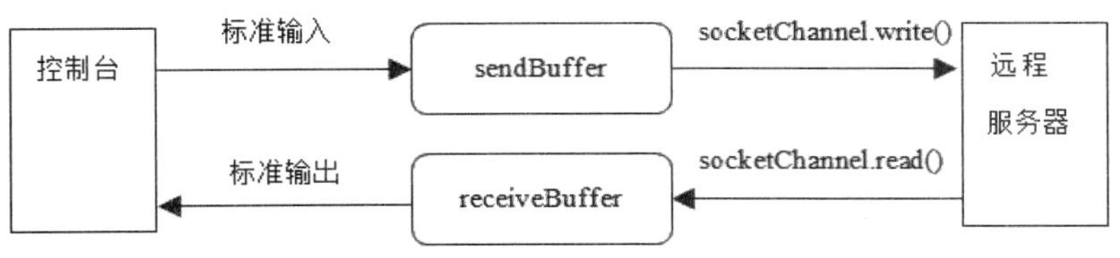

图 4-16 sendBuffer 和 receiveBuffer 的作用

例程 4-6 EchoClient.java（非阻塞模式）

```
package nonblock;
import java.net.*;
```

```
……
public class EchoClient{
  private SocketChannel socketChannel = null;
  private ByteBuffer sendBuffer=ByteBuffer.allocate(1024);
  private ByteBuffer receiveBuffer=ByteBuffer.allocate(1024);
  private Charset charset=Charset.forName("GBK");
  private Selector selector;

  public EchoClient()throws IOException{
    socketChannel = SocketChannel.open();
    InetAddress ia = InetAddress.getLocalHost();
    InetSocketAddress isa = new InetSocketAddress(ia,8000);
    socketChannel.connect(isa); //采用阻塞模式连接服务器
    socketChannel.configureBlocking(false); //设置为非阻塞模式
    System.out.println("与服务器的连接建立成功");
    selector=Selector.open();
  }
  public static void main(String args[])throws IOException{
    final EchoClient client=new EchoClient();
    Thread receiver=new Thread(){ //创建 Receiver 线程
      public void run(){
        client.receiveFromUser(); //接收用户向控制台输入的数据
      }
    };

    receiver.start(); //启动 Receiver 线程
    client.talk();
  }
  /** 接收用户从控制台输入的数据，把它放到 sendBuffer 中 */
  public void receiveFromUser(){
    try{
      BufferedReader localReader=new BufferedReader(
          new InputStreamReader(System.in));
      String msg=null;
      while((msg=localReader.readLine())!=null){
        synchronized(sendBuffer){
            sendBuffer.put(encode(msg + "\r\n"));
        }
        if(msg.equals("bye"))
          break;
      }
    }catch(IOException e){
      e.printStackTrace();
    }
  }

  public void talk()throws IOException { //接收和发送数据
```

```
    socketChannel.register(selector,
                        SelectionKey.OP_READ |
                        SelectionKey.OP_WRITE);
    while (selector.select() > 0 ){
      Set readyKeys = selector.selectedKeys();
      Iterator it = readyKeys.iterator();
      while (it.hasNext()){
        SelectionKey key=null;
        try{
            key = (SelectionKey) it.next();
            it.remove();

            if (key.isReadable()) {
                receive(key);
            }
            if (key.isWritable()) {
                send(key);
            }
        }catch(IOException e){
           e.printStackTrace();
           try{
               if(key!=null){
                   key.cancel();
                   key.channel().close();
               }
           }catch(Exception ex){e.printStackTrace();}
        }
     }//#while
   }//#while
}

public void send(SelectionKey key)throws IOException{
  //发送 sendBuffer 中的数据
  SocketChannel socketChannel=(SocketChannel)key.channel();
  synchronized(sendBuffer){
      sendBuffer.flip(); //把极限设为位置，把位置设为 0
      socketChannel.write(sendBuffer);  //发送数据
      sendBuffer.compact();  //删除已经发送的数据
   }
}

public void receive(SelectionKey key)throws IOException{
  //接收 EchoServer 发送的数据，把它放到 receiveBuffer 中
  //如果 receiveBuffer 中有一行数据，就打印这行数据，
  //然后把它从 receiveBuffer 中删除
  SocketChannel socketChannel=(SocketChannel)key.channel();
  socketChannel.read(receiveBuffer);
```

```
    receiveBuffer.flip();
    String receiveData=decode(receiveBuffer);

    if(receiveData.indexOf("\n")==-1)return;

    String outputData=receiveData.substring(0,
              receiveData.indexOf("\n")+1);
    System.out.print(outputData);
    if(outputData.equals("echo:bye\r\n")){
      key.cancel();
      socketChannel.close();
      System.out.println("关闭与服务器的连接");
      selector.close();
      System.exit(0);  //结束程序
    }

    ByteBuffer temp=encode(outputData);
    receiveBuffer.position(temp.limit());
    receiveBuffer.compact();  //删除已经打印的数据
  }

  public String decode(ByteBuffer buffer){  //解码
    CharBuffer charBuffer= charset.decode(buffer);
    return charBuffer.toString();
  }
  public ByteBuffer encode(String str){  //编码
    return charset.encode(str);
  }
}
```

在 EchoClient 类的构造方法中，创建了 SocketChannel 对象后，该 SocketChannel 对象采用默认的阻塞模式，调用 socketChannel.connect(isa)方法，该方法将按照阻塞模式来与远程服务器 EchoServer 连接，只有当连接建立成功，该 connect()方法才会返回。接下来程序调用 socketChannel.configureBlocking(false)方法把 SocketChannel 设为非阻塞模式，这使得接下来通过 SocketChannel 来接收和发送数据都会采用非阻塞模式。

```
socketChannel = SocketChannel.open();
......
socketChannel.connect(isa);
socketChannel.configureBlocking(false);
```

EchoClient 类共使用了主线程和 Receiver 线程两个线程。主线程主要负责接收和发送数据，这些操作由 talk()方法实现。Receiver 线程负责读取用户向控制台输入的数据，该操作由 receiveFromUser()方法实现。

```
public static void main(String args[])throws IOException{
```

```
    final EchoClient client=new EchoClient();
    Thread receiver=new Thread(){  //创建 receiver 线程
      public void run(){
        client.receiveFromUser();  //读取用户向控制台输入的数据
      }
    };

    receiver.start();
    client.talk(); //接收和发送数据
  }
```

receiveFromUser()方法读取用户输入的字符串，把它存放到 sendBuffer 中。如果用户输入字符串“bye”，就退出 receiveFromUser()方法，这使得执行该方法的 Receiver 线程结束运行。由于主线程在执行 send()方法时，也会操纵 sendBuffer，为了避免两个线程对共享资源 sendBuffer 的竞争，receiveFromUser()方法对操纵 sendBuffer 的代码进行了同步。

```
  BufferedReader localReader=new BufferedReader(
                 new InputStreamReader(System.in));
  String msg=null;
  while((msg=localReader.readLine())!=null){
    synchronized(sendBuffer){
      sendBuffer.put(encode(msg + "\r\n"));
    }
    if(msg.equals("bye"))
      break;
  }
```

talk()方法向 Selector 注册读就绪和写就绪事件，然后轮询已经发生的事件，并做出相应的处理。如果发生读就绪事件，就执行 receive()方法，如果发生写就绪事件，就执行 send()方法。

receive()方法接收 EchoServer 发回的响应数据，把它们存放在 receiveBuffer 中。如果 receiveBuffer 中已经存满一行数据，就向控制台打印这一行数据，并且把这行数据从 receiveBuffer 中删除。如果打印的字符串为“echo:bye\r\n”，就关闭 SocketChannel，并且结束程序。

send()方法把 sendBuffer 中的数据发送给 EchoServer，然后删除已经发送的数据。由于 Receiver 线程以及执行 send()方法的主线程都会操纵共享资源 sendBuffer，为了避免对共享资源的竞争，对 send()方法中操纵 sendBuffer 的代码进行了同步。

4.5 异步通道和异步运算结果

从 JDK7 开始，引入了表示异步通道的 AsynchronousSocketChannel 类和

AsynchronousServerSocketChannel 类，这两个类的作用与 SocketChannel 类和 ServerSocketChannel 相似，区别在于异步通道的一些方法总是采用非阻塞模式，并且它们的非阻塞方法会立即返回一个 Future 对象，用来存放方法的异步运算结果。

AsynchronousSocketChannel 类有以下非阻塞方法。

- Future<Void> connect(SocketAddress remote)：连接远程主机。
- Future<Integer> read(ByteBuffer dst)：从通道中读入数据，存放到 ByteBuffer 中。Future 对象中包含了实际从通道中读到的字节数。
- Future<Integer> write(ByteBuffer src)：把 ByteBuffer 中的数据写入通道中。Future 对象中包含了实际写入通道的字节数。

AsynchronousServerSocketChannel 类有以下非阻塞方法。

- Future<AsynchronousSocketChannel>accept()：接受客户连接请求。Future 对象中包含了连接建立成功后创建的 AsynchronousSocketChannel 对象。

使用异步通道，可以使程序并行执行多个异步操作，例如：

```
SocketAddress socketAddress=……;
AsynchronousSocketChannel client= AsynchronousSocketChannel.open();
//请求建立连接
Future<Void > connected=client.connect(socketAddress);
ByteBuffer byteBuffer=ByteBuffer.allocate(128);

//执行其他操作
//……

//等待连接完成
connected.get();
//读取数据
Future<Integer> future=client.read(byteBuffer);

//执行其他操作
//……

//等待从通道读取数据完成
future.get();

byteBuffer.flip();
WritableByteChannel out=Channels.newChannel(System.out);
out.write(byteBuffer);
```

例程 4-7 的 PingClient 类演示了异步通道的用法。它不断接收用户输入的域名（即网络上主机的名字），然后与这个主机上的 80 端口建立连接，最后打印建立连接所花费的时间。如果程序无法连接到指定的主机，就打印相关错误信息。如果用户输入“bye”，就结束程序。以下是运行 PingClient 类时用户输入的信息以及程序输出的信息。其中采用黑色字体的行表示用户向控制台输入的信息，采用浅色字体的行表示程序的输出结果。

```
C:\chapter04\classes>java nonblock.PingClient
www.abc888.com
www.javathinker.net
ping www.abc888.com 的结果 : 连接失败
ping www.javathinker.net 的结果 : 20ms
bye
```

从以上打印结果可以看出，PingClient 连接远程主机 www.javathinker.net 用了 20ms，而连接 www.abc888.com 主机失败。从打印结果还可以看出，PingClient 采用异步通信方式，当用户输入一个主机名后，不必等到程序输出对这个主机名的处理结果，就可以继续输入下一个主机名。对每个主机名的处理结果要等到连接已经成功或者失败后才打印出来。

例程 4-7　PingClient.java

```
package nonblock;
import java.net.*;
……
class PingResult {  //表示连接一个主机的结果
  InetSocketAddress address;
  long connectStart;  //开始连接时的时间
  long connectFinish = 0;  //连接成功时的时间
  String failure;
  Future<Void> connectResult;  //连接操作的异步运算结果
  AsynchronousSocketChannel socketChannel;
  String host;
  final String ERROR="连接失败";

  PingResult(String host) {
      try {
          this.host=host;
          address =
              new InetSocketAddress(InetAddress.getByName(host),80);
      } catch (IOException x) {
          failure = ERROR;
      }
  }

  public void print() {  //打印连接一个主机的执行结果
      String result;
      if (connectFinish != 0)
          result = Long.toString(connectFinish - connectStart) + "ms";
      else if (failure != null)
          result = failure;
      else
          result = "Timed out";
      System.out.println("ping "+ host+"的结果" + " : " + result);
```

```
    }
  }

  public class PingClient{
    //存放所有 PingResult 结果的队列
    private LinkedList<PingResult> pingResults=
                new LinkedList<PingResult>();
    boolean shutdown=false;
    ExecutorService executorService;

    public PingClient()throws IOException{
      executorService= Executors.newFixedThreadPool(4);
      executorService.execute(new Printer());
      receivePingAddress();
    }

    public static void main(String args[])throws IOException{
      new PingClient();
    }

    /** 接收用户输入的主机地址，由线程池执行 PingHandler 任务 */
    public void receivePingAddress(){
      try{
        BufferedReader localReader=new BufferedReader(
                    new InputStreamReader(System.in));
        String msg=null;
        //接收用户输入的主机地址
        while((msg=localReader.readLine())!=null){
          if(msg.equals("bye")){
            shutdown=true;
            executorService.shutdown();
            break;
          }
          executorService.execute(new PingHandler(msg));
        }
      }catch(IOException e){ }
    }

    /** 尝试连接特定主机，并且把运算结果加入 PingResults 结果队列中 */
    public void addPingResult(PingResult pingResult) {
       AsynchronousSocketChannel socketChannel = null;
       try {
         socketChannel = AsynchronousSocketChannel.open();

         pingResult.socketChannel=socketChannel;
         pingResult.connectStart = System.currentTimeMillis();
```

```
      synchronized (pingResults) {
        //向 pingResults 队列中加入一个 PingResult 对象
        pingResults.add(pingResult);
        pingResults.notify();
      }

      Future<Void> connectResult=
          socketChannel.connect(pingResult.address);
      pingResult.connectResult = connectResult;
    }catch (Exception x) {
      if (socketChannel != null) {
        try {socketChannel.close();} catch (IOException e) {}
      }
      pingResult.failure = pingResult.ERROR;
    }
  }

  /** 打印 PingResults 结果队列中已经执行完毕的任务的结果 */
  public void printPingResults() {
    PingResult pingResult = null;
    while(!shutdown ){
      synchronized (pingResults) {
        while (!shutdown && pingResults.size() == 0 ){
          try{
            pingResults.wait(100);
          }catch(InterruptedException e){e.printStackTrace();}
        }

        if(shutdown  && pingResults.size() == 0 )break;
        pingResult=pingResults.getFirst();

        try{
          if(pingResult.connectResult!=null)
            pingResult.connectResult.get(500,TimeUnit.MILLISECONDS);
        }catch(Exception e){
            pingResult.failure= pingResult.ERROR;
        }

        if(pingResult.connectResult!=null
           && pingResult.connectResult.isDone()){

          pingResult.connectFinish = System.currentTimeMillis();
        }

        if(pingResult.connectResult!=null
           && pingResult.connectResult.isDone()
           || pingResult.failure!=null){
```

```
            pingResult.print();
            pingResults.removeFirst();
            try {
              pingResult.socketChannel.close();
            } catch (IOException e) { }
          }
        }
      }
    }

    /** 尝试连接特定主机，生成一个 PingResult 对象，
       把它加入 PingResults 结果队列中 */
    public class PingHandler implements Runnable{
      String msg;
      public PingHandler(String msg){
          this.msg=msg;
      }
      public void run(){
          if(!msg.equals("bye")){
            PingResult pingResult=new PingResult(msg);
            addPingResult(pingResult);
          }
      }
    }

    /** 打印 PingResults 结果队列中已经执行完毕的任务的结果 */
    public class Printer implements Runnable{
      public void run(){
          printPingResults();
      }
    }
  }
```

以上 PingResult 类表示连接一个主机的执行结果。PingClient 类的 PingResults 队列存放所有的 PingResult 对象。

PingClient 类还定义了两个表示特定任务的内部类。

- PingHandler 任务类：负责通过异步通道去尝试连接客户端输入的主机地址，并且创建一个 PingResult 对象，它包含了连接操作的异步运算结果。再把 PingResult 对象加入 PingResults 结果队列中。
- Printer 任务类：负责打印 PingResults 结果队列中已经执行完毕的任务结果。打印完毕的 PingResult 对象会从 PingResults 队列中删除。

PingClient 类的 main 主线程完成以下操作。

- 创建线程池。

- 向线程池提交 Printer 任务。
- 不断读取客户端输入的主机地址，向线程池提交 PingHandler 任务。如果客户端输入“bye”，就结束程序。

PingClient 类的线程池完成以下操作。

- 执行 Printer 任务。
- 执行 PingHander 任务。

4.6　在 GUI 中用 SwingWorker 实现异步交互

对于 4.4.1 节创建的 EchoClient 类，也可以改成用图形用户界面（Graphical User Interface，GUI）来接受用户输入的字符串。例程 4-8 的 gui.EchoClient 类提供了图形用户界面，用户在文本框 JTextField 中输入字符串，gui.EchoClient 类会在一个 JTextPane 文本面板中显示服务器端返回的响应结果。

例程 4-8　gui.EchoClient 类

```
package gui;
import javax.swing.text.*;
……
public class EchoClient extends JFrame implements ActionListener{
  private JLabel clientLabel=new JLabel("客户端输入内容：");
  private JTextField clientTextField=new JTextField();
  private JLabel serverLabel=new JLabel("服务器返回的响应结果");
  private JTextPane serverTextPane=new JTextPane();

  private SocketChannel socketChannel = null;

  public EchoClient(String title){
    super(title);

    clientTextField.addActionListener(this);
    serverTextPane.setEditable(false);

    JScrollPane serverScrollPane=new JScrollPane(serverTextPane);

    JPanel clientPanel=new JPanel();
    clientPanel.setLayout(new BorderLayout());
    clientPanel.add(clientLabel,BorderLayout.NORTH);
    clientPanel.add(clientTextField,BorderLayout.SOUTH);

    JPanel serverPanel=new JPanel();
    serverPanel.setLayout(new BorderLayout());
    serverPanel.add(serverLabel,BorderLayout.NORTH);
    serverPanel.add(serverScrollPane,BorderLayout.CENTER);
```

```
  Container container=getContentPane();
  container.add(clientPanel,BorderLayout.NORTH);
  container.add(serverPanel,BorderLayout.CENTER);

  setDefaultCloseOperation(JFrame.EXIT_ON_CLOSE);
  setSize(500,300);
  setVisible(true);

  connect(); //连接服务器
}

public void connect(){
  try{ //连接服务器
    socketChannel = SocketChannel.open();
    InetAddress ia = InetAddress.getLocalHost();
    InetSocketAddress isa = new InetSocketAddress(ia,8000);
    socketChannel.connect(isa);
    setServerTextPane("与服务器的连接建立成功");
  }catch(Exception e){
     setServerTextPane("与服务器连接失败");
  }
}

public void setServerTextPane(String text){
  serverTextPane.setText(serverTextPane.getText()+"\r\n"+text);
}

public static void main(String[] args){
  //向 EDT 线程提交创建 EchoClient 任务
  EventQueue.invokeLater(new Runnable() {
    public void run() {
      try {
        EchoClient echoClient=new EchoClient("EchoClient");
      } catch (Exception e) {
        e.printStackTrace();
      }
    }
  });
}

private PrintWriter getWriter(Socket socket)throws IOException{……}
private BufferedReader getReader(Socket socket)
        throws IOException{……}

public String talk()throws IOException {
  BufferedReader br=getReader(socketChannel.socket());
```

```
    PrintWriter pw=getWriter(socketChannel.socket());
   //获得文本框输入的消息
    String msg=clientTextField.getText();
    pw.println(msg);  //向服务器端发送消息
    return br.readLine();  //获得服务器端返回的响应结果
  }

  /** 处理用户在文本框中回车的事件 */
  public void actionPerformed(ActionEvent evt){
    try{
      setServerTextPane(talk());
    }catch(Exception e){setServerTextPane(e.getMessage());}
  }
}
```

以上程序创建的用户界面如图 4-1 所示。当用户在 JTextField 文本框中输入一些字符，然后回车，就会触发 ActionEvent 事件。EchoClient 对该事件的处理过程如下。

（1）获取用户在文本框输入的消息。

（2）向服务器端发送消息。

（3）接收服务器端返回的响应结果。

（4）在文本面板上显示响应结果。

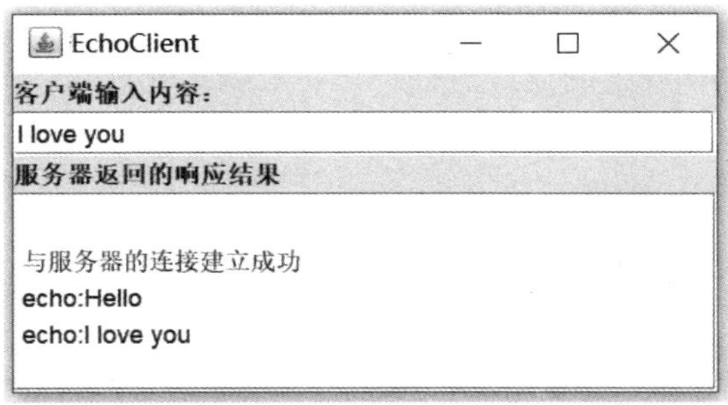

图 4-1　gui.EchoClient 类创建的用户界面

当 EchoClient 类在处理 ActionEvent 事件时，如果在接收服务器端的返回响应结果时，长时间进入阻塞状态，那么会出现什么情况呢？下面通过实验来演示实际产生的运行效果。步骤如下。

（1）修改 4.3.1 节的 EchoServer，使它在向客户端发送响应结果之前，故意睡眠若干秒，使得客户端在接收响应结果时进入阻塞状态。修改后的服务类为 gui.EchoServer。主要的修改代码如下。

```
while ((msg = br.readLine()) != null) {
  System.out.println(msg);

  //服务器端在发送响应数据之前故意睡眠一段时间，
  //使得客户端在接收数据时进入阻塞
```

```
      try{
        Thread.sleep(5000);
      }catch(Exception e){}

      pw.println(echo(msg));
      if (msg.equals("bye"))
        break;
    }
```

（2）先运行 gui.EchoServer 类，再运行 gui.EchoClient 类。在 EchoClient 类的用户界面的文本框中输入一些字符再按 Enter 键，不断快速重复这一操作。会发现用户界面常常被“卡”住，即来不及响应用户的操作。

为什么用户界面会被“卡”住呢？下面来分析原因。当 gui.EchoClient 类运行时，共有两个线程在工作。

- main 主线程：负责执行 main()方法，把创建 EchoClient 对象的任务提交给 EDT 线程。
- EDT 线程（Event Dispatch Thread，事件分派线程）：这是 Java 虚拟机为图形用户界面自动提供的线程。该线程的工作包括：（1）绘制和刷新图形用户界面；（2）监听和处理由图形用户界面触发的各种事件；（3）执行其他线程提交的任务，例如在本例中，main 主线程向 EDT 线程提交了创建 EchoClient 对象的任务。

当 gui.EchoClient 类开始运行时，main 主线程执行完 main()方法后就结束生命周期，接下来只有 EDT 线程以单线程的方式运行。它要全盘兼顾对图形用户界面的绘制和刷新，监听和处理由图形用户界面触发的各种事件，势必应接不暇、顾此失彼。当 EDT 线程在处理本范例中的 ActionEvent 事件时，它因为等待服务器端返回响应结果而进入阻塞状态，所以没办法立即响应用户在图形用户界面上继续输入字符并回车的操作，这样就产生界面很“卡”的情况。

如何解决这一问题呢？这就需要想办法由其他线程来分担 EDT 线程的一些工作，让 EDT 线程主要负责对图形用户界面的绘制和刷新，监听由图形用户界面触发的各种事件，而在处理事件时，并不用亲力亲为，只要把具体的事件处理任务交给其他线程去执行就行了。EDT 线程转交完事件处理任务后，就能立刻继续负责对用户界面的维护和事件监听。

接下来的一个问题是，EDT 线程把具体的事件处理任务交给哪个线程呢？一种办法是交给开发人员自定义的线程。但是，图形用户界面中的组件都是非线程安全的。所谓非线程安全，指假如有几个线程（包括 EDT 线程和开发人员自定义的线程）并发对界面中的组件进行外观或组件中文本的修改，可能会导致界面无法正常显示。所以，还有一种更可靠安全的办法是采用 Java Swing API 提供的 SwingWorker 类，它和 EDT 线程都由 JDK 本身提供，它们内部的配合更加默契。

4.6.1 SwingWorker 类的用法

SwingWorker 类的定义如下。

```
public abstract class SwingWorker<T,V> extends Object
                                      implements RunnableFuture<T>
```

SwingWorker 类实现了 RunnableFuture 接口，而 RunnableFuture 接口又继承了 Future 接口和 Runnable 接口。所以 SwingWorker 类支持异步运算。SwingWorker<T,V>有两个参数。

- "T" 表示异步运算的最终结果。SwingWorker 类的 doInBackground()和 get()方法返回最终结果。
- "V" 表示异步运算的中间运算数据。SwingWorker 类的 publish()方法产生中间运算数据，process 方法()处理中间运算数据。

SwingWorker 类主要包含以下方法。

- protected abstract T doInBackground()

该方法中包含了主要的后台处理任务，由 SwingWorker 工作线程来执行。执行完毕，会返回最终运算结果。如果执行中遇到异常，则可以抛出该异常。

- protected void publish(V chunks)

参数 chunks 表示运算中的中间运算数据，该方法通常由 SwingWorker 工作线程来执行。在 doInBackground()方法中可以调用此方法来发送一些中间运算数据。publish()方法会通知 EDT 线程执行 process()方法。

- protected void process(List<V> chunks)

该方法由 EDT 线程执行。当 SwingWorker 工作线程执行一次 publish()方法后，就会导致 EDT 线程执行一次 process()方法，process()方法会处理由 publish()方法发送的中间运算数据。process()方法的 chunks 参数就表示中间运算数据。

- protected void done()

该方法由 EDT 线程执行。当 SwingWorker 工作线程执行完 doInBackground()方法后，EDT 线程会自动执行 done()方法。由此可见，SwingWorker 类与 EDT 线程内部配合非常默契。这种配合默契程度是开发人员自定义的线程很难达到的。

- public void execute()

当其他线程（例如 main 主线程或 EDT 线程）调用了一个 SwingWorker 对象的 execute()方法后，该方法就会把 SwingWorker 任务提交给 SwingWorker 工作线程池。SwingWorker 工作线程池会委派一个处于空闲状态的 SwingWorker 工作线程来执行 SwingWorker 任务，确切地说，就是执行 SwingWorker 对象的 doInBackground()方法。

- public T get()

由其他线程来调用，获得 SwingWorker 任务的最终运算结果。get()方法会等待 doInBackground()方法计算完成，返回 doInBackground()方法产生的最终运算结果。

- public boolean isDone()

由其他线程来调用，判断是否完成了整个 SwingWorker 任务，如果任务完成，就返回 true。

- public boolean cancel(boolean mayInterruptIfRunning)

由其他线程来调用，取消 SwingWorker 任务。如果取消成功，就返回 true。假如任务还没开始执行，那么 cancel()方法使得该任务永远不会执行。如果任务正在执行中，并且参数 mayInterruptIfRunning 为 true，就会取消这一执行中的任务。

4.6.2 用 SwingWorker 类来展示进度条

在 Swing API 中，JProgressBar 表示进度条，它能直观地告诉用户某个任务执行的进度。JProgressBar 的 setValue(int value)方法依据参数 value 来显示进度条的长度。当程序不断调用 setValue(int value)方法，并且每次提供不同的 value 参数值时，就会使得进度条不断动态更新。

在以下例程 4-9 的 gui.BarDemo 类中，利用 SwingWorker 与 EDT 线程的默契合作，就能不断更新进度条，展示执行一个写文件任务的进度。

例程 4-9　BarDemo.java

```
package gui;
import java.awt.BorderLayout;
……
public class BarDemo extends JFrame {
  private JPanel contentPane;
  private JProgressBar progressBar;

  public static void main(String[] args) {
    EventQueue.invokeLater(new Runnable() {
      public void run() {
        try {
          BarDemo bar = new BarDemo("ProgressBar Demo");
        } catch (Exception e) { e.printStackTrace();}
      }
    });
  }

  public BarDemo(String title) {
    super(title);
    ……
    progressBar = new JProgressBar(0, 100);
    contentPane.add(progressBar, BorderLayout.NORTH);

    JButton btnBegin = new JButton("Begin");
    btnBegin.addActionListener(new ActionListener() {
       public void actionPerformed(ActionEvent e) {
          new ProgressBarHandler().execute();
       }
    });
    contentPane.add(btnBegin, BorderLayout.SOUTH);
    setVisible(true);
  }
```

```
  class ProgressBarHandler extends SwingWorker<Void, Integer> {

    /** SwingWorker 工作线程执行后台任务,每隔 1s 发送一个中间运算数据 */
    protected Void doInBackground() throws Exception {
      FileOutputStream out=new FileOutputStream("data.txt");
      PrintWriter pw=new PrintWriter(out,true);
      // 模拟一个很耗时的任务，每次睡眠 1s，再向文件中写入一行文本。
      for (int i = 0; i < 100; i++) {
        Thread.sleep(1000);
        pw.println("data"+i);
        publish(i);//将当前进度信息加入 chunks 中
      }
      pw.close();
      return null;
    }

    /** EDT 线程执行，依据当前的中间运算数据，更新进度条的信息 */
    protected void process(List<Integer> chunks) {
     progressBar.setValue(chunks.get(chunks.size() - 1));
    }

    /** EDT 线程执行，显示任务完成的消息框 */
    protected void done() {
     JOptionPane.showMessageDialog(null, "任务完成！");
    }
  }
}
```

BarDemo 类创建的图形用户界面如图 4-2 所示。

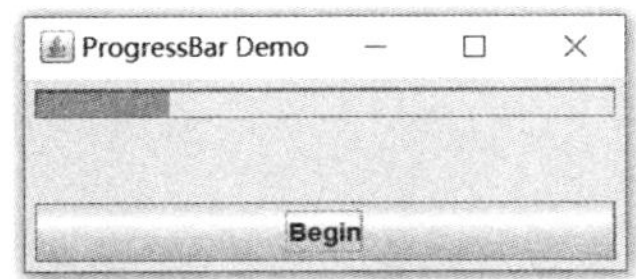

图 4-2　BarDemo 类创建的图形用户界面

当用户在界面上按下“Begin”按钮后，所触发的 ActionEvent 事件由 BarDemo 构造方法中定义的匿名 ActionListener 来处理。

```
btnBegin.addActionListener(new ActionListener() {
  public void actionPerformed(ActionEvent e) {
    new ProgressBarHandler().execute();
  }
});
```

以上 actionPerformed()方法由 EDT 线程来执行。该方法创建一个 ProgressBarHandler

对象，再调用它的 execute()方法。execute()方法向 SwingWorker 工作线程池提交了一个 ProgressBarHandler 任务。SwingWorker 工作线程池会委派特定的 SwingWorker 工作线程来执行 ProgressBarHandler 对象的 doInBackground()方法。

ProgressBarHandler 类是 BarDemo 类的内部类。ProgressBarHandler 类继承了 SwingWorker 类。ProgressBarHandler 类在 doInBackground()方法中执行一个耗时的操作，向文件中不断写入数据，并且定期通过 publish()方法发送中间运算数据。

ProgressBarHandler 类的 process()方法由 EDT 线程执行，根据当前的中间运算数据来绘制进度条。

当 SwingWorker 工作线程执行完 doInBackground()方法，EDT 线程会调用 done()方法，该方法向用户显示一个“任务完成”的消息框。

提示：如果用户不断在 BarDemo 的用户界面上按下“Begin”按钮，就会导致若干 SwingWorker 工作线程并发执行 ProgressBarHandler 任务，并发修改进度条，这会导致进度条无法正常显示。解决这一问题的办法是当用户按下“Begin”按钮后，就调用按钮的 setEnabled(false)方法，使得该按钮暂时失效，直到 ProgressBarHandler 任务完成，才使按钮重新有效。并且提供一个“Cancel”按钮方法，允许用户中途取消 ProgressBarHandler 任务。在程序中，调用 SwingWorker 类的 cancel()方法可以取消任务。

4.6.3 用 SwingWorker 类实现异步的 AsynEchoClient

例程 4-10 的 gui.AsynEchoClient 类创建的用户界面和 4.6 节的例程 4-1 的 EchoClient 类相同。区别在于，在 AsynEchoClient 类中，定义了继承 SwingWorker 类的 ActionEventHandler 类，它在 doInBackGround()方法中负责接收服务器端的响应结果。

例程 4-10　AsynEchoClient.java

```
package gui;
import javax.swing.text.*;
……
public class AsynEchoClient extends JFrame implements ActionListener{
  ……
  /** 处理用户在 clientTextField 文本框中按 Enter 键的事件 */
  public void actionPerformed(ActionEvent evt){
     new ActionEventHandler().execute();
  }

  class ActionEventHandler extends SwingWorker<String, Void> {

    /**  后台任务（SwingWorker 工作线程执行）：接受服务器端的响应结果 */
    protected String doInBackground() throws Exception {
      return talk();
    }
```

```
    /** 前台任务（EDT 线程执行）：显示服务器端的响应结果 */
    protected void done(){
      try{
        String result=get();
        setServerTextPane(result);
      }catch(Exception e){setServerTextPane(e.getMessage());}
    }
  }
}
```

当 SwingWorker 工作线程执行完 ActionEventHandler 对象的 doInBackground()方法，EDT 线程就会执行 ActionEventHandler 对象的 done()方法，该方法会在文本面板中显示服务器端发送的响应结果。

先运行 gui.EchoServer 类，再运行 gui.AsynEchoClient 类，当用户在 AsynEchoClient 类的用户界面的文本框中输入一些字符再回车，接着不断快速重复这一操作后，不会出现界面很“卡”的情况。这是因为每次处理 ActionEvent 事件的具体任务都是由 SwingWorker 工作线程池中的工作线程去执行的，所以 EDT 线程有更多的时间来响应用户与图形用户界面之间的交互操作。

4.7　小结

本章介绍了用 ServerSocketChannel 与 SocketChannel 来创建服务器和客户程序的方法。ServerSocketChannel 与 SocketChannel 既可以工作于阻塞模式，也可以工作于非阻塞模式，在默认情况下，它们都工作于阻塞模式，可以调用 configureBlocking()方法来重新设置模式。

AsynchronousSocketChannel 类和 AsynchronousServerSocketChannel 类表示异步通道。AsynchronousSocketChannel 类的请求建立连接方法和读写方法，以及 AsynchronousServerSocketChannel 类的接受连接方法总是采用非阻塞工作模式，并且它们的非阻塞方法会立即返回一个 Future 对象，用来存放方法的执行结果。

第 1 章、第 3 章以及本章对 EchoServer 共提供了 6 种实现方案，见表 4-1。

表 4-1　EchoServer 的 6 种实现方案

编　号	例　程	实现方式	特　点
方案一	1.5.1 节的例程 1-2	用 ServerSocket 与 Socket 实现，阻塞模式，单线程，同步通信	编程简单，不能同时处理多个连接
方案二	3.6.1 节的例程 3-5	用 ServerSocket 与 Socket 实现，阻塞模式，对于每个客户连接分配一个线程，同步通信	编程简单，能同时处理多个连接。但是当连接数目非常多时，导致线程数目也非常多，系统开销较大。因此系统所能同时处理的最大连接数必须受到限制
方案三	3.6.2 节的例程 3-8	用 ServerSocket 与 Socket 实现，阻塞模式，用线程池来处理每个客户的连接，同步通信	与方案二相比，可以减少线程的数目。不过线程池本身的实现必须非常健壮

（续表）

编　　号	例　　程	实现方式	特　　点
方案四	4.3.1 节的例程 4-2	用 ServerSocketChannel 与 SocketChannel 实现，阻塞模式，用线程池来处理每个客户的连接，同步通信	与方案三的优缺点相同。区别在于用 ServerSocketChannel 取代 ServerSocket，用 SocketChannel 取代 Socket
方案五	4.3.2 节的例程 4-3	用 ServerSocketChannel 与 SocketChannel 实现，非阻塞模式，单个线程，异步通信	能同时处理多个连接，与方案二和方案三相比，使用的线程较少，系统开销小，因此具有更好的并发性能，可以同时处理更多的并发连接。缺点是编程难度高，要求熟练掌握缓冲区 ByteBuffer 以及字符编码转换的用法
方案六	4.3.3 节的例程 4-4	用 ServerSocketChannel 与 SocketChannel 实现。ServerSocketChannel 采用阻塞模式，SocketChannel 采用 非阻塞模式。两个线程，异步通信。一个线程负责接收客户连接，另一个线程负责接收和发送数据	与方案五相比，又增加了一个线程，这可以进一步提高并发性能，提高响应客户的速度。缺点是线程数目越多，编程难度越大，必须处理好线程之间的同步与协调，避免死锁

总的说来，尽管阻塞模式与非阻塞模式都可以同时处理多个客户连接，但阻塞模式需要使用较多的线程，而非阻塞模式只需使用较少的线程，非阻塞模式能更有效地利用 CPU，系统开销小，因此有更高的并发性能。

阻塞模式编程相对简单，但是当线程数目很多时，必须处理好线程之间的同步，如果自己编写线程池，要实现健壮的线程池难度就较高。阻塞模式比较适用于同步通信，并且通信双方稳定地发送小批量的数据，双方都不需要花很长时间等待对方的回应。假如在通信过程中，由于一方迟迟没有回应，导致另一方长时间地阻塞，为了避免线程无限期地阻塞下去，应该设置超时时间，及时中断长时间阻塞的线程。

非阻塞模式编程相对难一些，对 ByteBuffer 缓冲区的处理比较麻烦。非阻塞模式比较适用于异步通信，并且通信双方发送大批量的数据，尽管一方接收到另一方的数据可能要花一段时间，但在这段时间内，接收方不必傻傻地等待，可以处理其他事情。

4.8 练习题

1．在服务器程序中，线程在哪些情况下可能会进入阻塞状态？（多选）
   a）线程执行 Socket 的 getInputStream()方法获得输入流。
   b）线程执行 Socket 的 getOutputStream()方法获得输出流。
   c）线程执行 ServerSocket 的 accept()方法。
   d）线程从 Socket 的输入流读入数据。
   e）线程向 Socket 的输出流写一批数据。
2．ServerSocketChannel 可能发生哪个事件？（单选）

a）SelectionKey.OP_ACCEPT：接收连接就绪事件
b）SelectionKey.OP_CONNECT：连接就绪事件
c）SelectionKey.OP_READ：读就绪事件
d）SelectionKey.OP_WRITE：写就绪事件

3．SocketChannel 可能发生哪些事件？（多选）

a）SelectionKey.OP_ACCEPT：接收连接就绪事件
b）SelectionKey.OP_CONNECT：连接就绪事件
c）SelectionKey.OP_READ：读就绪事件
d）SelectionKey.OP_WRITE：写就绪事件

4．对于以下代码，

```
int n=socketChannel.read(byteBuffer);  //假定 n≥0
byteBuffer.flip();
```

假定执行 socketChannel.read(byteBuffer)方法前，byteBuffer 的容量、极限和位置分别为 c、l 和 p，执行完以上代码后，byteBuffer 的容量、极限和位置分别是多少？（单选）

a）容量为 c，极限为 l，位置为 $p+n$
b）容量为 c，极限为 $p+n$，位置为 0
c）容量为 l，极限为 $p+n$，位置为 0
d）容量为 c，极限为 $p+n$，位置为 $p+n$

5．在哪些情况下，SelectionKey 对象会失效？（多选）

a）程序调用 SelectionKey 的 cancel()方法
b）程序调用 SelectionKey 的 close()方法
c）关闭与 SelectionKey 关联的 Channel
d）关闭与 SelectionKey 关联的 Selector

6．线程执行 Selector 对象的 select(long timeout)方法时进入阻塞状态，在哪些情况下，线程会从 select()方法中返回？（多选）

a）至少有一个 SelectionKey 的相关事件已经发生
b）其他线程调用了 Selector 对象的 wakeup()方法
c）与 Selector 对象关联的一个 SocketChannel 对象被关闭
d）当前执行 select()方法的线程被其他线程中断
e）超出了等待时间

7．在默认情况下，SocketChannel 对象处于什么模式？（单选）

a）阻塞模式　b）非阻塞模式

8．SwingWorker 类的哪个方法表示由 SwingWorker 工作线程执行的后台任务？（单选）

a）done()　　b）publish()　　c）doInBackground()　d）process()

9．运行 4.6.3 节的 AsynEchoClient 类，当用户快速在用户界面的文本框中不断进行回车操作后，会有哪些线程在并发运行？（单选）

a）一个 main 主线程。

b）一个 main 主线程和一个 EDT 线程。

b）一个 EDT 线程和一个 SwingWorker 工作线程。

d）一个 EDT 线程和多个来自 SwingWorker 工作线程池的 SwingWorker 工作线程。

10．以下哪些选项中的两个线程属于异步执行各自的操作？（多选）

a）线程 A 不断向一个 ByteBuffer 缓冲区中写入数据，线程 B 不断从这个 ByteBuffer 缓冲区中读取数据。

b）线程 A 不断向一个 ByteBuffer 缓冲区中写入数据，线程 B 一直等待，直到这个缓冲区已经写满后，才开始从缓冲区中读取数据。当线程 B 从缓冲区读取数据时，线程 A 开始等待，直到线程 B 把缓冲区清空。

c）一个 SwingWorker 工作线程在执行一个 SwingWorker 对象的 doInBackground() 方法,而 EDT 线程在监听图形用户界面触发的事件。

d）一个 SwingWorker 工作线程在执行一个 SwingWorker 对象的 doInBackground() 方法。而 EDT 线程在执行这个 SwingWorker 对象的 get()方法。

11．编写一个用于诊断网络传输数据准确性的程序。服务器端（exercise.IntgenServer 类）不断发送 int 类型的整数，从 0 开始递增。客户端（exercise.IntgenClient 类）不断接受来自服务器端发送的数据，判断实际收到的数据与预期应该收到的数据是否一致。如果不一致，就说明网络在发送这一 int 数据的字节序列时存在错误。

服务器和客户端都采用通道来通信。服务器端采用非阻塞模式，而客户端采用阻塞模式。

答案：1．c，d，e　2．a　3．b，c，d　4．b　5．a，c，d　6．a，b，d，e　7．a　8．c　9．d　10．a，c

11．参见配套源代码包的 sourcecode/chapter04/src/exercise 目录下的 IntgenServer 和 IntgenClient 类。

编程提示：服务器端以递增的方式发送 int 类型的数据，当达到 int 类型的最大值时，Integer.MAX_VALUE+1 的取值为负数（等价于 Integer.MIN_VALUE），所以，接下去会继续以递增的方式发送负数。客户端的 SocketChannel 采用阻塞模式读取数据，读到一个 int 数据后，就会判断它与预期的数据是否一致，如果不一致，就会打印出错信息，然后接受来自服务器的下一个 int 数据。因此客户端采用的是同步通信。而服务器端则不必等到客户端已经收到当前 int 数据，就能继续发送下一个 int 数据，所以服务器端采用的是异步通信。

第 5 章 创建非阻塞的 HTTP 服务器

HTTP（Hypertext Transfer Protocol，超级文本传输协议）是网络应用层的协议，建立在 TCP/IP 基础上。HTTP 使用可靠的 TCP 连接，默认端口是 80 端口。HTTP 的第 1 个版本是 HTTP/0.9，后来发展到了 HTTP/1，现在最新的版本是 HTTP/2。值得注意的是，在目前的实际运用中，HTTP/2 并没有完全取代 HTTP/1，而是这两种协议在网络上并存，也就是说，许多 Web 服务器和浏览器之间既可以通过 HTTP/1 通信，也可以通过 HTTP/2 通信。

HTTP/1.1 对应的 RFC 文档为 RFC2616，它对 HTTP/1.1 做了详细的阐述。HTTP/2 对应的 RFC 文档为 RFC7540，它对 HTTP/2 协议做了详细的阐述。

HTTP 基于客户/服务器模式，客户端主动发出 HTTP 请求，服务器接收 HTTP 请求，返回 HTTP 响应结果。HTTP 对 HTTP 请求以及响应的格式做了明确的规定。本章首先对 HTTP 做了简要的介绍，然后介绍了用 Java 创建的一个简单的非阻塞的 HTTP 服务器。

5.1 HTTP 简介

当用户打开浏览器，输入一个 URL 地址，就能接收到远程 HTTP 服务器发送过来的网页。浏览器就是最常见的 HTTP 客户程序。如图 5-1 所示，HTTP 客户程序必须先发出一个 HTTP 请求，然后才能接收到来自 HTTP 服务器的响应。

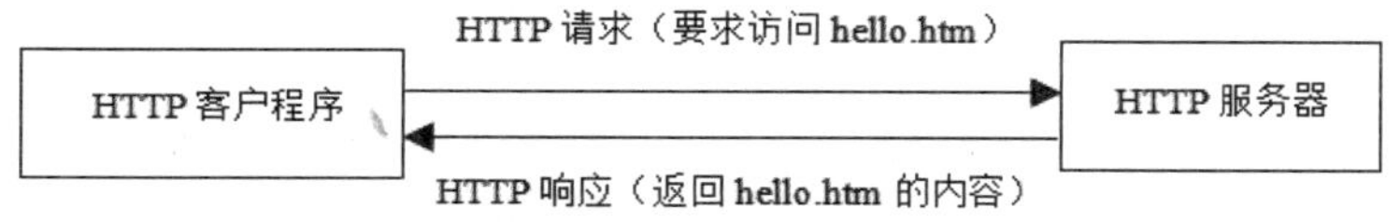

图 5-1　HTTP 客户程序与 HTTP 服务器的通信过程

HTTP 客户程序和 HTTP 服务器分别由不同的软件开发商提供，它们都可以用任意的编程语言编写。用 VC 编写的 HTTP 客户程序能否与用 Java 编写的 HTTP 服务器顺利通信呢？答案是肯定的。HTTP 严格规定了 HTTP 请求和 HTTP 响应的数据格式，只要 HTTP 服务器与客户程序都遵守 HTTP，就能彼此看得懂对方发送的消息。

5.1.1 HTTP 请求格式

HTTP 规定，HTTP 请求由 3 部分构成，分别是：。

- 请求方法、URI、HTTP 的版本
- 请求头（Request Header）
- 请求正文（Request Content）

下面是一个 HTTP 请求的例子。

```
POST /hello.jsp HTTP/1.1
Accept: image/gif, image/jpeg, */*
Referer: http://localhost/login.htm
Accept-Language: en,zh-cn;q=0.5
Content-Type: application/x-www-form-urlencoded
Accept-Encoding: gzip, deflate
User-Agent: Mozilla/4.0 (compatible; MSIE 6.0; Windows NT 10.0)
Host: localhost
Content-Length: 43
Connection: Keep-Alive
Cache-Control: no-cache

username=weiqin&password=1234&submit=submit
```

1. 请求方式、URI、HTTP 的版本

HTTP 请求的第 1 行包括请求方式、URI 和协议版本这 3 项内容，以空格分开。

```
POST /hello.jsp HTTP/1.1
```

在以上代码中，“POST” 表示请求方式，“/hello.jsp”表示 URI，“HTTP/1.1”表示 HTTP 的版本。

根据 HTTP，HTTP 请求可以使用多种请求方式，主要包括以下几种。

- GET：这种请求方式最为常见，客户程序通过这种请求方式访问服务器上的一个文档，服务器把文档发送给客户程序。
- POST：客户程序可通过这种方式发送大量信息给服务器。在 HTTP 请求中除了包含要访问的文档的 URI，还包括大量的请求正文，这些请求正文中通常会包含大量 HTML 表单数据。
- HEAD：客户程序和服务器之间交流一些内部数据，服务器不会返回具体的文档。当使用 GET 和 POST 方法时，服务器最后都将特定的文档返回给客户程序。而 HEAD 请求方式则不同，它仅仅交流一些内部数据，这些数据不会影响用户浏览网页的过程，可以说对用户是透明的。HEAD 请求方式通常不单独使用，而是为其他请求方式起辅助作用。一些搜索引擎使用 HEAD 请求方式来获得网页的标志信息，还有一些 HTTP 服务器在进行安全认证时，用这个方式来传递认证信息。
- PUT：客户程序通过这种方式把文档上传给服务器。

- DELETE：客户程序通过这种方式来删除远程服务器上的某个文档。客户程序可以利用 PUT 和 DELETE 请求方式来管理远程服务器上的文档。

GET 和 POST 请求方式最常用，而 PUT 和 DELETE 请求方式并不常用，因而不少 HTTP 服务器并不支持 PUT 和 DELETE 请求方式。

统一资源定位符（Universal Resource Identifier，URI）用于标识要访问的网络资源。在 HTTP 请求中，通常只要给出相对于服务器的根目录的相对目录即可，因此以 "/" 开头。

HTTP 请求的第 1 行的最后一部分内容为客户程序使用的 HTTP 的版本。

2. 请求头（Request Header）

请求头包含许多有关客户端环境和请求正文的有用信息。例如，请求头可以声明浏览器的类型、所用的语言、请求正文的类型，以及请求正文的长度等。

```
Accept: image/gif, image/jpeg, */*
Referer: http://localhost/login.htm
Accept-Language: en,zh-cn;q=0.5   //浏览器所用的语言
Content-Type: application/x-www-form-urlencoded    //正文类型
Accept-Encoding: gzip, deflate
User-Agent:
     Mozilla/4.0 (compatible; MSIE 6.0; Windows NT 10.0)//浏览器类型
Host: localhost   //远程主机
Content-Length: 43   //正文长度
Connection: Keep-Alive
Cache-Control: no-cache
```

3. 请求正文（Request Content）

HTTP 规定，请求头和请求正文之间必须以空行分割（即只有 CRLF 符号的行），这个空行非常重要，它表示请求头已经结束，接下来是请求正文。请求正文中可以包含客户以 POST 方式提交的表单数据。

```
username=weiqin&password=1234
```

在以上 HTTP 请求例子中，请求正文只有一行内容。在实际应用中，HTTP 请求的正文可以包含更多的内容。

CRLF（Carriage Return Linefeed）指回车符和行结束符 "\r\n"。

本书 2.2 节的例程 2-6（HTTPClient.java）是一个简单的 HTTP 客户程序，它发送的 HTTP 请求信息就严格遵守上述规范。

```
StringBuffer sb=new StringBuffer("GET "
        +"/index.jsp"+" HTTP/1.1\r\n");
sb.append("Host: "+host+"\r\n");
sb.append("Accept: */*\r\n");
```

```
sb.append("Accept-Language: zh-cn\r\n");
sb.append("Accept-Encoding: gzip, deflate\r\n");
sb.append("User-Agent:HTTPClient\r\n");
sb.append("Connection: Keep-Alive\r\n\r\n");

//发出 HTTP 请求
OutputStream socketOut=socket.getOutputStream();
socketOut.write(sb.toString().getBytes());
socketOut.flush();

//接收响应结果
InputStream socketIn=socket.getInputStream();
ByteArrayOutputStream buffer=new ByteArrayOutputStream();
byte[] buff=new byte[1024];
int len=-1;
while((len=socketIn.read(buff))!=-1){
  buffer.write(buff,0,len);
}
//把字节数组转换为字符串
System.out.println(new String(buffer.toByteArray()));
```

5.1.2　HTTP 响应格式

和 HTTP 请求相似，HTTP 响应也由 3 部分构成，分别是：

- HTTP 的版本、状态代码、描述
- 响应头（Response Header）
- 响应正文（Response Content）

下面是一个 HTTP 响应的例子。

```
HTTP/1.1 200 OK
Server: nio/1.1
Content-type: text/html; charset=GBK
Content-length: 97

<html>
<head>
  <title>helloapp</title>
</head>
<body >
  <h1>hello</h1>
</body>
</html>
```

1. HTTP 的版本、状态代码、描述

HTTP 响应的第 1 行包括服务器使用的 HTTP 的版本、状态代码，以及对状态代码的描述，这 3 项内容之间以空格分割。在本例中，使用 HTTP1.1，状态代码为 200，该状态

代码表示服务器已经成功地处理了客户端发出的请求。

```
HTTP/1.1 200 OK
```

状态代码是一个 3 位整数，以 1、2、3、4 或 5 开头。

- 1xx：信息提示，表示临时的响应。
- 2xx：响应成功，表明服务器成功的接收了客户端请求。
- 3xx：重定向。
- 4xx：客户端错误，表明客户端可能有问题。
- 5xx：服务器错误，表明服务器由于遇到某种错误而不能响应客户请求。

以下是一些常见的状态代码。

- 200：响应成功。
- 400：错误的请求。客户发送的 HTTP 请求不正确。
- 404：文件不存在。在服务器上没有客户要求访问的文档。
- 405：服务器不支持客户的请求方式。
- 500：服务器内部错误。

2. 响应头（Response Header）

响应头也和请求头一样包含许多有用的信息，例如服务器类型、正文类型和正文长度等。

```
Server: nio/1.1    //服务器类型
Content-type: text/html; charset=GBK   //正文类型
Content-length: 97  //正文长度
```

3. 响应正文（Response Content）

响应正文就是服务器返回的具体的文档，最常见的是 HTML 网页。

```
<html>
<head>
  <title>helloapp</title>
</head>
<body >
  <h1>hello</h1>
</body>
</html>
```

HTTP 请求头与请求正文之间必须用空行分割，同样，HTTP 响应头与响应正文之间也必须用空行分隔。

5.1.3　测试 HTTP 请求

当用户在浏览器中输入一个 URL 后，浏览器就会生成一个 HTTP 请求，建立与远程

HTTP 服务器的连接，然后把 HTTP 请求发送给远程 HTTP 服务器，HTTP 服务器再返回相应的网页，浏览器最后把这个网页显示出来。当浏览器与服务器之间的数据交换完毕，就会断开连接。如果用户希望访问新的网页，浏览器就必须再次建立与服务器的连接。

例程 5-1（SimpleHttpServer）创建了一个非常简单的 HTTP 服务器，它接收客户程序的 HTTP 请求，把它打印到控制台。然后对 HTTP 请求做简单的解析，如果客户程序请求访问 login.htm，就返回该网页，否则一律返回 hello.htm 网页。login.htm 和 hello.htm 文件位于 root 目录下。

SimpleHttpServer 监听 80 端口，按照阻塞模式工作，采用线程池来处理每个客户请求。

例程 5-1　SimpleHttpServer.java（阻塞模式）

```
//此处省略 import 语句
public class SimpleHttpServer {
  private int port=80;
  private ServerSocketChannel serverSocketChannel = null;
  private ExecutorService executorService;
  private static final int POOL_MULTIPLE = 4;

  public SimpleHttpServer() throws IOException {
    executorService= Executors.newFixedThreadPool(
        Runtime.getRuntime().availableProcessors() * POOL_MULTIPLE);
    serverSocketChannel= ServerSocketChannel.open();
    serverSocketChannel.socket().setReuseAddress(true);
    serverSocketChannel.socket().bind(new InetSocketAddress(port));
    System.out.println("服务器启动");
  }

  public void service() {
    while (true) {
      SocketChannel socketChannel=null;
      try {
        socketChannel = serverSocketChannel.accept();
        executorService.execute(new Handler(socketChannel));
      }catch (IOException e) {
         e.printStackTrace();
      }
    }
  }

  public static void main(String args[])throws IOException {
    new SimpleHttpServer().service();
  }

  class Handler implements Runnable{//Handler 是内部类，负责处理 HTTP 请求
    private SocketChannel socketChannel;
    public Handler(SocketChannel socketChannel){
```

```
    this.socketChannel=socketChannel;
  }
  public void run(){
    handle(socketChannel);
  }

  public void handle(SocketChannel socketChannel){
    try {
      Socket socket=socketChannel.socket();
      System.out.println("接收到客户连接，来自： " +
      socket.getInetAddress() + ":" +socket.getPort());

      ByteBuffer buffer=ByteBuffer.allocate(1024);
      //接收 HTTP 请求，假定其长度不超过 1024 字节
      socketChannel.read(buffer);
      buffer.flip();
      String request=decode(buffer);
      System.out.print(request);  //打印 HTTP 请求

      //生成 HTTP 响应结果
      StringBuffer sb=new StringBuffer("HTTP/1.1 200 OK\r\n");
      sb.append("Content-Type:text/html\r\n\r\n");
      //发送 HTTP 响应的第 1 行和响应头
      socketChannel.write(encode(sb.toString()));

      FileInputStream in;
      //获得 HTTP 请求的第 1 行
      String firstLineOfRequest=
            request.substring(0,request.indexOf("\r\n"));
      if(firstLineOfRequest.indexOf("login.htm")!=-1)
        in=new FileInputStream("login.htm");
      else
        in=new FileInputStream("hello.htm");

      FileChannel fileChannel=in.getChannel();
      //发送响应正文
      fileChannel.transferTo(0,fileChannel.size(),socketChannel);
    }catch (Exception e) {
      e.printStackTrace();
    }finally {
      try{
        if(socketChannel!=null)socketChannel.close();  //关闭连接
      }catch (IOException e) {e.printStackTrace();}
    }
  }
  private Charset charset=Charset.forName("GBK");
  public String decode(ByteBuffer buffer){  ......  } //解码
```

```
    public ByteBuffer encode(String str){ ……  } //编码
  } //#Handler 内部类
}//#SimpleHttpServer 类
```

在 chapter05 根目录下运行“java SimpleHttpServer”命令，就启动了 HTTP 服务器，然后打开一个 IE 浏览器，按照如下步骤访问 HTTP 服务器。根据服务器端的控制台的打印结果，可以了解 IE 浏览器发送给服务器的 HTTP 请求信息。

（1）在 IE 浏览器中输入 URL：http://localhost:80/login.htm，或者 http://localhost/login.htm。在默认情况下，IE 浏览器总是与远程 HTTP 服务器的 80 端口建立连接，因此在 URL 中可以不指定 80 端口。图 5-2 显示了 IE 浏览器接收到的网页，以及服务器接收到的 HTTP 请求。

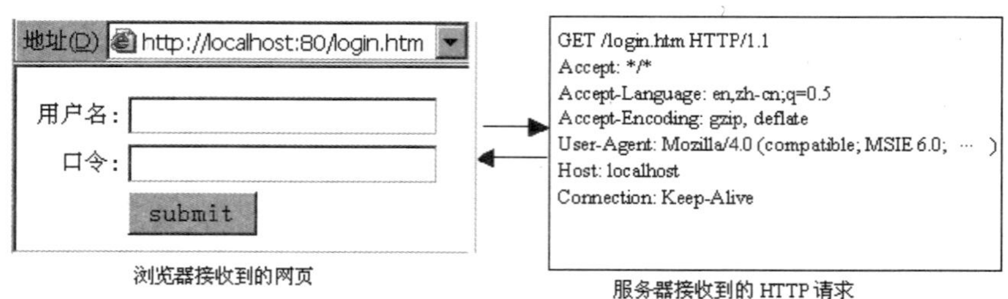

图 5-2　浏览器按照 GET 方式访问 login.htm

从服务器端的打印结果可以看出，IE 浏览器发送的 HTTP 请求采用 GET 方式，请求的 URI 为 login.htm。服务器把 login.htm 文件发送给 IE 浏览器，IE 浏览器将它呈现给用户。login.htm 文件中的内容如下：

```
<html>
  <head>
    <title>helloapp</title>
  </head>
  <body >
    <form name="loginForm" method="post" action="hello.htm">
      <table>
        <tr><td><div align="right">用户名:</div></td>
          <td><input type="text" name="username"></td>
        </tr>
        <tr><td><div align="right">口令:</div></td>
          <td><input type="password" name="password"></td>
        </tr>
        <tr><td></td>
          <td><input type="submit" name="submit" value="submit"></td>
        </tr>
      </table>
    </form>
  </body>
</html>
```

在 login.htm 文件中定义了一个 HTML 表单，它有两个输入框，分别用于输入用户名和口令。以上<form>元素的 action 属性指定当用户提交表单时所请求访问的网页，此处为 hello.htm；method 属性用于指定请求方式，此处为 POST。

（2）在图 5-2 的网页中，输入用户名“weiqin”，口令“1234”，然后提交表单。图 5-3 显示了 IE 浏览器接收到的网页，以及服务器接收到的 HTTP 请求。

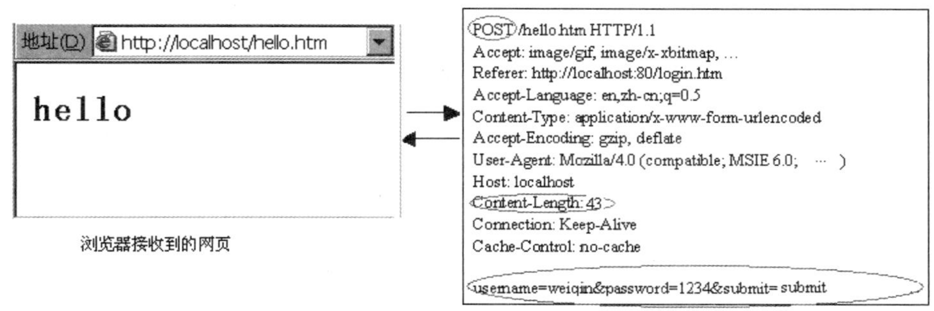

图 5-3　浏览器按照 POST 方式访问 hello.htm

从图 5-3 可以看出，当提交了表单后，浏览器将采用 POST 方式请求访问 hello.htm。表单中输入的用户名和口令等数据位于 HTTP 请求的正文部分，正文与请求头之间以空行分割。请求头中的 Content-Length 项指定正文的长度，此处为 43 个字符。本例中的 SimpleHttpServer 并没有对请求正文做任何处理。在实际应用中，HTTP 服务器应该具备解析请求正文，生成动态网页的能力。

（3）把 login.htm 文件中 method 属性的值改为“GET”。

```
<form name="loginForm" method="get" action="hello.htm">
```

再重复步骤(1)和(2)，当再次提交表单时，浏览器将采用 GET 方式请求访问 hello.htm。服务器端接收到的 HTTP 请求如下。

```
GET /hello.htm?username=weiqin&password=1234&submit=submit HTTP/1.1
Accept: image/gif, image/x-xbitmap, image/jpeg,......
Referer: http://localhost/login.htm
Accept-Language: en,zh-cn;q=0.5
Accept-Encoding: gzip, deflate
User-Agent: Mozilla/4.0 (compatible; MSIE 6.0; Windows NT 10.0)
Host: localhost
Connection: Keep-Alive
//此处为一空行
```

在 GET 方式下，表单中的数据将不再作为请求正文发送，而是直接放在 HTTP 请求的第 1 行的 URI 里面，文件名与表单数据之间以“?”分割。

在以上 HTTP 请求中，username 和 password 也被称为请求参数，它们都有相应的参数值，比如 username 参数的值为 weiqin，password 参数的值为 1234。服务器可以读取这些请求参数的值，然后作相应处理。在 GET 方式下，请求参数位于 HTTP 请求的第 1 行的 URI

中，而在 POST 方式下，请求参数位于 HTTP 请求的正文中。

在实际运用中，直接在网络上输入原始的用户口令是很不安全的。通常需要对口令进行加密，然后发送加密后的口令。接收方接收到加密的口令后再对其进行解密。

5.2 创建非阻塞的 HTTP 服务器

HTTP 服务器的主要任务就是接收 HTTP 请求，然后发送 HTTP 响应。图 5-4 是本节所介绍的非阻塞的 HTTP 服务器范例的模型。

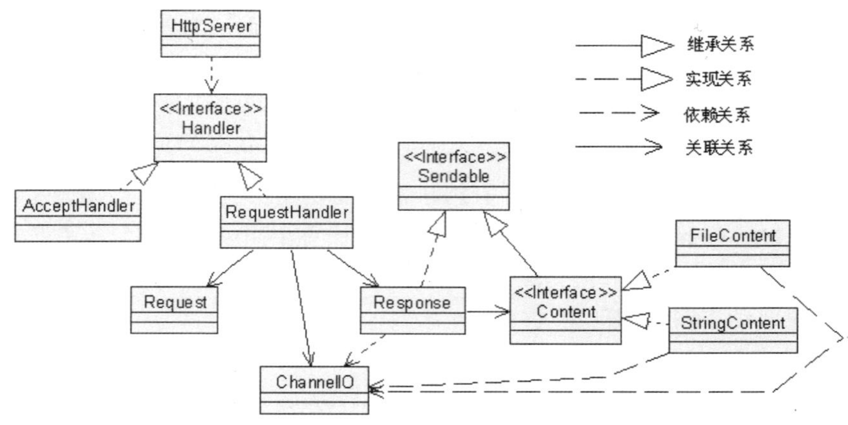

图 5-4 HTTP 服务器的对象模型

在这个对象模型中，HttpServer 类是服务器主程序，由它启动服务器。AcceptHandler 负责接收客户连接，RequestHandler 负责接收客户的 HTTP 请求，对其解析，然后生成相应的 HTTP 响应，再把它发送给客户。Request 类表示 HTTP 请求，Response 类表示 HTTP 响应，Content 类表示 HTTP 响应的正文。

5.2.1 服务器主程序：HttpServer 类

HttpServer 类是服务器的主程序，它的实现方式与本书 4.3.2 节的例程 4-3（EchoServer.java）相似，仅启用了单个主线程，采用非阻塞模式来接收客户连接，以及收发数据。例程 5-2 是 HttpServer 类的源程序。

例程 5-2 HttpServer.java

```
//此处省略 import 语句
public class HttpServer{
  private Selector selector = null;
  private ServerSocketChannel serverSocketChannel = null;
  private int port = 80;
```

```
  private Charset charset=Charset.forName("GBK");

  public HttpServer()throws IOException{
    //创建 Selector 和 ServerSocketChannel
    //把 ServerSocketChannel 设置为非阻塞模式，绑定到 80 端口
    ......
  }

  public void service() throws IOException{
    //注册接收连接就绪事件
    serverSocketChannel.register(selector, SelectionKey.OP_ACCEPT,
                                           new AcceptHandler());
    for(;;){
      int n = selector.select();

      if(n==0)continue;
      Set readyKeys = selector.selectedKeys();
      Iterator it = readyKeys.iterator();
      while (it.hasNext()){
        SelectionKey key=null;
        try{
            key = (SelectionKey) it.next();
            it.remove();
            final Handler handler = (Handler) key.attachment();
            handler.handle(key);  //由 Handler 处理相关事件
        }catch(IOException e){
          e.printStackTrace();
          try{
              if(key!=null){
                  key.cancel();
                  key.channel().close();
              }
          }catch(Exception ex){e.printStackTrace();}
        }
      }//#while
    }//#while
  }

  public static void main(String args[])throws Exception{
    final HttpServer server = new HttpServer();
    server.service();
  }
}
```

在 HttpServer 类的 service()方法中，当 ServerSocketChannel 向 Selector 注册接收连接就绪事件时，设置了一个 AcceptHandler 附件。

```
serverSocketChannel.register(selector, SelectionKey.OP_ACCEPT,
        new AcceptHandler());
```

AcceptHandler 类的 handle()方法负责处理接收连接就绪事件。当某种事件发生时，HttpServer 类的 service()方法从 SelectionKey 中获得 Handler 附件，然后调用它的 handle()方法。

```
final Handler handler = (Handler)key.attachment();
handler.handle(key);  //处理相关事件
```

5.2.2 具有自动增长的缓冲区的 ChannelIO 类

自定义的 ChannelIO 类对 SocketChannel 进行了包装，增加了自动增长缓冲区容量的功能。当调用 socketChannel.read(ByteBuffer buffer)方法时，如果 buffer 已满（即 position=limit），那么即使通道中还有未接收的数据，read 方法也不会读取任何数据，而是直接返回 0，表示读到了零字节。

为了能读取通道中的所有数据，必须保证缓冲区的容量足够大。在 ChannelIO 类中，有一个 requestBuffer 变量，它用来存放客户的 HTTP 请求数据，当 requestBuffer 剩余容量已经不足 5%，并且还有 HTTP 请求数据未接收时，ChannelIO 会自动扩充 requestBuffer 的容量，该功能由 resizeRequestBuffer()方法完成。

例程 5-3 是 ChannelIO 类的源程序，它的 read()方法和 write()方法利用 SocketChannel 来接收和发送数据，并且它还提供了实用方法 transferTo()，该方法能把文件中的数据发送到 SocketChannel 中。

例程 5-3　ChannelIO.java

```
//此处省略 import 语句
public class ChannelIO {
  protected SocketChannel socketChannel;
  protected ByteBuffer requestBuffer;  //存放请求数据
  private static int requestBufferSize = 4096;

  public ChannelIO(SocketChannel socketChannel, boolean blocking)
    throws IOException {
    this.socketChannel = socketChannel;
    socketChannel.configureBlocking(blocking);  //设置模式
    requestBuffer = ByteBuffer.allocate(requestBufferSize);
  }

  public SocketChannel getSocketChannel() {
    return socketChannel;
  }
```

```
  /**
   * 如果原缓冲区的剩余容量不够，就创建一个新的缓冲区，容量为原来的两倍，
   * 把原来缓冲区的数据拷贝到新缓冲区
   */
  protected void resizeRequestBuffer(int remaining) {
    if (requestBuffer.remaining() < remaining) {
      // 把容量增大到原来的两倍
      ByteBuffer bb = ByteBuffer.allocate(requestBuffer.capacity() * 2);
      requestBuffer.flip();
      bb.put(requestBuffer);  //把原来缓冲区中的数据拷贝到新的缓冲区
      requestBuffer = bb;
    }
  }

  /**
   * 接收数据，把它们存放到 requestBuffer 中，
   * 如果 requsetBuffer 的剩余容量不足 5%，
   * 就通过 resizeRequestBuffer()方法扩充容量
   */
  public int read() throws IOException {
    resizeRequestBuffer(requestBufferSize/20);
    return socketChannel.read(requestBuffer);
  }

  /** 返回 requestBuffer，它存放了请求数据  */
  public ByteBuffer getReadBuf() {
     return requestBuffer;
  }

  /** 发送参数指定的 ByteBuffer 中的数据 */
  public int write(ByteBuffer src) throws IOException {
    return socketChannel.write(src);
  }

  /** 把 FileChannel 中的数据写到 SocketChannel 中 */
  public long transferTo(FileChannel fc, long pos, long len)
                                      throws IOException {
    return fc.transferTo(pos, len, socketChannel);
  }

  /**  关闭 SocketChannel  */
  public void close() throws IOException {
    socketChannel.close();
  }
}
```

5.2.3 负责处理各种事件的 Handler 接口

Handler 接口负责处理各种事件，它的定义如下。

```
import java.io.*;
import java.nio.channels.*;
public interface Handler {
  public void handle(SelectionKey key) throws IOException;
}
```

Handler 接口有 AcceptHandler 和 RequestHandler 两个实现类。AcceptHandler 负责处理接收连接就绪事件，RequestHandler 负责处理读就绪和写就绪事件。更确切地说，RequestHandler 负责接收客户的 HTTP 请求，以及发送 HTTP 响应。

5.2.4 负责处理接收连接就绪事件的 AcceptHandler 类

AcceptHandler 负责处理接收连接就绪事件。它获得与客户连接的 SocketChannel，然后向 Selector 注册读就绪事件，并且创建了一个 RequestHandler，把它作为 SelectionKey 的附件。当读就绪事件发生时，将由这个 RequestHandler 来处理该事件。例程 5-4 是 AcceptHandler 类的源程序。

例程 5-4 AcceptHandler.java

```
//此处省略 import 语句
public class AcceptHandler implements Handler {
  public void handle(SelectionKey key) throws IOException {
    ServerSocketChannel serverSocketChannel=
                (ServerSocketChannel)key.channel();
    //在非阻塞模式下，serverSocketChannel.accept()有可能返回 null。
    //判断 socketChannel 是否为 null，可以使程序更加健壮，
    //避免 NullPointerException。
    SocketChannel socketChannel = serverSocketChannel.accept();
    if (socketChannel== null)return;
    System.out.println("接收到客户连接，来自:" +
               socketChannel.socket().getInetAddress() +
               ":" + socketChannel.socket().getPort());

    //ChannelIO 设置为采用非阻塞模式
    ChannelIO cio =new ChannelIO(socketChannel, false);
    RequestHandler rh = new RequestHandler(cio);

    //注册读就绪事件，把 RequestHandler 作为附件，
    //当这种事件发生时，将由 RequestHandler 处理该事件
    socketChannel.register(key.selector(), SelectionKey.OP_READ, rh);
```

```
    }
  }
```

在以上 AcceptHandler 的 handle()方法中，还创建了一个 ChannelIO，RequestHandler 与它关联。RequestHandler 会利用 ChannelIO 来接收和发送数据。

5.2.5 负责接收 HTTP 请求和发送 HTTP 响应的 RequestHandler 类

RequestHandler 先通过 ChannelIO 来接收 HTTP 请求，当接收到了 HTTP 请求的所有数据后，就对 HTTP 请求数据进行解析，创建相应的 Request 对象，然后依据客户的请求内容，创建相应的 Response 对象，最后发送 Response 对象中包含的 HTTP 响应数据。为了简化程序，RequestHandler 仅仅支持 GET 和 HEAD 这两种请求方式。例程 5-5 是 RequestHandler 的源程序。

例程 5-5　RequestHandler.java

```
//此处省略 import 语句
public class RequestHandler implements Handler {
  private ChannelIO channelIO;
  //存放 HTTP 请求的缓冲区
  private ByteBuffer requestByteBuffer = null;
  //表示是否已经接收到 HTTP 请求的所有数据
  private boolean requestReceived = false;
  private Request request = null;  //表示 HTTP 请求
  private Response response = null;  //表示 HTTP 响应

  RequestHandler(ChannelIO channelIO) {
    this.channelIO = channelIO;
  }

  /**
   * 接收 HTTP 请求，如果已经接收到了 HTTP 请求的所有数据，
   * 就返回 true,否则返回 false
   */
  private boolean receive(SelectionKey sk) throws IOException {
    ByteBuffer tmp = null;

    //如果已经接收到 HTTP 请求的所有数据，就返回 true
    if (requestReceived)return true;

    //如果已经读到通道的末尾，
    //或者已经读到 HTTP 请求数据的末尾标志，就返回 true
    if ((channelIO.read() < 0)
        || Request.isComplete(channelIO.getReadBuf())) {
      requestByteBuffer = channelIO.getReadBuf();
      return (requestReceived = true);
```

```
    }
    return false;
  }

  /**
   * 通过 Request 类的 parse()方法，解析 requestByteBuffer 中的 HTTP 请求数据，
   * 构造相应的 Request 对象
   */
  private boolean parse() throws IOException {
    try {
      request = Request.parse(requestByteBuffer);
      return true;
    } catch (MalformedRequestException x) {
      //如果 HTTP 请求的格式不正确，就发送错误信息
      response = new Response(Response.Code.BAD_REQUEST,
                        new StringContent(x));
    }
    return false;
  }

  /** 创建 HTTP 响应 */
  private void build() throws IOException {
    Request.Action action = request.action();
    //仅仅支持 GET 和 HEAD 请求方式
    if ((action != Request.Action.GET) &&
           (action != Request.Action.HEAD)){
       response = new Response(
                      Response.Code.METHOD_NOT_ALLOWED,
                      new StringContent("Method Not Allowed"));
    }else{
       response = new Response(Response.Code.OK,
                    new FileContent(request.uri()), action);
    }
  }

  /**  接收 HTTP 请求，发送 HTTP 响应 */
  public void handle(SelectionKey sk) throws IOException {
    try {
        if (request == null) { //如果还没有接收 HTTP 请求的所有数据
                                //就接收 HTTP 请求
            if (!receive(sk))return;
            requestByteBuffer.flip();

            //如果成功解析了 HTTP 请求，就创建一个 Response 对象
            if (parse())build();

            try {
```

```
                response.prepare();  //准备 HTTP 响应的内容
            } catch (IOException x) {
                response.release();
                response = new Response(Response.Code.NOT_FOUND,
                                new StringContent(x.getMessage()));
                response.prepare();
            }

            if (send()) {
                //如果 HTTP 响应没有发送完毕，则需要注册写就绪事件，
                //以便在写就绪事件发生时继续发送数据
                sk.interestOps(SelectionKey.OP_WRITE);
            } else {
                //如果 HTTP 响应发送完毕，就断开底层的连接，
                //并且释放 Response 占用的资源
                channelIO.close();
                response.release();
            }
        } else {  //如果已经接收到 HTTP 请求的所有数据
            if (!send()) {  //如果 HTTP 响应发送完毕
              channelIO.close();
              response.release();
            }
        }
    } catch (IOException e) {
        e.printStackTrace();
        channelIO.close();
        if (response != null) {
            response.release();
        }
    }
  }

  /** 发送 HTTP 响应，如果全部发送完毕，就返回 false，否则返回 true */
  private boolean send() throws IOException {
    return response.send(channelIO);
  }
}
```

5.2.6 代表 HTTP 请求的 Request 类

RequestHandler 通过 ChannelIO 读取 HTTP 请求数据时，这些数据被放在 requestByteBuffer 中。当 HTTP 请求的所有数据接收完毕，就要对 requestByteBuffer 中的数据进行解析，然后创建相应的 Request 对象。Request 对象就表示特定的 HTTP 请求。

本范例仅支持 GET 和 HEAD 请求方式，在这两种方式下，HTTP 请求没有正文部分，

并且以“\r\n\r\n”结尾。Request 类有 3 个成员变量：action、uri 和 version，它们分别表示 HTTP 请求中的请求方式、URI 和 HTTP 的版本。例程 5-6 是 Request 类的源程序。

例程 5-6 Request.java

```
import java.net.*;
import java.nio.*;
import java.nio.charset.*;
import java.util.regex.*;
/** 代表客户的 HTTP 请求 */
public class Request {
  static enum Action {  //枚举类，表示 HTTP 请求方式
    GET,PUT,POST,HEAD;

    public static Action parse(String s) {
        if (s.equals("GET"))
            return GET;
        if (s.equals("PUT"))
            return PUT;
        if (s.equals("POST"))
            return POST;
        if (s.equals("HEAD"))
            return HEAD;
        throw new IllegalArgumentException(s);
    }
  }

  private Action action;
  private String version;
  private URI uri;

  public Action action() { return action; }
  public String version() { return version; }
  public URI uri() { return uri; }

  private Request(Action a, String v, URI u) {
    action = a;
    version = v;
    uri = u;
  }

  public String toString() {
    return (action + " " + version + " " + uri);
  }

  private static Charset requestCharset = Charset.forName("GBK");

  /** 判断 ByteBuffer 是否包含了 HTTP 请求的所有数据。
```

```
 * HTTP 请求以"\r\n\r\n"结尾。
 */
public static boolean isComplete(ByteBuffer bb) {
  ByteBuffer temp=bb.asReadOnlyBuffer();
  temp.flip();
  String data=requestCharset.decode(temp).toString();
  if(data.indexOf("\r\n\r\n")!=-1){
    return true;
  }
  return false;
}

/**
 * 删除请求正文，本范例仅支持 GET 和 HEAD 请求方式，不处理 HTTP 请求中的正文部分
 */
private static ByteBuffer deleteContent(ByteBuffer bb) {
  ByteBuffer temp=bb.asReadOnlyBuffer();
  String data=requestCharset.decode(temp).toString();
  if(data.indexOf("\r\n\r\n")!=-1){
      data=data.substring(0,data.indexOf("\r\n\r\n")+4);
      return requestCharset.encode(data);
  }
  return bb;
}

/**
 * 设定用于解析 HTTP 请求的字符串匹配模式。对于以下形式的 HTTP 请求:
 *
 *     GET /dir/file HTTP/1.1
 *     Host: hostname
 *
 * 将被解析成:
 *
 *     group[1] = "GET"
 *     group[2] = "/dir/file"
 *     group[3] = "1.1"
 *     group[4] = "hostname"
 */
private static Pattern requestPattern=
   = Pattern.compile("\\A([A-Z]+) +([^ ]+) +HTTP/([0-9\\.]+)$"
                  + ".*^Host: ([^ ]+)$.*\r\n\r\n\\z",
                  Pattern.MULTILINE | Pattern.DOTALL);

/** 解析 HTTP 请求，创建相应的 Request 对象 */
public static Request parse(ByteBuffer bb)
       throws MalformedRequestException {
  bb=deleteContent(bb); //删除请求正文
```

```
        CharBuffer cb = requestCharset.decode(bb); //解码
        Matcher m = requestPattern.matcher(cb);  //进行字符串匹配
        //如果 HTTP 请求与指定的字符串模式不匹配，说明请求数据不正确
        if (!m.matches())
            throw new MalformedRequestException();
        Action a;
        try {  //获得请求方式
            a = Action.parse(m.group(1));
        } catch (IllegalArgumentException x) {
            throw new MalformedRequestException();
        }
        URI u;
        try { //获得 URI
            u = new URI("http://"
                        + m.group(4)
                        + m.group(2));
        } catch (URISyntaxException x) {
            throw new MalformedRequestException();
        }
        //创建一个 Request 对象，并将其返回
        return new Request(a, m.group(3), u);
    }
}
```

5.2.7 代表 HTTP 响应的 Response 类

Response 类表示 HTTP 响应。它有 3 个成员变量：code、headerBuffer 和 content，它们分别表示 HTTP 响应中的状态代码、响应头和正文。Response 类的 prepare()方法负责准备 HTTP 响应的响应头和正文内容，send()方法负责发送 HTTP 响应的所有数据。例程 5-7 是 Response 类的源程序。

例程 5-7 Response.java

```
//此处省略 import 语句
public class Response implements Sendable {
  static enum Code {  //枚举类，表示状态代码
    OK(200, "OK"),
    BAD_REQUEST(400, "Bad Request"),
    NOT_FOUND(404, "Not Found"),
    METHOD_NOT_ALLOWED(405, "Method Not Allowed");

    private int number;
    private String reason;
    private Code(int i, String r) { number = i; reason = r; }
    public String toString() { return number + " " + reason; }
  }
```

```
private Code code;  //状态代码
private Content content;  //响应正文
private boolean headersOnly;  //表示 HTTP 响应中是否仅包含响应头
private ByteBuffer headerBuffer = null;  //响应头

public Response(Code rc, Content c) {
  this(rc, c, null);
}

public Response(Code rc, Content c, Request.Action head) {
  code = rc;
  content = c;
  headersOnly = (head == Request.Action.HEAD);
}

private static String CRLF = "\r\n";
private static Charset responseCharset = Charset.forName("GBK");

/** 创建响应头的内容，把它存放到一个 ByteBuffer 中 */
private ByteBuffer headers() {
  CharBuffer cb = CharBuffer.allocate(1024);
  for (;;) {
      try {
          cb.put("HTTP/1.1 ").put(code.toString()).put(CRLF);
          cb.put("Server: nio/1.1").put(CRLF);
          cb.put("Content-type: ").put(content.type()).put(CRLF);
          cb.put("Content-length: ")
              .put(Long.toString(content.length())).put(CRLF);
          cb.put(CRLF);
          break;
      } catch (BufferOverflowException x) {
          assert(cb.capacity() < (1 << 16));
          cb = CharBuffer.allocate(cb.capacity() * 2);
          continue;
      }
  }
  cb.flip();
  return responseCharset.encode(cb);  //编码
}

/** 准备 HTTP 响应中的正文以及响应头的内容 */
public void prepare() throws IOException {
  content.prepare();
  headerBuffer= headers();
}
```

```
  /** 发送 HTTP 响应，如果全部发送完毕，就返回 false，否则返回 true */
  public boolean send(ChannelIO cio) throws IOException {
    if (headerBuffer == null)
      throw new IllegalStateException();

    //发送响应头
    if (headerBuffer.hasRemaining()) {
      if (cio.write(headerBuffer) <= 0)
        return true;
    }

    //发送响应正文
    if (!headersOnly) {
      if (content.send(cio))
        return true;
    }

    return false;
  }

  /** 释放响应正文占用的资源 */
  public void release() throws IOException {
    content.release();
  }
}
```

5.2.8 代表响应正文的 Content 接口及其实现类

Response 类有一个成员变量 content，表示响应正文，它被定义为 Content 类型。

```
private Content content;  //响应正文
```

Content 接口表示响应正文，它的定义如下。

```
public interface Content extends Sendable {
  //正文的类型
  String type();

  //返回正文的长度。
  //在正文准备之前，即调用 prepare()方法之前，length()方法返回“-1”。
  long length();
}
```

Content 接口继承了 Sendable 接口，Sendable 接口表示服务器端可发送给客户的内容，它的定义如下：

```
public interface Sendable {
  // 准备发送的内容
  public void prepare() throws IOException;

  // 利用通道发送部分内容，如果所有内容发送完毕，就返回 false
  // 如果还有内容未发送，就返回 true
  // 如果内容还没有准备好，就抛出 IllegalStateException
  public boolean send(ChannelIO cio) throws IOException;

  //当服务器发送内容完毕，就调用此方法，释放内容占用的资源
  public void release() throws IOException;
}
```

Content 接口有 StringContent 和 FileContent 两个实现类。StringContent 表示字符串形式的正文，FileContent 表示文件形式的正文。例如在 RequestHandler 类的 build()方法中，如果 HTTP 请求方式不是 GET 和 HEAD，就创建一个包含 StringContent 的 Response 对象，否则就创建一个包含 FileContent 的 Response 对象。

```
  private void build() throws IOException {
    Request.Action action = request.action();
    //仅仅支持 GET 和 HEAD 请求方式
    if ((action != Request.Action.GET) &&
          (action != Request.Action.HEAD)){
       response = new Response(Response.Code.METHOD_NOT_ALLOWED,
                         new StringContent("Method Not Allowed"));
    }else{
       response = new Response(Response.Code.OK,
                    new FileContent(request.uri()), action);
    }
  }
```

下面主要介绍 FileContent 类的实现。FileContent 类有一个成员变量 fileChannel，它表示读文件的通道。FileContent 类的 send()方法把 fileChannel 中的数据发送到 ChannelIO 的 SocketChannel 中，如果文件中的所有数据发送完毕，send()方法就返回 false。例程 5-8 是 FileContent 类的源程序。

例程 5-8　FileContent.java

```
//此处省略 import 语句
public class FileContent implements Content {
  //假定文件的根目录为"root"，该目录应该位于 classpath 下
  private static File ROOT = new File("root");
  private File file;

  public FileContent(URI uri) {
```

```
    file = new File(ROOT,
                uri.getPath()
                .replace('/',File.separatorChar));
  }

  private String type = null;

  /** 确定文件类型 */
  public String type() {
    if (type != null) return type;
    String nm = file.getName();
    if (nm.endsWith(".html")|| nm.endsWith(".htm"))
        type = "text/html; charset=iso-8859-1";  //HTML 网页
    else if ((nm.indexOf('.') < 0) || nm.endsWith(".txt"))
        type = "text/plain; charset=iso-8859-1";  //文本文件
    else
        type = "application/octet-stream";  //应用程序
    return type;
  }

  private FileChannel fileChannel = null;
  private long length = -1;  //文件长度
  private long position = -1; //文件的当前位置

  public long length() {
     return length;
  }

  /** 创建 FileChannel 对象*/
  public void prepare() throws IOException {
    if (fileChannel == null)
        fileChannel = new RandomAccessFile(file, "r").getChannel();
    length = fileChannel.size();
    position = 0;
  }

  /** 发送正文，如果发送完毕，就返回 false，否则返回 true */
  public boolean send(ChannelIO channelIO) throws IOException {
    if (fileChannel == null)
        throw new IllegalStateException();
    if (position < 0)
        throw new IllegalStateException();

    if (position >= length) {
        return false;  //如果发送完毕，就返回 false
    }

    position += channelIO.transferTo(fileChannel, position,
```

```
            length - position);
      return (position < length);
    }

    public void release() throws IOException {
      if (fileChannel != null){
         fileChannel.close();  //关闭 fileChannel
         fileChannel = null;
      }
    }
  }
```

5.2.9　运行 HTTP 服务器

在 chapter05 目录下运行命令“java HttpServer”，就启动了 HTTP 服务器。在本范例的 root 目录下存放了各种供浏览器访问的文档，比如 login.htm、hello.htm 和 data.rar 文件等。打开 IE 浏览器，输入 URL：http://localhost/login.htm 或者 http://localhost/data.rar，就能接收到服务器发送过来的相应文档。如果浏览器按照 POST 方式访问 hello.htm，服务器就会返回 HTTP405 错误，因为本服务器不支持 POST 方式。

5.3　小结

HTTP 是目前使用非常广泛的应用层协议，它规定了在网络上传输文档（主要是 HTML 格式的网页）的规则。HTTP 的客户程序主要是浏览器。浏览器访问一个远程 HTTP 服务器上的网页的步骤如下。

（1）建立与远程服务器的连接。

（2）发送 HTTP 请求。

（3）接收 HTTP 响应，断开与远程服务器的连接。

（4）展示 HTTP 响应中的网页内容。

HTTP 服务器必须接收 HTTP 请求，对它进行解析，然后返回相应的 HTTP 响应结果。本章创建了一个非阻塞的 HTTP 服务器，它首先读取 HTTP 请求，把它们存放在字节缓冲区内，当缓冲区的容量不够时，会扩充它的容量，以保证容纳 HTTP 请求的所有数据。接着，程序把字节缓冲区内的字节转换为字符串，对其进行解析，获得 HTTP 请求中的请求方式、URI 和协议版本等信息，然后创建相应的 HTTP 响应，把它发送给客户程序。

本程序仅支持 GET 和 HEAD 请求方式，不支持 POST 等其他请求方式，没有处理请求正文。本程序只能发送静态文档，不能生成动态网页。所谓动态网页，指服务器能根据 HTTP 请求中的请求参数，动态的生成网页内容。例如，假定 HTTP 请求中包括“username=weiqin”的表单数据，要求服务器生成的网页内容为“hello:weiqin”。要具备生成动态网页的能力，就需要对 HTTP 服务器的功能进行以下扩展。

（1）修改 Request 类的 parse()方法，使它能解析 HTTP 请求中的请求参数。

（2）修改 Request 类，使它能存放 HTTP 请求中的所有请求参数，并且能通过 getParameter(String paramName)方法来检索特定的请求参数。参数 paramName 指定请求参数名，该方法返回与之匹配的请求参数值。

（3）创建一个 Servlet 接口，它的 service()方法负责生成动态网页。

```
import java.io.*;
public interface Servlet{
  public void service(Request request,Response response)
         throws IOException;
}
```

（4）修改 RequestHandler 的处理逻辑，使它支持 GET、HEAD 和 POST 请求方式。

（5）修改 RequestHandler 的处理逻辑。如果用户请求的 URI 以“/servlet”开头，比如“/servlet/HelloServlet”，就调用相应 HelloServlet 的 service()方法来生成动态网页，否则就按照原来的方式发送静态网页。

（6）修改 Response 类，增加设置响应正文 Content 的方法。

```
public void setContent(Content content){  //设置响应正文
  this.content=content;
}
```

（7）根据特定的应用需求，创建相应的 Servlet 实现类。例如，以下 HelloServlet 类能读取 HTTP 请求中的 username 参数的值 XXX，然后生成动态网页内容：“hello:XXX”。

```
import java.io.*;
public class HelloServlet implements Servlet{
  public void service(Request request,Response response)
                    throws IOException{
    //获得请求参数 username 的值
    String username=request.getParameter("username");
    StringBuffer sb=new StringBuffer("<HTML><HEAD"
                 +"<TITLE>helloapp</TITLE>");
    sb.append("</HEAD><BODY>");
    sb.append("<h1>hello: "+username+"</h1>");
    sb.append("</BODY></HTML>");
    StringContent content=new StringContent(sb.toString());
    response.setContent(content);  //设置响应正文
  }
}
```

感兴趣的读者可以按照以上方式对程序进行修改，使得用户在浏览器中输入 URL：http://localhost/servlet/HelloServlet?username=weiqin 时，浏览器中显示的内容为“hello:weiqin”。

值得注意的是，以上 Servlet 接口与 Oracle 公司发布的 Java Servlet API 中的 Servlet 接

口的定义并不完全一样。不过，两者都是服务器端的插件，用来扩展服务器的功能。

5.4　练习题

1．在 HTTP 响应结果中，哪个状态代码表示响应成功？（单选）

a）404　　b）405　　c）500　　d）200

2．对于 HTTP 的 POST 请求方式，用户提交的表单数据位于 HTTP 请求的哪一部分？（单选）

a）请求头中　b）请求正文中

3．对于 HTTP 的 GET 请求方式，用户提交的表单数据位于 HTTP 请求的哪一部分？（单选）

a）请求头中　b）请求正文中

4．HTTP 请求中的请求头与请求正文之间必须以空行隔开，同样，HTTP 响应中的响应头与响应正文之间也必须以空行隔开。这句话是否正确？（单选）

a）正确　b）不正确

5．修改本书 4.3.2 节创建的非阻塞的 EchoServer，使它具有自动增长的缓冲区，能够容纳客户端发送的任意长度的字符串。

答案：1．d　2．b　3．a　4．a

5．参见配套源代码包的 sourcecode/chapter05/src/exercise 目录下的 EchoServer.java。

编程提示：用 5.2.2 节介绍的 ChannelIO 类来提供自动增长的缓冲区。

第 6 章 客户端协议处理框架

无论是 FTP 客户程序，还是 HTTP 客户程序，还是其他基于特定应用层协议的客户程序，在与远程服务器通信时，都需要建立与远程服务器的连接，然后发送和接收与协议相符的数据。客户程序还需要对服务器发送的数据进行处理，有时要把它们转换为相应的 Java 对象。Java 对客户程序的通信过程进行了抽象，提供了通用的协议处理框架。这个框架封装了 Socket，主要包括以下类。

- URL 类：统一资源定位器（Uniform Resource Locator），表示客户程序要访问的远程资源。
- URLConnection 类：表示客户程序与远程服务器的连接。客户程序可以从 URLConnection 中获得数据输入流和输出流。
- URLStreamHandler 类：协议处理器，主要负责创建与协议相关的 URLConnection 对象。
- ContentHandler 类：内容处理器，负责解析服务器发送的数据，把它转换为相应的 Java 对象。

以上类都位于 java.net 包中，除 URL 类为具体类以外，其余的 3 个类都是抽象类，对于一种具体的协议，需要创建相应的 URLConnection、URLStreamHandler 和 ContentHandler 具体子类。

本章先介绍了框架中各个类的作用，然后介绍如何在客户程序中使用框架，最后以用户自定义的 ECHO 协议为例，介绍如何为特定协议提供处理框架的具体实现。

6.1 客户端协议处理框架的主要类

图 6-1 展示了客户端协议处理框架的主要对象模型。

URLStreamHandlerFactory 是工厂类，它的 createURLStreamHandler()方法负责构造与特定协议相关的 URLStreamHandler 子类的实例。ContentHandlerFactory 也是工厂类，它的 createContentHandler()方法负责构造与特定协议相关的 ContentHandler 子类的实例。URLStreamHandler 的 openConnection()方法负责构造与特定协议相关的 URLConnection 子类的实例。

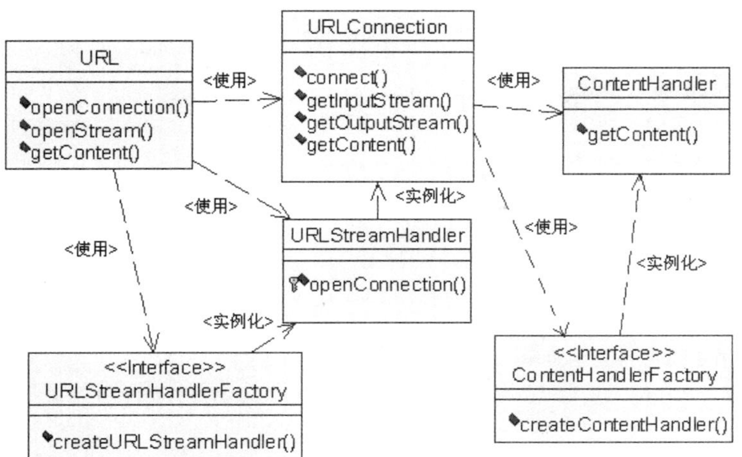

图 6-1　客户端协议处理框架的主要对象模型

下面为了叙述方便，把与客户端协议处理框架相关的程序分为两种。

- 运用协议处理框架的客户程序：指网络应用层的客户端程序。在客户端程序中，一般只需访问框架的 URL 类和 URLConnection 类。其余的类或接口对客户程序都是透明的。
- 协议处理框架的实现程序：根据特定的协议扩展框架，创建 URLConnection、URLStreamHandler 和 ContentHandler 的具体子类，并且实现 URLStreamHandlerFactory 和 ContentHandlerFactory 接口。

6.2　在客户程序中运用协议处理框架

Oracle 公司为协议处理框架提供了基于 HTTP 的实现，它们都位于 JDK 类库的 sun.net.www 包或者其子包中。本节以 HTTP 客户程序为例，介绍 URL 类和 URLConnection 类的用法。

6.2.1　URL 类的用法

例程 6-1 的 HttpClient1 类利用 URL 类创建了一个简单的 HTTP 客户程序，它的作用与 2.2 节的例程 2-6 的 HTTPClient 类相似。

例程 6-1　HttpClient1.java（使用 URL 类的 openStream()方法）

```
import java.net.*;
import java.io.*;
public class HttpClient1 {
  public static void main(String args[])throws IOException{
    //"http"是协议符号
    URL url=new URL("http://www.javathinker.net/hello.htm");
```

```
        //接收响应结果
        InputStream in=url.openStream();
        ByteArrayOutputStream buffer=new ByteArrayOutputStream();
        byte[] buff=new byte[1024];
        int len=-1;

        while((len=in.read(buff))!=-1){
          buffer.write(buff,0,len);
        }
        //把字节数组转换为字符串
        System.out.println(new String(buffer.toByteArray()));
      }
    }
```

以上程序先创建了一个 URL 对象，然后通过它的 openStream()方法获得一个输入流，接下来就从这个输入流中读取服务器发送的响应结果。HttpClient1 最后会打印如下内容。

```
<html>
<head>
  <title>helloapp</title>
</head>
<body >
  <h1>hello</h1>
</body>
</html>
```

在通过 URL 类的构造方法 URL(String url)创建一个 URL 对象时，构造方法会根据参数 url 中的协议符号，来创建一个与协议匹配的 URLStreamHandler 实例。在本例中，协议符号为“http”。URL 类的构造方法创建 URLStreamHandler 实例的流程如下。

（1）如果在 URL 缓存中已经存在这样的 URLStreamHandler 实例，则无须再创建新的 URLStreamHandler 实例。否则继续执行下一步。

（2）如果程序已经通过 URL 类的静态 setURLStreamHandlerFactory()方法设置了 URLStreamHandlerFactory 接口的具体实现类，那么就通过这个工厂类的 createURLStreamHandler()方法来构造一个 URLStreamHandler 实例。否则继续执行下一步。

（3）根据系统属性 java.protocol.handler.pkgs 来决定 URLStreamHandler 具体子类的名字，然后对其实例化。假定运行 HttpClient1 的命令为

```
java -Djava.protocol.handler.pkgs=com.abc.net.www |
        net.javathinker.protocols
        HttpClient1
```

以上命令中的“-D”选项设定系统属性，URL 构造方法会先查找并试图实例化 com.abc.net.www.http.Handler 类，如果失败，那么再试图实例化 net.javathinker.protocols.

http.Handler 类。在设置 java.protocol.handler.pkgs 属性时，多个包名以“|”隔开。对于一个基于 FTP 的客户程序，URL 构造方法会先后查找并试图实例化 com.abc.net.www.ftp.Handler 类和 net.javathinker.protocols.ftp.Handler 类。

如果以上操作都失败，那么继续执行下一步。

（4）试图实例化位于 sun.net.www.protocol 包中的 sun.net.www.protocol.协议名.Handler 类，如果失败，URL 构造方法就会抛出 MalformedURLException。对于一个基于 HTTP 的客户程序，URL 构造方法会试图实例化 sun.net.www.protocol.http.Handler 类。对于一个基于 FTP 的客户程序，URL 构造方法会试图实例化 sun.net.www.protocol.ftp.Handler 类。

从上述流程可以推断出，如果运行命令“java HttpClient1”，那么 URL 构造方法实际上会实例化 sun.net.www.protocol.http.Handler 类，它是 URLStreamHandler 类的一个具体子类。

URL 类具有以下方法。

- openConnection()方法：创建并返回一个 URLConnection 对象，这个 openConnection()方法实际上是通过调用 URLStreamHandler 类的 openConnection()方法，来创建 URLConnection 对象的。
- openStream()方法：返回用于读取服务器发送数据的输入流，该方法实际上通过调用 URLConnection 类的 getInputStream()方法来获得输入流。
- getContent()方法：返回包装了服务器发送数据的 Java 对象，该方法实际上调用 URLConnection 类的 getContent()方法，而 URLConnection 类的 getContent()方法又调用了 ContentHandler 类的 getContent()方法，6.3.3 节对此做了进一步介绍。

6.2.2　URLConnection 类的用法

URLConnection 类表示客户程序与远程服务器的连接。URLConnection 有两个 boolean 类型的属性以及相应的 get 和 set 方法。

- doInput 属性：如果取值为 true，表示允许获得输入流，读取远程服务器发送的数据。该属性的默认值为 true。程序可通过 getDoInput()和 setDoInput()方法来读取和设置该属性。
- doOutput 属性：如果取值为 true，表示允许获得输出流，向远程服务器发送数据。该属性的默认值为 false。程序可通过 getDoOutput()和 setDoOutput()方法来读取和设置该属性。

URLConnection 类提供了读取远程服务器的响应数据的一系列方法。

- getHeaderField(String name)：返回响应头中参数 name 指定的属性的值。
- getContentType()：返回响应正文的类型。如果无法获取响应正文的类型，就返回 null。对于 HTTP 响应结果，在响应头中可能会包含响应正文的类型信息。
- getContentLength()：返回响应正文的长度。如果无法获取响应正文的长度，就返回“-1”。对于 HTTP 响应结果，在响应头中可能会包含响应正文的长度信息。
- getContentEncoding()：返回响应正文的编码类型。如果无法获取响应正文的编码类型，就返回 null。对于 HTTP 响应结果，在响应头中可能会包含响应正文的编码类型信息。

例程 6-2 的 HttpClient2 类利用 URLConnection 类来读取服务器的响应结果。

例程 6-2　HttpClient2.java（使用 URLConnection 类）

```
import java.net.*;
import java.io.*;
public class HttpClient2{
  public static void main(String args[])throws IOException{
    URL url=new URL("http://www.javathinker.net/hello.htm");
    URLConnection connection=url.openConnection();
    //接收响应结果
    System.out.println("正文类型："+connection.getContentType());
    System.out.println("正文长度："+connection.getContentLength());
    InputStream in=connection.getInputStream(); //读取响应正文

    ByteArrayOutputStream buffer=new ByteArrayOutputStream();
    byte[] buff=new byte[1024];
    int len=-1;

    while((len=in.read(buff))!=-1){
      buffer.write(buff,0,len);
    }

    //把字节数组转换为字符串
    System.out.println(new String(buffer.toByteArray()));
  }
}
```

运行“java HttpClient2”命令，将得到如下打印结果。

```
正文类型：text/html
正文长度：97
<html>
<head>
  <title>helloapp</title>
</head>
<body >
  <h1>hello</h1>
</body>
</html>
```

本书第 5 章介绍过，HTTP 响应结果包括 HTTP 响应代码、响应头和响应正文 3 部分。而 Oracle 公司在对 HTTP 的框架实现中，HttpURLConnection 类作为 URLConnection 的具体子类，它的 getInputStream()方法仅仅返回响应正文部分的输入流。所以本范例的 HttpClient2 实际上仅仅读取了 HTTP 响应结果中的正文部分内容。

客户程序调用 URLConnection 的 getInputStream()方法得到输入流后，就能读取服务器发送的响应正文。响应正文有可能是图片文件，也有可能是文本文件，还有可能是压缩文件或可运行文件等。客户程序可以采用以下几种方式来判断响应正文的类型。

（1）调用 URLConnection 类的 getContentType()方法。

（2）调用 URLConnection 类的静态 guessContentTypeFromName(String fname)方法，参数 fname 表示 URL 地址中的文件名部分。该方法根据文件的扩展名来猜测响应正文的类型。表 6-1 列出了文件扩展名与响应正文类型的对应关系。从该表可以推断出，执行 URLConnection.guessContentTypeFromName("hello.htm") 方法，其返回结果应该是 “text/html”。

表 6-1　文件扩展名与响应正文类型的对应关系

文件扩展名	响应正文类型
无扩展名，或不可识别的扩展名	content/unknown
.bin、.exe、.o、.a、.z	application/octet-stream
.pdf	application/pdf
.zip	application/zip
.tar	application/x-tar
.gif	image/gif
.jpg、.jpeg	image/jpeg
.htm、.html	text/html
.text、.c、.h、.txt、.java	text/plain
.mpg、.mpeg	video/mpeg
.xml	application/xml

以上正文类型也称为 MIME（Multipurpose Internet Mail Extensions）类型，它规定了在 Internet 上传送的常见数据类型的格式。RFC2045 文档详细描述了 MIME 规范。

（3）调用 URLConnection 类的静态 guessContentTypeFromStream (InputStream in)方法，参数 in 表示输入流。该方法根据输入流中的前几字节来猜测响应正文的类型。表 6-2 列出了输入流中的前几字节与响应正文类型的对应关系。

表 6-2　输入流中的前几字节与响应正文类型的对应关系

输入流中的前几字节（十六进制值）	对应的 ASCII 字符	响应正文类型
0xACED		application/x-java-serialized-object
0xCAFEBABE		application/java-vm
0x47494638	GIF8	image/gif
0x23646566	#def	image/gif
0x2E736E64		audio/basic
0x3C3F786D6C	<?xml	application/xml
0x3C21	<!	text/html
0x3C68746D6C	<html	text/html
0x3C626F6497	<body	text/html

（续表）

输入流中的前几字节（十六进制值）	对应的 ASCII 字符	响应正文类型
0x3C68656164	<head	text/html
0xFFD8FFE0		image/jpeg
0x89504E470D0A1A0A		image/png

客户程序只要先调用了 URLConnection 类的 setDoOutput(true)方法，就能通过 URLConnection 类的 getOutputStream()方法获得输出流，然后向服务器发送数据。对于 HTTP 客户程序，在 POST 方式下可以发送大量表单数据。例程 6-3 的 HttpClient3 类访问的 URL 地址为：http://www.javathinker.net/aboutBook.jsp。用户在 HttpClient3 的图形界面上选择一个书名，然后单击【查看】按钮，HttpClient3 就会发送一个 HTTP 请求，这个请求的正文部分的内容为“title=用户选择的书名”，服务器端的 aboutBook.jsp 读取 HTTP 请求中的书名，然后返回该书的相关信息，如图 6-2 所示。

图 6-2　HttpClient3 向服务器查询特定书的信息

例程 6-3　HttpClient3.java

```
import java.io.*;
import java.net.*;
import java.util.*;
import java.awt.*;
import java.awt.event.*;
import javax.swing.*;

public class HttpClient3{
  public static void main(String[] args){
    JFrame frame = new PostTestFrame();
    frame.setDefaultCloseOperation(JFrame.EXIT_ON_CLOSE);
    frame.setVisible(true);
  }
}

class PostTestFrame extends JFrame{
  /** 负责发送 HTTP 请求正文，以及接收 HTTP 响应正文 */
 public static String doPost(String urlString, Map<String, String>
                nameValuePairs)
    throws IOException{
```

```
    URL url = new URL(urlString);
    URLConnection connection = url.openConnection();
    connection.setDoOutput(true);  //允许输出数据

    //发送 HTTP 请求正文
    PrintWriter out = new PrintWriter(connection.getOutputStream());
    boolean first = true;
    for (Map.Entry<String, String> pair : nameValuePairs.entrySet()){
      if (first) first = false;
      else out.print('&');
      String name = pair.getKey();
      String value = pair.getValue();
      out.print(name);
      out.print('=');
      //请求正文采用 GB2312 编码
      out.print(URLEncoder.encode(value, "GB2312"));
    }
    out.close();

    //接收 HTTP 响应正文
    InputStream in=connection.getInputStream(); //读取响应正文
    ByteArrayOutputStream buffer=new ByteArrayOutputStream();
    byte[] buff=new byte[1024];
    int len=-1;

    while((len=in.read(buff))!=-1){
      buffer.write(buff,0,len);
    }

    in.close();
    return new String(buffer.toByteArray()); //把字节数组转换为字符串
}

public PostTestFrame(){
    setSize(DEFAULT_WIDTH, DEFAULT_HEIGHT);
    setTitle("卫琴书籍系列");

    JPanel northPanel = new JPanel();
    add(northPanel, BorderLayout.NORTH);

    final JComboBox<String> combo = new JcomboBox<String>();
    for (int i = 0; i < books.length; i++)
      combo.addItem(books[i]);
    northPanel.add(combo);

    final JTextArea result = new JTextArea();
    add(new JScrollPane(result));
```

```
        JButton getButton = new JButton("查看");
        northPanel.add(getButton);
        getButton.addActionListener(new ActionListener(){
            public void actionPerformed(ActionEvent event){
              new Thread(new Runnable(){
                  public void run(){
                    final String SERVER_URL =
                        "http://www.javathinker.net/aboutBook.jsp";
                    result.setText("");
                    Map<String, String> post =
                         new HashMap<String, String>();
                    post.put("title",
                        books[combo.getSelectedIndex()]);
                    try{
                      result.setText(doPost(SERVER_URL, post));
                    }catch (IOException e){
                      result.setText("" + e);
                    }
                  }
              }).start();
            }
        });
    }

    private static String[] books = {"Java 面向对象编程",
      "Tomcat 与 JavaWeb 开发技术详解",
      "精通 Struts:基于 MVC 的 JavaWeb 设计与开发",
      "精通 JPA 与 Hibernate:Java 对象持久化技术详解",
      "Java2 认证考试指南与试题解析"};

    public static final int DEFAULT_WIDTH = 400;
    public static final int DEFAULT_HEIGHT = 300;
}
```

6.3 实现协议处理框架

6.2 节所举的例子都是基于 HTTP 的客户程序，JDK 为 HTTP 实现了处理框架。本节将为用户自定义的 ECHO 协议实现处理框架。本范例共创建了以下类。

- EchoURLConnection 类：继承自 URLConnection 类。
- EchoURLStreamHandler：继承自 URLStreamHandler 类。
- EchoURLStreamHandlerFactory：实现 URLStreamHandlerFactory 接口。
- EchoContentHandler：继承自 ContentHandler 类。

- EchoContentHandlerFactory：实现 ContentHandlerFactory 接口。

本书介绍的 ECHO 协议与 Internet 上标准的 ECHO 协议有所区别。本书介绍的 ECHO 协议是属于用户自定义的协议，当客户端发送字符串“XXX”后，服务器端会返回“echo: XXX”。而在标准的 ECHO 协议中，服务器端原封不动的发送从客户端接收到的数据。标准 ECHO 协议的 RFC 文档为 RFC862。

6.3.1　创建 EchoURLConnection 类

例程 6-4 的 EchoURLConnection 类实现了 connect()、getContentType()、getInputStream() 和 getOutputStream()方法。EchoURLConnection 类封装了一个 Socket，在 connect()方法中创建与远程服务器连接的 Socket 对象。

getContentType()方法返回服务器发送的数据的类型，由于 Echo 服务器发送的数据为普通文本，因此在本例中，该方法返回“text/plain”。

在 getInputStream()和 getOutputStream()方法中，先判断客户是否已经与远程服务器连接，如果没有连接，就先建立连接。成员变量 connected 从 URLConnection 父类中继承而来，它用来标识客户是否已经与远程服务器连接。

EchoURLConnection 类中还定义了 disconnect()方法，它负责断开连接，该方法在 URLConnection 父类中并没有定义，是 EchoURLConnection 类特有的。

例程 6-4　EchoURLConnection.java

```
package echo;
import java.net.*;
import java.io.*;
public class EchoURLConnection extends URLConnection{
  private Socket connection=null;
  public final static int DEFAULT_PORT=8000;

  public EchoURLConnection(URL url){
    super(url);
  }

  public synchronized InputStream getInputStream()
                                throws IOException{
    if(!connected)connect();
    return connection.getInputStream();
  }

  public synchronized OutputStream getOutputStream()
                                throws IOException{
    if(!connected)connect();
```

```
    return connection.getOutputStream();
  }
  public String getContentType(){
    return "text/plain";
  }

  public synchronized void connect()throws IOException{
    if(!connected){
      int port=url.getPort();
      if(port<0 || port>65535)port=DEFAULT_PORT;
      this.connection=new Socket(url.getHost(),port);
      this.connected=true;
    }
  }

  public synchronized void disconnect() throws IOException{
    if(connected){
      this.connection.close();  //断开连接
      this.connected=false;
    }
  }
}
```

6.3.2 创建 EchoURLStreamHandler 及工厂类

EchoURLStreamHandler 类的 openConnection()方法负责创建一个 EchoURLConnection 对象。URL 类的 openConnection()方法会调用 EchoURLStreamHandler 类的 openConnection()方法。例程 6-5 是 EchoURLStreamHandler 类的源程序。

例程 6-5　EchoURLStreamHandler.java

```
package echo;
import java.net.*;
import java.io.*;
public class EchoURLStreamHandler extends URLStreamHandler{
  public int getDefaultPort(){
    return 8000;
  }
  protected URLConnection openConnection(URL url)throws IOException{
    return new EchoURLConnection(url);
  }
}
```

EchoURLStreamHandlerFactory 类的 createURLStreamHandle()方法负责构造 EchoURLStreamHandler 实例，参见例程 6-6。

例程 6-6　EchoURLStreamHandlerFactory.java

```
package echo;
import java.net.*;
import java.io.*;
public class EchoURLStreamHandlerFactory
                    implements URLStreamHandlerFactory{
  public URLStreamHandler createURLStreamHandler(String protocol){
    if(protocol.equals("echo"))
      return new EchoURLStreamHandler();
    else
      return null;
  }
}
```

在客户程序中，可以通过以下方式设置 EchoURLStreamHandlerFactory。

```
/* 调用 URL 类的静态方法 setURLStreamHandlerFactory()
 来设置 URLStreamHandlerFactory */
URL.setURLStreamHandlerFactory(new EchoURLStreamHandlerFactory());

URL url=new URL("echo://localhost:8000");
```

在 URL 类的构造方法中，先解析出参数给定的 URL 地址“**echo**://localhost:8000”中的协议部分“echo”，然后调用 EchoURLStreamHandlerFactory 对象的 createURLStreamHandler("echo")方法，创建一个 EchoURLStreamHandler 对象。

6.3.3　创建 EchoContentHandler 类及工厂类

对于服务器端发送的数据，客户程序可通过 URLConnection 类的 getInputStream()方法获得输入流，然后读取数据。此外，URLConnection 类还提供了 getContent()方法，它有两种重载形式。

```
(1) public Object getContent()
(2) public Object getContent(Class[] classes)
```

以上 getContent()方法能把服务器发送的数据转换为一个 Java 对象。第 2 个 getContent()方法的 classes 参数指定了转换而成的 Java 对象的类型，getContent()方法把服务器发送的数据优先转换为 classes 数组中第 1 个元素指定的类型，如果转换失败，再尝试转换为 classes 数组中第 2 个元素指定的类型，以此类推。URLConnection 类的 getContent()方法会调用 ContentHandler 类的相应的 getContent()方法。

在客户程序中，可以通过例程 6-7 的 HttpClient4 演示的方式处理服务器发送的数据。

例程 6-7　HttpClient4.java

```
import java.net.*;
```

```
import java.io.*;
public class HttpClient4{
  public static void main(String args[])throws IOException{
    URL url=new URL("http://www.javathinker.net/hello.htm");
    URLConnection connection=url.openConnection();
    //接收响应结果
    InputStream in=connection.getInputStream(); //读取响应正文
    Class[] types={String.class,InputStream.class};
    Object obj=connection.getContent(types);

    if(obj instanceof String){
      System.out.println(obj);
    }else if(obj instanceof InputStream){
      in=(InputStream)obj;
      FileOutputStream file=new FileOutputStream("data");
      byte[] buff=new byte[1024];
      int len=-1;

      while((len=in.read(buff))!=-1){
        file.write(buff,0,len);
      }

      System.out.println("正文保存完毕");
    }else{
      System.out.println("未知的响应正文类型");
    }
  }
}
```

例程 6-8 的 EchoContentHandler 类负责处理 EchoServer 服务器发送的数据。

例程 6-8　EchoContentHandler.java

```
package echo;
import java.net.*;
import java.io.*;
public class EchoContentHandler extends ContentHandler{
  /** 读取服务器发送的一行数据，把它转换为字符串对象 */
  public Object getContent(URLConnection connection)
                                  throws IOException{
     InputStream in=connection.getInputStream();
     BufferedReader br=new BufferedReader(new InputStreamReader(in));
     return br.readLine();
  }

  public Object getContent(URLConnection connection,Class[] classes)
                            throws IOException{
    InputStream in=connection.getInputStream();
```

```
    for(int i=0;i<classes.length;i++){
      if(classes[i]==InputStream.class)
        return in;
      else if(classes[i]==String.class)
        return getContent(connection);
    }
    return null;
  }
}
```

以上第 2 个 getContent()方法依次遍历 classes 参数中的元素，判断元素是否为 InputStream 类型或 String 类型，如果是，就返回相应类型的对象，它包含了服务器发送的数据。如果 classes 参数中的元素都不是 InputStream 类型或 String 类型，就返回 null。

例程 6-9 的 EchoContentHandlerFactory 类的 createContentHandler()方法负责创建一个 EchoContentHandler 对象。

例程 6-9　EchoContentHandlerFactory.java

```
package echo;
import java.net.*;
public class EchoContentHandlerFactory
                    implements ContentHandlerFactory{
  public ContentHandler createContentHandler(String mimetype){
    if(mimetype.equals("text/plain")){
      return new EchoContentHandler();
    }else{
      return null;
    }
  }
}
```

在客户程序中，可通过 URLConnection 类的静态 setContentHandlerFactory()方法来设置 EchoContentHandlerFactory：

```
//设置 ContentHandlerFactory
URLConnection.setContentHandlerFactory(
                    new EchoContentHandlerFactory());

URL url=new URL("echo://localhost:8000");
EchoURLConnection connection=(EchoURLConnection)url.openConnection();
……
//读取服务器返回的数据，它被包装为一个字符串对象
String echoMsg=(String)connection.getContent();
```

在 URLConnection 类的 getContent()方法中，先调用自身的非公开的 getContentHandler()方法。如果 getContentHandler()方法返回一个 ContentHandler 对象，getContent()方法就会调

用该 ContentHandler 对象的 getContent()方法；如果 getContentHandler()方法返回 null，getContent()方法就会抛出一个 IOException。

URLConnection 类的 getContentHandler()方法按照如下流程查找 ContentHandler。

（1）调用 getContentType()方法获得数据类型。

（2）查找在 URLConnection 的缓存中是否存在与数据类型匹配的 ContentHandler，如果存在，就将其返回，否则继续执行下一步。

（3）如果程序已经通过 URLConnection.setContentHandlerFactory()方法设置了工厂类，那么 getContentHandler()方法就利用该工厂的 createContentHandler()方法来实例化一个 ContentHandler 对象。否则继续执行下一步。

（4）根据系统属性 java.content.handler.pkgs 来决定 ContentHandler 具体子类的名字，然后对其实例化。假定运行 EchoClient 的命令为

```
java -Djava.content.handler.pkgs=
     com.abc.net.www | net.javathinker.content
     EchoClient
```

以上命令中的“-D”选项设定系统属性，getContentHandler()方法会先查找并试图实例化 com.abc.net.www.echo.Handler 类，如果失败，再试图实例化 ney.javathinker.content.echo.Handler 类。在设置 java.content.handler.pkg 属性时，多个包名以“|”隔开。对于一个基于 FTP 的客户程序，getContentHandler()方法会先后查找并试图实例化 com.abc.net.www.ftp.Handler 类和 net.javathinker.content.ftp.Handler 类。

如果以上操作都失败，那么继续执行下一步。

（4）试图实例化位于 sun.net.www.content 包中的 sun.net.www.content.协议名.Handler 类。对于一个基于 HTTP 的客户程序，getContentHandler()方法会试图实例化 sun.net.www.content.http.Handler 类。对于一个基于 FTP 的客户程序，getContentHandler()方法会试图实例化 sun.net.www.content.ftp.Handler 类。对于一个基于本章介绍的 ECHO 协议的客户程序，getContentHandler()方法会试图实例化 sun.net.www.content.echo.Handler 类。

（5）如果以上操作都失败，那么 getContentHandler()方法返回 null。

6.3.4 在 EchoClient 类中运用 ECHO 协议处理框架

例程 6-10 的 EchoClient 类运用了 ECHO 协议处理框架。在 main()方法中，先通过 URL 类的静态 setURLStreamHandlerFactory()方法设置了 EchoURLStreamHandlerFactory，接着调用 URLConnection 类的静态 setContentHandlerFactory() 方法设置了 EchoContentHandlerFactory。

例程 6-10 EchoClient.java

```
import java.net.*;
import java.io.*;
import echo.*;
```

```
public class EchoClient{
  public static void main(String args[])throws IOException{
    //设置 URLStreamHandlerFactory
    URL.setURLStreamHandlerFactory(new EchoURLStreamHandlerFactory());

    //设置 ContentHandlerFactory
    URLConnection.setContentHandlerFactory(
              new EchoContentHandlerFactory());

    URL url=new URL("echo://localhost:8000");
    EchoURLConnection connection=
        (EchoURLConnection)url.openConnection();
    connection.setDoOutput(true);  //允许获得输出流
    //获得输出流
    PrintWriter pw=new PrintWriter(connection.getOutputStream(),true);
    while(true){
      BufferedReader br=
         new BufferedReader(new InputStreamReader(System.in));
      String msg=br.readLine();
      pw.println(msg);  //向服务器发送消息
      //读取服务器返回的消息
      String echoMsg=(String)connection.getContent();
      System.out.println(echoMsg);
      if(echoMsg.equals("echo:bye")){
        connection.disconnect(); //断开连接
        break;
      }
    }
  }
}
```

以上 EchoClient 能够与本书前面章节介绍的 EchoServer 通信。以上 EchoClient 在一个 while 循环中读取用户输入的数据，把它发送给服务器，再读取服务器发回的响应数据。如果服务器发送的响应数据为“echo:bye”，就断开连接，结束程序。

6.4　小结

本章介绍了适用于客户端程序的通用的协议处理框架。协议处理框架的优点在于能够封装用 Socket 与服务器通信的细节，在客户程序中一般只需要访问 URL 和 URLConnection 类，就能完成与服务器的通信，框架的具体实现对客户程序是透明的。作为协议处理框架的实现程序，通常要实现基于特定协议的 URLConnection、URLStreamHandler 和 ContentHandler 类的具体子类，此外还要创建 URLStreamHandler 和 ContentHandler 类的工厂类，它们分别负责创建 URLStreamHandler 和 ContentHandler 类的具体子类的实例。

URL 类的静态 setURLStreamHandlerFactory()方法用来设置 URLStreamHandlerFactory，URLConnection 类的静态 setContentHandlerFactory()方法用来设置 ContentHandlerFactory。在程序运行的生命周期中，这些方法只能被调用一次。

URL 类的 openConnection()方法实际上调用 URLStreamHandler 类的 openConnection()方法来创建 URLConnection 对象。URL 类的 getContent()方法则会调用 URLConnection 的 getContent()方法，而 URLConnection 的 getContent()方法又会调用 ContentHandler 的 getContent()方法。假定程序已经通过 URLConnection 类的静态 setContentHandlerFactory()方法设置了 ContentHandlerFactory，图 6-3 为程序第 1 次调用 URL 类的 getContent()方法时的时序图。

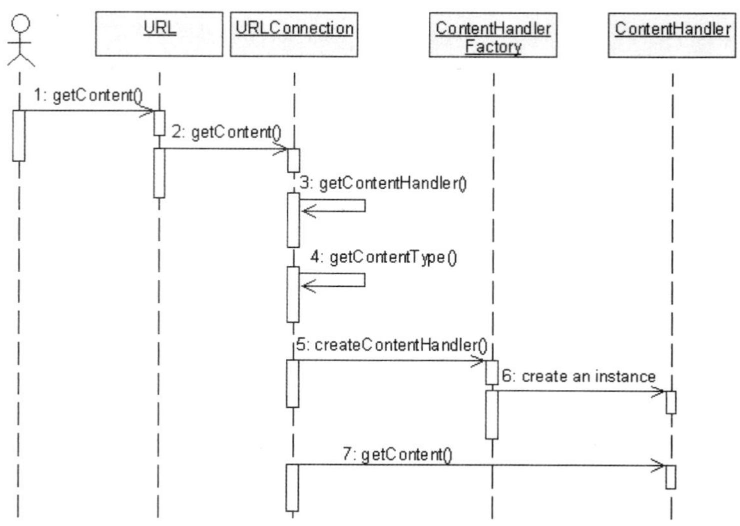

图 6-3　程序第 1 次调用 URL 类的 getContent()方法时的时序图

6.5　练习题

1．ContentHandler 实例由谁创建？（单选）

a）URL 类　　b）URLConnection 类

c）URLStreamHandler 类　　d）ContentHandlerFactory 类

2．URLConnection 类的 doInput 属性和 doOutput 属性的默认值分别是什么？（单选）

a）true,true　　b）true,false　　c）false，false　　d）false，true

3．URLConnection 的 getContent()方法会调用哪个类的 getContent()方法？（单选）

a）URL 类

b）URLStreamHandler 类

c）ContentHandler 类

d）不会再调用其他类的 getContent()方法

4．setURLStreamHandlerFactory()方法是在哪个类中定义的？（单选）

a）URL 类　　b）URLStreamHandler 类
c）ContentHandler 类　　d）URLConnection 类

5．以下哪些类具有相应的工厂类？（多选）

a）URL 类　　b）URLStreamHandler 类
c）ContentHandler 类　　d）URLConnection 类

6. 利用本章介绍的客户端协议处理框架，重新实现本书第 3 章的练习题 8 描述的文件传输客户程序 FileClient。

答案：1．d　2．b　3．c　4．a　5．b，c

6．参见配套源代码包的 sourcecode/chapter06/src/exercise 目录下的 FileClient.java、FileURLConnection.java、FileContentHandler.java 等类文件。

编程提示：JDK 类库已经为“file”协议提供了客户端协议处理框架的默认实现。为了避免混淆，本程序假定协议名为“myftp”。连接 FileServer 的 URL 为“myftp://localhost:8000”。

第7章 用Swing组件展示HTML文档

本书第 5 章（创建非阻塞的 HTTP 服务器）创建了一个 HTTP 服务器，它接收客户程序发出的 HTTP 请求，然后向客户程序发送 HTTP 响应。HTTP 响应的正文部分可以是各种类型的数据，比如语音、图片、压缩文件和可执行程序等，而最常见的数据类型是 HTML 文档。HTML（Hyper Text Markup Language，超级文本标记语言）允许在普通的文本中加入各种具有特定用途的标记，这些标记能指定文本的显示格式，或者指定插入一个图片，或者指定超级链接等。用 HTML 语言编写的超级文本文档被称为 HTML 文档，它独立于各种操作系统平台（如 UNIX 和 Windows 等）。自 1990 年以来，HTML 一直被用作 WWW（World Wide Web）上的通用的信息表示语言。存放 HTML 文档的文件一般以“.htm”或者“.html”作为扩展名。

假定一个 HTTP 客户程序请求访问一个 HTTP 服务器上的 hello.htm 文件，以下是 HTTP 服务器发送的 HTTP 响应，其中粗体字部分是响应正文，它就是 HTML 文档，包含了 hello.htm 文件中的所有文本。

```
HTTP/1.1 200 OK
Server: nio/1.1
Content-type: text/html; charset=GBK
Content-length: 97

<html>
<head>
  <title>helloapp</title>
</head>
<body >
  <h1>hello</h1>
</body>
</html>
```

HTTP 客户程序必须解析以上 HTTP 响应，其中最主要的工作是解析 HTML 文档，然后在它的图形界面上显示该文档。由于 HTTP 客户程序的主要任务就是直观的展示 HTTP 服务器发回的信息，所以 HTTP 客户程序通常也被称为浏览器。图 7-1 是 IE 浏览器展示的

hello.htm 页面。

图 7-1　IE 浏览器展示的 hello.htm 页面

如果用 Java 语言从头开发一个浏览器，就必须能解析并且展示 HTML 文档，这是烦琐而且艰巨的任务。幸运的是，JDK 类库提供了一些现成的 Swing 组件，它们具有展示 HTML 文档的功能。

7.1　在按钮等组件上展示 HTML 文档

大多数基于文本的 Swing 组件，如标签、按钮和菜单项等，都可以指定其文本为 HTML 文档，这些组件能正确地展示 HTML 文档。在例程 7-1 的 HTMLDemo 类创建的图形界面上，包括一个 JLable 和 JButton 对象，它们的文本都是 HTML 文档。

例程 7-1　HTMLDemo.java

```
import java.awt.*;
import java.awt.event.*;
import javax.swing.*;
public class HTMLDemo extends JFrame {
  private JLabel jLabel;
  private JButton jButton;

  public HTMLDemo(String title){
    super(title);

   jLabel = new JLabel("<html><b><i>Hello World!</i></b></html>");
   //假定 go.jpg 文件与 HTMLDemo.class 文件位于同一个目录下
   jButton = new JButton("<html><img src=\""
              +this.getClass().getResource("/go.jpg")
              +"\"></html>");
    //设置鼠标移动到该 Button 时的提示信息
    jButton.setToolTipText("开始");

    Container contentPane=getContentPane();
    contentPane.setLayout(new GridLayout(2, 1));
    contentPane.add(jLabel) ;
```

```
    contentPane.add(jButton);

    pack();
    setVisible(true);

    setDefaultCloseOperation(JFrame.EXIT_ON_CLOSE);
  }

  public static void main(String[] args) {
    new HTMLDemo("Hello");
  }
}
```

图 7-2 是 HTMLDemo 类生成的图形界面。

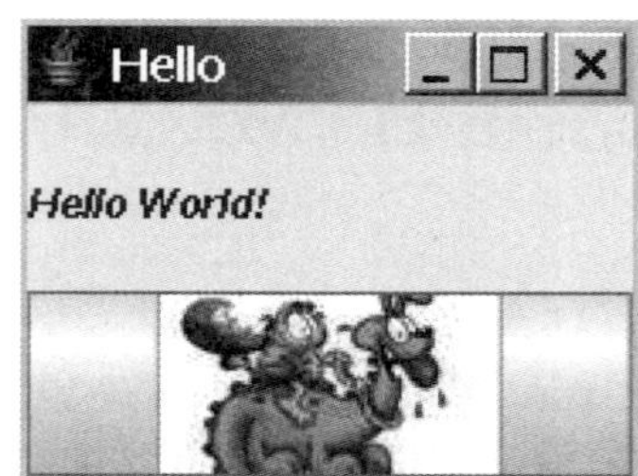

图 7-2　HTMLDemo 类生成的图形界面

JButton 和 JLabel 等 Swing 组件主要支持 HTML 中的用于指定静态文档或图片的格式的标记，如<B>、<I>、<P>、
、<FONT>、<HR>和<IMG>等。但它们不支持 HTML3.2 中的<PARAM>、<MAP>、<AREA>、<LINK>、<SCRIPT>和<STYLE>标记，并且不支持 HTML4.0 以及以后版本中的一些新标记，如<BDO>、<BUTTON>、<LEGEND>和<TFOOT>等。

此外要注意的是，这些 Swing 组件不能解析属性值中的相对路径，如果把<IMG>标记的 src 属性设为相对路径，那么 Swing 组件无法定位到需要显示的图片文件，因此必须把<IMG>标记的 src 属性设为基于 URL 格式的绝对路径。以下程序代码假定 go.jpg 文件与 HTMLDemo.class 文件位于同一个目录下。

```
jButton = new JButton("<html><img src=\""
            +this.getClass().getResource("/go.jpg")
            +"\"></html>");
```

以上 this.getClass().getResource()方法返回 go.jpg 文件的基于 URL 格式的绝对路径。

```
file:/D:/sourcecode/chapter07/classes/go.jpg
```

以下程序代码会加载 JavaThinker.net 网站上的一个 go.jpg 文件。

```
jButton = new JButton("<html><img src=\""
```

```
                    +"http://www.javathinker.net/javanet/go.jpg"
                    +"\"></html>");
```

7.2　用 JEditorPane 组件创建简单的浏览器

javax.swing.JEditorPane 类对 HTML 文档提供了更有力的支持，它支持 HTML 中的多数标记，能够处理框架、表单和超级链接。JEditorPane 类有以下 4 个构造方法。

```
(1) public JEditorPane()
(2) public JEditorPane(URL initialPage)throws IOException
(3) public JEditorPane(String url)throws IOException
(4) public JEditorPane(String mimeType,String text)
```

除了第 1 个不带参数的构造方法，其余的构造方法都指定了 JEditorPane 对象要展示的初始页面。第 2 个和第 3 个构造方法指定初始页面的 URL，在第 4 个构造方法中，参数 mimeType 指定文档的类型，可选值包括“text/html”和“text/plain”等，参数 text 指定文档的具体内容。

JEditorPane 类还提供了设置要展示的页面的方法。

```
public void setPage(URL page)throws IOException
public void setPage(String url)throws IOException
public void setContentType(String type)
public void setText(String text)
```

以上两个 setPage()方法指定要展示的页面的 URL，setContentType()方法指定文档的类型，可选值包括“text/html”和“text/plain”等，setText()方法指定文档的具体内容。

以下两段代码是等价的，它们创建的 JEditorPane 对象都展示变量 text 指定的 HTML 文档。

```
//第 1 段程序代码
String text="<html><b><i>Hello World!</i></b></html>";
JEditorPane jep=new JEditorPane("text/html",text);

//第 2 段程序代码
String text="<html><b><i>Hello World!</i></b></html>";
JEditorPane jep=new JEditorPane();
jep.setContentType("text/html");
jep.setText(text);
```

以下 4 段代码的作用是等价的，它们都创建了能展示 www.javathinker.net 网站的主页的 JEditorPane 对象。

```
//第 1 段代码
```

```
//传入字符串类型参数
JEditorPane jep=new JEditorPane("http://www.javathinker.net");

//第 2 段代码
URL url=new URL("http://www.javathinker.net");
JEditorPane jep=new JEditorPane(url);  //传入 URL 类型参数

//第 3 段代码
JEditorPane jep=new JEditorPane();
jep.setPage("http://www.javathinker.net");  //传入字符串类型参数

//第 4 段代码
JEditorPane jep=new JEditorPane();
URL url=new URL("http://www.javathinker.net");  //传入 URL 类型参数
jep.setPage(url);
```

以上 4 段代码中的 JEditorPane 对象都能展示来自远程 HTTP 服务器的 HTML 文档。JEditorPane 类的实现依赖本书第 6 章介绍的客户端协议处理框架与 HTTP 服务器通信，该客户协议处理框架的高层接口就是 URL 类。如图 7-3 所示，JEditorPane 与 URL 类协作，就能实现一个简单的浏览器，其中 JEditorPane 类负责展示 HTML 文档，而 URL 类负责与 HTTP 服务器通信。

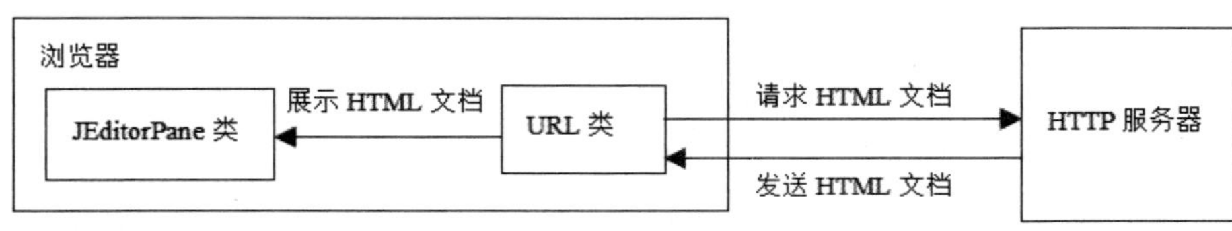

图 7-3　JEditorPane 类与 URL 类的协作

7.2.1　处理 HTML 页面上的超级链接

对于 JEditorPane 类展示的 HTML 页面，当用户选择页面上的超级链接，就会触发 HyperlinkEvent 事件，该事件由 HyperlinkListener 监听器负责处理。JEditorPane 的 addHyperlinkListener()方法用于注册这种监听器。在 HyperlinkListener 接口中声明了处理 HyperlinkEvent 事件的方法。

```
public void hyperlinkUpdate(HyperlinkEvent evt)
```

以上方法有一个 HyperlinkEvent 类型的参数。在该方法的实现中，可通过 HyperlinkEvent 参数的以下方法获得用户选择的超级链接以及事件类型。

- getURL()：返回一个 URL 对象，表示用户在页面上选择的超级链接。
- getEventType()：返回一个 HyperlinkEvent.EventType 类的对象，表示具体的事件类型，可能的取值如下所述。

（1）HyperlinkEvent.EventType.ACTIVATED：选择了超级链接。

（2）HyperlinkEvent.EventType.ENTERED：鼠标进入超级链接区域。

（3）HyperlinkEvent.EventType.EXITED：鼠标退出超级链接区域。

以下 hyperlinkUpdate()方法使得 JEditorPane 展示用户选择的超级链接。

```
/** 处理用户选择超级链接事件 */
public void hyperlinkUpdate(HyperlinkEvent evt){
  try{
    if(evt.getEventType()==HyperlinkEvent.EventType.ACTIVATED){
      jep.setPage(evt.getURL());  //使 JEditorPane 展示用户选择的超级链接
    }
  }catch(Exception e){
      jep.setText("<html>无法打开网页:"
         + evt.getURL().toString()+"</html>");
  }
}
```

7.2.2　处理 HTML 页面上的表单

对于 JEditorPane 对象展示的 HTML 页面，当用户提交页面上的 HTML 表单时，如何处理表单呢？这首先由与 JEditorPane 对象关联的 HTMLEditorKit 对象控制，它的 setAutoFormSubmission(boolean isAuto)方法决定处理表单的方式，如果参数 isAuto 为 true，就按自动方式提交表单，这是 HTMLEditorKit 的默认值。如果参数 isAuto 为 false，就按手工方式提交表单，这种方式会触发一个 javax.swing.text.html.FormSubmitEvent 事件，FormSubmitEvent 类是 HyperlinkEvent 类的子类，因此 FormSubmitEvent 事件也由 HyperlinkListener 监听器负责监听。

JEditorPane 类有一个 javax.swing.text.EditorKit 类型的 editorKit 属性，它负责解析 JEditorPane 要展示的文档。当 JEditorPane 展示一个 HTML 文档时，editorKit 属性会引用一个 javax.swing.text.html.HTMLEditorKit 对象。HTMLEditorKit 类是 EditorKit 类的子类，HTMLEditorKit 类专门负责解析“text/html”类型的文档。程序可以通过 JEditorPane 类的 setEditorKit()方法来手工设置 editorKit 属性。

```
JEditorPane jep=new JEditorPane();
jep.setEditable(false);
EditorKit htmlKit=jep.getEditorKitForContentType("text/html");
jep.setEditorKit(htmlKit);
```

此外，当程序调用 JEditorPane 的 setPage()方法设置 URL 时，该方法会自动设置 editorKit 属性。

为了使得与 JEditorPane 关联的 HTMLEditorKit 对象按照手工方式提交表单，可以使 JEditorPane 注册一个 java.beans.PropertyChangeListener 监听器。当 JEditorPane 的 editorKit

属性被重新设置时，就会触发一个 java.beans.PropertyChangeEvent 事件，该事件由 PropertyChangeListener 监听器负责监听。

```
//监听 editorKit 属性被重新设置的事件
jep.addPropertyChangeListener("editorKit",
                        new PropertyChangeListener(){
  public void propertyChange(PropertyChangeEvent evt){
    System.out.println("set editorKit");
    EditorKit kit = jep.getEditorKit();
    if(kit.getClass() == HTMLEditorKit.class) {
      //按手工方式提交表单
      ((HTMLEditorKit)kit).setAutoFormSubmission(false);
    }
  }
});
```

JEditorPane 还需要注册一个负责处理 FormSubmitEvent 事件的 HyperlinkListener 监听器，它的 hyperlinkUpdate()方法的实现如下。

```
/** 处理用户提交表单事件 */
public void hyperlinkUpdate(HyperlinkEvent evt){
  try{
    if (evt.getClass() == FormSubmitEvent.class) {  //处理提交表单事件
      FormSubmitEvent fevt = (FormSubmitEvent)evt;
      URL url=fevt.getURL(); //获得 URL
      String method=fevt.getMethod().toString(); //获得请求方式
      String data=fevt.getData(); //获得表单数据

      if(method.equals("GET")){  //如果为 GET 请求方式
        jep.setPage(url.toString()+"?"+data);
      }else if(method.equals("POST")){  //如果为 POST 请求方式
        URLConnection uc=url.openConnection();
        //发送 HTTP 响应正文
        uc.setDoOutput(true);
        OutputStreamWriter out=
              new OutputStreamWriter(uc.getOutputStream());
        out.write(data);
        out.close();

        //接收 HTTP 响应正文
        InputStream in=uc.getInputStream();
        ByteArrayOutputStream buffer=new ByteArrayOutputStream();
        byte[] buff=new byte[1024];
        int len=-1;

        while((len=in.read(buff))!=-1){
```

```
          buffer.write(buff,0,len);
        }
        in.close();

        jep.setText(new String(buffer.toByteArray()));  //展示响应正文
      }
      System.out.println(fevt.getData()+"|"
          +fevt.getMethod()+"|"+fevt.getURL());
    }
  }catch(Exception e){
    jep.setText("<html>无法打开网页:"
        + evt.getURL().toString()+"</html>");
  }
}
```

以上程序代码先调用 FormSubmitEvent 对象的 getURL()、getMethod()和 getData()方法，分别获得用户请求访问的 URL、请求方式和提交的表单数据。接下来判断请求方式到底是 GET 还是 POST。如果为 GET 请求方式，就直接把表单数据添加到 URL 的后面，然后让 JEditorPane 展示这一 URL。

```
jep.setPage(url.toString()+"?"+data);
```

如果为 POST 请求方式，就调用 URL 对象的 openConnection()方法，获得 URLConnection 对象，由 URLConnection 对象发送包含表单数据的 HTTP 请求正文，再接收 HTTP 响应正文，并且由 JEditorPane 展示该响应正文。

7.2.3　创建浏览器程序

例程 7-2 的 SimpleWebBrowser 类实现了一个简单的浏览器，它能展示 HTML 文档，并且能处理用户选择超级链接事件和提交表单事件。

例程 7-2　SimpleWebBrowser.java

```
public class SimpleWebBrowser extends JFrame
                implements HyperlinkListener,ActionListener{
  private JTextField jtf=new JTextField(40);
  private JEditorPane jep=new JEditorPane();
  private String initialPage=
           "http://www.javathinker.net/helloapp/index.htm";

  public SimpleWebBrowser(String title){
    super(title);

    jtf.setText(initialPage);
    jtf.addActionListener(this);
    jep.setEditable(false);
```

```
    jep.addHyperlinkListener(this);

    //监听 editorKit 属性被重新设置的事件
    jep.addPropertyChangeListener("editorKit",
          new PropertyChangeListener(){
      public void propertyChange(PropertyChangeEvent evt){
        EditorKit kit = jep.getEditorKit();
          if(kit.getClass() == HTMLEditorKit.class) {
            ((HTMLEditorKit)kit).setAutoFormSubmission(false);
          }
        }
      });


    try{
      jep.setPage(initialPage);
    }catch(IOException e){showError(initialPage); }

    JScrollPane scrollPane=new JScrollPane(jep);
    Container container=getContentPane();
    container.add(jtf,BorderLayout.NORTH);
    container.add(scrollPane,BorderLayout.CENTER);

    setDefaultCloseOperation(JFrame.EXIT_ON_CLOSE);
    pack();
    setVisible(true);
  }

  public void showError(String urlStr){
    try{
      jep.setPage("http://www.javathinker.net/helloapp/error.htm");
      jtf.setText(urlStr);
    }catch(Exception e){e.printStackTrace();}
  }

  public static void main(String[] args){
    SimpleWebBrowser browser=new SimpleWebBrowser("Simple Web Browser");
  }

  public void actionPerformed(ActionEvent evt){
    try{
      testURL(jtf.getText());
      jep.setPage(jtf.getText());
    }catch(Exception e){
       showError(jtf.getText());
    }
  }
```

```
/** 处理用户选择超级链接或者提交表单事件 */
public void hyperlinkUpdate(HyperlinkEvent evt){
  try{
    testURL(evt.getURL().toString());

    if (evt.getClass() == FormSubmitEvent.class) {   //处理提交表单事件
      FormSubmitEvent fevt = (FormSubmitEvent)evt;
      URL url=fevt.getURL(); //获得 URL
      String method=fevt.getMethod().toString(); //获得请求方式
      String data=fevt.getData(); //获得表单数据

      if(method.equals("GET")){  //如果为 GET 请求方式
        jep.setPage(url.toString()+"?"+data);
        //把文本框设为用户选择的超级链接
        jtf.setText(url.toString()+"?"+data);
      }else if(method.equals("POST")){  //如果为 POST 请求方式
        URLConnection uc=url.openConnection();
        //发送 HTTP 请求正文
        uc.setDoOutput(true);
        OutputStreamWriter out=
            new OutputStreamWriter(uc.getOutputStream());
        out.write(data);
        out.close();
        jep.setPage(url);
        jtf.setText(url.toString()); //把文本框设为用户选择的超级链接
      }
    }else if(evt.getEventType()==
             HyperlinkEvent.EventType.ACTIVATED){
      //处理用户选择的超级链接
      jep.setPage(evt.getURL());
      //把文本框设为用户选择的超级链接
      jtf.setText(evt.getURL().toString());
    }

  }catch(Exception e){
     showError(evt.getURL().toString());
  }
}

/** 测试是否为有效的 URL */
public void testURL(String url)throws Exception{
   try{
     System.out.println("Visiting URL:"+url);
     new URL(url).openStream().close();
   }catch(Exception e){
      e.printStackTrace();
      throw new Exception("无效的 URL");
```

```
        }
    }
}
```

运行以上程序，将出现如图 7-4 所示的界面。

图 7-4　Simple Web Browser 展示 index.htm

index.htm 文件的内容如下：

```
<html>
<head>
<title>helloapp</title>
</head>
<body >
<p><font size="7">Welcome to HelloApp</font></p>
<p><a href="login1.htm">submit form by get</a>
<p><a href="login2.htm">submit form by post</a>
</body>
</html>
```

当用户选择图 7-4 所示的 index.htm 页面上的超级链接“按照 GET 方式提交表单”，就会触发一个 HyperlinkEvent 事件，该事件的监听器使得 JEditorPane 展示 login1.htm 页面，如图 7-5 所示。

图 7-5　Simple Web Browser 展示 login1.htm

login1.htm 文件的内容如下：

```
<html>
<head>
  <title>helloapp</title>
```

```
</head>
<body >
  <br>
  <form name="loginForm" method="GET" action="hello.jsp">
  <table>
    <tr><td><div align="right">User Name:</div></td>
       <td><input type="text" name="username"></td></tr>
    <tr><td><div align="right">Password:</div></td>
       <td><input type="password" name="password"></td></tr>
    <tr><td></td>
      <td><input type="Submit" name="Submit" value="Submit"></td>
    </tr>
  </table>
  </form>
</body>
</html>
```

当用户提交图 7-5 所示的 login1.htm 页面上的表单，就会触发一个 FormSubmitEvent 事件，该事件的监听器按照 GET 方式提交表单数据，然后使得 JEditorPane 展示 hello.jsp 页面，如图 7-6 所示。

图 7-6　Simple Web Browser 展示 hello.jsp

当用户选择图 7-4 所示的 index.htm 页面上的超级链接“按照 POST 方式提交表单”，就会触发一个 HyperlinkEvent 事件，该事件的监听器使得 JEditorPane 展示 login2.htm 页面。login2.htm 文件与 login1.htm 文件基本相同，区别在于 login2.htm 按照 POST 方式提交表单：

```
<form name="loginForm" method="POST" action="hello.jsp">
```

当用户提交 login2.htm 页面上的表单，就会触发一个 FormSubmitEvent 事件，该事件的监听器按照 POST 方式提交表单数据，然后使得 JEditorPane 展示 hello.jsp 页面。

7.3　小结

一个完整的 HTTP 客户程序（也称为浏览器）主要完成以下任务：

- 发出 HTTP 请求。
- 接收 HTTP 响应。
- 解析 HTTP 响应。

● 提供与用户交互的图形用户界面，展示 HTTP 响应中的 HTML 文档。

本章介绍了一些能展示 HTML 文档的 Swing 组件，然后利用 JEditorPane 类创建了一个简单的浏览器，它能展示来自远程 HTTP 服务器发送过来的 HTML 文档，并且能处理用户选择超级链接以及提交 HTML 表单的事件。JEditorPane 负责展示 HTML 文档，它依赖本书第 6 章介绍的客户端协议处理框架与 HTTP 服务器通信。

HyperlinkEvent 类表示用户选择超级链接的事件，FormSubmitEvent 类表示用户提交 HTML 表单的事件，FormSubmitEvent 类是 HyperlinkEvent 类的子类。HyperlinkListener 监听器负责监听 HyperlinkEvent 以及 FormSubmitEvent 事件。JEditorPane 的 addHyperlinkListener()方法用于注册 HyperlinkListener 监听器。

7.4 练习题

1．对于以下程序代码：

```
String text="<html><i>Hello World!</i></html>";
JEditorPane jep=new JEditorPane();
jep.setText(text);
```

以下哪些说法正确？（多选）

a）在 JEditorPane 的界面上显示斜体的“Hello World!”

b）在 JEditorPane 的界面上显示普通文本“<html><i>Hello World!</i></html>”

c）在默认情况下，JEditorPane 的内容类型为"text/html"

d）在默认情况下，JEditorPane 的内容类型为"text/plain"

2．当用户浏览由 JEditorPane 展示的网页，以下哪些行为会触发 HyperlinkEvent 事件？（多选）

a）用户选择超级链接

b）用户把鼠标移动到网页区域的任何位置

c）用户提交表单

d）用户在网页区域内点击鼠标的右键

3．hyperlinkUpdate()方法在哪个类中定义？（单选）

a）JEditorPane

b）HyperlinkEvent

c）FormSubmitEvent

d）HyperlinkListener

4．运行 7.2.3 节的 SimpleWebBrowser 类，如果在用户界面上输入的 URL 地址为“http://www.javathinker.net/helloapp/hello1.jsp”，就会出现界面很“卡”的情况。这是因为笔者编写的 hello1.jsp 故意用很慢的速度返回响应结果。参考第 4 章的 4.6 节所介绍的 SwingWorker 类，运用它来改写 SimpleWebBrowser 类，使它能异步响应用户在界面上不断输入的各种 URL 地址。

答案：1．b，d　2．a，c　3．d

4．参见配套源代码包的 sourcecode/chapter07/src/exercise/WebBrowser.java。

编程提示：当用户在界面上不断快速输入 hello1.jsp 等新的 URL 地址，会导致有多个 SwingWorker 工作线程并发修改界面上的 JEditorPane 面板的页面内容，而 EDT 线程会异步修改用于显示加载进度的 JLabel 的文本，这是不可避免的，还是会出现用户输入的 URL 地址、JEditorPane 面板所展示的网页，以及 JLable 显示的加载进度信息这三者不一致的情况。如果要使它们时刻保持一致，就要采取严格的线程同步措施，但这样用户界面就无法异步响应用户不断输入的 URL 地址。

作为折中方案，本程序没有提供严格的线程同步，仅仅为 WebBrowser 类增加了一个实例变量 currentURL，表示用户最新输入的 URL 地址。在自定义的 SwingWorker 子类的每个方法中，都会先判断正在处理的 URL 地址是否和 currentURL 相等，如果不相等，就立刻退出方法。这个方案可以减少用户界面的信息不一致的情况，但是仍然不能完全避免。

另外值得注意的是，JEditorPane 的 setPage()方法先从服务器端接收到相应的网页数据，接着会通知 EWT 线程异步刷新 JEditorPane，显示所接收的网页数据。在本例中，SwingWorker 工作线程在 SwingWorker 对象的 doInBackground()方法中调用 JEditorPane 的 setPage()方法，而 setPage()方法又会通知 AWT 线程异步刷新 JEditorPane，这使得各种线程并发运行的情况更加复杂。可能会出现这样一种情况：一个 SwingWorker 工作线程已经执行完 SwingWorker 对象的 doInBackground()方法，随后 EDT 线程执行了 SwingWorker 对象的 done()方法，而 EDT 线程还没有执行刷新 JEditorPane 的操作。

第 8 章

基于 UDP 的数据报和套接字

java.net.ServerSocket 与 java.net.Socket 建立在 TCP 的基础上。TCP 是网络传输层的一种可靠的数据传输协议。如果数据在传输途中被丢失或损坏，那么 TCP 会保证再次发送数据；如果数据到达接收方的顺序被打乱，那么 TCP 会在接收方重新恢复数据的正确顺序。应用层无须担心接收到乱序或错误的数据，应用层只需从 Socket 中获得输入流和输出流，就可以方便地接收和发送数据。当发送方先发送字符串“hello”，再发送字符串“everyone”时，接收方在应用层必定先接收到字符串“hello”，再接收到字符串“everyone”。接收方不会先接收到字符串“everyone”，再接收到字符串“hello”。

TCP 的可靠性是有代价的，这种代价就是传输速度的降低。建立和销毁 TCP 连接会花费很长的时间。如果通信双方实际上通信的时间很短，要传输的数据很少，那么建立和销毁 TCP 连接的代价就相对较高。

UDP（User Datagram Protocol，用户数据报协议）是传输层的另一种协议，它比 TCP 具有更快的传输速度，但是不可靠。UDP 发送的数据单元被称为 UDP 数据报。当网络传输 UDP 数据报时，无法保证数据报一定到达目的地，也无法保证各个数据报按发送的顺序到达目的地。当发送方先发送包含字符串“hello”的数据报，再发送包含字符串“everyone”的数据报时，接收方有可能先接收到字符串“everyone”，再接收到字符串“hello”；也有可能什么数据也没有接收到，因为发送方发送的数据有可能在传输途中都被丢失了。

8.1 UDP 简介

如果应用层关心数据能否正确到达，那么就应该在传输层使用 TCP。例如应用层的 FTP 和 HTTP 都建立在 TCP 的基础上。如果应用层仅关心发送的数据能否快速到达目的地，则可以考虑在传输层使用 UDP。例如，用 UDP 传输实时音频时，如果丢失了数据报或打乱数据报的顺序，则只会导致接收方出现噪音，而适量的噪音是可以容忍的。但是如果用 TCP 传输实时音频，则由于速度很慢，会导致接收方常常出现停顿，声音时断时续，这是无法容忍的。由此可见，UDP 比 TCP 更适于传输实时音频。

由于 UDP 传输数据是不可靠的，假如应用层要求接收到正确的数据，那么应用层自身必须保证数据传输的可靠性。应用层的网络文件系统（Network File System，NFS）协议，以及简单文件传输协议（Trivial FTP，TFTP）协议都建立在 UDP 的基础上。NFS 协议和 TFTP 会保证可靠性，这意味着实现 NFS 协议或 TFTP 的应用程序必须处理丢失或乱序的数据报。

建立在 UDP 上的应用层如何保证数据传输的可靠性呢？这可以用邮局发送邮包来做解释，邮局就相当于 UDP 的实现者，它提供不可靠的传输。发送者通过邮局先后发送 3 个邮包，邮包上写明了接收者的地址，邮局把邮包发送给接收者，但是有可能部分邮包在途中被丢失，也有可能邮包到达目的地的先后顺序与发送的先后顺序不一样。发送者与接收者必须事先商量好确保接收者正确接收到邮包的协议。发送者会在邮包上标上序号，接收者收到邮包后就能按照序号排序。接收者会告诉发送者已经收到了哪些邮包，发送者就能重发那些接收者未收到的邮包。发送者与接收者使用的这种协议就相当于应用层的协议。

在 Java 中，java.net.DatagramSocket 负责接收和发送 UDP 数据报，java.net.DatagramPacket 表示 UDP 数据报。如图 8-1 所示，每个 DatagramSocket 都与一个本地地址（包括本地主机的 IP 地址和本地 UDP 端口）绑定，每个 DatagramSocket 都可以把 UDP 数据报发送给任意一个远程 DatagramSocket，也都可以接收来自任意一个远程 DatagramSocket 的 UDP 数据报。在 UDP 数据报中包含了目的地址的信息，DatagramSocket 根据该信息把数据报发送到目的地。

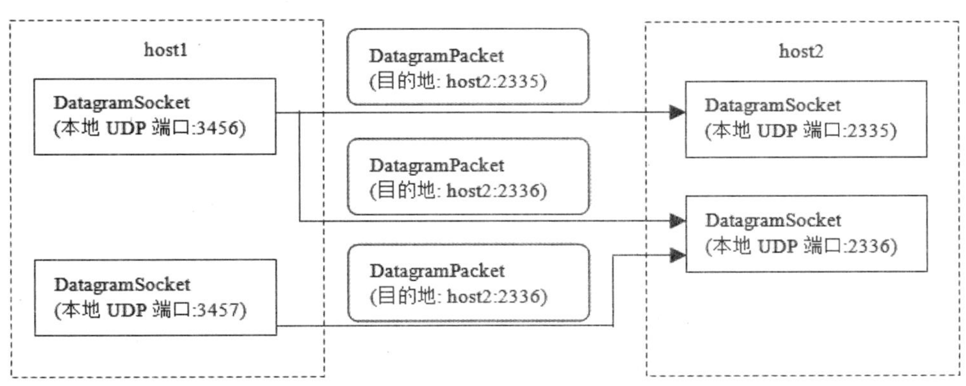

图 8-1　DatagramSocket 接收和发送 DatagramPacket

采用 TCP 通信时，客户端的 Socket 必须先与服务器建立连接，连接建立成功后，服务器端也会持有与客户连接的 Socket，客户端的 Socket 与服务器端的 Socket 是一一对应的，它们构成了两个端点之间的虚拟的通信线路。

而 UDP 是无连接的协议，客户端的 DatagramSocket 与服务器端的 DatagramSocket 不存在一一对应关系，两者无须建立连接，就能交换数据报。DatagramSocket 提供了接收和发送数据报的方法。

- public void receive(DatagramPacket dst)throws IOException　//接收数据报
- public void send(DatagramPacket src)throws IOException　//发送数据报

例程 8-1 的 EchoServer 与例程 8-2 的 EchoClient 就利用 DatagramSocket 来发送和接收数据报。

例程 8-1　EchoServer.java

```
import java.io.*;
import java.net.*;
public class EchoServer {
  private int port=8000;
  private DatagramSocket socket;

  public EchoServer() throws IOException {
    socket=new DatagramSocket(port); //与本地的一个固定端口绑定
    System.out.println("服务器启动");
  }

  public String echo(String msg) {
    return "echo:" + msg;
  }

  public void service() {
    while (true) {
      try {
        DatagramPacket packet=new DatagramPacket(new byte[512],512);
        socket.receive(packet);  //接收来自任意一个 EchoClient 的数据报
        String msg=new String(packet.getData(),0,packet.getLength());
        System.out.println(packet.getAddress() + ":" +packet.getPort()
                           +">"+msg);

        packet.setData(echo(msg).getBytes());
        socket.send(packet);  //给 EchoClient 回复一个数据报
      }catch (IOException e) {
         e.printStackTrace();
      }
    }
  }

  public static void main(String args[])throws IOException {
    new EchoServer().service();
  }
}
```

例程 8-2　EchoClient.java

```
import java.net.*;
import java.io.*;
public class EchoClient {
  private String remoteHost="localhost";
  private int remotePort=8000;
```

```
  private DatagramSocket socket;

  public EchoClient()throws IOException{
     socket=new DatagramSocket(); //与本地的任意一个 UDP 端口绑定
  }
  public static void main(String args[])throws IOException{
    new EchoClient().talk();
  }
  public void talk()throws IOException {
    try{
      InetAddress remoteIP=InetAddress.getByName(remoteHost);

      BufferedReader localReader=new BufferedReader(
                           new InputStreamReader(System.in));
      String msg=null;
      while((msg=localReader.readLine())!=null){
        byte[] outputData=msg.getBytes();
        DatagramPacket outputPacket=new DatagramPacket(outputData,
                             outputData.length,remoteIP,remotePort);
        socket.send(outputPacket);  //给 EchoServer 发送数据报

        DatagramPacket inputPacket=
                          new DatagramPacket(new byte[512],512);
        socket.receive(inputPacket);  //接收 EchoServer 的数据报
        System.out.println(new String(inputPacket.getData(),
                          0,inputPacket.getLength()));
        if(msg.equals("bye"))
          break;
      }
    }catch(IOException e){
       e.printStackTrace();
    }finally{
       socket.close();
    }
  }
}
```

在同一时刻，可能会有多个 EchoClient 进程与 EchoServer 进程通信。EchoServer 的 DatagramSocket 与 UDP 端口 8000 绑定，EchoClient 则与任意一个可用的 UDP 端口绑定。EchoServer 在一个 while 循环中不断接收 EchoClient 的数据报，然后给 EchoClient 回复一个数据报。

EchoClient 从控制台读取用户输入的字符串，把它包装成一个数据报，然后把它发送给 EchoServer，接着再接收 EchoServer 的响应数据报。

值得注意的是，EchoClient 与 EchoServer 之间的通信是不可靠的，EchoClient 以及

EchoServer 发送的数据报有可能丢失，或者各个数据报到达目的地的顺序与发送数据报的顺序不一致。

8.2 DatagramPacket 类

DatagramPacket 表示数据报，它的构造方法可以被分为两种：一种构造方法创建的 DatagramPacket 对象用来接收数据，还有一种构造方法创建的 DatagramPacket 对象用来发送数据。两种构造方法的主要区别是，用于发送数据的构造方法需要设定数据报到达的目的地的地址，而用于接收数据的构造方法无须设定地址。

用于接收数据的构造方法包括：

- public DatagramPacket(byte[] data,int length)
- public DatagramPacket(byte[] data,int offset, int length)

以上 data 参数被用来存放接收到的数据，参数 length 指定要接收的字节数，参数 offset 指定在 data 中存放数据的起始位置，即 data[offset]。如果没有设定参数 offset，那么起始位置为 data[0]。参数 length 必须小于或等于 data.length-offset，否则会抛出 IllegalArgumentException。

用于发送数据的构造方法包括：

- public DatagramPacket(byte[] data,int offset, int length,InetAddress address,int port)
- public DatagramPacket(byte[] data,int offset,int length,SocketAddress address)
- public DatagramPacket(byte[] data,int length,InetAddress address,int port)
- public DatagramPacket(byte[] data,int length,SocketAddress address)

以上 data 参数中存放了要发送的数据，参数 length 指定要发送的字节数，参数 offset 指定要发送的数据在 data 中的起始位置，即 data[offset]。如果没有设定参数 offset，那么起始位置为 data[0]。参数 length 必须小于或等于 data.length-offset，否则会抛出 IllegalArgumentException。参数 address 和参数 port 用来指定目的地的地址。以下两段程序代码都创建了一个数据报，它的送达地址为主机“myhost”的 UDP 端口 100。

```
InetAddress remoteIP=InetAddress.getByName("myhost");
int remotePort=100;
byte[] data="hello".getBytes();  //获得字符串“hello”的字符编码
DatagramPacket outputPacket=new DatagramPacket(data,data.length,
                              remoteIP,remotePort);
或者：
InetAddress remoteIP=InetAddress.getByName("myhost");
int remotePort=100;
SocketAddress remoteAddr=new InetSocketAddress(remoteIP,remotePort);
byte[] data="hello".getBytes();
DatagramPacket outputPacket=new DatagramPacket(data,data.length,
                                                  remoteAddr);
```

8.2.1 选择数据报的大小

DatagramPacket 的构造方法有一个参数 length，它决定了要接收或发送的数据报的长度。对于用于接收数据的 DatagramPacket，如果实际接收到的数据报的长度大于 DatagramPacket 的长度，那么多余的数据就会被丢弃。因此，必须为 DatagramPacket 选择合适的长度。理论上，IPv4 数据报的最大长度为 65507 字节，如果一个 DatagramPacket 的长度为 65507 字节，那么它就可以接收任何 IPv4 数据报，而不会丢失数据。此外，理论上，IPv6 数据报的最大长度为 65536 字节。

实际上，许多基于 UDP 的协议，如 DNS 协议和 TFTP，都规定数据报的长度不超过 512 字节。基于 UDP 的 NFS 协议则允许数据报的最大长度为 8192 字节。多数网络系统实际上并不支持长度大于 8192 字节（8K）的数据报，对于长度大于 8K 的数据报，网络会将数据报截断、分片，或者丢弃部分数据，在这种情况下，Java 程序得不到任何通知。

选择数据报大小的通用原则是，如果网络非常不可靠，如分组无线电网络，则要选择较小的数据报，以减少传输中遭破坏的可能性。如果网络非常可靠，而且传输速度很快，就应当尽可能使用大的数据报。对于多数网络，8K 是一个很好的折衷方案。

一个完整的 UDP 数据报包括 IP 头、UDP 头和数据这 3 部分。UDP 头部分包括源端口与目标端口号。本章所说的数据报的长度或者大小，实际上指数据报的数据部分的长度或者大小。

8.2.2 读取和设置 DatagramPacket 的属性

DatagramPacket 类包括以下属性.

- data：表示数据报的数据缓冲区。
- offset：表示数据报的数据缓冲区的起始位置。
- length：表示数据报的长度。
- address：对于用于发送的数据报，address 属性表示数据报的目标地址。对于用于接收的数据报，address 属性表示发送者的地址。
- port：对于用于发送的数据报，port 属性表示数据报的目标 UDP 端口。对于用于接收的数据报，port 属性表示发送者的 UDP 端口。

DatagramPacket 类提供了一系列 get 方法，用于读取各种属性。

- public InetAddress getAddress()
- public int getPort()
- public SocketAddress getSocketAddress()
- public byte[] getData()
- public int getLength()
- public int getOffset()

在 EchoServer 类中，通过 DatagramSocket 的 receive()方法接收一个数据报，然后通过

DatagramPacket 的 getData()方法获得数据缓冲区，通过 getLength()方法获得接收到的数据报的实际长度，并且通过 getAddress()和 getPort()方法获得发送数据报的 EchoClient 的地址。

```
DatagramPacket packet=new DatagramPacket(new byte[512],512);
socket.receive(packet);  //接收来自任意一个 EchoClient 的数据报
//把字节序列转换为字符串
String msg=new String(packet.getData(),0,packet.getLength());
System.out.println(packet.getAddress()
          + ":" +packet.getPort()+">"+msg);
```

DatagramPacket 类提供了一系列 set 方法，用于设置各种属性。

```
public void setAddress(InetAddress addr)
public void setPort(int port)
public void setSocketAddress(SocketAddress address)
public void setData(byte[] data)
public void setData(byte[] data, int offset, int length)
public void setLength(int length)
```

调用 setData(data)方法，等价于调用 setData(data,0,data.length)方法。在 EchoServer 类中，当接收到了一个数据报后，调用 DatagramPacket 的 setData()方法，重新设置它的数据缓冲区，然后将它发送给 EchoClient。

```
DatagramPacket packet=new DatagramPacket(new byte[512],512);
socket.receive(packet);  //接收来自任意一个 EchoClient 的数据报
……
packet.setData(echo(msg).getBytes());
socket.send(packet);  //给 EchoClient 回复一个数据报
```

8.2.3 数据格式的转换

数据报中只能存放字节形式的数据，在发送方，需要把其他格式的数据转换为字节序列，在接收方，需要把字节序列转换为原来格式的数据。

在发送方，可以利用 ByteArrayOutputStream 和 DataOuputStream 来把其他格式的数据转换为字节序列。例如，以下 longToByte()方法把 long 型数组中的数据转换为字节，把它们存放到一个字节数组中，再将其返回。

```
/** 把 long 类型的数组转换成 byte 类型的数组 */
public byte[] longToByte(long[] data)throws IOException{
  ByteArrayOutputStream bao=new ByteArrayOutputStream();
  DataOutputStream dos=new DataOutputStream(bao);
  for(int i=0;i<data.length;i++){
    dos.writeLong(data[i]);
  }
```

```
    dos.close();
    return bao.toByteArray();
  }
```

在接收方，可以利用 ByteArrayInputStream 和 DataInputStream 来把字节序列转换为原来格式的数据。例如，以下 byteToLong()方法把 byte 数组中的字节转换为 long 类型数据，把它存放到一个 long 类型数组中，再将其返回。

```
/** 把 byte 类型数组转换成 long 类型数组 */
public long[] byteToLong(byte[] data)throws IOException{
  long[] result=new long[data.length/8];  //1 个 long 类型数据占 8 字节
  ByteArrayInputStream bai=new ByteArrayInputStream(data);
  DataInputStream dis=new DataInputStream(bai);
  for(int i=0;i<data.length/8;i++){
    result[i]=dis.readLong();
  }
  return result;
}
```

8.2.4　重用 DatagramPacket

同一个 DatagramPacket 对象可以被重用，用来多次发送或接收数据。在例程 8-3 的 DatagramTester 类中，创建了 sender 和 receiver 两个线程，sender 线程负责发送数据，这段操作由 send()方法实现。Receiver 线程负责接收数据，这段操作由 receive()方法实现。

例程 8-3　DatagramTester.java

```
import java.io.*;
import java.net.*;
public class DatagramTester {
  private int port=8000;
  private DatagramSocket sendSocket;
  private DatagramSocket receiveSocket;
  private static final int MAX_LENGTH=3584;

  public DatagramTester() throws IOException {
    sendSocket=new DatagramSocket();
    receiveSocket=new DatagramSocket(port);
    receiver.start();
    sender.start();
  }

  /** 把 long 类型数组转换为 byte 类型数组 */
  public static byte[] longToByte(long[] data)throws IOException{…}

  /** 把 byte 类型数组转换为 long 类型数组 */
```

```
public static long[] byteToLong(byte[] data)throws IOException{…}

public void send(byte[] bigData)throws IOException{
  DatagramPacket packet= new DatagramPacket(bigData,0,512,
      InetAddress.getByName("localhost"),port);
  int bytesSent=0;  //表示已经发送的字节数
  int count=0;  //表示发送的次数
  while(bytesSent<bigData.length){
    sendSocket.send(packet);
    System.out.println("SendSocket>第"
     +(++count)+"次发送了"+packet.getLength()+"字节");
    //getLength()方法返回实际发送的字节数
    bytesSent+=packet.getLength();
    int remain=bigData.length-bytesSent;  //计算剩余的未发送的字节数
    int length=(remain>512) ? 512: remain;  //计算下次发送的数据的长度
    //改变 DatagramPacket 的 offset 和 length 属性
    packet.setData(bigData, bytesSent,length);
  }
}
public byte[] receive()throws IOException{
  byte[] bigData=new byte[MAX_LENGTH];
  DatagramPacket packet=new DatagramPacket(bigData,0,MAX_LENGTH);
  int bytesReceived=0;  //表示已经接收的字节数
  int count=0;  //表示接收的次数
  long beginTime=System.currentTimeMillis();
  //如果接收到了 bigData.length 字节，或者超过了 5min，就结束循环
   while((bytesReceived<bigData.length)
    && (System.currentTimeMillis()-beginTime<60000*5)){
    receiveSocket.receive(packet);
    System.out.println("ReceiveSocket>第"
        +(++count)+"次接收到"+packet.getLength()
        +"字节");
    //getLength()方法返回实际发送的字节数
    bytesReceived+=packet.getLength();
    //改变 DatagramPacket 的 offset 和 length 属性
    packet.setData(bigData, bytesReceived,MAX_LENGTH-bytesReceived);
  }
  return packet.getData();
}

public Thread sender=new Thread(){ //发送者线程
  public void run(){
    long[] longArray=new long[MAX_LENGTH/8];
    for(int i=0;i<longArray.length;i++)
      longArray[i]=i+1;
    try{
      send(longToByte(longArray)); //发送一个 long 类型数组中的数据
   }catch(IOException e){e.printStackTrace();}
```

```
      }
    };

    public Thread receiver=new Thread(){ //接收者线程
      public void run(){
        try{
          long[] longArray=byteToLong(receive()); //接收数据
          //打印接收到的数据
          for(int i=0;i<longArray.length;i++){
            if(i%100==0)System.out.println();
            System.out.print(longArray[i]+" ");
          }
        }catch(IOException e){e.printStackTrace();}
      }
    };

    public static void main(String args[])throws IOException {
      DatagramTester tester=new DatagramTester();
    }
}
```

在 send(byte[] bigData)方法中，参数 bigData 缓冲区为要发送的数据，send()方法通过一个 while 循环来发送数据，在每次循环中，最多只发送 512 字节。当剩余的未发送的字节数 remain 小于 512，就发送 remain 字节，否则就发送 512 字节。send()方法开始创建的 DatagramPacket 对象一直被重用，通过调用它的 setData(bigData, bytesSent,length)方法，可以改变下一次要发送的数据的在 bigData 缓冲区内的起始位置和长度。

在 receive()方法中，局部变量 bigData 缓冲区用来存放接收的数据，receive()方法通过一个 while 循环来接收数据。在每次循环中，接收到的数据都被放在 bigData 缓冲区内。receive()方法开始创建的 DatagramPacket 对象一直被重用，通过调用它的 setData(bigData, bytesReceived,MAX_LENGTH-bytesReceived)方法，可以改变下一次要接收的数据存放在 bigData 缓冲区内的起始位置和长度。

8.3　DatagramSocket 类

DatagramSocket 类负责接收和发送数据报。每个 DatagramSocket 对象都会与一个本地端口绑定，在此端口监听发送过来的数据报。在客户程序中，一般由操作系统为 DatagramSocket 类分配本地端口，这种端口也被称为匿名端口。在服务器程序中，一般由程序显式地为 DatagramSocket 类指定本地端口。

8.3.1　构造 DatagramSocket

DatagramSocket 的构造方法有以下几种重载形式。

```
(1) DatagramSocket()
(2) DatagramSocket(int port)
(3) DatagramSocket(int port, InetAddress laddr)
(4) DatagramSocket(SocketAddress bindaddr)
```

第 1 个不带参数的构造方法使 DatagramSocket 对象与匿名端口绑定（即由操作系统分配的任意的可用端口），其余的构造方法都会显式地指定本地端口。第 3 和第 4 个构造方法需要同时指定 IP 地址和端口，这适用于一个主机有多个 IP 地址的场合，这两个构造方法能明确指定 DatagramSocket 对象所绑定的 IP 地址。

如果想知道一个 DatagramSocket 对象所绑定的本地地址，那么可以调用它的以下方法.。

- int getLocalPort()：返回 DatagramSocket 所绑定的端口。
- InetAddress getLocalAddress()：返回 DatagramSocket 所绑定的 IP 地址。
- SocketAddress getLocalSocketAddress()：返回一个 SocketAddress 对象，它包含 DatagramSocket 所绑定的 IP 地址和端口信息。

8.3.2 接收和发送数据报

DatagramSocket 的 send()方法负责发送一个数据报，该方法的定义如下。

```
public void send(DatagramPacket dp)throws IOException
```

值得注意的是，UDP 提供不可靠的传输，如果数据报没有到达目的地，那么 send()方法不会抛出任何异常，发送方程序就无法知道数据报是否被接收方接收到，除非双方通过应用层的特定协议来确保接收方未收到数据报时，发送方能重发数据报。

send()方法可能会抛出 IOException，但是与 java.uti.Socket 相比，DatagramSocket 的 send()方法抛出 IOException 的可能性很小。如果发送的数据报超过了底层网络所支持的数据报的大小，就可能会抛出 SocketException，它是 IOException 的子类。

```
Exception in thread "main" java.net.SocketException:
The message is larger than
the maximum supported by the underlying transport。
```

DatagramSocket 的 receive()方法负责接收一个数据报，该方法的定义如下。

```
public void receive(DatagramPacket datagramPacket)throws IOException
```

此方法从网络上接收一个数据报。如果网络上没有数据报，执行该方法的线程就会进入阻塞状态，直到收到数据报为止。

参数 datagramPacket 用来存放接收到的数据报，datagramPacket 的数据缓冲区应当足够大，以存放接收到的数据。否则，如果接收的数据报太大，receive()方法就会在 datagramPacket 的数据缓冲区内存放尽可能多的数据，其余的数据则被丢失。

如果接收数据时出现问题，receive()方法就会抛出 IOException，但这种情况实际上极少出现。

8.3.3 管理连接

两个 TCP Socket 之间存在固定的连接关系，而一个 DatagramSocket 可以与其他任意一个 DatagramSocket 交换数据报。

在某些场合，一个 DatagramSocket 可能只希望与固定的另一个远程 DatagramSocket 通信。例如，NFS 客户只接收来自与之通信的服务器的数据报。再例如，在网络游戏中，一个游戏玩家只接收他的游戏搭档的数据报。

从 JDK1.2 开始，DatagramSocket 添加了一些方法，利用这些方法，可以使一个 DatagramSocket 只能与另一个固定的 DatagramSocket 交换数据报。

（1）public void connect(InetAddress host,int port)

connect()方法实际上不建立 TCP 意义上的连接，但它能限制当前 DatagramSocket 只对参数指定的远程主机和 UDP 端口收发数据报。如果当前 DatagramSocket 试图对其他的主机或 UDP 端口发送数据报，send()方法就会抛出 IllegalArgumentException。从参数以外的其他主机或 UDP 端口发送过来的数据报则被丢弃，程序不会得到任何通知，也不会抛出任何异常。

（2）public void disconnect()

disconnect()中止当前 DatagramSocket 已经建立的“连接”，这样，DatagramSocket 就可以再次对任何其他主机和 UDP 端口收发数据报。

（3）public int getPort()

当且仅当 DatagramSocket 已经建立连接时，getPort()方法才返回 DatagramSocket 所连接的远程 UDP 端口，否则返回“-1”。

（4）public InetAddress getInetAddress()

当且仅当 DatagramSocket 已经建立连接时，getInetAddress()方法才返回 DatagramSocket 所连接的远程主机的 IP 地址，否则返回 null。

（5）public SocketAddress getRemoteSocketAddress()

当且仅当 DatagramSocket 已经建立连接时，getRemoteSocketAddress()方法才返回一个 SocketAddress 对象，表示 DatagramSocket 所连接的远程主机以及端口的地址，否则返回 null。

UDP 客户程序通常只和特定的 UDP 服务器通信，因此可在 UDP 客户程序中把 DatagramSocket 与远程服务器连接。UDP 服务器需要与多个 UDP 客户程序通信，因此在 UDP 服务器中一般不用对 DatagramSocket 建立特定的连接。

8.3.4 关闭 DatagramSocket

DatagramSocket 的 close()方法会释放所占用的本地 UDP 端口。在程序中及时关闭不再需要的 DatagramSocket，这是好的编程习惯。

8.3.5 DatagramSocket 的选项

DatagramSocket 有以下选项。

- SO_TIMEOUT：表示接收数据报时的等待超时时间。
- SO_RCVBUF：表示接收数据的缓冲区的大小。
- SO_SNDBUF：表示发送数据的缓冲区的大小。
- SO_REUSEADDR：表示是否允许重用 DatagramSocket 所绑定的本地地址。
- SO_BROADCAST：表示是否允许对网络广播地址发送广播数据报。

1. SO_TIMEOUT 选项

- 设置该选项：public void setSoTimeout(int milliseconds) throws SocketException
- 读取该选项：public int getSoTimeOut() throws SocketException

DatagramSocket 类的 SO_TIMEOUT 选项用于设定接收数据报的等待超时时间，单位为 ms，它的默认值为 0，表示会无限等待，永远不会超时。以下代码把接收数据报的等待超时时间设为 3min：

```
if(socket.getTimeout()==0) socket.setTimeout(60000*3);
```

DatagramSocket 的 setTimeout()方法必须在接收数据报之前执行才有效。当执行 DatagramSocket 的 receive()方法时，如果等待超时，那么会抛出 SocketTimeoutException，此时 DatagramSocket 仍然是有效的，尝试再次接收数据报。

2. SO_RCVBUF 选项

- 设置该选项：public void setReceiveBufferSize(int size) throws SocketException
- 读取该选项：public int getReceiveBufferSize() throws SocketException

SO_RCVBUF 表示底层网络的接收数据的缓冲区（简称接收缓冲区）的大小。对于有着较快传输速度的网络（比如以太网），较大的缓冲区有助于提高传输性能，因为可以在缓冲区溢出之前存储更多的入站数据报。与 TCP 相比，对于 UDP，确保接收数据的缓冲区具有足够的大小更为重要，因为当缓冲区满后再到达的数据报会被丢弃。而 TCP 会在这种情况下要求重传数据，确保数据不会丢失。

此外，SO_RCVBUF 还决定了程序接收的数据报的最大大小。在接收缓冲区中放不下的数据报会被丢弃。

setReceiveBufferSize(int size)方法设置接收缓冲区的大小，值得注意的是，许多网络都限定了接收缓冲区大小的最大值，如果参数 size 超过该值，那么 setReceiveBufferSize(int size)方法所做的设置无效。getReceiveBufferSize()方法返回接收缓冲区的实际大小。

3. SO_SNDBUF 选项

- 设置该选项：public void setSendBufferSize(int size) throws SocketException

- 读取该选项：public int getSendBufferSize() throws SocketException

SO_SNDBUF 表示底层网络的发送数据的缓冲区（简称发送缓冲区）的大小。setSendBufferSize(int size)方法设置发送缓冲区的大小，值得注意的是，许多网络都限定了发送缓冲区大小的最大值，如果参数 size 超过该值，那么 setSendBufferSize(int size)方法所做的设置无效。getSendBufferSize()方法返回发送缓冲区的实际大小。

4. SO_REUSEADDR 选项

- 设置该选项：public void setResuseAddress(boolean on) throws SocketException
- 读取该选项：public boolean getResuseAddress() throws SocketException

SO_REUSEADDR 选项对于 UDP Socket 和 TCP Socket 有着不同的意义。对于 UDP，SO_REUSEADDR 决定多个 DatagramSocket 是否可以同时被绑定到相同的 IP 地址和端口。如果多个 DatagramSocket 被绑定到相同的 IP 地址和端口，那么到达该地址的数据报会被复制给所有的 DatagramSocket。

setResuseAddress(boolean on)必须在 DatagramSocket 绑定到端口之前被调用，这意味着必须采用以下这个构造方法来创建 DatagramSocket 对象。

```
此构造方法创建的 DatagramSocket 对象未和任何端口绑定
protected   DatagramSocket(DatagramSocketImpl impl)
```

重用地址主要用于组播 Socket，8.5 节对此做了介绍。此外，数据报通道也能重用地址，参见 8.4 节。

```
DatagramChannel channel= DatagramChannel.open();
DatagramSocket socket=channel.socket();
socket.setReuseAddress(true);  //允许重用地址
SocketAddress address=new InetSocketAddress(8000);
socket.bind(address);
```

5. SO_BROADCAST 选项

- 设置该选项：public void setBroadCast(boolean on) throws SocketException
- 读取该选项：public boolean getBroadCast() throws SocketException

SO_BROADCAST 选项决定是否允许对网络广播地址发送广播数据报。对于一个地址为 192.168.5.*的网络，其本地网络广播地址为 192.168.5.255。UDP 广播常被用于 JXTA 对等发现协议（JXTA Peer Discovery Protocol）、服务定位协议（Service Location Protocol）和 DHCP 动态主机配置协议（Dynamic Host Configuration Protocol）等协议。例如，如果需要和本地网中的服务器通信，但是预先不知道服务器的地址，就需要采用这些协议。

广播数据报一般只在本地网络中传播，路由器和网关一般不转发广播数据报。SO_BROADCAST 选项的默认值为 true。如果不希望发送广播数据报，那么可以调用 DatagramSocket 的 setBroadCast(false)方法。

8.3.6 IP 服务类型选项

UDP 与 TCP 都建立在 IP 基础之上，DatagramSocket 也提供了设置和读取 IP 服务类型的方法：

- 设置服务类型：public void setTrafficClass(int trafficClass) throws SocketException
- 读取服务类型：public int getTrafficClass() throws SocketException

2.5.9 节（IP 服务类型选项）已经介绍了 IP 服务类型的概念和用途。DatagramSocket 的以上方法和 Socket 的对应方法的作用是相同的，都是设置和读取 IP 服务类型。

8.4 DatagramChannel 类

从 JDK1.4 开始，添加了一个支持按照非阻塞方式发送和接收数据报的 DatagramChannel。DatagramChannel 是 SelectableChannel 的子类，可以被注册到一个 Selector。使用 DatagramChannel，可以使得 UDP 服务器只需用单个线程就能同时与多个客户通信。DatagramChannel 在默认情况下采用阻塞模式，如果希望该为非阻塞模式，那么可以调用 configureBlocking(false)方法。

8.4.1 创建 DatagramChannel

DatagramChannel 类的静态 open()方法返回一个 DatagramChannel 对象，每个 DatagramChannel 对象都关联了一个 DatagramSocket 对象，DatagramChannel 对象的 socket()方法返回这个 DatagramSocket 对象。

DatagramChannel 对象被创建后，与它关联的 DatagramSocket 对象还没有被绑定到任何地址，必须调用 DatagramSocket 对象的 bind()方法来与一个本地地址绑定。

```
DatagramChannel channel= DatagramChannel.open();
DatagramSocket socket=channel.socket();
SocketAddress address=new InetSocketAddress(8000);
socket.bind(address);
```

8.4.2 管理连接

与 DatagramSocket 一样，DatagramChannel 的 connect(SocketAddress remote)方法使得通道只能对特定的远程地址收发数据报。DatagramChannel 的 isConnected()方法判断通道是否只能对特定的远程地址收发数据报。

只要调用 DatagramChannel 的 disconnect()方法，就能使得通道能再次对多个远程地址收发数据报。

UDP 客户程序通常只和特定的 UDP 服务器通信，因此在 UDP 客户程序中可以把 DatagramChannel 与远程服务器连接。UDP 服务器需要与多个 UDP 客户程序通信，因此在 UDP 服务器中一般不用调用 DatagramChannel 的 connect()方法。

8.4.3　用 send()方法发送数据报

DatagramChannel 的 send(ByteBuffer src,SocketAddress target)方法把参数 src 中的剩余数据作为一个数据报写到通道中，参数 target 指定目标地址，该方法返回发送的字节数。

```
public int send(ByteBuffer src,SocketAddress target)throws IOException
```

如果希望把相同数据发给多个客户，那么可以重用源 ByteBuffer。在这种情况下，每次都要把 ByteBuffer 的位置重新设为零。

```
channel.send(src, target1);
src.rewind();  //把缓冲区的位置重设为 0
channel.send(src, target2);
src.rewind();  //把缓冲区的位置重设为 0
channel.send(src, target3);
```

假定源 ByteBuffer 中的剩余字节数为 n（n=limit-position+1），那么 send()方法会把这 n 字节作为一个数据报发送，如果发送成功，send()方法就会返回 n。如果底层网络的发送缓冲区没有足够的空间来容纳要发送的数据报，并且 DatagramChannel 工作于非阻塞模式，那么 send()方法不会发送任何字节，立即返回 0。

send()方法不会把 n 字节分为多个数据报发送。这 n 字节要么全部作为一个数据报被发送，要么 1 字节也不发送。

8.4.4　用 receive()方法接收数据报

DatagramChannel 的 receive(ByteBuffer dst)方法从通道中读取一个数据报，存放在参数指定的 ByteBuffer 中，并返回数据报的发送方的地址。

```
public SocketAddress receive(ByteBuffer dst)throws IOException
```

如果 DatagramChannel 工作于阻塞模式，那么 receive()方法在读取到数据报之前不会返回。如果 DatagramChannel 工作于非阻塞模式，那么 receive()方法在没有数据报可读取的情况下立即返回 null。

如果接收到的数据报的大小超过了 ByteBuffer 缓冲区的大小，那么额外的数据会被丢弃，程序得不到任何通知，receive()方法不会抛出 BufferOverflowException 或类似的异常。因此程序必须确保 ByteBuffer 足够大，能容纳最大的数据报。

例程 8-4 的 SendChannel 和例程 8-5 的 ReceiveChannel 分别发送和接收数据报。

例程 8-4　SendChannel.java

```
import java.io.*;
import java.net.*;
import java.nio.*;
import java.nio.channels.*;
public class SendChannel {
  public static void main(String args[])throws Exception {
    DatagramChannel channel= DatagramChannel.open();
    DatagramSocket socket=channel.socket();
    SocketAddress localAddr=new InetSocketAddress(7000);
    SocketAddress remoteAddr=
      new InetSocketAddress(InetAddress.getByName("localhost"),8000);
    socket.bind(localAddr);
    while(true){
      ByteBuffer buffer=ByteBuffer.allocate(1024);
      buffer.clear();
      System.out.println("缓冲区的剩余字节为"+buffer.remaining());
      int n=channel.send(buffer,remoteAddr);
      System.out.println("发送的字节数为"+n);
      Thread.sleep(500);
    }
  }
}
```

例程 8-5　ReceiveChannel.java

```
import java.io.*;
import java.net.*;
import java.nio.*;
import java.nio.channels.*;
public class ReceiveChannel {
  public static void main(String args[])throws Exception {
    final int ENOUGH_SIZE=1024;
    final int SMALL_SIZE=4;

    boolean isBlocked=true;   //决定阻塞或非阻塞模式
    int size=ENOUGH_SIZE;  //表示缓冲区的大小

    if(args.length>0){
      int opt=Integer.parseInt(args[0]);  //读取命令行参数
      switch(opt){
        case 1: isBlocked=true;size=ENOUGH_SIZE;break;
        case 2: isBlocked=true;size=SMALL_SIZE;break;
        case 3: isBlocked=false;size=ENOUGH_SIZE;break;
        case 4: isBlocked=false;size=SMALL_SIZE;break;
      }
```

```
    }

    DatagramChannel channel= DatagramChannel.open();
    channel.configureBlocking(isBlocked);
    //用于存放接收到的数据报的缓冲区
    ByteBuffer buffer=ByteBuffer.allocate(size);
    DatagramSocket socket=channel.socket();
    SocketAddress localAddr=new InetSocketAddress(8000);
    socket.bind(localAddr);

    while(true){
      System.out.println("开始接收数据报");
      SocketAddress remoteAddr=channel.receive(buffer);
      if(remoteAddr==null){
        System.out.println("没有接收到数据报");
      }else{
        buffer.flip();
        System.out.println("接收到的数据报的大小为"+buffer.remaining());
      }
      Thread.sleep(500);
    }
  }
}
```

SendChannel 工作于默认的阻塞模式，每次发送的数据报的长度为 1024 字节。ReceiveChannel 既可以工作于阻塞模式，也可以工作于非阻塞模式，ReceiveChannel 用来存放接收到的数据报的缓冲区 buffer 的大小既可以为 1024 字节，也可以为 4 字节，这都取决于运行 ReceiveChannel 时设置的命令行参数。下面按 5 种方式运行 SendChannel 和 ReceiveChannel。

（1）单独运行“java ReceiveChannel 1”命令，此时 ReceiveChannel 工作于阻塞模式，缓冲区 buffer 的大小为 1024 字节。由于 ReceiveChannel 不能接收到任何数据报，因此程序在执行 channel.receive(buffer)方法时阻塞。

（2）先运行“java ReceiveChannel 1”命令，再运行“java SendChannel”命令。此时 ReceiveChannel 工作于阻塞模式，缓冲区 buffer 的大小为 1024 字节。ReceiveChannel 不断接收 SendChannel 发送的数据报，ReceiveChannel 的打印结果如下。

```
开始接收数据报
接收到的数据报的大小为 1024
开始接收数据报
接收到的数据报的大小为 1024
开始接收数据报
接收到的数据报的大小为 1024
开始接收数据报
...
```

（3）先运行“java ReceiveChannel 2”命令，再运行“java SendChannel”命令。此时 ReceiveChannel 工作于阻塞模式，缓冲区 buffer 的大小为 4 字节。ReceiveChannel 不断接收 SendChannel 发送的数据报，由于 ReceiveChannel 的缓冲区 buffer 太小，因此只能存放数据报的 4 字节，其余数据被丢弃。ReceiveChannel 的打印结果如下。

```
开始接收数据报
接收到的数据报的大小为 4
开始接收数据报
接收到的数据报的大小为 4
开始接收数据报
接收到的数据报的大小为 4
开始接收数据报
...
```

（4）单独运行“java ReceiveChannel 3”命令，此时 ReceiveChannel 工作于非阻塞模式，缓冲区 buffer 的大小为 1024 字节。由于 ReceiveChannel 不能接收到任何数据报，因此程序在执行 channel.receive(buffer)方法时立即返回 null。ReceiveChannel 的打印结果如下。

```
开始接收数据报
没有接收到数据报
开始接收数据报
没有接收到数据报
开始接收数据报
没有接收到数据报
开始接收数据报
...
```

（5）先运行“java ReceiveChannel 3”命令，再运行“java SendChannel”命令。此时 ReceiveChannel 工作于非阻塞模式，缓冲区 buffer 的大小为 1024 字节。ReceiveChannel 不断接收 SendChannel 发送的数据报，ReceiveChannel 的打印结果如下。

```
开始接收数据报
接收到的数据报的大小为 1024
开始接收数据报
接收到的数据报的大小为 1024
开始接收数据报
接收到的数据报的大小为 1024
开始接收数据报
......
```

例程 8-6 的 EchoServer 用 DatagramChannel 来收发数据报，DatagramChannel 工作于阻塞模式。

例程 8-6　EchoServer.java

```
package channel;
```

```
import java.io.*;
import java.net.*;
import java.nio.*;
import java.nio.channels.*;
import java.nio.charset.*;
public class EchoServer {
  private int port=8000;
  private DatagramChannel channel;
  private final int MAX_SIZE=1024;

  public EchoServer() throws IOException {
    channel= DatagramChannel.open();
    DatagramSocket socket=channel.socket();
    SocketAddress localAddr=new InetSocketAddress(8000);
    socket.bind(localAddr);

    System.out.println("服务器启动");
  }

  public String echo(String msg) {
    return "echo:" + msg;
  }

  public void service() {
    ByteBuffer receiveBuffer=ByteBuffer.allocate(MAX_SIZE);
    while (true) {
      try {
        receiveBuffer.clear();
        //接收来自任意一个 EchoClient 的数据报
        InetSocketAddress client=
             (InetSocketAddress)channel.receive(receiveBuffer);
        receiveBuffer.flip();
        String msg=Charset.forName("GBK")
              .decode(receiveBuffer).toString();
        System.out.println(client.getAddress() + ":" +client.getPort()
                     +">"+msg);
        //给 EchoClient 回复一个数据报
        channel.send(ByteBuffer.wrap(echo(msg).getBytes()),client);
      }catch (IOException e) {
         e.printStackTrace();
      }
    }
  }

  public static void main(String args[])throws IOException {
    new EchoServer().service();
```

```
    }
}
```

8.4.5 用 write()方法发送数据报

write()方法和 send()方法一样，也能发送数据报。write()方法有 3 种重载形式：

```
(1) public int write(ByteBuffer src)throws IOException
(2) public long write(ByteBuffer[] srcs) throws IOException
(3) public long write(ByteBuffer[] srcs, int offset, int length)
                                       throws IOException
```

以上第 2 个和第 3 个方法依次发送 ByteBuffer 数组中每个 ByteBuffer 的数据。在第 3 个方法中，参数 offset 指定 ByteBuffer 数组的起始位置，参数 length 指定发送的 ByteBuffer 的数目，writ()方法从 srcs[offset]开始发送，到 srcs[offset+length-1]为止。write()方法返回实际发送的字节数。

DatagramChannel 的 write()与 send()方法的区别如下所述。

（1）write()方法要求 DatagramChannel 已经建立连接，也就是说，程序在调用 DatagramChannel 的 write()方法之前，要求先调用 connect()方法使通道与特定的远程接收方连接。而 send()方法则没有这一限制。

（2）在非阻塞模式下，write()方法不保证把 ByteBuffer 内的所有剩余数据作为一个数据报发送。假如 ByteBuffer 的剩余数据为 *r*，实际发送的字节数为 n，那么 $0<=n<=r$。而 send()方法总是把 ByteBuffer 内的所有剩余数据作为一个数据报发送。

在非阻塞模式下，如果要通过 write()方法发送 ByteBuffer 内的所有剩余数据，那么可以采用以下方式。

```
while(buffer.hasRemaining() && channel.write(buffer)!=-1);
```

8.4.6 用 read()方法接收数据报

read()方法和 receive()方法一样，也能接收数据报。read()方法有 3 种重载形式：

```
public int read(ByteBuffer src)throws IOException
public long read(ByteBuffer[] srcs) throws IOException
public long read(ByteBuffer[] srcs, int offset, int length)
        throws IOException
```

以上 3 种形式都只接收一个数据报，这个数据报的数据被保存到 ByteBuffer 中。第 2 种和第 3 种形式则会把数据报的数据保存到 ByteBuffer 数组中。read()方法返回实际接收的数据的字节数。

DatagramChannel 的 read()与 receive()方法的区别在于：read()方法要求 DatagramChannel

已经建立连接，也就是说，程序在调用 DatagramChannel 的 read()方法之前，要求先调用 connect()方法使通道与特定的远程发送方连接。而 receive()方法则没有这一限制。

在以下情况下，read()方法返回 0。

（1）DatagramChannel 工作于非阻塞模式，并且没有就绪的数据报。

（2）接收到的数据报中不包含数据。

（3）ByteBuffer 缓冲区已满。

read()与 receive()方法一样，如果 ByteBuffer 缓冲区无法容纳数据报中的所有数据，那么多余的数据被丢弃，程序得不到任何通知，不会抛出 BufferOverflowException 或类似的异常。

例程 8-7 的 EchoClient 与 4.4.2 节的例程 4-6 的 EchoClient 有些相似。主要区别在于前者使用 DatagramChannel，而后者使用 SocketChannel。

例程 8-7　EchoClient

```
package channel;
import java.net.*;
import java.nio.channels.*;
import java.nio.*;
import java.io.*;
import java.nio.charset.*;
import java.util.*;

public class EchoClient{
  private DatagramChannel datagramChannel = null;
  private ByteBuffer sendBuffer=ByteBuffer.allocate(1024);
  private ByteBuffer receiveBuffer=ByteBuffer.allocate(1024);
  private Charset charset=Charset.forName("GBK");
  private Selector selector;

  public EchoClient()throws IOException{
    this(7000);
  }
  public EchoClient(int port)throws IOException{
    datagramChannel = DatagramChannel.open();
    InetAddress ia = InetAddress.getLocalHost();
    InetSocketAddress isa = new InetSocketAddress(ia,port);
    datagramChannel.configureBlocking(false); //设置为非阻塞模式
    datagramChannel.socket().bind(isa); //与本地地址绑定
    isa = new InetSocketAddress(ia,8000);
    datagramChannel.connect(isa); //与远程地址连接
    selector=Selector.open();
  }

  public static void main(String args[])throws IOException{
    int port=7000;
```

```
    if(args.length>0)port=Integer.parseInt(args[0]);
    final EchoClient client=new EchoClient(port);
    Thread receiver=new Thread(){
      public void run(){
        client.receiveFromUser();
      }
    };

    receiver.start();
    client.talk();
  }

  public void receiveFromUser(){
    try{
      BufferedReader localReader=new BufferedReader(
                  new InputStreamReader(System.in));
      String msg=null;
      while((msg=localReader.readLine())!=null){
        synchronized(sendBuffer){
            sendBuffer.put(encode(msg + "\r\n"));
         }
        if(msg.equals("bye"))
          break;
      }
    }catch(IOException e){
       e.printStackTrace();
    }
  }

  public void talk()throws IOException {
     datagramChannel.register(selector,
                       SelectionKey.OP_READ |
                       SelectionKey.OP_WRITE);
     while (selector.select() > 0 ){
       Set readyKeys = selector.selectedKeys();
       Iterator it = readyKeys.iterator();
       while (it.hasNext()){
         SelectionKey key=null;
         try{
             key = (SelectionKey) it.next();
             it.remove();

             if (key.isReadable()) {
                 receive(key);
             }
             if (key.isWritable()) {
                 send(key);
```

```
            }
        }catch(IOException e){
          e.printStackTrace();
          try{
              if(key!=null){
                  key.cancel();
                  key.channel().close();
              }
          }catch(Exception ex){e.printStackTrace();}
        }
    }//#while
  }//#while
}

public void send(SelectionKey key)throws IOException{
  DatagramChannel datagramChannel=(DatagramChannel)key.channel();
  synchronized(sendBuffer){
      sendBuffer.flip(); //把极限设为位置
      datagramChannel.write(sendBuffer);
      sendBuffer.compact();
   }
}
public void receive(SelectionKey key)throws IOException{
  DatagramChannel datagramChannel=(DatagramChannel)key.channel();
  datagramChannel.read(receiveBuffer);
  receiveBuffer.flip();
  String receiveData=decode(receiveBuffer);

  if(receiveData.indexOf("\n")==-1)return;

  String outputData=receiveData
                  .substring(0,receiveData.indexOf("\n")+1);
  System.out.print(outputData);
  if(outputData.equals("echo:bye\r\n")){
      key.cancel();
      datagramChannel.close();
      System.out.println("关闭与服务器的连接");
      selector.close();
      System.exit(0);
  }

  ByteBuffer temp=encode(outputData);
  receiveBuffer.position(temp.limit());
  receiveBuffer.compact();
}

public String decode(ByteBuffer buffer){  //解码
```

```
        CharBuffer charBuffer= charset.decode(buffer);
        return charBuffer.toString();
      }
      public ByteBuffer encode(String str){  //编码
        return charset.encode(str);
      }
    }
```

EchoClient 类共使用了主线程和 Receiver 线程两个线程。主线程主要负责接收和发送数据，这些操作由 talk()方法实现。Receiver 线程负责读取用户向控制台输入的数据，该操作由 receiveFromUser()方法实现。

talk()方法向 Selector 注册读就绪和写就绪事件，然后轮询已经发生的事件，并做出相应的处理。如果发生读就绪事件，就执行 receive()方法，如果发生写就绪事件，就执行 send()方法。

receive()方法接收 EchoServer 发回的响应数据报，把它们存放在 receiveBuffer 中。如果 receiveBuffer 中已经满一行数据，就向控制台打印这一行数据，并且把这行数据从 receiveBuffer 中删除。如果打印的字符串为“echo:bye\r\n”，就关闭 DatagramChannel，并且结束程序。

send()方法把 sendBuffer 中的数据发送给 EchoServer，然后删除已经发送的数据。由于 Receiver 线程以及执行 send()方法的主线程都会操纵共享资源 sendBuffer，为了避免对共享资源的竞争，对 send()方法中操纵 sendBuffer 的代码进行了同步。

8.4.7 Socket 选项

本书 4.2.10 节已经讲过，DatagramChannel 类实现了 NetworkChannel 接口。NetworkChannel 接口的主要作用是设置和读取各种 Socket 选项。从 JDK 7 开始，DatagramChannel 类支持以下 8 种选项。

- StandardSocketOptions.IP_TOS：表示 IP 服务类型。
- StandardSocketOptions.SO_BROADCAST：是否允许发送广播数据报。
- StandardSocketOptions.SO_RCVBUF：表示接收数据报的缓冲区的大小。
- StandardSocketOptions.SO_SNDBUF：表示发送数据报的缓冲区的大小。
- StandardSocketOptions.SO_REUSEADDR：是否允许重用地址。
- StandardSocketOptions.IP_MULTICAST_IF：表示用于组播的本地网络接口。
- StandardSocketOptions. IP_MULTICAST_LOOP：是否允许组播数据报的回送。即发送数据报的主机是否会收到自身发送的数据报。
- StandardSocketOptions.IP_MULTICAST_TTL：表示组播数据报的生存时间。

以上后 3 个选项被用于设置组播的一些特性。DatagramChannel 类还实现了 MulticastChannel 接口。MulticastChannel 接口表示组播通道，因此 DatagramChannel 类还可以用于组播通信，本书对此不再深入讨论。

以下代码通过 DatagramChannel 的 setOption()方法，来支持发送广播数据报。

```
DatagramChannel channel=DatagramChannel.open();
channel.setOption(StandardSocketOptions.SO_BROADCAST,true);
//发送广播数据报
......
```

8.5 组播

网络数据传播按照接收者的数量，可分为以下 3 种方式。

- 单播：提供点对点的通信。发送者每次发送的数据有着唯一的目的地址，只被一个接收者接收。本书前面介绍的 TCP Socket 和 UDP Socket 都只支持单播。
- 广播：发送者每次发送的数据可以被传播范围内的所有接收者接收。电视台就采用广播方式。从电视台发射的信号被发送到传播范围内的每个点。不管电视机有没有打开，信号都能到达每台电视机。IP 支持广播，但是由于广播会大大增加网络的数据流量，因此对广播的使用作了严格的限制。路由器可以限制对本地网络或子网的广播，并禁止对整个 Internet 的广播。此外，应该禁止广播那些占用高带宽的数据，如音频和视频数据。试想如果一个实时视频流被广播给上亿的 Internet 用户，那么将使 Internet 严重超载，甚至崩溃。
- 组播：发送者每次发送的数据可以被小组内的所有接收者接收。组播的接收范围介于单播和广播之间。对特定话题感兴趣的主机加入同一个组播组。向这个组发送的数据会到达组内所有的主机，但不会到达组外的主机。

当发送者要给 1000 个接收者发送同样的数据，如果采用单播，那么数据在发送方被复制 1000 份，分别传送给每个接收者，这种传播方式效率很低，因为它对数据进行了不必要的复制，浪费了许多网络带宽。如果采用组播，则可以大大提高传输效率，路由器会动态决定组播数据的路由，只在必要时才复制数据。

如图 8-2 所示，假定主机 1 把数据组播给主机 2、主机 3、主机 4 和主机 5。数据只在路由器 2 和路由器 3 上被复制，在其余节点上无须被复制。在从主机 1 到路由器 2 的传输路径上，数据只需传送一次。如果采用单播方式，那么数据在主机 1 上就被复制 4 次再发送。在从主机 1 到路由器 2 的传输路径上，数据需要被重复传送 4 次。

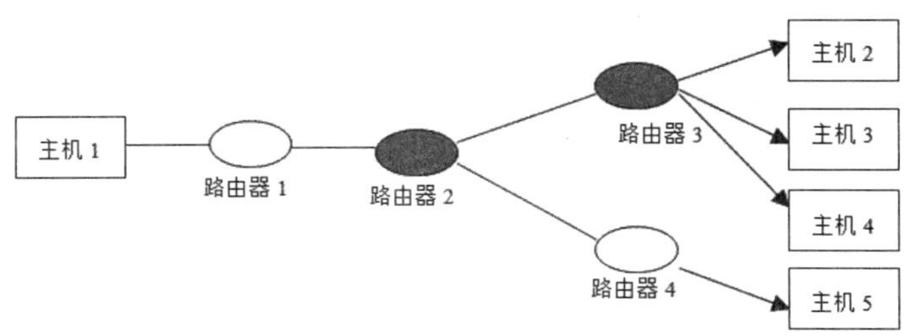

图 8-2　主机 1 把数据组播给主机 2、主机 3、主机 4 和主机 5

组播组内的所有主机共享同一个地址，这种地址被称为组播地址。组播地址是范围在224.0.0.0 ~ 239.255.255.255 之间的 IP 地址。此范围内的所有地址的前 4 个二进制位都是“1110”。组播地址也被称为 D 类 IP 地址，与其他的 A 类、B 类和 C 类地址相区别。组播组是开放的，主机可以在任何时候进入或离开组。IPv6 的组播地址都以十六进制值 0xFF 开头（对应的二进制值为 11111111）。

IANA（Internet Assigned Numbers Authority）组织负责分发永久组播地址。到目前为止，它已经分配了几百个地址。大多数已分配的地址以 224.0、224.1、224.2 或 239 开头，表 8-1 列出了一些永久组播地址。完整的组播地址分配列表可以从 iana 的官方网站获得。剩余的 2.48 亿个 D 类地址可以被任何需要的人用于临时目的。组播路由器（简称为 mrouter）负责确保两个不同的网络系统不会同时使用相同的 D 类地址。从表 8-1 可以看出，与其他 IP 地址一样，组播地址也可以有域名，例如组播地址 224.0.1.1 的域名为 ntp.mcast.net。

表 8-1　常见的永久组播地址

域　　名	IP 地址	用　　途
base-address.mcast.net	224.0.0.0	保留地址，永远不会被分配给任何组播组
all-systems.mcast.net	224.0.0.1	本地子网上的所有系统
all-routers.mcast.net	224.0.0.2	本地子网上的所有路由器
mobile-agents.mcast.net	224.0.0.11	本地子网上的移动代理
dhcp-agents.mcast.net	224.0.0.12	此组播组允许客户查找本地子网上的 DHCP（动态主机配置协议）服务器
ntp.mcast.net	224.0.1.1	网络时间协议
nss.mcast.net	224.0.1.6	命名服务服务器
audionews.mcast.net	224.0.1.7	音频新闻组播
mtp.mcast.net	224.0.1.9	组播传输协议
ietf-1-low-audio.mcast.net	224.0.1.10	IETF 会议的低质量音频，频道 1
ietf-1-audio.mcast.net	224.0.1.11	IETF 会议的高质量音频，频道 1
ietf-1-video.mcast.net	224.0.1.12	IETF 会议的视频，频道 1
ietf-2-low-audio.mcast.net	224.0.1.13	IETF 会议的低质量音频，频道 2
ietf-2-audio.mcast.net	224.0.1.14	IETF 会议的高质量音频，频道 2
ietf-2-video.mcast.net	224.0.1.15	IETF 会议的视频，频道 2
music-service.mcast.net	224.0.1.16	音乐服务
experiment.mcast.net	224.0.1.20	不超出本地子网的实验
	224.2.0.0 ~ 224.2.255.255	Internet 上的组播主干网（MBONE）地址，用于多媒体会议，即音频、视频、白板和多人共享的 Web
	239.0.0.0 ~ 239.255.255.255	具有管理范围的地址。例如 239.178.0.0~239.178.255.255 之间的地址可能属于纽约州的管理范围。寻址到其中一个地址的数据不会被转发到纽约以外。管理范围能限制到达某一区域或路由器组的组播流量

大多数组播数据为音频或视频，这些数据一般都很大，即便部分数据在传输途中被丢失，接收方也仍然能识别信号。因此组播数据通过 UDP 发送，虽然不可靠，但比面向连接

的 TCP 的传输速度快 3 倍以上。

组播与单播 UDP 的区别在于，前者必须考虑 TTL（Time To Live）值，它用 IP 数据包的头部的 1 字节表示。TTL 通过限制 IP 包被丢弃前通过的路由器数目，来决定 IP 包的生存时间。IP 包每通过一个路由器，TTL 就减 1，当 TTL 变为 0，这个包就被丢弃。TTL 的一个作用是防止配置有误的路由器把包在路由器之间无限地来回传递，还有一个作用是限制组播的地理范围。例如，当 TTL 为 16 时，包被限制在本地区域内传播，当 TTL 为 255 时，包将被发送到整个世界。不过，TTL 并不能精确地决定包被传播的地理范围。一般情况下，接收方离得越远，包要经过的路由器就越多，TTL 值小的包不会比 TTL 值大的包传播得更远。表 8-2 列出了 TTL 值与包传播的地理范围的粗略对应关系。值得注意的是，无论 TTL 取什么值，如果包被发送给地址为 224.0.0.0~224.0.0.255 之间的组播组，则包只会在本地子网内传播，而不会被转发到其他网络。

表 8-2　TTL 值与包传播的地理范围的粗略对应关系

TTL 值	包传播的地理范围
0	本地主机
1	本地子网
16	最近的 Internet 路由器的同一端
32	同一国家的高带宽网站，一般非常靠近主干网
48	同一国家的所有网站
64	同一大洲的所有网站
128	世界范围内的高带宽网站
255	世界范围的所有网站

如果要收发本地子网以外的组播数据，那么要求本地网上配置了组播路由器（mrouter）。可以从网络管理员那里了解是否配置了 mrouter，也可以运行命令“ping all-routers.mcast.net”，如果有路由器响应，则说明网络上有 mrouter。

此外，即使子网上配置了 mrouter，还是不能保证收发 Internet 上每一台主机的组播数据。如果要让包能到达组播组内的任何地址，那么需要在发送主机和接收主机之间存在一条由多个 mrouter 组成的传输路径。如果不存在这样的路径，包就无法到达某个接收主机。

8.5.1　MulticastSocket 类

java.net.MulticastSocket 具有组播的功能，它是 DatagramSocket 的子类。

```
public class MulticastSocket extends DatagramSocket
      implements Closeable,AutoCloseable
```

和 DatagramSocket 一样，MulticastSocket 也与 DatagramPacket 搭配使用，DatagramPacket 用来存放接收和发送的组播数据报。

如果要接收组播数据报，只需创建一个 MulticastSocket，把它加入组播组，就能接收发送到该组的组播数据。

发送组播数据报与发送单播数据报非常相似，只需创建一个 MulticastSocket，无须把它加入组播组（当然也可以把它加入组播组），就能向一个组播组发送数据。发送组播数据报与发送单播数据报的区别在于，前者可以先调用 setTimeToLive()方法，来设置组播数据报的 TTL 生存时间。

1．构造 MulticastSocket

MulticastSocket 有以下构造方法。

```
(1) public MulticastSocket() throws SocketException
(2) public MulticastSocket(int port) throws SocketException
(3) public MulticastSocket(SocketAddress bindAddress)
          throws SocketException
```

第 1 个不带参数的构造方法使 MulticastSocket 与一个匿名端口绑定，对于只发送组播数据的程序，可以使用这种构造方法。其余两个构造方法使 MulticastSocket 绑定到特定的已知端口，对于接收组播数据的程序，使用这两种构造方法使发送方发送的组播数据可方便地寻址到该 MulticastSocket。

对于第 3 个构造方法，如果把参数设为 null，那么 MulticastSocket 不与任何本地端口绑定，程序接下来需要再调用 bind()方法。MulticastSocket 的有些选项必须在被绑定到本地端口之前设置才有效，此时可以采用以下方式。

```
MulticastSocket ms=new MulticastSocket(null);
ms.setReuseAddress(false);  //设置 MulticastSocket 的 SO_REUSEADDR 选项
SocketAddress address=new InetSocketAddress(4000);
ms.bind(address);
```

在默认情况下，MulticastSocket 允许其他 MulticastSocket 重用绑定地址。以上代码把 SO_REUSEADDR 选项设为 false，禁止重用绑定地址。

2．与组播组通信

MulticastSocket 支持以下 4 种操作。

（1）加入组播组：joinGroup()方法。

（2）向组中成员发送数据报：send()方法。

（3）接收发送到组播组的数据报：receive()方法。

（4）离开组播组：leaveGroup()方法。

MulticastSocket 的 send()和 receive()方法直接从父类 DatagramSocket 中继承而来，joinGroup()和 leaveGroup()方法是 MulticastSocket 专有的。程序可以按照任何顺序执行以上 4 种操作。例外情况是，MulticastSocket 必须加入组后才能接收发往该组的数据，此外，必须加入组后才能离开该组。但是，MulticastSocket 向一个组发送数据并不一定要先加入该组。

MulticastSocket 的 joinGroup()方法用于加入一个组播组。一个 MulticastSocket 可以多次调用 joinGroup()方法，加入多个组播组。此外，同一个主机上的多个 MulticastSocket，或者主机的同一程序内的多个 MulticastSocket 可以加入同一个组播组，每个 MulticastSocket 都会接收到发往该组的数据。joinGroup()方法有两种重载形式。

```
public void joinGroup(InetAddress address)throws IOException
public void joinGroup(SocketAddress address,NetwordInterface interface)
                throws IOException
```

在第 1 个 joinGroup()方法中，参数 address 指定一个组播 IP 地址，该地址必须位于 224.0.0.0~ 239.255.255.255 之间，否则该方法会抛出 IOException。

在第 2 个 joinGroup()方法中，参数 address 指定组播地址，参数 interface 指定网络接口。利用此方法，可以限定 MulticastSocket 只接收来自某个网络接口的组播数据报。例如以下程序代码尝试加入名为“angel”的网络接口上 IP 地址为 224.2.2.2 的组。如果不存在这样的网络接口，就加入所有可用网络接口上的组。

```
MulticastSocket ms=new MulticastSocket(4000);
SocketAddress group=new InetSocketAddress("224.2.2.2",40);
NetworkInterface ni=new NetworkInterface.getByName("angel");
if(ni!=null){
  ms.joinGroup(group,ni);
}else{
  ms.joinGroup(group);
}
```

MulticastSocket 的 leaveGroup()方法用于离开一个组播组。MulticastSocket 离开了一个组后，就不能再接收到发往该组的数据报。它有以下两种重载形式。

```
public void leaveGroup(InetAddress address)throws IOException
public void leaveGroup(SocketAddress address,
                   NetwordInterface interface)throws IOException
```

参数 address 指定要离开的组播地址，如果试图离开的地址不是组播地址，leaveGroup()方法就会抛出 IOException。但是，如果 MulticastSocket 离开一个并未加入的组，leaveGroup()方法则不会抛出任何异常。参数 interface 指定不再希望接受来自某个网络接口的组播数据报。MulticastSocket 有可能一开始加入了所有网络接口的组播组，随后可通过第 2 个 leaveGroup()方法离开其中的一个网络接口中的组。

3. 设置和获得 MulticastSocket 的属性

MuliticastSocket 类提供了两组用于设置和读取网络接口的方法。MuliticastSocket 只会对该网络接口中的组收发组播数据。

```
//第 1 组方法
public void setInterface(InetAddress address)throws SocketException
public InetAddress getInterface()throws SocketException
//第 2 组方法
```

```
public void setNetworkInterface(NetworkInterface interface)
            throws SocketException
public NetworkInterface getNetworkInterface() throws SocketException
```

以上两组方法作用相同。区别在于第 1 组方法用 InetAddress 类表示网络接口，而第 2 组方法用 NetworkInterface 类表示网络接口。一个 NetworkInterface 对象表示一个网络接口，它有一个唯一的域名，并且可以包含一个或多个 IP 地址。

MuliticastSocket 类提供了设置和读取 TTL 属性的方法。

```
public void setTimeToLive(int ttl) throws IOException
public int getTimeToLive() throws IOException
```

TTL 属性决定了 MuliticastSocket 发送的组播数据报允许通过的路由器数目，它的取值范围是 0~ 255。

MuliticastSocket 类提供了设置和读取组播数据报回送模式（LoopbackMode）的方法。

```
public void setLoopbackMode(boolean disable) throws SocketException
public boolean getLoopbackMode() throws SocketException
```

如果调用 setLoopbackMode(true)方法，那么 MuliticastSocket 不能接收到自身发送的组播数据报；如果调用 setLoopbackMode(false)方法，那么 MuliticastSocket 能接收到自身发送的组播数据报。值得注意的是，setLoopbackMode()方法仅仅向底层网络提出一个建议，底层网络有可能会忽略这个建议。程序必须通过 getLoopbackMode()方法来获悉底层网络实际上是否会回送组播数据报。

8.5.2 组播 Socket 的范例

例程 8-8 的 MulticastSender 类向一个 IP 地址为 224.0.1.1 的组播组发送数据报。MulticastSocket 发送数据报的方式与 DatagramSocket 非常相似。

```
DatagramPacket dp =
         new DatagramPacket(buffer, buffer.length,group,port);
ms.send(dp);  //发送组播数据报
```

MulticastSocket 不管是否加入组播组，都能发送组播数据报。因此把程序中的“ms.joinGroup(group);”这一行注释掉，不会影响程序的运行效果。

在例程 8-9 的 MulticastReceiver 类中，MulticastSocket 在默认情况下加入 IP 地址为 224.0.1.1 的组播组，然后不断接收发往该组的数据报。MulticastSocket 接收数据报的方式与 DatagramSocket 非常相似。

```
DatagramPacket dp = new DatagramPacket(buffer, buffer.length);
ms.receive(dp);  //接收组播数据报
```

例程 8-8　MulticastSender.java

```
import java.net.*;
import java.io.*;

public class MulticastSender {
  public static void main(String[] args) throws Exception{
    InetAddress group=InetAddress.getByName("224.0.1.1");
    int port=4000;
    MulticastSocket ms = null;

    try {
      ms = new MulticastSocket(port);
      ms.joinGroup(group);  //加入组播组
      while (true) {
        String message = "Hello " + new java.util.Date();
        byte[] buffer=message.getBytes();
        DatagramPacket dp = new DatagramPacket(
                buffer, buffer.length,group,port);
        ms.send(dp);  //发送组播数据报
        System.out.println("发送数据报给 "+group+":"+port);
        Thread.sleep(1000);
      }
    }catch (IOException e) {
       e.printStackTrace();
    }finally {
      if (ms != null) {
        try {
          ms.leaveGroup(group);
          ms.close();
        }
        catch (IOException e) {}
      }
    }
  }
}
```

例程 8-9　MulticastReceiver.java

```
import java.net.*;
import java.io.*;
public class MulticastReceiver {
  public static void main(String[] args) throws Exception{
    String address="224.0.1.1";
    int port=4000;
    if(args.length==2){ //读取用户从命令行输入的组播地址和端口
      address=args[0];  //组播地址
      port=Integer.parseInt(args[1]);  //端口号
```

```
    }
    InetAddress group=InetAddress.getByName(address);
    MulticastSocket ms = null;

    try {
      ms = new MulticastSocket(port);
      ms.joinGroup(group);  //加入组播组

      byte[] buffer = new byte[8192];
      while (true) {
        DatagramPacket dp = new DatagramPacket(buffer, buffer.length);
        ms.receive(dp);  //接收组播数据报
        String s = new String(dp.getData(),0,dp.getLength());
        System.out.println(s);
      }
    }catch (IOException e) {
       e.printStackTrace();
    }finally {
      if (ms != null) {
        try {
          ms.leaveGroup(group);
          ms.close();
        }
        catch (IOException e) {}
      }
    }
  }
}
```

先在一个控制台运行“java MulticastSender”，然后在其他两个控制台分别运行“java MulticastReceiver”。MulticastSender 不断发送组播数据报，而两个 MulticastReceiver 都会接收到同样的组播数据报。如果在本地子网上没有配置 mrouter，那么在运行这两个程序时，会在调用 MulticastSocket 的 joinGroup()方法时抛出以下异常。

```
java.net.SocketException: error setting options
       at java.net.PlainDatagramSocketImpl.join(Native Method)
       at java.net.PlainDatagramSocketImpl.join(Unknown Source)
       at java.net.MulticastSocket.joinGroup(Unknown Source)
```

MulticastReceiver 类还能从命令行读取组播地址和端口号，然后加入该组播组并接收数据。因此 MulticastReceiver 类具有监听网络上特定组播组的组播数据的功能。

例如，每当在 Internet 网上有一个全球即插即用（Universal Plug and Play，UPnP）设备加入网络，就会向组播地址 239.255.255.250 的 1900 端口发送一个基于 UDP 的 HTTP（HTTP over UDP，HTTPU）消息。运行命令“java MulticastReceiver 239.255.255.250 1900”，就能监听该组播地址的消息。MulticastReceiver 类监听一段时间后，会接收到以下形式的消息，

然后把它们打印出来。

```
M-SEARCH * HTTP/1.1
HOST: 239.255.255.250:1900
MAN: "ssdp:discover"
MX: 1
ST: urn:dial-multiscreen-org:service:dial:1
USER-AGENT: Google Chrome/77.0.3865.90 Windows

M-SEARCH * HTTP/1.1
Host: 239.255.255.250:1900
ST: urn:schemas-upnp-org:device:InternetGatewayDevice:1
Man: "ssdp:discover"
MX: 3
```

8.6　小结

TCP 是面向连接的可靠的传输协议，而 UDP 是无连接的不可靠的传输协议。DatagramSocket 以及 DatagramChannel 都建立在 UDP 的基础上，当通过它们发送数据报时，如果数据报未送达目的地，那么发送方不会得到任何通知，程序不会抛出异常；当通过它们接收数据报时，如果用于存放数据报的缓冲区的容量小于接收的数据报的大小，那么多余的数据被丢弃，接收方不会得到任何通知，程序不会抛出异常。

尽管 DatagramSocket 以及 DatagramChannel 也有 connect()方法，但该方法与 TCP Socket 的 connect()方法有着不同的作用。前者不建立 TCP 意义上的连接，而是限制当前 DatagramSocket 或 DatagramChannel 只对参数指定的远程主机和 UDP 端口收发数据报。

DatagramSocket 与 DatagramPacket 搭配使用，DatagramPacket 用来存放接收或发送的数据。DatagramChannel 与 ByteBuffer 搭配使用，ByteBuffer 用来存放接收或发送的数据。DatagramSocket 只能工作于阻塞模式，而 DatagramChannel 支持阻塞和非阻塞两种模式。

8.4.6 节用 DatagramChannel 实现了非阻塞的 EchoClient。感兴趣的读者可以用 DatagramChannel 实现非阻塞的 EchoServer，该程序的结构可参考 4.3.2 节的例程 4-3 的 EchoServer。

MulticastSocket 是 DatagramSocket 的子类，它能发送和接收组播数据报。MulticastSocket 必须加入一个组播组中，才能接收发往该组的数据报。组播组内的所有 MulticastSocket 共享同一个组播 IP 地址。组播 IP 地址介于 224.0.0.0 ~ 239.255.255.255 之间。

8.7　练习题

1．以下哪些说法正确？（多选）

a）DatagramSocket 的 send(DatagramPacket src)方法发送数据报时，如果无法送达目的地，那么该方法会抛出 IOException。

b）UDP 是无连接的协议。

c）对于用于接收数据的 DatagramPacket，如果实际接收的数据报的长度大于 DatagramPacket 的长度，那么多余的数据就会被丢弃。

d）DatagramSocket 的 getInputStream()方法用于获得输入流。

2．以下是 DatagramPacket 的构造方法，哪些构造方法用于发送数据报？（多选）

a）public DatagramPacket(byte[] data,int length)

b）public DatagramPacket(byte[] data,int offset, int length)

c）public DatagramPacket(byte[] data,int offset, int length,InetAddress address,int port)

d）public DatagramPacket(byte[] data,int offset,int length,SocketAddress address)

3．当 DatagramSocket 接收到了来自任意一个主机的数据报，如何知道该数据报的发送者的 UDP 端口？（单选）

a）调用 DatagramPacket 的 getPort()方法。

b）调用 DatagramSocket 的 getPort()方法。

c）调用 DatagramPacket 的 getRemotePort()方法。

d）调用 DatagramSocket 的 getRemotePort()方法。

4．关于 DatagramSocket 的 connect()和 disconnect()方法，以下哪些说法正确？（多选）

a）connect()方法使得 DatagramSocket 暂时只能与特定的远程 DatagramSocket 通信。

b）DatagramSocket 的 connect()方法与 Socket 的 connect()方法的作用相同。

c）可以对一个 DatagramSocket 对象多次调用 connect()方法。

d）调用了 DatagramSocket 的 disconnect()方法后，这个 DatagramSocket 就失效了，不能再收发数据报。

5．关于 DatagramSocket 的选项，以下哪些说法正确？（多选）

a）SO_TIMEOUT 选项表示接收数据报以及发送数据报时的等待超时时间。

b）许多网络都限定了接收缓冲区大小的最大值，如果 DatagramSocket 的 setReceiveBufferSize(int size) 方法的参数 size 超过该值，那么 setReceiveBufferSize(int size)方法所做的设置无效。

c）UDP Socket 和 TCP Socket 的 SO_REUSEADDR 选项的作用相同。

d）SO_BROADCAST 选项决定是否允许对网络广播地址发送广播数据报。

6．关于 DatagramChannel 的 read(ByteBuffer[] srcs)方法，以下哪些说法正确？（多选）

a）read()方法要求 DatagramChannel 已经建立连接。

b）如果 ByteBuffer 缓冲区无法容纳数据报中的所有数据，那么 read()方法会抛出 BufferOverflowException。

c）当 DatagramChannel 工作于非阻塞模式，并且没有就绪的数据报时，read()方法立即返回 0。

d）当 DatagramChannel 工作于阻塞模式，并且没有就绪的数据报时，read()方法会进入阻塞状态。

7．MulticastSocket 的哪些方法要求 MulticastSocket 已经加入组播组？（多选）

a）send()方法　　b）receive()方法　　c）leaveGroup()方法　　d）bind()方法

8．编写一个 ImageServer 服务器程序和 ImageClient 客户程序。ImageServer 利用 DatagramSocket 发送服务器端的一个图片文件。ImageClient 利用 DatagramSocket 接收图片文件，并且在图形用户界面上展示这个图片。ImageClient 类创建的用户界面如图 8-3 所示。

图 8-3　ImageClient 类创建的用户界面

答案：1．b，c　2．c，d　3．a　4．a，c　5．b，d　6．a，c，d　7．b，c

8．参见配套源代码包的 sourcecode/chapter08/src/exercise 目录下的 ImageServer.java 和 ImageClient.java 等源文件。

编程提示：服务器端发送图片文件结束后，会发送一个文本消息“end”，以通知客户端文件发送完毕。

第 9 章 对象的序列化与反序列化

当两个进程进行远程通信时，彼此可以发送各种类型的数据，如文本、图片、语音和视频等。无论是何种类型的数据，都会以二进制序列的形式在网络上传送。当两个 Java 进程进行远程通信时，一个进程能否把一个 Java 对象发送给另一个进程呢？答案是肯定的。不过，发送方需要把这个 Java 对象转换为字节序列，才能在网络上传送；接收方则需要把字节序列再恢复为 Java 对象。把 Java 对象转换为字节序列的过程称为对象的序列化；把字节序列恢复为 Java 对象的过程称为对象的反序列化。

可以通过一个比喻来帮助我们形象地理解对象的序列化以及反序列化。假定要把一批新汽车（Car 对象）从美国海运到中国。为了便于运输，在美国，先把汽车拆成一个个部件，这个过程相当于对象的序列化。汽车部件到达中国后，再把这些部件组装成汽车，这个过程相当于对象的反序列化。

当程序运行时，程序所创建的各种对象都位于内存中，当程序运行结束，这些对象就结束生命周期。如图 9-1 所示，对象的序列化主要有两种用途：（1）把对象的字节序列永久地保存到硬盘上，通常存放在一个文件中。（2）在网络上传送对象的字节序列。

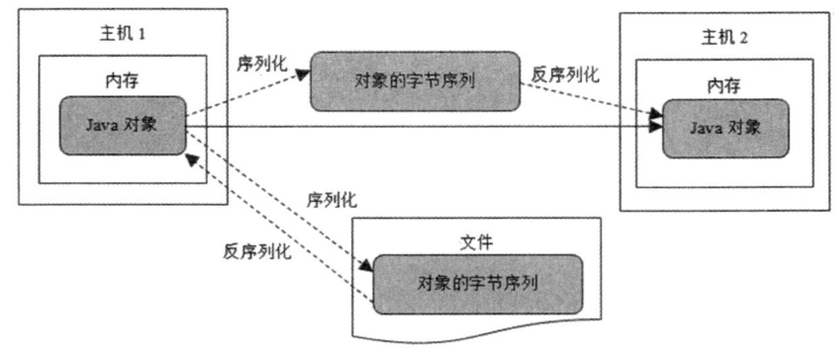

图 9-1 对象的序列化的两种用途

9.1 JDK 类库中的序列化 API

java.io.ObjectOutputStream 代表对象输出流，它的 writeObject(Object obj)方法对参数指定

的 obj 对象进行序列化，把得到的字节序列写到一个目标输出流中。java.io.ObjectInputStream 代表对象输入流，它的 readObject()方法从一个源输入流中读取字节序列，再把它们反序列化成一个对象，并将其返回。

只有实现了 Serializable 或 Externalizable 接口的类的对象才能被序列化，否则 ObjectOutputStream 的 writeObject(Object obj)方法会抛出 IOException。实现 Serializable 或 Externalizable 接口的类也被称为可序列化类。Externalizable 接口继承自 Serializable 接口，实现 Externalizable 接口的类完全由自身来控制序列化的行为，而仅实现 Serializable 接口的类可以采用默认的序列化方式。JDK 类库中的部分类（如 String 类、包装类和 Date 类等）都实现了 Serializable 接口。

假定有一个名为 Customer 的类，它的对象需要序列化。如果 Customer 类仅仅实现了 Serializable 接口的类，那么将按照以下方式序列化以及反序列化 Customer 对象。

- ObjectOutputStream 采用 JDK 提供的默认的序列化方式，对 Customer 对象的非 transient 类型的实例变量进行序列化。
- ObjectInputStream 采用 JDK 提供的默认的反序列化方式，对 Customer 对象的非 transient 类型的实例变量进行反序列化。

如果 Customer 类不仅实现了 Serializable 接口，并且还定义了 readObject (ObjectInputStream in)和 writeObject(ObjectOuputStream out)方法，那么将按照以下方式序列化以及反序列化 Customer 对象。

- ObjectOutputStream 调用 Customer 类的 writeObject(ObjectOuputStream out)方法来进行序列化。
- ObjectInputStream 调用 Customer 类的 readObject(ObjectInputStream in)方法来进行反序列化。

如果 Customer 类实现了 Externalizable 接口，那么 Customer 类必须实现 readExternal (ObjectInput in)和 writeExternal(ObjectOutput out)方法。在这种情况下，将按照以下方式序列化以及反序列化 Customer 对象。

- ObjectOutputStream 调用 Customer 类的 writeExternal(ObjectOutput out)方法来进行序列化。
- ObjectInputStream 先通过 Customer 类的不带参数的构造方法创建一个 Customer 对象，然后调用它的 readExternal(ObjectInput int)方法来进行反序列化。

图 9-2 是序列化 API 的类框图。

对象的序列化主要包括以下步骤。

（1）创建一个对象输出流，它可以包装一个其他类型的目标输出流，例如文件输出流。

```
ObjectOutputStream out=new ObjectOutputStream(
                new fileOutputStream("D:\\objectFile.obj"));
```

（2）通过对象输出流的 writeObject()方法写对象。

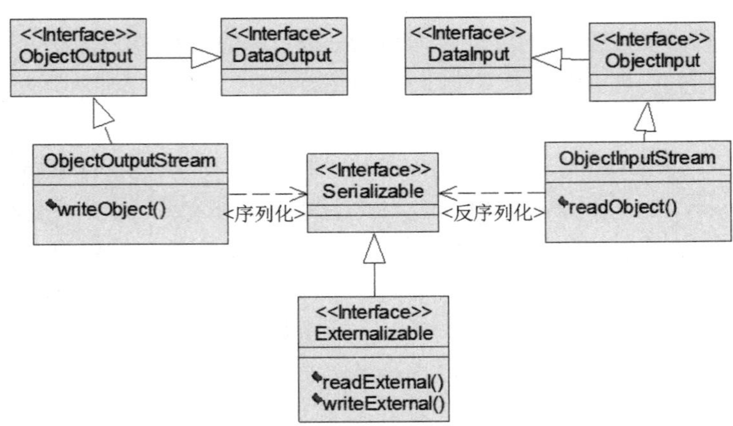

图 9-2　序列化 API 的类框图

```
out.writeObject("hello");  //写一个 String 对象
out.writeObject(new Date());  //写一个 Date 对象
```

以上代码把一个 String 对象和 Date 对象保存到 objectFile.obj 文件中，在这个文件中保存了这两个对象的字节序列。这种文件无法用普通的文本编辑器（比如 Windows 的记事本）打开，这种文件里的数据只有 ObjectInputStream 类才能识别它，并且能对它进行反序列化。

对象的反序列化主要包括以下步骤。

（1）创建一个对象输入流，它可以包装一个其他类型的源输入流，比如文件输入流。

```
ObjectInputStream out=new ObjectInputStream(
            new FileInputStream("D:\\objectFile.obj"));
```

（2）通过对象输入流的 readObject()方法读取对象。

```
String obj1=(String)out.readObject();  //读取一个 String 对象
Date obj2=(Date)out.readObject();  //读取一个 Date 对象
```

为了能读出正确的数据，必须保证向对象输出流写对象的顺序与从对象输入流读对象的顺序一致。

9.1.1　把对象序列化到文件

例程 9-1 的 ObjectSaver 类的 main()方法先向 objectFile.obj 文件写入 3 个对象和 1 个 int 类型的数据，然后依次把它们从文件中读入内存中。

例程 9-1　ObjectSaver.java

```
import java.io.*;
```

```
import java.util.*;

public class ObjectSaver{
  public static void main(String agrs[]) throws Exception {
    ObjectOutputStream out=new ObjectOutputStream(
             new FileOutputStream("D:\\objectFile.obj"));

    String obj1="hello";
    Date obj2=new Date();
    Customer obj3=new Customer("Tom",20);
    //序列化对象
    out.writeObject(obj1);
    out.writeObject(obj2);
    out.writeObject(obj3);
    out.writeInt(123); //写入基本类型的数据
    out.close();

    //反序列化对象
    ObjectInputStream in=new ObjectInputStream(
             new FileInputStream("D:\\objectFile.obj"));
    String obj11 = (String)in.readObject();
    System.out.println("obj11:"+obj11);
    System.out.println("obj11==obj1:"+(obj11==obj1));

    Date obj22 = (Date)in.readObject();
    System.out.println("obj22:"+obj22);
    System.out.println("obj22==obj2:"+(obj22==obj2));

    Customer obj33 = (Customer)in.readObject();
    System.out.println("obj33:"+obj33);
    System.out.println("obj33==obj3:"+(obj33==obj3));

    int var= in.readInt(); //读取基本类型的数据
    System.out.println("var:"+var);

    in.close();
  }
}

class Customer implements Serializable{
  private String name;
  private int age;

  public Customer(String name,int age){
    this.name=name;
    this.age=age;
  }
```

```
  public String toString(){return "name="+name+",age="+age;}
}
```

ObjectSaver 类的 main()方法先在内存中创建了 3 个对象，分别为 String、Date 和 Customer 类型，这些类都实现了 Serializable 接口。main()方法接着通过 ObjectOutputStream 的 writeObject()方法把它们的字节序列保存到 objectFile.obj 文件中，再通过 writeInt()方法把一个 int 基本类型的数据保存到 objectFile.obj 文件中，最后通过 ObjectInputStream 的 readObject()和 readInt()方法从 objectFile.obj 文件中读取字节序列，把它们恢复为内存中的对象和 int 基本类型的数据。图 9-3 显示了对 3 个对象进行序列化与反序列化的过程。值得注意的是，在对 String、Date 和 Customer 对象进行反序列化时，都没有调用类的构造方法，而是直接根据它们的序列化数据在内存中创建新的对象。

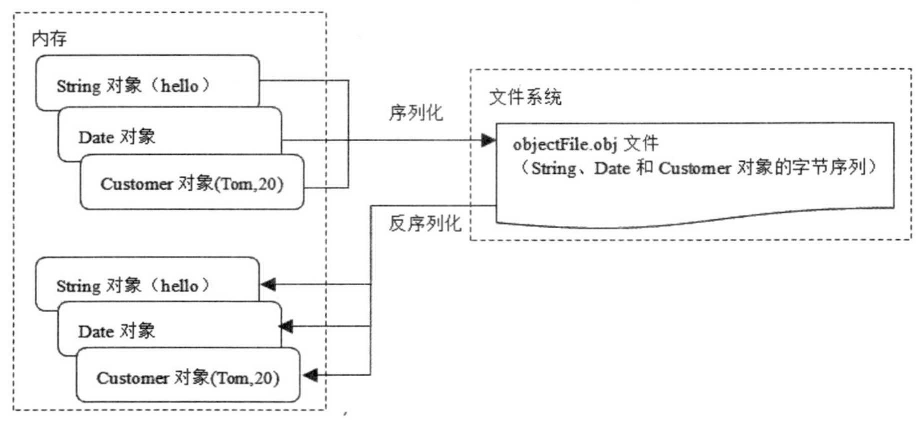

图 9-3　对 3 个对象进行序列化与反序列化的过程

以上程序的打印结果如下。

```
obj11:hello
obj11==obj1:false
obj22:Wed Sep 18 22:24:08 EDT 2019
obj22==obj2:false
obj33:name=Tom,age=20
obj33==obj3:false
var:123
```

9.1.2　把对象序列化到网络

例程 9-2 的 SimpleServer 服务器从命令行读取用户指定的类名，创建该类的一个对象，然后向客户端两次发送这个对象。用户在命令行指定的类名有可能为 Date、Customer1（参见 9.2 节的例程 9-4）、Customer2（参见 9.2.1 节的例程 9-5）、Customer3（参见 9.2.2 节的例程 9-6）、Customer4（参见 9.3 节的例程 9-12）和 Customer5（参见 9.4 节的例程 9-13）。

如果用户运行 SimpleServer 服务器程序时没有指定命令行参数，那么它向客户端发送字符串“Hello”。

例程 9-2　SimpleServer.java（服务器程序）

```
import java.io.*;
import java.net.*;
import java.util.*;
public class SimpleServer {
  public void send(Object object)throws IOException{
    ServerSocket serverSocket = new ServerSocket(8000);
    while(true){
      Socket socket=serverSocket.accept();
      OutputStream out=socket.getOutputStream();
      ObjectOutputStream oos=new ObjectOutputStream(out);
      oos.writeObject(object);  //第 1 次发送对象
      oos.writeObject(object);  //第 2 次发送同一个对象
      oos.close();
      socket.close();
    }
  }
  public static void main(String args[])throws IOException {
    Object object=null;
    //接收用户从命令行指定的类名，然后创建该类的对象
    if(args.length>0 && args[0].equals("Date"))
      object=new Date();
    else if(args.length>0 && args[0].equals("Customer1"))
      object=new Customer1("Tom","1234");
    else if(args.length>0 && args[0].equals("Customer2"))
      object=new Customer2("Tom","1234");
    else if(args.length>0 && args[0].equals("Customer3")){
      Customer3 customer=new Customer3("Tom");
      Order3 order1=new Order3("number1",customer);
      Order3 order2=new Order3("number2",customer);
      customer.addOrder(order1);
      customer.addOrder(order2);
      object=customer;
    }else if(args.length>0 && args[0].equals("Customer4")){
      Customer4 customer=new Customer4("Tom");
      Order4 order1=new Order4("number1",customer);
      Order4 order2=new Order4("number2",customer);
      customer.addOrder(order1);
      customer.addOrder(order2);
      object=customer;
    }else if(args.length>0 && args[0].equals("Customer5")){
      object=new Customer5("Tom",25);
    }else{
      object="Hello";
    }
```

```
      System.out.println("待发送的对象信息："+object);
      new SimpleServer().send(object);
    }
  }
```

例程 9-3 的 SimpleClient 客户程序负责接收服务器发送的对象。

例程 9-3　SimpleClient.java（客户程序）

```
import java.io.*;
import java.net.*;
import java.util.*;
public class SimpleClient {
  public void receive()throws Exception{
    Socket socket = new Socket("localhost",8000);
    InputStream in=socket.getInputStream();
    ObjectInputStream ois=new ObjectInputStream(in);
    Object object1=ois.readObject();  //接收服务器发送的第 1 个对象
    Object object2=ois.readObject();  //接收服务器发送的第 2 个对象
    System.out.println(object1);
    System.out.println(object2);
    System.out.println("object1 与 object2 是否为同一个对象:"
                  +(object1==object2));
  }
  public static void main(String args[])throws Exception {
    new SimpleClient().receive();
  }
}
```

先运行命令“java SimpleServer”，再运行命令“java SimpleClient”。SimpleServer 会向客户端两次发送同一个字符串类型的“Hello”对象，客户端接收到“Hello”对象，打印结果如下。

```
Hello
Hello
object1 与 object2 是否为同一个对象:true
```

由于服务器端两次发送的是同一个对象，因此客户端两次接收到的也是同一个对象，“object1==object2”的比较结果为 true。由此可见，按照默认方式序列化时，如果由一个 ObjectOutputStream 对象多次序列化同一个对象，那么由一个 ObjectInputStream 对象反序列化出来的也是同一个对象。

9.2　实现 Serializable 接口

ObjectOuputStream 只能对实现了 Serializable 接口的类的对象进行序列化。在默认情况下，ObjectOuputStream 按照默认方式序列化，这种序列化方式仅仅对一个对象的非 transient 类型的实例变量进行序列化，而不会序列化对象的 transient 类型的实例变量，也不会序列化静态变量。

在例程 9-4 的 Customer1 类中，定义了一些静态变量、非 transient 类型的实例变量，以及 transient 类型的实例变量。

例程 9-4　Customer1.java

```
import java.io.*;
public class Customer1 implements Serializable {
  private static int count;  //用于计算 Customer 对象的数目
  private static final int MAX_COUNT=1000;
  private String name;
  private transient String password;

  static{
     System.out.println("调用 Customer1 类的静态代码块");
  }
  public Customer1(){
    System.out.println("调用 Customer1 类的不带参数的构造方法");
    count++;
  }
  public Customer1(String name, String password) {
    System.out.println("调用 Customer1 类的带参数的构造方法");
    this.name=name;
    this.password=password;
    count++;
  }
  public String toString() {
    return "count="+count
          +" MAX_COUNT="+MAX_COUNT
          +" name="+name
          +" password="+ password;
  }
}
```

先运行命令“java SimpleServer Customer1”，再运行命令“java SimpleClient”。SimpleServer 端的打印结果如下。

```
调用 Customer1 类的静态代码块
调用 Customer1 类的带参数的构造方法
待发送的对象信息：count=1 MAX_COUNT=1000 name=Tom password=1234
```

SimpleClient 端的打印结果如下。

```
调用 Customer1 类的静态代码块
```

```
count=0 MAX_COUNT=1000 name=Tom password=null
count=0 MAX_COUNT=1000 name=Tom password=null
object1 与 object2 是否为同一个对象:true
```

从以上打印结果可以看出，当 ObjectOutputStream 按照默认方式序列化时，Customer1 对象的静态变量 count，以及 transient 类型的实例变量 password 没有被序列化。

当 ObjectInputStream 按照默认方式反序列化时，有以下特点。

- 如果在内存中对象所属的类还没有被加载，那么会先加载并初始化这个类。如果在 classpath 中不存在相应的类文件，那么会抛出 ClassNotFoundException。从 SimpleClient 端的打印结果可以看出，客户端加载并初始化了 Customer1 类，在初始化时，把静态常量 MAX_COUNT 初始化为 1000，并且把静态变量 count 初始化为 0，此外还调用了 Customer1 类的静态代码块。
- 在反序列化时不会调用类的任何构造方法。

如果一个实例变量被 transient 修饰符修饰，那么默认的序列化方式不会对它序列化。根据这一特点，可以用 transient 修饰符来修饰以下类型的实例变量。

（1）实例变量不代表对象的固有的内部数据，仅仅代表具有一定逻辑含义的临时数据。例如，假定 Customer 类有 firstName、lastName 和 fullName 等属性。

```
public class Customer implements Serializable{
  private String firstName;
  private String lastName;
  private transient String fullName;

  public Customer(String firstName,String lastName){
    this.firstName=firstName;
    this.lastName=lastName;
    this.fullName=firstName+" "+lastName;
  }
  ……
  public String getFullName(){
    fullName=firstName+" "+lastName;
    return fullName;
  }
}
```

Customer 类的 fullName 实例变量可以不必被序列化，因为知道了 firstName 和 lastName 变量的值，就可以由它们推导出 fullName 实例变量的值。

（2）实例变量表示一些比较敏感的信息（比如银行账户的口令），出于安全方面的原因，不希望对其序列化。

（3）实例变量需要按照用户自定义的方式序列化，比如经过加密后再序列化。在这种情况下，可以把实例变量定义为 transient 类型，然后在 writeObject()方法中对其序列化，参见 9.2.2 节的例程 9-6 的 Customer3 类。

9.2.1 序列化对象图

类与类之间可能存在关联关系。例如例程 9-5 中的 Customer2 类与 Order2 类之间存在一对多的双向关联关系。

例程 9-5　Customer2.java

```
import java.io.*;
import java.util.*;

public class Customer2 implements Serializable {
  private String name;
  //Customer2 与 Order2 关联
  private Set<Order2> orders=new HashSet<Order2>();

  static{
     System.out.println("调用 Customer2 类的静态代码块");
  }

  public Customer2(){
    System.out.println("调用 Customer2 类的不带参数的构造方法");
  }

  public Customer2(String name) {
    System.out.println("调用 Customer2 类的带参数的构造方法");
    this.name=name;
  }

  public void addOrder(Order2 order){
    orders.add(order);
  }

  public String toString() {
    String result=super.toString()+"\r\n"
           +orders+"\r\n";
    return result;
  }
}

class Order2 implements Serializable {  //表示订单
  private String number;
  private Customer2 customer;  //Order2 与 Customer2 关联
  public Order2(){
    System.out.println("调用 Order2 类的不带参数的构造方法");
  }
  public Order2(String number,Customer2 customer){
```

```
        System.out.println("调用 Order2 类的带参数的构造方法");
        this.number=number;
        this.customer=customer;
    }
}
```

在 9.1.2 节的例程 9-2 的 SimpleServer 类的 main()方法中，以下代码创建了一个 Customer2 对象和两个 Order2 对象，并且建立了它们的关联关系。

```
//客户 Tom 有两个订单，订单编号分别为"number1"和"number2"
Customer2 customer=new Customer2("Tom");
Order2 order1=new Order2("number1",customer);
Order2 order2=new Order2("number2",customer);
customer.addOrder(order1);
customer.addOrder(order2);
```

图 9-4 显示了在内存中，以上代码创建的 3 个对象之间的关联关系。

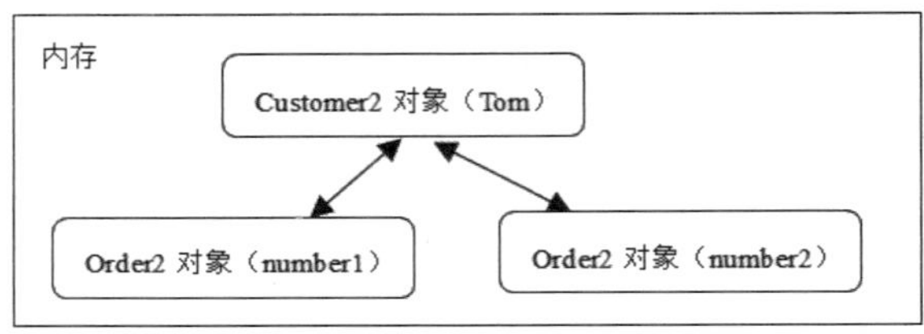

图 9-4　Customer2 对象与两个 Order2 对象之间的关联关系

当通过 ObjectOutputStream 对象的 writeObject(customer)方法序列化 Customer2 对象时，会不会序列化与它关联的 Order2 对象呢？答案是肯定的。在默认方式下，对象输出流会对整个对象图进行序列化。当程序执行 writeObject(customer)方法时，该方法不仅序列化 Customer2 对象，还会把两个与它关联的 Order2 对象也序列化。当通过 ObjectInputStream 对象的 readObject()方法反序列化 Customer2 对象，实际上会对整个对象图反序列化。

先运行命令“java SimpleServer Customer2”，再运行命令“java SimpleClient”。SimpleServer 服务器会把由一个 Customer2 对象和两个 Order2 对象构成的对象图发送给 SimpleClient。SimpleClient 端的打印结果如下。

```
调用 Customer2 类的静态代码块
Customer2@ca0b6
[Order2@61de33, Order2@14318bb]

Customer2@ca0b6
[Order2@61de33, Order2@14318bb]

object1 与 object2 是否为同一个对象:true
```

按照默认方式序列化对象 A 时，到底会序列化由哪些对象构成的对象图呢？如图 9-5

所示，从对象 A 到对象 B 之间的箭头表示从对象 A 到对象 B 有关联关系，或者说，对象 A 持有对象 B 的引用，或者说，在内存中可以从对象 A 导航到对象 B。序列化对象 A 时，实际上会序列化对象 A，以及所有可以从对象 A 直接或间接导航到的对象。因此序列化对象 A 时，实际上在对象图中被序列化的对象包括：对象 A、对象 B、对象 C、对象 D、对象 E、对象 F 和对象 G。

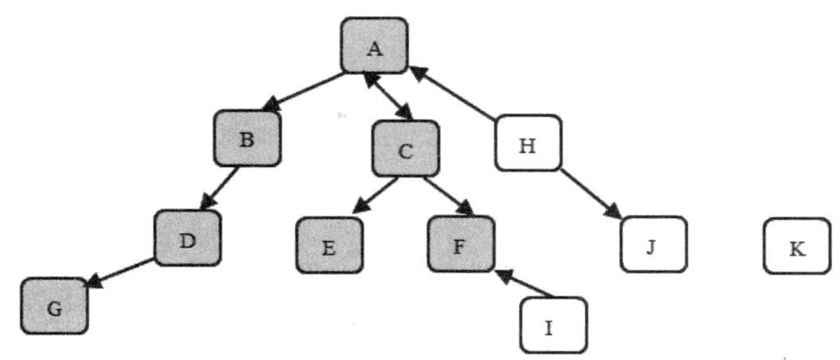

图 9-5　序列化以对象 A 为首的对象图

9.2.2　控制序列化的行为

如果用户希望控制类的序列化行为，那么可以在可序列化类中提供以下形式的 writeObject()方法和 readObject()方法。

```
private void writeObject(java.io.ObjectOutputStream out)
          throws IOException
private void readObject(java.io.ObjectInputStream in)
          throws IOException, ClassNotFoundException;
```

当 ObjectOutputStream 对一个 Customer 对象进行序列化时，如果该 Customer 对象具有 writeObject()方法，那么就会执行这一方法，否则就按默认方式序列化。在 ObjectOutputStream 的 defaultWriteObject()方法中指定了默认的序列化操作。

在 Customer 对象的 writeObject()方法中，可以先调用 ObjectOutputStream 的 defaultWriteObject()方法，使得对象输出流先执行默认的序列化操作。

当 ObjectInputStream 对一个 Customer 对象进行反序列化时，如果该 Customer 对象具有 readObject()方法，那么就会执行这一方法，否则就按默认方式反序列化。在 ObjectInputStream 的 defaultReadObject()方法中指定了默认的反序列化操作。

在 Customer 对象的 readObject()方法中，可以先调用 ObjectInputStream 的 defaultReadObject()方法，使得对象输入流先执行默认的反序列化操作。

值得注意的是，以上 writeObject()方法和 readObject()方法并不是在 java.io.Serializable 接口中被定义的。当一个软件系统希望扩展第三方提供的 Java 类库（比如 JDK 类库）的功能时，最常见的方式是实现第三方类库的一些接口，或创建类库中抽象类的子类。但是以上 writeObject()方法和 readObject()方法并不是在 java.io.Serializable 接口中被定义的。JDK 类库的设计人员没有把这两个方法放在 Serializable 接口中，这样做的优点如下所述。

（1）不必公开这两个方法的访问权限，以便封装序列化的细节。如果把这两个方法放在 Serializable 接口中，就必须定义为 public 类型。

（2）不必强迫用户定义的可序列化类实现这两个方法。如果把这两个方法放在 Serializable 接口中，它的实现类就必须实现这些方法，否则就只能声明为抽象类。

在以下情况下，可以考虑采用用户自定义的序列化方式，从而控制序列化的行为。

（1）确保序列化的安全性，对敏感的信息加密后再序列化，在反序列化时则需要解密。

（2）确保对象的成员变量符合正确的约束条件。

（3）优化序列化的性能。

（4）便于更好地封装类的内部数据结构，确保类的接口不会被类的内部实现所束缚。

1．确保序列化的安全性

有些对象中包含一些敏感信息，这些信息不易对外公开。如果按照默认方式对它们序列化，那么它们的序列化数据在网络上传输时，可能会被一些不法分子窃取。对于这类信息，可以对它们进行加密后再序列化，在反序列化时则需要解密，再恢复为原来的信息。

在例程 9-6 的 Customer3 类中，定义了 writeObject()和 readObject()方法。在 writeObject()方法中先调用 ObjectOutputStream 的 defaultWriteObject()方法，使得对象输出流执行默认序列化操作，对 Customer3 对象的非 transient 类型的 name 实例变量进行序列化。在 Customer3 类的 readObject()方法中，先调用 ObjectInputStream 的 defaultReadObject()方法，使得对象输入流执行默认反序列化操作，对 Customer3 对象的非 transient 类型的 name 实例变量进行反序列化。

writeObject()和 readObject()方法还对 transient 类型的 password 属性进行了特殊的序列化和反序列化。在 writeObject ()方法中，把 password 属性加密后再序列化，具体办法为获得 password 属性的字节数组，把数组中的每字节的二进制位取反，再把取反后的字节数组写到对象输出流中。

此外，writeObject()和 readObject()方法还对静态变量 count 分别进行了序列化和反序列化。

例程 9-6　Customer3.java

```
import java.io.*;
public class Customer3 implements Serializable {
  private static int count; //用于计算 Customer3 对象的数目
  private static final int MAX_COUNT=1000;
  private String name;
  private transient String password;

  static{
     System.out.println("调用 Customer3 类的静态代码块");
  }
  public Customer3(){
    System.out.println("调用 Customer3 类的不带参数的构造方法");
    count++;
  }
```

```
  public Customer3(String name, String password) {
    System.out.println("调用 Customer3 类的带参数的构造方法");
    this.name=name;
    this.password=password;
    count++;
  }

  /** 加密数组，将 buff 数组中的每字节的二进制位取反
   *  例如 13 的二进制数为 00001101，取反后为 11110010
   */
  private byte[] change(byte[] buff){
    for(int i=0;i<buff.length;i++){
      int b=0;
      for(int j=0;j<8;j++){
        int bit=(buff[i]>>j & 1)==0 ? 1:0;
        b+=(1<<j)*bit;
      }
      buff[i]=(byte)b;
    }
    return buff;
  }

  private void writeObject(ObjectOutputStream stream)
                      throws IOException {
    stream.defaultWriteObject();  //先按默认方式序列化
    stream.writeObject(change(password.getBytes()));
    stream.writeInt(count);  //序列化静态变量 count
  }

  private void readObject(ObjectInputStream stream)
          throws IOException, ClassNotFoundException {
    stream.defaultReadObject();  //先按默认方式反序列化
    byte[] buff=(byte[])stream.readObject();
    password = new String(change(buff));
    count=stream.readInt();  //反序列化静态变量 count
  }

  public String toString() {
    return "count="+count
          +" MAX_COUNT="+MAX_COUNT
          +" name="+name
          +" password="+ password;
  }
}
```

在 Customer3 对象的序列化数据中，保存了 password 属性的加密数据，在反序列化过程中，会把 password 的加密数据再恢复为 password 属性。先运行命令“java SimpleServer

Customer3”，再运行命令“java SimpleClient”。SimpleClient 端的打印结果如下。

```
调用 Customer3 类的静态代码块
count=1 MAX_COUNT=1000 name=Tom password=1234
count=1 MAX_COUNT=1000 name=Tom password=1234
object1 与 object2 是否为同一个对象:true
```

2. 确保对象的成员变量符合正确的约束条件

通常，在一个类的构造方法中，会对用于赋值给成员变量的参数进行合法性检查，而默认的序列化方式不会调用类的构造方法，直接由对象的序列化数据来构造出一个对象，这使得不法分子有可能会提供一串非法的序列化数据，由它来构造出一个不符合约束条件的对象。

在例程 9-7 的 uncheck.Customer 类中，要求 age 成员变量的取值大于零，在构造方法中会检查 age 参数的合法性。在 main()方法中先创建了一个 age 变量为 25 的合法 Customer 对象，再对其序列化，接着修改序列化数据，最后根据修改后的序列化数据反序列化成一个 Customer 对象，这个 Customer 对象的年龄为-10。

例程 9-7　Customer.java

```
package uncheck;
import java.io.*;
public class Customer implements Serializable {
  private int age;
  public Customer(int age) {
    if(age<0)  //合法性检查
      throw new IllegalArgumentException("年龄不能小于零");
    this.age=age;
  }
  public String toString() {
    return "age="+age;
  }

  public static void main(String[] args) throws Exception{
    Customer customer = new Customer(25);
    System.out.println("Before Serialization:" + customer);
    ByteArrayOutputStream buf = new ByteArrayOutputStream();

    //把 Customer 对象序列化到 1 字节缓存中
    ObjectOutputStream o =new ObjectOutputStream(buf);
    o.writeObject(customer);

    byte[] byteArray=buf.toByteArray();
    for(int i=0;i<byteArray.length;i++){
      System.out.print(byteArray[i]+" ");  //打印字节序列
      if((i % 10==0 && i!=0) || i==byteArray.length-1)
        System.out.println();
```

```
    }

    //篡改序列化数据
    byteArray[byteArray.length-4]=-1;
    byteArray[byteArray.length-3]=-1;
    byteArray[byteArray.length-2]=-1;
    byteArray[byteArray.length-1]=-10;

    //从字节缓存中反序列化 Customer 对象
    ObjectInputStream in =new ObjectInputStream(
         new ByteArrayInputStream(byteArray));
    customer= (Customer)in.readObject();
    System.out.println("After Serialization:" + customer);
  }
}
```

运行以上程序，会得到如下打印结果。

```
Before Serialization:age=25
-84 -19 0 5 115 114 0 16 117 110 99
……
120 112 0 0 0 25
After Serialization:age=-10
```

在例程 9-8 的 check.Customer 类中，增加了 readObject()方法，它会检查 age 变量是否合法，从而防止不法分子通过篡改序列化数据来创建不符合约束条件的 Customer 对象。

例程 9-8　Customer.java

```
package check;
import java.io.*;
public class Customer implements Serializable {
  private int age;
  public Customer(int age) {
    if(age<0)  //合法性检查
      throw new IllegalArgumentException("年龄不能小于零");
    this.age=age;
  }
  public String toString() {
    return "age="+age;
  }

  private void readObject(ObjectInputStream stream)
         throws IOException, ClassNotFoundException {
    stream.defaultReadObject();  //先按默认方式反序列化
    if(age<0)
      throw new IllegalArgumentException("年龄不能小于零"); //合法性检查
  }
```

```
  /** 与例程 9-7 的 Customer 类的 main()方法相同 */
  public static void main(String[] args) throws Exception{…}
}
```

运行以上 Customer 类时，readObject()方法会抛出 IllegalArgumentException。

```
Exception in thread "main" java.lang.IllegalArgumentException:
年龄不能小于零
at check.Customer.readObject(Customer.java:20)
```

3. 优化序列化的性能

默认的序列化方式会序列化整个对象图，这需要递归遍历对象图。如果对象图很复杂，那么递归遍历操作需要消耗很多的空间和时间，甚至会导致 Java 虚拟机的堆栈溢出。

例程 9-9 的 StringList 表示字符串列表，它的内部数据结构为双向链表。

例程 9-9 StringList.java

```
import java.io.*;
public class StringList implements Serializable{
  private int size=0;
  private Node head=null;
  private Node end=null;

  //默认的序列化方式需要对 Node 对象序列化，
  //因此 private 类型的 Node 类也必须实现 Serializable 接口。
  private static class Node implements Serializable{
    String data;
    Node next;
    Node previous;
  }

  /** 在列表末尾加入 1 个字符串 */
  public void add(String data){
    Node node=new Node();
    node.data=data;
    node.next=null;
    node.previous=end;
    if(end!=null)end.next=node;
    size++;
    end=node;
    if(size==1)head=end;
  }

  /** 读取列表中指定位置的 1 个字符串 */
  public String get(int index){
    if(index>=size)return null;
    Node node=head;
```

```
    for(int i=1;i<=index;i++){
      node=node.next;
    }
    return node.data;
  }

  public int size(){return size;}

  public static void main(String args[])throws Exception{
    StringList list=new StringList();
    //向列表中加入 1500 个字符串
    for(int i=0;i<1500;i++)list.add("hello"+i);

    ByteArrayOutputStream buf = new ByteArrayOutputStream();

    //把 StringList 对象序列化到 1 字节缓存中
    ObjectOutputStream o =new ObjectOutputStream(buf);
    o.writeObject(list);  //抛出 StackOverflowError 错误

    //从字节缓存中反序列化 StringList 对象
    ObjectInputStream in =new ObjectInputStream(
       new ByteArrayInputStream(buf.toByteArray()));
    list=(StringList)in.readObject();
    System.out.println("After Serialization:" + list.size());
  }
}
```

以上 main()方法创建了一个包含 1500 个字符串的 StringList 对象，o.writeObject(list)方法实际上需要对 1500 个存在双向关联的 Node 对象进行序列化，由于递归遍历对象图消耗了过量的空间，因此导致 java.lang.StackOverflowError 错误。

例程 9-10 的 revise.StringList 在例程 9-9 的基础上进行了改进，把 size、head 和 end 等成员变量都改为 transient 类型，并且增加了 writeObject()和 readObject()方法。在 writeObject()方法中，仅仅对 size 变量和 1500 个字符串做了序列化；在 readObject()方法中，先读取 size 变量，把它赋值给一个局部变量 count，然后读取 1500 个字符串，并通过 StringList 的 add()方法把它们加入列表中，add()方法会自动为 size、head 和 end 成员变量赋值。

例程 9-10　改进后的 StringList.java

```
package revise;
import java.io.*;
public class StringList implements Serializable{
  transient private int size=0;
  transient private Node head=null;
  transient private Node end=null;

  private static class Node{  //Node 类不必实现 Serializable 接口
```

```
    String data;
    Node next;
    Node previous;
  }

  /** 在列表末尾加入一个字符串 */
  public void add(String data){…}

  /** 读取列表中指定位置的一个字符串 */
  public String get(int index){… }

  public int size(){return size;}

  private void writeObject(ObjectOutputStream stream)
                  throws IOException {
    //先按默认方式序列化，不会序列化 transitent 类型变量
    stream.defaultWriteObject();
    stream.writeInt(size);
    for(Node node=head;node!=null;node=node.next)
      stream.writeObject(node.data);
  }

  private void readObject(ObjectInputStream stream)
          throws IOException, ClassNotFoundException {
    //先按默认方式反序列化，不会反序列化 transitent 类型变量
    stream.defaultReadObject();
    int count=stream.readInt();
    for(int i=0;i<count;i++)
      add((String)stream.readObject());
  }

  public static void main(String args[])throws Exception{…}
}
```

以上自定义的序列化方式没有对整个 Node 对象图进行序列化，而是仅仅保存了与列表的内部数据结构无关的关键数据，因而能节省空间和时间，提高序列化的性能。

尽管例程 9-10 的 StringList 类中的成员变量都是 transient 类型，在 readObject() 和 writeObject() 方法中，仍然分别调用了 stream.defaultReadObject()和 stream.defaultWriteObject()方法，这可以提高 StringList 类的可维护性，如果以后在 StringList 类中增加了非 transient 类型的实例变量，就能自动按照默认方式对它们序列化以及反序列化。

4. 确保类的接口不会被类的内部实现所束缚

默认的序列化方式会原封不动地对一个对象的内部数据结构进行序列化。还是以例程

9-9 的 StringList 类为例，它以双向链表作为内部数据结构。假定 StringList 类的初始版本为 1.0，后来升级到 2.0，在 2.0 版本中，StringList 类的内部实现改变了，不再使用双向链表，而是采用数组作为内部数据结构。为了保证基于 StringList 1.0 的序列化数据可以成功地反序列化为 StringList 2.0 的对象，必须在 StringList 2.0 中继续保持并维护与双向链表有关的程序代码。所以说，默认的序列化方式会使类的接口被类的内部实现所束缚。

而例程 9-10 的 StringList 类采用自定义的序列化方式，它没有涉及列表的内部数据结构，因此不会对类的升级造成牵连。

9.2.3　readResolve()方法在单例类中的运用

单例类指仅有一个实例的类。在系统中具有唯一性的组件可作为单例类，这种类的实例通常会占用较多的内存，或者实例的初始化过程比较冗长，因此随意创建这些类的实例会影响系统的性能。例程 9-11 的 GlobalConfig 类就是个单例类，它用来存放软件系统的配置信息。这些配置信息本来存放在配置文件中，在 GlobalConfig 类的构造方法中，会从配置文件中读取配置信息，把它存放在 properties 属性中。

例程 9-11　GlobalConfig.java

```
import java.io.*;
import java.util.*;
public class GlobalConfig implements Serializable{
  private static final GlobalConfig INSTANCE=new GlobalConfig();
  private Properties properties = new Properties();
  private GlobalConfig(){
    try{
      //加载配置信息
      InputStream in=getClass()
                .getResourceAsStream("myapp.properties");
      properties.load(in);
      in.close();
    }catch(IOException e){throw new RuntimeException("加载配置信息失败");}
  }
  public static GlobalConfig getInstance(){  //静态工厂方法
    return INSTANCE;
  }
  public Properties getProperties() {
    return properties;
  }

  public static void main(String args[])throws Exception{
    GlobalConfig config=GlobalConfig.getInstance();

    ByteArrayOutputStream buf = new ByteArrayOutputStream();

    //把 GlobalConfig 对象序列化到 1 字节缓存中
    ObjectOutputStream o =new ObjectOutputStream(buf);
```

```
        o.writeObject(config);

        //从字节缓存中反序列化 GlobalConfig 对象
        ObjectInputStream in =new ObjectInputStream(
          new ByteArrayInputStream(buf.toByteArray()));
        //返回一个新的 GlobalConfig 对象
        GlobalConfig configNew= (GlobalConfig)in.readObject();
        System.out.println("config==configNew:"+(config==configNew));
      }
    }
```

无论是采用默认方式，还是采用用户自定义的方式，反序列化都会创建一个新的对象。在以上 GlobalConfig 类的 main()方法中，in.readObject()方法会返回一个新的 GlobalConfig 对象，运行以上程序，打印结果如下.

```
config==configNew: false
```

由此可见，反序列化打破了单例类只能有一个实例的约定。为了避免这一问题，可以在 GlobalConfig 类中再增加一个 readResolve()方法。

```
private Object readResolve() throws ObjectStreamException{
  return INSTANCE;
}
```

如果一个类提供了 readResolve()方法，那么在执行反序列化操作时，先按照默认方式或者用户自定义的方式进行反序列化，最后再调用 readResolve()方法，该方法返回的对象为反序列化的最终结果。

以上 GlobalConfig 类的 readResolve()方法直接返回 INSTANCE 静态常量，它在 GlobalConfig 类初始化时被创建，代表 GlobalConfig 类的唯一实例。在反序列化过程中，先按照默认反序列化方式所创建的那个 GlobalConfig 对象被丢弃，main()方法中的 in.readObject()方法返回 INSTANCE 常量所引用的 GlobalConfig 对象。再次运行 GlobalConfig 类，打印结果如下。

```
config==configNew: true
```

readResolve()方法应该能够被类本身、同一个包中的类，或者子类访问，因此 readResolve()方法的访问权限可以是 private、默认或 protected 级别。

readResolve()方法用来重新指定反序列化得到的对象，与此对应，Java 序列化规范还允许在可序列化类中定义一个 writeReplace()方法，用来重新指定被序列化的对象。writeReplace()方法返回一个 Object 类型的对象，这个返回对象才是真正要被序列化的对象。writeReplace()方法的访问权限也可以是 private、默认或 protected 级别。

9.3　实现 Externalizable 接口

Externalizable 接口继承自 Serializable 接口。如果一个类实现了 Externalizable 接口，那么将完全由这个类控制自身的序列化行为。Externalizable 接口中声明了两个方法。

```
public void writeExternal(ObjectOutput out)throws IOException
public void readExternal(ObjectInput in)
                   throws IOException,ClassNotFoundException
```

writeExternal()方法负责序列化操作，readExternal()方法负责反序列化操作。在对实现了 Externalizable 接口的类的对象进行反序列化时，会先调用类的不带参数的构造方法，这是有别于默认反序列化方式的。

例程 9-12 的 Customer4 类和 Order4 类都实现了 Externalizable 接口。

例程 9-12　Customer4.java

```
import java.io.*;
import java.util.*;

public class Customer4 implements Externalizable {
  private String name;
  private Set<Order4> orders=new HashSet<Order4>();
  static{
     System.out.println("调用 Customer4 类的静态代码块");
  }
  public Customer4(){
    System.out.println("调用 Customer4 类的不带参数的构造方法");
  }
  public Customer4(String name) {
    System.out.println("调用 Customer4 类的带参数的构造方法");
    this.name=name;
  }

  public void addOrder(Order4 order){
    orders.add(order);
  }

  public void writeExternal(ObjectOutput out)throws IOException{
    out.writeObject(name);
    out.writeObject(orders);
  }
  public void readExternal(ObjectInput in)
          throws IOException,ClassNotFoundException{
    name=(String)in.readObject();
```

```
    orders=(Set<Order4>)in.readObject();
  }
  public String toString() {
    String result=super.toString()+"\r\n"
          +orders+"\r\n";
    return result;
  }
}

class Order4 implements Externalizable {
  private String number;
  private Customer4 customer;
  public Order4(){
    System.out.println("调用 Order4 类的不带参数的构造方法");
  }
  public Order4(String number,Customer4 customer){
    System.out.println("调用 Order4 类的带参数的构造方法");
    this.number=number;
    this.customer=customer;
  }

  public void writeExternal(ObjectOutput out)throws IOException{
    out.writeObject(number);
    out.writeObject(customer);
  }
  public void readExternal(ObjectInput in)
            throws IOException,ClassNotFoundException{
    number=(String)in.readObject();
    customer=(Customer4)in.readObject();
  }
}
```

先运行“java SimpleServer Customer4”，再运行“java SimpleClient”，SimpleClient 端的打印结果如下。

```
调用 Customer4 类的静态代码块
调用 Customer4 类的不带参数的构造方法
调用 Order4 类的不带参数的构造方法
调用 Order4 类的不带参数的构造方法
Customer4@c17164
[Order4@a90653, Order4@de6ced]

Customer4@c17164
[Order4@a90653, Order4@de6ced]

object1 与 object2 是否为同一个对象:true
```

从以上打印结果可以看出，在执行反序列化时，会调用 Customer4 类和 Order4 类的不带参数的构造方法。如果把 Customer4 类的不带参数的构造方法删除，或者把该构造方法的访问权限改为 private、默认或者 protected 级别，那么对 Customer4 进行反序列化时会抛出以下异常。

```
Exception in thread "main" java.io.InvalidClassException:
Customer4; no valid constructor
```

由此可见，一个类如果实现了 Externalizable 接口，那么它必须具有 public 类型的不带参数的构造方法，否则这个类无法反序列化。

9.4　可序列化类的不同版本的序列化兼容性

假定 Customer5 类有两个版本 1.0 和 2.0，如果要把基于 1.0 的序列化数据反序列化为 2.0 的 Customer5 对象，或者把基于 2.0 的序列化数据反序列化为 1.0 的 Customer5 对象，那么会出现什么情况呢？如果可以成功地反序列化，则意味着不同版本之间对序列化兼容，反之，则意味着不同版本之间对序列化不兼容。

凡是实现 Serializable 接口的类都有一个表示序列化版本标识符的静态常量：

```
private static final long serialVersionUID;
```

以上 serialVersionUID 的取值是 Java 运行时环境根据类的内部细节自动生成的。如果对类的源代码做了修改，再重新编译，那么新生成的类文件的 serialVersionUID 的取值有可能也会发生变化。

例程 9-13 和例程 9-14 的 Customer5 类分别为 1.0 和 2.0 版本。在 Customer5 类的 1.0 版本中，具有 name 和 age 属性，而在 Customer5 类的 2.0 版本中，删除了 age 属性，并且增加了 isMarried 属性。

例程 9-13　Customer5.java（1.0 版本）

```
/** @version 1.0 */
import java.io.*;
public class Customer5 implements Serializable {
  private String name;
  private int age;

  public Customer5(String name,int age) {
    this.name=name;
    this.age=age;
  }

  public String toString() {
```

```
    return "name="+name+" age="+age;
  }
}
```

例程 9-14　Customer5.java（2.0 版本）

```
/** @version 2.0 */
import java.io.*;
public class Customer5 implements Serializable {
  private String name;
  private boolean isMarried;

  public Customer5(String name,boolean isMarried) {
    this.name=name;
    this.isMarried=isMarried;
  }

  public String toString() {
    return "name="+name+" isMarried="+isMarried;
  }
}
```

分别对以上两个类编译，把它们的类文件分别放在 server 和 client 目录下，此外把 SimpleServer 和 SimpleClient 的类文件也分别拷贝到 server 和 client 目录下，如图 9-6 所示。

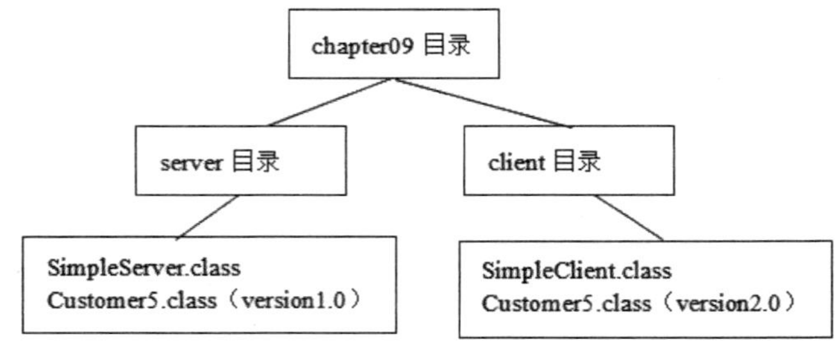

图 9-6　SimpleServer 和 SimpleClient 使用不同版本的 Customer5 类

JDK 安装好以后，在它的 bin 目录下有一个 serialver.exe 程序，用于查看实现了 Serializable 接口的类的 serialVersionUID。在 server 目录下运行命令“serialver Customer5”，打印结果如下。

```
Customer5:
static final long serialVersionUID = -1443651131474384429L;
```

在 client 目录下运行命令“serialver Customer5”，打印结果如下。

```
Customer5:
static final long serialVersionUID = -5448724816396875494L;
```

由此可见，Customer5 类的两个版本有着不同的 serialVersionUID。

先在 server 目录下运行命令“java SimpleServer Customer5”，然后在 client 目录下运行命令“java SimpleClient”。SimpleServer 按照 Customer5 类的 1.0 版本对一个 Customer5 对象进行序列化，而 SimpleClient 按照 Customer5 类的 2.0 版本进行反序列化，由于两个类的版本不一样，SimpleClient 在执行反序列化操作时，会抛出以下异常。

```
Exception in thread "main" java.io.InvalidClassException: Customer5;
local class incompatible:
stream classdesc serialVersionUID = -1443651131474384429,
local class serialVersionUID = -5448724816396875494
```

类的 serialVersionUID 的默认值依赖于 Java 编译器的实现，对于同一个类，用不同的 Java 编译器编译，有可能会导致不同的 serialVersionUID，也有可能相同。为了提高 serialVersionUID 的独立性和确定性，强烈建议在一个可序列化类中显式地定义 serialVersionUID，为它赋予明确的值。显式定义 serialVersionUID 有两种用途。

（1）在某些场合，希望类的不同版本对序列化兼容，因此需要确保类的不同版本具有相同的 serialVersionUID。

（2）在某些场合，不希望类的不同版本对序列化兼容，因此需要确保类的不同版本具有不同的 serialVersionUID。

下面对例程 9-14 中 Customer5 类的 2.0 版本做些修改，在其中显式定义 serialVersionUID，使它的取值与 Customer5 类的 1.0 版本中的 serialVersionUID 相同。

```
/** @version 2.0 */
import java.io.*;
public class Customer5 implements Serializable {
  private static final long serialVersionUID=-1443651131474384429L;
  ……
}
```

先在 server 目录下运行命令“java SimpleServer Customer5”，然后在 client 目录下运行命令“java SimpleClient”。SimpleServer 按照 Customer5 类的 1.0 版本对一个 Customer5 对象进行序列化，而 SimpleClient 按照 Customer5 类的 2.0 版本进行反序列化，由于两个类的 serialVersionUID 属性一样，SimpleClient 端能正常反序列化，打印结果如下。

```
name=Tom isMarried=false
name=Tom isMarried=false
object1 与 object2 是否为同一个对象:true
```

在按照 Customer5 类的 2.0 版本反序化时，Customer5 类的 1.0 版本中的 age 属性被忽略，并且 Customer5 类的 2.0 版本中的 boolean 类型的 isMarried 属性被赋予默认值 false。

由此可见，用 serialVersionUID 来控制序列化兼容性的能力是很有限的。当一个类的不同版本的 serialVersionUID 相同时，仍然有可能出现序列化不兼容的情况。因为序列化兼容性不仅取决于 serialVersionUID，还取决于类的不同版本的实现细节和序列化细节。所以需要通过本章前面介绍的各种方法，来手工控制序列化以及反序列化的行为，从而保证不同版本之间的兼容性。

9.5 小结

如果采用默认的序列化方式，只要让一个类实现 Serializable 接口，它的实例就可以被序列化了。尽管让一个类变为可序列化很容易，似乎不会给程序员增加很多编程负担，仍然要谨慎地考虑是否要让一个类实现 Serializable 接口，因为给可序列化类进行版本升级时，需要测试序列化兼容性，这种测试工作量与“可序列化类的数目”与“版本数”的乘积成正比。通常，专门为继承而设计的类应该尽量不要实现 Serializable 接口，因为一旦父类实现了 Serializable 接口，所有子类也都变为可序列化的了，这大大增加了为这些类进行升级时测试序列化兼容性的工作量。

默认的序列化方式尽管方便，但是有以下不足之处。

（1）直接对对象的不易对外公开的敏感数据进行序列化，这是不安全的。

（2）不会检查对象的成员变量是否符合正确的约束条件。

（3）默认的序列化方式需要对对象图进行递归遍历，如果对象图很复杂，会消耗很多空间和时间，甚至引起 Java 虚拟机的堆栈溢出。

（4）使类的接口被类的内部实现所束缚，制约类的升级与维护。

为了克服默认序列化方式的不足之处，可以采用以下两种方式控制序列化的行为。

（1）可序列化类不仅实现 Serializable 接口，并且提供 private 类型的 writeObject()和 readObject()方法，由这两个方法负责序列化和反序列化。

（2）可序列化类不仅实现 Externalizable 接口，并且实现 writeExternal()和 readExternal()方法，由这两个方法负责序列化和反序列化。这种可序列化类必须提供 public 类型的不带参数的构造方法，因为反序列化操作会先调用类的不带参数的构造方法。

9.6 练习题

1．以下哪些类实现了 java.io.Serializable 接口？（多选）

a）java.io.OutputStream 类　　b）java.lang.String 类

c）java.lang.Integer 类　　d）java.util.Date 类

2．以下哪一段代码向 C:\data.obj 文件中写入一个 Date 对象？（单选）

a）

```
ObjectOutputStream out=new ObjectOutputStream(
                  new FileOutputStream("C:\\data.obj"));
```

```
out.writeDate(new Date());
```

b）

```
ObjectOutputStream out=new ObjectOutputStream(
                 new FileOutputStream("C:\\data.obj"));
out.writeObject(new Date());
```

c）

```
FileOutputStream out=new FileOutputStream("C:\\data.obj");
out.writeObject(new Date());
```

d）

```
FileOutputStream out=new FileOutputStream(
                 new ObjectOutputStream("C:\\data.obj"));
out.writeObject(new Date());
```

3．默认的序列化方式有什么特点？（单选）

a）仅仅对对象的非 transient 类型的实例变量进行序列化。

b）会序列化对象的所有实例变量。

c）会序列化静态变量。

d）会序列化对象的所有 public 类型的成员变量。

4．默认的反序列化方式有什么特点？（多选）

a）如果类还没有被初始化，就会先初始化类，调用类的静态代码块。

b）总是会调用类的静态代码块。

c）不会调用类的任何构造方法。

d）会调用类的不带参数的构造方法。

5．对于图 9-5，按照默认方式序列化对象 A 时，还有哪些对象也被序列化？（单选）

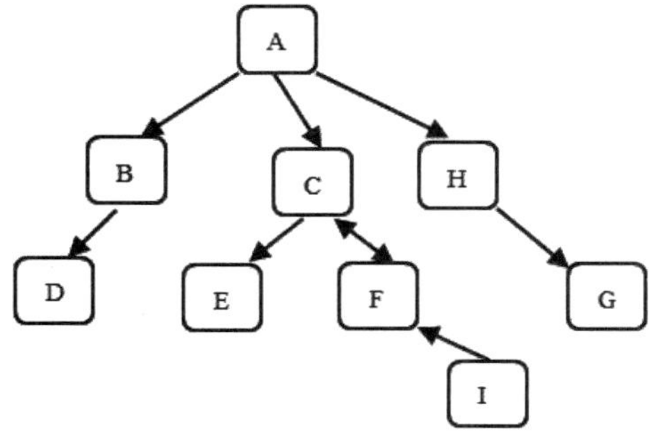

图 9-5　序列化以对象 A 为首的对象图

a）B，C，H　　　　b）B，C，D，E，G，H

c）B，C，D，E，F，G，H　　　　d）不会序列化其他对象

6. 对于一个类的两个不同版本，如果它们的序列化版本号 serialVersionUID 相同，就一定序列化兼容，这句话是否正确？（单选）

a）正确　　b）不正确

7. 关于 Externalizable 接口，以下哪些说法正确？（多选）

a）Externalizable 接口继承自 Serializable 接口。

b）writeExternal()方法负责序列化操作。

c）readExternal()方法负责反序列化操作。

d）在对实现了 Externalizable 接口的类的对象进行反序列化时，一定会先调用类的不带参数的构造方法。

e）在对实现了 Externalizable 接口的类的对象进行反序列化时，一定会先调用类的静态代码块。

f）一个类如果实现了 Externalizable 接口，那么它必须具有 public 类型的不带参数的构造方法。

8. 可序列化类中的 writeObject()方法和 readObject()方法使用什么访问控制修饰符？（单选）

a）public　　b）没有访问控制修饰符

c）protected　　d）private

9. 修改本书 1.5 节创建的 EchoServer 与 EchoClient，使它们都采用对象输出流发送字符串对象的二进制序列，并且用对象输入流读取字符串对象的二进制序列。

答案：1. b，c，d　2. b　3. a　4. a，c　5. c　6. b　7. a，b，c，d，f　8. d

9. 参见配套源代码包的 sourcecode/chapter09/src/exercise 目录下的 EchoServer.java 和 EchoClient.java。

编程提示：在实际程序测试中，发现客户端与服务器端获得对象输入流和输出流的顺序必须相反，否则有一方会一直处于阻塞状态。如果 EchoClient 获得对象输入流和输出流的顺序如下所示：

```
ObjectInputStream ois = getInputStream(socket);
ObjectOutputStream oos = getOutputStream(socket);
```

那么 EchoServer 获得对象输入流和输出流的顺序如下所示。

```
ObjectOutputStream oos = getOutputStream(socket);
ObjectInputStream ois = getInputStream(socket);
```

第 10 章 Java 语言的反射机制

在 Java 运行环境中，对于任意一个类，能否知道这个类有哪些属性和方法？对于任意一个对象，能否调用它的任意一个方法？答案是肯定的。这种动态获取类的信息以及动态调用对象的方法的功能来自 Java 语言的反射（Reflection）机制。Java 反射机制主要提供了以下功能。

- 在运行时判断任意一个对象所属的类。
- 在运行时构造任意一个类的对象。
- 在运行时判断任意一个类所具有的成员变量和方法。
- 在运行时调用任意一个对象的方法。
- 生成动态代理。

本章首先介绍了 Java Reflection API 的用法，然后介绍了一个远程方法调用的例子，在这个例子中介绍了客户端能够远程调用服务器端的一个对象的方法。服务器端采用了反射机制提供的动态调用方法的功能，而客户端则采用了反射机制提供的动态代理功能。

10.1 Java Reflection API 简介

在 JDK 中，主要由以下类来实现 Java 反射机制，这些类都位于 java.lang.reflect 包中。

- Class 类：代表一个类。
- Field 类：代表类的成员变量（成员变量也称为类的属性）。
- Method 类：代表类的方法。
- Constructor 类：代表类的构造方法。
- Array 类：提供了动态创建数组，以及访问数组的元素的静态方法。

例程 10-1 的 DumpMethods 类演示了 Reflection API 的基本作用，它读取命令行参数指定的类名，然后打印这个类所具有的方法信息。

例程 10-1 DumpMethods.java

```
import java.lang.reflect.*;
public class DumpMethods {
  public static void main(String args[]) throws Exception{
```

```
      //加载并初始化命令行参数指定的类
      Class<?> classType = Class.forName(args[0]);
      //获得类的所有方法
      Method methods[] = classType.getDeclaredMethods();
      for(int i = 0; i < methods.length; i++)
        System.out.println(methods[i].toString());
    }
  }
```

运行命令"java DumpMethods java.util.Stack"，就会显示 java.util.Stack 类所具有的方法，程序的打印结果如下。

```
public synchronized java.lang.Object java.util.Stack.peek()
public synchronized int java.util.Stack.search(java.lang.Object)
public boolean java.util.Stack.empty()
public java.lang.Object java.util.Stack.push(java.lang.Object)
public synchronized java.lang.Object java.util.Stack.pop()
```

例程 10-2 的 ReflectTester 类进一步演示了 Reflection API 的基本使用方法。ReflectTester 类有一个 copy(Object object)方法，这个方法能够创建一个和参数 object 同样类型的对象，然后把 object 对象中的所有属性拷贝到新建的对象中，并将它返回。

这个例子只能复制简单的 JavaBean，假定 JavaBean 的每个属性都有 public 类型的 getXXX()和 setXXX()方法。

例程 10-2 ReflectTester.java

```
import java.lang.reflect.*;
public class ReflectTester {
  public Object copy(Object object) throws Exception{
    //获得对象的类型
    Class<?> classType=object.getClass();
    System.out.println("Class:"+classType.getName());

    //通过默认构造方法创建一个新的对象
    Object objectCopy=classType
                .getConstructor(new Class[]{})
                .newInstance(new Object[]{});

    //获得对象的所有属性
    Field fields[]=classType.getDeclaredFields();

    for(int i=0; i<fields.length;i++){
      Field field=fields[i];
      String fieldName=field.getName();
      String firstLetter=fieldName.substring(0,1).toUpperCase();
      //获得和属性对应的 getXXX()方法的名字
```

```
      String getMethodName="get"+firstLetter+fieldName.substring(1);
      //获得和属性对应的 setXXX()方法的名字
      String setMethodName="set"+firstLetter+fieldName.substring(1);

      //获得和属性对应的 getXXX()方法
      Method getMethod=classType
                .getMethod(getMethodName,new Class[]{});
      //获得和属性对应的 setXXX()方法
      Method setMethod=classType
               .getMethod(setMethodName,new Class[]{field.getType()});

      //调用原对象的 getXXX()方法
      Object value=getMethod.invoke(object,new Object[]{});
      System.out.println(fieldName+":"+value);
      //调用拷贝对象的 setXXX()方法
      etMethod.invoke(objectCopy,new Object[]{value});
    }
    return objectCopy;
  }

  public static void main(String[] args) throws Exception{
    Customer customer=new Customer("Tom",21);
    customer.setId(Long.valueOf(1));

    Customer customerCopy=
            (Customer)new ReflectTester().copy(customer);
    System.out.println("Copy information:"
       +customerCopy.getName()+" "+customerCopy.getAge());
  }
}

class Customer{  //Customer 类是一个 JavaBean
  private Long id;
  private String name;
  private int age;

  public Customer(){}
  public Customer(String name,int age){
    this.name=name;
    this.age=age;
  }

  public Long getId(){return id;}
  public void setId(Long id){this.id=id;}

  public String getName(){return name;}
  public void setName(String name){this.name=name;}
```

```
    public int getAge(){return age;}
    public void setAge(int age){this.age=age;}
  }
```

ReflectTester 类的 copy(Object object)方法依次执行以下步骤。

（1）获得对象的类型。

```
Class<?> classType=object.getClass();
System.out.println("Class:"+classType.getName());
```

在 java.lang.Object 类中定义了 getClass()方法，因此对于任意一个 Java 对象，都可以通过此方法获得对象的类型。Class 类是 Reflection API 中的核心类，它有以下方法。

- getName()：获得类的完整名字。
- getFields()：获得类的所有 public 类型的属性。
- getDeclaredFields()：获得类的所有属性。
- getMethods()：获得类的所有 public 类型的方法。
- getDeclaredMethods()：获得类的所有方法。
- getMethod(String name, Class<?>... parameterTypes)：获得类的 public 类型的特定方法，name 参数指定方法的名字，parameterTypes 参数指定方法的参数类型。
- getDeclaredMethod(String name, Class<?>... parameterTypes)：获得类的特定方法，name 参数指定方法的名字，parameterTypes 参数指定方法的参数类型。
- getConstrutors()：获得类的所有 public 类型的构造方法。
- getDeclaredConstrutors()：获得类的所有构造方法。
- getConstrutor(Class<?>... parameterTypes)：获得类的 public 类型的特定构造方法，parameterTypes 参数指定构造方法的参数类型。
- getDeclaredConstructor(Class<?>... parameterTypes)：获得类的特定构造方法，parameterTypes 参数指定构造方法的参数类型。

（2）通过默认构造方法创建一个新的对象。

```
Object objectCopy=classType
    .getConstructor(new Class[]{})
    .newInstance(new Object[]{});
```

以上代码先调用 Class 类的 getConstructor()方法获得一个 Constructor 对象，它代表默认的构造方法，然后调用 Constructor 对象的 newInstance()方法构造一个实例。

（3）获得对象的所有属性。

```
Field fields[]=classType.getDeclaredFields();
```

Class 类的 getDeclaredFields()方法返回类的所有属性，包括 public、protected、默认和 private 访问级别的属性。

（4）获得每个属性相应的 getXXX()和 setXXX()方法，然后执行这些方法，把原来对象的属性拷贝到新的对象中。

```
for(int i=0; i<fields.length;i++){
  Field field=fields[i];
  String fieldName=field.getName();
  String firstLetter=fieldName.substring(0,1).toUpperCase();
  //获得和属性对应的 getXXX()方法的名字
  String getMethodName="get"+firstLetter+fieldName.substring(1);
  //获得和属性对应的 setXXX()方法的名字
  String setMethodName="set"+firstLetter+fieldName.substring(1);

  //获得和属性对应的 getXXX()方法
  Method getMethod=classType.getMethod(getMethodName,new Class[]{});
  //获得和属性对应的 setXXX()方法
  Method setMethod=
    classType.getMethod(setMethodName,new Class[]{field.getType()});

  //调用原对象的 getXXX()方法
  Object value=getMethod.invoke(object,new Object[]{});
  System.out.println(fieldName+":"+value);
  //调用拷贝对象的 setXXX()方法
  setMethod.invoke(objectCopy,new Object[]{value});
}
```

以上代码假定每个属性都有相应的 getXXX()和 setXXX()方法，并且在方法名中，“get”和“set”的后面一个字母为大写。例如 Customer 类的 name 属性对应 getName()和 setName()方法。Method 类的 invoke(Object obj,Object args[])方法用于动态执行一个对象的特定方法，它的第 1 个 obj 参数指定具有该方法的对象，第 2 个 args 参数指定向该方法传递的参数。

在例程 10-3 的 InvokeTester 类的 main()方法中，运用反射机制调用一个 InvokeTester 对象的 add()和 echo()方法。

例程 10-3　InvokeTester.java

```
import java.lang.reflect.*;
public class InvokeTester {
  public int add(int param1,int param2){return param1+param2;}
  public String echo(String msg){return "echo:"+msg;}
  public static void main(String[] args) throws Exception{
    Class<InvokeTester> classType=InvokeTester.class;
    Object invokeTester=classType.getDeclaredConstructor()
                                  .newInstance();

    //调用 InvokeTester 对象的 add()方法
    Method addMethod=
        classType.getMethod("add",new Class[]{int.class,int.class});
```

```
    Object result=addMethod.invoke(invokeTester,
        new Object[]{Integer.valueOf(100),Integer.valueOf(200)});
    System.out.println((Integer)result);

    //调用 InvokeTester 对象的 echo()方法
    Method echoMethod=
      classType.getMethod("echo",new Class[]{String.class});
    result=echoMethod.invoke(invokeTester,new Object[]{"Hello"});
    System.out.println((String)result);
  }
}
```

add()方法的两个参数为 int 类型，获得表示 add()方法的 Method 对象的代码如下。

```
Method addMethod=
    classType.getMethod("add",new Class[]{int.class,int.class});
```

Method 类的 invoke(Object obj,Object args[])方法接收的参数必须为对象，如果参数为基本类型数据，那么必须转换为相应的包装类型的对象。invoke()方法的返回值总是对象，如果实际被调用的方法的返回类型是基本类型数据，那么 invoke()方法会把它转换为相应的包装类型的对象，再将其返回。

在本例中，尽管 InvokeTester 类的 add()方法的两个参数以及返回值都是 int 类型，调用 addMethod 对象的 invoke()方法时，只能传递 Integer 类型的参数，并且 invoke()方法的返回类型也是 Integer 类型，Integer 类是 int 基本类型的包装类。

```
Object result=addMethod.invoke(invokeTester,
      new Object[]{Integer.valueOf(100),Integer.valueOf(200)});
System.out.println((Integer)result);  //result 为 Integer 类型
```

java.lang.Array 类提供了动态创建和访问数组元素的各种静态方法。例程 10-4 的 ArrayTester1 类的 main()方法首先创建了一个长度为 10 的字符串数组，接着把索引位置为 5 的元素设为“hello”，然后读取索引位置为 5 的元素的值。

例程 10-4　ArrayTester1.java

```
import java.lang.reflect.*;
public class ArrayTester1 {
  public static void main(String args[])throws Exception {
    Class<?> classType = Class.forName("java.lang.String");
    //创建一个长度为 10 的字符串数组
    Object array = Array.newInstance(classType, 10);
    //把索引位置为 5 的元素设为"hello"
    Array.set(array, 5, "hello");
    //读取索引位置为 5 的元素的值
    String s = (String) Array.get(array, 5);
    System.out.println(s);
```

```
    }
  }
```

例程 10-5 的 ArrayTester2 类的 main()方法创建了一个 5×10×15 的整型数组，并把索引位置为[3][5][10] 的元素的值设为 37。

例程 10-5　ArrayTester2.java

```
import java.lang.reflect.*;
public class ArrayTester2{
  public static void main(String args[]) {
    int dims[] = new int[]{5, 10, 15};
    Object array = Array.newInstance(Integer.TYPE, dims);
    //使 arrayObj 引用 array[3]
    Object arrayObj = Array.get(array, 3);

    //获取当前 arrayObj 数组的元素的类型
    Class<?> arrayObjComponentType =
               arrayObj.getClass().getComponentType();

    //打印 "class [[I ", 表明这是两维数组
    System.out.println(arrayObj.getClass());
   //打印 "class [I ", 表明这是一维数组
    System.out.println( arrayObjComponentType);

    //使 arrayObj 引用 array[3][5]
    arrayObj = Array.get(arrayObj, 5);
    //把元素 array[3][5][10]设为 37
    Array.setInt(arrayObj, 10, 37);

    int arrayCast[][][] = (int[][][]) array;
    System.out.println(arrayCast[3][5][10]);
  }
}
```

10.2　在远程方法调用中运用反射机制

假定在 SimpleServer 服务器端创建了一个 HelloServiceImpl 对象，它具有 getTime()和 echo()方法。HelloServiceImpl 类实现了 HelloService 接口。例程 10-6 和例程 10-7 分别是 HelloService 接口和 HelloServiceImpl 类的源程序。

例程 10-6　HelloService.java

```
package remotecall;
import java.util.Date;
```

```
public interface HelloService{
  public String echo(String msg);
  public Date getTime();
}
```

例程 10-7　HelloServiceImpl.java

```
package remotecall;
import java.util.Date;
public class HelloServiceImpl implements HelloService{
  public String echo(String msg){ return "echo:"+msg; }
  public Date getTime(){ return new Date(); }
}
```

SimpleClient 客户端如何调用服务器端的 HelloServiceImpl 对象的 getTime()和 echo()方法呢？显然，SimpleClient 客户端需要把调用的方法名、方法参数类型、方法参数值，以及方法所属的类名或接口名发送给 SimpleServer，SimpleServer 再调用相关对象的方法，然后把方法的返回值发送给 SimpleClient。

为了便于按照面向对象的方式来处理客户端与服务器端的通信，可以把它们发送的信息用 Call 类（参见例程 10-8）来表示。一个 Call 对象表示客户端发起的一个远程调用，它包括调用的类名或接口名、方法名、方法参数类型、方法参数值和方法执行结果。

Call 对象会通过对象输入流和输出流在网络上传输，因此它实现了 Serializable 接口。

例程 10-8　Call.java

```
package remotecall;
import java.io.*;
public class Call implements Serializable{
  private String className;  //表示类名或接口名
  private String methodName; //表示方法名
  private Class[] paramTypes; //表示方法参数类型
  private Object[] params; //表示方法参数值

  //表示方法的执行结果
  //如果方法正常执行，则 result 为方法返回值，
  //如果方法抛出异常，则 result 为该异常。
  private Object result;

  public Call(){}
  public Call(String className,String methodName,
                  Class[] paramTypes,
                  Object[] params){
    this.className=className;
    this.methodName=methodName;
    this.paramTypes=paramTypes;
    this.params=params;
```

```
  }

  public String getClassName(){return className;}
  public void setClassName(String className){
    this.className=className;
  }

  public String getMethodName(){ return methodName;  }
  public void setMethodName(String methodName){
    this.methodName=methodName;
  }

  public Class[] getParamTypes(){return paramTypes;}
  public void setParamTypes(Class[] paramTypes){
    this.paramTypes=paramTypes;
  }

  public Object[] getParams(){return params;}
  public void setParams(Object[] params){ this.params=params; }

  public Object getResult(){return result;}
  public void setResult(Object result){this.result=result;}

  public String toString(){
    return "className="+className+" methodName="+methodName;
  }
}
```

SimpleClient 调用 SimpleServer 端的 HelloServiceImpl 对象的 echo()方法的流程如下。

（1）SimpleClient 创建一个 Call 对象，它包含了调用 HelloService 接口的 echo()方法的信息。

（2）SimpleClient 通过对象输出流把 Call 对象发送给 SimpleServer。

（3）SimpleServer 通过对象输入流读取 Call 对象，运用反射机制调用 HelloServiceImpl 对象的 echo()方法，把 echo()方法的执行结果保存到 Call 对象中。

（4）SimpleServer 通过对象输出流把包含了方法执行结果的 Call 对象发送给 SimpleClient。

（5）SimpleClient 通过对象输入流读取 Call 对象，从中获得方法执行结果。

例程 10-9 和例程 10-10 分别是 SimpleServer 和 SimpleClient 的源程序。

例程 10-9　SimpleServer.java

```
package remotecall;
import java.io.*;
import java.net.*;
import java.util.*;
import java.lang.reflect.*;
```

```
public class SimpleServer {
  private Map<String,Object> remoteObjects=
          new HashMap<String,Object>();  //存放远程对象的缓存

  /** 把一个远程对象放到缓存中 */
  public void register(String className,Object remoteObject){
    remoteObjects.put( className,remoteObject);
  }
  public void service()throws Exception{
    ServerSocket serverSocket = new ServerSocket(8000);
    System.out.println("服务器启动.");
    while(true){
      Socket socket=serverSocket.accept();
      InputStream in=socket.getInputStream();
      ObjectInputStream ois=new ObjectInputStream(in);
      OutputStream out=socket.getOutputStream();
      ObjectOutputStream oos=new ObjectOutputStream(out);

      Call call=(Call)ois.readObject();  //接收客户发送的 Call 对象
      System.out.println(call);
      call=invoke(call);  //调用相关对象的方法
      oos.writeObject(call);  //向客户发送包含了执行结果的 Call 对象

      ois.close();
      oos.close();
      socket.close();
    }
  }

  public Call invoke(Call call){
    Object result=null;
    try{
      String className=call.getClassName();
      String methodName=call.getMethodName();
      Object[] params=call.getParams();
      Class<?> classType=Class.forName(className);
      Class[] paramTypes=call.getParamTypes();
      Method method=classType.getMethod(methodName,paramTypes);
      //从缓存中取出相关的远程对象
      Object remoteObject=remoteObjects.get(className);
      if(remoteObject==null){
        throw new Exception(className+"的远程对象不存在");
      }else{
        result=method.invoke(remoteObject,params);
      }
    }catch(Exception e){result=e;}
```

```
      call.setResult(result);  //设置方法执行结果
      return call;
    }

    public static void main(String args[])throws Exception {
      SimpleServer server=new SimpleServer();
      //把事先创建的 HelloServiceImpl 对象加入服务器的缓存中
      server.register("remotecall.HelloService",new HelloServiceImpl());
      server.service();
    }
  }
```

例程 10-10　SimpleClient.java

```
package remotecall;
import java.io.*;
import java.net.*;
import java.util.*;
public class SimpleClient {
  public void invoke()throws Exception{
    Socket socket = new Socket("localhost",8000);
    OutputStream out=socket.getOutputStream();
    ObjectOutputStream oos=new ObjectOutputStream(out);
    InputStream in=socket.getInputStream();
    ObjectInputStream ois=new ObjectInputStream(in);

    //Call call=new Call("remotecall.HelloService",
    //           "getTime",new Class[]{},new Object[]{});
    Call call=new Call("remotecall.HelloService","echo",
               new Class[]{String.class},new Object[]{"Hello"});
    oos.writeObject(call);  //向服务器发送 Call 对象
    call=(Call)ois.readObject();  //接收包含了方法执行结果的 Call 对象
    System.out.println(call.getResult());

    ois.close();
    oos.close();
    socket.close();
  }
  public static void main(String args[])throws Exception {
    new SimpleClient().invoke();
  }
}
```

先运行命令“java remotecall.SimpleServer”，再运行命令“java remotecall.SimpleClient”，SimpleClient 端将打印“echo:Hello”。该打印结果是服务器端执行 HelloServiceImpl 对象的 echo()方法的返回值。图 10-1 显示了 SimpleClient 与 SimpleServer 的通信过程。

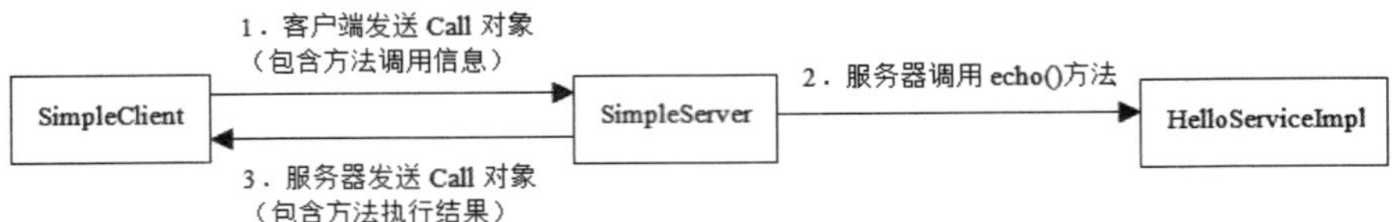

图 10-1　SimpleClient 与 SimpleServer 的通信过程

10.3　代理模式

在日常生活中，常常会遇到各种各样的代理。例如小王是一个公司的老板，他请秘书小张代他去房产公司寻找合适的办公楼，小张会把需要租用的办公楼的具体需求告诉房产公司。秘书小张是老板小王的代理，而房产公司是受委托的公司。

代理模式是常用的 Java 设计模式，它的特征是：代理类与委托类有同样的接口，如图 10-2 所示。代理类主要负责为委托类预处理消息、过滤消息、把消息转发给委托类以及事后处理消息等。代理类与委托类之间通常会存在关联关系，一个代理类的对象与一个委托类的对象关联，代理类的对象本身并不真正实现服务，而是通过调用委托类的对象的相关方法，来提供特定的服务。

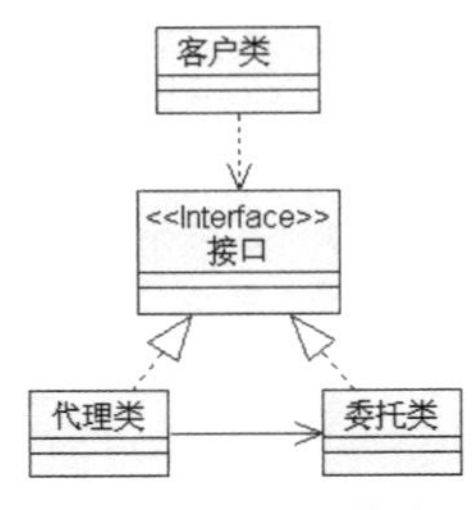

图 10-2　代理模式

按照代理类的创建时期，代理类可分为两种。

- 静态代理类：由开发人员创建或由特定工具自动生成源代码，再对其编译。在程序运行前，代理类的.class 文件就已经存在了。
- 动态代理类：在程序运行时，运用反射机制动态创建而成。

10.3.1　静态代理类

如图 10-3 所示，HelloServiceProxy 类（参见例程 10-13）是代理类，HelloServiceImpl 类（参见例程 10-12）是委托类，这两个类都实现了 HelloService 接口（参见例程 10-11）。其中 HelloServiceImpl 类是 HelloService 接口的真正实现者，而 HelloServiceProxy 类是通过调用 HelloServiceImpl 类的相关方法来提供特定服务的。HelloServiceProxy 类的 echo()方法和 getTime()方法会分别调用被代理的 HelloServiceImpl 对象的 echo()方法和 getTime()方法，并且在方法调用前后都会执行一些简单的打印操作。由此可见，代理类可以为委托类预处理消息、把消息转发给委托类和事后处理消息等。

在 Client1 类（参见例程 10-14）的 main()方法中，先创建了一个 HelloServiceImpl 对象，再创建了一个 HelloServiceProxy 对象，最后调用 HelloServiceProxy 对象的 echo()方法。

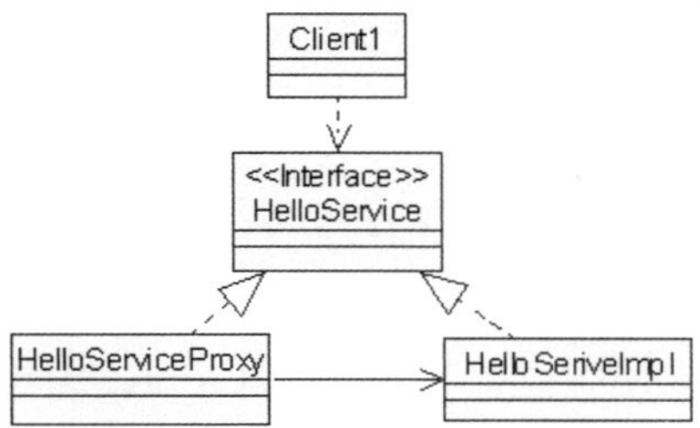

图 10-3　HelloServiceProxy 类是 HelloService 的代理类

例程 10-11　HelloService.java

```
package proxy;
import java.util.Date;
public interface HelloService{
  public String echo(String msg);
  public Date getTime();
}
```

例程 10-12　HelloServiceImpl.java

```
package proxy;
import java.util.Date;
public class HelloServiceImpl implements HelloService{
  public String echo(String msg){
    return "echo:"+msg;
  }
  public Date getTime(){
    return new Date();
  }
}
```

例程 10-13　HelloServiceProxy.java

```
package proxy;
import java.util.Date;
public class HelloServiceProxy implements HelloService{
  private HelloService helloService;  //表示被代理的 HelloService 实例

  public HelloServiceProxy(HelloService helloService){
    this.helloService=helloService;
  }

  public void setHelloServiceProxy(HelloService helloService){
    this.helloService=helloService;
  }

  public String echo(String msg){
```

```
      System.out.println("before calling echo()");  //预处理
      //调用被代理的 HelloService 实例的 echo()方法
      String result=helloService.echo(msg);
      System.out.println("after calling echo()");  //事后处理
      return result;
    }
    public Date getTime(){
      System.out.println("before calling getTime()");  //预处理
      //调用被代理的 HelloService 实例的 getTime()方法
      Date date=helloService.getTime();
      System.out.println("after calling getTime()");  //事后处理
      return date;
    }
  }
```

例程 10-14　Client1.java

```
package proxy;
public class Client1{
  public static void main(String args[]){
    HelloService helloService=new HelloServiceImpl();
    HelloService helloServiceProxy=
       new HelloServiceProxy(helloService);
    System.out.println(helloServiceProxy.echo("hello"));
  }
}
```

运行 Client1 类，打印结果如下。

```
before calling echo()
after calling echo()
echo:hello
```

图 10-4 显示了 Client1 调用 HelloServiceProxy 类的 echo()方法的时序图。

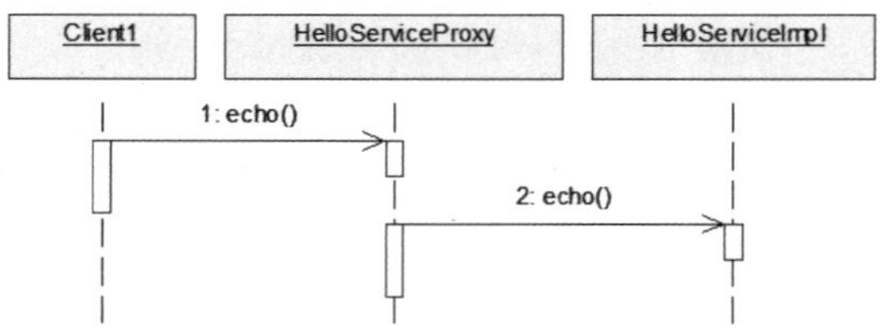

图 10-4　Client1 调用 HelloServiceProxy 类的 echo()方法的时序图

例程 10-13 的 HelloServiceProxy 类的源代码是由开发人员编写的，在程序运行前，它的.class 文件就已经存在了，这种代理类被称为静态代理类。

10.3.2　动态代理类

与静态代理类对应的是动态代理类，动态代理类的字节码在程序运行时由 Java 反射机制动态生成，无须开发人员手工编写它的源代码。动态代理类不仅简化了编程工作，而且提高了软件系统的可扩展性，因为 Java 反射机制可以生成任意类型的动态代理类。java.lang.reflect 包中的 Proxy 类和 InvocationHandler 接口提供了生成动态代理类的能力。

Proxy 类提供了创建动态代理类及其实例的静态方法：

（1）getProxyClass()静态方法负责创建动态代理类，它的完整定义如下。

```
public static Class<?> getProxyClass(ClassLoader loader,
             Class<?>[] interfaces)
             throws IllegalArgumentException
```

参数 loader 指定动态代理类的类加载器，参数 interfaces 指定动态代理类需要实现的所有接口。

（2）newProxyInstance()静态方法负责创建动态代理类的实例，它的完整定义如下。

```
public static Object newProxyInstance(
             ClassLoader loader, Class<?>[] interfaces,
             InvocationHandler handler)
             throws IllegalArgumentException
```

参数 loader 指定动态代理类的类加载器，参数 interfaces 指定动态代理类需要实现的所有接口，参数 handler 指定与动态代理类关联的 InvocationHandler 对象。

以下两种方式都创建了实现 Foo 接口的动态代理类的实例。

```
/****  方式 1  ****/
//创建 InvocationHandler 对象
InvocationHandler handler = new MyInvocationHandler(……);
//创建动态代理类
Class proxyClass = Proxy.getProxyClass(
      Foo.class.getClassLoader(), new Class[] { Foo.class });
//创建动态代理类的实例
Foo foo = (Foo) proxyClass
    .getConstructor(new Class[] { InvocationHandler.class })
    .newInstance(new Object[] { handler });

/****  方式 2  ****/
//创建 InvocationHandler 对象
InvocationHandler handler = new MyInvocationHandler(……);

//直接创建动态代理类的实例
Foo foo = (Foo) Proxy.newProxyInstance(Foo.class.getClassLoader(),
                                   new Class[] { Foo.class },
                                   handler);
```

由 Proxy 类的静态方法创建的动态代理类具有以下特点：

- 动态代理类是 public、final 和非抽象类型的。

- 动态代理类继承了 java.lang.reflect.Proxy 类。
- 动态代理类的名字以“$Proxy”开头。
- 动态代理类实现 getProxyClass()和 newProxyInstance()方法中参数 interfaces 指定的所有接口。
- Proxy 类的 isProxyClass(Class<?> cl)静态方法可用来判断参数指定的类是否为动态代理类。只有通过 Proxy 类创建的类才是动态代理类。
- 动态代理类都具有一个 public 类型的构造方法，该构造方法有一个 InvocationHandler 类型的参数。

由 Proxy 类的静态方法创建的动态代理类的实例具有以下特点。

- 假定变量 foo 是一个动态代理类的实例，并且这个动态代理类实现了 Foo 接口，那么“foo instanceof Foo”的值为 true。把变量 foo 强制转换为 Foo 类型是合法的：

```
(Foo) foo  //合法
```

- 每个动态代理类实例都和一个 InvocationHandler 实例关联。Proxy 类的 getInvocationHandler(Object proxy)静态方法返回与参数 proxy 指定的代理类实例所关联的 InvocationHandler 对象。
- 假定 Foo 接口有一个 amethod()方法，那么当程序调用动态代理类实例 foo 的 amethod()方法时，该方法会调用与它关联的 InvocationHandler 对象的 invoke()方法。

InvocationHandler 接口为方法调用接口，它声明了负责调用任意一个方法的 invoke()方法：

```
Object invoke(Object proxy,Method method,Object[] args) throws Throwable
```

参数 proxy 指定动态代理类实例，参数 method 指定被调用的方法，参数 args 指定向被调用方法传递的参数，invoke()方法的返回值表示被调用方法的返回值。

如图 10-5 所示，HelloServiceProxyFactory 类（参见例程 10-15）的 getHelloServiceProxy()静态方法负责创建实现了 HelloService 接口的动态代理类的实例。

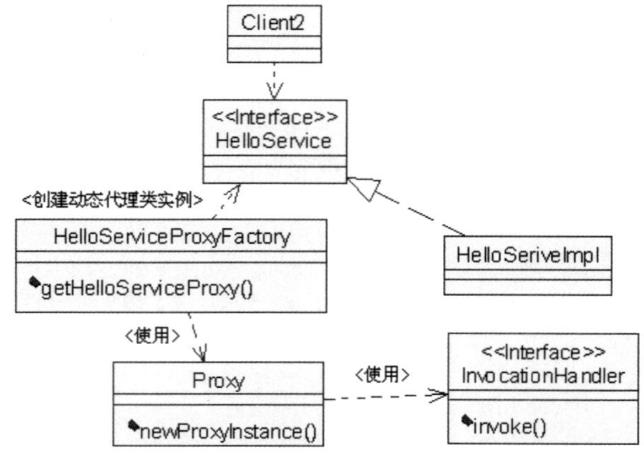

图 10-5　HelloServiceProxyFactory 类创建动态代理类实例

例程 10-15　HelloServiceProxyFactory.java

```
package proxy;
import java.lang.reflect.*;
public class HelloServiceProxyFactory {
  /** 创建一个实现了 HelloService 接口的动态代理类的实例
   *  参数 helloService 引用被代理的 HelloService 实例
   */
  public static HelloService getHelloServiceProxy(
                          final HelloService helloService){
    //创建一个实现了 InvocationHandler 接口的匿名类的实例
    InvocationHandler handler=new InvocationHandler(){

      public Object invoke(Object proxy,
              Method method,Object args[])throws Exception{
        System.out.println("before calling "+method);  //预处理
        //调用被代理的 HelloService 实例的方法
        Object result=method.invoke(helloService,args);
        System.out.println("after calling "+method);  //事后处理
        return result;
      }
    };

    Class<HelloService> classType=HelloService.class;
    return (HelloService)Proxy.newProxyInstance(
                                  classType.getClassLoader(),
                                  new Class[]{classType},
                                  handler);
  }//# getHelloServiceProxy()
}
```

例程 10-16 的 Client2 类首先创建了一个 HelloServiceImpl 实例，然后创建了一个动态代理类实例 helloServiceProxy，最后调用动态代理类实例的 echo()方法。

例程 10-16　Client2.java

```
package proxy;
public class Client2{
  public static void main(String args[]){
    HelloService helloService=new HelloServiceImpl();
    HelloService helloServiceProxy=HelloServiceProxyFactory
                    .getHelloServiceProxy(helloService);
    System.out.println("动态代理类的名字为"
                    +helloServiceProxy.getClass().getName());
    System.out.println(helloServiceProxy.echo("Hello"));
  }
}
```

运行 Client2，打印结果如下。

动态代理类的名字为$Proxy0

```
before calling public abstract java.lang.String
            proxy.HelloService.echo(java.lang.String)
after calling public abstract java.lang.String
            proxy.HelloService.echo(java.lang.String)
echo:Hello
```

从以上打印结果看出，动态代理类的名字为$Proxy0。图 10-6 显示了 Client2 调用动态代理类$Proxy0 的实例 helloServiceProxy 的 echo()方法的时序图。

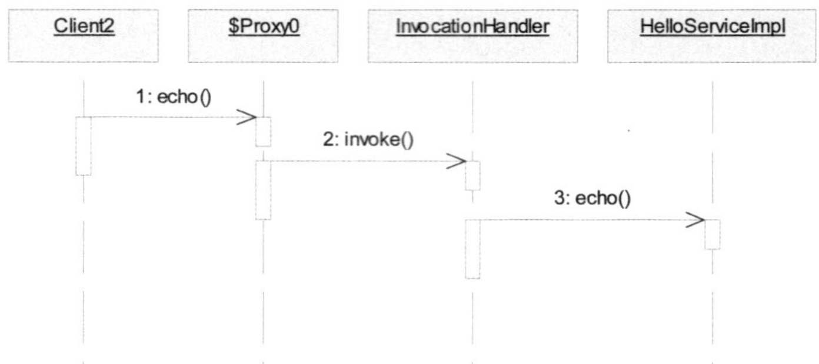

图 10-6　Client2 调用动态代理类$Proxy0 的 echo()方法的时序图

10.3.3　在远程方法调用中运用代理类

如图 10-7 所示，SimpleClient 客户端通过 HelloService 代理类来调用 SimpleServer 服务器端的 HelloServiceImpl 对象的方法。客户端的 HelloService 代理类也实现了 HelloService 接口，这可以简化 SimpleClient 客户端的编程。对于 SimpleClient 客户端而言，与远程服务器的通信的细节被封装到 HelloService 代理类中。SimpleClient 客户端可以按照以下方式调用远程服务器上的 HelloServiceImpl 对象的方法。

```
//创建 HelloService 代理类的对象
HelloService helloService1=new HelloServiceProxy(connector);
//通过代理类调用远程服务器上的 HelloServiceImpl 对象的方法
System.out.println(helloService1.echo("hello"));
```

从以上程序代码可以看出，SimpleClient 客户端调用远程对象的方法的代码与调用本地对象的方法的代码很相似，由此可以看出，代理类简化了客户端的编程。

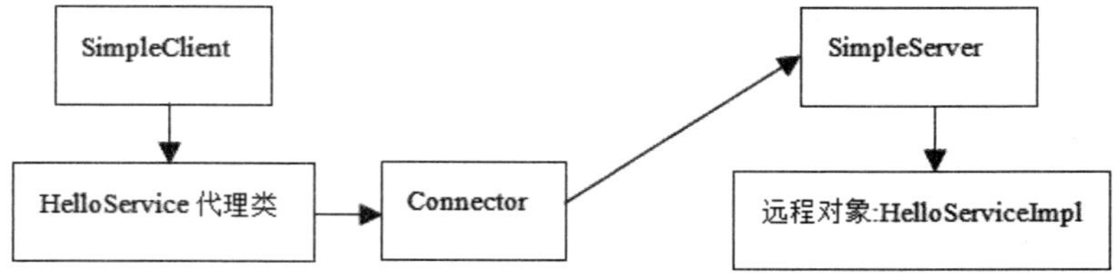

图 10-7　SimpleClient 通过 HelloService 代理类调用远程对象的方法

Connector 类负责建立与远程服务器的连接，以及接收和发送 Java 对象。例程 10-17 是 Connector 类的源程序。

例程 10-17　Connector.java

```
package proxy1;
……
public class Connector {
  private String host;
  private int port;
  private Socket skt;
  private InputStream is;
  private ObjectInputStream ois;
  private OutputStream os;
  private ObjectOutputStream oos;

  public Connector(String host,int port)throws Exception{
     this.host=host;
     this.port=port;
     connect(host,port);
  }

  public void send(Object obj)throws Exception{  //发送对象
    oos.writeObject(obj);
  }
  public Object receive() throws Exception{  //接收对象
    return ois.readObject();
  }
  public void connect()throws Exception{
    connect(host,port);  //建立与远程服务器的连接
  }

  /** 建立与远程服务器的连接 */
  public void connect(String host,int port)throws Exception{
    skt=new Socket(host,port);
    os=skt.getOutputStream();
    oos=new ObjectOutputStream(os);
    is=skt.getInputStream();
    ois=new ObjectInputStream(is);
  }
  public void close(){  //关闭连接
    try{
    }finally{
      try{
        ois.close();
        oos.close();
        skt.close();
      }catch(Exception e){
```

```
        System.out.println("Connector.close: "+e);
      }
    }
  }
}
```

HelloService 代理类有两种创建方式：一种方式是创建一个 HelloServiceProxy 静态代理类，参见例程 10-18；还有一种方式是创建 HelloService 的动态代理类，例程 10-19 的 ProxyFactory 类的静态 getProxy()方法就负责创建 HelloService 的动态代理类，并且返回它的一个实例。

例程 10-18 HelloServiceProxy.java（静态代理类）

```
package proxy1;
import java.util.Date;
public class HelloServiceProxy implements HelloService{
  private String host;
  private int port;

  public HelloServiceProxy(String host,int port){
     this.host=host;
     this.port=port;
  }
  public String echo(String msg)throws RemoteException{
    Connector connector=null;
    try{
      connector=new Connector(host,port);
      Call call=new Call("proxy1.HelloService","echo",
           new Class[]{String.class},new Object[]{msg});
      connector.send(call);
      call=(Call)connector.receive();
      Object result=call.getResult();
      if(result instanceof Throwable){
         //把异常都转换为 RemoteException
        throw new RemoteException((Throwable)result);
      }else
        return (String)result;
    }catch(Exception e){
       //把异常都转换为 RemoteException
       throw new RemoteException(e);
    }finally{if(connector!=null)connector.close();}
  }

  public Date getTime()throws RemoteException{
    Connector connector=null;
    try{
      connector=new Connector(host,port);
```

```
      Call call=new Call("proxy1.HelloService","getTime",
                              new Class[]{},new Object[]{});
      connector.send(call);
      call=(Call)connector.receive();
      Object result=call.getResult();
      if(result instanceof Throwable){
        //把异常都转换为 RemoteException
        throw new RemoteException((Throwable)result);
      }else
        return (Date)result;
    }catch(Exception e){
      //把异常都转换为 RemoteException
      throw new RemoteException(e);
    }finally{if(connector!=null)connector.close();}
  }
}
```

例程 10-19　ProxyFactory.java（负责创建动态代理类及其实例）

```
package proxy1;
import java.lang.reflect.*;
public class ProxyFactory {
  public static Object getProxy(final Class<?> classType,
                                final String host,final int port){
    InvocationHandler handler=new InvocationHandler(){
      public Object invoke(Object proxy,
                   Method method,Object args[])throws Exception{
        Connector connector=null;
        try{
          connector=new Connector(host,port);
          Call call=new Call(classType.getName(),
                    method.getName(),
                    method.getParameterTypes(),args);
          connector.send(call);
          call=(Call)connector.receive();
          Object result=call.getResult();
          if(result instanceof Throwable){
            //把异常都转换为 RemoteException
            throw new RemoteException((Throwable)result);
          }else
            return result;
        }finally{if(connector!=null)connector.close();}
      }
    };

    return Proxy.newProxyInstance(classType.getClassLoader(),
                                  new Class[]{classType}, handler);
```

```
    }
  }
```

无论是 HelloService 的静态代理类还是动态代理类，都通过 Connector 类来发送和接收 Call 对象。ProxyFactory 工厂类的 getProxy()方法的第 1 个参数 classType 指定代理类实现的接口的类型，如果参数 classType 的取值为 HelloService.class，那么 getProxy()方法就创建 HelloService 动态代理类的实例；如果参数 classType 的取值为 Foo.class，那么 getProxy()方法就创建 Foo 动态代理类的实例。由此可见，getProxy()方法可以创建任意类型的动态代理类的实例，并且它们都具有调用被代理的远程对象的方法的能力。

如果使用静态代理方式，那么对于每一个需要代理的类，都要手工编写静态代理类的源代码；如果使用动态代理方式，那么只要编写一个动态代理工厂类，它就能自动创建各种类型的动态代理类，从而大大简化了编程，并且提高了软件系统的可扩展性和可维护性。

在例程 10-20 的 SimpleClient 类的 main()方法中，分别通过静态代理类和动态代理类去访问 SimpleServer 服务器上的 HelloServiceImpl 对象的各种方法。

例程 10-20　SimpleClient.java

```
package proxy1;
……
public class SimpleClient {
  public static void main(String args[])throws Exception {
     //创建静态代理类实例
    HelloService helloService1=
            new HelloServiceProxy("localhost",8000);
    System.out.println(helloService1.echo("hello"));
    System.out.println(helloService1.getTime());

    //创建动态代理类实例
    HelloService helloService2=
              (HelloService)ProxyFactory.getProxy(
              HelloService.class,"localhost",8000);

    System.out.println(helloService2.echo("hello"));
    System.out.println(helloService2.getTime());
  }
}
```

先运行命令“java proxy1.SimpleServer”，再运行命令“java proxy1.SimpleClient”，SimpleClient 端的打印结果如下：

```
echo:hello
Thu Oct 10 05:51:37 EDT 2019
echo:hello
Thu Oct 10 05:51:37 EDT 2019
```

proxy1.SimpleServer 类的源程序与 10.2 节的例程 10-9 的 remotecall.SimpleServer 类相同。图 10-8 和图 10-9 分别显示了 SimpleClient 通过 HelloService 静态代理类和动态代理类访问远程 HelloServiceImpl 对象的 echo()方法的时序图。

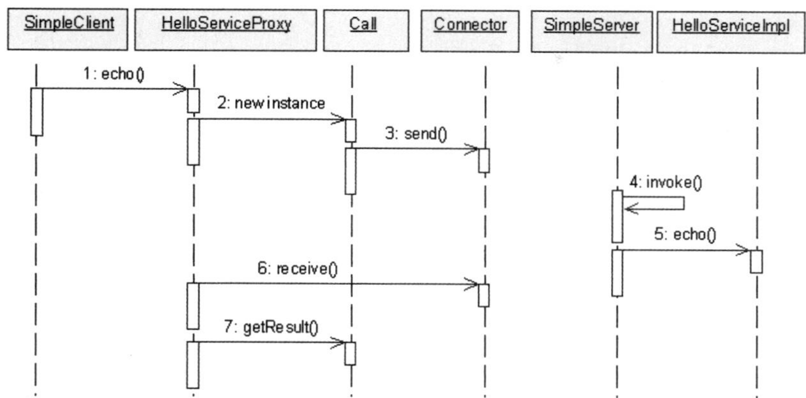

图 10-8　SimpleClient 通过 HelloService 静态代理类（HelloServiceProxy）访问远程对象的方法的时序图

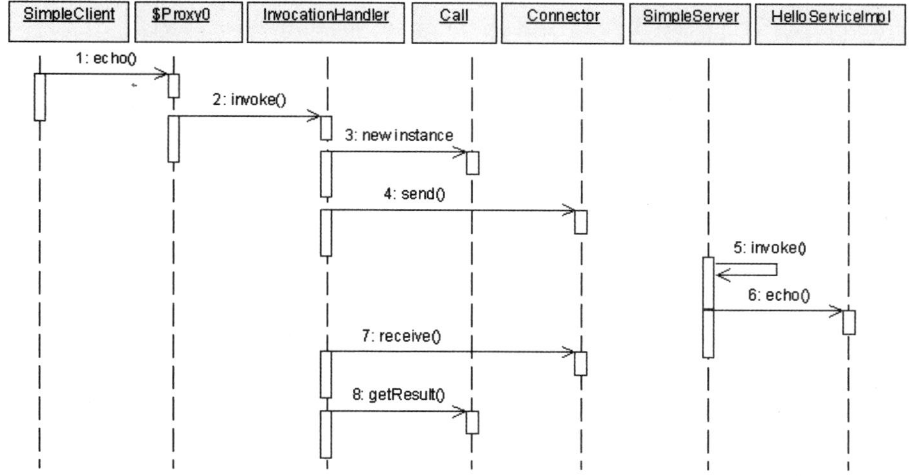

图 10-9　SimpleClient 通过 HelloService 动态代理类（$Proxy0）访问远程对象的方法的时序图

10.4　小结

Java 反射机制是 Java 语言的一个重要特性。考虑实现一个 newInstance(String className)方法，它的作用是根据参数 className 指定的类名，通过该类的不带参数的构造方法创建这个类的对象，并将其返回。如果不运用 Java 反射机制，那么必须在 newInstance()方法中罗列参数 className 所有可能的取值，然后创建相应的对象。

```
public Object newInstance(String className) throws Exception{
  if(className.equals("HelloService1"))
    return new HelloService1();
```

```
    if(className.equals("HelloService2"))
      return new HelloService2();
    if(className.equals("HelloService3"))
      return new HelloService3();
    ……
    if(className.equals("HelloService1000"))
      return new HelloService1000();
  }
```

以上程序代码很冗长，而且可维护性较差。如果在以后软件的升级版本中去除了一个 HelloService4 类，或者增加了一个 HelloService1001 类，就需要修改以上 newInstance() 方法。

如果运用反射机制，就可以简化程序代码，并且能提高软件系统的可维护性和可扩展性。

```
public Object newInstance(String className) throws Exception{
  Class<?> classType=Class.forName(className);
  return classType.getDeclaredConstructor().newInstance();
}
```

Java 反射机制在服务器程序和中间件程序中得到了广泛的运用。在服务器端，往往需要根据客户的请求，动态调用某一个对象的特定方法。此外，有一种对象—关系映射（Object-Relation Mapping，ORM）中间件能够把任意一个 JavaBean 持久化到关系数据库中。在 ORM 中间件的实现中，运用 Java 反射机制来读取任意一个 JavaBean 的所有属性，或者给这些属性赋值。在作者的另一本书《精通 JPA 与 Hibernate：Java 对象持久化技术详解》中阐述了 Java 反射机制在 Hibernate（一种 ORM 中间件）的实现中的运用。

在 JDK 类库中，主要由以下类来实现 Java 反射机制，这些类都位于 java.lang.reflect 包中。

- Class 类：代表一个类。
- Field 类：代表类的属性。
- Method 类：代表类的方法。
- Constructor 类：代表类的构造方法。
- Array 类：提供了动态创建数组，以及访问数组的元素的静态方法。
- Proxy 类和 InvocationHandler 接口：提供了生成动态代理类及其实例的方法。

本章还介绍了 Java 反射机制、静态代理模式和动态代理模式在远程方法调用中的运用。本章以 SimpleClient 客户调用 SimpleServer 服务器上的 HelloServiceImpl 对象的方法为例，探讨了实现远程方法调用的一些技巧。本书第 11 章介绍的 RMI 框架是 JDK 类库提供的一个现成的完善的远程方法调用框架，即使开发人员不了解这个框架本身的实现细节，也能使用这个框架，不过，熟悉框架本身的实现原理，可以帮助开发人员更娴熟地运用 RMI 框架。本章对实现远程方法调用所做的初步探讨，有助于开发人员去进一步探索 RMI 框架本身的实现原理。

10.5　练习题

1. 假定 Tester 类有如下 test 方法：

```
public int test(int p1, Integer p2)
```

以下哪段代码能正确的动态调用一个 Tester 对象的 test 方法？（单选）

a）

```
Class<Tester> classType=Tester.class;
Object tester=classType.getDeclaredConstructor().newInstance();
Method addMethod=classType.getMethod("test",
                           new Class[]{int.class,int.class});
Object result=addMethod.invoke(tester,
     new Object[]{Integer.valueOf(100),Integer.valueOf(200)});
```

b）

```
Class<Tester> classType=Tester.class;
Object tester=classType.getDeclaredConstructor().newInstance();
Method addMethod=classType.getMethod("test",
                          new Class[]{int.class,int.class});
int result=addMethod.invoke(tester,
     new Object[]{Integer.valueOf(100),Integer.valueOf(200)});
```

c）

```
Class<Tester> classType=Tester.class;
Object tester=classType.getDeclaredConstructor().newInstance();
Method addMethod=classType.getMethod("test",
                         new Class[]{int.class,Integer.class});
Object result=addMethod.invoke(tester,
    new Object[]{Integer.valueOf(100),Integer.valueOf(200)});
```

d）

```
Class<Tester> classType=Tester.class;
Object tester=classType.getDeclaredConstructor().newInstance();
Method addMethod=classType.getMethod("test",
                        new Class[]{int.class,Integer.class});
Integer result=addMethod.invoke(tester,
     new Object[]{Integer.valueOf(100),Integer.valueOf(200)});
```

2．以下哪些方法在 Class 类中定义？（多选）

a）getConstructors()　　b）getPrivateMethods()　　c) getDeclaredFields()

d）getImports()　　e）setField()

3．以下哪些说法正确？（多选）

a）动态代理类与静态代理类一样，必须由开发人员编写源代码，并编译成.class 文件。

b）代理类与被代理类具有同样的接口。

c）java.lang.Exception 类实现了 java.io.Serializable 接口，因此 Exception 对象可以被序列化后在网络上传输。

d）java.lang.reflect 包中的 Proxy 类提供了创建动态代理类的方法。

4．以下哪些属于动态代理类的特点？（多选）

a）动态代理类是 public、final 和非抽象类型的。

b）动态代理类继承了 java.lang.reflect.Proxy 类。

c）动态代理类实现了 getProxyClass()或 newProxyInstance()方法中参数 interfaces 指定的所有接口。

d）动态代理类可以继承用户自定义的任意类。

e）动态代理类都具有一个 public 类型的构造方法，该构造方法有一个 InvocationHandler 类型的参数。

5．在 10.3.3 节（在远程方法调用中运用代理类）介绍的例子中，Connector 类位于服务器端还是客户端？（单选）

a）服务器端　b）客户端

6．在 10.3.3 节（在远程方法调用中运用代理类）介绍的例子中，HelloServiceProxy 静态代理类位于服务器端还是客户端？（单选）

a）服务器端　b）客户端

7．运用本章介绍的动态代理机制，重新实现第 1 章的 EchoServer 服务器与 EchoClient 客户，具体实现方式参照 10.3.3 节（在远程方法调用中运用代理类）所介绍的例子。

答案：1．c　2．a，c　3．b，c，d　4．a，b，c，e　5．b　6．b

7．参见配套源代码包的 sourcecode/chapter10/src/exercise 目录下的 EchoServer 类、EchoClient 类以及其他相关的类。

第 11 章

RMI 框架

本书 10.2 节创建了一个简单的客户程序和服务器程序，客户端能调用服务器端的对象的方法。如图 11-1 所示，在实际应用中，为了合理地分配软硬件资源，会把各个对象分布在不同的网络节点上，这些对象之间能相互发送消息。

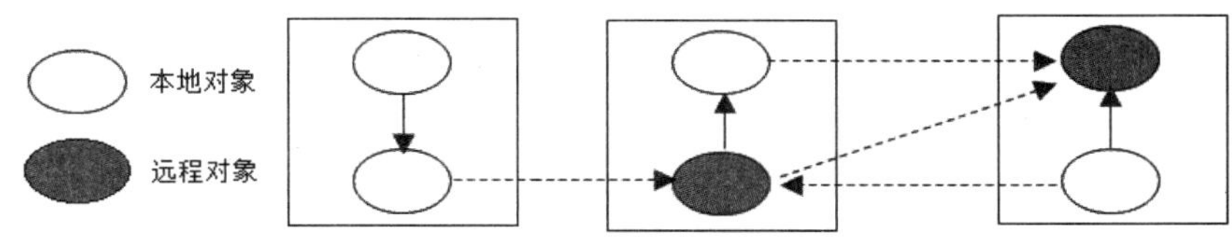

图 11-1　分布式对象模型

图 11-1 显示了一个分布式的对象模型。在这个模型中，一个对象如果不仅能被本地进程访问，还可以被远程进程访问，就被称为远程对象；一个对象如果只能被本地进程访问，就被称为本地对象。图 11-1 中的白色椭圆表示本地对象，深色椭圆表示远程对象，带实线的箭头表示常规的本地方法调用，带虚线的箭头表示远程方法调用。为了保证各种对象之间可靠的发送消息，该模型的实现系统通常用 TCP 作为网络传输层的通信协议。

一个对象调用另一个对象的方法，按照面向对象的观点，可以被理解为一个对象向另一个对象发送消息。如果两个对象都运行在同一个进程中，那么消息无须经过网络传输。如果两个对象分布在网络中不同的节点上，那么消息需要经过网络传输。

一般说来，远程对象都分布在服务器端，提供各种通用的服务。客户端则访问服务器端的远程对象，请求特定的服务。如何实现这种分布式的对象模型呢？显然，不管采取何种方式，对象模型的实现系统都应该具备以下功能。

（1）把分布在不同节点上的对象之间发送的消息转换为字节序列，这一过程被称为编组（Marshalling）。

（2）通过套接字建立连接并且发送编组后的消息，即字节序列。

（3）处理网络连接或传输消息时出现的各种故障。

（4）为分布在不同节点上的对象提供分布式垃圾收集机制。

（5）为远程方法调用提供安全检查机制。

（6）服务器端运用多线程或非阻塞通信机制，确保远程对象具有很好的并发性能，能同时被多个客户访问。

（7）创建与特定问题领域相关的各种本地对象和远程对象。

由此可见，从头开发一个完善的分布式的软件系统很复杂，既要处理套接字连接、编组、分布式垃圾收集、安全检查和并发性等问题，又要开发与实际问题领域相关的各种本地对象和远程对象。幸运的是，目前已经有一些现成的成熟的分布式对象模型的框架，主要包括以下几种。

- RMI（Remote Method Invoke）：JDK 提供的一个完善的简单易用的远程方法调用框架，它要求客户端与服务器端都是 Java 程序。
- 公用对象请求代理体系结构（Common Object Request Broker Architecture，CORBA）：分布式对象模型的通用框架，允许用不同语言编写的对象能彼此通信。由于这一技术目前已不再流行，本书未对此做介绍。
- 简单对象访问协议（Simple Object Access Protocol，SOAP）：允许异构的系统之间能彼此通信，以 XML 作为通信语言。一个系统可以访问另一个系统对外公布的 Web 服务，参见本书第 17 章和第 18 章。

如图 11-2 所示，RMI 框架封装了所有底层通信细节，并且解决了编组、分布式垃圾收集、安全检查和并发性等通用问题。有了现成的框架，开发人员就只需专注于开发与特定问题领域相关的各种本地对象和远程对象。

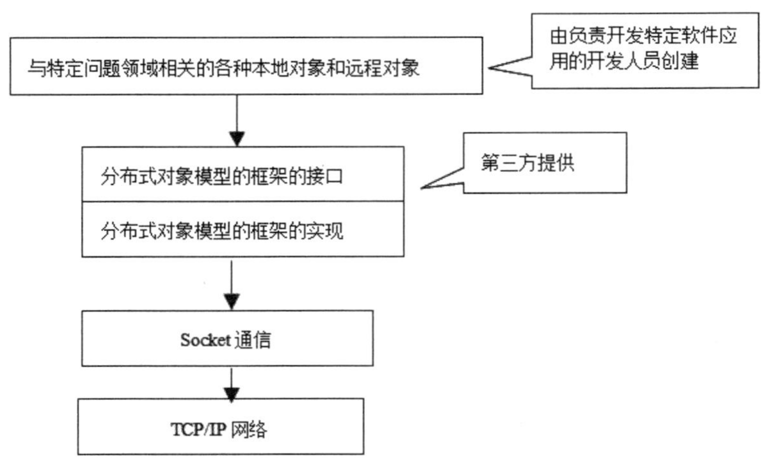

图 11-2　RMI 框架封装了底层的通信细节

11.1　RMI 的基本原理

RMI 采用客户/服务器通信方式。在服务器上部署了提供各种服务的远程对象，客户端请求访问服务器上远程对象的方法。如图 11-3 所示，HelloServiceImpl 是一个远程对象，它运行在服务器上，客户端请求调用 HelloServiceImpl 对象的 echo()方法。

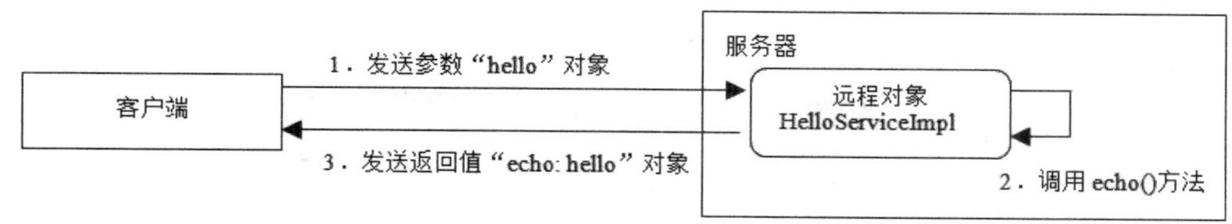

图 11-3　客户端请求调用服务器上的远程对象的方法

如图 11-4 所示，RMI 框架采用代理来负责客户与远程对象之间通过 Socket 进行通信的细节。RMI 框架为远程对象分别生成了客户端代理和服务器端代理。位于客户端的代理类被称为存根（Stub），位于服务器端的代理类被称为骨架（Skeleton）。

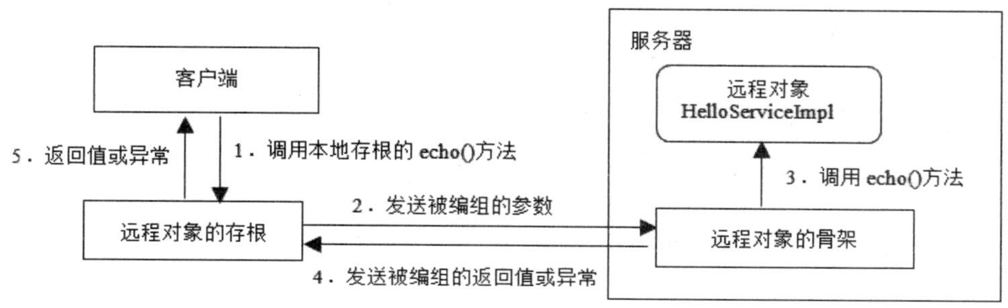

图 11-4　RMI 框架采用代理来封装通信细节

当客户端调用远程对象的一个方法时，实际上是调用本地存根对象的相应方法。存根对象与远程对象具有同样的接口。存根采用一种与平台无关的编码方式，把方法的参数编码为字节序列，这个编码过程被称为参数编组。RMI 主要采用 Java 序列化机制进行参数编组。存根把以下请求信息发送给服务器。

- 被访问的远程对象的名字。
- 被调用的方法的描述。
- 编组后的参数的字节序列。

服务器端接收到客户端的请求信息，然后由相应的骨架对象来处理这一请求信息，骨架对象执行以下操作。

- 反编组参数，即把参数的字节序列反编码为参数。
- 定位要访问的远程对象。
- 调用远程对象的相应方法。
- 获取方法调用产生的返回值或者异常，然后对它进行编组。
- 把编组后的返回值或者异常发送给客户。

存根类与远程对象所属的远程类实现了同样的远程接口。而骨架类并没有实现该远程接口，骨架类在服务器端为远程对象接收客户的方法调用请求。尽管骨架类的作用类似于代理类，但严格地说，骨架类不算代理类，因为代理类必须与被代理的类具有同样的接口。

客户端的存根接收到服务器发送过来的编组后的返回值或者异常，再对它进行反编组，就得到调用远程方法的返回结果。

存根与骨架类通过 Socket 来通信。那么，如何创建存根类与骨架类呢？幸运的是，开发人员无须手工编写客户端的存根类以及服务器端的骨架类，它们都由 RMI 框架创建。在 JDK5.0 以前的版本中，需要用 rmic 命令来为远程对象生成静态的代理类（包括存根和骨架类），而从 JDK5.0 之后，RMI 框架会在运行时自动为远程对象生成动态代理类（包括存根和骨架类），从而更彻底地封装了 RMI 框架的实现细节，简化了 RMI 框架的使用方式。

11.2 创建第 1 个 RMI 应用

作为建立在RMI框架上的软件应用，需要创建一系列与特定问题领域相关的远程对象。远程对象所属的类必须实现一个远程接口，由 RMI 框架负责创建的存根也会实现这个远程接口，在远程接口中声明了可以被客户程序访问的远程方法。

大致说来，创建一个 RMI 应用包括以下步骤。

（1）创建远程接口：继承 java.rmi.Remote 接口。

（2）创建远程类：实现远程接口。

（3）创建服务器程序：负责在 RMI 注册器中注册远程对象。

（4）创建客户程序：负责定位远程对象，并且调用远程对象的方法。

图 11-5 是本节要创建的 RMI 应用的类框图。其中 HelloService 是一个远程接口，它继承了 java.rmi.Remote 接口，HelloServiceImpl 类实现了该接口，并且继承了 java.rmi.server.UnicastRemoteObject 类。SimpleClient 和 SimpleServer 类分别是客户程序和服务器程序。

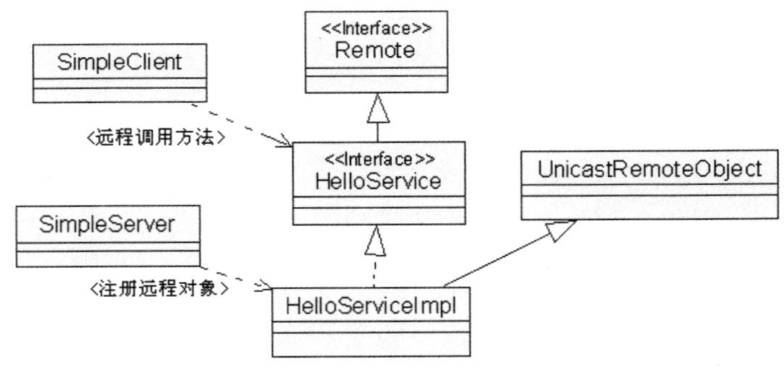

图 11-5 第 1 个 RMI 应用的类框图

11.2.1 创建远程接口

远程接口中声明了可以被客户程序访问的远程方法。RMI 规范要求远程对象所属的类实现一个远程接口，并且远程接口符合以下条件。

- 直接或间接继承 java.rmi.Remote 接口。
- 接口中的所有方法声明抛出 java.rmi.RemoteException。

对于远程接口以及远程类中的远程方法，除了可以直接声明抛出 RemoteException，也可以声明抛出 RemoteException 的父类异常，如 java.io.IOException 或 java.lang.Exception。

远程方法调用依赖于网络通信，而网络通信是不可靠的，比如一旦服务器或者客户端有一方突然断开连接，或者网络出现故障，通信就会失败。在客户端进行远程方法调用时，RMI 框架会把遇到的网络通信失败转换为 RemoteException，客户端可以捕获这种异常，并进行相应的处理。

例程 11-1 是 HelloService 接口的源程序。在这个接口中声明了 echo()和 getTime()两个方法，它们都声明抛出 RemoteException。

例程 11-1　HelloService.java

```
package hello;
import java.util.Date;
import java.rmi.*;
public interface HelloService extends Remote{
  public String echo(String msg) throws RemoteException;
  public Date getTime() throws RemoteException;
}
```

在创建远程接口时，还可以采用以下方式。

```
public interface A {
  public String echo(String msg) throws IOException;
  public Date getTime() throws Exception;
}

public interface B extends A,Remote{}
```

以上接口 A 不是远程接口，而子接口 B 是远程接口。由于接口 A 中的方法声明抛出的异常都是 RemoteException 的父类，因此这些方法在接口 B 中都可以作为远程方法。这种创建远程接口的方式有以下优点。

- 对于本来不是专门为 RMI 而设计的接口 A，无须对它做任何变动，只要创建一个继承 Remote 接口的子接口 B，就能增加对 RMI 的支持。
- 接口 A 不依赖于 RMI，能隐藏系统中的 RMI 细节，使得系统可以在保持接口 A 不变的情况下，灵活地更改实现细节。

11.2.2　创建远程类

远程类就是远程对象所属的类。RMI 规范要求远程类必须实现一个远程接口。此外，为了使远程类的实例变成能为远程客户提供服务的远程对象，可通过以下两种途径之一把它导出（Export）为远程对象。

（1）使远程类继承 java.rmi.server.UnicastRemoteObject 类，并且远程类的构造方法必须声明抛出 RemoteException。这是最常用的方式，本章多数例子都采取这种方式。

例程 11-2 的 HelloServiceImpl 类就是远程类，它继承了 UnicastRemoteObject 类，并且实现了 HelloService 远程接口。

例程 11-2　HelloServiceImpl.java

```
package hello;
import java.util.Date;
import java.rmi.*;
import java.rmi.server.UnicastRemoteObject;
public class HelloServiceImpl extends UnicastRemoteObject
                    implements HelloService{
  private String name;
  public HelloServiceImpl(String name)throws RemoteException{
    this.name=name;
  }
  public String echo(String msg) throws RemoteException {
    System.out.println(name+":调用 echo()方法");
    return "echo:"+msg +" from "+name;
  }
  public Date getTime()throws RemoteException {
    System.out.println(name+":调用 getTime()方法");
    return new Date();
  }
}
```

Java 语言的一个特征是，在构造一个子类的实例时，Java 虚拟机会自动先调用父类的构造方法。因此在构造以上 HelloServiceImpl 实例时，会自动调用 UnicastRemoteObject 父类的不带参数的构造方法，它的定义如下。

```
protected UnicastRemoteObject() throws RemoteException{
  this(0);
}
protected UnicastRemoteObject(int port) throws RemoteException{
  this.port = port;
  exportObject((Remote) this, port);
}
```

由此可见，UnicastRemoteObject 类的构造方法会调用自身的静态方法 exportObject (Remote obj, int port)。该方法负责把参数 obj 指定的对象导出为远程对象，使它具有相应的存根，并使它能够监听远程客户的方法调用请求。参数 port 指定监听的端口，如果取值为 0，就表示监听任意一个匿名端口。

（2）如果一个远程类已经继承了其他类，无法再继承 UnicastRemoteObject 类，那么可以在构造方法中调用 UnicastRemoteObject 类的静态 exportObject()方法，同样，远程类的构造方法也必须声明抛出 RemoteException。

以下 HelloServiceImpl 类已经继承了 OtherClass 类，在其构造方法中调用 UnicastRemoteObject.exportObject(this,0)方法，将自身导出为远程对象。

```
public class HelloServiceImpl extends OtherClass
                  implements HelloService{
  private String name;
  public HelloServiceImpl(String name)throws RemoteException{
    this.name=name;
    UnicastRemoteObject.exportObject(this,0);
  }
  ......
  public Date getTime()throws RemoteException {
    System.out.println(name+":调用 getTime()方法");
    return new Date();
  }
}
```

除了以上两种方式，还可以在服务器程序中直接调用 UnicastRemoteObject.exportObject()静态方法，把一个实现了远程接口的对象导出为远程对象。

关于远程类，有以下注意事项。

- 远程类的构造方法必须声明抛出 RemoteException，因为如果导出失败，就会抛出这种异常。
- 所有远程方法必须声明抛出 RemoteException。
- 在远程类中可以定义一些本地方法，即没有在远程接口中声明的方法。这些本地方法无须抛出 RempteException，它们只能被本地调用，不允许被远程调用。
- UnicastRemoteObject 类覆盖了 Object 类中的 equals()、hashcode()和 clone()方法。如果一个远程类直接继承 UnicastRemoteObject 类，就可以继承它的这些方法。

11.2.3　创建服务器程序

RMI 采用一种命名服务机制来使得客户程序可以找到服务器上的一个远程对象。RMI 注册器会提供这种命名服务。不妨把注册器比作日常生活中的 114 电话查询系统，那些希望对外公开联系方式的单位先到 114 查询系统登记，使得 114 查询系统记录该单位的名字和联系方式信息。当客户想知道某个单位的联系方式时，只需向 114 查询系统提供单位的名字，114 查询系统就会返回该单位的联系方式。

启动 RMI 注册器有两种方式。一种方式是直接运行 rmiregistry.exe 程序，在 JDK 的安装目录的 bin 子目录下有一个 rmiregistry.exe 程序，它是提供命名服务的注册器程序。尽管 rmiregistry 注册器程序也可以单独运行在一个主机上，但出于安全的原因，通常让 rmiregistry

注册器程序与服务器程序运行在同一个主机上。

启动 RMI 注册器的另一种方式是在服务器程序中调用 java.rmi.registry.LocateRegistry 类的静态方法 createRegistry()：

```
Registry registry = LocateRegistry.createRegistry(1099);
```

以上代码创建并启动了注册器，registry 变量就引用这个注册器。注册器默认的监听端口为 1099。LocateRegistry.createRegistry(int port)方法的 port 参数用于指定监听的端口。本章范例主要采用第二种方式来启动注册器，注册器和服务器程序运行在同一个 Java 虚拟机进程中。

服务器程序的一大任务就是向注册器注册远程对象。注册远程对象有 3 种方式：

- 方式 1：调用 java.rmi.registry.Registry 接口的 bind()或 rebind()方法。
- 方式 2：调用命名服务类 java.rmi.Naming 的 bind()或 rebind()方法。第 2 种方式实际上是对第 1 种方式的简单封装，在内部仍是通过 Registry 来注册远程对象。
- 方式 3：调用 JNDI API（Java Naming and Directory Interface，Java 名字与目录接口）中的 javax.naming.Context 接口的 bind()或 rebind()方法。

以上 3 种方式中提到的 Registry 接口、Naming 类和 Context 接口都具有注册、查找，以及注销对象的方法。

- bind(String name,Object obj)：注册对象，把对象与一个名字绑定。如果该名字已经与其他对象绑定，就会抛出表示名字已经被绑定的异常。
- rebind(String name,Object obj)：注册对象，把对象与一个名字绑定。如果该名字已经与其他对象绑定，则不会抛出异常，而是把当前参数 obj 指定的对象覆盖原先的对象。
- lookup(String name)：查找对象，返回与参数 name 指定的名字所绑定的对象。
- unbind(String name)：注销对象，取消对象与名字的绑定。

以下程序代码先创建了一个 HelloServiceImpl 对象，然后按照 3 种方式注册这个 HelloServiceImpl 对象，把它命名为“HelloService1”。

```
//创建远程对象
HelloService service1 = new HelloServiceImpl("service1");

//方式 1
Registry registry = LocateRegistry.createRegistry(1099);
registry.rebind("HelloService1", service1);

//方式 2
Naming.rebind("HelloService1", service1);

//方式 3
Context namingContext=new InitialContext();
namingContext.rebind( "rmi:HelloService1", service1 );
```

在客户程序中，可通过以下 3 种方式获得远程对象的存根：

```
//方式 1
Registry registry = LocateRegistry.getRegistry("localhost", 1099);
HelloService service1=(HelloService)registry.lookup("HelloService1");

//方式 2
HelloService service1=(HelloService)Naming.lookup("HelloService1");

//方式 3
Context namingContext=new InitialContext();
HelloService service1=(HelloService)namingContext.lookup(
                                   "rmi:HelloService1");
```

LocateRegistry 类的静态方法 getResistry()返回参数指定的 RMI 注册器对象，它有以下重载形式。

- getRegistry(int port)：返回本地主机的 RMI 注册器对象，参数 port 指定 RMI 注册器监听的端口。
- getRegistry(String host)：返回参数 host 指定的主机上的 RMI 注册器对象，监听默认端口 1099。
- getRegistry(String host, int port)：返回参数指定的 RMI 注册器对象。参数 host 和参数 port 分别指定 RMI 注册器所在的主机和监听的端口。

如果是通过 Context 接口的 lookup()方法查找远程对象，那么还可以向 lookup()方法提供远程对象的 URL，它的形式如下。

```
rmi://服务器的名字:端口号/对象的注册名字
```

以上 URL 中的服务器指 RMI 注册器所在的主机名，端口号指注册器监听的端口号。HelloService1 的完整的 URL 为

```
rmi://localhost:1099/HelloService1
```

在默认情况下，RMI 注册器监听 1099 端口。在使用默认的 1099 端口的情况下，可以在远程对象的 URL 中省略端口号。

```
rmi://locahost/HelloService1
```

在例程 11-3 的 SimpleServer 类的 main()方法中，创建了两个 HelloServiceImpl 远程对象。接着创建并启动 RMI 注册器。然后把两个远程对象注册到 RMI 注册器中，它们的注册名字分别为“HelloService1”和“HelloService2”。

例程 11-3　SimpleServer.java

```
package hello;
import java.rmi.*;
```

```
import java.rmi.registry.LocateRegistry;
import java.rmi.registry.Registry;

public class SimpleServer{
  public static void main( String args[] ){
    try{
      HelloService service1 = new HelloServiceImpl("service1");
      HelloService service2 = new HelloServiceImpl("service2");

      //创建并启动注册器
      Registry registry = LocateRegistry.createRegistry(1099);
      //注册远程对象
      registry.rebind( "HelloService1", service1 );
      registry.rebind( "HelloService2", service2 );

      System.out.println( "服务器注册了两个 HelloService 对象" );
    }catch(Exception e){
      e.printStackTrace();
    }
  }
}
```

关于向 RMI 注册器注册远程对象，有以下注意事项。

（1）如果有多个服务器进程向同一个注册器注册远程对象，那么很难保证名字的唯一性。通常，注册器只用来注册少量的远程对象，客户可以先通过注册器定位到注册过的远程对象，再由它们定位到其他的远程对象，参见 11.3 节的远程对象工厂模式。

（2）远程对象即使没有在注册器中注册，也可被远程访问。参见 11.3 节的远程对象工厂模式。

11.2.4 创建客户程序

在例程 11-4 的 SimpleClient 类的 main()方法中，先获得远程对象的存根对象，然后测试它所属的类，接着调用它的远程方法。

例程 11-4 SimpleClient.java

```
package hello;
import java.rmi.*;
import java.rmi.registry.LocateRegistry;
import java.rmi.registry.Registry;

public class SimpleClient{
  public static void showRemoteObjects(Registry registry)
                              throws Exception{
    //列出所有注册的名字
    String[] names=registry.list();
```

```
    for(String name:names)
     System.out.println(name);
  }

  public static void main( String args[] ){
    try{
      Registry registry = LocateRegistry.getRegistry(1099);
      HelloService service1=
          (HelloService)registry.lookup("HelloService1");
      HelloService service2=
          (HelloService)registry.lookup("HelloService2");

      //测试存根对象所属的类
      Class stubClass=service1.getClass();
      System.out.println("service1 是"+stubClass.getName()+"的实例");
      Class[] interfaces=stubClass.getInterfaces();
      for(int i=0;i<interfaces.length;i++)
        System.out.println("存根类实现了"+interfaces[i].getName());

      System.out.println(service1.echo("hello"));
      System.out.println(service1.getTime());

      System.out.println(service2.echo("hello"));
      System.out.println(service2.getTime());

      showRemoteObjects(registry);
    }catch( Exception e){
       e.printStackTrace();
    }
  }
}
```

以下程序代码先获得名字为“HelloService1”的远程对象的存根对象，接着调用存根对象的 echo()和 getTime()方法。

```
HelloService service1=(HelloService)registry.lookup("HelloService1");
System.out.println(service1.echo("hello"));
System.out.println(service1.getTime());
```

以下程序代码列举出所有在注册器上注册的远程对象的名字。

```
//列出所有注册的名字
String[] names=registry.list();
for(String name:names)
  System.out.println(name);
```

11.2.5 运行 RMI 应用

图 11-6 演示了运行本节范例的主要时序。SimpleServer 负责创建 HelloServiceImpl 远程对象，创建并启动 RMI 注册器，再把远程对象注册到注册器。SimpleClient 从注册器中获得 HelloServiceImpl 远程对象的存根对象，再调用它的 echo()方法。

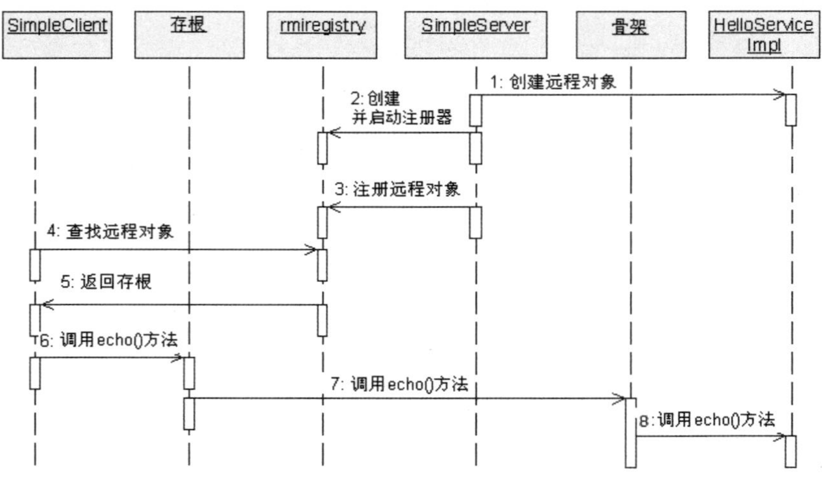

图 11-6 运行本节范例的主要时序图

假定本节范例的类文件都位于 C:\chapter11\classes 目录下。

```
classes\hello\HelloService.class
classes\hello\HelloServiceImpl.class
classes\hello\SimpleServer.class
classes\hello\SimpleClientclass
```

在命令行方式下转到 C:\chapter11 目录下，顺序运行以下命令。

（1）运行命令“set classpath=classes”，设置 classpath。

（2）运行命令“start java hello.SimpleServer”，启动服务器程序。

（3）运行命令“java hello.SimpleClient”，启动客户程序。

以上命令启动了两个 Java 虚拟机进程，分别运行服务器程序和客户程序。在启动服务器程序时，使用了“start”命令，它的作用是打开一个新的命令行窗口，然后在其中运行服务器程序。如果直接运行 “java hello.SimpleServer”命令，就会在当前命令行方式下运行服务器程序。

SimpleServer 服务器程序启动后，即使 main()方法执行完毕，程序仍然不会结束运行，因为它向注册器注册了两个远程对象，注册器一直引用这两个远程对象，使得这两个远程对象不会结束生命周期，因而 SimpleServer 服务器程序也不会结束运行。11.7 节（分布式垃圾收集）对远程对象的生命周期做了进一步解释。

SimpleClient 端的打印结果如下。

```
service1 是 com.sun.proxy.$Proxy0 的实例
存根类实现了 java.rmi.Remote
存根类实现了 hello.HelloService
echo:hello from service1
Mon Oct 28 20:50:12 EDT 2019
echo:hello from service2
Mon Oct 28 20:50:13 EDT 2019
HelloService1
HelloService2
```

SimpleServer 端的打印结果如下。

```
服务器注册了两个 HelloService 对象
service1:调用 echo()方法
service1:调用 getTime()方法
service2:调用 echo()方法
service2:调用 getTime()方法
```

分析以上打印结果，可以得出以下结论。

（1）在客户端，执行以下代码时，

```
HelloService service1=(HelloService)registry.lookup("HelloService1");
Class stubClass=service1.getClass();
System.out.println("service1 是"+ stubClass.getName()+"的实例");
Class[] interfaces=stubClass.getInterfaces();
for(int i=0;i<interfaces.length;i++)
  System.out.println("存根类实现了"+interfaces[i].getName());
```

客户端的打印结果如下。

```
service1 是 com.sun.proxy.$Proxy0 的实例
存根类实现了 java.rmi.Remote
存根类实现了 hello.HelloService
```

由此可见，Registry 对象的 lookup()方法返回的是一个名为“com.sun.proxy.$Proxy0”的动态代理类的实例，它实现了 HelloService 远程接口，这个动态代理类的实例就是客户程序所访问的 HelloServiceImpl 远程对象的存根对象。

（2）当客户端执行以下代码时，

```
System.out.println(service1.echo("hello"));
```

客户端的打印结果如下。

```
echo: hello from service1
```

服务器端的打印结果如下。

```
service1:调用 echo()方法
```

在 HelloServiceImpl 类中，echo()方法的定义如下。

```
public String echo(String msg) throws RemoteException {
  System.out.println(name+":调用 echo()方法");  //在服务器端执行
  return "echo:"+msg +" from "+name;
}
```

由此可见，当客户端通过存根调用服务器端的 HelloServiceImpl 对象的 echo()方法时，在服务器端执行该对象的 echo()方法，因此 echo()方法中的第 1 行打印语句在服务器端输出打印结果，而不会在客户端输出打印结果。客户端得到的仅仅是 echo()方法的返回结果。

RMI 注册器在默认情况下监听 1099 端口，也可以在 SimpleServer 中让它监听其他端口，比如 8000 端口。

```
//创建并启动注册器
Registry registry = LocateRegistry.createRegistry(8000);
//注册远程对象
registry.rebind( "HelloService1", service1 );
registry.rebind( "HelloService2", service2 );
```

在 SimpleClient 中，需要先获得监听 8000 端口的注册器，然后查找远程对象。

```
Registry registry = LocateRegistry.getRegistry(8000);
HelloService service1=
        (HelloService)registry.lookup("HelloService1");
HelloService service2=
        (HelloService)registry.lookup("HelloService2");
```

在实际运用中，RMI 的客户进程与服务器进程会分布在不同的主机上，因此必须在客户端与服务器端分别部署它们的类文件，11.10 节（RMI 应用的部署以及类的动态加载）对此做了详细介绍。

以上介绍的 SimpleServer 类和 RMI 注册器运行在同一个 Java 虚拟机进程中。实际上，也可以分别运行 SimpleServer 和 RMI 注册器程序，步骤如下。

（1）修改 SimpleServer 类的部分代码，再重新编译。

```
    Registry registry = LocateRegistry.createRegistry(1099);
改为：
    Registry registry = LocateRegistry.getRegistry(1099);
```

（2）在命令行方式下运行“start rmiregistry”命令，启动 RMI 注册器程序。

（3）在命令行方式下运行“start java hello.SimpleServer”命令，启动服务器程序。

（4）在命令行方式下运行“java hello.SimpleClient”命令，启动客户程序。

11.3　远程对象工厂设计模式

把一个远程对象注册到 RMI 注册器，客户就能找到这个远程对象。RMI 注册器只能用来注册少量的远程对象，以完成自举服务。如果把所有的远程对象都注册到 RMI 注册器，则有以下缺点。

- 增加了保证每个远程对象具有唯一名字的难度。
- 不管客户是否会访问某个远程对象，都必须事先创建它。有可能在服务器运行的生命周期中，有些远程对象从来没有被客户访问过。服务器事先创建这些远程对象，并且在注册器中注册它们，白白浪费了服务器资源。

11.11 节（远程激活）会介绍一种远程对象的激活机制，它允许在注册器中注册一个还没有被创建的远程对象，只有当客户通过注册器查找这个远程对象时，RMI 框架才会创建它，这种延迟创建远程对象的过程被称为激活。

事实上，只要是远程对象，不管有没有被注册到 RMI 注册器，都可以被远程访问。图 11-7 展示了远程对象工厂设计模式。客户程序先从 RMI 注册器中找到一个负责创建和查找其他远程对象的工厂对象，然后就可以由它来得到其他远程对象，工厂对象本身当然也是远程对象。

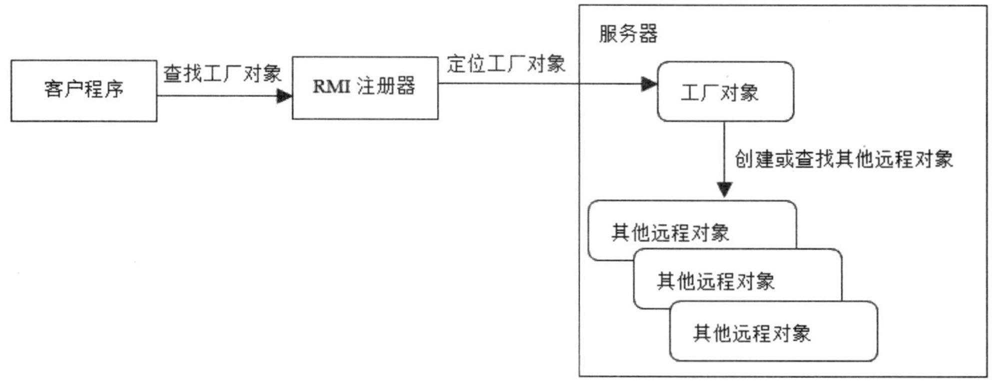

图 11-7　远程对象工厂设计模式

本节以一个航班系统为例，来介绍远程对象工厂设计模式的运用。图 11-8 是该系统的类框图。其中 Flight（参见例程 11-5）和 FlightFactory（参见例程 11-6）是两个远程接口，FlightImpl（参见例程 11-7）和 FlightFactoryImpl（参见例程 11-8）是分别实现这两个接口的远程类。Flight 代表航班，具有读取航班号，以及设置和读取始发站、终点站、计划出发时间和计划到达时间等属性的方法。FlightFactory 代表生成航班的工厂，具有一个 getFlight(String flightNumber)方法，它返回具有特定航班编号的 Flight 对象。

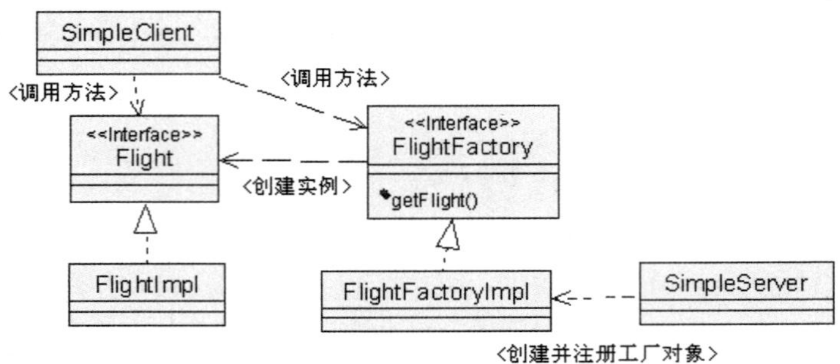

图 11-8　航班系统的类框图

例程 11-5　Flight.java

```
package flight;
import java.rmi.*;
public interface Flight extends Remote{
  //读取航班号
  public String getFlightNumber()throws RemoteException;
  //读取始发站
  public String getOrigin()throws RemoteException;
  //读取终点站
  public String getDestination()throws RemoteException;
  //读取计划出发时间
  public String getSkdDeparture()throws RemoteException;
  //读取计划到达时间
  public String getSkdArrival()throws RemoteException;

  public void setOrigin(String origin)throws RemoteException;
  public void setDestination(String destination)
                              throws RemoteException;
  public void setSkdDeparture(String skdDeparture)
                              throws RemoteException;
  public void setSkdArrival(String skdArrival)
                             throws RemoteException;
}
```

例程 11-6　FlightFactory.java

```
package flight;
import java.rmi.*;
public interface FlightFactory extends Remote{
  public Flight getFlight(String flightNumber)throws RemoteException;
}
```

例程 11-7　FlightImpl.java

```
package flight;
import java.rmi.*;
```

```
import java.rmi.server.*;
public class FlightImpl extends UnicastRemoteObject implements Flight{
  protected String flightNumber;
  protected String origin;
  protected String destination;
  protected String skdDeparture;
  protected String skdArrival;

  public FlightImpl(String aFlightNumber, String anOrigin,
         String aDestination, String aSkdDeparture, String aSkdArrival)
         throws RemoteException{
    flightNumber = aFlightNumber;
    origin = anOrigin;
    destination = aDestination;
    skdDeparture = aSkdDeparture;
    skdArrival = aSkdArrival;
  }
  public String getFlightNumber()throws RemoteException{
    System.out.println("调用 getFilghtNumber()，返回"+flightNumber);
    return flightNumber;
  }

  public String getOrigin()throws RemoteException{
    return origin;
  }

  public String getDestination()throws RemoteException{
    return destination;
  }
  ......
}
```

例程 11-8　FlightFactoryImpl.java

```
package flight;
import java.rmi.*;
import java.rmi.server.*;
import java.util.*;

public class FlightFactoryImpl extends UnicastRemoteObject
                               implements FlightFactory{
  protected Hashtable<String,Flight> flights; //存放 Flight 对象的缓存

  public FlightFactoryImpl()throws RemoteException{
     flights = new Hashtable<String,Flight>();
  }
```

```
  public Flight getFlight(String flightNumber)throws RemoteException{
    Flight flight = flights.get(flightNumber);
    if (flight != null) return flight;

    flight = new FlightImpl(flightNumber, null, null, null, null);
    flights.put(flightNumber, flight);
    return flight;
  }
}
```

在例程 11-8 的 FlightFactoryImpl 类中，用一个 Hashtable 作为 FlightImpl 对象的缓存。getFlight()方法先从缓存中查找具有特定航班号的 FlightImpl 对象，如果找到，就将其返回；否则就创建一个 FilghtImpl 对象，把它放到缓存中，并且返回这个 FlightImpl 对象。

在例程 11-9 的 flight.SimpleServer 类的 main()方法中，仅仅创建了一个 FlightFactoryImpl 对象，并且把它注册到注册器中。

例程 11-9 SimpleServer.java

```
package flight;
import java.rmi.*;
import java.rmi.registry.LocateRegistry;
import java.rmi.registry.Registry;

public class SimpleServer{
  public static void main( String args[] ){
    try{
      FlightFactory factory  = new FlightFactoryImpl();
       //创建并启动注册器
      Registry registry = LocateRegistry.createRegistry(1099);
      //注册远程对象
      registry.rebind( "FlightFactory", factory );

      System.out.println( "服务器注册了一个 FlightFactory 对象" );
    }catch(Exception e){
      e.printStackTrace();
    }
  }
}
```

在例程 11-10 的 SimpleClient 类的 main()方法中，先通过注册器获得 FlightFactoryImpl 对象的存根对象，然后调用它的 getFlight()方法获得一个 FlightImpl 对象的存根对象，再调用它的各种方法，设置和读取航班的种种属性。

例程 11-10 SimpleClient.java

```
package flight;
import java.rmi.*;
import java.rmi.registry.LocateRegistry;
```

```
import java.rmi.registry.Registry;

public class SimpleClient{
  public static void main(String[] args){
    try{
      Registry registry = LocateRegistry.getRegistry(1099);
      FlightFactory factory=
            (FlightFactory)registry.lookup("FlightFactory");

      Flight flight1 = factory.getFlight("795");
      flight1.setOrigin("Shanghai");
      flight1.setDestination("Beijing");
      System.out.println("Flight "+flight1.getFlightNumber()+":");
      System.out.println("From "+flight1.getOrigin()+" to "+
                                    flight1.getDestination());

      Flight flight2 = factory.getFlight("795");
      System.out.println("Flight "+flight2.getFlightNumber()+":");
      System.out.println("From "+flight2.getOrigin()+" to "
                                    +light2.getDestination());
      System.out.println("flight1 是"
                          +flight1.getClass().getName()+"的实例");
      System.out.println("flight2 是"
                          +flight2.getClass().getName()+"的实例");
      System.out.println("flight1==flight2:"+(flight1==flight2));
      System.out.println("flight1.equals(flight2):"
                          +(flight1.equals(flight2)));
    }catch(Exception e){
       e.printStackTrace();
    }
  }
}
```

在命令行方式中依次运行命令“start java flight.SimpleServer”和“java flight.Simple Client”。SimpleClient 端的打印结果如下。

```
Flight 795:
From Shanghai to Beijing
Flight 795:
From Shanghai to Beijing
flight1 是 com.sun.proxy.$Proxy1 的实例
flight2 是 com.sun.proxy.$Proxy1 的实例
flight1==flight2:false
flight1.equals(flight2):true
```

当 SimpleClient 第 1 次调用 factory.getFlight("795")方法时，在服务器端还不存在相应的 FlightImpl 对象，因此服务器端的 FlightFactoryImpl 对象的 getFlight()方法会创建一个

FlightImpl 对象。当 SimpleClient 第 2 次调用 factory.getFlight("795")方法时，服务器端无须再创建相应的 FlightImpl 对象。

在 SimpleClient 端，两次执行 factory.getFlight("795")方法，它们返回的是服务器端的同一个 FlightImpl 对象的存根对象。SimpleClient 端的打印结果表明："flight1==flight2" 的结果为 false，而 "flight1.equals(flight2)" 的结果为 true。由此可以得出以下结论.

（1）客户端每次访问同一个远程对象时，客户端都会得到一个新的存根对象，尽管它们为同一个远程对象提供代理。

（2）存根类覆盖了 Object 类的 equals()方法。存根类中的 equals()方法的比较规则为：如果两个存根对象为同一个远程对象提供代理，就返回 true，否则返回 false。

此外，要注意的是，在客户端调用 flight1.setOrigin("Shanghai")方法与调用 flight1.equals(flight2)方法有着本质的区别。setOrigin()方法是在 Flight 远程接口中定义的方法，因此客户端调用 flight1.setOrigin("Shanghai")方法时，会导致服务器端执行 FlightImpl 对象的 setOrigin("Shanghai")方法，从而使服务器端的 FlightImpl 对象的 origin 属性被重新设置。

equals()方法没有在 Flight 远程接口中被定义，事实上，也无法在远程接口中声明 equals()方法，11.8 节（远程对象的 equals()、hashcode()和 clone()方法）对此做了解释。客户端调用 flight1.equals(flight2)方法，这只是调用客户端的 Flight 存根对象的本地 equals()方法，不会导致服务器端执行 FlightImpl 对象的 equals()方法。

11.4 远程方法中的参数与返回值传递

当客户端调用服务器端的远程对象的方法时，客户端会向服务器端传递参数，服务器端则会向客户端传递返回值。RMI 规范对参数以及返回值的传递的规定如下所述。

- 只有基本类型的数据、远程对象以及可序列化的对象才可以被作为参数或者返回值进行传递。
- 如果参数或返回值是一个远程对象，那么把它的存根对象传递到接收方。也就是说，接收方得到的是远程对象的存根对象。
- 如果参数或返回值是可序列化对象，那么直接传递该对象的序列化数据。也就是说，接收方得到的是发送方的可序列化对象的复制品。
- 如果参数或返回值是基本类型的数据，那么直接传递该数据的序列化数据。也就是说，接收方得到的是发送方的基本类型的数据的复制品。

11.3 节的例程 11-6 的 FlightFactory 远程接口中有一个 getFlight()方法。

```
public Flight getFlight(String flightNumber)throws RemoteException;
```

11.3 节的例程 11-10 的 SimpleClient 类中调用 FlightFactory 存根对象的 getFlight()方法。

```
//得到 FlightFactory 的一个存根对象
```

```
FlightFactory factory=
            (FlightFactory) registry.lookup("FlightFactory");
//调用 getFlight()远程方法
Flight flight1 = factory.getFlight("795");
flight1.setOrigin("Shanghai");
System.out.println("flight1 是"+flight1.getClass().getName()+"的实例");
```

由于服务器端的 FlighImpl 对象是远程对象，因此客户端得到的是 FlighImpl 对象的存根对象。flight1.getClass().getName()的返回结果为“com.sun.proxy.$Proxy1”，这是存根对象所属的动态代理类的名字。

由于客户端得到的是 FlighImpl 对象的存根对象，因此执行 flight1.setOrigin("Shanghai")方法，该方法会发出一个远程方法调用请求，导致服务器端的 FlighImpl 对象的 setOrigin("Shanghai")方法被执行，相应的 origin 属性被重新设置。

下面对 11.3 节的航班系统做一些修改，修改后的航班系统的类都放到 flight2 包下。其中 FlightFactory 接口、SimpleClient 类和 SimpleServer 类保持不变。修改内容包括以下几项。

（1）删除 FlightImpl 类。

（2）把 Flight 接口改为 Flight 类，并且使 Flight 类实现 Serializable 接口，参见例程 11-11。

（3）修改 FlightFactoryImpl 类中的 getFlight()方法的实现，使它创建 Flight 对象，参见例程 11-12。

例程 11-11　Flight.java

```
package flight2;
import java.io.*;

public class Flight implements Serializable{
  protected String flightNumber;
  protected String origin;
  protected String destination;
  protected String skdDeparture;
  protected String skdArrival;

  public Flight(String aFlightNumber, String anOrigin,
        String aDestination, String aSkdDeparture, String aSkdArrival){
    flightNumber = aFlightNumber;
    origin = anOrigin;
    destination = aDestination;
    skdDeparture = aSkdDeparture;
    skdArrival = aSkdArrival;
  }
  public String getFlightNumber(){
    System.out.println("调用 getFilghtNumber()，返回"+flightNumber);
    return flightNumber;
  }
```

```
    public String getOrigin(){
      return origin;
    }
    ......
}
```

例程 11-12　FlightFactoryImpl.java

```
package flight2;
import java.rmi.*;
import java.rmi.server.*;
import java.util.*;

public class FlightFactoryImpl extends UnicastRemoteObject
                               implements FlightFactory{
  ......
  public Flight getFlight(String flightNumber)throws RemoteException{
    Flight flight = flights.get(flightNumber);
    if (flight != null) return flight;

    flight = new Flight(flightNumber, null, null, null, null);
    flights.put(flightNumber, flight);
    return flight;
  }
}
```

经过以上修改后，FlightFactory 仍然是远程接口，而 Flight 变成了一个可序列化的类。再次先后运行 SimpleServer 和 SimpleClient 程序。SimpleClient 类的 main()方法的打印结果如下。

```
调用 getFilghtNumber()，返回 795
Flight 795:
From Shanghai to Beijing
调用 getFilghtNumber()，返回 795
Flight 795:
From null to null
flight1 是 flight2.Flight 的实例
flight2 是 flight2.Flight 的实例
flight1==flight2:false
flight1.equals(flight2):false
```

当客户端执行"Flight flight1 = factory.getFlight("795")"时，getFlight()远程方法返回的是服务器端的 Flight 对象的字节序列，客户端再根据这个字节序列反编组为 Flight 对象，flight1.getClass().getName()的返回值为"flight2.Flight"，由此可见，flight1 变量引用的是一个 flight2.Flight 类型的对象，而不是存根对象。

当客户端调用 flight1.setOrigin("Shanghai")方法时，这只是一个普通的本地方法调用，它仅仅重新设置了客户端的 Flight 对象的 origin 属性，与服务器端的 Flight 对象没有任何关系。

客户端再次执行 factory.getFlight("795")远程方法，又会获得一个服务器端的 Flgiht 对象的复制品：

```
Flight flight2 = factory.getFlight("795");
System.out.println("From "+flight2.getOrigin()+" to "
      + flight2.getDestination());
```

以上 flight2 变量引用由服务器端发送过来的 Flgiht 对象的复制品，执行 flight2.getOrigin()的返回结果为 null。由此可见，尽管客户端已经修改了 Flight 对象的 origin 属性，而服务器端的 Flight 对象没有任何变化。

图 11-9 展示了当 Flight 为远程接口时，客户端调用 Flight 远程对象的 setOrigin()方法的过程。与此对照，图 11-10 展示了当 Flight 为可序列化类时，客户端调用 Flight 对象的 setOrigin()方法的过程。

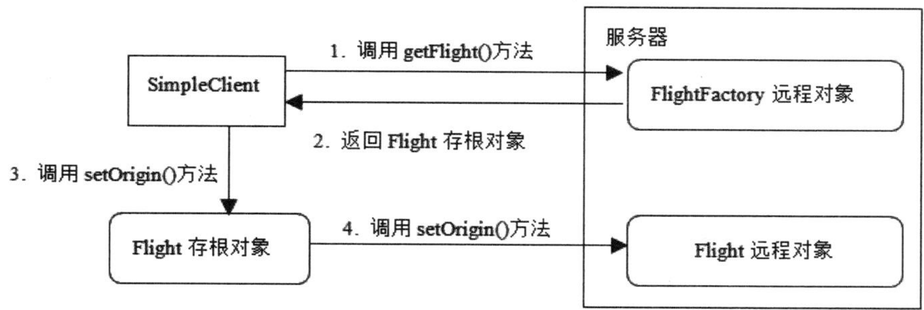

图 11-9 SimpleClient 调用 Flight 远程对象的 setOrigin()方法

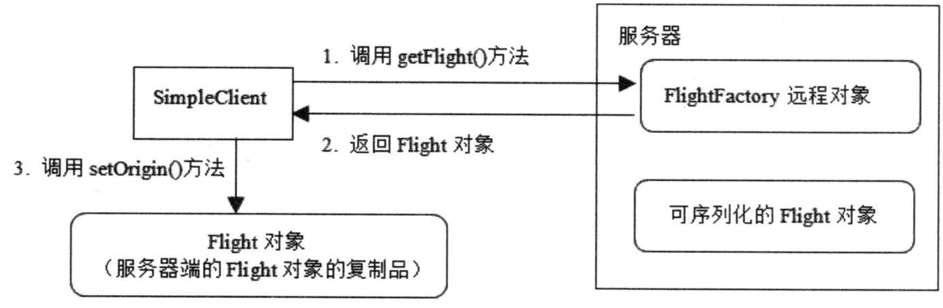

图 11-10 SimpleClient 调用本地 Flight 对象的 setOrigin()方法

图 11-9 中的 Flight 远程对象指 FlightImpl 远程对象。根据不同的上下文，本书有时给出远程对象实现的接口的名字，有时给出远程对象所属的远程类的名字。

下面对例程 11-11 的 Flight 类再做些修改，使它不实现 Serializale 接口。

```
public class Flight implements Serializable{
```

```
    ......
}
```

当 SimpleClient 端执行 factory.getFlight("795")方法时，会抛出以下异常。

```
java.rmi.UnmarshalException:
error unmarshalling return; nested exception is:
java.io.WriteAbortedException:
writing aborted; java.io.NotSerializableException: flight2.Flight
```

出现以上异常的原因是服务器端的 Flight 对象既不是远程对象，也不是可序列化对象，因此无法把它传送到客户端。由此可见，在服务器端与客户端之间传送的方法参数或返回值，必须是远程对象、可序列化对象，或者是基本类型数据，否则在进行远程方法调用时会抛出 UnmarshalException。

11.5 回调客户端的远程对象

在前面几节介绍的例子中，远程对象都位于服务器端，客户端只要获得了远程对象的存根对象，就能进行远程方法调用。事实上，远程对象不仅可以位于服务器端，也可以位于客户端。只要服务器端获得了客户端的远程对象的存根对象，服务器端也能调用客户端的远程对象的方法，这种调用过程被称为回调。

下面以股票报价系统为例，介绍如何实现对客户端的远程对象的回调。在股票报价系统中，服务器端不断把最新的股票价格发送到客户端，并且在客户端的界面上显示出来。如图 11-11 所示，客户端有一个 StockQuote 远程对象，它的 quote(String stockSymbol, double price) 方法在客户端的界面上打印参数指定的股票的价格。服务器端有一个 StockQuoteRegistry 远程对象，它能调用客户端的 StockQuote 远程对象的 quote()方法。

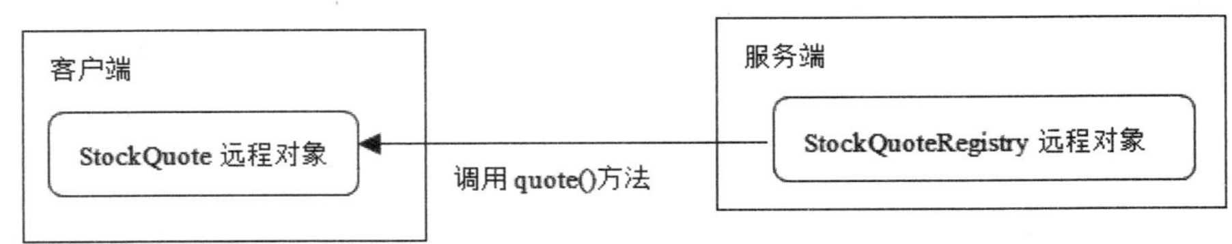

图 11-11　服务器回调客户端远程对象的方法

图 11-12 显示了股票报价系统的类框图。其中 StockQuote 和 StockQuoteImpl 分别是客户端的远程接口和远程类，StockQuoteRegistry 和 StockQuoteRegistryImpl 分别是服务端的远程接口和远程类。

例程 11-13 和例程 11-14 分别是 StockQuote 接口和 StockQuoteImpl 类的源程序。StockQuoteImpl 类的 quote(String symbol, double value)方法打印参数指定的股票价格，其中 symbol 参数表示股票代号，参数 value 表示股票价格。

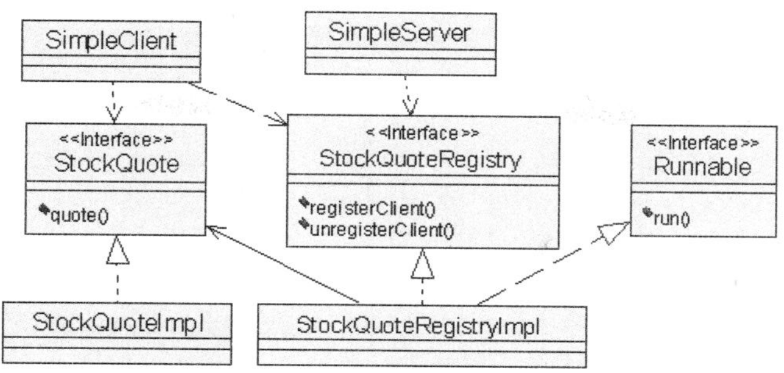

图 11-12　股票报价系统的类框图

例程 11-13　StockQuote.java

```
package stock;
import java.rmi.*;
public interface StockQuote extends Remote{
   public void quote(String stockSymbol, double value)
                               throws RemoteException;
}
```

例程 11-14　StockQuoteImpl.java

```
package stock;
import java.rmi.*;
import java.rmi.server.*;
public class StockQuoteImpl extends UnicastRemoteObject
                             implements StockQuote{
  public StockQuoteImpl()throws RemoteException{}

  public void quote(String symbol, double value)throws RemoteException{
    System.out.println(symbol+": "+value);
  }
}
```

例程 11-15 和例程 11-16 分别是 StockQuoteRegistry 接口和 StockQuoteRegistryImpl 类的源程序。

例程 11-15　StockQuoteRegistry.java

```
package stock;
import java.rmi.*;
public interface StockQuoteRegistry extends Remote{
  //注册一个客户
  public void registerClient(StockQuote client)throws RemoteException;
  //注销一个客户
  public void unregisterClient(StockQuote client)
           throws RemoteException;
}
```

例程 11-16　StockQuoteRegistryImpl.java

```
package stock;
import java.rmi.*;
import java.rmi.server.*;
import java.util.*;

public class StockQuoteRegistryImpl extends UnicastRemoteObject
              implements StockQuoteRegistry, Runnable{
  //存放 StockQuote 远程对象的存根对象的缓存
  protected HashSet<StockQuote> clients;
  public StockQuoteRegistryImpl()throws RemoteException{
      clients = new HashSet<StockQuote>();
  }

  public void run(){
    //创建一些股票代号
    String[] symbols = new String[] {"SUNW", "MSFT",
                    "DAL", "WUTK", "SAMY", "KATY"};
    Random rand = new Random();

    double values[] = new double[symbols.length];

    //为每个股票分配任意价格
    for(int i=0; i < values.length; i++){
      values[i] = 25.0 + rand.nextInt(100);
    }

    for (;;){
      //随机取出一个股票
      int sym = rand.nextInt(symbols.length);

      //修改股票的价格
      int change = 100 - rand.nextInt(201);
      values[sym] = values[sym] + ((double) change) / 100.0;
      if (values[sym] < 0) values[sym] = 0.01;

      Iterator<StockQuote> iter = clients.iterator();
      while (iter.hasNext()){
        StockQuote client = iter.next();
        try{
          //回调客户端的 StockQuote 对象的 quote()方法
          client.quote(symbols[sym], values[sym]);
        }catch (Exception exc){
          System.out.println("删除一个无效的客户");
          iter.remove();
        }
      }
```

```
        try { Thread.sleep(1000); } catch (Exception ignore) {}
      }
    }

    public void registerClient(StockQuote client)throws RemoteException{
      System.out.println("加入一个客户");
      clients.add(client);
    }

    public void unregisterClient(StockQuote client)
                                    throws RemoteException{
      System.out.println("删除一个客户");
      clients.remove(client);
    }
  }
```

StockQuoteRegistryImpl 类有一个 HashSet 类型的缓存，用来存放客户端的 StockQuote 远程对象的存根对象。StockQuoteRegistryImpl 类有 3 个方法，其中 registerClient()和 unregisterClient()方法在 StockQuoteRegistry 远程接口中被定义，因此它们是远程方法，可以被客户端远程调用。而 run()方法在 Runnable 接口中被定义，因此它只是普通的本地方法，不能被远程调用。

registerClient(StockQuote client)方法把参数指定的 StockQuote 远程对象的存根对象加入缓存中，unregisterClient(StockQuote client)方法把参数指定的 StockQuote 远程对象的存根对象从缓存中删除。run()方法模拟股票报价行为，先创建了若干股票代号，为它们分配任意的价格。接着在一个无限循环中，随机取出一个股票代号，更新它的价格，然后通过回调客户端的 StockQuote 远程对象的 quote()方法，使得客户端显示更新后的股票价格。

例程 11-17 是 SimpleServer 类的源程序，它向 RMI 注册器注册了一个 StockQuoteRegistryImpl 远程对象，接着启动了一个线程，该线程会执行 StockQuoteRegistryImpl 对象的 run()方法。

例程 11-17　SimpleServer.java

```
package stock;
import java.rmi.*;
import java.rmi.registry.LocateRegistry;
import java.rmi.registry.Registry;

public class SimpleServer{
  public static void main( String args[] ){
    try{
       StockQuoteRegistryImpl quoteRegistry=
                         new StockQuoteRegistryImpl();

       Registry registry = LocateRegistry.createRegistry(1099);
       registry.rebind( "StockQuoteRegistry",quoteRegistry);
```

```
        System.out.println( "服务器注册了一个 StockQuoteRegistry 对象" );

        new Thread(quoteRegistry).start();
      }catch(Exception e){
        e.printStackTrace();
      }
    }
  }
```

例程 11-18 是 SimpleClient 类的源程序，它先通过注册器获得 StockQuoteRegistryImpl 远程对象的存根对象，然后调用它的 registerClient(StockQuote client)远程方法，由于参数 client 是一个客户端的 StockQuoteImpl 远程对象，因此 RMI 框架会把这个远程对象的存根对象发送到服务器端，使得服务器端的 StockQuoteRegistryImpl 远程对象在缓存中保存这个存根对象。

例程 11-18　SimpleClient.java

```
package stock;
import java.rmi.*;
import java.rmi.registry.LocateRegistry;
import java.rmi.registry.Registry;

public class SimpleClient{
  public static void main( String args[] ){
    try{
      Registry registry = LocateRegistry.getRegistry(1099);
      StockQuoteRegistry quoteRegistry=
          (StockQuoteRegistry)registry.lookup("StockQuoteRegistry");

      StockQuote client=new StockQuoteImpl();
      quoteRegistry.registerClient(client);
    }catch( Exception e){
      e.printStackTrace();
    }
  }
}
```

先运行“start java stock.SimpleServer”命令，再运行“java stock.SimpleClient”命令，SimpleClient 端的打印结果如下。

```
MSFT: 31.470000000000002
SAMY: 58.17
SAMY: 58.42
SAMY: 59.0
SUNW: 38.18
DAL: 124.84
……
```

当 SimpleClient 的 main()方法执行完 quoteRegistry.registerClient(client)，程序并不会运行结束。这是因为在服务器端持有客户端的 StockQuoteImpl 远程对象的存根对象，这使得客户端的 StockQuoteImpl 远程对象不会结束生命周期，而是一直等候服务器远程调用它的 quote()方法。SimpleClient 程序因此也不会结束运行。11.7 节（分布式垃圾收集）对远程对象的生命周期做了进一步解释。

图 11-13 展示了在股票报价系统运行过程中，客户端以及服务器端之间各个对象的协作关系。

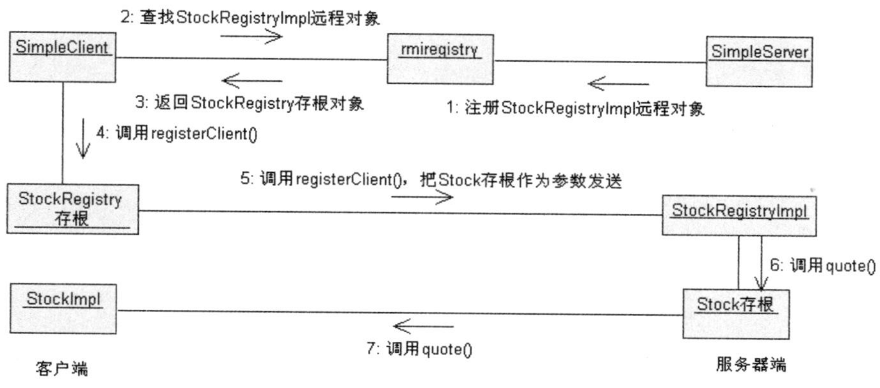

图 11-13　股票报价系统的运行过程

11.6　远程对象的并发访问

RMI 框架允许远程对象被客户端并发访问。远程对象在本身的实现中必须保证是线程安全的，即当远程对象被多个客户同时访问时，不会出现对共享资源的竞争。

如图 11-14 所示，在两个客户进程中，都有若干生产者线程和消费者线程，它们都访问服务器端的同一个堆栈 Stack 远程对象。生产者线程远程调用 Stack 对象的 push()方法，向堆栈中放入产品，消费者线程调用 Stack 对象的 pop()方法，从堆栈中取出产品。

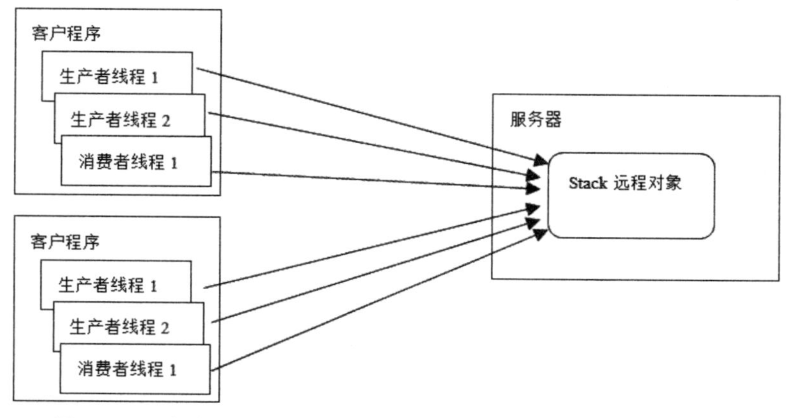

图 11-14　客户端的多个线程并发访问服务器端的 Stack 远程对象

例程 11-19 和例程 11-20 分别是 Stack 远程接口和 StackImpl 远程类的源程序。在 StackImpl 远程类的程序代码中，把 getPoint()、pop()和 push()方法都标记为同步方法，以保证在同一时刻，只允许一个客户端线程调用堆栈对象的 getPoint()、pop()或 push()方法。此外，在 pop()和 push()方法中，还运用多线程的通信机制，保证当堆栈中没有产品时，消费者线程就会进行等待，当生产者向堆栈中放入产品时，就会唤醒消费者；当堆栈已满时，生产者线程就会进行等待，当消费者从堆栈中取出产品时，就会唤醒生产者。

例程 11-19 Stack.java

```
package sync;
import java.rmi.*;
public interface Stack extends Remote{
  public String getName()throws RemoteException;
  public int getPoint()throws RemoteException;
  public String pop()throws RemoteException ;
  public void push(String goods) throws RemoteException;
}
```

例程 11-20 StackImpl.java

```
package sync;
import java.rmi.*;
import java.rmi.server.*;
public class StackImpl extends UnicastRemoteObject implements Stack{
  private String name;
  private String[] buffer=new String[100];
  int point=-1;

  public StackImpl(String name)throws RemoteException{this.name=name;}
  public String getName()throws RemoteException{return name;}

  public synchronized int getPoint()throws RemoteException{
    return point;
  }
  public synchronized String pop() throws RemoteException{
    this.notifyAll();

    while(point==-1){
      System.out.println(Thread.currentThread().getName()+": wait");
      try{
        this.wait();
      }catch(InterruptedException e){throw new RuntimeException(e);}
    }

    String goods = buffer[point];
    buffer[point]=null;
    Thread.yield();
```

```
      point--;
      return goods;
    }
    public synchronized void push(String goods) throws RemoteException{
      this.notifyAll();
      while(point==buffer.length-1){
        System.out.println(Thread.currentThread().getName()+": wait");
        try{
          this.wait();
        }catch(InterruptedException e){throw new RuntimeException(e);}
      }
      point++;
      Thread.yield();
      buffer[point]=goods;
    }
  }
```

例程 11-21 的 SimpleServer 类向 RMI 注册器注册了一个 Stack 远程对象。

例程 11-21　SimpleServer.java

```
package sync;
……
public class SimpleServer{
  public static void main( String args[] ){
    try{
       Stack stack = new StackImpl("a stack");
       Registry registry = LocateRegistry.createRegistry(1099);
       registry.rebind( "MyStack", stack );
       System.out.println( "服务器注册了一个 Stack 对象" );
    }catch(Exception e){
       e.printStackTrace();
    }
  }
}
```

例程 11-22 定义了 SimpleClient 类、Producer 类和 Consumer 类。在 SimpleClient 类的 main()方法中，先得到 Stack 远程对象的远程引用（即得到远程 Stack 对象的存根对象），接着创建了两个生产者线程和一个消费者线程，它们都访问同一个 Stack 远程对象。

例程 11-22　SimpleClient.java

```
package sync;
……
public class SimpleClient {
  public static void main(String args[]) throws Exception{
    Registry registry = LocateRegistry.getRegistry(1099);
    Stack stack=(Stack)registry.lookup("MyStack");
    Producer producer1 = new Producer(stack,"producer1");
```

```
    Producer producer2 = new Producer(stack,"producer2");
    Consumer consumer1 = new Consumer(stack,"consumer1");
  }
}

/**  生产者线程  */
class Producer extends Thread {
  private Stack theStack;

  public Producer (Stack s,String name) {
    super(name);
    theStack = s;
    start();  //启动自身生产者线程
  }

  public void run() {
    String goods;
    try{
      for (;;) {
        synchronized(theStack){
          goods="goods"+(theStack.getPoint()+1);
          theStack.push(goods);
        }
        System.out.println(getName()+ ": push "
                + goods +" to "+theStack.getName());
        try{Thread.sleep(500);}catch(InterruptedException e){
          throw new RuntimeException(e);
        }
      }
    }catch(RemoteException e){throw new RuntimeException(e);}
  }
}
/**  消费者线程 */
class Consumer extends Thread {
  private Stack theStack;
  public Consumer (Stack s,String name) {
    super(name);
    theStack = s;
    start();  //启动自身消费者线程
  }

  public void run() {
    String goods;
    try{
      for(;;) {
        goods = theStack.pop();
```

```
        System.out.println(getName() + ": pop "
            + goods +" from "+theStack.getName());
        try{Thread.sleep(400);}catch(InterruptedException e){
          throw new RuntimeException(e);
        }
      }
    }catch(RemoteException e){throw new RuntimeException(e);}
  }
}
```

先运行命令“start java sync.SimpleServer”，再两次运行命令“start java sync.SimpleClient”。两个 SimpleClient 进程中的生产者线程和消费者线程都会去访问服务器端的同一个 Stack 对象。由于 Stock 对象运用了同步机制，因此会协调客户端多个线程对它的访问，保证同一时刻，只允许客户端的一个线程向堆栈中放入产品或者取出产品。

11.7　分布式垃圾收集

在 Java 虚拟机中，对于一个本地对象，只要不被本地 Java 虚拟机内的任何变量引用，它就会结束生命周期，可以被垃圾回收器回收。而对于一个远程对象，不仅会被本地 Java 虚拟机内的变量引用，还会被远程引用。如图 11-15 所示，服务器端的一个远程对象受到 3 种引用.

- 服务器端的一个本地对象持有它的本地引用。
- 这个远程对象已经被注册到 RMI 注册器，可以理解为，RMI 注册器持有它的引用。如果 RMI 注册器作为独立程序运行，那么它持有远程对象的远程引用。如果 RMI 注册器和远程对象运行在同一个进程中，那么它持有远程对象的本地引用。
- 客户端获得了这个远程对象的存根对象，可以理解为，客户端持有它的远程引用。

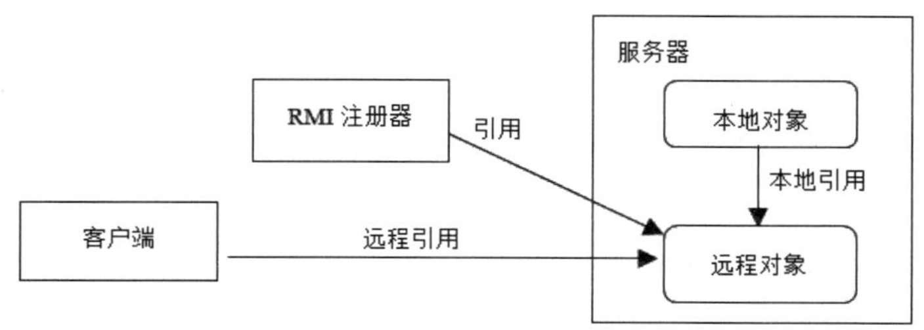

图 11-15　服务器端的一个远程对象受到 3 种引用

RMI 框架采用分布式垃圾收集机制（Distributed Garbage Collection，DGC）来管理远程对象的生命周期。DGC 的主要规则是，只有当一个远程对象不受到任何本地引用和远程引用时，这个远程对象才会结束生命周期，并且可以被本地 Java 虚拟机的垃圾回收器回收。

服务器端如何知道客户端持有一个远程对象的远程引用呢？当客户端获得了一个服务器端的远程对象的存根后，就会向服务器发送一条租约通知，告诉服务器自己持有这个远程对象的引用了。客户端对这个远程对象有一个租约期限。租约期限可通过系统属性 java.rmi.dgc.leaseValue 来设置，以 ms 为单位，它的默认值为 600000ms（即 10min）。当到达了租约期限的一半时间（默认值为 5min）时，客户端如果还持有远程引用，就会再次向服务器发送租约通知。客户端不断在给定的时间间隔中向服务器发送租约通知，从而使服务器知道客户端一直持有远程对象的引用。如果在租约到期后，服务器端没有继续收到客户端的新的租约通知，服务器端就会认为这个客户已经不再持有远程对象的引用了。

租约期限既不能太长，也不能太短，应该根据实际情况来决定。如果租约期限太短，则会导致客户端频繁地向服务器发送租约通知，加重了网络的负担。如果租约期限太长，比如 10 个小时，那么服务器无法快速检测客户端的异常终止。假定客户端发出一个租约通知后，由于某种原因，客户端突然终止运行，客户端就再也无法继续发出租约通知。而服务器端无法立即知道客户端已经结束运行，因为服务器端必须在 10 小时后，没有收到客户端的新的租约通知，才能判断出客户端不再持有远程对象的引用了。由此可见，如果租约期限太长，则会使得服务器长时间维持那些实际上不再被任何客户引用的远程对象，浪费服务器资源。

以上 RMI 框架管理远程对象的生命周期的过程对应用程序是透明的。有时，远程对象希望在不再受到任何远程引用后执行一些操作，比如释放占用的相关资源，以便安全地结束生命周期。这样的远程对象需要实现 java.rmi.server.Unreferenced 接口，该接口中有一个 unreferenced()方法，远程对象可以在这个方法中执行释放占用的相关资源的操作。当 RMI 框架监测到一个远程对象不再受到任何远程引用时，就会调用这个对象的 unreferenced()方法。

如果租约期限很长，那么当远程对象不再受到任何远程引用时，它的 unreferenced()方法不一定会立即被调用。因此程序不能完全依赖该方法来进行结束远程对象生命周期时的收尾工作。客户端程序可以显式地调用远程对象的特定方法（比如 close()方法），来进行结束远程对象生命周期时的收尾工作，而 unreferenced()方法只是在客户端异常终止的情况下提供安全保护。

例程 11-23 的 HelloService 和例程 11-24 的 HelloServiceImpl 分别定义了一个远程对象的接口和远程类。HelloServiceImpl 类实现了 HelloService 和 Unreferenced 接口。

例程 11-23　HelloService.java

```
package dgc;
import java.util.Date;
import java.rmi.*;
public interface HelloService extends Remote{
  public boolean isAccessed() throws RemoteException;
  public void access() throws RemoteException;
  public void bye() throws RemoteException;
}
```

例程 11-24　HelloServiceImpl.java

```
package dgc;
import java.util.Date;
import java.rmi.*;
import java.rmi.server.UnicastRemoteObject;
import java.rmi.server.Unreferenced;
public class HelloServiceImpl extends UnicastRemoteObject
             implements HelloService,Unreferenced{
  private boolean isAccessed=false;
  public HelloServiceImpl()throws RemoteException{}
  public void access()throws RemoteException{
    System.out.println("HelloServiceImpl:我被一个客户远程引用");
    isAccessed=true;
  }
  public void bye()throws RemoteException{
    System.out.println("HelloServiceImpl:一个客户不再引用我了");
  }
  public boolean isAccessed()throws RemoteException{
    return isAccessed;
  }
  public void unreferenced(){
    System.out.println("HelloServiceImpl:我不再被远程引用");
  }
}
```

在例程 11-25 的 SimpleServer 类的 main()方法中，先把一个 HelloServiceImpl 对象注册到 RMI 注册器，接着睡眠 1s，然后从注册器注销 HelloServiceImpl 对象。

例程 11-25　SimpleServer.java

```
package dgc;
……
public class SimpleServer{
  public static void main( String args[] ){
    try{
       HelloService service = new HelloServiceImpl();
       Registry registry = LocateRegistry.createRegistry(1099);
       registry.rebind( "HelloService", service );  //注册
       System.out.println( "服务器注册了一个 HelloServiceImpl 对象" );
       Thread.sleep(1000);  //睡眠 1s
       registry.unbind( "HelloService");  //注销
       System.out.println( "服务器注销了一个 HelloServiceImpl 对象" );
    }catch(Exception e){ e.printStackTrace();  }
  }
```

运行命令“start java dgc.SimpleServer”。SimpleServer 程序的打印结果如下。

```
服务器注册了一个 HelloServiceImpl 对象
```

```
服务器注销了一个 HelloServiceImpl 对象
```

由于 RMI 注册器和 SimpleServer 运行在同一个进程中，因此 RMI 注册器持有 HelloServiceImpl 对象的本地引用。当 SimpleServer 服务器执行了 registry.unbind("HelloService")方法，RMI 注册器就不再持有 HelloServiceImpl 对象的引用。在 HelloServiceImpl 对象的整个生命周期中，并没有被远程引用，因此它的 unreferenced()方法没有被 RMI 框架调用。

例程 11-26 的 SimpleServer1 类与例程 11-25 的 SimpleServer 类很相似，区别在于，在 SimpleServer1 类中，把 HelloServiceImpl 对象的远程租约期限设为 30s，并且向 RMI 注册器注册了 HelloServiceImpl 对象后，服务器端会一直等到客户端获得了 HelloServiceImpl 对象的远程引用，并且调用了它的 access()方法，把 isAccessed 变量改为 true 后，才会从 RMI 注册器注销 HelloServiceImpl 对象。

例程 11-26　SimpleServer1.java

```
package dgc;
……
public class SimpleServer1{
  public static void main( String args[] ){
    try{
       //把远程租约期限设为 30s
       System.setProperty("java.rmi.dgc.leaseValue","30000");
       HelloService service = new HelloServiceImpl();
       Registry registry = LocateRegistry.createRegistry(1099);
       registry.rebind( "HelloService", service );  //注册
       System.out.println( "服务器注册了一个 HelloServiceImpl 对象" );

       //等待客户端获得该远程对象的引用
       while(!service.isAccessed())Thread.sleep(500);

       registry.unbind( "HelloService");
       System.out.println( "服务器注销了一个 HelloServiceImpl 对象" );
    }catch(Exception e){ e.printStackTrace(); }
  }
}
```

例程 11-27 的 SimpleClient 类先获得服务器端的 HelloServiceImpl 对象的远程引用，然后调用它的 access()方法，接着睡眠 10s，再调用它的 bye()方法，最后结束程序。

例程 11-27　SimpleClient.java

```
package dgc;
……
public class SimpleClient{
  public static void main( String args[] ){
    try{
```

```
        Registry registry = LocateRegistry.createRegistry(1099);
        HelloService service=
            (HelloService)registry.lookup("HelloService");
        service.access();
        Thread.sleep(10000);
        service.bye();
      }catch( Exception e){ e.printStackTrace();   }
    }
  }
```

先运行命令 “start java dgc.SimpleServer1”，再运行命令 “java dgc.SimpleClient”。SimpleServer1 程序的打印结果如下。

```
服务器注册了一个 HelloServiceImpl 对象
HelloServiceImpl:我被一个客户远程引用
服务器注销了一个 HelloServiceImpl 对象
HelloServiceImpl:一个客户不再引用我了
HelloServiceImpl:我不再被远程引用
```

图 11-16 为 SimpleServer1 以及 SimpleClient 运行的时序图。

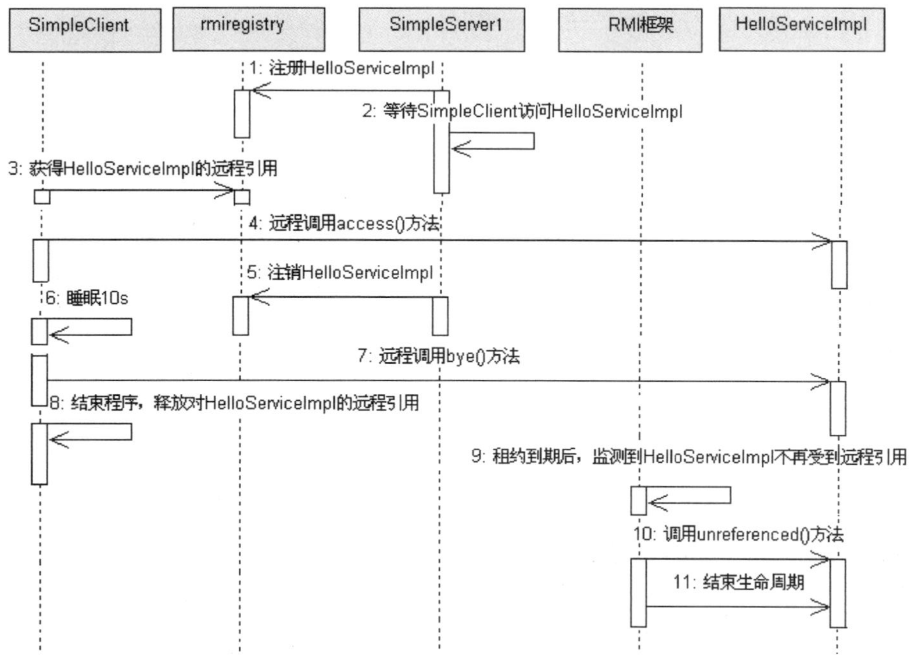

图 11-16　SimpleServer1 以及 SimpleClient 运行的时序图

值得注意的是，当 SimpleClient 结束运行后，服务器端的 RMI 框架并不会立即监测到 SimpleClient 已经不再远程引用 HelloServiceImpl 对象，因为 RMI 框架必须等到租约到期后才能做出判断，如果届时判断出 HelloServiceImpl 对象已经不受到任何远程引用，就会调用它的 unreferenced()方法。

11.8 远程对象的 equals()、hashCode()和 clone()方法

在 Object 类中定义了 equals()、hashCode()和 clone()方法，这些方法没有声明抛出 RemoteException。Java 语言规定当子类覆盖父类方法时，子类方法不能声明抛出比父类方法更多的异常。而 RMI 规范要求远程接口中的方法必须声明抛出 RemoteException，因此，无法在远程接口中定义 equals()、hashCode()和 clone()方法。这意味着一个远程对象的这些方法永远只能作为本地方法，被本地 Java 虚拟机内的其他对象调用，而不能作为远程方法，被客户端远程调用。

在 11.3 节的例程 11-10 的 SimpleClient 类的 main()方法中，调用了 Flight 存根对象的 equals()方法。

```
FlightFactory factory=
          (FlightFactory) reigstry.lookup("FlightFactory");
Flight flight1 = factory.getFlight("795");
Flight flight2 = factory.getFlight("795");
System.out.println("flight1.equals(flight2):"
         +(flight1.equals(flight2)));
```

RMI 框架重新实现了存根类的 equals()方法，它的比较规则为：如果两个存根对象为同一个远程对象提供代理，就认为这两个存根对象是相同的，否则就不相同。RMI 框架还重新实现了存根类的 hashCode()方法，以保证用 equals()方法比较为 true 的两个存根对象具有相同的哈希码。

当客户端调用存根对象的 equals()方法时，存根对象并不会去调用被代理的远程对象的 equals()方法。同样，当客户端调用存根对象的 hashCode()和 clone()方法时，存根对象也不会去调用被代理的远程对象的 hashCode()和 clone()方法。客户端调用存根对象的 clone()方法，只会在客户端克隆一个存根对象，而不会导致服务器端的远程对象被克隆。因此，在客户端调用存根对象的 clone()方法一般没有多大意义。RMI 框架没有重新实现存根类的 clone()方法。

11.9 使用安全管理器

远程方法调用比本地方法调用显然更不安全。以客户端为例，远程方法调用存在以下安全隐患。

- 客户端与一个非法服务器连接，并遭受到该服务器的攻击。
- 客户端从远程文件系统动态加载了含有病毒的类，它会在客户端执行一些破坏性的操作，比如删除客户端文件系统中的所有文件。11.11 节（远程激活）介绍了 RMI 框架动态加载类的机制。

RMI 框架利用 Java 安全管理器来确保远程方法调用的安全性。在客户端使用安全管理器包括两个步骤。

（1）创建安全策略文件。例程 11-28 的 client.policy 文件就是一个安全策略文件，它允许客户程序建立任何网络连接，只要端口号不小于 1024。RMI 注册器在默认情况下监听 1099 端口，这个端口号大于 1024，因此该安全策略文件允许客户程序访问监听 1099 端口的 RMI 注册器以及远程对象。

例程 11-28 client.policy

```
grant{
  permission java.net.SocketPermission "*:1024-65535","connect";
};
```

如果只允许客户程序连接特定的主机 myserver.com，则可以把策略文件改为

```
grant{
  permission java.net.SocketPermission
  "myserver.com:1024-65535","connect";
};
```

在软件开发阶段，为了便于调试，也可以在安全策略文件中公开所有的权限。

```
grant{
  permission java.security.AllPermission;
};
```

（2）为客户程序设置安全策略文件和 RMISecurityManager 安全管理器。在 11.2.4 节的例程 11-4 的 hello.SimpleClient 类的 main()方法的开头增加以下一段程序代码。

```
System.setProperty("java.security.policy",
       SimpleClient.class.getResource("client.policy").toString());
if(System.getSecurityManager() == null) {
  System.setSecurityManager(new SecurityManager());
}
```

以上 System.setProperty()方法设置安全策略文件的加载路径，此处 client.policy 文件与 SimpleClient.class 文件位于同一个目录下。System.setSecurityManager()方法设置安全管理器，它会从 client.policy 文件中读取安全策略。

System.setProperty()方法在程序运行时动态地设置安全策略文件的加载路径，除了这种方式，也可以在运行程序的命令行中进行设置。

```
java
-Djava.security.policy=C:\chapter11\deploy\client\hello\client.policy
hello.SimpleClient
```

服务器端如果不从客户端动态加载类，那么一般不需要使用安全管理器。如果会从客

户端动态加载类，则可以按照类似的方式设置安全管理器。

11.10 RMI 应用的部署以及类的动态加载

远程对象一般分布在服务器端，当客户端试图调用远程对象的方法时，如果在客户端还不存在远程对象所依赖的类文件，比如远程方法的参数和返回值对应的类文件，客户端就会从 java.rmi.server.codebase 系统属性指定的位置动态加载该类文件。

同样，当服务器端访问客户端的远程对象时，如果服务器端不存在相关的类文件，服务器端就会从 java.rmi.server.codebase 属性指定的位置动态加载它们。

此外，当服务器向 RMI 注册器注册远程对象时，注册器也会从 java.rmi.server.codebase 属性指定的位置动态加载相关的远程接口的类文件。

在运行前面几节的例子时，都是在同一个 classpath 下运行服务器程序以及客户程序的。这些程序都能从本地 classpath 中找到相应的类文件，因此无须从 java.rmi.server.codebase 属性指定的位置动态加载类。而在实际应用中，客户程序与服务器程序运行在不同的主机上，因此当客户端调用服务器端的远程对象的方法时，有可能需要从远程文件系统加载类文件，同样，当服务器端调用客户端的远程对象的方法时，也有可能从远程文件系统加载类文件。

也许你会问，只要在客户端和服务器端都准备好各自需要的所有类文件，不就能避免动态加载了吗？这样做，尽管也能使系统运行，但有以下不足之处。

（1）把服务器端的类文件事先放置在所有客户端的本地文件系统中，很不安全。

（2）一个服务器往往会有数十个、数百个甚至数千个客户。如果在每个客户端都放置了所有类文件，就给软件的升级和维护带来麻烦。因为当类被修改后，必须更新所有客户端的类文件。

RMI 框架的动态加载类的机制能克服以上不足，动态加载类的过程在程序运行时才发生，对客户端是透明的。并且这些被动态加载的类的文件都集中放在网络上的同一地方，如果类被修改，则只要更新这个地方的类文件。

下面介绍如何在分布式系统中部署 11.9 节（使用安全管理器）介绍的使用安全管理器的范例。首先创建如图 11-17 所示的目录结构。

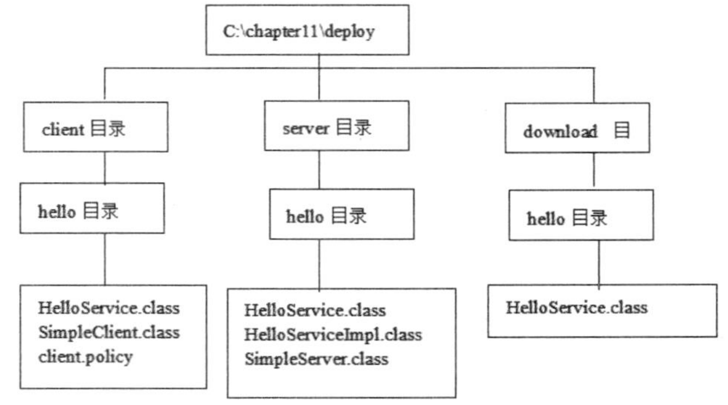

图 11-17　部署分布式应用程序的目录结构

在 deploy 目录下有 3 个目录：

- client 目录：客户程序的 classpath，放置了启动客户程序所需的类文件。这个目录被发布到客户进程所在的主机上。
- server 目录：服务器程序的 classpath，放置了运行服务器程序所有的类文件。
- download 目录：用于动态加载类的目录。java.rmi.server.codebase 系统属性就指向这个目录。RMI 注册器会在这个目录下动态加载有关类文件。download 目录可以被发布到服务器程序所在的主机上，或者网络的其他主机上，只要让 java.rmi.server.codebase 系统属性指向它就行。

下面首先在同一台主机上运行本程序。

（1）在命令行方式下，转到 C:\chapter11\deploy\server 目录下，运行命令：

```
start java
 -Djava.rmi.server.codebase=file:///C:/chapter11/deploy/download/
hello.SimpleServer
```

（2）在命令行方式下，转到 C:\chapter11\deploy\client 目录下，运行命令：

```
java hello.SimpleClient
```

如果客户端程序能正常运行，就表明部署成功了。在运行 SimpleServer 的命令中，“-D”选项把 java.rmi.server.codebase 系统属性设为一个本地文件系统的目录“file:///C:/chapter11/deploy/download/”，文件路径必须以“/”结束。

下面把 download 目录发布到网络上的 www.javathinker.net 主机上，在浏览器中访问以下 URL，就会下载 HelloService.class 文件。

```
http://www.javathinker.net/download/hello/HelloService.class
```

RMI 注册器会从 www.javathinker.net 主机上的 http://www.javathinker.net/download/ 目录动态加载类文件。

按以下方式运行本程序。

（1）在命令行方式下，转到 C:\chapter11\deploy\server 目录下，运行命令：

```
start  java
-Djava.rmi.server.codebase=http://www.javathinker.net/download/
hello.SimpleServer
```

（2）在命令行方式下，转到 C:\chapter11\deploy\client 目录下，运行命令：

```
java hello.SimpleClient
```

如果客户端程序能正常运行，就表明部署成功了。在运行 SimpleServer 的命令中，“-D”选项把 java.rmi.server.codebase 系统属性设为一个远程文件系统的目录“http://www.

javathinker.net/download/”。

11.11 远程激活

在前面的例子中，都通过服务器程序创建远程对象，然后在 RMI 注册器中注册它，客户端就能访问这些远程对象。由专门的服务器程序来创建并注册远程对象，有以下不足之处。

（1）不管客户端会不会访问该远程对象，都要先创建并注册它，使得该远程对象一直等待客户的访问。如果服务器端有大量这样的远程对象，就会消耗大量服务器资源。

（2）这些远程对象依赖于服务器的生命周期。如果服务器进程崩溃，客户端就再也无法访问这些远程对象。

为了克服以上问题。RMI 框架提供了一种远程激活机制，它允许延迟构造远程对象，仅仅当至少有一个客户访问该远程对象时，才真正去创建这个远程对象，这个过程被称为激活远程对象。远程对象由专门的激活系统（rmid 程序）来管理，它保证远程对象具有持久的生命周期。

图 11-18 显示了 RMI 框架中与激活机制有关的类框图。

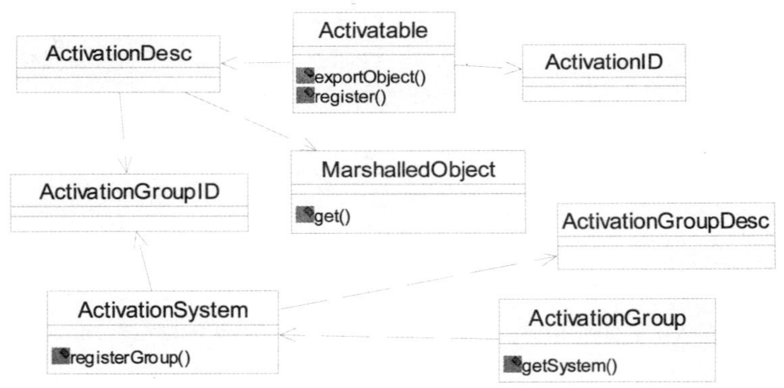

图 11-18　RMI 框架中与激活机制有关的类框图

RMI 框架采用 RMI 守护者（RMI Daemon，rmid）程序来负责管理可以被激活的远程对象的生命周期。可以被激活的远程对象都是 Activatable 类的实例，并且都有唯一的激活标识符，用 ActivationID 表示。rmid 程序在激活一个远程对象时，就会给它分配唯一的 ActivationID。

可以被激活的远程对象都被放在一个激活组中，ActivationGroup 就表示激活组。ActivationGroupDesc 用来描述激活组，它包含以下信息。

- 系统属性，如安全策略文件等。
- 启动虚拟机的路径和命令行选项。

一个激活组对应一个 Java 虚拟机，rmid 程序根据 ActivationGroupDesc 提供的信息来启动一个 Java 虚拟机，然后在这个虚拟机内创建并管理可激活的远程对象。每个激活组都有唯一的 ID，用 ActivationGroupID 表示。

ActivationDesc 用来描述一个可激活的远程对象，它包括以下信息。

- 所在的激活组的 ID，即 ActivationGroupID。
- 构造这个远程对象所需的参数，这些参数被封装在一个 MarshalledObject 对象中。
- 远程对象所依赖的类的动态加载路径。

图 11-19 展示了可激活的远程对象、激活组、rmid 程序、RMI 注册器和客户之间的关系。

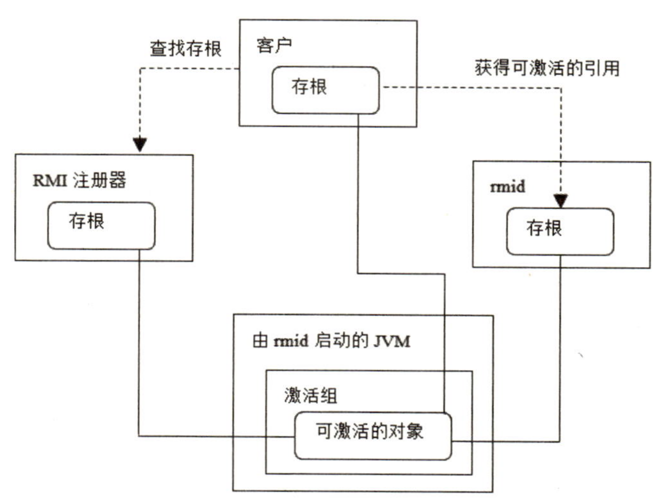

图 11-19　可激活的远程对象、激活组、rmid 程序、RMI 注册器和客户之间的关系

如果一个远程对象希望被激活，那么它的远程类应该继承 java.rmi.activation.Activatable 类：

```
public class HelloServiceImpl extends Activatable
          implements HelloService{……}
```

此外，在类的构造方法中必须提供 ActivationID 和 MarshalledObject 类型的参数。例程 11-29 是 HelloServiceImpl 类的源程序。

例程 11-29　HelloServiceImpl.java

```
package activate;
import java.util.Date;
import java.rmi.*;
import java.rmi.activation.*;
import java.io.*;

public class HelloServiceImpl extends Activatable
          implements HelloService{
  private String name;
  public HelloServiceImpl(ActivationID id,MarshalledObject data)
          throws RemoteException{
    super(id,0);
```

```
    try{
      this.name=(String)data.get();
    }catch(Exception e){e.printStackTrace();}
    System.out.println("创建"+name);
  }
  public String echo(String msg)throws RemoteException{
    System.out.println(name+":调用 echo()方法");
    return "echo:"+msg +" from "+name;
  }
  public Date getTime()throws RemoteException{
    System.out.println(name+":调用 getTime()方法");
    return new Date();
  }
}
```

当 rmid 程序需要激活 HelloServiceImpl 对象时，就会调用以上构造方法。在 MarshalledObject 类型的参数 data 中封装了传给构造方法的参数的序列化数据。只要调用 MarshalledObject 类的 get()方法，就能获得反序列化后的参数。

如果 HelloServiceImpl 类已经继承了其他类，就不能再继承 Activatable 类，那么可以采用以下方式使它可以被激活。

```
public class HelloServiceImpl extends OtherClass
                              implements HelloService{
  public HelloServiceImpl(ActionID id,MarshalledObject data)
                               throws RemoteException{
    this.name=(String)data.get();
    Activatable.exportObject(this,id,0);
    System.out.println("创建"+name);
  }
  ......
}
```

以上 Activatable 类的静态 exportObject()方法把当前对象导出为可激活的远程对象。

为了能让 rmid 程序负责激活远程对象，需要创建一个 Setup 安装类（这个类也可以起任意其他的名字）。Setup 安装类完成以下操作。

（1）创建一个激活组描述符 ActivationGroupDesc 对象。

（2）向 rmid 程序注册激活组，激活组的配置信息由以上创建的 ActivationGroupDesc 对象提供。

（3）创建激活对象描述符 ActivationDesc 对象。

（4）向 rmid 程序注册激活对象，激活对象的配置信息由以上创建的 ActivationDesc 对象提供。

（5）向 rmiregistry 程序注册激活对象。

例程 11-30 是 Setup 类的源程序。

例程 11-30　Setup.java

```
package activate;
import java.rmi.*;
import java.rmi.registry.LocateRegistry;
import java.rmi.registry.Registry;
import java.rmi.activation.*;
import java.util.Properties;
public class Setup{
  public static void main( String args[] ){
    try{
      Properties prop=new Properties();
      prop.put("java.security.policy",
        SimpleClient.class.getResource("server.policy").toString());
      ActivationGroupDesc group=new ActivationGroupDesc(prop,null);
       //注册 ActivationGroup
      ActivationGroupID id=
          ActivationGroup.getSystem().registerGroup(group);

      String classURL=System.getProperty("java.rmi.server.codebase");
      MarshalledObject<String> param1=
                new MarshalledObject<String>("service1");
      MarshalledObject<String> param2=
                new MarshalledObject<String>("service2");

      ActivationDesc desc1=new ActivationDesc(id,
               "activate.HelloServiceImpl",classURL,param1);
      ActivationDesc desc2=new ActivationDesc(id,
               "activate.HelloServiceImpl",classURL,param2);
      //向 rmid 程序注册两个激活对象
      HelloService s1=(HelloService)Activatable.register(desc1);
      HelloService s2=(HelloService)Activatable.register(desc2);
      System.out.println(s1.getClass().getName());

      Registry registry = LocateRegistry.getRegistry(1099);
      //向 RMI 注册器注册两个激活对象
      registry.rebind( "HelloService1", s1 );
      registry.rebind( "HelloService2", s2 );

      System.out.println( "服务器注册了两个可激活的 HelloService 对象" );
    }catch(Exception e){
      e.printStackTrace();
    }
  }
}
```

以上程序调用了 ActivationGroupDesc、ActivationGroup、ActivationGroupSystem、ActivationDesc 和 Activatable 等类的构造方法或成员方法。

（1）ActivationGroupDesc 类的构造方法：

```
ActivationGroupDesc(Properties prop,
            ActivationGroupDesc.CommandEnviroment env)
```

参数 prop 设置激活组对应的 Java 虚拟机的系统属性，在本例中把安全策略文件设为 server.policy，该文件与 Setup.class 文件位于同一个目录下。参数 env 设置启动 Java 虚拟机的路径和命令行选项，在本例中把参数 env 设为 null。rmid 程序会根据 ActivationGroupDesc 所描述的信息来启动相应的 Java 虚拟机。

（2）ActivationGroup 类的静态 getSystem()方法：

```
public static ActivationSystem getSystem()
```

返回一个激活系统的引用，激活系统指的是 rmid 程序。

（3）ActivationSystem 类的静态 registerGroup()方法：

```
public static ActivationGroupID registerGroup(ActivationGroup group)
```

向 rmid 程序注册一个激活组，并且返回激活组的 ID。

（4）ActivationDesc 类的构造方法：

```
ActivationDesc(ActivationGroupID id,
        String className,String classFileURL,MashalledObject data)
```

参数 id 指定激活对象所在的激活组的 ID，参数 className 指定激活对象所属的远程类的名字，参数 classFileURL 指定动态加载与激活对象相关的类的路径，参数 data 指定向激活对象的构造方法传递的参数。

在本例中，为了向 HelloServiceImpl 类的构造方法传递一个字符串类型的参数，在 Setup 类中创建了一个 MarshalledObject 对象。

```
MarshalledObject<String> param1=
            new MarshalledObject<String>("service1");
```

在 HelloServiceImpl 类的构造方法中，通过 MarshalledObject 类的 get()方法获得实际的参数。

```
public HelloServiceImpl(ActivationID id,MarshalledObject<String> data)
                              throws RemoteException{
  super(id,0);
  try{
   this.name=data.get();
  }catch(Exception e){e.printStackTrace();}
  System.out.println("创建"+name);
}
```

假如远程对象的构造方法实际上有多个参数，那么可以先把它们以数组的形式包装到 MarshalledObject 对象中。

```
MarshalledObject<Object[]> data=new MarshalledObject<Object[]>(
        new Object[]{"Tom", Integer.parseInt(21)});
```

在远程对象的构造方法中，按以下方式获得实际的参数。

```
Object[] params=data.get();
String name=(String)params[0];
int age=((Integer)params[1]).intValue();
```

（5）Activatable 类的静态 register()方法：

```
public static Remote register(ActivationDesc desc)
```

向 rmid 程序注册一个远程激活对象，该方法返回这个对象的存根对象。

当 Setup 类执行以下代码时，

```
 HelloService s1=(HelloService)Activatable.register(desc1);
//打印 com.sun.proxy.$Proxy1
 System.out.println(s1.getClass().getName());
 registry.rebind( "HelloService1", s1 );
```

Activatable.register()方法返回的是一个存根对象，registry.rebind()方法把这个存根对象注册到 RMI 注册器。当客户程序第 1 次访问这个存根对象时，rmid 程序会激活（即创建）相应的远程对象。

假定本节范例的类文件以及策略文件都位于 C:\chapter11\classes 目录下，在 classes 目录的 activate 子目录下包含以下内容。

```
HelloService.class
HelloServiceImpl.class
Setup.class
SimpleClient.class
server.policy
rmid.policy
```

server.policy 文件是激活组所在的 Java 虚拟机（由 rmid 程序启动）使用的策略文件，它的内容如下。

```
grant{
  permission java.security.AllPermission;
};
```

rmid.policy 文件是 rmid 程序使用的策略文件，它的内容如下。

```
grant{
  permission com.sun.rmi.rmid.ExecPermission
    "${java.home}${/}bin${/}java";
  permission com.sun.rmi.rmid.ExecOptionPermission
    "-Djava.security.policy=*";
};
```

按以下步骤运行程序。

（1）在命令行方式下，转到 C:\chapter11\classes 目录下。

（2）启动 RMI 注册器程序，运行命令：start rmiregistry。

（3）启动 rmid 程序，运行命令：start rmid -J-Djava.security.policy=activate/rmid.policy。

（4）执行服务器程序，运行命令：

start java -Djava.rmi.server.codebase=file:///C:/chapter11/classes/ activate.Setup。

（5）执行客户程序，运行命令：java activate.SimpleClient。

以上 Setup 程序有别于前面几节介绍的 SimpleServer 服务器程序。Setup 程序并没有创建远程对象，当 main()方法执行完毕，程序就会结束。而在 SimpleServer 服务器程序中创建并注册了远程对象，这些远程对象存在于执行服务器程序的 Java 虚拟机中。

11.12 小结

RMI 框架封装了用 Socket 通信的细节，使得应用程序可以像调用本地方法一样，去调用远程对象的方法。RMI 框架在实现中运用了以下机制。

- 分布式垃圾收集机制：对于一个远程对象，只有当它没有受到任何本地引用及远程引用，才会结束生命周期。用远程接口来公布远程对象提供的服务。客户程序通过远程接口来调用远程对象的方法，这符合面向对象开发中的“公开接口，封装实现”的思想。客户端持有远程对象的引用，实际上是持有远程对象的存根对象的引用，存根对象充当远程对象的代理，两者具有同样的远程接口。
- 运用动态类加载机制，当客户端访问一个远程对象时，如果客户端不存在与远程对象相关的类，RMI 框架就会从 java.rmi.server.codebase 系统属性指定的位置加载它们。
- 运用序列化机制对远程对象的方法的参数和返回值进行编组，把编组后的字节序列发送到接收方。把网络通信中产生的错误转换为一个 RemoteException，使得应用程序可以按照处理 Java 异常的方式来处理底层的通信错误。

当应用程序通过 RMI 框架进行远程方法调用时，在形式上与调用本地方法很相似，但还是存在以下区别。

- 远程异常：所有的远程方法都会声明抛出 RemoteException，客户端应该处理这种异常，以便在出现网络故障时，客户程序也能从容地处理异常并且恢复运行。

- 用值传输：远程方法的参数和返回值只能是基本类型，或者是实现了 Serializbale 接口或者 Remote 接口的引用类型。如果参数和返回值是可序列化的对象，就传送它们的序列化数据，在接收方得到的是发送方的对象的复制品。如果参数和返回值是远程对象，就传送它们的存根对象，在接收方得到的是发送方的远程对象的存根对象。
- 调用开销：远程方法调用比本地方法调用的开销更大，因为在进行远程方法调用时，参数和返回值都会经历编组、在网络上传输，以及反编组的过程。为了减小调用开销，应该限制网络上传送的对象的大小。
- 安全：远程方法调用比本地方法调用更加不安全。网络通信过程可能会被监听，或者传送的内容被恶意篡改。在客户端以及服务器端应该使用安全管理器，设置与远程方法调用相关的安全策略。此外，如果不希望通信内容在传输途中被监听，那么可以在 RMI 框架中设置基于 SSL（安全套接字层）的套接字工厂：javax.rmi.ssl.SslRMIClientSocketFactory 和 javax.rmi.ssl.SslRMIServerSocketFactory。本书没有介绍 RMI 安全套接字工厂的用法，读者可以从 Oracle 官方网站了解它们的用法。

11.13　练习题

1．以下哪些说法正确？　（多选）

a）远程对象必须实现 java.io.Serializable 接口。

b）远程方法的参数以及返回值必须是基本类型，或者是实现了 java.io.Serializable 接口的 Java 类型。

c）RMI 框架要求客户端与服务器端都是 Java 程序。

d）RMI 注册器在默认情况下注册 1099 端口。

2．在 RMI 框架中，RMI 注册器担当什么任务？（单选）

a）创建远程对象。　　b）为远程对象提供命名服务。

c）及时销毁无用的远程对象。　　d）调用远程对象的方法。

3．远程类必须符合哪些规范？（多选）

a）必须实现 Remote 接口。

b）必须继承 UnicastRemoteObject 类。

c）所有远程方法必须声明抛出 RemoteException。

d）所有构造方法必须声明抛出 RemoteException。

e）必须提供 public 类型的不带参数的构造方法。

4．以下哪些说法正确？（多选）

a）远程对象只有被注册到 RMI 注册器，才能被远程访问。

b）远程对象不能位于客户端，只能位于服务器端。

c）当远程对象作为参数或返回值在网络上被传送时，实际上传送的是远程对象的存根。

d）服务器端也可以访问客户端的远程对象。

e）远程对象允许被多个客户并发访问。

5．客户端获得了服务器端的一个远程对象的引用 ref，客户端调用 ref.clone()方法，会出现什么情况？（单选）

a）抛出 RemoteException。

b）服务器端执行远程对象的 clone()方法，该方法复制一个远程对象。

c）客户端执行远程对象的存根的 clone()方法，该方法复制一个远程对象。

d）客户端执行远程对象的存根的 clone()方法，该方法复制一个远程对象的存根。

6．运用本章介绍的 RMI 框架，重新实现第 1 章的 EchoServer 服务器与 EchoClient 客户。

答案：1．c，d　2．b　3．a，c，d　4．c，d，e　5．d

6．参见配套源代码包的 sourcecode/chapter11/exercise 目录下的 EchoService 类、EchoServiceImpl 类、EchoClient 类和 EchoServer 类。

编程提示：参考 11.2 节的范例，把 HelloService 接口改为 EchoService 接口，把 HelloServiceImpl 类改为 EchoServiceImpl 类，把 SimpleClient 类改为 EchoClient 类，把 SimpleServer 类改为 EchoServer 类。

第12章

通过JDBC API访问数据库

关系数据库仍然是目前最流行的数据库系统。如果没有特别说明，本章所说的数据库就都指关系数据库。关系数据库中最主要的数据结构是表，表用主键来标识每一条记录，表与表之间可以存在外键参照关系。数据库服务器提供管理数据库的各种功能，包括：创建表，向表中插入、更新和删除数据，备份数据，以及管理事务等。数据库服务器的客户程序可以用任何一种编程语言编写，这些客户程序都向服务器发送 SQL 命令，服务器接收到 SQL 命令，完成相应的操作。例如，在图 12-1 中，客户程序为了查找姓名为 Tom 的客户的完整信息，向服务器发送了一条 select 查询语句，服务器执行这条语句，然后返回相应的查询结果。

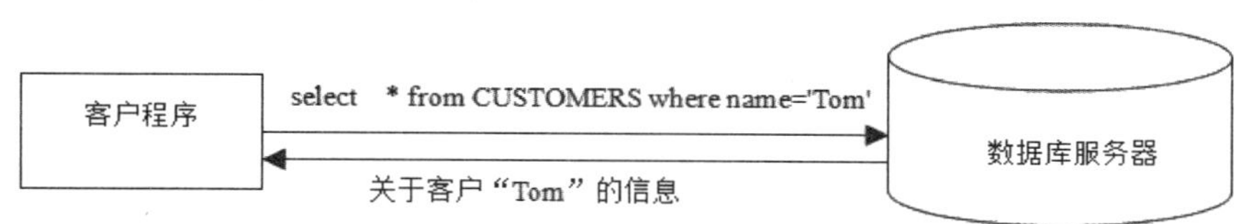

图 12-1 客户程序向数据库服务器发送 SQL 命令

Java 程序也可以作为数据库服务器的客户程序，向服务器发送 SQL 命令。如果从头编写与数据库服务器通信的程序，那么显然，Java 程序必须利用 Socket 建立与服务器的连接，然后根据服务器使用的应用层协议，发送能让服务器看得懂的请求信息，并且也要能看得懂服务器返回的响应结果。遗憾的是，目前的数据库服务器产品，如 Oracle、SQLServer、MySQL 和 Sybase 等，在应用层都有自定义的一套协议，而没有统一的标准。这意味着，对于一个已经能与 Oracle 服务器通信的 Java 程序，如果要改为与 MySQL 服务器通信，就必须重新编写通信代码。

为了简化 Java 程序访问数据库的过程，JDK 提供了 JDBC API。JDBC 是 Java DataBase Connectivity 的缩写。如图 12-2 所示，JDBC 的实现封装了与各种数据库服务器通信的细节。Java 程序通过 JDBC API 来访问数据库，有以下优点。

（1）简化访问数据库的程序代码，无须涉及与数据库服务器通信的细节。

（2）不依赖于任何数据库平台。同一个 Java 程序可以访问多种数据库服务器。

JDBC API 主要位于 java.sql 包中，此外，在 javax.sql 包中包含了一些提供高级特性的 API。

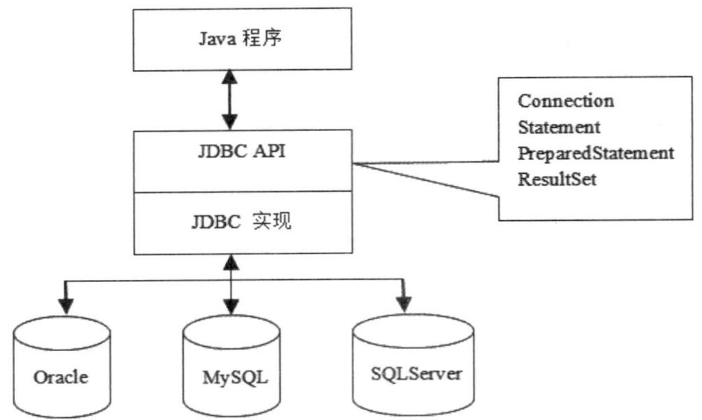

图 12-2　Java 程序通过 JDBC API 访问数据库

12.1　JDBC 的实现原理

本章开头已经讲到，JDBC 的实现封装了与各种数据库服务器通信的细节。如图 12-3 所示，JDBC 的实现包括 3 部分。

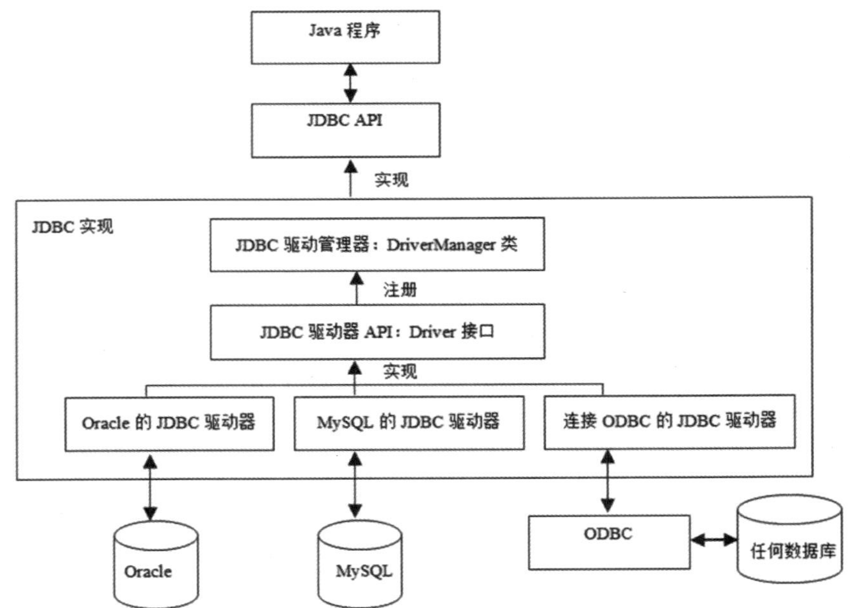

图 12-3　JDBC API 及其实现原理

- JDBC 驱动管理器：java.sql.DriverManager 类，由 JDK 提供内置的实现，负责注册特定 JDBC 驱动器，以及根据特定驱动器建立与数据库的连接。
- JDBC 驱动器 API：由 Oracle 公司制定，其中最主要的接口是 java.sql.Driver 接口。
- JDBC 驱动器：由数据库供应商或者其他第三方工具提供商创建，也被称为 JDBC 驱动程序。JDBC 驱动器实现了 JDBC 驱动器 API，负责与特定的数据库连接，以及处理通信细节。JDBC 驱动器可以注册到 JDBC 驱动管理器中。Oracle 公司很明智地让数据库供应商或者其他第三方工具提供商来创建 JDBC 驱动器，因为他们才最了解与特定数据库通信的细节，有能力对特定数据库的驱动器进行优化。

从图 12-3 可以看出，Oracle 公司制定了两套 API。

- JDBC API：Java 应用程序通过它来访问各种数据库。
- JDBC 驱动器 API：当数据库供应商或者其他第三方工具提供商为特定数据库创建 JDBC 驱动器时，该驱动器必须实现 JDBC 驱动器 API。

从图 12-3 中还可以看出，JDBC 驱动器才是真正的连接 Java 应用程序与特定数据库的桥梁。Java 应用程序如果希望访问某种数据库，就必须先获得相应的 JDBC 驱动器的类库，然后把它注册到 JDBC 驱动管理器中。

在以下网址列出了常用的 JDBC 驱动器的清单。

```
http://www.javathinker.net/bbs_topic.do?postID=193
```

JDBC 驱动器可分为以下 4 类。

- 第 1 类驱动器：JDBC-ODBC 驱动器。ODBC（Open Database Connectivity，开放数据库互连）是微软公司为应用程序提供的访问任何一种数据库的标准 API。JDBC-ODBC 驱动器为 Java 程序与 ODBC 之间建立了桥梁，使得 Java 程序可以间接访问 ODBC API。JDBC-ODBC 驱动器是唯一由 JDK 提供内置实现的驱动器，属于 JDK 的一部分，在默认情况下，该驱动器就已经在 JDBC 驱动管理器中注册了。在 JDBC 刚刚发布后，JDBC-ODBC 驱动器可以方便地用于应用程序的测试，但由于它连接数据库的速度比较慢，所以现在已经不提倡使用它了。
- 第 2 类驱动器：由部分 Java 程序代码和部分本地代码组成。用于与数据库的客户端 API 通信。在使用这种驱动器时，不仅需要安装相关的 Java 类库，还要安装一些与平台相关的本地代码。
- 第 3 类驱动器：完全由 Java 语言编写的类库。它用一种与具体数据库服务器无关的协议将请求发送给服务器的特定组件，再由该组件按照特定数据库协议对请求进行翻译，并把翻译后的内容发送给数据库服务器。
- 第 4 类驱动器：完全由 Java 语言编写的类库。它直接按照特定数据库的协议，把请求发送给数据库服务器。

一般说来，这几类驱动器访问数据库的速度由快到慢，依次为：第 4 类、第 3 类、第 2 类、第 1 类。第 4 类驱动器的速度最快，因为它把请求直接发送给数据库服务器，而第 1 类驱动器的速度最慢，因为它要把请求转发给 ODBC，然后由 ODBC 把请求发送给数据库服务器。

大部分数据库供应商都为它们的数据库产品提供第 3 类或第 4 类驱动器。许多第三方工具提供商也开发了符合 JDBC 标准的驱动器产品，它们往往支持更多的数据库平台，具有很好的运行性能和可靠性。

Java 应用程序应该优先考虑使用第 3 类和第 4 类驱动器，如果某种数据库还不存在第 3 类或第 4 类驱动器，则可以把第 1 类和第 2 类驱动器作为暂时的替代品。

12.2 安装和配置 MySQL 数据库

本书中所有和数据库相关的内容都以 MySQL 作为数据库服务器。MySQL 是一个多用户、多线程的强壮的关系数据库服务器。MySQL 的官方网站提供了免费安装软件。此外，在本书的技术支持网页上也可以下载最新的 MySQL 安装软件。

假定 MySQL 安装后的根目录为<MYSQL_HOME>，在<MYSQL_HOME>/bin 目录下提供了 mysql.exe，它是 MySQL 的客户程序，它支持在命令行中输入 SQL 语句，图 12-4 展示了 MySQL 客户程序的界面。MySQL 安装后，有一个初始用户 root。MySQL 的安全验证机制要求用户为 root 重新设置口令。

对于 MySQL 4.0 或者以下的版本，root 用户的初始口令为空，对于 MySQL 5.0 或者以上的版本，在安装时会提示设置 root 用户的口令。

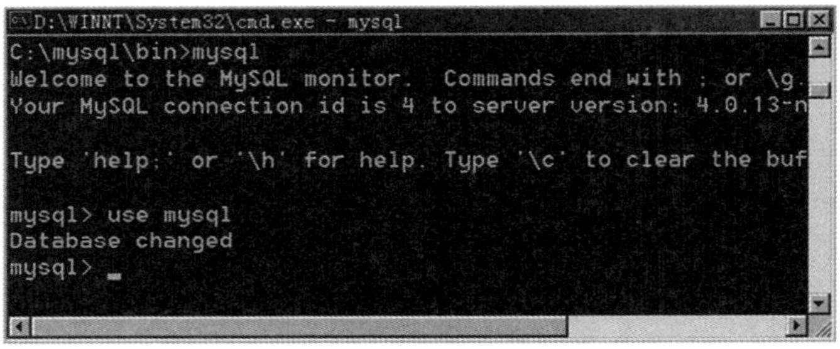

```
D:\WINNT\System32\cmd.exe - mysql
C:\mysql\bin>mysql
Welcome to the MySQL monitor.  Commands end with ; or \g.
Your MySQL connection id is 4 to server version: 4.0.13-n

Type 'help;' or '\h' for help. Type '\c' to clear the buf

mysql> use mysql
Database changed
mysql> _
```

图 12-4　MySQL 自带的客户程序

本章访问数据库的例子都以 STOREDB 数据库为例。在 STOREDB 数据库中有 3 张表。

- CUSTOMERS 表：保存了客户信息。本章多数例子都访问这张表。
- ORDERS 表：保存了客户发出的订单信息。ORDERS 表的 ORDER_NUMBER 字段表示订单编号，PRICE 字段表示订单价格。ORDERS 表的 CUSTOMER_ID 外键参照 CUSTOMERS 表的 ID 主键，如图 12-5 所示。
- ACCOUNTS 表：保存了银行账户的信息，BALANCE 字段表示账户的余额。12.9 节（控制事务）的例子会访问这张表。

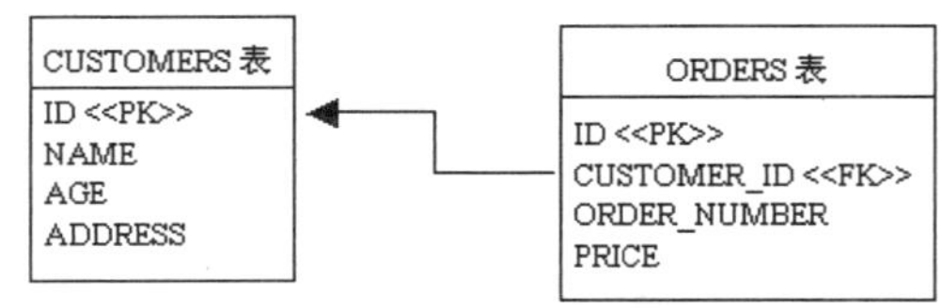

图 12-5　ORDERS 表参照 CUSTOMERS 表

下面安装 MySQL 服务器，并且创建 STOREDB 数据库。

1．安装 MySQL 服务器，为 root 用户设置口令，创建新用户 dbuser，口令为 1234。本书的 Java 程序都以用户 dbuser 的身份访问数据库。

（1）在 MySQL 的官方网站下载 MySQL 的安装软件。

（2）安装 MySQL，启动 MySQL 服务器。

（3）打开命令行界面，转到 MySQL 安装目录的 bin 子目录下。

（4）在命令行方式下输入命令 “mysql”，进入 MySQL 客户程序，如图 12-4 所示。如果在安装 MySQL 时已经为 root 用户设置了口令，则忽略步骤（4）~步骤（7），直接执行步骤（8）。

（5）进入 mysql 数据库，SQL 命令如下。

```
use mysql;
```

（6）把 root 用户的口令重新设置为“1234”。SQL 命令如下。

```
update USER set PASSWORD=password('1234') where USER='root';
flush privileges;
```

（7）退出 mysql 客户程序，SQL 命令如下。

```
exit
```

（8）在命令行方式下，以 root 用户的身份进入 mysql 客户程序，DOS 命令如下。

```
mysql -u root -p
```

当系统提示输入口令时，输入 “1234”。

（9）进入 mysql 数据库，创建一个新的用户“dbuser”，口令为“1234”，命令如下。

```
use mysql;

grant all privileges on *.* to dbuser@localhost
identified by '1234' with grant option;
```

2. 创建 STOREDB 数据库、CUSTOMERS 表和 ORDERS 表，并且向这两张表中插入数据。此外还创建了支持数据库事务的 ACCOUNTS 表。例程 12-1 的 schema.sql 是一个 SQL 脚本文件，它包含了创建数据库 STOREDB 以及 3 张表的所有 SQL 语句。

例程 12-1　schema.sql

```
drop database if exists STOREDB;
create database STOREDB;
use STOREDB;

create table CUSTOMERS (
  ID bigint not null auto_increment primary key,
  NAME varchar(16) not null,
  AGE INT,
  ADDRESS varchar(255)
```

```
);

create table ORDERS (
  ID bigint not null auto_increment primary key,
  ORDER_NUMBER varchar(16) not null,
  PRICE FLOAT,
  CUSTOMER_ID bigint,
  foreign key(CUSTOMER_ID) references CUSTOMERS(ID)
);

create table ACCOUNTS (
   ID bigint not null,
   NAME varchar(15),
   BALANCE decimal(10,2),
   primary key (ID)
) engine=INNODB;

insert into CUSTOMERS(ID,NAME,AGE,ADDRESS) values(1, '小张',23, '北京');
insert into CUSTOMERS(ID,NAME,AGE,ADDRESS) values(2,'小红',29, '天津');
insert into CUSTOMERS(ID,NAME,AGE,ADDRESS) values(3,'小丁',33, '山东');

insert into ORDERS(ID,ORDER_NUMBER,PRICE,CUSTOMER_ID)
values(1, '小张_001',100.12, 1);
insert into ORDERS(ID,ORDER_NUMBER,PRICE,CUSTOMER_ID)
values(2, '小张_002',200.32, 1);
insert into ORDERS(ID,ORDER_NUMBER,PRICE,CUSTOMER_ID)
values(3, '小红_001',88.44, 2);

select * from CUSTOMERS;
select * from ORDERS;
```

12.3 JDBC API 简介

JDBC API 主要位于 java.sql 包中，关键的接口与类如下所述。

- Driver 接口和 DriverManager 类：前者表示驱动器，后者表示驱动管理器。
- Connection 接口：表示数据库连接。
- Statement 接口：负责执行 SQL 语句。
- PreparedStatement 接口：负责执行预准备的 SQL 语句。
- CallableStatement 接口：负责执行 SQL 存储过程。
- ResultSet 接口：表示 SQL 查询语句返回的结果集。

图 12-6 为 java.sql 包中主要的接口与类的类框图。

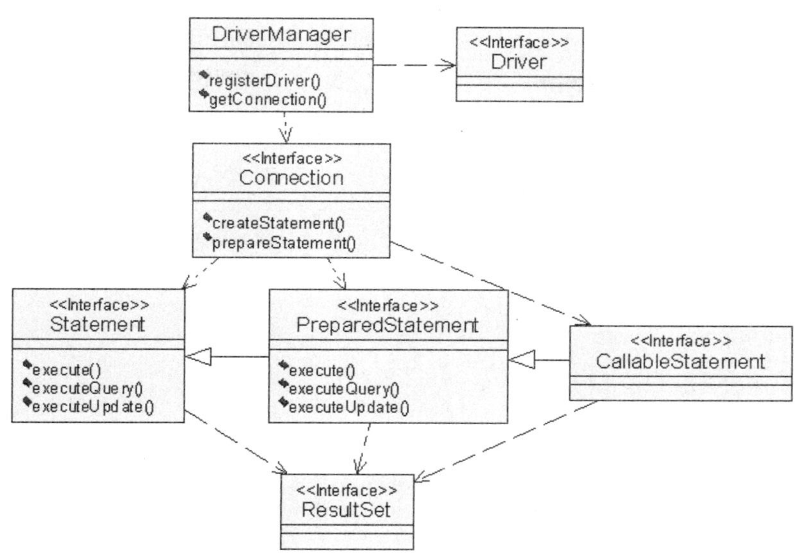

图 12-6　java.sql 包中主要的类与接口的类框图

1．Driver 接口和 DriverManager 类

所有 JDBC 驱动器都必须实现 Driver 接口，JDBC 驱动器由数据库厂商或第三方提供。在编写访问数据库的 Java 程序时，必须把特定数据库的 JDBC 驱动器的类库加入 classpath 中。

DriverManager 类用来建立和数据库的连接以及管理 JDBC 驱动器。DriverManager 类主要包括以下方法。

- registerDriver(Driver driver)：在 DriverManger 类中注册 JDBC 驱动器。
- getConnection(String url, String user, String pwd)：建立和数据库的连接，并返回表示数据库连接的 Connection 对象。
- setLoginTimeOut(int seconds)：设定等待建立数据库连接的超时时间。
- setLogWriter(PrintWriter out) ：设定输出 JDBC 日志的 PrintWriter 对象。

2．Connection 接口

Connection 接口代表 Java 程序和数据库的连接，Connection 接口主要包括以下方法。

- getMetaData()：返回表示数据库的元数据的 DatabaseMetaData 对象。元数据包含了描述数据库的相关信息，12.4.10 节（元数据）进一步介绍了元数据的作用。
- createStatement()：创建并返回 Statement 对象。
- prepareStatement(String sql)：创建并返回 PreparedStatement 对象。

3．Statement 接口

Statement 接口提供了 3 个执行 SQL 语句的方法。

- execute(String sql)：执行各种 SQL 语句。该方法返回一个 boolean 类型的值，如果为 true，则表示所执行的 SQL 语句具有查询结果，可通过 Statement 的 getResultSet() 方法获得这一查询结果。12.4.4 节的例程 12-8 的 SQLExecutor 类演示了 execute(String sql)方法的用法。

- executeUpdate(String sql)：执行 SQL 的 insert、update 和 delete 语句。该方法返回一个 int 类型的值，表示数据库中受该 SQL 语句影响的记录的数目。
- executeQuery(String sql)：执行 SQL 的 select 语句。该方法返回一个表示查询结果的 ResultSet 对象，例如：

```
String sql=" select ID,NAME,AGE,ADDRESS from CUSTOMERS where AGE>20 ";
ResultSet rs=stmt.executeQuery(sql); //stmt 为 Statement 对象
```

- executeBatch()：批量执行一批 SQL 语句。

4. PreparedStatement 接口

PreparedStatement 接口继承了 Statement 接口。PreparedStatement 用来执行预准备的 SQL 语句。在访问数据库时，可能会遇到这样的情况：某条仅仅参数不同的 SQL 语句被多次执行，例如：

```
select ID,NAME,AGE,ADDRESS from CUSTOMERS where NAME='Tom' and AGE=20
select ID,NAME,AGE,ADDRESS from CUSTOMERS where NAME='Jack' and AGE=21
select ID,NAME,AGE,ADDRESS from CUSTOMERS where NAME='Mike' and AGE=30
```

以上 SQL 语句的格式如下。

```
select ID,NAME,AGE,ADDRESS from CUSTOMERS where NAME=? and AGE=?
```

在这种情况下，使用 PreparedStatement，而不是 Statement 来执行 SQL 语句，具有以下优点。

- 简化程序代码。
- 提高访问数据库的性能。PreparedStatement 执行预准备的 SQL 语句，数据库只需对这种 SQL 语句编译一次，然后就可以多次执行。而每次用 Statement 来执行 SQL 语句时，数据库都需要对该 SQL 语句进行编译。

PreparedStatement 的使用步骤如下。

（1）通过 Connection 的 prepareStatement()方法生成 PreparedStatement 对象。以下 SQL 语句中 NAME 的值和 AGE 的值都用“?”代替，它们表示两个可被替换的参数。

```
String sql = " select ID,NAME,AGE,ADDRESS from CUSTOMERS "
             +" where NAME=? and AGE=?";
PreparedStatement stmt = con.prepareStatement(sql);   //预准备 SQL 语句
```

（2）调用 PreparedStatement 的 setXXX 方法，给参数赋值。

```
stmt.setString(1, "Tom");  //替换 SQL 语句中的第 1 个“?”
stmt.setInt(2,20);  //替换 SQL 语句中的第二个“?”
```

预准备 SQL 语句中的第 1 个参数为 String 类型，因此调用 PreparedStatement 的 setString()

方法，第 2 个参数为 int 类型，因此调用 PreparedStatement 的 setInt()方法。这些 setXXX()方法的第 1 个参数表示预准备 SQL 语句中的"?"的位置，第 2 个参数表示替换"?"的具体值。

（3）执行如下 SQL 语句。

```
ResultSet rs = stmt.executeQuery();
```

5. ResultSet 接口

ResultSet 接口表示 select 查询语句得到的结果集，结果集中的记录的行号从 1 开始。调用 ResultSet 对象的 next()方法，可以使游标定位到结果集中的下一条记录。调用 ResultSet 对象的 getXXX()方法，可以获得一条记录中某个字段的值。ResultSet 接口提供了以下常用的 getXXX()方法。

- getString(int columnIndex)：返回指定字段的 String 类型的值，参数 columnIndex 代表字段的索引位置。
- getString(String columnName)：返回指定字段的 String 类型的值，参数 columnName 代表字段的名字。
- getInt(int columnIndex)：返回指定字段的 int 类型的值，参数 columnIndex 代表字段的索引位置。
- getInt(String columnName)：返回指定字段的 int 类型的值，参数 columnName 代表字段的名字。
- getFloat(int columnIndex)：返回指定字段的 float 类型的值，参数 columnIndex 代表字段的索引位置。
- getFloat(String columnName)：返回指定字段的 float 类型的值，参数 columnName 代表字段的名字。

ResultSet 提供了 getString()、getInt()和 getFloat()等方法。程序应该根据字段的数据类型来决定调用哪种 getXXX()方法。此外，程序既可以通过字段的索引位置来指定字段，也可以通过字段的名字来指定字段。

对于以下的 select 查询语句，结果集存放在一个 ResultSet 对象中。

```
String sql="select ID,NAME,AGE,ADDRESS from CUSTOMERS where AGE>20 ";
ResultSet rs=stmt.executeQuery(sql);
```

如果要访问 String 类型的 NAME 字段，那么可以采用以下两种方式。

```
rs.getString(2);  //指定字段的索引位置
或者
rs.getString("NAME");  //指定字段的名字
```

如果要访问 int 类型的 AGE 字段，那么可以采用以下两种方式。

```
rs.getInt(3);   //指定字段的索引位置
或者
rs.getInt("AGE");  //指定字段的名字
```

对于 ResultSet 的 getXXX()方法，指定字段的名字或者指定字段的索引位置各有优缺点。指定索引位置具有较好的运行性能，但程序代码的可读性差，而指定字段的名字虽然运行性能差一点，但程序代码具有较好的可读性。

如果要遍历 ResultSet 对象中所有记录，那么可以采用下面的循环语句。

```
while (rs.next()){
  long id = rs.getLong(1);
  String name = rs.getString(2);
  int age = rs.getInt(3);
  String address = rs.getString(4);

  //打印数据
  System.out.println("id="+id+",name="+name
        +",age="+age+",address="+address);
}
```

12.4 JDBC API 的基本用法

在 Java 程序中，通过 JDBC API 访问数据库包括以下步骤。

（1）获得要访问的数据库的驱动器的类库，把它放到 classpath 中。

（2）在程序中加载并注册 JDBC 驱动器。以下分别给出了加载 JDBC-ODBC 驱动器、SQL Server 驱动器、Oracle 驱动器和 MySQL 驱动器的代码。

```
//加载 JdbcOdbcDriver 类
Class.forName ("sun.jdbc.odbc.JdbcOdbcDriver") ;

//加载 SQLServerDriver 类
Class.forName("com.microsoft.jdbc.sqlserver.SQLServerDriver");

//加载 OracleDriver 类
Class.forName("oracle.jdbc.driver.OracleDriver");

//加载 MySQL Driver 类
//MySQL 驱动器 5 的 Driver 类为 com.mysql.jdbc.Driver
Class.forName("com.mysql.jdbc.Driver");
或者:
//MySQL 驱动器 6 开始的 Driver 类为 com.mysql.cj.jdbc.Driver
Class.forName("com.mysql.cj.jdbc.Driver");
```

以上驱动器的 Driver 类在被加载的时候，能自动创建本身的实例，然后调用 DriverManager.registerDriver()方法注册，例如对于 MySQL 的驱动器类 com.mysql.cj.jdbc.Driver，当 Java 虚拟机加载这个类时，会执行它的如下静态代码块。

```
//向 DriverManager 注册
static {
  try {
    java.sql.DriverManager.registerDriver(new Driver());
  } catch (java.sql.SQLException E) {
    throw new RuntimeException("Can't register driver!");
  }
  ……
}
```

所以在 Java 应用程序中，只要通过 Class.forName()方法加载 MySQL Driver 类即可，不必再注册驱动器的 Driver 类。

（3）建立与数据库的连接。

```
Connection con =
        DriverManager.getConnection(dburl,user,password);
```

getConnection()方法中有 3 个参数，dburl 表示连接数据库的 JDBC URL，user 和 password 分别表示连接数据库的用户名和口令。

JDBC URL 的一般形式为

```
jdbc:drivertype:driversubtype://parameters
```

drivertype 表示驱动器的类型。driversubtype 是可选的参数，表示驱动器的子类型。parameters 通常用来设定数据库服务器的 IP 地址、端口号和数据库的名称。以下给出了几种常用的数据库的 JDBC URL 形式。

如果通过 JDBC-ODBC Driver 连接数据库，那么采用如下形式。

```
jdbc:odbc:datasource
```

对于 Oracle 数据库连接，采用如下形式。

```
jdbc:oracle:thin:@localhost:1521:sid
```

对于 SQLServer 数据库连接，采用如下形式。

```
jdbc:microsoft:sqlserver://localhost:1433;DatabaseName=STOREDB
```

对于 MySQL 数据库连接，采用如下形式。

```
jdbc:mysql://localhost:3306/STOREDB
```

（4）创建 Statement 对象，准备执行 SQL 语句。

```
Statement stmt = con.createStatement();
```

（5）执行 SQL 语句。

```
String sql=" select ID,NAME,AGE,ADDRESS from CUSTOMERS where AGE>20";
ResultSet rs=stmt.executeQuery(sql);
```

（6）遍历 ResultSet 对象中的记录。

```
//输出查询结果
while (rs.next()){
  long id = rs.getLong(1);
  String name = rs.getString(2);
  int age = rs.getInt(3);
  String address = rs.getString(4);

  //打印数据
  System.out.println("id="+id+",name="+name+",age="
         +age+",address="+address);
}
```

（7）依次关闭 ResultSet、Statement 和 Connection 对象。

```
rs.close();
stmt.close();
con.close();
```

从 JDK7 开始，ResultSet、Statement 和 Connection 接口都继承了 AutoCloseable 接口。这意味着只要在 try 代码块中创建这些接口的实例，即使程序没有显式关闭它们，Java 虚拟机也会在程序退出 try 代码块后自动关闭它们。不过，开发人员在编程时仍然要养成及时关闭这些资源的习惯，这可以提供程序代码的灵活性和安全性。

例程 12-2 的 DBTester 类演示了 JDBC API 的基本用法。在它的 main()方法中，先加载 MySQL 驱动器，接着得到一个与数据库连接的 Connection 对象，然后由 Connection 对象得到 Statement 对象，再通过 Statement 对象执行各种 SQL 语句。

例程 12-2　DBTester.java

```
import java.sql.*;
public class DBTester{
  public static void main(String args[])throws Exception{
    Connection con;
    Statement stmt;
    ResultSet rs;
    //加载驱动器，下面的代码为加载 MySQL 驱动器
    Class.forName("com.mysql.cj.jdbc.Driver");
```

```
    //连接到数据库的 URL,serverTimeZone 表示时区
    String dbUrl = "jdbc:mysql://localhost:3306/STOREDB"
                + "?serverTimezone=Asia/Shanghai";
    String dbUser="dbuser";
    String dbPwd="1234";
    //建立数据库连接
    con = DriverManager.getConnection(dbUrl,dbUser,dbPwd);
    //创建一个 Statement 对象
    stmt = con.createStatement();

    //字符编码转换
    String name1=new String("小王".getBytes("GB2312"),"ISO-8859-1");
    String address1=new String("上海".getBytes("GB2312"),"ISO-8859-1");
    //增加新记录
    stmt.executeUpdate("insert into CUSTOMERS (NAME,AGE,ADDRESS) "
          +"VALUES ('"+name1+"',20,'"+address1+"')");

    //查询记录
    rs= stmt.executeQuery("SELECT ID,NAME,AGE,ADDRESS from CUSTOMERS");
    //输出查询结果
    while (rs.next()){
      long id = rs.getLong(1);
      String name = rs.getString(2);
      int age = rs.getInt(3);
      String address = rs.getString(4);

      //字符编码转换
      if(name!=null)
        name=new String(name.getBytes("ISO-8859-1"),"GB2312");
      if(address!=null)
        address=new String(address.getBytes("ISO-8859-1"),"GB2312");

      //打印数据
      System.out.println("id="+id+",name="+name+",age="
           +age+",address="+address);
    }

    //删除新增加的记录
    stmt.executeUpdate("delete from CUSTOMERS where name='"+name1+"'");

    //释放相关资源
    rs.close();
    stmt.close();
    con.close();
  }
}
```

运行本程序，要求在 classpath 中包含 MySQL 驱动器的类库，它由 MySQL 数据库开发商提供，可在 MySQL 官方网站下载。

下载得到名为 mysql-connector-java-8.0.18.zip 的文件，把该文件解压后，在展开目录下有一个 mysql-connector-java-8.0.18.jar 文件，它就是 MySQL 驱动器的类库。为了便于书写，本书把该文件改名为“mysqldriver.jar”。本程序的目录结构如下。

```
C:\chapter12\classes\DBTester.class
C:\chapter12\lib\mysqldriver.jar
```

运行 DBTester 类的命令如下。

```
java -classpath C:\chapter12\lib\mysqldriver.jar;C:\chapter12\classes
DBTester
```

12.4.1 处理字符编码的转换

假定操作系统使用中文字符编码 GB2312，而 MySQL 使用字符编码 ISO-8859-1。当 Java 程序向数据库的表中插入数据时，需要把字符串的编码由 GB2312 转换为 ISO-8859-1。

```
//字符编码转换
String name1=new String("小王".getBytes("GB2312"),"ISO-8859-1");
String address1=new String("上海".getBytes("GB2312"),"ISO-8859-1");
//增加新记录
stmt.executeUpdate("insert into CUSTOMERS (NAME,AGE,ADDRESS) "
    +"VALUES ('"+name1+"',20,'"+address1+"')");
```

从表中读取数据时，则需要把字符串的编码由 ISO-8859-1 转换为 GB2312。

```
String name = rs.getString(2);
String address = rs.getString(4);

//字符编码转换
if(name!=null)
  name=new String(name.getBytes("ISO-8859-1"),"GB2312");
if(address!=null)
  address=new String(address.getBytes("ISO-8859-1"),"GB2312");
```

在程序中处理字符编码转换很烦琐。假如运行程序的操作系统与数据库使用同样的字符编码，就不需要字符编码转换了。对于 MySQL，可以在连接数据库的 URL 中把字符编码也设为 GB2312。

```
String dbUrl ="jdbc:mysql://localhost:3306/STOREDB"
          +"?useUnicode=true&characterEncoding=GB2312";
```

例程 12-3 的 DBTester1 类与 12.4 节的例程 12-2 的 DBTester 类很相似，区别在于 DBTester1 类在连接数据库的 URL 中把字符编码设为 GB2312。

例程 12-3　DBTeseter1.java

```
import java.sql.*;
public class DBTester1{
  public static void main(String args[])throws Exception{
    Connection con;
    Statement stmt;
    ResultSet rs;
    ……
    //连接到数据库的 URL
    String dbUrl ="jdbc:mysql://localhost:3306/STOREDB"
        +"?serverTimezone=Asia/Shanghai"
        +&useUnicode=true&characterEncoding=GB2312";
    String dbUser="dbuser";
    String dbPwd="1234";
    //建立数据库连接
    con = DriverManager.getConnection(dbUrl,dbUser,dbPwd);
    //创建一个 Statement 对象
    stmt = con.createStatement();

    //增加新记录，无须对字符串"小王"和"上海"进行字符编码转换
    stmt.executeUpdate("insert into CUSTOMERS (NAME,AGE,ADDRESS) "
               +"VALUES ('小王',20,'上海')");

    //查询记录
    rs= stmt.executeQuery("SELECT ID,NAME,AGE,ADDRESS from CUSTOMERS");
    //输出查询结果
    while (rs.next()){
      long id = rs.getLong(1);
      String name = rs.getString(2);
      int age = rs.getInt(3);
      String address = rs.getString(4);

      //打印所显示的数据，无须对 name 和 address 进行字符编码转换
      System.out.println("id="+id+",name="+name+",age="
           +age+",address="+address);
    }

    //删除新增加的记录，无须对字符串"小王"进行字符编码转换
    stmt.executeUpdate("delete from CUSTOMERS where name='小王'");

    //释放相关资源
    ……
  }
}
```

12.4.2 把连接数据库的各种属性放在配置文件中

不管连接哪一种数据库系统，都需要获得以下属性。

- 数据库驱动器的 Driver 类。
- 连接数据库的 URL。
- 连接数据库的用户名。
- 连接数据库的口令。

为了提高程序的可移植性，可以把以上属性放到一个配置文件中，程序从配置文件中读取这些属性。如果程序日后需要改为访问其他数据库，那么只需要修改配置文件，而不需要改动程序代码。

假定在 db.conf 配置文件中具有以下内容。

```
JDBC_DRIVER = com.mysql.cj.jdbc.Driver
DB_URL = jdbc:mysql://localhost:3306/STOREDB
          ?serverTimezone=Asia/Shanghai
          &useUnicode=true&characterEncoding=GB2312
DB_USER = dbuser
DB_PASSWORD =1234
```

例程 12-4 的 PropertyReader 是一个实用类，它从 db.conf 文件中读取各种属性。

例程 12-4　PropertyReader.java

```
import java.util.*;
import java.io.*;

public class PropertyReader {
  static private Properties ps;
  static{
    ps=new Properties();
    try{
      //假定 db.conf 文件与 PropertyReader.class 文件位于同一个目录下
      InputStream in=
           PropertyReader.class.getResourceAsStream("db.conf");
      ps.load(in);
    }catch(Exception e){e.printStackTrace();}
  }

  public static String get(String key){  //读取特定属性
     return (String)ps.get(key);
  }
}
```

例程 12-5 的 ConnectionProvider 类封装了加载和注册驱动器，以及与数据库连接的细节，它的 getConnection()方法返回一个 Connection 对象。

例程 12-5　ConnectionProvider.java

```
import java.sql.*;
public class ConnectionProvider{
  private  String JDBC_DRIVER;
  private  String DB_URL;
  private  String DB_USER;
  private  String DB_PASSWORD;

  public ConnectionProvider()  {
    JDBC_DRIVER=PropertyReader.get("JDBC_DRIVER");
    DB_URL=PropertyReader.get("DB_URL");
    DB_USER=PropertyReader.get("DB_USER");
    DB_PASSWORD=PropertyReader.get("DB_PASSWORD");
    try{
      Class jdbcDriver=Class.forName(JDBC_DRIVER);
    }catch(Exception e){e.printStackTrace();}
  }

  public Connection getConnection()throws SQLException{
      Connection con=DriverManager.getConnection(
            DB_URL,DB_USER,DB_PASSWORD);
      return con;
  }
}
```

例程 12-6 的 DBTester2 类通过 ConnectionProvider 类来获得 Connection 对象。

例程 12-6　DBTester2.java

```
import java.sql.*;
public class DBTester2{
  private ConnectionProvider provider;
  public DBTester2(ConnectionProvider provider){
    this.provider=provider;
  }
  public void addCustomer(String name,int age,String address)
                                             throws SQLException{
    Connection con=null;
    Statement stmt=null;
    try{
      con=provider.getConnection();
      stmt=con.createStatement();
      String sql="insert into CUSTOMERS(NAME,AGE,ADDRESS) values("
           + "'"+name+"'"+","
           + age+","
           + "'"+address+"'"+")";
```

```
      stmt.execute(sql);
    }finally{
      closeStatement(stmt);
      closeConnection(con);
    }
  }

  public void deleteCustomer(String name) throws SQLException{
    Connection con=null;
    Statement stmt=null;
    try{
      con=provider.getConnection();
      stmt=con.createStatement();
      String sql="delete from CUSTOMERS where NAME='"+name+"'";
      stmt.execute(sql);
    }finally{
      closeStatement(stmt);
      closeConnection(con);
    }
  }

  public void printAllCustomers() throws SQLException{
    Connection con=null;
    Statement stmt=null;
    ResultSet rs=null;
    try{
      con=provider.getConnection();
      stmt=con.createStatement();
      //查询记录
      rs= stmt.executeQuery(
              "SELECT ID,NAME,AGE,ADDRESS from CUSTOMERS");
      //输出查询结果
      while (rs.next()){
        ……
        //打印数据
        System.out.println("id="+id+",name="+name+",age="+age
                +",address="+address);
      }
    }finally{
      closeResultSet(rs);
      closeStatement(stmt);
      closeConnection(con);
    }
  }

  private void closeResultSet(ResultSet rs){
```

```
      try{
        if(rs!=null)rs.close();
      }catch(SQLException e){e.printStackTrace();}
    }

    private void closeStatement(Statement stmt){
      try{
        if(stmt!=null)stmt.close();
      }catch(SQLException e){e.printStackTrace();}
    }

    private void closeConnection(Connection con){
      try{
        if(con!=null)con.close();
      }catch(SQLException e){e.printStackTrace();}
    }

    public static void main(String args[])throws Exception{
      DBTester2 tester=new DBTester2(new ConnectionProvider());
      tester.addCustomer("小王",20,"上海");
      tester.printAllCustomers();
      tester.deleteCustomer("小王");
    }
  }
```

12.4.3　管理 Connection、Statement 和 ResultSet 对象的生命周期

一个 Connection 对象可以创建一个或一个以上的 Statement 对象。不过，多数数据库系统都限制了一个 Connection 对象允许同时打开的 Statement 对象的数目。这个限制数目可通过 DatabaseMetaData 类的 getMaxStatements()方法来获取，12.4.10 节（元数据）介绍了 DatabaseMetaData 类的用法。

Connection、Statement 和 ResultSet 对象被创建后，就处于打开状态，只有在这个状态下，程序才可以通过它们来访问数据库。当程序调用了它们的 close()方法，它们就被关闭，或者说进入了关闭状态。这些对象被关闭后就不能再用来访问数据库。

一个 Statement 对象可以执行多条 SQL 语句。但一个 Statement 对象同一时刻只能打开一个 ResultSet 对象。在以下代码中，一个 Statement 对象先后打开两个结果集，这是合法的。

```
ResultSet rs= stmt.executeQuery("SELECT NAME from CUSTOMERS where ID=1");
if(rs.next())System.out.println(rs.getString(1));
rs= stmt.executeQuery("SELECT NAME from CUSTOMERS where ID=2");
```

```
if(rs.next())System.out.println(rs.getString(1));
```

当第 2 次执行 stmt.executeQuery()方法时，该方法会自动把第 1 个 ResultSet 对象关闭。为了提高程序代码的可阅读性，建议显式地关闭不再使用的 ResultSet 对象。

```
ResultSet rs= stmt.executeQuery("SELECT NAME from CUSTOMERS where ID=1");
if(rs.next())System.out.println(rs.getString(1));
rs.close();
rs= stmt.executeQuery("SELECT NAME from CUSTOMERS where ID=2");
if(rs.next())System.out.println(rs.getString(1));
rs.close();
```

以下程序代码试图查询拥有订单的客户的所有订单信息。

```
ResultSet rs1= stmt.executeQuery("SELECT ID,NAME from CUSTOMERS");
while (rs1.next()){ //执行第 2 次循环时抛出 SQLException
  long id = rs1.getLong(1);
  String name = rs1.getString(2);

  ResultSet rs2= stmt.executeQuery(
                "SELECT ORDER_NUMBER,PRICE from ORDERS"
                +" where CUSTOMER_ID="+id);
  while(rs2.next()){
    String orderNumber = rs2.getString(1);
    float price = rs2.getFloat(2);
    System.out.println("name="+name+",orderNumber="
                         +orderNumber+",price="+price);
  }
}
```

以上第 1 个 while 循环用来遍历第 1 个 rs1 对象，在这个 while 循环中又调用 stmt.executeQuery()方法得到一个 rs2 对象，stmt.executeQuery()方法会自动关闭第 1 个 rs1 对象。因此当再次执行第 1 个 while 循环的循环条件中的 rs1.next()方法时，该方法会抛出 SQLException。

```
Exception in thread "main" java.sql.SQLException:
Operation not allowed after ResultSet closed
        at com.mysql.jdbc.ResultSet.checkClosed(ResultSet.java:3562)
        at com.mysql.jdbc.ResultSet.next(ResultSet.java:2406)
```

正确的做法是用两个 Statement 对象来分别同时打开两个 ResultSet 对象。

```
Statement stmt1=con.createStatement();
Statement stmt2 = con.createStatement();
ResultSet rs1= stmt1.executeQuery("SELECT ID,NAME from CUSTOMERS");
while (rs1.next()){
```

```
    long id = rs1.getLong(1);
    String name = rs1.getString(2);

    ResultSet rs2= stmt2.executeQuery(
             "SELECT ORDER_NUMBER,PRICE from ORDERS"
             +" where CUSTOMER_ID="+id);
    while(rs2.next()){
      String orderNumber = rs2.getString(1);
      float price = rs2.getFloat(2);
      System.out.println("name="+name+",orderNumber="
                      +orderNumber+",price="+price);
    }
    rs2.close();
  }
  rs1.close();
```

以上代码的打印结果如下。

```
name=小张,orderNumber=小张_001,price=100.12
name=小张,orderNumber=小张_002,price=200.32
name=小红,orderNumber=小红_001,price=88.44
```

以上代码尽管能正常运行，但是需要多次向数据库提交 SQL 语句。程序频繁地访问数据库，这是降低程序运行性能的重要原因。为了减少程序向数据库提交 SQL 语句，可以使用表连接查询语句。以下程序代码只需要向数据库提交一条查询语句，就能完成同样的任务，它具有更好的运行性能。

```
Statement stmt1=con.createStatement();
//使用右外连接查询语句
ResultSet rs1= stmt1.executeQuery(
              "select NAME,ORDER_NUMBER,PRICE from CUSTOMERS c"
              +" right join ORDERS o on c.ID=o.CUSTOMER_ID");
while (rs1.next()){
  String name = rs1.getString(1);
  String orderNumber = rs1.getString(2);
  float price = rs1.getFloat(3);
  System.out.println("name="+name+",orderNumber="
                +orderNumber+",price="+price);
}
rs1.close();
```

ResultSet、Statement 和 Connection 都有 close()方法，它们的作用如下。

- ResultSet 的 close()方法：释放结果集占用的资源。当 ResultSet 对象被关闭后，就不允许程序再访问它曾经包含的查询结果，不允许调用它的 next()和 getXXX()等方法。
- Statement 的 close()方法：释放 Statement 对象占用的资源。关闭 Statement 对象时，

与它关联的 ResultSet 对象也被自动关闭。当 Statement 对象被关闭后，就不允许通过它执行任何 SQL 语句。

- Connection 的 close()方法：释放 Connection 对象占用的资源，断开数据库连接。关闭 Connection 对象时，与它关联的所有 Statement 对象也被自动关闭。当 Connection 对象被关闭后，就不允许通过它创建 Statement 对象。

由于 ResultSet、Statement 和 Connection 都会占用较多系统资源，因此当程序用完这些对象后，应该立即调用它们的 close()方法关闭它们。当关闭 Connection 对象时，与它关联的所有 Statement 对象以及 ResultSet 对象也被自动关闭，但通常这 3 种对象的生命周期不一样，在一般情况下，ResultSet 对象的生命周期最短，Statement 对象的生命周期略长一些，Connection 对象的生命周期最长。为了避免潜在的错误，提高程序代码的可读性，应该养成在程序中显式关闭 ResultSet、Statement 和 Connection 对象的习惯。

在 12.4.2 节的例程 12-6 的 DBTester2 类中，所有访问数据库的代码都采用以下流程。

```
Connection con=null;
Statement stmt=null;
try{
  con=provider.getConnection();
  stmt=con.createStatement();
  //执行 SQL 语句
  …
}finally{
   closeStatement(stmt);
   closeConnection(con);
}
```

以上流程在 finally 代码块中关闭 Statement 对象和 Connection 对象。每次调用 DBTester2 的一个访问数据库的方法，比如 addCustomer()方法，该方法都会创建一个新的 Connection 对象，当方法执行完毕时，就会关闭 Connection 对象。

对于例程 12-7 的 DBTester3 类，每个 DBTester3 对象始终与 1 个 Connection 对象和 3 个 PreparedStatement 对象关联。Connection 对象与 DBTester3 对象具有同样长的生命周期。

例程 12-7　DBTester3.java

```
import java.sql.*;
public class DBTester3{
  private ConnectionProvider provider;
  private Connection con;
  private PreparedStatement addStmt;  //用于 addCustomer()方法
  private PreparedStatement deleteStmt;  //用于 deleteCustomer()方法
  private PreparedStatement findStmt;  //用于 findCustomer()方法

  public DBTester3(ConnectionProvider provider)throws SQLException{
    this.provider=provider;
    con=provider.getConnection();
```

```
  }
  public void addCustomer(String name,int age,String address)
        throws SQLException{
    String sql="insert into CUSTOMERS(NAME,AGE,ADDRESS) values(?,?,?)";
    if(addStmt==null)
      addStmt=con.prepareStatement(sql);
    addStmt.setString(1,name);
    addStmt.setInt(2,age);
    addStmt.setString(3,address);
    addStmt.execute();
  }

  public void deleteCustomer(String name) throws SQLException{
    String sql="delete from CUSTOMERS where NAME=?";
    if(deleteStmt==null)
      deleteStmt=con.prepareStatement(sql);
    deleteStmt.setString(1,name);
    deleteStmt.execute();
  }

  public void findCustomer(String name,int age) throws SQLException{
    String sql = "select ID,NAME,AGE,ADDRESS from CUSTOMERS"
                 +" where NAME=? and AGE=?";
    if(findStmt==null)
      findStmt=con.prepareStatement(sql);
    findStmt.setString(1, name);
    findStmt.setInt(2,age);
    //查询记录
    ResultSet rs= findStmt.executeQuery();
    try{
      //输出查询结果
      while (rs.next()){
        ……

        //打印数据
        System.out.println("id="+id+",name="+name+",age="
              +age+",address="+address);
      }
    }finally{
      try{
        rs.close();
      }catch(SQLException e){e.printStackTrace();}
    }
  }

  public void close(){
    try{
```

```
      con.close();
    }catch(SQLException e){e.printStackTrace();}
  }
  public static void main(String args[])throws Exception{
    DBTester3 tester=new DBTester3(new ConnectionProvider());
    tester.addCustomer("小王",20,"上海");
    tester.addCustomer("小玲",30,"上海");
    tester.findCustomer("小王",20);
    tester.findCustomer("小玲",30);
    tester.deleteCustomer("小王");
    tester.deleteCustomer("小玲");

    tester.close();
  }
}
```

与 12.4.2 节的例程 12-6 的 DBTester2 类相比，DBTester3 能够重用 Connection 对象和 PreparedStatement 对象，具有更好的运行性能，但是 DBTester3 不是线程安全的。当多个线程同时调用 DBTester3 的 findCustomer()方法时，就会同时对一个 PreparedStatement 对象打开多个 ResultSet 对象，这会导致 SQLException。

DBTester2 每次访问数据库时，都会创建新的数据库连接，运行性能比较差，但它是线程安全的，可以被多个线程并发访问。

对于 DBTester2，为了减少连接数据库的次数，可以改为使用数据库连接池，12.10 节（数据库连接池）介绍了数据库连接池的用法。

12.4.4 执行 SQL 脚本文件

Statement 接口的 execute(String sql)方法能够执行各种 SQL 语句。该方法返回一个 boolean 类型的值，如果返回值为 true，就表明执行的 SQL 语句具有查询结果集，此时可以调用 Statement 的 getResultSet()方法获得相应的 ResultSet 对象。

如图 12-7 所示，ResultSet 对象包含的结果集是由行与列构成的二维表。

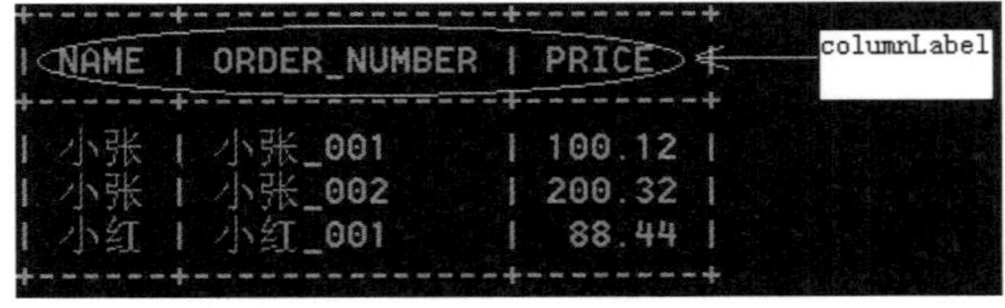

NAME	ORDER_NUMBER	PRICE
小张	小张_001	100.12
小张	小张_002	200.32
小红	小红_001	88.44

图 12-7 结果集是由行与列构成的二维表

能否编写一个通用方法，它能遍历任何一个 ResultSet 对象呢？这就需要用到 ResultSet 的元数据，用 ResultSetMetaData 类表示，它用来描述一个结果集。ResultSetMetaData 类具有以下方法。

- getColumnCount()：返回结果集包含的列数。

- getColumnLabel(int i)：返回结果集中第 i 列的字段名字。结果集中第 1 列字段的索引为 1。
- getColumnType(int i)：返回结果集中第 i 列的字段的 SQL 类型。结果集中第 1 列字段的索引为 1。该方法返回一个 int 类型的数字，表示 SQL 类型。在 java.sql.Types 类中定义了一系列表示 SQL 类型的静态常量，它们都是 int 类型的数据。例如 Types.VARCHAR 表示 SQL 中的 VARCHAR 类型，Types.BIGINT 表示 SQL 中的 BIGINT 类型。

例程 12-8 的 SQLExecutor 类能够执行 12.2 节的例程 12-1 的 schema.sql 脚本文件中的所有 SQL 语句。如果执行的 SQL 语句为查询语句，就会调用 showResultSet()方法打印结果集。

例程 12-8　SQLExecutor.java

```
import java.sql.*;
import java.io.*;
public class SQLExecutor{
  public static void main(String args[])throws Exception{
    if(args.length==0){
      System.out.println("请提供 SQL 脚本文件名");
      return;
    }
    String sqlfile=args[0];

    ConnectionProvider provider=new ConnectionProvider();
    Connection con=provider.getConnection();
    Statement stmt=con.createStatement();
    BufferedReader reader=new BufferedReader(
             new FileReader(new File(sqlfile)));
    try{
      String data=null;
      String sql="";
      while((data=reader.readLine())!=null){
        data=data.trim(); //删除开头与结尾的空格
        if(data.length()==0)continue; //忽略空行
        sql=sql+data;
        if(sql.substring(sql.length()-1).equals(";")){
          System.out.println(sql);
          boolean hasResult=stmt.execute(sql);
          if(hasResult)
            showResultSet(stmt.getResultSet());
          sql="";
        }
      }
    }finally{con.close();}
  }
```

```
  public static void showResultSet(ResultSet rs) throws SQLException{
    ResultSetMetaData metaData=rs.getMetaData();
    int columnCount=metaData.getColumnCount();
    for(int i=1;i<=columnCount;i++){
      if(i>1)System.out.print(",");
      System.out.print(metaData.getColumnLabel(i));
    }
    System.out.println();
    while(rs.next()){
      for(int i=1;i<=columnCount;i++){
        if(i>1)System.out.print(",");
        System.out.print(rs.getString(i));
      }
      System.out.println();
    }
    rs.close();
  }
}
```

以上 showResultSet()方法借助于 ResultSetMetaData 类，就能遍历任何一个结果集。对于结果集中每一行的每个字段，都通过 rs.getString(i)方法获得字段值，如果字段不是字符串类型，那么 rs.getString(i)方法会把它转换为字符串再将其返回。

以下程序代码在一个 switch 语句中罗列了结果集的各个字段可能的 SQL 类型，然后调用 ResultSet 对象的相应的 getXXX()方法来获得字段值。

```
while(rs.next()){
  for(int i=1;i<=columnCount;i++){
    if(i>1)System.out.print(",");
    int type=metaData.getColumnType(i);
    switch(type){
      case Types.BIGINT: System.out.print(rs.getLong(i));break;
      case Types.FLOAT: System.out.print(rs.getFloat(i));break;
      case Types.VARCHAR:
      default: System.out.print(rs.getString(i));
    }
  }
  System.out.println();
}
```

假定 schema.sql 和 SQLExecutor.class 文件都位于 C:\chapter12\classes 目录下。运行以下命令。

```
java
```

```
-classpath C:\chapter12\lib\mysqldriver.jar;C:\chapter12\classes
SQLExecutor schema.sql
```

就会执行 schema.sql 文件中的所有 SQL 语句。

12.4.5　处理 SQLException

JDBC API 中的多数方法都会声明抛出 SQLException。SQLException 类具有以下获取异常信息的方法。

- getErrorCode()：返回数据库系统提供的错误编号。
- getSQLState()：返回数据库系统提供的错误状态。

当数据库系统执行 SQL 语句失败，就会返回错误编号和错误状态信息。例程 12-9 的 ExceptionTester 类演示了如何处理 SQLException。

例程 12-9　ExceptionTester.java

```
import java.sql.*;
import java.io.*;

public class ExceptionTester{
  public static void main(String args[]){
    try{
      Connection con=new ConnectionProvider().getConnection();
      Statement stmt=con.createStatement();
      //抛出 SQLException
      ResultSet rs=stmt.executeQuery("select FIRSTNAME from CUSTOMERS");
    }catch(SQLException e){
      System.out.println("ErrorCode:"+e.getErrorCode());
      System.out.println("SQLState:"+e.getSQLState());
      System.out.println("Reason:"+e.getMessage());
    }
  }
}
```

运行以上程序，将打印如下信息。

```
ErrorCode:1054
SQLState:42S22
Reason:Unknown column 'FIRSTNAME' in 'field list'
```

以上错误信息实际上是由数据库系统产生的，JDBC 实现把这些错误信息存放到 SQLException 对象中。

SQLException 还有一个子类 SQLWarning，它表示访问数据库时产生的警告信息。警告不会影响程序的执行流程，程序也无法在 catch 语句中捕获到 SQLWarning。程序可通过

Connection、Statement 和 ResultSet 对象的 getWarnings()方法来获得 SQLWarning 对象。SQLWarning 采用串联模式，它的 getNextWarning()方法返回后续的 SQLWarning 对象。

12.4.6 输出 JDBC 日志

在默认情况下，JDBC 实现不会输出任何日志信息。在程序开发阶段，为了便于调试访问数据库的代码，可以让 JDBC 实现输出日志。只要在程序开头通过 DriverManager 类的静态 setLogWriter(Writer o)方法设置日志输出目的地，就能启用这一功能。

以下代码使得 JDBC 实现把日志输出到控制台。

```
DriverManager.setLogWriter(new PrintWriter(System.out,true));
```

到了产品发布阶段，为了提高程序的运行性能，建议禁用输出日志的功能。

12.4.7 获得新插入记录的主键值

许多数据库系统能够自动为新插入记录的主键赋值。在 MySQL 中，只要把表的主键定义为 auto_increment 类型，那么当新插入的记录没有被显式设置主键值时，数据库就会按照递增的方式给主键赋值。CUSTOMERS 表的 ID 主键就是 auto_increment 类型。

```
create table CUSTOMERS(ID bigint primary key auto_increment,……)
```

例程 12-10 的 GetKey 类演示如何在程序中获得数据库系统自动生成的主键值。

例程 12-10　GetKey.java

```
import java.sql.*;
public class GetKey{
  public static void main(String args[])throws Exception{
    Connection con=new ConnectionProvider().getConnection();
    Statement stmt = con.createStatement();

    //增加新记录
    stmt.executeUpdate("insert into CUSTOMERS (NAME,AGE,ADDRESS) "
       +"VALUES ('小王',20,'上海')", Statement.RETURN_GENERATED_KEYS);
    ResultSet rs=stmt.getGeneratedKeys();  //获得包含主键的 ResultSet 对象
    //输出查询结果
    if (rs.next()){
      System.out.println("id="+rs.getInt(1));  //获得主键
    }

    //释放相关资源
    rs.close();
    stmt.close();
```

```
      con.close();
    }
  }
```

为了获得主键值，必须在 Statement 的 executeUpdate()方法中设置 Statement.RETURN_GENERATED_KEYS 参数，接着通过 Statement 的 getGeneratedKeys()方法就能得到包含主键值的 ResultSet 对象。

12.4.8　设置批量抓取属性

以下代码查询 CUSTOMERS 表中的所有记录。

```
ResultSet rs=
    stmt.executeQuery("SELECT ID,NAME,AGE,ADDRESS from CUSTOMERS");
while(rs.next()){
  String id=rs.getLong(1);
  ……
}
```

假如 CUSTOMERS 表中有 100000 条记录，那么 Statement 对象的 executeQuery()方法返回的 ResultSet 对象中是否会立即存放这 100000 条记录呢？假如 ResultSet 对象中存放了这么多记录，那将消耗多大内存空间啊。幸运的是，ResultSet 对象实际上并不会包含这么多数据，只有当程序遍历结果集时，ResultSet 对象才会到数据库中抓取相应的数据。ResultSet 对象抓取数据的过程对程序完全是透明的。

那么，是否每当程序访问结果集中的一条记录时，ResultSet 对象都到数据库中抓取一条记录呢？按照这种方式抓取大量记录需要频繁地访问数据库，显然效率很低。为了减少访问数据库的次数，JDBC 希望 ResultSet 接口的实现能支持批量抓取，即每次从数据库中抓取多条记录，都把它们存放在 ResultSet 对象的缓存中，让程序慢慢享用。在 Connection、Statement 和 ResultSet 接口中都提供了以下方法。

- setFetchSize(int size)：设置批量抓取的数目。
- setFetchDirection(int direction)：设置批量抓取的方向。参数 direction 有 3 个可选值：
  - ResultSet.FETCH_FORWARD（单向）
  - ResultSet.FETCH_REVERSE（双向）
  - ResultSet.FETCH_UNKNOWN（未知）

其中 Connection 接口中的 setFetchXXX()方法决定了由它创建的所有 Statement 对象的默认抓取属性，Statement 接口中的 setFetchXXX()方法决定了由它创建的所有 ResultSet 对象的默认抓取属性，而 ResultSet 接口中的 setFetchXXX()方法仅仅决定当前 ResultSet 对象的抓取属性。

另外要注意的是，setFetchXXX()方法仅仅向 JDBC 驱动器提供了批量抓取的建议，JDBC 驱动器有可能会忽略这个建议。

12.4.9 检测驱动器使用的 JDBC 版本

如果程序使用 JDBC 4.0 版本的 API，而 JDBC 驱动器仅仅实现了 JDBC 3.0 或者更低版本的驱动器 API，那么该驱动器就不可能实现 JDBC 4.0 中的所有接口。在这种情况下，当程序调用一些实际上未实现的接口时会出错。在程序中，可以通过 DatabaseMetaData 类的 getJDBCMajorVersion()和 getJDBCMinorVersion()方法来检测驱动器所用的 JDBC 版本。

12.4.10 元数据

在 SQL 中，用来描述数据库及其组成部分的数据被称为元数据（Meta Data）。元数据可以提供数据库结构和表的详细信息。在开发应用软件时，通常开发人员已经事先知道了数据库的结构，因此元数据的作用不是非常大。而对于数据库工具软件，这些软件必须能够连接任何未知的数据库，因此必须依靠元数据来了解数据库的结构。图 12-8 展示了一个名为 MySQL-Front 的 MySQL 管理工具的界面，从图中可以看出，该工具不仅能够列出数据库中所有表的名字，还能显示每张表的结构。

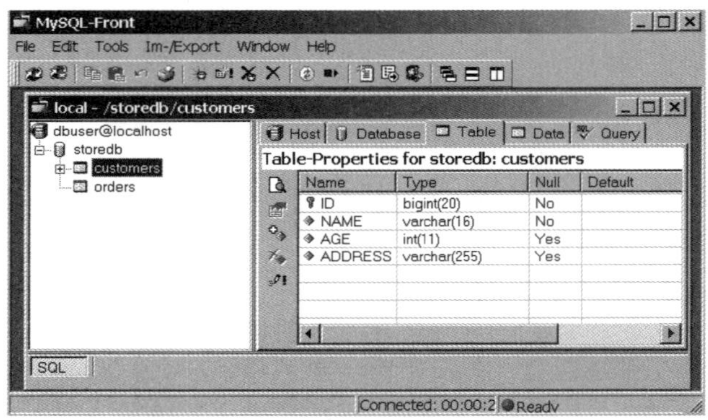

图 12-8 MySQL 管理工具的界面

在 JDBC API 中，DatabaseMetaData 和 ResultSetMetaData 接口分别表示数据库和结果集的元数据。Connection 接口的 getMetaData()方法返回一个 DatabaseMetaData 对象，表示所连接数据库的元数据。ResultSet 接口的 getMetaData()方法返回一个 ResultSetMetaData 对象，表示相应结果集的元数据。

ParameterMetaData 接口也是元数据接口，它用于描述预准备 SQL 语句中的参数，PreparedStatement 的 getParameterMetaData()方法返回一个 ParameterMetaData 对象。

12.4.4 节的例程 12-8 的 SQLExecutor 类已经演示了 ResultSetMetaData 接口的用法。本节介绍 DatabaseMetaData 接口的用法，该接口主要包括以下方法。

（1）getTables()方法：返回数据库中符合参数给定条件的所有表。该方法的完整的定义如下。

```
public ResultSet getTables(String catalog,String schemaPattern,
        String tableNamePattern,String[] types)throws SQLException
```

getTables()方法的各个参数的含义如下。

- catalog：指定表所在的目录，如果不限制表所在的目录或者底层数据库不支持目录，则把参数设为 null。
- schemaPattern：指定表所在的 Schema，如果不限制表所在的 Schema 或者底层数据库不支持 Schema，则把参数设为 null。
- tableNamePattern：指定表名必须匹配的字符串模式。如果把该参数设为 null，则表示不对表名作任何限制。
- types：指定表的类型。表的类型可以包括："TABLE""VIEW""SYSTEM TABLE""GLOBAL TEMPORARY""LOCAL TEMPORARY""ALIAS"和"SYNONYM"等。

以下 getTables()方法返回数据库中的所有视图和表的信息。

```
ResultSet metaData=DatabaseMetaData.getTables(
              null,null,null,new String[]{"TABLE", "VIEW"});
```

getTables()方法返回一个 ResultSet 对象，对于 JDBC 4.0，这个 ResultSet 对象包括 10 个字段（即 10 列），以下是部分字段的含义。

- TABLE_CAT：第 1 个字段，表示表的目录，可以为 null。
- TABLE_SCHEM：第 2 个字段，表示表的 Schema，可以为 null。
- TABLE_NAME：第 3 个字段，表示表的名字。
- TABLE_TYPE：第 4 个字段，表示表的类型。
- REMARKS：第 5 个字段，表示表的注释。

（2）getJDBCMajorVersion()和 getJDBCMinorVersion()方法：返回 int 类型的数值，分别表示驱动器使用的 JDBC 的主版本号和次版本号。例如 JDBC3.1 的主版本号为 3，次版本号为 1。

（3）getMaxConnections()：返回 int 类型的数值，表示数据库允许同时建立的连接的最大数目。如果对此没有限制或者未知，则返回 0。

（4）getMaxStatements()：返回 int 类型的数值，表示一个 Connection 对象允许同时打开的 Statement 对象的最大数目。如果对此没有限制或者未知，则返回 0。

（5）supportsXXX()：判断驱动器或者底层数据库系统是否支持某种特性。例如 supportsOuterJoins()方法判断数据库是否支持外连接，supportsGroupBy()方法判断数据库是否支持 group by 语句。

例程 12-11 的 ShowDB 类演示了 DatabaseMetaData 类的用法。

例程 12-11 ShowDB.java

```
import java.sql.*;
public class ShowDB {
  public static void main(String[] args)throws SQLException{
```

```
    Connection con=new ConnectionProvider().getConnection();
    DatabaseMetaData metaData=con.getMetaData();
    System.out.println("允许的最大连接数为:"
                     +metaData.getMaxConnections());
    System.out.println("一个连接允许同时打开的 Statement 对象的数目为:"
             +metaData.getMaxStatements());
    System.out.println("JDBC 版本:"+metaData.getJDBCMajorVersion());

    //返回数据库中的所有表
    ResultSet tables=metaData.getTables(
               null,null,null,new String[]{"TABLE"});

    //参见 12.4.4 节的例程 12-8 的 SQLExecutor 类
    //showResultSet()方法利用 ResultSetMetaData 显示任何一个结果集中的内容
    SQLExecutor.showResultSet(tables);
    con.close();
  }
}
```

12.5 可滚动以及可更新的结果集

ResultSet 对象所包含的结果集中往往有多条记录，如图 12-9 所示，ResultSet 用游标（相当于指针）来定位记录。

行号	ID	NAME	AGE	ADDRESS
1	100	小张	23	北京
2	201	小红	29	天津
3	402	小丁	33	山东
4	105	小王	25	上海

游标 →（指向第 2 行）

图 12-9 ResultSet 用游标来定位记录

在默认情况下，结果集的游标只能从上往下移动。只要调用 ResultSet 对象的 next()方法，就能使游标下移一行，当到达结果集的末尾，next()方法就会返回 false，否则返回 true。此外，在默认情况下，只能对结果集执行读操作，不允许更新结果集的内容。

结果集的开头指第 1 条记录的前面位置，这是游标的初始位置。结果集的末尾指最后一条记录的后面位置。

在实际应用中，我们往往希望能在结果集中上下移动游标，并且希望能更新结果集的内容。为了获得可滚动或者可更新的 ResultSet 对象，需要通过 Connection 接口的以下方法构造 Statement 或者 PreparedStatement 对象。

```
//创建 Statement 对象
```

```
createStatement(int type,int concurrency)

//创建 PreparedStatement
prepareStatement(String sql,int type,int concurrency)
```

以上 type 和 concurrency 参数决定了由 Statement 或 PreparedStatement 对象创建的 ResultSet 对象的特性。type 参数有以下可选值。

- ResultSet.TYPE_FORWARD_ONLY：游标只能从上往下移动，即结果集不能滚动。这是默认值。
- ResultSet.TYPE_SCROLL_INSENSITIVE：游标可以上下移动，即结果集可以滚动。当程序对结果集的内容做了修改时，游标对此不敏感。
- ResultSet.TYPE_SCROLL_SENSITIVE：游标可以上下移动，即结果集可以滚动。当程序对结果集的内容做了修改时，游标对此敏感。比如当程序删除了结果集中的一条记录时，游标位置会随之发生变化。

concurrency 参数有以下可选值。

- CONCUR_READ_ONLY：结果集不能被更新。
- CONCUR_UPDATABLE：结果集可以被更新。

例如，按照以下方式创建的结果集可以滚动，但不能被更新。

```
Statement stmt=connection.createStatement(
            ResultSet.TYPE_SCROLL_INSENSITIVE,
            ResultSet.CONCUR_READ_ONLY);
ResultSet rs=stmt.executeQuery("select ID,NAME from CUSTOMERS");
```

例如，按照以下方式创建的结果集可以滚动，并且可以被更新。

```
Statement stmt=connection.createStatement(
              ResultSet.TYPE_SCROLL_SENSITIVE,
              ResultSet.CONCUR_UPDATABLE);
ResultSet rs=stmt.executeQuery("select ID,NAME from CUSTOMERS");
```

值得注意的是，即使在创建 Statement 或 PreparedStatement 时把 type 和 concurrency 参数分别设为可滚动和可更新的，但实际上得到的结果集有可能仍然不被允许滚动或更新，这有两方面的原因。

- 底层 JDBC 驱动器有可能不支持可滚动或可更新的结果集。程序可以通过 DatabaseMetaData 类的 supportsResultSetType()和 supportsResultSetConcurrency()方法，来了解驱动器所支持的 type 和 concurrency 类型。
- 某些查询语句的结果集不允许被更新。例如 JDBC 规范规定，只有对一张表查询，并且查询字段包含表中的所有主键，这样的查询语句的结果集才可以被更新。以下程序代码中的查询语句涉及了表的连接查询。

```
Statement stmt=con.createStatement(ResultSet.TYPE_SCROLL_SENSITIVE,
```

```
                                        ResultSet.CONCUR_UPDATABLE);
ResultSet rs=stmt.executeQuery(
      "select NAME,ORDER_NUMBER from CUSTOMERS c"
      +" left join ORDERS o on c.ID=o.CUSTOMER_ID");
rs.next();
rs.updateString(1,"Tom");  //抛出异常
rs.updateRow();
```

运行以上代码，在执行 rs.updateString(1,"Tom")方法时会抛出以下异常。

```
Exception in thread "main" com.mysql.jdbc.NotUpdatable:
Result Set not updatable.

This result set must come from a statement that was created with a resultset
type of ResultSet.CONCUR_UPDATABLE, the query must select only one table,
and must select all primary keys from that table.
```

Java 程序可以通过 ResultSet 类的 getType()和 getConcurrency()方法，来了解查询结果集实际上支持的 type 和 concurrency 类型。例如：

```
Statement stmt=con.createStatement(ResultSet.TYPE_SCROLL_SENSITIVE,
                                    ResultSet.CONCUR_UPDATABLE);
ResultSet rs=stmt.executeQuery(
            "select NAME,ORDER_NUMBER from CUSTOMERS c "
            +"left join ORDERS o on c.ID=o.CUSTOMER_ID");

System.out.println(rs.getType());
System.out.println(rs.getConcurrency());
```

以上 rs.getType()方法返回 1005，它是 ResultSet.TYPE_SCROLL_SENSITIVE 的值，rs.getConcurrency()方法返回 1007，它是 ResultSet.CONCUR_READ_ONLY 的值。由此看出，以上结果集允许滚动，但不允许更新。

ResultSet 接口提供了一系列用于移动游标的方法。

- first()：使游标移动到第 1 条记录。
- last()：使游标移动到最后一条记录。
- beforeFirst()：使游标移动到结果集的开头。
- afterLast()：使游标移动到结果集的末尾。
- previous()：使游标从当前位置向上（或者说向前）移动一行。
- next()：使游标从当前位置向下（或者说向后）移动一行。
- relative(int n)：使游标从当前位置移动 *n* 行。如果 *n*>0，就向下移动，否则就向上移动。当 *n* 为 1 时，等价于调用 next()方法；当 *n* 为-1 时，等价于调用 previous()方法。
- absolute(int n)：使游标移动到第 *n* 行。参数 *n* 指定游标的绝对位置。

在使用以上方法时，有以下注意事项。

- 除了 beforeFirst()和 afterLast()方法返回 void 类型，其余方法都返回 boolean 类型，如果游标移动到的目标位置到达结果集的开头或结尾，就返回 false，否则返回 true。
- 只有当结果集可以滚动时，才可以调用以上所有方法。如果结果集不可以滚动，则只能调用 next()方法，当程序调用其他方法时，这些方法会抛出 SQLException。

ResultSet 接口的以下方法判断游标是否在特定位置。

- isFirst()：判断游标是否在第 1 行。
- isLast()：判断游标是否在最后一行。
- isBeforeFirst()：判断游标是否在结果集的开头。
- isAfterLast()：判断游标是否在结果集的末尾。

此外，ResultSet 类的 getRow()方法返回当前游标所在位置的行号。

对于可更新的结果集，允许对它进行插入、更新和删除的操作。以下结果集包含了 CUSTOMERS 表中的所有记录。

```
Statement stmt=con.createStatement(ResultSet.TYPE_SCROLL_SENSITIVE,
                                   ResultSet.CONCUR_UPDATABLE);
ResultSet rs=stmt.executeQuery(
           "select ID,NAME,AGE,ADDRESS from CUSTOMERS");
```

下面分别介绍如何在结果集中插入、更新和删除记录。

（1）插入记录。

```
rs.moveToInsertRow();
rs.updateString("name","小王");
rs.updateInt("age",25);
resultSet.updateString("address","上海");
resultSet.insertRow();  //插入一条记录
resultSet.moveToCurrentRow();  //把游标移动到插入前的位置
```

ResultSet 接口的 moveToInsertRow()方法把游标移动到特定的插入行。值得注意的是，程序无法控制在结果集中添加新记录的位置，因此新记录到底插入哪一行对程序是透明的。ResultSet 接口的 insertRow()方法会向数据库中插入记录。ResultSet 接口的 moveToCurrentRow()方法把游标移动到插入前的位置，即调用 moveToInsertRow()方法前所在的位置。

（2）更新记录。

```
rs.updateString("name","小王");
rs.updateInt("age",29);
resultSet.updateString("address","安徽");
resultSet.updateRow();  //更新记录
```

ResultSet 接口的 updateRow()方法会更新数据库中的相应记录。

（3）删除记录：

```
resultSet.deleteRow();  //删除一条记录
```

ResultSet 接口的 deleteRow()方法会删除数据库中的相应记录。

例程 12-12 的 ResultSetDemo 类是一个演示操纵 ResultSet 结果集的综合例子。它具有一个图形用户界面，显示结果集中的一条记录，并且提供了一系列按钮，用来滚动和更新结果集。

例程 12-12　ResultSetDemo

```
import java.awt.*;
import java.awt.event.*;
import javax.swing.*;
import java.sql.*;

public class ResultSetDemo extends JFrame implements ActionListener{
  private final Connection con;
  private Statement stmt;
  private ResultSet resultSet;

  private JLabel rowLabel=new JLabel();

  private JTextField idTxtFid=new JTextField();
  private JTextField nameTxtFid=new JTextField();
  private JTextField ageTxtFid=new JTextField();
  private JTextField addressTxtFid=new JTextField();
  private JLabel idLabel=new JLabel("id");
  private JLabel nameLabel=new JLabel("name");
  private JLabel ageLabel=new JLabel("age");
  private JLabel addressLabel=new JLabel("address");

  private JButton firstBt=new JButton("first");
  private JButton previousBt=new JButton("previous");
  private JButton nextBt=new JButton("next");
  private JButton lastBt=new JButton("last");
  private JButton insertBt=new JButton("insert");
  private JButton deleteBt=new JButton("delete");
  private JButton updateBt=new JButton("update");

  private JPanel headPanel=new JPanel();
  private JPanel centerPanel=new JPanel();
  private JPanel bottomPanel=new JPanel();

  public ResultSetDemo(String title)throws SQLException{
    super(title);
    con=new ConnectionProvider().getConnection();
    stmt=con.createStatement(ResultSet.TYPE_SCROLL_SENSITIVE,
        ResultSet.CONCUR_UPDATABLE);
```

```
    resultSet=stmt.executeQuery(
          "select ID,NAME,AGE,ADDRESS from CUSTOMERS");

    if(resultSet.next())refresh();
    buildDisplay();
  }

  private void buildDisplay(){  //创建 GUI 界面
    firstBt.addActionListener(this);
    previousBt.addActionListener(this);
    nextBt.addActionListener(this);
    lastBt.addActionListener(this);
    insertBt.addActionListener(this);
    updateBt.addActionListener(this);
    deleteBt.addActionListener(this);

    Container contentPane=getContentPane();
    headPanel.add(rowLabel);
    centerPanel.setLayout(new GridLayout(4,2,2,2));
    centerPanel.add(idLabel);
    centerPanel.add(idTxtFid);
    idTxtFid.setEditable(false);
    centerPanel.add(nameLabel);
    centerPanel.add(nameTxtFid);
    centerPanel.add(ageLabel);
    centerPanel.add(ageTxtFid);
    centerPanel.add(addressLabel);
    centerPanel.add(addressTxtFid);

    bottomPanel.add(firstBt);
    bottomPanel.add(previousBt);
    bottomPanel.add(nextBt);
    bottomPanel.add(lastBt);
    bottomPanel.add(insertBt);
    bottomPanel.add(updateBt);
    bottomPanel.add(deleteBt);

    contentPane.add(headPanel,BorderLayout.NORTH) ;
    contentPane.add(centerPanel,BorderLayout.CENTER);
    contentPane.add(bottomPanel,BorderLayout.SOUTH);

    setDefaultCloseOperation(JFrame.DO_NOTHING_ON_CLOSE);
    addWindowListener( new WindowAdapter(){
      public void windowClosing(WindowEvent e){
        //关闭数据库连接
        try{con.close();}catch(Exception ex){ex.printStackTrace();}
        System.exit(0);
      }
```

```
  });

  pack();
  setVisible(true);
}


public void actionPerformed(ActionEvent e) {
  JButton b=(JButton)e.getSource();
  try{
    if(b.getText().equals("first")){
      resultSet.first(); //把游标移动到第 1 条记录
    }else if(b.getText().equals("last")){
      resultSet.last(); //把游标移动到第最后一条记录
    }else if(b.getText().equals("next")){
      if(resultSet.isLast())return;
      resultSet.next(); //把游标移动到下一条记录
    }else if(b.getText().equals("previous")){
      if(resultSet.isFirst())return;
      resultSet.previous();  //把游标移动到前一条记录
    }else if(b.getText().equals("update")){
      resultSet.updateString("name",nameTxtFid.getText());
      resultSet.updateInt(
            "age",Integer.parseInt(ageTxtFid.getText()));
      resultSet.updateString("address",addressTxtFid.getText());
      resultSet.updateRow();  //更新记录
    }else if(b.getText().equals("delete")){
      resultSet.deleteRow();  //删除记录
      resultSet.first();  //把游标移动到第 1 条记录
    }else if(b.getText().equals("insert")){
      resultSet.moveToInsertRow();
      resultSet.updateString("name",nameTxtFid.getText());
      resultSet.updateInt("age",
             Integer.parseInt(ageTxtFid.getText()));
      resultSet.updateString("address",addressTxtFid.getText());
      resultSet.insertRow();  //插入一条记录
      resultSet.moveToCurrentRow();  //把游标移动到插入前的位置
    }
    refresh();  //刷新界面上的数据
  }catch(SQLException ex){ex.printStackTrace();}
}

private void refresh()throws SQLException{  //刷新界面上的数据
  int row=resultSet.getRow();  //返回游标当前所在的位置
  rowLabel.setText("显示第"+row+"条记录");
  if(row==0){
    idTxtFid.setText("");
    nameTxtFid.setText("");
```

```
        ageTxtFid.setText("");
        addressTxtFid.setText("");
      }else{
        idTxtFid.setText(Long.valueOf(resultSet.getLong(1)).toString());
        nameTxtFid.setText(resultSet.getString(2));
        ageTxtFid.setText(
             Integer.valueOf(resultSet.getInt(3)).toString());
        addressTxtFid.setText(resultSet.getString(4));
      }
    }

    public static void main(String[] args)throws SQLException {
      new ResultSetDemo("演示 ResultSet 的用法");
    }
  }
```

运行 ResultSetDemo 类，将出现如图 12-10 所示的图形界面。用户选择界面上的按钮，程序就会执行 actionPerformed()方法，它根据用户选择的按钮类型，执行相应的操作。在 ResultSetDemo 类中定义了 Connection、Statement 和 ResultSet 类型的成员变量，在 ResultSetDemo 的构造方法中创建 Connection、Statement 和 ResultSet 对象，它们具有与 ResultSetDemo 对象同样长的生命周期。在程序运行期间，程序始终与数据库保持连接，只有当用户关闭窗口时，程序才会调用 Connection 对象的 close()方法，断开与数据库的连接。

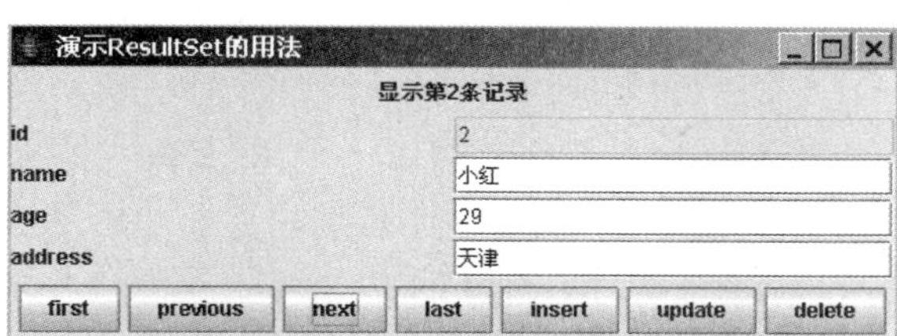

图 12-10　ResultSetDemo 类的界面

对于需要与用户交互的程序，为了便于用户逐行浏览并更新记录，使用可滚动和可更新的结果集会很方便。但是当程序不需要查询记录，而是单纯的更新记录，并且明确地知道要更新哪些记录时，更新结果集的效率要低于通过 Statement 执行 SQL update 语句的效率。以下两段程序代码都用于更新 CUSTOMERS 表中 ID 为 1 的记录。

```
//第 1 段程序代码
Statement stmt=con.createStatement(ResultSet.TYPE_SCROLL_SENSITIVE,
ResultSet.CONCUR_UPDATABLE);
ResultSet rs=stmt.executeQuery(
                 "select ID, AGE from CUSTOMERS where ID=1");
rs.next();
rs.updateInt("AGE",29);
rs.updateRow();

//第 2 段程序代码
```

```
Statement stmt=con.createStatement();
stmt.executeUpdate("update CUSTOMERS set AGE=29 where ID=1");
```

第 1 段程序代码需要先向数据库提交一条 select 语句，再向数据库提交一条 update 语句；而第 2 段程序代码只需要向数据库提交一条 update 语句。所以第 2 段程序代码的效率更高。

12.6 行集

可滚动的 ResultSet 对象尽管便于用户操纵结果集，但是有一个很大的缺陷，那就是在结果集打开期间，必须始终与数据库保持连接。对于像 12.5 节的例程 12-12 的 ResultSetDemo 类那样的交互式的应用程序，如果用户在通过图形界面操纵结果集的过程中，忽然离开电脑很长一段时间，那么该程序仍然占用着数据库连接。在多用户环境中，数据库连接是有限的系统资源，许多数据库系统为了防止超负荷，限制了并发连接数，程序可通过 DatabaseMetaData 类的 getMaxConnections()方法来获得数据库允许的最大并发连接数。

为了更有效地使用数据库连接，JDBC API 提供了另一个用于操纵查询结果的行集接口：javax.sql.RowSet。RowSet 接口继承了 ResultSet 接口，因此 RowSet 接口也能操纵查询结果，此外，RowSet 接口具有以下特性。

- 它的 CachedRowSet 子接口无须始终与数据库保持连接。
- RowSet 对象的数据结构没有 ResultSet 对象那么庞大，并且 RowSet 对象不依赖于数据库连接，因此在分层的软件应用中，可以方便地把 RowSet 对象移动到其他层。如图 12-11 所示，在应用服务器层创建了一个 RowSet 对象，它包含了某种查询结果。该 RowSet 对象被传到客户层，在图形用户界面上展示给用户。
- RowSet 对象表示的行集总是可以滚动的。

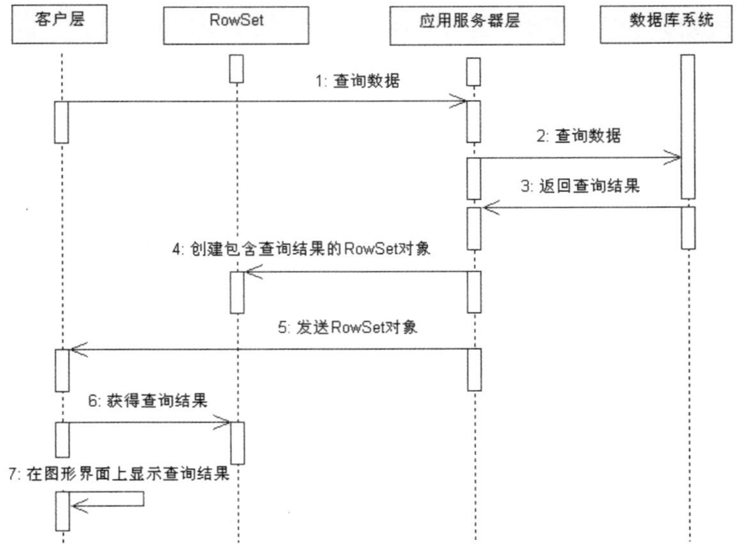

图 12-11　应用服务器层向客户层传送 RowSet 对象

如图 12-12 所示，RowSet 接口有若干子接口，它们都位于 javax.sql.rowset 包中。

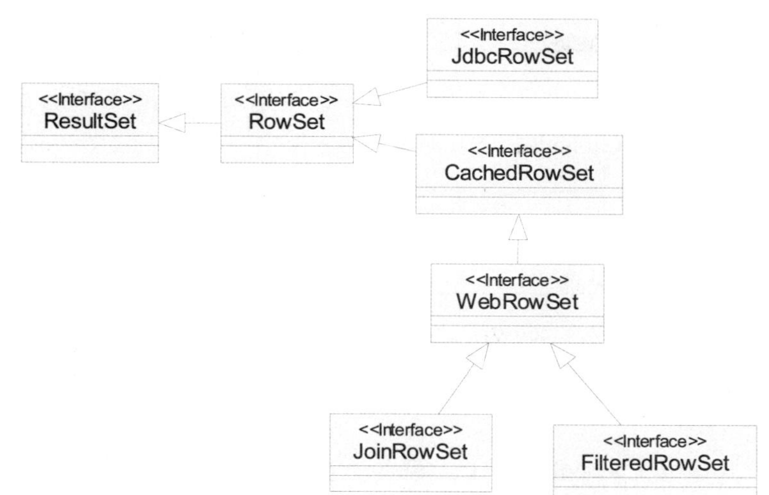

图 12-12　RowSet 接口及其子接口的类框图

- CachedRowSet 接口：被缓存的行集，查询结果被保存到内存中，允许在断开数据库连接的情况下访问内存中的查询结果。
- WebRowSet 接口：被缓存的行集，并且行集中的查询结果可以被保存到一个 XML 文件中。这个 XML 文件可以被发送到 Web 应用的其他层，在其他层中再把 XML 文件中的查询结果加载到一个 WebRowSet 对象中。
- FilteredRowSet 和 JoinRowSet 接口：被缓存的行集，并且支持对行集的轻量级操作。其中 FilteredRowSet 能够根据设置条件得到查询结果的子集；JoinRowSet 能够将几个 RowSet 对象用 SQL join 语句进行连接。
- JdbcRowSet 接口：ResultSet 接口的瘦包装器，JdbcRowSet 接口从 RowSet 接口中继承了 get 和 set 方法，从而将一个结果集转换为一个 JavaBean。

Oracle 公司希望数据库供应商为上述接口提供高性能的实现，此外，JDK 为这些接口提供了参考实现，它们都位于 com.sun.rowset 包中，实现类都以 Impl 结尾，例如 CachedRowSet 接口的参考实现类为 com.sun.rowset.CachedRowSetImpl。JDK 自带了这些参考实现的类库。有了这些参考实现，即使数据库供应商不支持 RowSet 接口，也能在程序中使用它们。

接下来重点介绍被缓存的行集 CachedRowSet 的用法。CachedRowSet 继承了 ResultSet 接口，因此可以像操纵结果集那样对行集进行遍历，或者更新其中的记录。CachedRowSet 的特点在于先把查询结果保存在内存中，因此无须一直保持与数据库的连接，也能一直在程序中操纵行集。值得注意的是，CachedRowSet 不适合用来处理数据量很大的查询结果，因为把大量数据从数据库复制到内存中会消耗过多的内存。

CachedRowSet 的使用步骤如下。

（1）创建一个 CachedRowSet 对象。以下代码创建的 CachedRowSet 对象是 JDK 提供的参考实现类 CachedRowSetImpl 的实例。

```
RowSetFactory factory=RowSetProvider.newFactory();
CachedRowSet rowset=factory.createCachedRowSet();
```

（2）向 CachedRowSet 对象中填充查询结果。可以采用两种方式：一种方式是把 ResultSet 对象中的查询结果填充到 CachedRowSet 对象中。

```
ResultSet rs=stmt.executeQuery(sql);
rowset.populate(rs);
con.close();  //关闭数据库连接
```

CachedRowSet 的 populate()方法从 ResultSet 对象中获得查询结果，把它们保存到自己的缓存（对应一块内存空间）中。等到 CachedRowSet 对象中填充了查询结果，就可以关闭数据库连接。

还有一种方式是由 CachedRowSet 对象自动创建数据库连接，并从数据库中获得查询结果。

```
rowset.setURL("jdbc:mysql://localhost:3306/STOREDB");
rowset.setUsername("dbuser");
rowset.setPassword("1234");
rowset.setCommand("select ID,NAME,AGE,ADDRESS from CUSTOMERS "
                  +" where AGE>20");
rowset.execute();
```

CachedRowSet 的 execute()方法负责建立数据库连接、执行查询操作、填充行集，然后关闭数据库连接。

（3）滚动行集的方式与滚动结果集的方式相同。以下代码自下而上遍历行集中的内容。

```
rowset.afterLast();  //把游标移动到行集的末尾
while(rowset.previous()){
  long id=rowset.getLong(1);
  String name=rowset.getString(2);
  int age=rowset.getInt(3);
  String address=rowset.getString(4);
  ……
}
```

（4）更新行集与更新结果集有所区别。由于结果集始终与数据库保持连接，因此对结果集的更新能自动反映到数据库中，而对行集的更新仅仅改变了行集中的数据（实质上是对内存中数据的更新），为了能将对行集的更新反映到数据库中，必须重新建立数据库连接，再更新数据库。CachedRowSet 的 acceptChanges()方法负责按照行集中数据的变化去更新数据库。acceptChanges()方法有两种重载形式。

```
public void acceptChanges()throws SyncProviderException
```

```
public void acceptChanges(Connection con)throws SyncProviderException
```

如果已经通过 setURL()、setUsername()和 setPassword()方法设置了连接数据库的属性，就可以调用不带参数的 acceptChanges()方法，该方法会自动建立数据库连接，然后在更新完数据库后关闭连接；否则必须调用带 Connection 类型参数的 acceptChanges(Connection con)方法，该方法直接用参数提供的连接去访问数据库，在更新完数据库后不会关闭连接，程序必须显式地关闭连接。

```
rowset.accecptChanges(con);
con.close();  //显式地关闭连接
```

以下程序代码演示如何通过行集插入、更新和删除记录，con1、con2、con3 变量分别引用不同的 Connection 对象。

```
//插入记录
rowset.moveToInsertRow();
rowset.updateString("name","小王");
rowset.updateInt("age",25);
rowset.updateString("address","上海");
rowset.insertRow();  //插入一条记录
rowset.moveToCurrentRow();  //把游标移动到插入前的位置
rowset.acceptChanges(con1);
con1.close();

//更新记录
rowset.updateString("name","小王");
rowset.updateInt("age",29);
rowset.updateString("address","安徽");
rowset.updateRow();  //更新当前记录
rowset.acceptChanges(con2);
con2.close();

//删除记录
resultSet.deleteRow();  //删除当前记录
rowset.acceptChanges(con3);
con3.close();
```

更新行集（包括插入、更新和删除操作）有以下注意事项。

（1）并不是所有的行集都可以被更新。可更新的行集必须满足的条件是查询语句只查询一张表，并且查询字段包括表的所有主键。

（2）需要把事务提交模式设为手工提交模式，即调用 Connection 对象的 setAutoCommit(false)方法。12.9.2 节会进一步介绍声明事务边界的概念。

（3）如果行集的查询结果来自于 ResultSet，那么更新数据库之前可以显式设置待更新的表的名字。

```
rowset.setTableName("CUSTOMERS");  //设置表名
rowset.updateInt("AGE",27);
rowset.updateString("ADDRESS","上海");
rowset.updateRow();
rowset.acceptChanges(con);  //更新数据库
```

值得注意的是，是否要调用 rowset.setTableName()方法取决于 CachedRowSet 的具体实现。在有些实现中，即使不调用该方法，CachedRowSet 也能分析查询结果，自动获悉需要更新的表的名字。

（4）acceptChanges()方法有可能会抛出 SyncProviderException。导致这种异常的原因是在多用户环境中，可能会出现多个程序同时修改数据库中相同数据的情况。在 JDK 提供的 com.sun.rowset.CachedRowSetImpl 类的实现中，为了避免程序 A 覆盖程序 B 所做的更新，程序 A 在执行 CachedRowSet 对象的 acceptChanges()方法时，该方法会先检查数据库中的相应数据是否已经被其他程序修改，如果已经被修改，就抛出 SyncProviderException，否则就更新数据库中的数据。这种处理并发问题的策略也被称为乐观锁机制。假定程序 A 与程序 B 同时修改 CUSTOMERS 表中 ID 为 1 的记录，并各自修改它的 AGE 字段。表 12-1 列出了程序 A 可能会抛出 SyncProviderException 的时序。

表 12-1　程序 A 与程序同时修改 CUSTOMERS 表中的同一条记录

时间序列	程序 A	程序 B
T1	查询 CUSTOMERS 表，把 ID 为 1 的记录加载到 CachedRowSet 对象中，此时 AGE 字段的值为 25。	
T2		查询 CUSTOMERS 表，把 ID 为 1 的记录加载到 CachedRowSet 对象中，此时 AGE 字段的值为 25。
T3	更新内存中的 CachedRowSet 对象，把 AGE 字段的值改为 29。	
T4		更新内存中的 CachedRowSet 对象，把 AGE 字段的值改为 30。
T5		更新数据库，把 CUSTOMERS 表中 ID 为 1 的记录的 AGE 字段的值改为 30。
T6	在试图更新数据库时，发现 CUSTOMERS 表中 ID 为 1 的记录的 AGE 字段已经不再是最初的 25，表明已经被其他程序更新了，因此抛出 SyncProviderException。	

例程 12-13 的 RowSetDemo 与 12.5 节的例程 12-12 的 ResultSetDemo 很相似，区别在于前者使用 CachedRowSet 来操纵查询结果。在 RowSetDemo 类中定义了 CachedRowSet 类型的成员变量，而没有再定义 Connection 类型的成员变量。在填充行集，以及把更新过的行集中的数据保存到数据库中时，都会创建一个临时的 Connection 对象，操作完毕就会关闭它。

例程 12-13　RowSetDemo.java

```
import java.awt.*;
```

```
import java.awt.event.*;
import javax.swing.*;
import java.sql.*;
import javax.sql.*;
import javax.sql.rowset.*;
import java.io.*;

public class RowSetDemo extends JFrame implements ActionListener{
  private CachedRowSet rowset;  //用于显示、更新和删除数据
  private CachedRowSet rowsetI;  //用于插入数据
  //用于显示、更新和删除数据的 SQL 语句
  private String sql="select ID,NAME,AGE,ADDRESS from CUSTOMERS";
  //用于插入数据的 SQL 语句
  private String sqlI="select NAME,AGE,ADDRESS from CUSTOMERS";
  private ConnectionProvider provider;
  private final int DATA_FOR_DISPLAY_AND_UPDATE=1;
  private final int DATA_FOR_INSERT=2;
  private JLabel rowLabel=new JLabel();
  ……
  public RowSetDemo(String title)throws SQLException{
    super(title);
    provider=new ConnectionProvider();
    //向 rowset 中加载数据，用于更新和删除
    load(DATA_FOR_DISPLAY_AND_UPDATE);
    if(rowset.next())refresh();
    buildDisplay();
  }

  private void buildDisplay(){  //创建 GUI 界面
    ……
  }

  public void actionPerformed(ActionEvent e) {
    JButton b=(JButton)e.getSource();
    try{
      if(b.getText().equals("first")){
        rowset.first(); //把游标移动到第 1 条记录
      }else if(b.getText().equals("last")){
        rowset.last(); //把游标移动到最后一条记录
      }else if(b.getText().equals("next")){
        if(rowset.isLast())return;
        rowset.next(); //把游标移动到下一条记录
      }else if(b.getText().equals("previous")){
        if(rowset.isFirst())return;
        rowset.previous();  //把游标移动到前一条记录
      }else if(b.getText().equals("update")){
        int row=rowset.getRow();
```

```
      rowset.updateString("NAME",nameTxtFid.getText());
      rowset.updateInt("AGE",Integer.parseInt(ageTxtFid.getText()));
      rowset.updateString("ADDRESS",addressTxtFid.getText());
      rowset.updateRow();  //更新记录
      save();
      rowset.absolute(row);
    }else if(b.getText().equals("delete")){
      rowset.deleteRow();  //删除记录
      save();
      rowset.first();  //把游标移动到第 1 条记录
    }else if(b.getText().equals("insert")){
      insert();
    }
    refresh();  //刷新界面上的数据
  }catch(SQLException ex){ex.printStackTrace();}
}

//把 RowSet 中的数据保存到数据库中
private void save()throws SQLException{
  save(rowset);
}

private void save(CachedRowSet rowset)throws SQLException{
  Connection con=provider.getConnection();
  con.setAutoCommit(false); //设为手工提交事务模式
  rowset.acceptChanges(con);
  con.close();
}

//把数据库中的数据加载到 RowSet 中
private void load(int type)throws SQLException{
  Connection con=provider.getConnection();
  Statement stmt=con.createStatement();
  if(type==DATA_FOR_DISPLAY_AND_UPDATE){
    rowset=RowSetProvider.newFactory().createCachedRowSet();
    rowset.populate(stmt.executeQuery(sql));
  }else{
    rowsetI=RowSetProvider.newFactory().createCachedRowSet();
    rowsetI.populate(stmt.executeQuery(sqlI));
  }
  con.close();
}

private void insert()throws SQLException{  //插入数据
   load(DATA_FOR_INSERT);
   rowsetI.moveToInsertRow();
   rowsetI.setTableName("CUSTOMERS");
```

```
      rowsetI.updateString("NAME",nameTxtFid.getText());
      rowsetI.updateInt("AGE",Integer.parseInt(ageTxtFid.getText()));
      rowsetI.updateString("ADDRESS",addressTxtFid.getText());
      rowsetI.insertRow();
      rowsetI.moveToCurrentRow();
      save(rowsetI);

      load(DATA_FOR_DISPLAY_AND_UPDATE);
      rowset.next();
    }

    private void refresh()throws SQLException{  //刷新界面上的数据
      ……
    }

    public static void main(String[] args)throws SQLException {
      new RowSetDemo("演示 RowSet 的用法");
    }
  }
```

com.sun.rowset.CachedRowSetImpl 类对行集做了一些限制，只有当相应的查询语句中包括主键时，才能执行 update 和 delete 操作。此外，只有当相应的查询语句中不包括能让数据库自动赋值的主键，才能执行 insert 操作。因此，在 RowSetDemo 类中分别定义了两个 CachedRowSet 变量和两个表示 SQL 语句的字符串变量。

```
private CachedRowSet rowset;  //用于显示、更新和删除数据
private CachedRowSet rowsetI;  //用于插入数据
//用于显示、更新和删除数据的 SQL 语句
private String sql="select ID,NAME,AGE,ADDRESS from CUSTOMERS";
//用于插入数据的 SQL 语句
private String sqlI="select NAME,AGE,ADDRESS from CUSTOMERS";
```

每次调用 CachedRowSet 的 acceptChanges()方法时，都需要重新建立数据库连接。如果频繁调用 acceptChanges()方法，就会不断建立数据库连接，这会影响程序的运行性能。为了减少连接数据库的次数，应该减少调用 acceptChanges()方法的次数。对于 RowSetDemo 类，可以在界面上再增加一个【save】按钮。当用户按下【update】【delete】和【insert】按钮时，程序仅仅修改 CachedRowSet 对象的记录，即仅仅修改它的缓存中的数据，当用户按下【save】按钮时，才调用 acceptChanges()方法，把缓存中数据的变化保存到数据库中。

12.7　调用存储过程

java.sql.CallableStatement 接口用来执行数据库中的存储过程。Connection 的 prepareCall()

方法创建一个 CallableStatement 对象。假设 MySQL 数据库中有一个名为 demoSp 的存储过程，它的定义如下。

```
delimiter //
CREATE PROCEDURE demoSp(IN inputParam VARCHAR(255), INOUT inOutParam INT)
BEGIN
    DECLARE z INT;
    SET z = inOutParam + 1;
    SET inOutParam = z;

    SELECT CONCAT('hello ', inputParam);
END //
```

以上代码位于配套源代码包的 sourcecode/chapter12/sql/demoSp.sql 中。以上存储过程有两个参数，第 1 个参数 inputParam 是 VARCHAR 类型，并且是输入（IN）参数，第 2 个参数 inOutParam 是 INT 类型，并且是输入输出（INOUT）参数。对于输入输出参数，调用者既可以向存储过程传入参数值，也可以在存储过程执行完毕后读取被更新的参数值。例程 12-14 的 ProcedureTester 类演示了如何调用该存储过程。

例程 12-14　ProcedureTester.java

```
import java.sql.*;
public class ProcedureTester{
  public static void main(String args[])throws Exception{
    Connection con=new ConnectionProvider().getConnection();
    //创建一个调用 demoSp 存储过程的 CallableStatement 对象。
    CallableStatement cStmt = con.prepareCall("{call demoSp(?, ?)}");
    //设置第 1 个参数的值
    cStmt.setString(1, "Tom"); //按索引位置指定参数
    //cStmt.setString("inputParam", "Tom"); //按名字指定参数

    //注册第 2 个参数的类型
    cStmt.registerOutParameter(2, Types.INTEGER); //按索引位置指定参数
    //按名字指定参数
    //cStmt.registerOutParameter("inOutParam", Types.INTEGER);

    //设置第 2 个参数的值
    cStmt.setInt(2, 1); //按索引位置指定参数
    //cStmt.setInt("inOutParam", 1); //按名字指定参数

    //执行存储过程
    boolean hadResults = cStmt.execute();

    //访问结果集
    if (hadResults) {
      ResultSet rs = cStmt.getResultSet();
      //SQLExecutor 类参见 12.4.4 节的例程 12-8
```

```
      SQLExecutor.showResultSet(rs);
    }

    //获得第 2 个参数的输出值
    int outputValue = cStmt.getInt(2); //按索引位置指定参数
    //int outputValue = cStmt.getInt("inOutParam"); //按名字指定参数

    con.close();
  }
}
```

创建 CallableStatement 对象的代码如下。

```
CallableStatement cStmt = con.prepareCall("{call demoSp(?, ?)}");
```

以上两个问号分别代表存储过程的两个参数。可通过以下两种方式为参数赋值。

```
//方式 1：指定参数的索引位置
cStmt.setString(1, "Tom");
cStmt.setInt(2, 1);

//方式 2：指定参数的名字
cStmt.setString("inputParam", "Tom");
cStmt.setInt("inOutParam", 1);
```

第 2 个参数为输入输出参数，为了获得它的输出值，必须先通过 CallableStatement 的 registerOutParameter()方法注册参数的类型，然后就可以在存储过程执行完毕后通过相应的 getXXX()方法获得它的输出值。

12.8　处理 Blob 和 Clob 类型数据

在数据库中有两种特殊的 SQL 数据类型。

- Blob（Binary large object）：存放大容量的二进制数据。
- Clob（Character object）：存放大容量的由字符组成的文本数据。

假设数据库的一张表中有一个名为 FILE 的字段，该字段为 Blob 类型，这张表的某条记录的 FILE 字段存放了 100MB 的数据。如何通过 JDBC API 来读取这个字段呢？很简单，只要调用 ResultSet 对象的 getBlob()方法就可以了。

```
Statement stmt=con.createStatement();
ResultSet rs=stmt.executeQuery("select FILE from ABLOB where ID=1");
rs.next();
Blob blob=rs.getBlob("FILE");
```

ResultSet 对象的 getBlob()方法返回一个 Blob 对象。值得注意的是，Blob 对象中并不包含 FILE 字段的 100MB 数据。事实上这是行不通的，因为如果把数据库中 100M 或者更大的数据全部加载到内存中，则会导致内存空间不足。Blob 对象实际上仅仅持有数据库中相应 FILE 字段的引用。

为了获取数据库中的 Blob 数据，可以调用 Blob 对象的 getBinaryStream()方法获得一个输入流，然后从这个输入流中读取 Blob 数据。以下程序代码把数据库中的 Blob 数据拷贝到一个文件中。

```
//把数据库中的 Blob 数据拷贝到 test_bak.gif 文件中
InputStream in=blob.getBinaryStream();
FileOutputStream fout = new FileOutputStream("test_bak.gif");
int b=-1;
while((b=in.read())!=-1)fout.write(b);
fout.close();
in.close();
```

如图 12-13 所示，数据库中的 Blob 数据由输入流逐字节读入内存中，再由文件输出流逐个写到文件中。在数据运输路途上，内存中的 Blob 对象充当数据库中 Blob 数据与 test_bak.gif 文件之间的中转站。

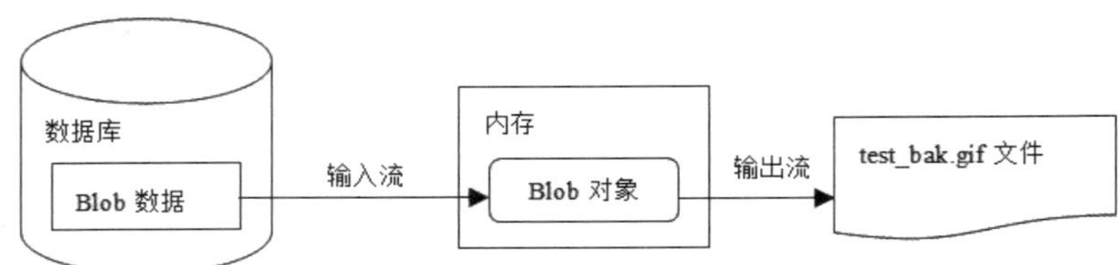

图 12-13　把数据库中的 Blob 数据拷贝到 test_bak.gif 文件中

如果希望进一步提高性能，则可以调用 InputStream 的 read(byte[] buff)和 OuputStream 的 write(byte[] buff,int offset,int length)方法，批量读入和写出字节。

```
InputStream in=blob.getBinaryStream();
FileOutputStream fout = new FileOutputStream("test_bak.gif");
int count=-1;
byte[] buffer=new byte[128]
while((count=in.read(buffer))!=-1)fout.write(buffer,0,count);
fout.close();
in.close();
```

PreparedStatement 的 setBinaryStream()方法向数据库中写入 Blob 数据，该方法的定义如下。

```
public void setBinaryStream(int parameterIndex,
            InputStream in,int length)throws SQLException
```

以上 InputStream 类型的参数指定 Blob 数据源，参数 length 指定 Blob 数据的字节数。以下代码把 test.gif 文件中的二进制数据保存到数据库中。

```
PreparedStatement stmt=con.prepareStatement(
              "insert into ABLOB(ID,FILE) values(?,?) ");
stmt.setLong(1,1);
FileInputStream fin=new FileInputStream("test.gif");
stmt.setBinaryStream(2,fin,fin.available());
stmt.executeUpdate();
fin.close();
stmt.close();
```

MySQL 中的 Blob 数据被分为 4 种类型：TINYBLOB（容量为 256 字节）、BLOB（容量为 64KB）、MEDIUMBLOB （容量为 16MB）和 LONGBLOB （容量为 4GB）。在创建表时，应该根据实际要存放的数据的大小，选择合适的 Blob 类型。如果实际存放的数据的大小超过特定 Blob 数据类型的容量，那么多余的数据会被丢弃。

例程 12-15 的 BlobTester 类演示了向数据库保存和读取 Blob 数据的过程。

例程 12-15　BlobTester.java

```
import java.sql.*;
import java.io.*;

public class BlobTester{
  Connection con;
  public BlobTester(Connection con){this.con=con;}

  public static void main(String args[])throws Exception{
    Connection con=new ConnectionProvider().getConnection();
    BlobTester tester=new BlobTester(con);
    tester.createTableWithBlob();
    tester.saveBlobToDatabase();
    tester.getBlobFromDatabase();
    con.close();
  }
  public void createTableWithBlob()throws Exception{
    Statement stmt=con.createStatement();
    stmt.execute("drop table if exists ABLOB");
    stmt.execute("create table ABLOB"
        +"(ID bigint auto_increment primary key,FILE mediumblob)");
    stmt.close();
  }
  /** 向数据库中保存 Blob 数据 */
  public void saveBlobToDatabase()throws Exception{
    PreparedStatement stmt=con.prepareStatement(
          "insert into ABLOB(ID,FILE) values(?,?) ");
    stmt.setLong(1,1);
```

```
    FileInputStream fin=new FileInputStream("test.gif");
    stmt.setBinaryStream(2,fin,fin.available());
    stmt.executeUpdate();
    fin.close();
    stmt.close();
  }
  /** 从数据库中读取 Blob 数据 */
  public void getBlobFromDatabase()throws Exception{
    Statement stmt=con.createStatement();
    ResultSet rs=stmt.executeQuery("select FILE from ABLOB where ID=1");
    rs.next();
    Blob blob=rs.getBlob(1);

    //把数据库中的 Blob 数据拷贝到 test_bak.gif 文件中
    InputStream in=blob.getBinaryStream();
    FileOutputStream fout = new FileOutputStream("test_bak.gif");
    int b=-1;
    while((b=in.read())!=-1)
      fout.write(b);

    fout.close();
    in.close();
    rs.close();
    stmt.close();
  }
}
```

运行以上程序，先把 test.gif 文件中的二进制数据保存到 ABLOB 表的 FILE 字段中，接下来读取 FILE 字段，把二进制数据保存到 test_bak.gif 文件中。

MySQL 数据库限制了接收和发送的数据包的大小。当客户程序向数据库保存 Blob 数据时，如果发送的数据包太大，数据库就会出错，MySQL 驱动器向程序抛出 com.mysql.jdbc.PacketTooBigException。为了解决这一问题，需要修改 MySQL 服务器的 max_allowed_packet 系统属性，把它设为更大的值。

Clob 数据的处理方式与 Blob 数据很相似。JDBC API 中处理 Clob 数据的方法包括以下几种。

- ResultSet 接口的 getClob()方法：从结果集中获得 Clob 对象。
- Clob 接口的 getCharacterStream()方法：返回一个 Reader 对象，用于读取 Clob 数据中的字符。
- PreparedStatement 接口的 setCharacterStream()方法：向数据库中写入 Clob 数据。它的完整的定义如下。

```
public void setCharacterStream(int parameterIndex,
```

```
                    Reader reader, int length)throws Exception
```

以上 Reader 类型的参数指定 Clob 数据源，参数 length 指定 Clob 数据的字节数。例程 12-16 的 ClobTester 类演示了向数据库保存和读取 Clob 数据的过程。

例程 12-16　ClobTester.java

```
import java.sql.*;
import java.io.*;

public class ClobTester{
  Connection con;
  public ClobTester(Connection con){this.con=con;}

  public static void main(String args[])throws Exception{
    Connection con=new ConnectionProvider().getConnection();
    ClobTester tester=new ClobTester(con);
    tester.createTableWithClob();
    tester.saveClobToDatabase();
    tester.getClobFromDatabase();
    con.close();
  }
  public void createTableWithClob()throws Exception{
    Statement stmt=con.createStatement();
    stmt.execute("drop table if exists ACLOB");
    stmt.execute("create table ACLOB"
          +"(ID bigint auto_increment primary key,FILE longtext)");
    stmt.close();
  }
  /** 向数据库中保存 Clob 数据 */
  public void saveClobToDatabase()throws Exception{
    PreparedStatement stmt=con.prepareStatement(
          "insert into ACLOB(ID,FILE) values(?,?) ");
    stmt.setLong(1,1);
    FileInputStream fin=new FileInputStream("test.txt");
    InputStreamReader reader=new InputStreamReader(fin);
    stmt.setCharacterStream(2,reader,fin.available());
    stmt.executeUpdate();
    reader.close();
    stmt.close();
  }
  /** 从数据库中读取 Clob 数据 */
  public void getClobFromDatabase()throws Exception{
    Statement stmt=con.createStatement();
    ResultSet rs=stmt.executeQuery("select FILE from ACLOB where ID=1");
    rs.next();
    Clob clob=rs.getClob(1);
```

```
      //把数据库中的 Clob 数据拷贝到 test_bak.txt 文件中
      Reader reader=clob.getCharacterStream();
      FileWriter writer = new FileWriter("test_bak.txt");
      int c=-1;
      while((c=reader.read())!=-1)
        writer.write(c);
      writer.close();
      reader.close();
      rs.close();
      stmt.close();
    }
  }
```

在 ClobTester 类的 createTableWithClob()方法中，在创建 ACLOB 表时，把 FILE 字段定义为 longtext 类型，这是 MySQL 数据库所支持的长文本数据类型，它等同于 Clob 类型。如果是在 Oracle 数据库中创建 ACLOB 表，则可以把 FILE 字段定义为 Clob 类型，因为 Oracle 数据库具有 Clob 这种数据类型。

运行 ClobTester 类，先把 test.txt 文件中的文本数据保存到 ACLOB 表的 FILE 字段中，接着读取 FILE 字段，把文本数据保存到 test_bak.txt 文件中。

12.9 控制事务

事务指一组相互依赖的操作行为。只有事务中的所有操作成功，才意味着整个事务成功，只要有一个操作失败，就意味着整个事务失败。在数据库系统中，事务实际上是一组 SQL 语句，这些 SQL 语句通常会涉及更新数据库中的数据的操作。数据库系统会保证只有当事务执行成功时，才会永久保存事务对数据库所做的更新，如果事务执行失败，就会使数据库系统回滚到执行事务前的初始状态。

Java 程序作为数据库系统的客户程序，需要告诉数据库系统，事务什么时候开始，事务包括哪些操作，以及事务何时结束。数据库系统就会处理由 Java 程序指定的事务。

本节先介绍了事务的概念，然后介绍如何通过 JDBC API 来声明事务边界以及保存点，最后还介绍了批量更新。

12.9.1 事务的概念

在现实生活中，事务指一组相互依赖的操作行为，如银行交易、股票交易或网上购物。事务的成功取决于这些相互依赖的操作行为是否都能执行成功，只要有一个操作行为失败，就意味着整个事务失败。例如，Tom 到银行办理转账事务，把 100 元钱转到 Jack 的账号上，这个事务包含以下操作行为。

（1）从 Tom 的账户上减去 100 元。

（2）往 Jack 的账户上增加 100 元。

显然，以上两个操作必须作为一个不可分割的工作单元。假如仅仅第 1 步操作执行成功，Tom 的账户上扣除了 100 元，但是第 2 步操作执行失败，Jack 的账户上没有增加 100 元，那么整个事务失败。

数据库事务是对现实生活中事务的模拟，它由一组在业务逻辑上相互依赖的 SQL 语句组成。假定 ACCOUNTS 表用于存放账户信息，它的数据如表 12-2 所示。

表 12-2　ACCOUNTS 表中的数据

ID	NAME	BALANCE
1	Tom	1000
2	Jack	1000

以上银行转账事务对应于以下 SQL 语句。

```
update ACCOUNTS set BALANCE=900 where ID=1;
update ACCOUNTS set BALANCE=1100 where ID=2;
```

这两条 SQL 语句只要有一条执行失败，ACCOUNTS 表中的数据就必须退回到最初的状态。如果两条 SQL 语句都执行成功，就表示整个事务成功。图 12-14 显示了 ACCOUNTS 表中数据在转账事务中的状态转换图。

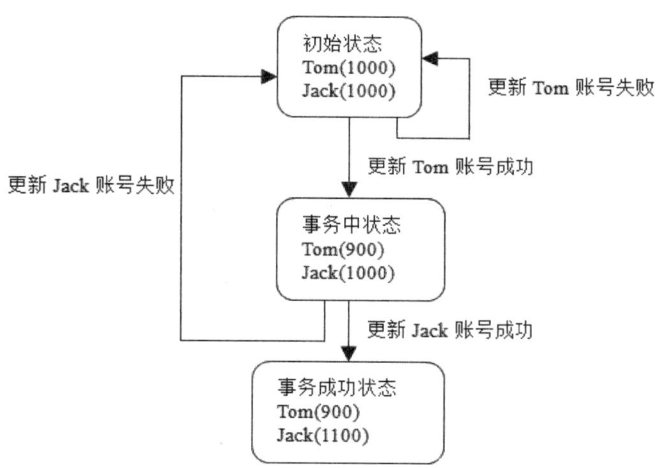

图 12-14　ACCOUNTS 表中数据在转账事务中的状态转换图

数据库事务必须具备 ACID 特征，ACID 是 Atomic（原子性）、Consistency（一致性）、Isolation（隔离性）和 Durability（持久性）的英文缩写。下面解释这几个特性的含义。

- 原子性：指整个数据库事务是不可分割的工作单元。只有事务中所有的操作执行成功，才算整个事务成功；事务中任何一个 SQL 语句执行失败，已经执行成功的 SQL 语句也必须撤销，数据库状态应该退回执行事务前的状态。
- 一致性：指数据库事务不能破坏关系数据的完整性以及业务逻辑上的一致性。例如对于银行转账事务，不管事务成功还是失败，应该保证事务结束后 ACCOUNTS 表中 Tom 和 Jack 的存款总额为 2000 元。

- 隔离性：指在并发环境中，当不同的事务同时操纵相同的数据时，每个事务都有各自的完整数据空间。
- 持久性：指只要事务成功结束，它对数据库所做的更新就必须被永久保存下来。即使发生系统崩溃，重新启动数据库系统后，数据库还能恢复到事务成功结束时的状态。

事务的 ACID 特性是由关系数据库管理系统（RDBMS，在本书中也简称为数据库系统）来实现的。数据库管理系统采用日志来保证事务的原子性、一致性和持久性。日志记录了事务对数据库所做的更新，如果某个事务在执行过程中发生错误，就可以根据日志，撤销事务对数据库已做的更新，使数据库退回到执行事务前的状态。

数据库管理系统采用锁机制来实现事务的隔离性。当多个事务同时更新数据库中相同的数据时，只允许持有锁的事务更新该数据，其他事务必须等待，直到前一个事务释放了锁，其他事务才有机会更新该数据。

12.9.2 声明事务边界的概念

数据库系统的客户程序只要向数据库系统声明了一个事务，数据库系统就会自动保证事务的 ACID 特性。声明事务包含以下内容。

- 事务的开始边界。
- 事务的正常结束边界（COMMIT）：提交事务，永久保存事务被更新后的数据库状态。
- 事务的异常结束边界（ROLLBACK）：撤销事务，或者说回滚事务，使数据库退回到执行事务前的状态。

图 12-15 显示了数据库事务的生命周期。当一个事务开始后，要么以提交事务结束，要么以撤销事务结束。

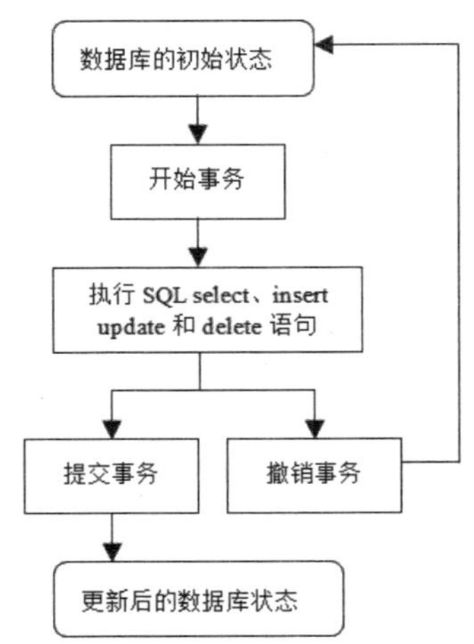

图 12-15　数据库事务的生命周期

数据库系统支持两种事务模式。

- 自动提交模式：每个 SQL 语句都是一个独立的事务，当数据库系统执行完一个 SQL 语句后，会自动提交事务。
- 手工提交模式：必须由数据库的客户程序显式指定事务开始边界和结束边界。

在 MySQL 中，数据库表分为 3 种类型：INNODB、BDB 和 MyISAM。其中 INNODB 和 BDB 类型的表支持数据库事务，而 MyISAM 类型的表不支持事务。在 MySQL 中用 create table 语句新建的表被默认为 MyISAM 类型。如果希望创建 INNODB 类型的表，那么可以采用以下形式的 DDL 语句。

```
create table ACCOUNTS (
  ID bigint not null,
  NAME varchar(15),
  BALANCE decimal(10,2),
  primary key (ID)
) engine=INNODB;
```

对于已存在的表，可以采用以下形式的 DDL 语句修改它的表类型。

```
alter table ACCOUNTS engine=INNODB;
```

对于 MySQL 数据库，所谓 INNODB 类型的表支持事务，指支持把多条 SQL 语句声明为一个事务，并且支持对事务的撤销。所谓 MyISAM 类型的表不支持事务，指不支持把多条 SQL 语句声明为一个事务，并且不支持对事务的撤销。如果对 MyISAM 类型的表进行添加、更新和删除记录的 SQL 操作，每一条 SQL 语句都相当于一个独立的事务，执行完后就立刻提交，不能再撤销。

图 12-16 以 MySQL 数据库为例，列出了它的两个客户程序：mysql.exe 程序和一个 Java 应用程序。

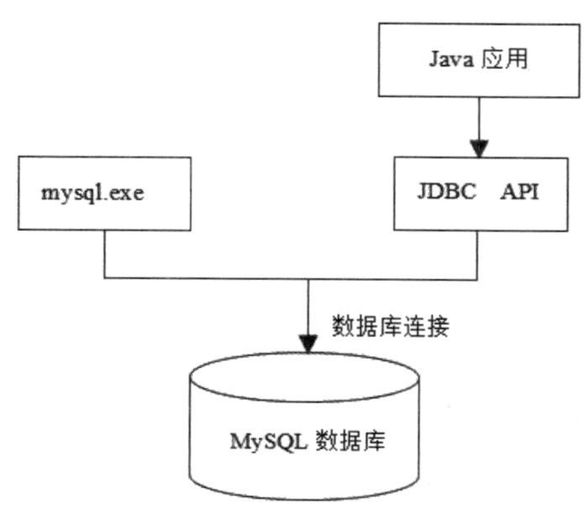

图 12-16　MySQL 数据库系统的客户程序

在图 12-16 中，mysql.exe 是 MySQL 软件自带的命令行方式客户程序。而 Java 应用程序则通过 JDBC API 访问数据库。

12.9.3 在 mysql.exe 程序中声明事务

每启动一个 mysql.exe 程序，就会得到一个单独的数据库连接。每个数据库连接都有 1 个全局变量@@autocommit，表示当前的事务模式，它有两个可选值。

- 0：表示手工提交模式。
- 1：默认值，表示自动提交模式。

如果要查看当前的事务模式，那么可使用如下 SQL 命令。

```
mysql> select @@autocommit
```

如果要把当前的事务模式改为手工提交模式，那么可使用如下 SQL 命令。

```
mysql> set autocommit=0;
```

1. 在自动提交模式下运行事务

在自动提交模式下，每个 SQL 语句都是一个独立的事务。如果在一个 mysql.exe 进程中执行 SQL 语句

```
mysql>insert into ACCOUNTS values(1,'Tom',1000);
```

那么 MySQL 会自动提交这个事务，这意味着向 ACCOUNTS 表中新插入的记录会被永久保存在数据库中。此时在另一个 mysql.exe 进程中执行 SQL 语句

```
mysql>select * from ACCOUNTS;
```

这条 select 语句会查询到 ID 为 1 的 ACCOUNTS 记录。这表明在第 1 个 mysql.exe 进程中插入的 ACCOUNTS 记录被永久保存，这体现了事务的 ACID 特性中的永久性。

2. 在手工提交模式下运行事务

在手工提交模式下，必须显式指定事务开始边界和结束边界。

- 事务的开始边界：begin
- 提交事务：commit
- 撤销事务：rollback

下面举例说明如何在手工提交模式下声明事务，步骤如下。

（1）启动两个 mysql.exe 进程，在两个进程中都执行以下命令，从而设定手工提交事务模式。

```
mysql>set autocommit=0;
```

（2）在第 1 个 mysql.exe 进程中执行 SQL 语句。

```
mysql>begin;
```

```
mysql>insert into ACCOUNTS values(2, 'Jack',1000);
```

（3）在第 2 个 mysql.exe 进程中执行 SQL 语句。

```
mysql>begin;
mysql>select * from ACCOUNTS;
mysql>commit;
```

以上 select 语句的查询结果中并不包含 ID 为 2 的 ACCOUNTS 记录，这是因为第 1 个 mysql.exe 进程还没有提交事务。

（4）在第 1 个 mysql.exe 进程中执行以下 SQL 语句，从而提交事务。

```
mysql>commit;
```

（5）在第 2 个 mysql.exe 进程中执行以下 SQL 语句。

```
mysql>begin;
mysql>select * from ACCOUNTS;
mysql>commit;
```

此时，select 语句的查询结果中会包含 ID 为 2 的 ACCOUNTS 记录，这是因为第 1 个 mysql.exe 进程已经提交事务。

（6）在第 1 个 mysql.exe 进程中执行 SQL 语句。

```
mysql>begin;
mysql>delete from ACCOUNTS;
mysql>commit;
mysql>begin;
mysql>insert into ACCOUNTS values(1, 'Tom',1000);
mysql>insert into ACCOUNTS values(2, 'Jack',1000);
mysql>rollback;
mysql>begin;
mysql>select * from ACCOUNTS;
mysql>commit;
```

以上 SQL 语句共包含 3 个事务：第 1 个事务删除 ACCOUNTS 表中所有的记录，然后提交该事务；第 2 个事务最后以撤销事务结束，因此它向 ACCOUNTS 表插入的两条记录不会被永久保存到数据库中；第 3 个事务的 select 语句的查询结果为空。

12.9.4　通过 JDBC API 声明事务边界

Connection 接口提供了以下用于控制事务的方法。

- setAutoCommit(boolean autoCommit)：设置是否自动提交事务。
- commit()：提交事务。

- rollback()：撤销事务。

对于新建的 Connection 对象，在默认情况下采用自动提交事务模式。可以通过 setAutoCommit(false)方法来设置手工提交事务模式，然后就可以把多条更新数据库的 SQL 语句作为一个事务，在所有操作完成后调用 commit()方法来整体提交事务，倘若其中一项 SQL 操作失败，那么程序会抛出相应的 SQLException，此时应该在捕获异常的代码块中调用 rollback()方法撤销事务。示例如下。

```
try {
  con = DriverManager.getConnection(dbUrl,dbUser,dbPwd);
  //设置手工提交事务模式
  con.setAutoCommit(false);
  stmt = con.createStatement();
  //数据库更新操作 1
  stmt.executeUpdate("update ACCOUNTS set BALANCE=900 where ID=1 ");
  //数据库更新操作 2
  stmt.executeUpdate("update ACCOUNTS set BALANCE=1100 where ID=2 ");
  con.commit(); //提交事务
}catch(Exception e) {
  try{
    con.rollback(); //操作不成功则撤销事务
  }catch(Exception ex){
    //处理异常
    ……
  }
  //处理异常
  ……
}finally{
  try{
    stmt.close();
    con.close();
  }catch(Exception ex){
    //处理异常
    ……
  }
}
```

当一个事务被提交后，再通过这个连接执行其他 SQL 语句，实际上就开始了一个新的事务，例如：

```
  //第 1 个事务
con.setAutoCommit(false);
stmt = con.createStatement();
//数据库更新操作 1
stmt.executeUpdate("update ACCOUNTS set BALANCE=900 where ID=1 ");
//数据库更新操作 2
```

```
stmt.executeUpdate("update ACCOUNTS set BALANCE=1100 where ID=2 ");
con.commit(); //提交事务

//第 2 个事务
//数据库更新操作 1
stmt.executeUpdate("update ACCOUNTS set BALANCE=800 where ID=1 ");
//数据库更新操作 2
stmt.executeUpdate("update ACCOUNTS set BALANCE=1200 where ID=2 ");
con.commit(); //提交事务
```

12.9.5 保存点

调用 Connection 的 rollback()方法会撤销整个事务。如果只希望撤销事务中的部分操作，那么可以在事务中加入保存点。如图 12-17 所示，某个事务包括 5 个操作，在操作 1 后面设置了保存点 A，在操作 3 后面设置了保存点 B。如果在执行完操作 4 后，把事务回滚到保存点 B，那么会撤销操作 4 对数据库所做的更新。如果在执行完操作 5 后，把事务回滚到保存点 A，那么会撤销操作 5、操作 4、操作 3 和操作 2 对数据库所做的更新。

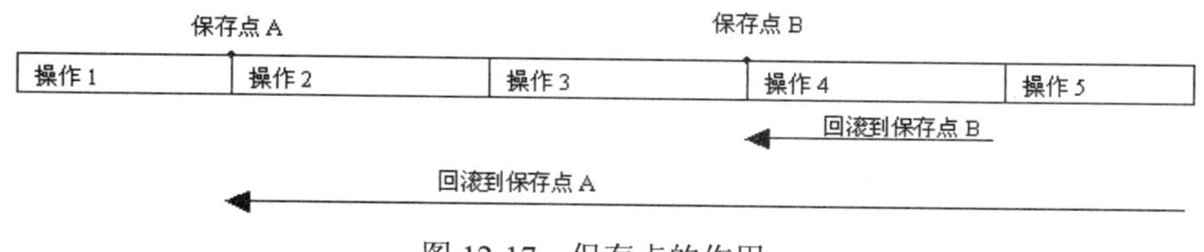

图 12-17　保存点的作用

Connection 接口的 setSavepoint()方法用于在事务中设置保存点，它有两种重载形式。

```
public SavePoint setSavepoint() throws SQLException
public SavePoint setSavepoint(String name) throws SQLException
```

以上第 1 个不带参数的 setSavepoint()方法设置匿名的保存点，第 2 个 setSavepoint(String name)方法的 name 参数表示保存点的名字。这两个 setSavepoint()方法都会返回一个表示保存点的 Savepoint 对象。

Connection 接口的 releaseSavepoint(Savepoint point)方法取消已经设置的保存点。Connection 接口的 rollback(Savepoint point)方法使事务回滚到参数指定的保存点。

例程 12-17 的 SavepointTester 类演示了保存点的用法。

例程 12-17　SavepointTester.java

```
import java.sql.*;
public class SavepointTester{
  public static void main(String args[])throws Exception{
    Connection con=new ConnectionProvider().getConnection();
    try{
      con.setAutoCommit(false);
```

```
            Statement stmt=con.createStatement();
            stmt.executeUpdate("delete from ACCOUNTS");
            stmt.executeUpdate("insert into ACCOUNTS(ID,NAME,BALANCE)"
              +"values(1,'Tom',1000)");
            Savepoint sp=con.setSavepoint(); //设置保存点
            stmt.executeUpdate("update ACCOUNTS set BALANCE=900 where ID=1");
            con.rollback(sp); //回滚到保存点
            stmt.executeUpdate("insert into ACCOUNTS(ID,NAME,BALANCE)"
                              +"values(2,'Jack',1000)");
            con.commit();
          }catch(SQLException e){
            con.rollback(); //撤销整个事务
          }finally{
            con.close();
          }
        }
      }
```

以上程序运行结束后，ACCOUNTS 表中有两条记录，它们的 BALANCE 字段的值都为 1000。由此可见，“update ACCOUNTS set BALANCE=900 where ID=1”这条语句被撤销。

值得注意的是，并不是所有的 JDBC 驱动器都支持保存点，DatabaseMetaData 接口的 supportsSavepoints()方法判断驱动器是否支持保存点，如果返回 false，就表示不支持保存点。如果 JDBC 驱动器不支持保存点，那么 Connection 接口的 setSavepoint()方法会抛出以下异常。

```
Exception in thread "main" com.mysql.jdbc.NotImplemented:
Feature not implemented
at com.mysql.jdbc.Connection.setSavepoint(Connection.java:780)
```

12.9.6 批量更新

有时，程序需要向数据库插入、更新或删除大批量数据。例如以下 SQL 语句向 ACCOUNTS 表插入大批量数据。

```
insert into ACCOUNTS(ID,NAME,BALANCE)values(1,'Tom',1000)
insert into ACCOUNTS(ID,NAME,BALANCE)values(2,'Jack',1000)
insert into ACCOUNTS(ID,NAME,BALANCE)values(3,'Mike',1000)
insert into ACCOUNTS(ID,NAME,BALANCE)values(4,'Mary',1000)
......
```

从 JDBC2.0 开始，允许用批量更新的方式来执行大批量操作，它能提高操纵数据库的效率。在 Statement 接口中提供了支持批量更新的两个方法。

- addBatch(String sql)：加入一条 SQL 语句。

- executeBatch()：执行批量更新。前面已经讲过，Statement 接口的 executeUpdate(String sql)方法返回一个整数，表示数据库中受 SQL 语句影响的记录数。而 executeBatch()方法则返回一个 int 数组，数组中的每个元素分别表示受每条 SQL 语句影响的记录数。

使用批量更新有以下注意事项。

- 必须把批量更新中的所有操作放在单个事务中。
- 批量更新中可以包括 SQL update、delete 和 insert 语句，还可以包括数据库定义语句，如 CREATE TABLE 和 DROP TABLE 语句等，但不能包括 select 查询语句，否则 Statement 的 executeBatch()方法会抛出 BatchUpdateException。
- 并不是所有的 JDBC 驱动器都支持批量更新，DatabaseMetaData 接口的 supportsBatchUpdates()方法判断驱动器是否支持批量更新，如果返回 false，就表示不支持批量更新。如果 JDBC 驱动器不支持批量更新，那么 Statement 的 executeBatch()方法会抛出 BatchUpdateException。

以上 BatchUpdateException 是 SQLException 的子类，BatchUpdateException 还有个 getUpdateCounts()方法，返回一个 int 类型的数组，数组中的元素分别表示受已经执行成功的每条 SQL 语句影响的记录数。

例程 12-18 的 BatchTester 类演示了批量更新的用法。

例程 12-18 BatchTester.java

```
import java.sql.*;
public class BatchTester{
  public static void main(String args[])throws Exception{
    Connection con=new ConnectionProvider().getConnection();
    try{
      con.setAutoCommit(false);
      Statement stmt=con.createStatement();
      stmt.addBatch("delete from ACCOUNTS");
      stmt.addBatch("insert into ACCOUNTS(ID,NAME,BALANCE)"
        +"values(1,'Tom',1000)");
      stmt.addBatch("insert into ACCOUNTS(ID,NAME,BALANCE)"
        +"values(2,'Jack',1000)");
      stmt.addBatch("update ACCOUNTS set BALANCE=900 where ID=1");
      stmt.addBatch("update ACCOUNTS set BALANCE=1100 where ID=2");
      int[] updateCounts=stmt.executeBatch(); //执行批量更新
      for (int i = 0; i < updateCounts.length; i++) {
        System.out.print(updateCounts[i] + "   ");
      }
      con.commit();
    }catch(BatchUpdateException ex) {
      System.err.println(
        "----BatchUpdateException----");
      System.err.println("SQLState:  " + ex.getSQLState());
      System.err.println("Message:  " + ex.getMessage());
```

```
        System.err.println(
          "Vendor:  " + ex.getErrorCode());
        System.err.print("Update counts:  ");
        int [] updateCounts = ex.getUpdateCounts();
        for (int i = 0; i < updateCounts.length; i++) {
          System.err.print(updateCounts[i] + "   ");
        }
        System.err.println("");
        con.rollback();  //撤销事务
      }catch(SQLException ex) {
        con.rollback();  //撤销事务
      }finally{
        con.close();
      }
    }
  }
```

以上 Statement 对象共批量处理了 5 条 SQL 语句，分别为 delete、insert、insert、update 和 update 语句。程序会打印这些 SQL 语句所影响的记录数。假定 ACCOUNTS 表中本来有两条记录，那么程序打印结果如下。

```
2 1 1 1 1
```

12.9.7 设置事务隔离级别

在多用户环境中，如果多个事务同时操纵数据库中的相同数据，就会导致各种并发问题。为了避免这些并发问题，数据库提供了 4 种事务隔离级别。

- Serializable：串行化。
- Repeatable Read：可重复读。
- Read Commited：读已提交数据。
- Read Uncommited：读未提交数据。

数据库系统采用不同的锁类型来实现以上 4 种隔离级别，具体的实现过程对用户是透明的。用户应该关心的是如何选择合适的隔离级别。在 4 种隔离级别中，Serializable 的隔离级别最高，Read Uncommited 的隔离级别最低，表 12-3 列出了各种隔离级别所能避免的并发问题。

表 12-3　各种隔离级别所能避免的并发问题

隔离级别	是否出现第 1 类丢失更新	是否出现脏读	是否出现虚读	是否出现不可重复读	是否出现第 2 类丢失更新
Serializable	否	否	否	否	否
Repeatable Read	否	否	是	否	否
Read Commited	否	否	是	是	是
Read Uncommited	否	是	是	是	是

1. Serializable（串行化）

当数据库系统使用 Serializable 隔离级别时，一个事务在执行过程中完全看不到其他事务对数据库所做的更新。当两个事务操纵数据库中相同数据时，如果第 1 个事务已经在访问该数据，那么第 2 个事务只能停下来等待，直到第 1 个事务结束后才能恢复运行。因此这两个事务实际上以串行化方式运行。

2. Repeatable Read（可重复读）

当数据库系统使用 Repeatable Read 隔离级别时，一个事务在执行过程中可以看到其他事务已经提交的新插入的记录，但是不能看到其他事务对已有记录的更新。

3. Read Committed（读已提交数据）

当数据库系统使用 Read Committed 隔离级别时，一个事务在执行过程中可以看到其他事务已经提交的新插入的记录，而且能看到其他事务已经提交的对已有记录的更新。

4. Read Uncommitted（读未提交数据）

当数据库系统使用 Read Uncommitted 隔离级别时，一个事务在执行过程中可以看到其他事务没有提交的新插入的记录，而且能看到其他事务没有提交的对已有记录的更新。

隔离级别越高，越能保证数据库中数据的完整性和一致性，但是对并发性能的影响也越大，图 12-18 显示了隔离级别与并发性能的关系。对于多数应用程序，可以优先考虑把数据库系统的隔离级别设为 Read Committed，它能够避免脏读，而且具有较好的并发性能。尽管它会导致不可重复读、虚读和第 2 类丢失更新这些并发问题，但是在可能出现这类问题的个别场合，可以由应用程序采用悲观锁或乐观锁机制来控制。

在作者的《精通 JPA 与 Hibernate：Java 对象持久化技术详解》一书的第 21 章（处理并发问题）中，详细介绍了在应用程序中采用悲观锁或乐观锁机制来避免并发问题的方法。

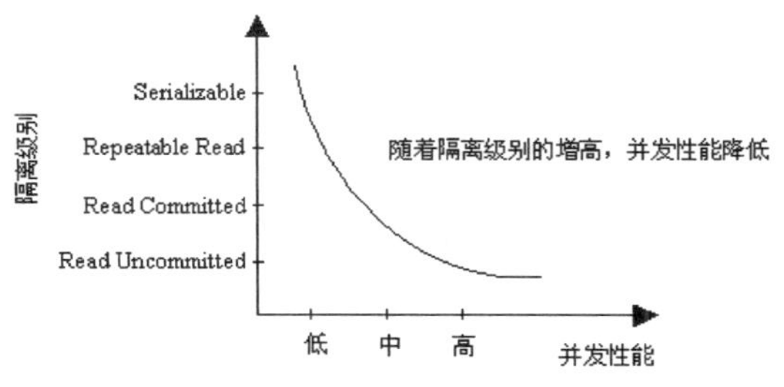

图 12-18　隔离级别与并发性能的关系

Connection 接口的 setTransactionIsolation(int level)用来设置数据库系统使用的隔离级别，这种设置只对当前的连接有效。参数 level 有以下可选值。

```
Connection.TRANSACTION_READ_UNCOMMITTED
Connection.TRANSACTION_READ_COMMITTED
Connection.TRANSACTION_REPEATABLE_READ
Connection.TRANSACTION_SERIALIZABLE
```

12.10 数据库连接池

建立一个数据库连接需要消耗大量系统资源，频繁地创建数据库连接会大大削弱应用访问数据库的性能。为了解决这一问题，数据库连接池应运而生。数据库连接池的基本实现原理是：事先建立一定数量的数据库连接，这些连接被存放在连接池中，当 Java 应用执行一个数据库事务时，只需从连接池中取出空闲的数据库连接；当 Java 应用执行完事务，再将数据库连接放回连接池。图 18-1 展示了数据库连接池的作用。

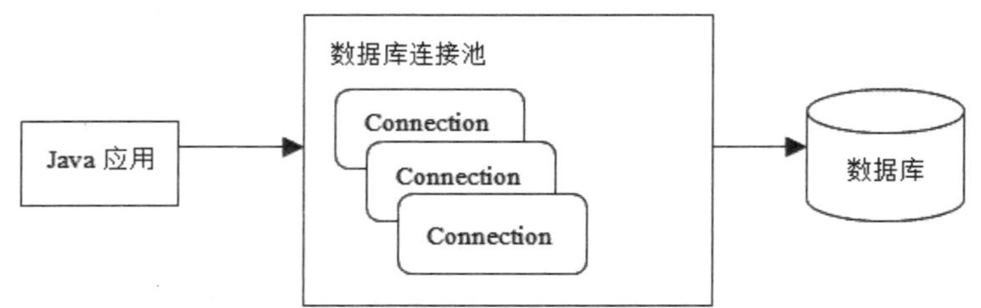

图 18-1　Java 应用从数据库连接池中获得数据库连接

那么 Java 应用从何处获得数据库连接池呢？一种办法是从头实现自己的连接池，还有一种办法是使用第三方提供的连接池产品。Agroal、HikariCP、Vibur DBCP、Apache DBCP、C3P0、Proxool 都是比较流行的开源连接池产品，详情可到产品官方网站进行了解。

各种连接池产品会使用不同的实现策略。总的说来，连接池需要考虑以下问题。

（1）限制连接池中最多可以容纳的连接数目，避免过度消耗系统资源。

（2）当客户请求连接，而连接池中所有的连接都已经被占用时，该如何处理？一种处理方式是让客户一直等待，直到有空闲连接，还有一种方式是为客户分配一个新的临时的连接。

（3）当客户不再使用连接时，需要把连接重新放入连接池。

（4）限制连接池中允许处于空闲状态的连接的最大数目。假定允许的最长空闲时间为 10 分钟，并且允许处于空闲状态的连接的最大数目为 5，那么当连接池中有 *n* 个（*n*>5）连接处于空闲状态的时间超过 10 分钟时，就应该把其中 *n*-5 个连接关闭，并且从连接池中删除，这样才能更有效地利用系统资源。

12.10.1 创建连接池

例程 12-19 的 ConnectionPool 是连接池的接口，它声明了取出连接、释放连接和关闭连接池的方法。

例程 12-19　ConnectionPool.java

```
import java.sql.*;
public interface ConnectionPool{
```

```
  /** 从连接池中取出连接 */
  public Connection getConnection()throws SQLException;

  /** 把连接放回连接池 */
  public void releaseConnection(Connection con)throws SQLException;

  /** 关闭连接池*/
  public void close();
}
```

例程 12-20 的 ConnectionPoolImpl1 类提供了一个简单的连接池实现，它使用以下策略。

- 取出连接：如果连接池缓存不为空，就从中取出一个连接并将其返回，否则新建一个连接并将其返回。
- 释放连接：如果连接池缓存未满，就把连接放回连接池缓存，否则就关闭该连接。
- 关闭连接池：把连接池缓存中的所有连接关闭，再清空连接池缓存。

例程 12-20　ConnectionPoolImpl1.java

```
import java.sql.*;
import java.util.*;

public class ConnectionPoolImpl1 implements ConnectionPool {
  private ConnectionProvider provider=new ConnectionProvider();
  //连接池缓存，存放连接
  private final ArrayList<Connection> pool =
                            new ArrayList<Connection>();
  //连接池缓存中最多可以容纳的连接数目
  private int poolSize=5;

  public ConnectionPoolImpl1(){}
  public ConnectionPoolImpl1(int poolSize){
    this.poolSize=poolSize;
  }

  /** 从连接池中取出连接 */
  public Connection getConnection() throws SQLException {
    synchronized (pool) {
      if ( !pool.isEmpty()){
        int last = pool.size() - 1;
    Connection con =pool.remove(last);
    return con;
      }
    }

    Connection con= provider.getConnection();
    return con;
  }
```

```
    /** 把连接放回连接池 */
    public void releaseConnection(Connection con) throws SQLException {
      synchronized (pool) {
        int currentSize = pool.size();
        if( currentSize < poolSize ) {
       pool.add(con);
          return;
        }
      }

      try {
        con.close();
      }catch (SQLException e) {e.printStackTrace();}
    }

    protected void finalize() {
      close();
    }

    /** 关闭连接池*/
    public void close() {
      Iterator<Connection> iter = pool.iterator();
      while ( iter.hasNext()) {
        try {
          iter.next().close();
        }catch (SQLException e){e.printStackTrace();}
      }
      pool.clear();
    }
  }
```

例程 12-21 的 Pool1Tester 类演示了连接池的用法，它创建了 30 个线程，每个线程都从连接池中取出一个连接，执行一个 SQL 操作，然后释放连接。

例程 12-21　Pool1Tester.java

```
import java.sql.*;
public class Pool1Tester implements Runnable{
  ConnectionPool pool=new ConnectionPoolImpl1();
  public static void main(String args[])throws Exception{
    Pool1Tester tester=new Pool1Tester();
    Thread[] threads=new Thread[30];
    for(int i=0;i<threads.length;i++){
      threads[i]=new Thread(tester);
      threads[i].start();
      Thread.sleep(300);
    }
```

```
      for(int i=0;i<threads.length;i++){
        threads[i].join();
      }
      tester.close(); //关闭连接池
    }
    public void close(){
      pool.close();
    }
    public void run(){
      try{
        Connection con=pool.getConnection();
        System.out.println(Thread.currentThread().getName()
                       +": 从连接池取出一个连接"+con);
        Statement stmt=con.createStatement();
        stmt.executeUpdate("insert into CUSTOMERS (NAME,AGE,ADDRESS) "
                       +"VALUES ('小王',20,'上海')");

        //释放相关资源
        stmt.close();
        pool.releaseConnection(con);  //释放连接
        System.out.println(Thread.currentThread().getName()
                             +": 释放连接"+con);
      }catch(Exception e){e.printStackTrace();}
    }
  }
```

Pool1Tester 类的 run()方法按照以下方式处理连接。

```
//取得连接
Connection con=pool.getConnection();
//执行 SQL 操作
……
//释放连接
pool.releaseConnection(con);
```

而通过 JDBC API 访问数据库时，一般都要求用完连接后立即关闭连接，这几乎成了一部分编程人员的编程习惯。

```
//取得连接
Connection con=provider.getConnection();
//执行 SQL 操作
……
//关闭连接
con.close();
```

以上两种方式很容易混淆，为了使编程人员能统一采用关闭连接（即调用 Connection

的 close()方法）来处理按任何方式获得的连接，可以在连接池实现中为 Connection 对象创建连接代理。

连接池的 getConnection()方法返回一个连接代理。连接代理实现了 Connection 接口，但它的 close()方法不会断开数据库连接，而是把自身放回连接池。

关于代理类的概念参见本书的 10.3 节（代理模式）。

例程 12-22 的 ConnectionPoolImpl2 也实现了连接池，但它实际上返回的是 Connection 对象的动态代理。

例程 12-22　ConnectionPoolImpl2.java

```
import java.sql.*;
import java.util.*;
import java.lang.reflect.*;

public class ConnectionPoolImpl2 implements ConnectionPool{
  private ConnectionProvider provider=new ConnectionProvider();
  private final ArrayList<Connection> pool =
                 new ArrayList<Connection>();
  private int poolSize=5;

  public ConnectionPoolImpl2(){}
  public ConnectionPoolImpl2(int poolSize){
    this.poolSize=poolSize;
  }

  /** 从连接池中取出连接 */
  public Connection getConnection() throws SQLException {
    synchronized (pool) {
      if ( !pool.isEmpty()){
        int last = pool.size() - 1;
        Connection con =pool.remove(last);
        return con;
      }
    }

    Connection con= provider.getConnection();
    return getProxy(con,this);  //返回动态连接代理
  }

  /** 把连接放回连接池 */
  public void releaseConnection(Connection con) throws SQLException {
    synchronized (pool) {
      int currentSize = pool.size();
      if( currentSize < poolSize ) {
```

```
      pool.add(con);
        return;
      }
    }
    try {
      closeJdbcConnection(con); //关闭真正的数据库连接
    }catch (SQLException e) {e.printStackTrace();}
  }

  private void closeJdbcConnection(Connection con)throws SQLException{
    ConnectionP conP=(ConnectionP)con;
    conP.getJdbcConnection().close();
  }

  protected void finalize() {
    close();
  }

  /** 关闭连接池*/
  public void close() {
    Iterator<Connection> iter = pool.iterator();
    while ( iter.hasNext()) {
      try {
        closeJdbcConnection(iter.next()); //关闭真正的数据库连接
      }catch (SQLException e){e.printStackTrace();}
    }
    pool.clear();
  }

  /** 返回动态连接代理*/
  private Connection getProxy(final Connection con,
                           final ConnectionPool pool){
    InvocationHandler handler=new InvocationHandler(){
      public Object invoke(Object proxy,Method method,Object args[])
                                          throws Exception{
        if(method.getName().equals("close")){
          pool.releaseConnection((Connection)proxy);
          return null;
        }else if(method.getName().equals("getJdbcConnection")){
          return con;
        }else{
          //调用被代理的 Connection 对象的相应方法
          return method.invoke(con,args);
        }
      }
    };
```

```
    return (Connection)Proxy.newProxyInstance(
                ConnectionP.class.getClassLoader(),
                new Class[]{ConnectionP.class},
                handler);
  }

  interface ConnectionP extends Connection{
    public Connection getJdbcConnection(); //返回被代理的 Connection 对象
  }
}
```

Connection 的动态代理类实现了 ConnectionP 接口，而 ConnectionP 接口是 Connection 的子接口。在 ConnectionP 接口中定义了 getJdbcConnection()方法，它返回被代理的 Connection 对象，这个 Connection 对象才代表真正的数据库连接。

例程 12-23 的 Pool2Tester 类与例程 12-21 的 Pool1Tester 类很相似，区别在于 Pool2Tester 类创建了 ConnectionPoolImpl2 对象的实例。在 run()方法中，当 Connection 对象使用完毕后，可以调用的 Connection 对象的 close()方法，而不必调用连接池的 releaseConnection()方法。

例程 12-23　Pool2Tester.java

```
import java.sql.*;
public class Pool2Tester implements Runnable{
  ConnectionPool pool=new ConnectionPoolImpl2();
  public static void main(String args[])throws Exception{…}
  public void close(){
    pool.close();
  }
  public void run(){
    try{
      Connection con=pool.getConnection();  //返回连接代理
      System.out.println(Thread.currentThread().getName()
                    +": 从连接池取出一个连接"+con);
      Statement stmt=con.createStatement();
      stmt.executeUpdate("insert into CUSTOMERS (NAME,AGE,ADDRESS) "
        +"VALUES ('小王',20,'上海')");

      //释放相关资源
      stmt.close();
      con.close();  //释放连接
      System.out.println(Thread.currentThread().getName()
                    +": 释放连接"+con);
    }catch(Exception e){e.printStackTrace();}
  }
}
```

在 run()方法中，pool.getConnection()方法返回的是连接代理对象。在 run()方法中调用

con.close()方法，实际上调用的是连接代理对象的 close()方法，图 12-19 和图 12-20 分别展示了当连接池的缓存未满，以及缓存已满时调用连接代理对象的 close()方法的时序图。

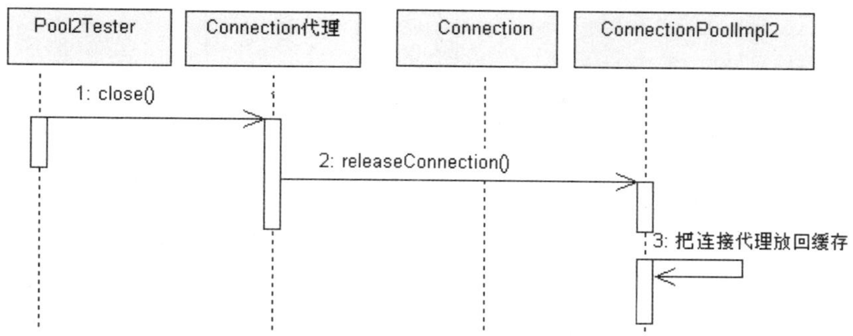

图 12-19　当连接池的缓存未满时调用连接代理对象的 close()方法的时序图

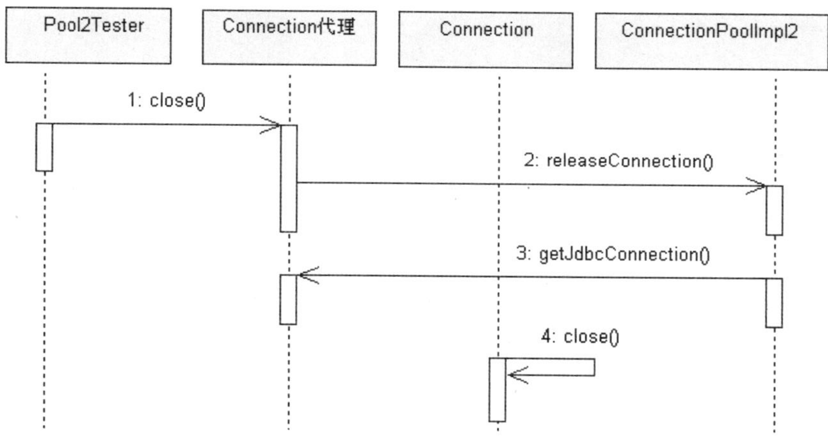

图 12-20　当连接池的缓存已满时调用连接代理对象的 close()方法的时序图

除了使用动态代理，也可以为连接创建静态代理。例程 12-24 的 ConnectionPoolImpl3 与 ConnectionPoolImpl2 很相似，区别在于 ConnectionPoolImpl3 中有一个内部类 ConnectionProxy，它就是 Connection 的静态代理类，getProxy()方法返回 ConnectionProxy 实例。

例程 12-24　ConnectionPoolImpl3.java

```
import java.sql.*;
import java.util.*;
import java.lang.reflect.*;

public class ConnectionPoolImpl3 implements ConnectionPool{
  ……
  private Connection getProxy(final Connection con,
                              final ConnectionPool pool){
    return new ConnectionProxy(con,pool);
  }
  interface ConnectionP extends Connection{
```

```
    public Connection getJdbcConnection();//返回被代理的 Connection 对象
  }
  /** Connection 的静态代理类 */
  public ConnectionProxy implements ConnectionP{
    private Connection con; //被代理的连接
    private ConnectionPool pool; //连接池
    public ConnectionProxy(Connection con,ConnectionPool pool){
      this.con=con;
      this.pool=pool;
    }
    public void close()throws SQLException{
      pool.releaseConnection(this);  //释放连接
    }
    public Connection getJdbcConnection(){
      return con;
    }
    public Statement createStatement()throws SQLException{
      return con.createStatement();
    }
    public PreparedStatement prepareStatement(String sql)
                                      throws SQLException{
      return con.prepareStatement();
    }
    ……
  }
}
```

对比 ConnectionPoolImpl2 类和 ConnectionPoolImpl3 类，可以看出使用动态代理类能简化程序代码，并且动态代理类更具有独立性和稳定性。而 Connection 的静态代理类的程序代码很冗长，必须实现 Connection 接口中的所有方法，而且它缺乏独立性和稳定性，完全依赖于 Connection 接口。一旦 java.sql.Connection 接口发生变化（几乎每次 JDBC API 升级时都会修改 java.sql.Connection 接口），就必须对 Connection 的静态代理类做相应的修改。

12.10.2 DataSource 数据源

不同的连接池产品有不同的 API。如果 Java 应用直接访问连接池的 API，就会削弱 Java 应用与连接池之间的独立性，假如日后需要改用其他连接池产品，那么必须修改应用中所有访问连接池的程序代码。为了提高 Java 应用与连接池之间的独立性，Oracle 公司制定了标准的 javax.sql.DataSource 接口，它用于封装各种不同的连接池实现。凡是实现 DataSource 接口的连接池都被看作标准的数据源，可以作为 JNDI 资源发布到 Java 应用服务器（比如 Java EE 服务器）中。

图 12-21 展示了 Java 应用通过 DataSource 接口访问连接池的过程。

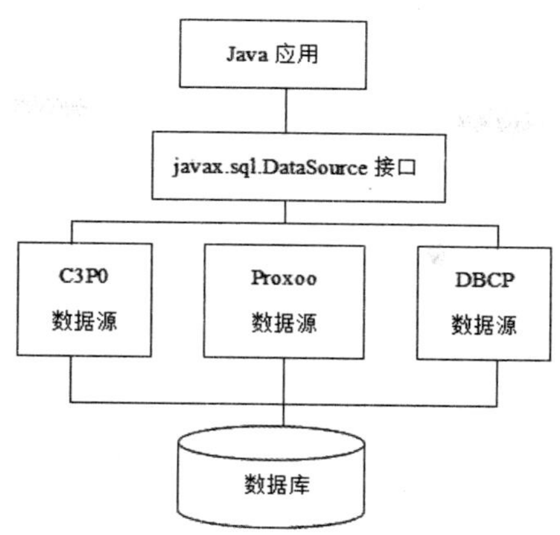

图 12-21　Java 应用通过 DataSource 接口访问连接池

DataSource 接口最主要的功能就是获得数据库连接，它的 getConnection()方法提供这一服务。例程 12-25 的 DataSourceImpl 类为 DataSource 接口提供了一种简单的实现，它使用了 12.10.1 节（创建连接池）介绍的连接池。

例程 12-25　DataSourceImpl.java

```
import java.sql.*;
import javax.sql.DataSource;
import java.io.*;
public class DataSourceImpl implements DataSource{
  private ConnectionPool pool=new ConnectionPoolImpl2(); //连接池
  public Connection getConnection()throws SQLException{
   return pool.getConnection();
  }
  public Connection getConnection(String username,
                              String password)throws SQLException{
    throw new UnsupportedOperationException();
  }

  public int getLoginTimeout()throws SQLException{
    return DriverManager.getLoginTimeout();
  }

  public PrintWriter getLogWriter()throws SQLException{
    return DriverManager.getLogWriter();
  }

  public void setLoginTimeout(int seconds)throws SQLException{
    DriverManager.setLoginTimeout(seconds);
  }

  public void setLogWriter(PrintWriter out)throws SQLException{
    DriverManager.setLogWriter(out);
  }
}
```

DataSource 接口并不强求其实现必须带有连接池，不过，多数 DataSource 实现都使用了连接池。

假定某种应用服务器发布了一个 JNDI 名字为“jdbc/SAMPLEDB”的数据源，Java 应用通过 JNDI API 中的 javax.naming.Context 接口来获得这个数据源的引用。

```
Context ctx = new InitialContext();
DataSource ds=(DataSource)ctx.lookup("java:comp/env/jdbc/SAMPLEDB");
```

得到了 DataSource 对象的引用后，就可以通过 DataSource 对象的 getConnection()方法获得数据库连接对象 Connection。

```
Connection con=ds.getConnection();
```

12.11 小结

大多数应用程序都需要访问数据库。据统计，在一个应用中，通过 JDBC 访问数据库的代码会占到 30%左右。访问数据库的效率是决定程序的运行性能的关键因素之一。提高程序访问数据库的效率的总的原则是：减少建立数据库连接的次数，减少向数据库提交的 SQL 语句的数目，及时释放无用的 Connection、Statement 和 ResultSet 对象。下面总结了用于优化访问数据库代码的一些细节。

1. 选择合适的 JDBC 驱动器

一般说来，应该优先考虑使用第 3 类和第 4 类驱动器，它们具有更高的运行性能，只有在这两类驱动器不存在的情况下，才考虑用第 1 类和第 2 类驱动器作为替代品。

2. 优化数据库连接

采用连接池来重用有限的连接，减少连接数据库的次数。

3. 控制事务

如果事务中包含多个操作，则应该在手工提交模式下提交事务。此外，可通过 Connection 接口的 setTransactionIsolation(int level)方法设置合适的事务隔离级别，如果希望应用程序有较好的并发性能，就要设置低一点的隔离级别。

4. 优化 Statement

如果一个 SQL 语句会被多次重复执行，那么应该使用 PreparedStatement，而不是 Statement。此外，对于大批量的更新数据库的操作，可以用 Statement 或者 PreparedStatement 来进行批量更新，与此相关的方法如下。

- addBatch(String)：加入一个操作。
- executeBatch()：执行批量更新操作。

5. 优化 ResultSet

优化 ResultSet 体现在以下几个方面。

- 通过 ResultSet、Statement 或者 Connection 的 setFetchSize()方法，来设置合理的批量抓取数据库中数据的数目。
- 如果不需要对结果集滚动和更新，那么应该采用默认的不支持滚动和更新的结果集，因为这种类型的结果集占用较少的系统资源，运行速度更快。
- 在 ResultSet 的 getXXX()或 setXXX()方法中，指定字段的索引位置比指定字段的名字具有更好的性能，例如以下第 1 段程序代码的性能优于第 2 段代码。

```
//第 1 段程序代码，指定字段的索引位置
setLong(1,100);
setString(2,"Tom");

//第 2 段程序代码，指定字段的名字
setLong("ID",100);
setString("NAME","Tom");
```

- 优化查询语句，运用表连接把多个查询语句合并为一个查询语句，从而减少向数据库提交的查询语句的数目。

6. 及时释放无用的资源

及时显式地关闭无用的 ResultSet、Statement 和 Connection 对象。

7. 合理建立索引

索引是数据库中重要的数据结构，它的根本目的是提高查询效率。索引的使用要恰到好处，其使用原则如下。

- 为经常参与表连接，但是没有被指定为外键的字段建立索引。
- 为频繁参与排序或分组（即进行“group by”或“order by”操作）的字段建立索引。
- 在 where 条件表达式中，为具有多种取值的字段建立检索，不要为仅有少量取值的字段建立索引。假定 CUSTONERS 表具有 NAME（姓名）字段和 SEX（性别）字段，这两个字段都会经常出现在 where 条件表达式中。NAME 字段有多种取值，而 SEX 字段只有“female”和“male”两种取值，因此只需为 NAME 字段建立索引，而没有必要为 SEX 字段建立索引。如果对仅有少量取值的字段建立索引，那么不但不会提高查询效率，还会严重降低更新数据的速度。
- 如果待排序的字段有多个，那么可以为这些字段建立复合索引（Compound Index）。

12.12　练习题

1. 哪几类 JDBC 驱动程序完全用 Java 语言编写？（多选）

a）第 1 类　　b）第 2 类　　c）第 3 类　　d）第 4 类

2. 以下哪些对象由 Connection 创建？（多选）

a）Statement 对象　　b）PreparedStatement 对象

c）CallableStatement 对象　　d）ResultSet 对象

e）RowSet 对象

3. 以下哪些方法属于 Statement 接口的方法？（多选）

a）execute()　　b）executeQuery()

c）executeDelete()　　d）open()

e）close()

4. 以下哪些说法正确？（多选）

a）一个 Statement 对象可以执行多条 SQL 语句。

b）一个 Connection 对象可以创建一个或一个以上的 Statement 对象。

c）一个 Statement 对象关闭后，还能继续访问由它创建的 ResultSet 对象。

d）一个 Statement 对象可以先后打开多个结果集。

5. 以下程序代码定义了一个 ResultSet 对象：

```
ResultSet rs= stmt.executeQuery(
             "SELECT NAME,AGE from CUSTOMERS where ID=1");
```

假定以上 SQL 语句最多只返回一条记录，那么下面哪些代码能打印结果集中的 AGE 字段，并且当 SQL 语句返回 0 条记录时不会抛出异常？（多选）

a）

```
if(rs.next())System.out.println(rs.getInt(2));
```

b）

```
if(rs.next())System.out.println(rs.get(2));
```

c）

```
System.out.println(rs.getInt(2));
```

d）

```
if(rs.next())System.out.println(rs.getInt("AGE"));
```

6. 对于以下程序代码：

```
//第 1 行
ResultSet rs1= stmt.executeQuery(
             "SELECT NAME from CUSTOMERS where ID=1");
//第 2 行
```

```
ResultSet rs2= stmt.executeQuery(
            "SELECT NAME from CUSTOMERS where ID=2");

if(rs1.next())System.out.println(rs1.getString(1));  //第 3 行
if(rs2.next())System.out.println(rs2.getString(1));  //第 4 行
```

以下哪个说法正确？（单选）

a）编译出错。　　　　b）运行时在第 3 行抛出异常。

c）编译通过，并且正常运行。　　　　d）运行时在第 4 行抛出异常。

7. 以下哪些接口具有 getMetaData()方法？（多选）

a）Connection 接口　　　　b）Statement 接口

c）ResultSet 接口　　　　d）Driver 接口

8. 按照哪种方式创建的结果集可以滚动，并且可以被更新？（单选）

a）

```
Statement stmt=connection.createStatement();
ResultSet rs=stmt.executeQuery("select ID,NAME from CUSTOMERS");
```

b）

```
Statement stmt=connection.createStatement(
              ResultSet.TYPE_SCROLL_SENSITIVE,
              ResultSet.CONCUR_READ_ONLY);
ResultSet rs=stmt.executeQuery("select ID,NAME from CUSTOMERS");
```

c）

```
Statement stmt=connection.createStatement(
              ResultSet.TYPE_SCROLL_SENSITIVE,
              ResultSet.CONCUR_UPDATABLE);
ResultSet rs=stmt.executeQuery("select ID,NAME from CUSTOMERS");
```

d）

```
ResultSet rs=stmt.executeQuery("select ID,NAME from CUSTOMERS",
             ResultSet.TYPE_SCROLL_SENSITIVE,
             ResultSet.CONCUR_UPDATABLE);
```

9. 假定结果集 rs 对象中有 4 条记录，游标本来定位于第 1 条记录。执行以下代码后，游标定位到哪条记录？（单选）

```
rs.afterLast();
rs.previous();
rs.relative(-2);
rs.next();
```

a）第 1 条　　b）第 2 条　　c）第 3 条　　d）第 4 条

10．以下哪些说法正确？（多选）

a）CachedRowSet 先把查询结果保存在内存中，因此无须一直保持与数据库的连接，也能一直在程序中操纵行集.

b）CachedRowSet 的 populate()方法从 ResultSet 对象中获得查询结果，把它们保存到自己的缓存中。

c）CachedRowSet 的 updateRow()方法会同时更新缓存以及数据库中的相关记录。

d）CachedRowSet 的 acceptChanges()方法有可能会抛出 SyncProviderException。

11．以下哪些方式能优化访问数据库的性能？（多选）

a）使用数据库连接池。

b）把所用结果集设为可滚动可更新的结果集。

c）对于大批量的更新数据库的操作，可以用 Statement 或者 PreparedStatement 来进行批量更新。

d）优化查询语句，运用表连接把多个查询语句合并为一个查询语句，从而减少向数据库提交的查询语句的数目。

e）对于一个 Statement 对象，只通过它执行一条 SQL 语句。

12．利用可滚动的 ResultSet，在一个图形用户界面上分页显示 CUSTOMERS 表中的所有数据，每页最多显示 5 条记录，如图 12-22 所示。

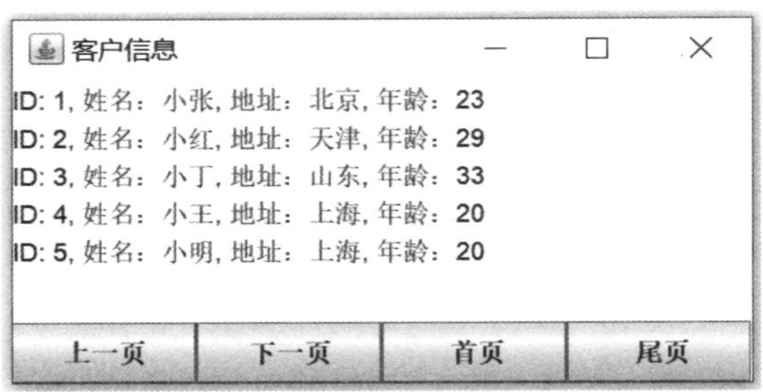

图 12-22　分页显示 CUSTOMERS 表中的所有数据

答案：1．c，d　2．a，b，c　3．a，b，e　4．a，b，d　5．a，d　6．b　7．a，c　8．c　9．c　10．a，b，d　11．a，c，

13．参见配套源代码包的 sourcecode/chapter12/src/exercise 目录下的 DBService.java 和 CustomerGUI.java 源文件。

编程提示：DBService 类负责访问 CUSTOMERS 表，CustomerGUI 类负责生成图形用户界面，展示 CUSTOMERS 表中的数据。

第 13 章 基于MVC和RMI的分布式应用

MVC 是 Model-View-Controller 的简称，即模型-视图-控制器。MVC 是 Xerox PARC 在 80 年代为编程语言 Smalltalk-80 发明的一种软件设计模式，至今已被广泛使用。

本章首先介绍了 MVC 设计模式的概念，然后创建了一个基于 MVC 的 Java 应用，并且在这个 Java 应用中引入了 RMI 框架，把模型作为远程对象分布到服务器端，把视图和控制器分布到客户端，从而创建了分布式的 Java 应用。

13.1 MVC 设计模式简介

MVC 把应用程序分成 3 个核心模块：模型（Model）、视图（View）和控制器（Controller），它们分别担当不同的任务。图 13-1 展示了这几个模块各自的功能以及它们的相互关系。

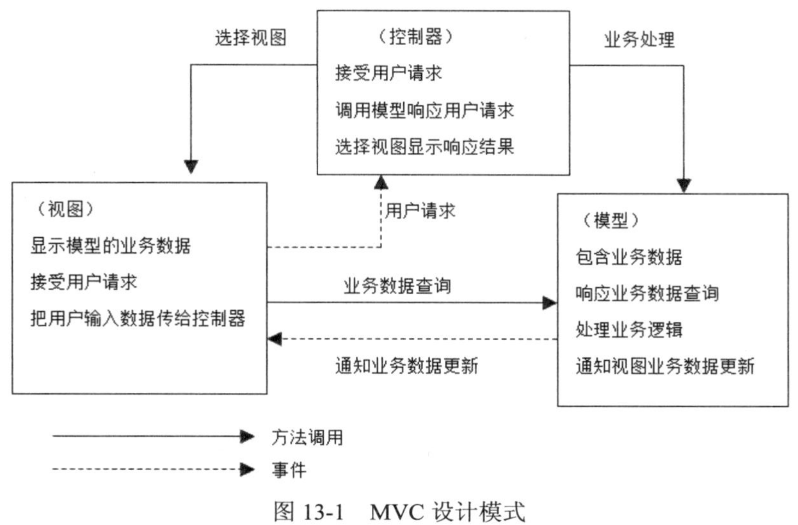

图 13-1　MVC 设计模式

1. 视图

视图是用户看到并与之交互的界面。视图向用户展示用户感兴趣的业务数据，并能接收用户的输入数据，但是视图并不进行任何实际的业务处理。视图可以向模型查询业务数据，但不能直接改变模型中的业务数据。视图还能接受模型发出的业务数据更新事件，从而对用户界面进行同步更新。

视图既可以是网页，也可以是由 Java Swing 组件构建的图形用户界面。本章范例中的视图是图形用户界面。

2．模型

模型是应用程序的主体部分。模型表示业务数据和业务逻辑。一个模型能为多个视图提供业务数据。同一个模型可以被多个视图重用。

3．控制器

控制器接受用户的输入并调用模型和视图去完成用户的请求。当用户在视图上选择按钮或菜单后，控制器接收请求并调用相应的模型组件去处理请求，然后调用相应的视图来显示模型返回的数据。

如图 13-2 所示，MVC 的 3 个模块也可以被看作软件的 3 个层次，最上层为视图层，中间为控制器层，下层为模型层。总的说来，层与层之间为自上而下的依赖关系，下层组件为上层组件提供服务。视图层与控制器层依赖模型层来处理业务逻辑和提供业务数据。此外，层与层之间还存在两处自下而上的调用，一处是控制器层调用视图层来显示业务数据，还有一处是模型层通知客户层同步刷新界面。为了提高每个层的独立性，应该使每个层对外公开接口，封装实现细节。

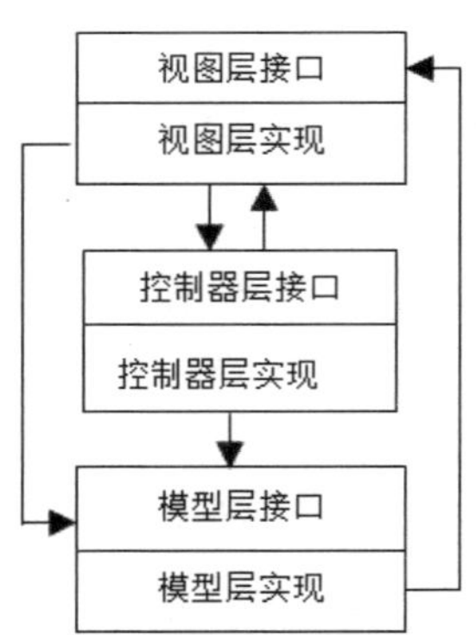

图 13-2　MVC 的 3 个模块也可以被看作软件的 3 个层次

4．MVC 处理过程

如图 13-3 所示，首先，用户在视图提供的界面上发出请求，视图把请求转发给控制器，然后控制器调用相应的模型来处理用户请求，模型进行相应的业务逻辑处理，并返回数据。最后控制器调用相应的视图来显示模型返回的数据。

5．MVC 的优点

首先，多个视图能共享一个模型。在 MVC 设计模式中，模型响应用户请求并返回响应数据，视图负责格式化数据并把它们呈现给用户，业务逻辑处理和业务数据展示分离，同一个模型可以被不同的视图重用，大大提高了模型层的程序代码的可重用性。

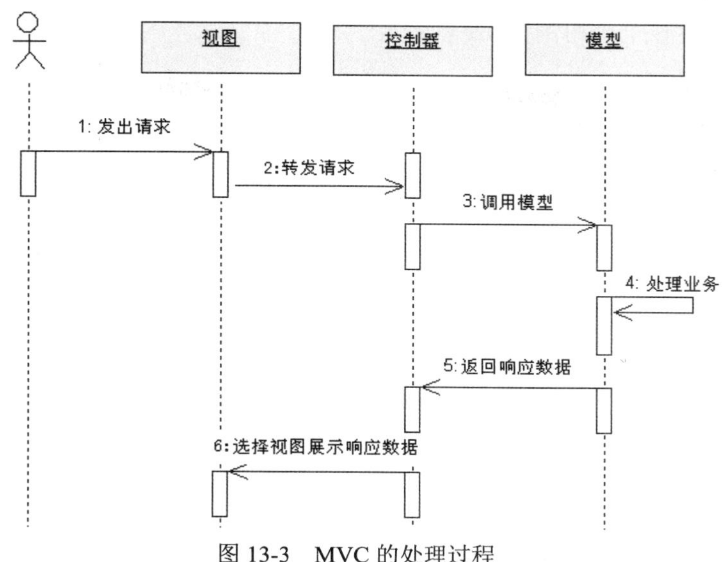

图 13-3　MVC 的处理过程

其次，模型是自包含的，与控制器和视图保持相对独立，因此可以方便地改变应用程序的业务数据和业务规则。如果把数据库从 MySQL 移植到 Oracle，或者把关系数据库系统（RDBMS）数据源改变成轻量级目录访问协议（Lightweight Directory Access Protocol，LDAP）数据源，那么只需改变模型即可。一旦正确地实现了模型，不管业务数据来自数据库还是 LDAP 服务器，视图都会正确地显示它们。由于 MVC 的 3 个模块相互独立，改变其中一个不会影响其他两个，所以依据这种设计思想能构造良好的松耦合的组件。

此外，控制器提高了应用程序的灵活性和可配置性。控制器可以被用来连接不同的模型和视图去完成用户的需求，控制器为构造应用程序提供了强有力的重组手段。给定一些可重用的模型和视图，控制器可以根据用户的需求选择适当的模型进行业务逻辑处理，然后选择适当的视图将处理结果显示给用户。

6．MVC 的适用范围

使用 MVC 需要精心的设计，由于它的内部原理比较复杂，所以需要花费一些时间去理解它。将 MVC 运用到应用程序中，会带来额外的工作量，增加应用的复杂性，所以 MVC 不适合小型应用程序。

但对于开发存在大量用户界面，并且业务逻辑复杂的大型应用程序，MVC 将会使软件在健壮性、代码重用和结构方面上一个新的台阶。尽管在最初构建 MVC 框架时会花费一定的工作量，但从长远角度看，它会大大提高后期软件开发的效率。

13.2　store 应用简介

本章介绍的 Java 应用实现了一个商店的客户管理系统，本书把此应用简称为 store 应用。store 应用包含以下功能，每一个功能按照统一建模语言（Unified Modeling Language，

UML）术语可被称作一个用例（Use Case）。

- 创建新客户。
- 删除客户。
- 更新客户的信息。
- 根据客户 ID 查询特定客户的详细信息。
- 列出所有客户的清单。

store 应用使用 MySQL 数据库服务器，store 应用的永久业务数据都存放在 STOREDB 数据库，其中 CUSTOMERS 表用来存放客户信息，它的定义如下。

```
create table CUSTOMERS (
  ID bigint not null auto_increment primary key,
  NAME varchar(16) not null,
  AGE INT,
  ADDRESS varchar(255)
);
```

STOREDB 数据库的创建过程参见本书 12.2 节（安装和配置 MySQL 数据库）。图 13-4 是 store 应用的类框图。其中 ConnectionPool 接口、ConnectionPoolImpl2 类、ConnectionProvider 类和 PropertyReader 类都来自于本书第 12 章。ConnectionPool 接口表示连接池，负责为模型提供数据库连接。StoreException 类是异常类，例程 13-1 是它的源程序。

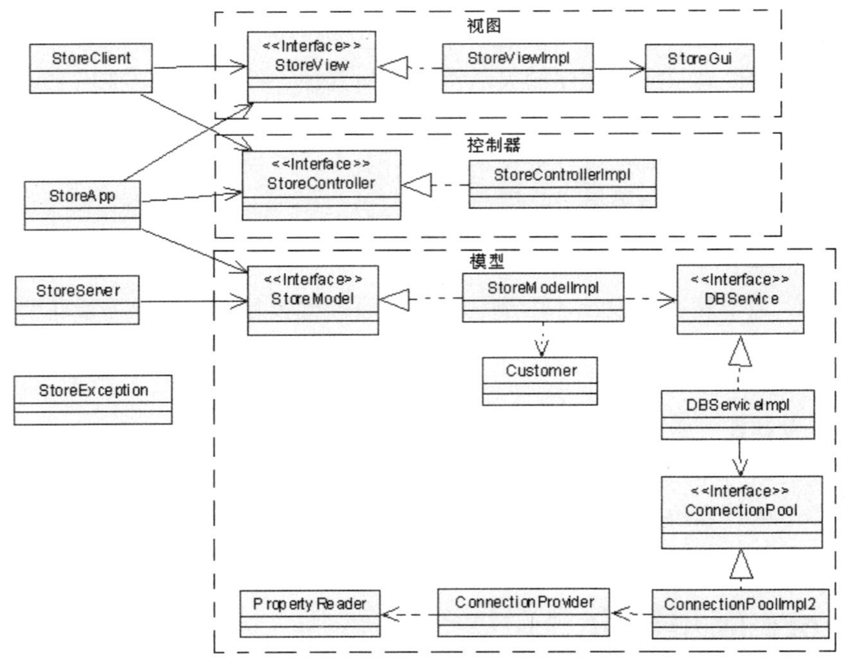

图 13-4　store 应用的类框图

例程 13-1　StoreException.java

```
package store;
```

```
public class StoreException extends Exception{
  public StoreException() {
    this("StoreException");
  }
  public StoreException(String msg) {
    super(msg);
  }
}
```

当模型层处理业务逻辑时出现错误，就会抛出 StoreException，例如：

```
public void deleteCustomer(Customer cust)
                         throws StoreException,RemoteException{
  try{
    if(!idExists(cust.getId())){
      throw new StoreException("Customer "+cust.getId()+" not found");
    }
    String sql="delete from CUSTOMERS where ID="+cust.getId();
    dbService.modifyTable(sql);
    fireModelChangeEvent(cust);
    }catch(Exception e){
      e.printStackTrace();
      throw new StoreException("StoreDbImpl.deleteCustomer\n"+e);
    }
}
```

Customer 类与数据库中的 CUSTOMERS 表对应，它表示 store 应用的业务数据。模型层负责把 Customer 对象保存到数据库中，以及从数据库中加载特定的 Customer 对象。视图层则负责在图形界面上展示 Customer 对象的信息，以及接收用户输入的 Customer 对象的信息。例程 13-2 是 Customer 类的源程序。

例程 13-2　Customer.java

```
package store;
import java.io.*;
public class Customer implements Serializable {
  private long id;
  private String name="";
  private String addr="";
  private int age;
  public Customer(long id,String name,String addr,int age) {
    this.id=id;
    this.name=name;
    this.addr=addr;
    this.age=age;
  }
```

```
    public Customer(long id){
      this.id=id;
    }
    public Long getId(){
      return id;
    }

    public String getName(){
      return name;
    }

    public void setName(String name){
      this.name=name;
    }
    ......
    public String toString(){
      return "Customer: "+id+" "+name+" "+addr+" "+age;
    }
  }
```

在分布式运行环境中，Customer 对象会从服务器端被传送到客户端，也会从客户端被传送到服务器端。Customer 类实现了 java.io.Serializable 接口，从而保证 Customer 对象可以在网络上被传输。

store 应用包括 3 个核心接口。

- StoreView 接口：视图层的接口，负责生成与用户交互的图形界面。
- StoreController 接口：控制器层的接口，负责调用模型和视图。
- StoreModel 接口：模型层的接口，负责处理业务逻辑，访问数据库。

例程 13-3 是 StoreView 接口的源程序。它包括 3 个方法。

- addUserGestureListener(StoreController ctrl)方法：在视图中注册处理各种用户动作（比如用户按下【查询客户】按钮）的控制器，参数 ctrl 指定控制器。
- showDisplay(Object display)方法：在图形界面上显示数据，参数 display 指定待显示的数据。
- handleCustomerChange()方法：当模型层修改了数据库中某个客户的信息，同步刷新视图的图形界面。

例程 13-3　StoreView.java

```
package store;
import java.rmi.*;
public interface StoreView extends Remote{
  /** 注册处理用户动作的监听器，即 StoreController 控制器 */
  public void addUserGestureListener(StoreController ctrl)
                        throws StoreException,RemoteException;

  /** 在图形界面上显示数据， 参数 display 表示待显示的数据 */
```

```
  public void showDisplay(Object display)
                    throws StoreException,RemoteException;

  /** 当模型层修改了数据库中某个客户的信息，同步刷新视图层的图形界面 */
  public void handleCustomerChange(Customer cust)
                   throws StoreException,RemoteException;
}
```

以上 StoreView 接口的 handleCustomerChange()方法由模型调用，在分布式运行环境中，模型位于服务器层，视图位于客户层。为了使模型能回调 StoreView 对象的 handleCustomerChange()方法，特地把 StoreView 接口设计为远程接口，handleCustomerChange()方法是远程方法，声明抛出 RemoteException。13.7 节的图 13-14 展示了模型对视图的回调过程。

例程 13-4 是 StoreController 接口的源程序。用户在视图提供的图形界面上会执行各种操作，比如按下【查询客户】【添加客户】【删除客户】和【更新客户】按钮，StoreController 接口中声明了一系列 handleXXX()方法，它们分别响应用户在图形界面做出的某种动作。

例程 13-4　StoreController.java

```
package store;
public interface StoreController {
  /** 处理根据 ID 查询客户的动作 */
  public void handleGetCustomerGesture(long id);
  /** 处理添加客户的动作 */
  public void handleAddCustomerGesture(Customer c);
  /** 处理删除客户的动作 */
  public void handleDeleteCustomerGesture(Customer c);
  /** 处理更新客户的动作 */
  public void handleUpdateCustomerGesture(Customer c);
  /** 处理列出所有客户清单的动作 */
  public void handleGetAllCustomersGesture();
}
```

例程 13-5 是 StoreModel 接口的源程序。StoreModel 接口中声明了操纵数据库的一系列方法，这些方法用于添加、更新、删除和查询数据库中的客户信息。此外，StoreModel 接口的 addChangeListener(StoreView sv)方法被用于在模型中注册视图，当模型修改了数据库中的客户信息，就可以回调所有注册过的视图的 handleCustomerChange(Customer cust)方法，以便同步刷新所有的视图。

例程 13-5　StoreModel.java

```
package store;
import java.rmi.*;
import java.util.*;
public interface StoreModel extends Remote {
  /** 注册视图，以便当模型修改了数据库中的客户信息时，
```

```
    可以回调视图的刷新界面的方法 */
  public void addChangeListener(StoreView sv)
          throws StoreException,RemoteException;

  /** 向数据库中添加一个新的客户 */
  public void addCustomer(Customer cust)
          throws StoreException,RemoteException;

  /** 从数据库中删除一个客户 */
  public void deleteCustomer(Customer cust)
          throws StoreException,RemoteException;

  /** 更新数据库中的客户 */
  public void updateCustomer(Customer cust)
          throws StoreException,RemoteException;

  /** 根据参数 id 检索客户 */
  public Customer getCustomer(long id)
          throws StoreException,RemoteException;

  /** 返回数据库中所有的客户清单 */
  public Set<Customer> getAllCustomers()
          throws StoreException,RemoteException;
}
```

图 13-5 显示了 store 应用根据用户指定的 ID 查询客户详细信息的时序图。

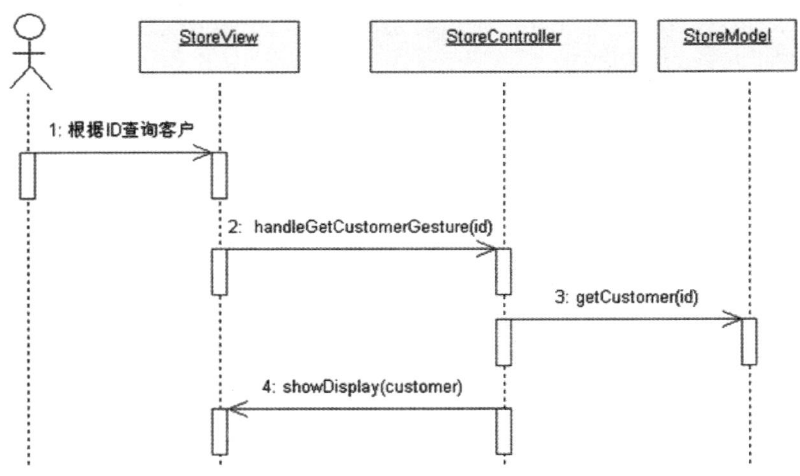

图 13-5 根据用户指定的 ID 查询客户详细信息的时序图

用户在视图的图形界面上输入 ID，然后按下【查询客户】按钮，StoreView 调用 StoreController 的 handleGetCustomerGesture(id)方法处理用户的请求，StoreController 调用 StoreModel 的 getCustomer(id)方法从数据库中获得相应的客户信息。StoreController 接着调用 StoreView 的 showDisplay(customer)方法在图形界面上显示客户信息。

13.3 创建视图

视图包括 StoreView 接口、StoreViewImpl 类和 StoreGui 类。StoreGui 类利用 Swing 组件生成图形用户界面。StoreViewImpl 类实现了 StoreView 接口，StoreViewImpl 类依赖 StoreGui 类生成图形界面，并且委托 StoreController 来处理 StoreGui 界面上产生的事件。

图 13-6 和图 13-7 是 store 应用的图形用户界面，图 13-6 显示单个客户详细信息，图 13-7 显示所有客户的清单。

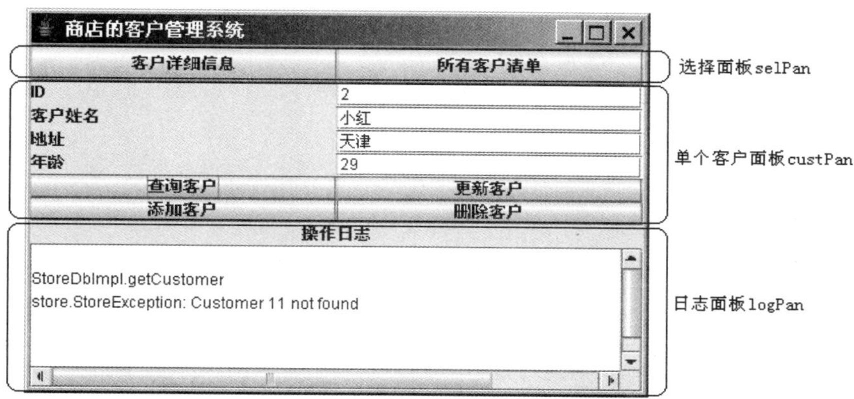

图 13-6 显示单个客户详细信息的图形界面

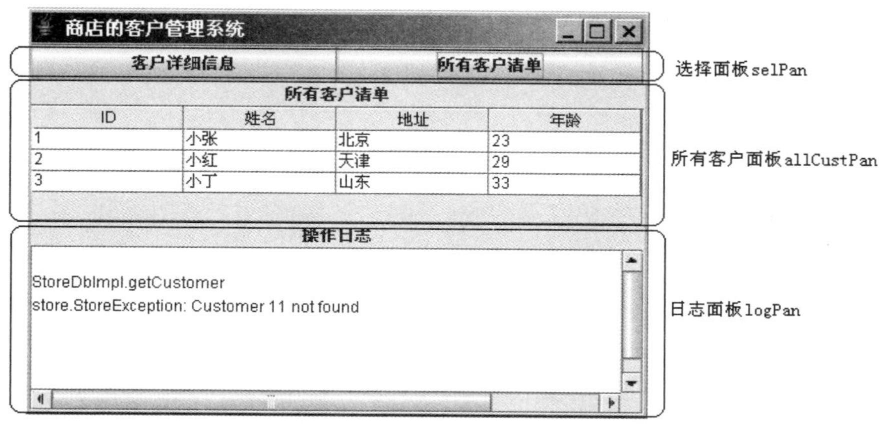

图 13-7 显示所有客户清单的图形界面

store 应用的图形界面主要包括以下面板。

- 选择面板 selPan：位于界面的最顶端，包括【客户详细信息】和【所有客户清单】两个按钮。【客户详细信息】按钮使界面的中央区域显示 custPan 面板，【所有客户清单】按钮使界面的中央区域显示 allCustPan 面板。
- 单个客户面板 custPan：输出或者输入单个客户的详细信息，包括 4 个按钮：【查询客户】【更新客户】【添加客户】和【删除客户】。

- 所有客户面板 allCustPan：用 javax.swing.JTable 组件来显示所有客户的清单。
- 日志面板 logPan：显示操作失败时的错误信息。

StoreGui 类负责生成图 13-6 和图 13-7 所示的图形界面。例程 13-6 是 StoreGui 类的源程序。

例程 13-6 StoreGui.java

```
package store;
//此处省略 import 语句
……
public class StoreGui {
  //界面的主要窗体组件
  protected JFrame frame;
  protected Container contentPane;
  protected CardLayout card=new CardLayout();
  protected JPanel cardPan=new JPanel();

  //包含各种按钮的选择面板上的组件
  protected JPanel selPan=new JPanel();
  protected JButton custBt=new JButton("客户详细信息");
  protected JButton allCustBt=new JButton("所有客户清单");

  //显示单个客户的面板上的组件
  protected JPanel custPan=new JPanel();
  protected JLabel nameLb=new JLabel("客户姓名");
  protected JLabel idLb=new JLabel("ID");
  protected JLabel addrLb=new JLabel("地址");
  protected JLabel ageLb=new JLabel("年龄");

  protected JTextField nameTf=new JTextField(25);
  protected JTextField idTf=new JTextField(25);
  protected JTextField addrTf=new JTextField(25);
  protected JTextField ageTf=new JTextField(25);
  protected JButton getBt=new JButton("查询客户");
  protected JButton updBt=new JButton("更新客户");
  protected JButton addBt=new JButton("添加客户");
  protected JButton delBt=new JButton("删除客户");

  //列举所有客户的面板上的组件
  protected JPanel allCustPan=new JPanel();
  protected JLabel allCustLb=new JLabel(
                "所有客户清单",SwingConstants.CENTER);
  protected JTextArea allCustTa=new JTextArea();
  protected JScrollPane allCustSp=new JScrollPane(allCustTa);

  String[] tableHeaders={"ID","姓名","地址","年龄"};
  JTable table;
```

```
  JScrollPane tablePane;
  DefaultTableModel tableModel;

  //日志面板上的组件
  protected JPanel logPan=new JPanel();
  protected JLabel logLb=new JLabel("操作日志",SwingConstants.CENTER);

  protected JTextArea logTa=new JTextArea(9,50);
  protected JScrollPane logSp=new JScrollPane(logTa);

  /** 显示单个客户面板 custPan */
  public void refreshCustPane(Customer cust){
    showCard("customer");

    if(cust==null || cust.getId()==-1){
      idTf.setText(null);
      nameTf.setText(null);
      addrTf.setText(null);
      ageTf.setText(null);
      return;
    }
    idTf.setText(Long.valueOf(cust.getId()).toString());
    nameTf.setText(cust.getName().trim());
    addrTf.setText(cust.getAddr().trim());
    ageTf.setText(Integer.valueOf(cust.getAge()).toString());
  }

  /** 显示所有客户面板 allCustPan */
  public void refreshAllCustPan(Set<Customer> custs){
    showCard("allcustomers");
    String newData[][];
    newData=new String[custs.size()][4];
    Iterator<Customer> it=custs.iterator();
    int i=0;
    while(it.hasNext()){
      Customer cust=it.next();
      newData[i][0]=Long.valueOf(cust.getId()).toString();
      newData[i][1]=cust.getName();
      newData[i][2]=cust.getAddr();
      newData[i][3]=Integer.valueOf(cust.getAge()).toString();
      i++;
    }
    tableModel.setDataVector(newData,tableHeaders);
  }

  /** 在日志面板 logPan 中添加日志信息 */
  public void updateLog(String msg){
```

```
    logTa.append(msg+"\n");
  }

  /** 获得客户面板 custPan 上用户输入的 ID */
  public long getCustIdOnCustPan(){
    try{
      return Long.parseLong(idTf.getText().trim());
    }catch(Exception e){
      updateLog(e.getMessage());
      return -1;
    }
  }

  /** 获得单个客户面板 custPan 上用户输入的客户信息 */
  public Customer getCustomerOnCustPan(){
    try{
      return new Customer(Long.parseLong(idTf.getText().trim()),
        nameTf.getText().trim(),addrTf.getText().trim(),
        Integer.parseInt(ageTf.getText().trim()));
    }catch(Exception e){
      updateLog(e.getMessage());
      return null;
    }
  }

  /** 显示单个客户面板 custPan 或者所有客户面板 allCustPan */
  private void showCard(String cardStr){
    card.show(cardPan,cardStr);
  }

  /** 构造方法 */
  public StoreGui(){
    buildDisplay();
  }

  /** 创建图形界面 */
  private void buildDisplay(){
   frame=new JFrame("商店的客户管理系统");
   buildSelectionPanel();
   buildCustPanel();
   buildAllCustPanel();
   buildLogPanel();

   /** carPan 采用 CardLayout 布局管理器，包括 custPan 和 allCustPan 两张卡片 */
   cardPan.setLayout(card);
   cardPan.add(custPan,"customer");
   cardPan.add(allCustPan,"allcustomers");
```

```
  //向主窗体中加入各种面板
  contentPane=frame.getContentPane();
  contentPane.setLayout(new BorderLayout());
  contentPane.add(cardPan,BorderLayout.CENTER);
  contentPane.add(selPan,BorderLayout.NORTH);
  contentPane.add(logPan,BorderLayout.SOUTH);

  frame.pack();
  frame.setDefaultCloseOperation(JFrame.EXIT_ON_CLOSE);
  frame.setVisible(true);
 }

/** 创建选择面板 selPan */
private void buildSelectionPanel(){…}

/** 为选择面板 selPan 中的两个按钮注册监听器 */
public void addSelectionPanelListeners(ActionListener a[]){
  int len=a.length;
  if(len!=2){ return;}

  custBt.addActionListener(a[0]);
  allCustBt.addActionListener(a[1]);
}

/**  创建单个客户 custPan 面板 */
private void buildCustPanel(){…}

/** 为单个客户面板 custPan 中的 4 个按钮注册监听器 */
public void addCustPanelListeners(ActionListener a[]){
   int len=a.length;
   if(len!=4){ return;}

  getBt.addActionListener(a[0]);
  addBt.addActionListener(a[1]);
  delBt.addActionListener(a[2]);
  updBt.addActionListener(a[3]);
 }

/** 创建所有客户 allCustPan 面板 */
private void buildAllCustPanel(){
   allCustPan.setLayout(new BorderLayout());
   allCustPan.add(allCustLb,BorderLayout.NORTH);
   allCustTa.setText("all customer display");

   tableModel=new DefaultTableModel(tableHeaders,10);
   table=new JTable(tableModel);
```

```
        tablePane=new JScrollPane(table);

        allCustPan.add(tablePane,BorderLayout.CENTER);

        Dimension dim=new Dimension(500,150);
        table.setPreferredScrollableViewportSize(dim);
      }

      /** 创建日志面板*/
      private void buildLogPanel(){…}
    }
```

StoreGui 类中的 public 类型的方法可分为 3 类：

（1）让图形界面展示数据的方法，包括以下几种。

- refreshCustPane(Customer cust)：在单个客户面板 custPan 上显示参数 cust 指定的特定客户的信息。
- refreshAllCustPan(Set<Customer> custs)：在所有客户面板 allCustPan 上显示参数 custs 指定的所有客户的信息。
- public void updateLog(String msg)：在日志面板上显示参数 msg 指定的日志信息。

（2）从图形界面上读取数据的方法，包括：

- getCustIdOnCustPan()：读取单个客户面板 custPan 上用户输入的 ID。
- getCustomerOnCustPan() ：读取单个客户面板 custPan 上用户输入的客户信息。

（3）为图形界面上的按钮注册监听器的方法，包括：

- addSelectionPanelListeners(ActionListener a[])：为选择面板 selPan 中的两个按钮注册监听器。
- addCustPanelListeners(ActionListener a[])：为单个客户面板 custPan 中的 4 个按钮注册监听器。

StoreViewImpl 类实现了 StoreView 接口。一个 StoreViewImpl 对象与一个 StoreModel 对象、一个 StoreGui 对象，以及若干 StoreController 对象关联。例程 13-7 是 StoreViewImpl 类的源程序。

例程 13-7　StoreViewImpl.java

```
package store;
//此处省略 import 语句
......
public class StoreViewImpl extends UnicastRemoteObject
implements StoreView,Serializable{
  private transient StoreGui gui;
  private StoreModel storemodel;
  private Object display;

  private ArrayList<StoreController> storeControllers=
             new ArrayList<StoreController>(10);
```

```
public StoreViewImpl(StoreModel model)throws RemoteException {
  try{
     storemodel=model;
     model.addChangeListener(this);  //向 model 注册自身
  }catch(Exception e){
    System.out.println("StoreViewImpl constructor "+e);
  }

  gui=new StoreGui();
  //向图形界面注册监听器
  gui.addSelectionPanelListeners(selectionPanelListeners);
  gui.addCustPanelListeners(custPanelListeners);
}

/** 注册控制器*/
public void addUserGestureListener(StoreController b)
                  throws StoreException,RemoteException{
  storeControllers.add(b);
}
/** 在图形界面上展示参数 display 指定的数据 */
public void showDisplay(Object display)
                 throws StoreException,RemoteException{
  if(!(display instanceof Exception))this.display=display;

  if(display instanceof Customer){
     gui.refreshCustPane((Customer)display);
  }
  if(display instanceof Set){
     gui.refreshAllCustPan((Set<Customer>)display);
  }
  if(display instanceof Exception){
     gui.updateLog(((Exception)display).getMessage());
  }
}

/** 刷新界面上的客户信息*/
public void handleCustomerChange(Customer cust)
                 throws StoreException,RemoteException{
   long cIdOnPan=-1;

  try{
    if(display instanceof Set){
       gui.refreshAllCustPan(storemodel.getAllCustomers());
       return;
    }
    if(display instanceof Customer){
```

```
        cIdOnPan=gui.getCustIdOnCustPan();
        if(cIdOnPan!=cust.getId())return;

        gui.refreshCustPane(cust);
      }
    }catch(Exception e){
      System.out.println("StoreViewImpl processCustomer "+e);
    }
  }

  /** 监听图形界面上【查询客户】按钮的 ActionEvent 的监听器 */
  transient ActionListener custGetHandler=new ActionListener(){
    public void actionPerformed(ActionEvent e){
      StoreController sc;
      long custId;
      custId=gui.getCustIdOnCustPan();

      for(int i=0;i<storeControllers.size();i++){
        sc=storeControllers.get(i);
        sc.handleGetCustomerGesture(custId);
      }
    }
  };

  /** 监听图形界面上【添加客户】按钮的 ActionEvent 的监听器 */
  transient ActionListener custAddHandler=new ActionListener(){…};

  /** 监听图形界面上【删除客户】按钮的 ActionEvent 的监听器 */
  transient ActionListener custDeleteHandler=new ActionListener(){…};

  /** 监听图形界面上【更新客户】按钮的 ActionEvent 的监听器 */
  transient ActionListener custUpdateHandler=new ActionListener(){…};

  /** 监听图形界面上【客户详细信息】按钮的 ActionEvent 的监听器 */
  transient ActionListener custDetailsPageHandler=new ActionListener(){
    public void actionPerformed(ActionEvent e){
      StoreController sc;
      long custId;
      custId=gui.getCustIdOnCustPan();
      if(custId==-1){
        try{
          showDisplay(new Customer(-1));
        }catch(Exception ex){ex.printStackTrace();}
      }else{
        for(int i=0;i<storeControllers.size();i++){
          sc=storeControllers.get(i);
          sc.handleGetCustomerGesture(custId);
```

```
          }
        }
      }
    };

    /** 监听图形界面上【所有客户清单】按钮的 ActionEvent 的监听器 */
    transient ActionListener allCustsPageHandler=new ActionListener(){…};

    /** 负责监听单个客户面板 custPan 上的所有按钮的 ActionEvent 事件的监听器 */
    transient ActionListener custPanelListeners[] =
                {custGetHandler,custAddHandler,
                custDeleteHandler,custUpdateHandler};

    /** 负责监听选择面板 selPan 上的所有按钮的 ActionEvent 事件的监听器 */
    transient ActionListener selectionPanelListeners[]={
      custDetailsPageHandler,allCustsPageHandler};
  }
```

在 StoreViewImpl 类中定义了 6 个 ActionListener 监听器，它们分别监听图形界面上的 6 个按钮发出的 ActionEvent 事件。例如以下 custGetHandler 是【查询客户】按钮发出的 ActionEvent 事件的监听器。

```
  transient ActionListener custGetHandler=new ActionListener(){
    public void actionPerformed(ActionEvent e){
      StoreController sc;
      long custId;
      custId=gui.getCustIdOnCustPan();

      for(int i=0;i<storeControllers.size();i++){
        sc=storeControllers.get(i);
        sc.handleGetCustomerGesture(custId);
      }
    }
  };
```

在以上 actionPerformed()方法中，先从界面上读取用户输入的 ID，然后调用 StoreController 的 handleGetCustomerGesture()方法进行处理。由此可见，视图本身并不处理具体业务逻辑，仅负责输入和输出数据，用户的请求则由控制器来处理。从 13.4 节（创建控制器）的控制器实现中可以看出，控制器实际上也不处理业务逻辑，而是调用模型来处理。

13.4 创建控制器

StoreControllerImpl 类实现了 StoreController 接口。每个 StoreControllerImpl 对象与一个

StoreModel 对象和一个 StoreView 对象关联。例程 13-8 是 StoreControllerImpl 类的源程序。

例程 13-8　StoreControllerImpl.java

```
package store;
import java.util.*;
public class StoreControllerImpl implements StoreController{
  private StoreModel storeModel;
  private StoreView storeView;
  public StoreControllerImpl(StoreModel model, StoreView view ) {
    try{
      storeModel=model;
      storeView=view;
      view.addUserGestureListener(this); //向视图注册控制器自身
    }catch(Exception e){
      reportException(e);
    }
  }

  /** 报告异常信息 */
  private void reportException(Object o){
    try{
      storeView.showDisplay(o);
    }catch(Exception e){
      System.out.println("StoreControllerImpl reportException"+e);
    }
  }

  /** 处理根据 ID 查询客户的动作 */
  public void handleGetCustomerGesture(long id){
    Customer cust=null;
    try{
      cust=storeModel.getCustomer(id);
      storeView.showDisplay(cust);
    }catch(Exception e){
      reportException(e);
      cust=new Customer(id);
      try{
        storeView.showDisplay(cust);
      }catch(Exception ex){
        reportException(ex);
      }
    }
  }

  /** 处理添加客户的动作 */
  public void handleAddCustomerGesture(Customer c){
```

```
    try{
      storeModel.addCustomer(c);
    }catch(Exception e){
      reportException(e);
    }
  }

  /** 处理删除客户的动作 */
  public void handleDeleteCustomerGesture(Customer c){…}

  /** 处理更新客户的动作 */
  public void handleUpdateCustomerGesture(Customer c){…}

  /** 处理列出所有客户清单的动作 */
  public void handleGetAllCustomersGesture(){…}
}
```

StoreControllerImpl 类的 handleGetCustomerGesture(long id)方法处理用户在界面上按下【查询客户】按钮的事件，该方法先调用 StoreModel 对象的 getCustomer(id)方法获得相应的客户信息，然后调用 StoreView 对象的 showDisplay(cust)方法显示客户信息：

```
try{
   cust=storeModel.getCustomer(id);    //调用模型去处理业务逻辑
   storeView.showDisplay(cust);  //调用视图去显示数据
}catch(Exception e){
   reportException(e);
   ……
}
```

由此可见，控制器是视图与模型之间的调度者，控制器调用模型去处理业务逻辑，并且调用视图去显示数据。

StoreControllerImpl 类会捕获模型抛出的各种异常，然后由 reportException()方法在图形界面上向用户报告异常。

```
private void reportException(Object o){
  try{
    storeView.showDisplay(o);  //调用视图去显示异常
  }catch(Exception e){
    System.out.println("StoreControllerImpl reportException"+e);
  }
}
```

StoreViewImpl 类的 showDisplay()方法不仅能显示客户信息，也能显示异常信息，异常信息在 StoreGui 的日志面板 logPan 中显示。

13.5 创建模型

StoreModelImpl 类实现了 StoreModel 接口。StoreModelImpl 类需要通过 JDBC API 访问数据库。本范例创建了一个 DBService 接口，它对 JDBC API 做了轻量级的封装，主要是封装了 Connection 接口，如图 13-8 所示。

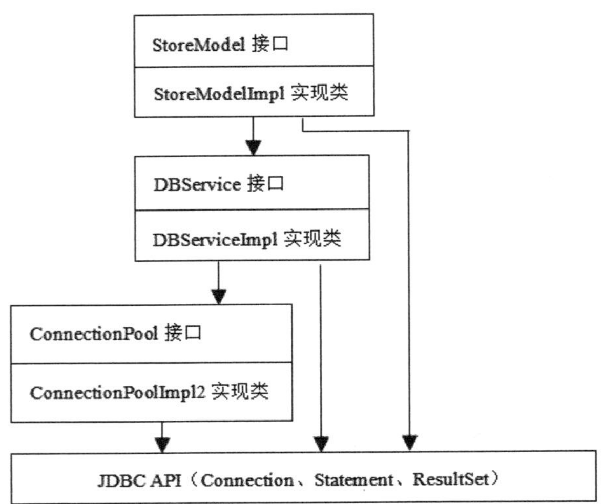

图 13-8　DBService 接口对 JDBC API 做了轻量级封装

例程 13-9 是 DBService 接口的源程序。

例程 13-9　DBService.java

```
package store;
import java.sql.*;
public interface DBService {
  /**  获得 Statement 对象 */
  public Statement getStatement() throws Exception;
  /** 关闭 Statement 对象，以及与之关联的 Connection 对象 */
  public void closeStatement(Statement stmt);
  /** 执行 SQL update、delete 和 insert 语句*/
  public void modifyTable(String sql) throws Exception;
}
```

StoreModelImpl 类通过 DBService 接口来访问数据库。如果要执行 SQL update、delete 和 insert 语句，那么只需调用 DBService 接口的 modifyTable(String sql)方法，如果要执行 SQL select 语句，那么需要调用 DBService 接口的 getStatement()方法得到一个 Statement 对象，然后通过这个 Statement 对象执行 select 语句。当 StoreModelImpl 类使用完包含查询结果的 ResultSet 对象后，应该调用 DBService 接口的 closeStatement()方法关闭 Statement 对象以及与之关联的 Connection 对象。由此可见，StoreModelImpl 类只会访问 JDBC API 中

的 Statement 和 ResultSet 接口，而不会访问 Connection 接口，所以说，DBService 接口对 JDBC API 做了轻量级的封装。

DBServiceImpl 类实现了 DBService 接口，DBServiceImpl 类使用了本书 12.10.1 节（创建数据库连接池）创建的数据库连接池 ConnectionPool，从该连接池中获得连接。例程 13-10 是 DBServiceImpl 类的源程序。

例程 13-10 DBServiceImpl.java

```
package store;
import java.sql.*;
import java.util.*;
import java.io.*;
public class DBServiceImpl implements DBService{
  private ConnectionPool pool; //连接池

  public DBServiceImpl() throws Exception{
    //ConnectionPoolImpl2 连接池实现提供 Connection 对象的动态代理
    pool=new ConnectionPoolImpl2();
  }
  /** 创建并返回一个 Statement 对象 */
  public Statement getStatement() throws Exception{
    return pool.getConnection().createStatement();
  }

  /** 关闭 Statement 对象，以及与之关联的 Connection 对象*/
  public void closeStatement(Statement stmt){
    try{
    }finally{
      try{
        if(stmt!=null){
          Connection con=stmt.getConnection();
          stmt.close();
          //con 引用 Connection 对象的动态代理对象，
          //它的 close()方法把自身放回连接池
          con.close();
        }
      }catch(Exception e){e.printStackTrace();}
    }
  }
  /** 执行 SQL update、delete 和 insert 语句 */
  public void modifyTable(String sql) throws Exception{
    Statement stmt=getStatement();
    try {
       stmt.executeUpdate(sql);
    }finally{closeStatement(stmt);}
  }
}
```

一个 StoreModelImpl 对象与一个 DBService 对象和若干 StoreView 对象关联。例程 13-11 是 StoreViewImpl 类的源程序。

例程 13-11 StoreModelImpl.java

```
package store;
import java.util.*;
import java.sql.*;
import java.rmi.*;
import java.rmi.server.UnicastRemoteObject;
public class StoreModelImpl extends UnicastRemoteObject
                              implements StoreModel{
  private ArrayList<StoreView> changeListeners=
                        new ArrayList<StoreView>(10);
  private DBService dbService;

  public StoreModelImpl()throws StoreException,RemoteException{
    try{
      dbService=new DBServiceImpl();
    }catch(Exception e){
      throw new StoreException("数据库异常");
    }
  }

  /** 判断数据库中是否存在参数指定的客户 ID */
  protected boolean idExists(long id){
    Statement stmt=null;
    try{
      stmt=dbService.getStatement();
      ResultSet result=stmt.executeQuery(
                "select ID from CUSTOMERS where ID="+id);
      return result.next();
    }catch(Exception e){
      return false;
    }finally{
      dbService.closeStatement(stmt);
    }
  }

  /** 注册视图，以便当模型修改了数据库中的客户信息时，
     可以回调视图的刷新界面的方法 */
  public void addChangeListener(StoreView sv)
                        throws StoreException,RemoteException{
    changeListeners.add(sv);
  }

  /** 当数据库中客户信息发生变化时，同步刷新所有的视图 */
  private void fireModelChangeEvent(Customer cust){
```

```
    StoreView v;
    for(int i=0;i<changeListeners.size();i++){
      try{
       v=changeListeners.get(i);
       v.handleCustomerChange(cust);
      }catch(Exception e){
        System.out.println(e.toString());
      }
    }
  }

  /** 向数据库中添加一个新的客户 */
  public void addCustomer(Customer cust)
                   throws StoreException,RemoteException{…}

  /** 从数据库中删除一个客户 */
  public void deleteCustomer(Customer cust)
                   throws StoreException,RemoteException{…}

  /** 更新数据库中的客户 */
  public void updateCustomer(Customer cust)
                   throws StoreException,RemoteException{
    try{
      if(!idExists(cust.getId())){
        throw new StoreException("Customer "+cust.getId()+" not found");
      }
      String sql="update CUSTOMERS set "+
      "NAME='"+cust.getName()+"',"+
      "AGE="+cust.getAge()+","+
      "ADDRESS='"+cust.getAddr()+"' "+
      "where ID="+cust.getId()+"";

      dbService.modifyTable(sql);
      fireModelChangeEvent(cust);  //同步刷新所有视图
    }catch(Exception e){
        throw new StoreException("StoreDbImpl.updateCustomer\n"+e);
    }
  }
  /** 根据参数 id 检索客户 */
  public Customer getCustomer(long id)
                          throws StoreException,RemoteException{
    Statement stmt=null;
    try{
      if(!idExists(id)){
        throw new StoreException("Customer "+id+" not found");
      }
      stmt=dbService.getStatement();
```

```
      ResultSet rs=stmt.executeQuery(
                "select ID,NAME,ADDRESS,AGE from CUSTOMERS"
                +"where ID="+id);
      rs.next();
      return new Customer(rs.getLong(1),rs.getString(2)
                              ,rs.getString(3),rs.getInt(4));
    }catch(Exception e){
      throw new StoreException("StoreDbImpl.getCustomer\n"+e);
    }finally{
      dbService.closeStatement(stmt);
    }
  }

  /** 返回数据库中所有的客户清单 */
  public Set<Customer> getAllCustomers()
                   throws StoreException,RemoteException{…}
}
```

在分布式运行环境中，一个服务器端的 StoreModelImpl 对象会被多个客户端的视图共享。StoreModelImpl 对象的 updateCustomer()、deleteCustomer()和 addCustomer()方法在更新了数据库中的客户信息后，都会调用 fireModelChangeEvent()方法，该方法会同步刷新与 StoreModelImpl 对象关联的所有视图，如果这些视图正在展示的数据刚好和被更新的客户信息有关，那么这些视图就会重新显示最新的客户信息。

13.6 创建独立应用

StoreApp 类表示一个独立的应用程序，它的 main()方法依次创建了 StoreModelImpl、StoreViewImpl 和 StoreControllerImpl 对象，这些对象都位于同一个 Java 虚拟机中。图 13-9 展示了这 3 个对象之间的关联关系。

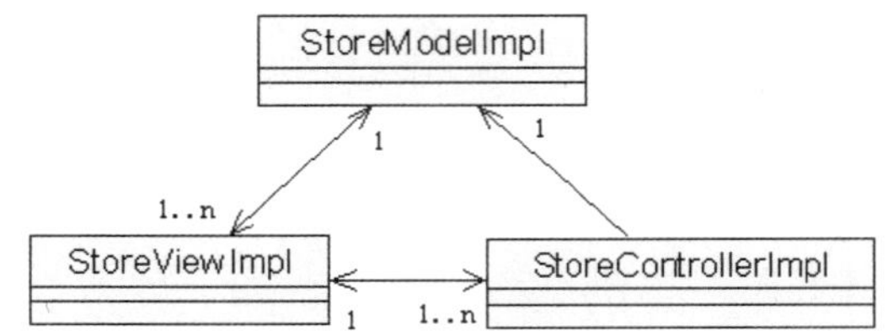

图 13-9 模型、视图和控制器对象之间的关联关系

例程 13-12 是 StoreApp 类的源程序。

例程 13-12 StoreApp.java

```
package store;
public class StoreApp {
  public static void main(String args[])throws Exception{
```

```
    StoreModel model=new StoreModelImpl();
    StoreView view=new StoreViewImpl(model);
    StoreController ctrl=new StoreControllerImpl(model,view);
  }
}
```

store 应用的目录结构如图 13-10 所示。

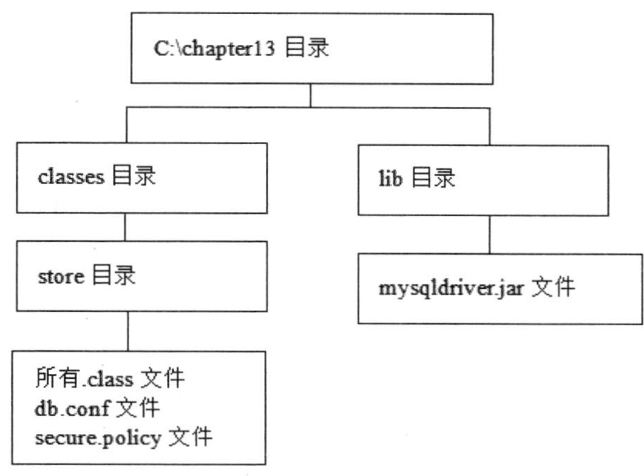

图 13-10　store 应用的目录结构

按如下步骤运行 store 应用。

（1）在 MySQL 中创建 dbuser 用户，口令为 1234，创建 STOREDB 数据库和 CUSTOMERS 表，参见本书 12.2 节（安装和配置 MySQL 数据库）。

（2）在命令行控制台设置 classpath。命令如下。

```
set classpath=C:\chapter13\lib\mysqldriver.jar;C:\chapter13\classes
```

（3）运行命令“java store.StoreApp”，就会出现 13.3 节的图 13-6 所示的图形界面。

图 13-11 显示了执行 StoreApp 类的 main()方法的时序图。

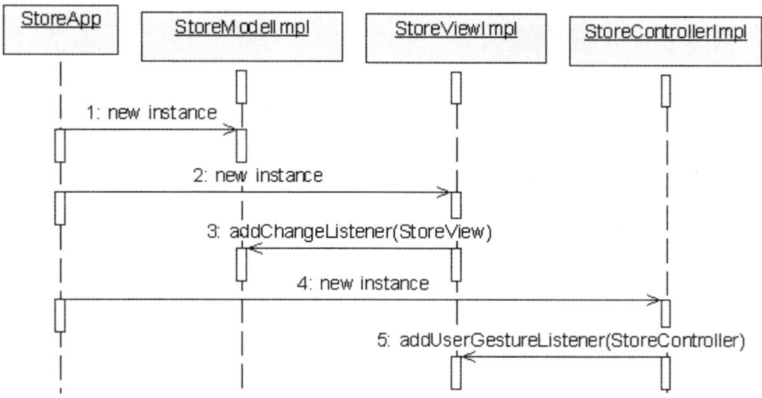

图 13-11　执行 StoreApp 类的 main()方法的时序图

13.7 创建分布式应用

在分布式运行环境中，可以把模型分布在服务器端，视图和控制器分布在客户端。模型可以为多个客户端的视图提供服务。

例程 13-13 的 StoreServer 类是 store 应用的服务器程序，它向 RMI Registry 注册表注册了一个 StoreModel 远程对象。

例程 13-13　StoreServer.java

```
package store;
import java.rmi.*;
import java.rmi.registry.LocateRegistry;
import java.rmi.registry.Registry;
public class StoreServer {
  public static void main( String args[] ){
    try{
      System.setProperty("java.security.policy",
            StoreServer.class.getResource("secure.policy").toString());
      if (System.getSecurityManager() == null) {
        System.setSecurityManager(new SecurityManager());
      }
      StoreModel storeModel=new StoreModelImpl();
      Registry registry = LocateRegistry.createRegistry(1099);
      registry.rebind( "storeModel", storeModel );
      System.out.println( "服务器注册了 StoreModel 对象" );
    }catch( Exception e ){
      e.printStackTrace();
    }
  }
}
```

例程 13-14 的 StoreClient 类是 store 应用的客户程序，它与 13.6 节的例程 13-12 的 StoreApp 类很相似，区别在于 StoreClient 类从服务器上获得 StoreModel 对象的远程引用，而不是像 StoreApp 类那样在本地创建 StoreModel 对象。

例程 13-14　StoreClient.java

```
package store;
import java.rmi.registry.LocateRegistry;
import java.rmi.registry.Registry;
import java.rmi.*;
public class StoreClient {
  public static void main( String args[] ){
    System.setProperty("java.security.policy",
        StoreClient.class.getResource("secure.policy").toString());
```

```
    if (System.getSecurityManager() == null) {
      System.setSecurityManager(new SecurityManager());
    }
    try{
      StoreModel model;
      StoreView view;
      StoreController ctrl;

      Registry registry = LocateRegistry.getRegistry(1099);
      model=(StoreModel)registry.lookup("storeModel");
      view=new StoreViewImpl(model);
      ctrl=new StoreControllerImpl(model,view);
    }catch( Exception e ){
       e.printStackTrace();
    }
  }
}
```

store 应用的目录结构参见 13.6 节的图 13-10。按如下步骤运行分布式的 store 应用。

（1）在 MySQL 中创建 dbuser 用户，口令为 1234，创建 STOREDB 数据库和 CUSTOMERS 表，参见本书 12.2 节（安装和配置 MySQL 数据库）。

（2）在命令行控制台设置 classpath。命令如下。

```
set classpath=C:\chapter13\lib\mysqldriver.jar;C:\chapter13\classes
```

（3）启动 StoreServer 服务器，命令为：start java store.StoreServer。

（4）运行 StoreClient 客户程序，命令为：start java store.StoreClient。

（5）再运行一个 StoreClient 客户程序，命令为：start java store.StoreClient。

以上操作启动了一个 StoreServer 服务器进程和两个 StoreClient 进程，如图 13-12 所示。两个 StoreClient 进程都访问同一个 StoreServer 服务器进程中的模型。

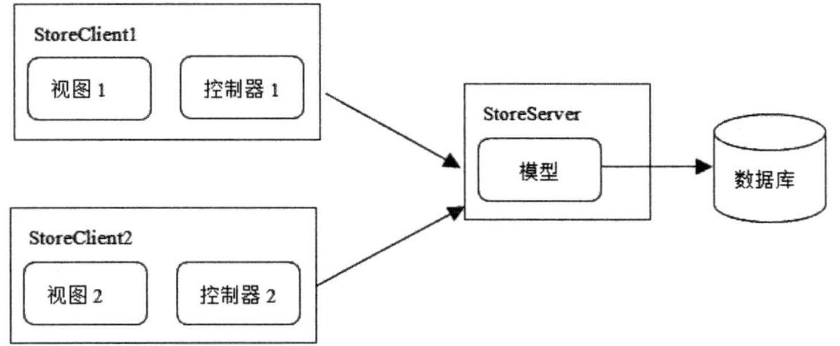

图 13-12　两个 StoreClient 进程都访问同一个 StoreServer 服务器进程中的模型

如图 13-13 所示，在两个 StoreClient 的界面上都查询 ID 为 1 的客户的信息。接下来在 StoreClient1 界面上把客户的地址由原来的“北京”改为“上海”，然后按下【更新客户】按钮，你会发现 StoreClient2 界面上的客户地址也会被自动刷新，显示“上海”。

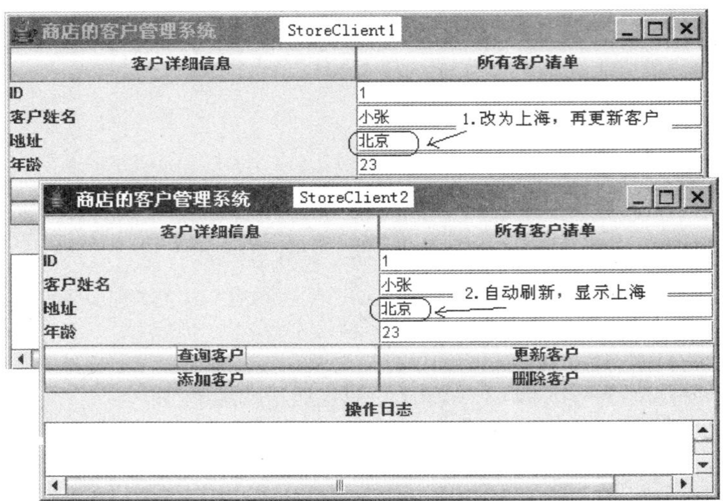

图 13-13　模型同步刷新所有客户端的视图

当 StoreClient1 调用模型的 updateCustomer()方法修改客户信息后，模型会同步刷新所有客户端的视图，使它们显示最新的客户信息。图 13-14 显示了用户在 StoreClient1 的界面上修改客户信息的时序图。图中 StoreView1 和 StoreController1 是 StoreClient1 进程中的视图和控制器，StoreView2 是 StoreClient2 进程中的视图。

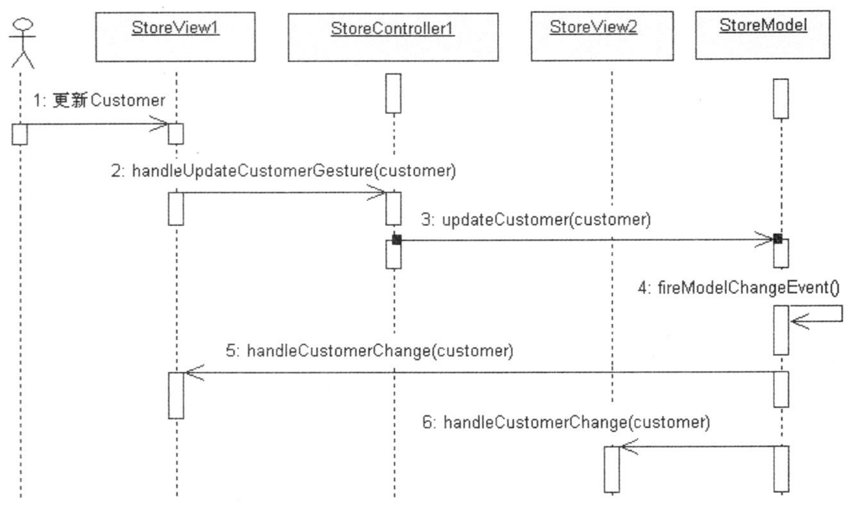

图 13-14　用户在 StoreClient1 的界面上修改客户信息的时序图

13.8　小结

应用软件一般都包含界面、业务逻辑和业务数据。MVC 设计模式把软件应用分为视图、控制器和模型 3 个模块，或者说 3 个层次。视图负责创建界面，并且在界面上展示数据，此外能接收用户的输入数据。模型负责处理业务逻辑，模型一般会访问数据库，向数据库中查询、添加、更新或删除业务数据。控制器是视图与模型之间的调度枢纽，它根据用户的请求，调用模型去执行业务逻辑，并且调用视图去展示模型返回的响应结果。

本章的 store 应用为视图层、控制器层和模型层分别抽象出了 StoreView、StoreController 和 StoreModel 接口，层与层之间通过接口来交互，提高了各个层的独立性，并且削弱了层与层之间的耦合。由于视图、控制器和模型是各自独立的，因此可以方便地把它们分布到网络中的不同机器上。通常，模型是重用性最高的模块，它作为远程对象分布在服务器上，为多个客户端的视图提供服务。

13.9　练习题

1. 以下哪些属于视图的任务？（多选）

   a）展示数据。　　b）选择视图显示响应结果。
   c）处理业务逻辑。　　d）通知视图业务数据更新。
   e）接收用户的输入数据。　　f）触发事件。
   g）调用模型响应用户请求。

2. 以下哪些属于控制器的任务？（多选）

   a）展示数据。　　b）选择视图显示响应结果。
   c）处理业务逻辑。　　d）通知视图业务数据更新。
   e）接收用户的输入数据。　　f）触发事件。
   g）调用模型响应用户请求。

3. 以下哪些属于模型的任务？（多选）

   a）展示数据。　　b）选择视图显示响应结果。
   c）处理业务逻辑。　　d）通知视图业务数据更新。
   e）接收用户的输入数据。　　f）触发事件。
   g）调用模型响应用户请求。

4. MVC 设计模式有哪些优点？（多选）

   a）提高程序代码的可重用性。
   b）提高应用程序的灵活性和可配置性。
   c）软件规模越小，MVC 设计模式越能缩短软件的开发周期。
   d）提高程序代码的可维护性。

5. 对于本章介绍的 store 应用，在运用 RMI 框架时，控制器层位于客户端还是服务器端？

   a）客户端　　b）服务器端

6. 在 MVC 设计模式中，哪个模块的可重用性最高？（单选）

   a）视图　　b）控制器　　c）模型

7. 参照 13.2 节的图 13-5（根据用户指定的 ID 查询客户详细信息的时序图），绘制出用户修改一个客户的信息时的时序图。

8．参考本章的 store 应用，创建一个聊天系统。图 13-15 是聊天系统的界面。

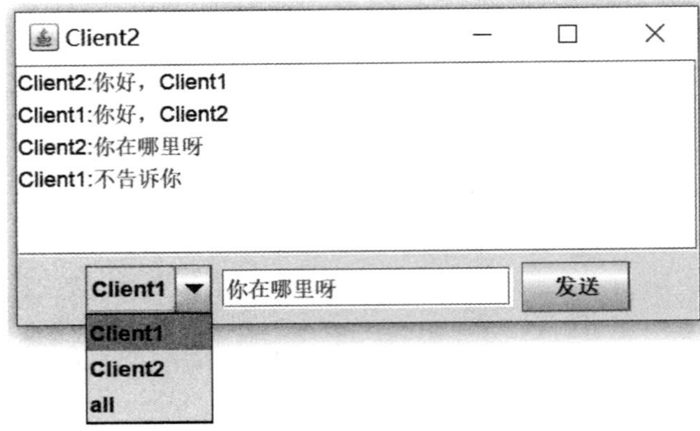

图 13-15　聊天系统的界面

答案：1．a，e，f　2．b，g　3．c，d　4．a，b，d　5．a　6．c

7．如图 13-16 所示。

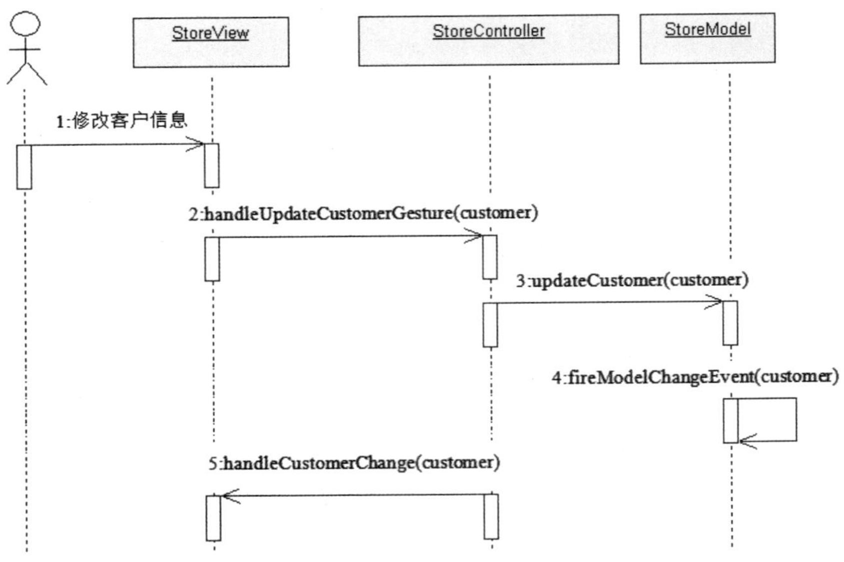

图 13-16　用户修改一个客户信息时的时序图

8．参见配套源代码包的 sourcecode/chapter13/src/exercise 目录下的 ChatView、ChatController、ChatModel 等类。

编程提示：一个视图表示一个聊天客户的界面。模型被多个视图共享，所有视图都向模型注册了自身，即模型持有所有视图的远程引用。模型负责消息的转发，此外，当一个新的客户注册到聊天系统中或者从该系统中注销时，模型会通知所有视图刷新客户名单。模型位于服务器端，视图与控制器位于客户端。

图 13-17 为客户 Client1 给客户 Client2 发送一条消息的时序图。

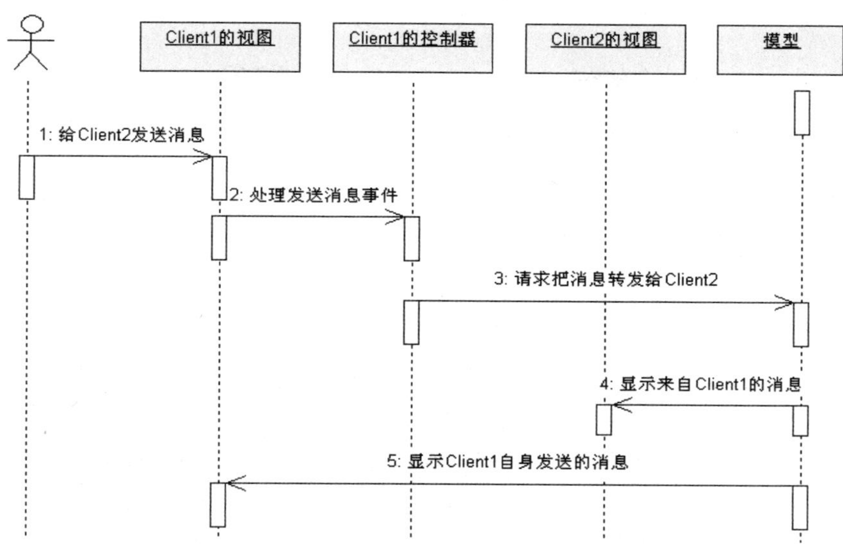

图 13-17　客户 Client1 给客户 Client2 发送一条消息的时序图

模型层的接口 ChatModel 的定义如下。

```
package exercise;
import java.rmi.*;
import java.util.*;

public interface ChatModel extends Remote{
  /**
   *  注册一个聊天客户，为了简化程序，
   *  可以由该方法为客户分配一个临时的唯一的客户名，
   *  比如第 1 个注册的客户为"client1"，第 2 个注册的客户为"client2"，以此类推。
   */
  public String registerClient(ChatView client)throws RemoteException;

  /**  注销一个聊天客户*/
  public void unregisterClient(String client)throws RemoteException;

  /** 转发消息，参数 sendFrom 表示发送者的客户名，
     参数 sendTo 表示接收者的客户名 */
  public void transferMsg(String sendFrom,String sendTo,String msg)
                                             throws RemoteException;
  /** 获得所有聊天客户的客户名 */
  public String[] getClients()throws RemoteException;
}
```

在命令行方式下先运行“start java exercise.ChatServer”启动聊天服务器，接下来再多次运行“start java exercise.ChatClient”，就会启动多个聊天客户程序。

第 14 章 通过 JavaMail API 收发邮件

本章介绍如何利用 JavaMail API 创建邮件服务器的客户程序。邮件客户程序能够连接到邮件服务器，接收和发送邮件，还能管理邮件和邮件夹。本章首先介绍了电子邮件的发送和接收协议，接着介绍了 JavaMail API 的常用类，然后详细讲解了通过 JavaMail API 创建邮件客户程序的基本步骤和高级技巧，包括进行身份认证、创建和解析带附件的邮件，以及操纵邮件夹等。

14.1 E-mail 协议简介

邮件服务器按照提供的服务类型，可以被分为发送邮件服务器（简称发送服务器）和接收邮件服务器（简称接收服务器）。发送邮件服务器使用邮件发送协议，现在常用的是 SMTP，所以通常发送邮件服务器也被称为 SMTP 服务器；接收邮件服务器使用接收邮件协议，常用的有 POP3 和 IMAP，所以通常接收邮件服务器也被称为 POP3 服务器或 IMAP 服务器。各协议的作用如图 14-1 所示。

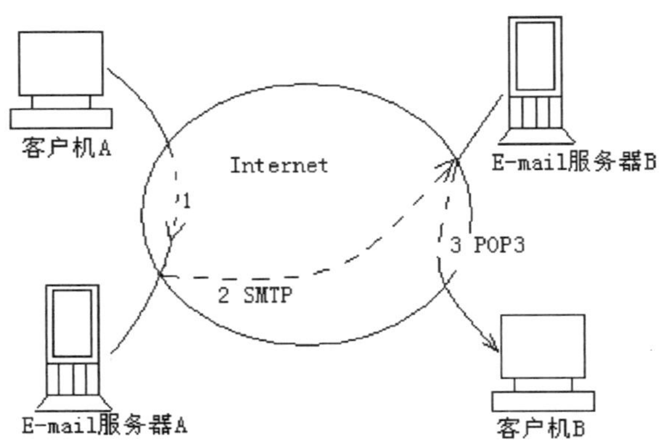

图 14-1　E-mail 系统的工作过程

图 14-1 显示了客户机 A 向客户机 B 发送邮件的过程。邮件服务器 A 是 SMTP 服务器，邮件服务器 B 是 POP3 服务器。客户机 A 首先把邮件发送到服务器 A，服务器 A 采用 SMTP 把邮件发送到服务器 B，服务器 B 采用 POP3 把邮件发送到客户机 B。

14.1.1　SMTP

SMTP（Simple Mail Transfer Protocol），即简单邮件传输协议，是 Internet 传送 E-mail 的基本协议，也是 TCP/IP 组的成员。SMTP 解决邮件系统如何通过一条链路，把邮件从一台机器传送到另一台机器上的问题。

SMTP 的特点是具有良好的可伸缩性，这也是它成功的关键。它既适用于广域网，也适用于局域网。SMTP 由于非常简单，使得它得到了广泛的运用，在 Internet 上能够发送邮件的服务器几乎都支持 SMTP。

下面看一下 SMTP 发送一封邮件的过程。客户端邮件首先到达邮件发送服务器，再由发送服务器负责传送到接收方服务器。在发送邮件前，发送服务器会与接收方服务器联系，以确认接收方服务器是否已准备好接收邮件，如果已经准备好，则传送邮件；如果没有准备好，发送服务器就会等待，并在一段时间后继续与接收方服务器进行联系，若在规定的时间内联系不上，发送服务器就会发送一个消息到客户的邮箱说明这个情况。这种方式在 Internet 中被称为“存储-转发”方式，这种方式会使得邮件在沿途各网点上处于等待状态，直至允许其继续前进。虽然该方式降低了邮件的传送速度，但能极大地提高邮件到达目的地的成功率。

14.1.2　POP3

POP3（Post Office Protocol 3），即邮局协议第 3 版，是 Internet 接收邮件的基本协议，也是 TCP/IP 组的成员。RFC1939 描述了 POP3。

POP3 既可以接收服务器向邮件用户发送的邮件，也可以接收来自 SMTP 服务器的邮件。邮件客户端软件会与 POP3 服务器交互，下载由 POP3 服务器接收到的邮件。由于 POP3 的邮件系统能提供快速、经济和方便的邮件接收服务，所以其深受用户的青睐。

下面看一下用基于 POP3 的邮件系统阅读邮件的过程。用户通过自己所熟悉的邮件客户端软件，例如 Foxmail、Outlook Express 和 MailBox 等，经过相应的参数设置（主要是设置 POP3 邮件服务器的 IP 地址或者域名、用户名及其口令）后，只要选择接收邮件操作，就能够将远程邮件服务器上的所有邮件下载到用户的本地硬盘上。在下载了邮件之后，用户就可以在本地阅读邮件，并且可以删除服务器上的邮件，有些服务器还会自动删除已经被下载的邮件，以便及时释放服务器上的存储空间。用户如果想节省上网费用，那么可以选择在脱机状态下慢慢地阅读本地邮件。

14.1.3　接收邮件的新协议 IMAP

IMAP（Internet Message Access Protocol），即互联网消息访问协议，是一种功能比 POP3 更强大的新的接收邮件协议。目前最新的 IMAP 版本为 IMAP4，RFC2060 描述了 IMAP4。

IMAP4 与 POP3 一样提供了方便的下载邮件服务，允许用户在脱机状态下阅读已经下载到本地硬盘的邮件。但 IMAP4 的功能远远不只这些，它还具有以下功能。

- 摘要浏览邮件的功能。允许用户先阅读邮件的概要信息，比如邮件的到达时间、主题、发件人和邮件大小等，然后做出是否下载邮件的决定。也就是说，用户不必等邮件全部下载完毕才能知道邮件里究竟有什么内容。如果用户根据摘要信息就可以判定某些邮件毫无用处，就可以直接在服务器上把这些邮件删除，而不必浪费宝贵的上网下载邮件的时间。
- 选择性下载附件的功能。举例来说，假如一封邮件里含有大大小小共 5 个附件，而其中只有两个附件是用户需要的，那么用户就可以只下载那两个附件，节省了下载其余 3 个附件的时间。
- 鼓励用户把邮件一直存储在邮件服务器上。用户可以在服务器上建立任意层次结构的邮件夹，并且可以灵活地在邮件夹之间移动邮件，随心所欲地管理远程服务器上的邮件夹。IMAP4 最有可能被那些需要在网上漫游的用户所采用。在多数情况下，漫游用户愿意把他们的邮件保存在邮件服务器上，这样，用户通过任何一台机器的 IMAP4 客户程序，都可以收取远程邮件服务器上的新邮件或查看旧邮件。
- 允许用户把远程邮件服务器上的邮箱作为信息存储工具。一般的 IMAP4 客户软件都支持邮件在本地文件夹和服务器文件夹间随意拖动，让用户得心应手地把本地硬盘上的文件存放到服务器上，然后在需要的时候方便地下载到本地。

14.1.4 MIME 简介

MIME（Multipurpose Internet Mail Extensions，多用途 Internet 邮件扩充标准）不是邮件传输协议，而是邮件格式的规范。RFC2045、RFC2046 和 RFC2047 对 MIME 做了描述。MIME 是对 RFC822 的扩充，RFC822 规定的内容只包括采用 ASCII 编码的纯文本的邮件的格式，而 MIME 允许在邮件中包含附件。MIME 可以将发信人的电子邮件中的文本以及各种附件都打包后发送，传送即时编码，收信人的邮件客户软件收到邮件后也即时解码还原，完全自动化，非常方便。当然先决条件是双方的邮件客户软件都必须支持 MIME 编码，否则发信人很方便地把信送出去了，但收信人的软件如果没有解码功能，无法把它还原，看到的就是一大堆乱码了。

14.2 JavaMail API 简介

邮件客户程序的主要任务是向邮件服务器发送邮件，以及接收来自邮件服务器的邮件。如果用 Java 语言从头编写邮件客户程序，就必须通过 Socket 与邮件服务器通信，发送和接收符合 IMAP、POP3 或 SMTP 的请求和响应信息。

为了简化邮件客户程序的开发，Oracle 公司制定了 JavaMail API，它封装了按照各种邮件通信协议，如 IMAP、POP3 和 SMTP，与邮件服务器通信的细节，为 Java 应用程序提供了收发电子邮件的公共接口，如图 14-2 所示。

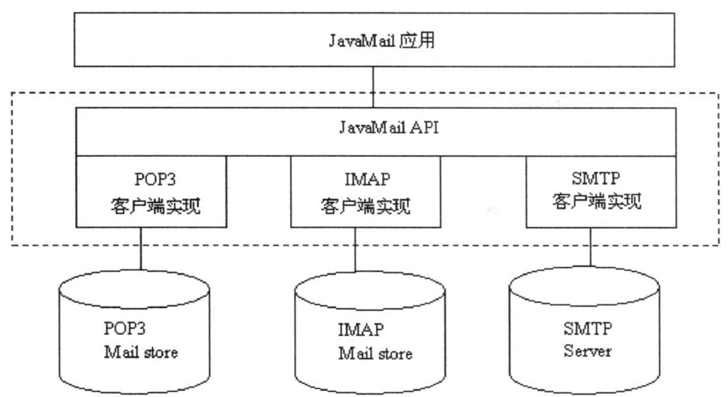

图 14-2　JavaMail API 封装了与邮件服务器通信的细节

本章把使用了 JavaMail API 的程序简称为 JavaMail 应用。JavaMail API 主要位于 javax.mail 包和 javax.mail.internet 中，图 14-3 为其中主要类的类框图。

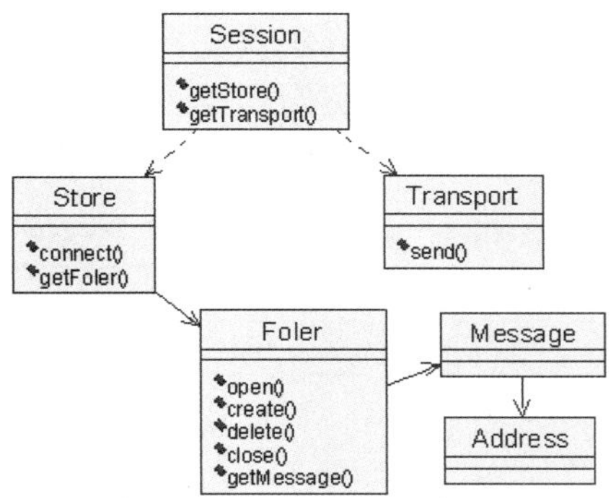

图 14-3　JavaMail API 的主要类

1．javax.mail.Session 类

Session 类表示邮件会话，是 JavaMail API 的最高层入口类。Session 对象从 java.util.Properties 对象中获取配置信息，如邮件发送服务器的主机名或 IP 地址、接收邮件的协议、发送邮件的协议、用户名、口令及在整个应用程序中共享的其他信息。

2．javax.mail.Store 类

Store 类表示接收邮件服务器上的注册账号的存储空间，通过 Store 类的 getFolder()方法，可以访问用户的特定邮件夹。

3．javax.mail.Folder 类

Folder 类代表邮件夹，邮件都放在邮件夹中，Folder 类提供了管理邮件夹以及邮件的各种方法。

4．javax.mail.Message 类

Message 类代表电子邮件。Message 类提供了读取和设置邮件内容的方法。邮件主要包含以下内容。

- 地址信息：包括发件人地址、收件人地址列表、抄送地址列表和广播地址列表。
- 邮件标题。
- 邮件发送和接收日期。
- 邮件正文（包括纯文本和附件）。

Message 是个抽象类，常用的具体子类为 Javax.mail.internet.MimeMessage。MimeMessage 是正文部分符合 MIME 协议的电子邮件。

5．javax.mail.Address 类

Address 类代表邮件地址，和 Message 类一样，Address 类也是个抽象类。常用的具体子类为 javax.mail.internet.InternetAddress 类。

6．javax.mail.Transport 类

Transport 类根据指定的邮件发送协议（通常是 SMTP），通过指定的邮件发送服务器来发送邮件。Transport 类是抽象类，它的静态方法 send(Message)负责发送邮件。

Oracle 公司为 JavaMail API 提供了参考实现，该实现支持 POP3、IMAP 和 SMTP。此外，一些第三方也实现了 JavaMail API，它们对其他邮件协议提供了支持。表 14-1 列出了 JavaMail API 的一些实现软件。

表 14-1　JavaMail API 的实现软件

软　件	提　供　者	支持的邮件协议	许　可　权
JavaMail	Oracle	SMTP,POP3,IMAP	自由
JavaMail/Exchange Service Provider（JESP）	Intrinsyc Software	Microsoft Exchange	收费
JDAVMail	Luc Claes	Hotmail	LGPL
GNU JavaMail	GNU	POP3,NNTP,SMTP, IMAP,mbox,maildir	GPL

14.3　建立 JavaMail 应用程序的开发环境

JDK 中并不包含 JavaMail API 及其实现的类库。为了开发 JavaMail 应用程序，需要从 Oracle 官方网站下载 JavaMail API 及其实现的类库，该类库由两个 JAR 文件组成: mail.jar 和 activation.jar。另外，为了运行本章介绍的程序，还应该准备好可以访问的邮件服务器。

14.3.1　获得 JavaMail API 的类库

可以到 Oracle 官方网站下载最新的 JavaMail API 的类库文件。下载完毕，解压 javamail_X.zip 压缩文件，就会获得 mail.jar 文件，它包含了 JavaMail API 中所有的接口和类，并且包含了 Oracle 提供的 JavaMail API 的实现。

除了 mail.jar，还需要到 Oracle 官方网站下载最新的 JavaBean Activation Framework

（JavaBean 激活框架）的类库文件。JavaMail API 的实现依赖于 JavaBean 激活框架。下载完框架软件包后，解压 jaf_X.zip 文件，就会获得 activation.jar 文件，它包含了 JavaBean 激活框架中所有的接口和类。

此外，在本书配套源代码包的 sourcecode/chapter14/lib 目录下也提供了 mail.jar 和 activation.jar 文件。

14.3.2　安装和配置邮件服务器

为了运行本章介绍的程序，应该准备好可以访问的邮件服务器。本书选用 Merak 邮件服务器，它是一个商业邮件服务器，支持 STMP、POP3 和 IMAP。在本书技术支持网站上提供了本章范例使用的 Merak 邮件服务器试用版本的安装软件的压缩包。

在安装 Merak 邮件服务器的过程中会出现用户信息输入窗口，提示输入姓名、E-mail、公司和国家信息，只需要输入你的真实信息即可，如图 14-4 所示。

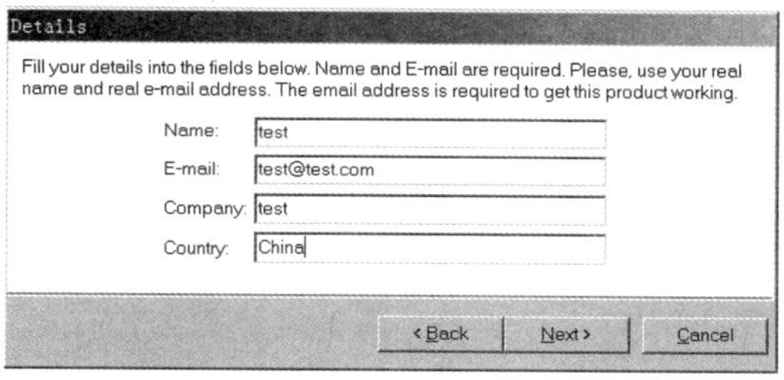

图 14-4　用户信息输入窗口

在最后的安装向导阶段，会出现如图 14-5 所示的 Domain 配置窗口（不同的 Merak 安装版本的配置界面可能不太一样），此时提供如下配置信息。

```
Hostname: mail.mydomain.com
Domain: mydomain.com
Username: admin
Password: 1234
```

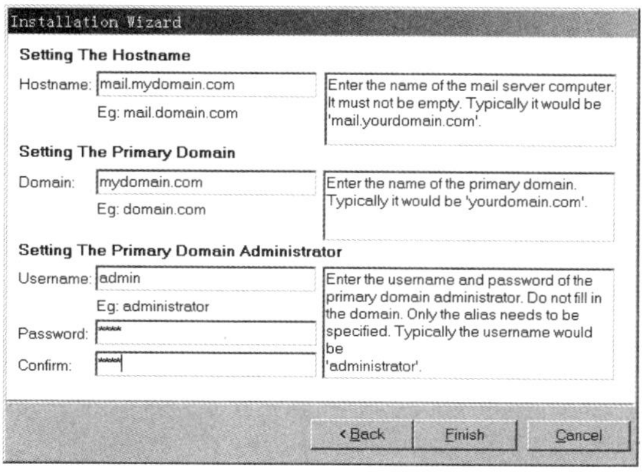

图 14-5　Domain 配置窗口

该邮件服务器安装软件会自动在 Window 操作系统中加入邮件发送和接收服务，发送邮件采用 SMTP，接收邮件支持 POP3 和 IMAP，如图 14-6 所示。每次启动操作系统时，都会自动运行这两项服务。

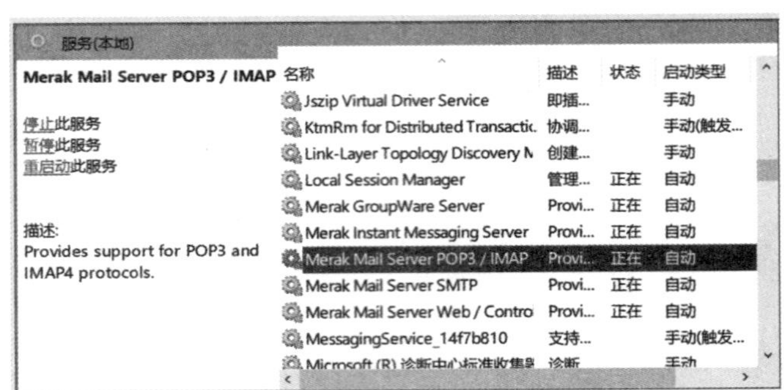

图 14-6　Merak 邮件服务器在 Window 操作系统中加入邮件发送和接收服务

邮件服务器安装好以后，选择 Window 操作系统的【开始】→【Merak Mail Server】→【Merak Mail Server Administration】菜单，将运行邮件服务器的管理程序，在【Domains & Accounts】→【Management】→【Users】栏目下，会看到已经配置的一个邮件账号：admin@mydomain.com，修改这个账号的接收邮件协议属性，把原来默认的 POP3 改为 IMAP，如图 14-7 所示。

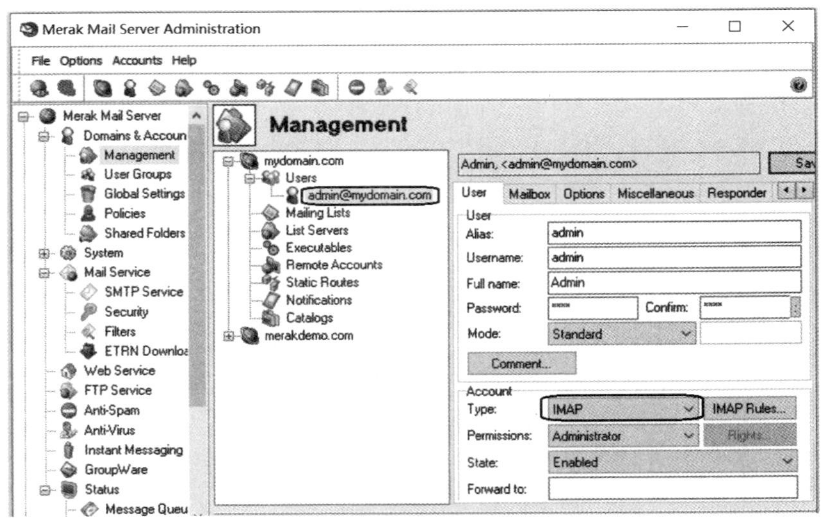

图 14-7　在邮件服务器的管理窗口修改 admin 用户的接收邮件协议

Merak 邮件服务器已经被更名为 IceWarp 邮件服务器，它是商业化软件，可以从它的新的官方网站下载最新的免费试用版本。

把邮件用户的接收邮件协议改为 IMAP，这是因为 IMAP 比 POP3 向用户提供更多的对邮件服务器上邮件以及邮件夹的控制权限。

这样，邮件服务器就安装配置成功了，下面将通过 Java 程序来访问在邮件服务器上的 admin@mydomain.com 账户。

14.4　创建 JavaMail 应用程序

假定邮件服务器安装在本地计算机上，那么客户程序访问接收邮件服务器的 admin@mydomain.com 账户时需要提供如下信息。

```
String hostname = "localhost";
String username = "admin";
String password = "1234";
```

JavaMail 应用程序在初始化过程中需要执行如下步骤。

（1）设置 JavaMail 属性。

```
Properties  props = new Properties();
props.put("mail.transport.protocol", "smtp");
props.put("mail.store.protocol", "imap");
props.put("mail.smtp.class", "com.sun.mail.smtp.SMTPTransport");
props.put("mail.imap.class", "com.sun.mail.imap.IMAPStore");
props.put("mail.smtp.host", hostname);
```

以上代码设置了如下 JavaMail 属性。

- mail.transport.protocol：指定邮件发送协议；默认值为“smtp”。
- mail.store.protocol：指定邮件接收协议。
- mail.smtp.class：指定支持 SMTP 的 Transport 具体类，允许由第三方提供。默认值为“com.sun.mail.smtp.SMTPTransport”。
- mail.imap.class：指定支持 IMAP 的 Store 具体类，允许由第三方提供。默认值为“com.sun.mail.imap.IMAPStore”。
- mail.smtp.host：指定采用 SMTP 的邮件发送服务器的 IP 地址或主机名。

如果在程序中希望以上某些属性采用其默认值，那么可以不必调用 props.put()方法来显式设置该属性。

（2）调用 javax.mail.Session 类的静态方法 Session.getDefaultInstance()获得 Session 实例，该方法根据已经配置的 JavaMail 属性来创建 Session 实例。

```
Session mailsession = Session.getDefaultInstance(props);
```

（3）调用 Session 的 getStore(String protocol)方法来获得 Store 对象，参数 protocol 指定接收邮件协议。

```
Store store = mailsession.getStore("imap");
```

步骤（1）把 mail.imap.class 属性设为 com.sun.mail.imap.IMAPStore，因此以上 getStore()

方法返回 com.sun.mail.imap.IMAPStore 类的实例。

（4）调用 Store 对象的 connect()方法连接到接收邮件服务器。调用 connect()方法时，应该指定接收邮件服务器的主机名或 IP 地址、用户名和口令。

```
store.connect(hostname,username, password);
```

获得了 Store 对象后，就可以通过它来访问邮件服务器上的特定邮件账号了。通常会对邮件账号执行以下操作。

（1）创建并发送邮件。

```
//创建邮件
msg = new MimeMessage(mailsession);
InternetAddress[] toAddrs =
   InternetAddress.parse("admin@mydomain.com", false);
//设置邮件接收者
msg.setRecipients(Message.RecipientType.TO, toAddrs);
//设置邮件的主题
msg.setSubject("hello");
//设置邮件的发送者
msg.setFrom(new InternetAddress("admin@mydomain.com"));
//设置邮件的正文
msg.setText("How are you");
//发送邮件
Transport.send(msg);
```

Transport 的静态方法 send(Message)负责发送邮件，邮件发送协议由 mail.transport.protocol 属性指定，邮件发送服务器由 mail.smtp.host 属性指定。

（2）打开 inbox 邮件夹收取邮件:

```
//获得名为"inbox"的邮件夹
Folder folder=store.getFolder("inbox");
//打开邮件夹
folder.open(Folder.READ_ONLY);
//获得邮件夹中的邮件数目
System.out.println("You have "
       +folder.getMessageCount()+" messages in inbox.");
//获得邮件夹中的未读邮件数目
System.out.println("You have "
      +folder.getUnreadMessageCount()
      +" unread messages in inbox.");
```

在 IMAP 中，inbox 邮件夹是邮件账号的保留邮件夹，IMAP 不允许用户删除该邮件夹，邮件服务器把所有接收到的新邮件都存在该邮件夹中。

（3）从邮件夹中读取邮件。

```
//从邮件夹中读取第 1 封邮件
Message msg=folder.getMessage(1);
System.out.println("------the first message in inbox-------");
//获得邮件的发送者、主题和正文
System.out.println("From:"+msg.getFrom()[0]);
System.out.println("Subject:"+msg.getSubject());
System.out.println("Text:"+msg.getText());
```

例程 14-1 的 MailClient 类演示了通过 JavaMail API 来收发邮件的基本方法。

例程 14-1 MailClient.java

```
import javax.mail.*;
import javax.mail.internet.*;
import javax.activation.*;
import java.util.*;

public class MailClient {
  protected Session session;
  protected Store store;
  private String sendHost="localhost"; //发送邮件服务器
  private String receiveHost="localhost"; //接收邮件服务器
  private String sendProtocol="smtp"; //发送邮件协议
  private String receiveProtocol="imap"; //接收邮件协议
  private String username = "admin";
  private String password = "1234";
  private String fromAddr="admin@mydomain.com";  //发送者地址
  private String toAddr="admin@mydomain.com"; //接收者地址

  public void init()throws Exception{
    //设置 JavaMail 属性
    Properties props = new Properties();
    props.put("mail.transport.protocol", sendProtocol);
    props.put("mail.store.protocol", receiveProtocol);
    props.put("mail.smtp.class", "com.sun.mail.smtp.SMTPTransport");
    props.put("mail.imap.class", "com.sun.mail.imap.IMAPStore");
    props.put("mail.smtp.host", sendHost); //设置发送邮件服务器

    //创建 Session 对象
    session = Session.getDefaultInstance(props);
    session.setDebug(true); //输出跟踪日志

    //创建 Store 对象
    store = session.getStore(receiveProtocol);
    //连接到收邮件服务器
    store.connect(receiveHost,username,password);
  }
```

```
public void close()throws Exception{
  store.close();
}
public void sendMessage(String fromAddr,String toAddr)
                                   throws Exception{
  //创建一个邮件
  Message msg = createSimpleMessage(fromAddr,toAddr);
  //发送邮件
  Transport.send(msg);
  System.out.println("邮件发送完毕");
}

public Message createSimpleMessage(String fromAddr,String toAddr)
                                            throws Exception{
  //创建一封纯文本类型的邮件
  Message msg = new MimeMessage(session);
  InternetAddress[] toAddrs =InternetAddress.parse(toAddr, false);
  msg.setRecipients(Message.RecipientType.TO, toAddrs);
  msg.setSentDate(new Date());
  msg.setSubject("hello");
  msg.setFrom(new InternetAddress(fromAddr));
  msg.setText("How are you");
  return msg;
}
public void receiveMessage()throws Exception{
  browseMessagesFromFolder("inbox");
}

public void browseMessagesFromFolder(String folderName)
                                    throws Exception{
  Folder folder=store.getFolder(folderName);
  if(folder==null)
    throw new Exception(folderName+"邮件夹不存在");
  browseMessagesFromFolder(folder);
}

public void browseMessagesFromFolder(Folder folder)
                                 throws Exception{
  folder.open(Folder.READ_ONLY);
  System.out.println("You have "+folder.getMessageCount()
                             +" messages in "+folder.getName());
  System.out.println("You have "
      +folder.getUnreadMessageCount()+" unread messages in "
      +folder.getName());

  //读邮件
  Message[] messages=folder.getMessages();
```

```
    for(int i=1;i<=messages.length;i++){
      System.out.println("------第"+i+"封邮件-------");
      //打印邮件信息
      folder.getMessage(i).writeTo(System.out);
      System.out.println();
    }
    //关闭邮件夹，但不删除邮件夹中标记为"DELETED"的邮件
    folder.close(false);
  }

  public static void main(String[] args)
                      throws Exception {
    MailClient client=new MailClient();
    client.init();
    client.sendMessage(client.fromAddr,client.toAddr);
    client.receiveMessage();
    client.close();
  }
}
```

以上 init()方法调用 Session 的 setDebug(true)方法，使得 JavaMail API 的实现在运行过程中会输出日志，在默认情况下不会输出日志。以上 browseMessagesFromFolder()方法调用了 Message 类的 writeTo(OuputStream out)方法，该方法把邮件的内容写到 out 参数指定的输出流。

编译和运行本程序时，应该把 mail.jar 和 activation.jar 加入 classpath 中。假定 MailClient.class 文件位于 C:\chapter14\classes 目录下，那么 mail.jar 和 activation.jar 文件位于 C:\chapter14\lib 目录下。按如下步骤运行 MailClient 类。

（1）设置 classpath，命令如下。

```
set classpath=C:\chapter14\classes;C:\chapter14\lib\mail.jar;
          C:\chapter14\lib\activation.jar
```

（2）运行命令：java MailClient。程序的打印结果如下。

```
You have 1 messages in inbox.
You have 1 unread messages in inbox.
------第 1 封邮件-------
Received: from sun-40e58tuehxr ([127.0.0.1])
        by mail.mydomain.com (Merak 8.3.8) with ESMTP id KZT82613
        for <admin@mydomain.com>; Mon, 24 Sep 2018 21:39:13 +0800
Message-ID: <24212267.1165412351903.JavaMail.swq@sun-40e58tuehxr>
Date: Mon, 24 Sep 2018 21:39:11 +0800 (CST)
From: admin@mydomain.com
To: admin@mydomain.com
Subject: hello
Mime-Version: 1.0
```

```
Content-Type: text/plain; charset=us-ascii
Content-Transfer-Encoding: 7bit

How are you
```

14.5 身份验证

Store 类的 connect()方法以特定用户的身份连接到接收邮件服务器。

```
store.connect(hostname,username, password);
```

以上代码把用户名和口令作为硬编码写入程序中。而在实际应用中，往往希望在连接邮件服务器时，弹出一个对话框，提示用户输入用户名和口令。为了达到这一效果，需要按照以下步骤创建和使用 javax.mail.Authenticator 类。

（1）创建一个 javax.mail.Authenticator 类的子类（假定名为 MailAuthenticator），实现 getPasswordAuthentication()方法。

（2）创建 MailAuthenticator 对象，并且把它作为参数传给 Session 的 getDefaultInstance()方法。

```
Authenticator ma=new MailAuthenticator();
Session session = Session.getDefaultInstance(props,ma);
```

（3）连接到接收邮件服务器时，把用户名和口令设为 null。

```
store.connect(receiveHost,null, null);
```

当程序执行 store.connect(receiveHost,null,null)方法时，会调用 MailAuthenticator 对象的 getPasswordAuthentication()方法，该方法返回一个 PasswordAuthentication 对象，它包含了用户名和口令信息。

例程 14-2 是 MailAuthenticator 类的源程序。

例程 14-2　MailAuthenticator.java

```
import javax.mail.*;
import java.awt.event.*;
import java.awt.*;
import javax.swing.*;

public class MailAuthenticator extends Authenticator {
  //输入用户名和口令的对话框
  private JDialog passwordDg=new JDialog(new JFrame(),true);
  private JLabel mainLb=new JLabel("请输入用户名和口令：");
  private JLabel userLb=new JLabel("用户名：") ;
```

```
    private JLabel passwordLb=new JLabel("口令: ");
    private JTextField userTfd=new JTextField(20);
    private JPasswordField passwordPfd=new JPasswordField(20);
    private JButton okBt=new JButton("ok");

    public MailAuthenticator(){
      this("");
    }
    public MailAuthenticator(String username){
      Container container=passwordDg.getContentPane();
      container.setLayout(new GridLayout(4,1));
      container.add(mainLb);

      JPanel userPanel=new JPanel();
      userPanel.add(userLb);
      userPanel.add(userTfd);
      userTfd.setText(username);
      container.add(userPanel);

      JPanel passwordPanel=new JPanel();
      passwordPanel.add(passwordLb);
      passwordPanel.add(passwordPfd);
      container.add(passwordPanel);

      JPanel okPanel=new JPanel();
      okPanel.add(okBt);
      container.add(okPanel);

      passwordDg.pack();

      ActionListener al=new ActionListener(){
        public void actionPerformed(ActionEvent e){
          passwordDg.setVisible(false);
        }
      };

      userTfd.addActionListener(al);
      passwordPfd.addActionListener(al);
      okBt.addActionListener(al);
    }

    public PasswordAuthentication getPasswordAuthentication() {
      passwordDg.setVisible(true);
      String password=new String(passwordPfd.getPassword());
      //及时清除用户名和口令信息
      String username=userTfd.getText();
      passwordPfd.setText("");
```

```
      return new PasswordAuthentication(username,password);
    }
  }
```

以上 getPasswordAuthentication()方法先弹出接收用户名和口令的对话框，接下来创建并返回一个 PasswordAuthentication 对象，它包含了用户输入的用户名和口令信息。

例程 14-3 的 MailClientAuth 类依赖 MailAuthenticator 类来进行连接邮件服务器时的身份验证。

例程 14-3　MailClientAuth.java

```
import javax.mail.*;
import javax.mail.internet.*;
import javax.activation.*;
import java.util.*;

public class MailClientAuth extends MailClient{
  private Authenticator ma;
  private String sendHost="localhost";
  private String receiveHost="localhost";
  private String receiveProtocol="imap";
  private String fromAddr="admin@mydomain.com";  //发送者地址
  private String toAddr="admin@mydomain.com"; //接收者地址

  public void init()throws Exception{
    //设置属性
    Properties  props = new Properties();
    props.put("mail.smtp.host", sendHost);

    //创建 Session 对象
    ma=new MailAuthenticator();
    session = Session.getDefaultInstance(props,ma);

    //创建 Store 对象
    store = session.getStore(receiveProtocol);
    //连接到邮件服务器
    store.connect(receiveHost,null, null);
  }

  public static void main(String[] args)throws Exception {
    MailClientAuth client=new MailClientAuth();
    client.init();
    client.sendMessage(client.fromAddr,client.toAddr);
    client.receiveMessage();
    client.close();
  }
}
```

以上 MailClientAuth 类继承了 14.4 节的例程 14-1 的 MailClient 类，这可以重用 MailClient 类的部分代码。MailClientAuth 类从 MailClient 类中继承了 receiveMessage()和 sendMessage()等方法，并且覆盖了 init()方法。

运行 MailClientAuth 类，会出现如图 14-8 所示的身份验证对话框，输入用户名“admin”和口令“1234”，就能连接到收邮件服务器，进行收发邮件的操作了。

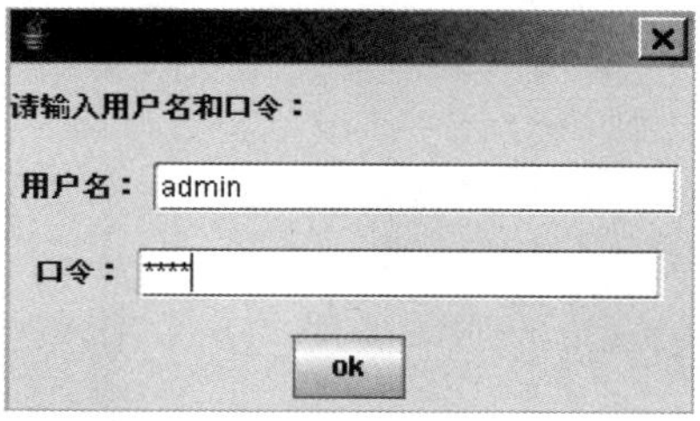

请输入用户名和口令：

用户名：admin

口令：****

ok

图 14-8　身份验证对话框

有些 SMTP 邮件服务器在发送邮件时，也需要身份验证。客户程序可以按照以下步骤通过发送邮件服务器的身份验证。

（1）把 mail.smtp.auth 属性设为 true，表示 SMTP 服务器需要身份验证，该属性的默认值为 false。

```
props.put("mail.smtp.auth","true"); //SMTP 服务器需要身份验证
```

（2）创建一个 javax.mail.Authenticator 类的子类（假定名为 MailAuthenticator），实现 getPasswordAuthentication()方法。

（3）创建 MailAuthenticator 对象，并且把它作为参数传给 Session 的 getDefaultInstance()方法。

```
Authenticator ma=new MailAuthenticator();
Session session = Session.getDefaultInstance(props,ma);
```

（4）通过 Transport 的静态 send()方法发送邮件。

```
Transport.send(msg);
```

14.6　授权码验证

现在有一些公用的邮件服务器，如 QQ 和 126 网易邮件服务器都需要使用授权码验证，才能使用它们的收发邮件服务器。下面以 126 网易邮件服务器为例，介绍如何在 Java Mail 程序中通过它们来收发邮件。首先要在 126 的官方网站上注册邮件账号并设置授权验证码，步骤如下。

（1）在 126 官方网站上注册一个邮件账号，在本范例中，用户名为 java_mailtest。

（2）在 126 官方网站上登入 java_mailtest 的账号中，选择【设置】→【POP3/SMTP/IMAP】菜单，启用这些服务器。如图 14-9 所示。在启用这些服务器时，会提示设置授权验证码，假定授权验证码为“access1234”，如图 14-10 所示。

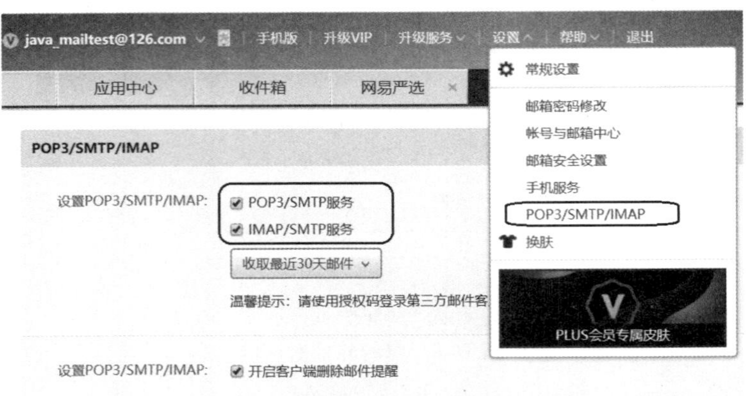

图 14-9　启用收发邮件服务器，允许客户端程序使用这些服务器

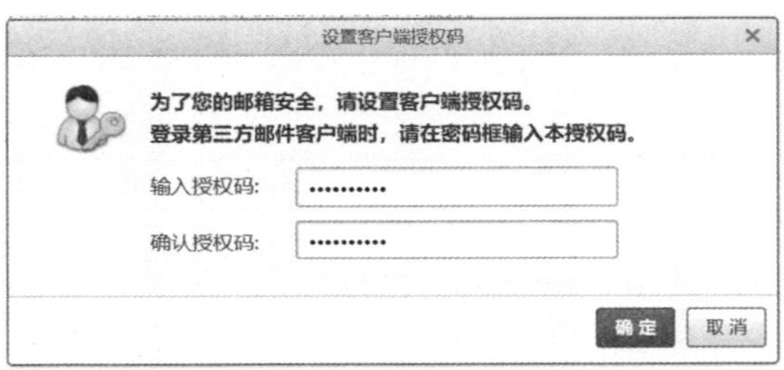

图 14-10　设置客户端授权验证码

例程 14-4 的 MailClientFor126 类利用 126 网易的邮件服务器来收发邮件。接收邮件服务器的主机名为“pop.126.com”，发送邮件服务器的主机名为“smtp.126.com”。在服务器上已经注册了一个用户“java_mailtest”，E-mail 地址为 java_mailtest@126.com，授权验证码为“access1234”。

例程 14-4　MailClientFor126.java

```
import javax.mail.*;
import javax.mail.internet.*;
import javax.activation.*;
import java.util.*;

public class MailClientFor126 extends MailClient{
  private String sendHost="smtp.126.com";
  private String receiveHost="pop.126.com";
  private String receiveProtocol="pop3";
  private String username = "java_mailtest";
  private String accessCode="access1234"; //授权验证码
  private String fromAddr="java_mailtest@126.com";  //发送者地址
  private String toAddr="javathinker_mail@sina.com"; //接收者地址
```

```
  public void init()throws Exception{
    //设置属性
    Properties  props = new Properties();
    props.put("mail.smtp.host", sendHost);
    props.put("mail.smtp.auth","true"); //SMTP 服务器需要授权验证

    session = Session.getDefaultInstance(props);

    // 创建 Store 对象
    store = session.getStore(receiveProtocol);
    //连接到邮件服务器上的账户
    store.connect(receiveHost,username, accessCode);
  }

  public void sendMessage(String fromAddr,String toAddr)
                                  throws Exception{
    //创建一个邮件
    Message msg = createSimpleMessage(fromAddr,toAddr);

    Transport transport = session.getTransport("smtp");
    //连接 SMTP 服务器
    transport.connect(sendHost, username, accessCode);

    //发送邮件
    transport.sendMessage(msg,msg.getAllRecipients());
    System.out.println("邮件发送完毕");
  }
  public static void main(String[] args)throws Exception {
    MailClientFor126 client=new MailClientFor126();
    client.init();
    client.receiveMessage(); //接收邮件
    client.sendMessage(client.fromAddr,client.toAddr);  //发送邮件
    client.close();
  }
}
```

pop.126.com 接收邮件服务器以及 smtp.126.com 发送邮件服务器都需要授权码验证，因此当调用 store.connect()以及 transport.connect()方法时，都设定了授权验证码 accessCode，而不需要提供用户的口令。

读者在运行本程序时，可能会遇到以下异常。

```
Exception in thread "main"
com.sun.mail.smtp.SMTPSendFailedException: 554 DT:SPM
```

这是因为 126 网易服务器开启了防止垃圾邮件的功能。如果大家不断运行此程序来发

送同样的邮件，就会被网易服务器视为垃圾邮件，拒绝发送。因此，建议读者把以上程序中的 toAddr 变量改为其他真实的邮件接收者的 Email 地址，再运行程序，就会成功发送邮件。

14.7 URLName 类

javax.mail.URLName 类表示 URL 的名字，URLName 类与 java.net.URL 类的区别在于以下几点。

- URLName 类不尝试连接目标地址。构造 URLName 对象时，无须指定协议处理器。
- URLName 类可以表示非标准的 URL 地址。比如 URLName 对象可以表示接收邮件服务器上的特定邮件夹，形式如下。

```
协议名://用户名:口令@主机:端口/邮件夹
```

例如，以下 URL 名字用来定位 pop.126.com 邮件服务器上 java_mail 用户的 inbox 邮件夹。

```
pop3://java_mailtest:java1234@pop.126.com:110/inbox。
```

URLName 类与 URL 类一样，两者都提供了解析 URL 名字中各个部分的方法。URLName 类中包括以下 getXXX()方法。

- getProtocol()：获得 URL 名字中的协议。
- getHost()：获得 URL 名字中的主机。
- getUsername()：获得 URL 名字中的用户名。
- getPassword()：获得 URL 名字中的口令。
- getFile()：获得 URL 名字中的文件名或者邮件夹名。

例程 14-5 的 MailClientURLName 类从一个 URLName 对象中获取连接到接收邮件服务器的各种信息。这个 URLName 对象表示的 URL 名字如下。

```
imap://admin:1234@localhost/
```

例程 14-5　MailClientURLName.java

```
import javax.mail.*;
import javax.mail.internet.*;
import javax.activation.*;
import java.util.*;

public class MailClientURLName extends MailClient {
  private String sendHost="localhost"; //发送邮件服务器
  private String receiveHost;
```

```
  private String receiveProtocol; //接收邮件协议
  private String username;
  private String password;
  private String fromAddr="admin@mydomain.com";  //发送者地址
  private String toAddr="admin@mydomain.com"; //接收者地址

  public void init()throws Exception{
    init(new URLName("imap://admin:1234@localhost/"));
  }
  public void init(URLName urlName)throws Exception{
    receiveProtocol=urlName.getProtocol();
    receiveHost=urlName.getHost();
    username=urlName.getUsername();
    password=urlName.getPassword();

    //设置属性
    Properties props = new Properties();
    props.put("mail.smtp.host", sendHost);

    //创建 Session 对象
    session = Session.getDefaultInstance(props);

    //创建 Store 对象
    store = session.getStore(receiveProtocol);
    //连接到邮件服务器
    store.connect(receiveHost,username,password);
  }

  public static void main(String[] args)throws Exception {
    MailClientURLName client=new MailClientURLName();
    client.init();
    client.sendMessage(client.fromAddr,client.toAddr);
    client.receiveMessage();
    client.close();
  }
}
```

例程 14-6 的 MailClientFullURL 类创建了定位到接收邮件服务器上的 inbox 邮件夹的 URLName 对象。

```
URLName urlName=new URLName("imap://admin:1234@localhost/inbox");
```

只要调用 Session 的 getFolder(URLName urlName)方法，就能直接打开 URLName 对象表示的邮件夹。

```
Folder folder=session.getFolder(urlName);
```

例程 14-6　MailClientFullURL.java

```
import javax.mail.*;
import javax.mail.internet.*;
import javax.activation.*;
import java.util.*;

public class MailClientFullURL extends MailClient {
  private Folder folder;
  public void init()throws Exception{
    init(new URLName("imap://admin:1234@localhost/inbox"));
  }
  public void init(URLName urlName)throws Exception{
    //设置属性
    Properties props = new Properties();

    //创建 Session 对象
    session = Session.getDefaultInstance(props);
    folder=session.getFolder(urlName);
    if(folder==null){
      System.out.println(urlName.getFile()+"邮件夹不存在");
      System.exit(0);
    }
   }

  public static void main(String[] args)throws Exception {
    MailClientFullURL client=new MailClientFullURL();
    client.init();
    client.browseMessagesFromFolder(client.folder);
  }
}
```

14.8　创建和读取复杂电子邮件

如图 14-11 所示，按照 MIME 规范，电子邮件包括邮件头和正文两部分。邮件头中包括日期、发送者地址、接收者地址和主题等信息。正文部分可以包括普通文本内容，还可以包括一个或多个附件。

javax.mail.Message 抽象类表示邮件，它的具体子类为 javax.mail.MimeMessage 类，它提供了读取和设置邮件中各个部分的 getXXX()和 setXXX()方法，例如 setSubject(String subject)方法设置邮件的主题，setHeader(String name, String value)方法设置邮件头部的某一项，setContent(Object o, String type)方法设置邮件的正文。

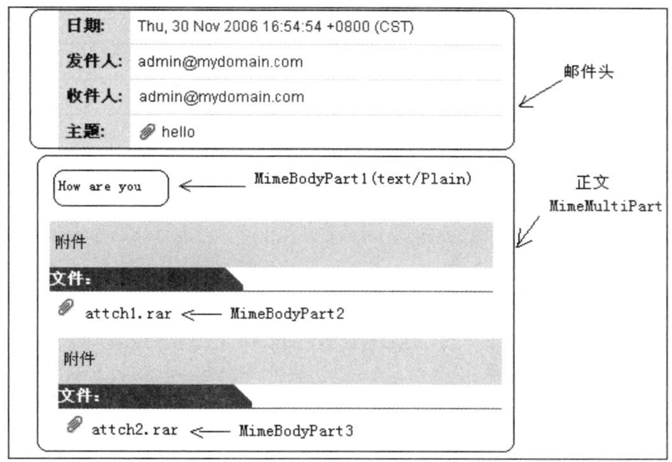

图 14-11　电子邮件的组成

14.8.1　邮件地址

javax.mail.Address 抽象类表示邮件地址，它的最常用的子类是 javax.mail.InternetAddress 类。InternetAddress 类表示 Internet 网上通用的邮件地址，形式为 admin@mydomain.com，或者“Admin<admin@mydomain.com>”。RFC822 规定了这种邮件地址必须遵守的规范。

InternetAddress 类有以下几种 public 类型的构造方法。

```
InternetAddress()
InternetAddress(String address)
InternetAddress(String address, boolean strict)
InternetAddress(String address, String personal)
InternetAddress(String address, String personal, String charset)
```

以上 address 参数指定邮件地址，参数 strict 指定是否严格按照 RFC822 规范来检查邮件地址的合法性。参数 personal 指定邮件地址所属人的名字，参数 charset 指定 personal 参数所用的字符编码。如果 address 参数指定的邮件地址非法，那么 InternetAddress 构造方法会抛出 AddressException。

InternetAddress 类提供了一系列 get 和 set 方法，用来读取和设置 address、personal 和 charset 等属性，例如以下几种。

- getAddress()：读取 address 属性。
- getPersonal()：读取 personal 属性。
- setAddress(String address)：设置 address 属性。
- setPersonal(String personal)：设置 personal 属性。

以下两段代码是等价的。

```
InternetAddress addr=
        new InternetAddress("admin@mydomain.com","Admin");
```

或者：

```
InternetAddress addr=new InternetAddress();
addr.setAddress("admin@mydomain.com");
addr.setPersonal("Admin");
```

InternetAddress 类还有静态的 parse()方法，它能解析字符串形式的邮件地址列表，并返回包括相应的 InternetAddress 对象的数组。parse()方法有两种重载形式。

```
InternetAddress[] parse(String addresslist)
InternetAddress[] parse(String addresslist, boolean strict)
```

以上 addresslist 参数指定邮件地址列表，参数 strict 指定是否严格按照 RFC822 规范来检查邮件地址的合法性。

以下代码返回了一个包含两个 InternetAddress 对象的数组。

```
InternetAddress[] addrs =InternetAddress.parse(
        "admin@mydomain.com,java_mail@citiz.net ", false);
```

MimeMessage 类的以下方法用于读取或设置邮件中的地址信息。

- Address[] getFrom()：读取发送者的邮件地址。
- Address[] getRecipients(Message.RecipientType type)：读取特定接收类型的邮件地址。
- void setFrom(Address address)：设置发送者的邮件地址。
- void setRecipients(Message.RecipientType type, Address[] addresses)：设置特定接收类型的邮件地址，参数 addresses 指定多个接收地址。
- void setRecipients(Message.RecipientType type, String addresses)：设置特定接收类型的邮件地址，参数 addresses 指定一个接收地址。

以上 getRecipients()和 setRecipients()方法都有一个 Message.RecipientType 类型的 type 参数，它用来指定接收地址类型。type 参数有以下可选值。

- Message.RecipientType.TO：主接收地址。
- Message.RecipientType.CC：抄送地址。
- Message.RecipientType.BCC：广播地址。

以下程序代码设置了邮件的各项邮件地址。

```
MimeMessage msg=new MimeMessage(session);
InternetAddress from= new InternetAddress("admin@mydomain.com");
InternetAddress[] to =InternetAddress.parse(
        "admin@mydomain.com,java_mailtest@126.com");
InternetAddress cc= new InternetAddress(
        "javathinker_mail@sina.com");
InternetAddress[] bcc =
      InternetAddress.parse("test1@126.com,test2@126.com");
msg.setFrom(from);
msg.setRecipients(Message.RecipientType.TO, to);
```

```
msg.setRecipients(Message.RecipientType.CC, cc);
msg.setRecipients(Message.RecipientType.BCC, bcc);
```

14.8.2　邮件头部

MimeMessage 类的以下 getXXX()和 setXXX()方法用于读取和设置邮件头部的特定项。

- String[] getHeader(String name)
- void setHeader(String name, String value)

以下两段代码的作用是等价的，都是设置邮件的主题。

```
msg.setHeader("subject","hello");
或者：
msg.setSubject("hello");
```

MimeMessage 类的 getAllHeaders()方法返回一个包含 Header 对象的 Enumeration 对象，每个 Header 对象表示邮件头部的一项。以下程序代码遍历邮件头部的所有项。

```
for(Enumeration<Header> e=msg.getAllHeaders(); e.hasMoreElements();) {
  Header header=e.nextElement();
  System.out.println(header.getName()+":"+header.getValue());
}
```

14.8.3　邮件标记

多数接收邮件服务器允许邮件包含特定的标记信息，这些标记可以使用户更方便地管理邮件。JavaMail API 用 javax.mail.Flags 类的 Flags.Flag 内部类的静态实例来表示标记。

- Flags.Flag.ANSWERED：表示邮件已经回复。该标记由客户程序设置。
- Flags.Flag.DELETED：表示邮件已经被删除。该标记由客户程序设置。
- Flags.Flag.RECENT：表示刚刚被添加到邮件夹的邮件，即最近一次打开邮件夹时，被添加到邮件夹的邮件。该标记由 Folder 类的实现来设置，客户程序只能读取该标记。
- Flags.Flag.FLAGGED：表示邮件已经作了某种标记。客户程序可以设置该标记。
- Flags.Flag.SEEN：表示邮件已经被阅读。该标记由 JavaMail API 的实现来设置。当客户程序调用了邮件的 getContent()方法时，该邮件被加上 Flags.Flag.SEEN 标记。客户程序可以修改这个标记。
- Flags.Flag.DRAFT：表示邮件是草稿。该标记由客户程序设置。
- Flags.Flag.USER：表示邮件所在的邮件夹支持用户自定义的标记。该标记由接收邮件服务器设置，客户程序只能读取该标记。客户程序可以通过 folder.getPermanentFlags().contains(Flags.Flag.USER)方法判断邮件夹是否支持用户自定义的标记。

值得注意的是，并不是所有的接收邮件服务器以及 Java Mai API 的实现都支持以上所有标记。Folder 类的 getPermanentFlags()方法返回一个 Flags 对象，它包含当前 Folder 对象支持的所有标记。Flags 对象充当 Flag 对象的容器，一个 Flags 对象中可以包含若干 Flag 对象。以下程序代码测试 inbox 邮件夹所支持的标记。

```
Folder folder=store.getFolder("inbox");
folder.open(Folder.READ_WRITE);
Flags flags=folder.getPermanentFlags();

Flags.Flag[] sf = flags.getSystemFlags();
for(int i = 0; i < sf.length; i++) {
  if (sf[i] == Flags.Flag.DELETED)
     System.out.println("DELETED");
  else if (sf[i] == Flags.Flag.SEEN)
     System.out.println("SEEN ");
  else if (sf[i] == Flags.Flag.ANSWERED)
     System.out.println("ANSWERED ");
  else if (sf[i] == Flags.Flag.RECENT)
     System.out.println("RECENT ");
  else if (sf[i] == Flags.Flag.DRAFT)
     System.out.println("DRAFT ");
  else if (sf[i] == Flags.Flag.FLAGGED)
     System.out.println("FLAGGED ");
  else if (sf[i] == Flags.Flag.USER)
     System.out.println("USER");
}
```

MimeMessage 类提供了 3 个与标记有关的方法。

- void setFlags(Flags flags,boolean set)：设置或取消一组标记。
- void setFlags(Flags.Flag,boolean set)：设置或取消特定标记。
- boolean isSet(Flags.Flag flag)：查看是否设置了某个标记。

以下两段程序代码是等价的，它们的作用都是为一个邮件设置 SEEN 和 ANSWERED 标记。

```
Flags flags=new Flags();
flags.add(Flags.Flag.SEEN);
flags.add(Flags.Flag.ANSWERED);
msg.setFlags(flags,true);
或者：
msg.setFlags(Flags.Flag.SEEN,true);
msg.setFlags(Flags.Flag. ANSWERED,true);
```

如果邮件所在的邮件夹支持用户标记，则可以通过以下方式为邮件加上具有特殊含义的用户标记：

```
Flags flags=new Flags();
```

```
flags.add("private email");
flags.add("about travelling");
msg.setFlags(flags,true);  //表示这是一封关于旅游的私人信件
```

以下程序代码查看邮件的所有标记。

```
if(msg.isSet(Flags.Flag.DELETED))
  System.out.println("DELETED");
else if(msg.isSet(Flags.Flag.SEEN))
  System.out.println("SEEN");
else if(msg.isSet(Flags.Flag.ANSWERED))
  System.out.println("ANSWERED");
else if(msg.isSet(Flags.Flag.RECENT))
  System.out.println("RECENT");
else if(msg.isSet(Flags.Flag.DRAFT))
  System.out.println("DRAFT");
else if(msg.isSet(Flags.Flag.FLAGGED))
  System.out.println("FLAGGED");
else if(msg.isSet( Flags.Flag.USER)){  //读取用户标记
  String[] userFlags=msg.getFlags().getUserFlags();
  for(int i=0;i<userFlags.length;i++){
    System.out.println("User Flag:"+userFlags[i]);
  }
}
```

14.8.4　邮件正文

邮件正文是邮件中最复杂的一部分，正文可以是纯文本，还可以包括若干附件。JavaMail API 把邮件正文的各个组成部分以及整个邮件都抽象为部件，部件用 javax.mail.Part 接口表示。图 14-12 为 Part 接口及其相关类的类框图。一个 Part 对象和一个 DataHandler 对象关联，DataHandler 对象负责处理部件包含的数据。Part 接口有个子接口：MimePart 接口。MimePart 接口表示符合 MIME 规范的部件。Part 接口有一个实现类 BodyPart。BodyPart 类表示可以作为邮件正文的组成部分的部件。

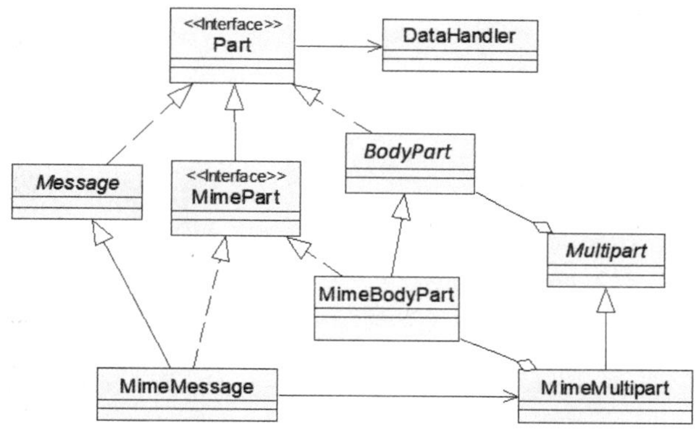

图 14-12　Part 接口及其相关类的类框图

Multipart类表示复合部件，它充当BodyPart部件的容器，它的addBodyPart(BodyPart bp)方法用于加入 BodyPart 部件。如果邮件包含多个部件，那么应该先把这些部件放到一个Multipart对象中，然后调用Message对象的setContent(Multipart mp)方法，把这个Multipart对象作为邮件的正文。

MimeBodyPart 类实现了 MimePart 接口，并继承了 BodyPart 类，因此 MimeBodyPart 对象可以作为 MimeMessage 的正文的组成部分。MimeMultipart 类继承自 Multipart 类，MimeMultipart 对象充当 MimeBodyPart 对象的容器，允许加入多个 MimeBodyPart 对象。MimeMultipart 对象可作为 MimeMessage 的正文。

MimeMessag 类的以下 3 个方法都用于设置正文。

```
void setText(Strint txt)
void setContent(Object o,String type)
void setContent(Multipart mp)
```

如果 MimeMessage 仅包含纯文本内容，那么可以通过以下两种方式设置邮件正文。

```
msg.setText("How are you");
或者
msg.setContent("How are you","text/plain");
```

如果 MimeMessage 的正文包括多个组成部分，既有纯文本内容，也有若干附件，那就应该先创建一个包含正文的各个组成部分的 MimeMultipart 对象，然后调用msg.setContent(Multipart mp)方法，把 MimeMultipart 对象作为邮件的正文。

例程 14-7 的 MailClientSendAttach 类创建了一个如图 14-11 所示的邮件，然后发送该邮件。这封邮件的正文包括 3 个组成部分，分别用 3 个 MimeBodyPart 对象来表示。第 1 个MimeBodyPart 对象表示邮件的纯文本内容，其他两个 MimeBodyPart 对象分别表示两个附件。这些 MimeBodyPart 对象都加入一个 MimeMultipart 对象中。

例程 14-7　MailClientSendAttach.java

```
import javax.mail.*;
import javax.mail.internet.*;
import javax.activation.*;
import java.util.*;

public class MailClientSendAttach extends MailClientFor126{
  private String fromAddr="java_mailtest@126.com";  //发送者地址
  private String toAddr="javathinker_mail@sina.com"; //接收者地址
  private String sendHost="smtp.126.com";
  private String username = "java_mailtest";
  private String accessCode="access1234"; //授权码

  public void sendMessage(String fromAddr,String toAddr)
                              throws Exception{
    //创建一个邮件
```

```
Message msg = new MimeMessage(session);
InternetAddress[] toAddrs =InternetAddress.parse(toAddr, false);
msg.setRecipients(Message.RecipientType.TO, toAddrs);
msg.setSubject("This is a test mail.");
msg.setSentDate(new Date());
msg.setFrom(new InternetAddress(fromAddr));

//以下附件假定位于当前目录下，也可以给定附件的绝对文件路径。
//必须确保当前目录下存在这两个附件，否则程序运行会抛出空指针异常
String attch1="attch1.rar";  //附件 1
String attch2="attch2.rar";  //附件 2

MimeMultipart multipart=new MimeMultipart();

//加入文本内容
MimeBodyPart mimeBodyPart1=new MimeBodyPart();
mimeBodyPart1.setText("How are you");
multipart.addBodyPart(mimeBodyPart1);

//加入第 1 个附件
MimeBodyPart mimeBodyPart2=new MimeBodyPart();
FileDataSource fds=new FileDataSource(attch1); //得到数据源
DataHandler handler=new DataHandler(fds);
mimeBodyPart2.setDataHandler(handler);
mimeBodyPart2.setDisposition(Part.ATTACHMENT);
mimeBodyPart2.setFileName(handler.getName()); //设置文件名
multipart.addBodyPart(mimeBodyPart2);

//加入第 2 个附件
MimeBodyPart mimeBodyPart3=new MimeBodyPart();
fds=new FileDataSource(attch2); //得到数据源
handler=new DataHandler(fds);
mimeBodyPart3.setDataHandler(handler);
mimeBodyPart3.setDisposition(Part.ATTACHMENT);
mimeBodyPart3.setFileName(handler.getName()); //设置文件名
multipart.addBodyPart(mimeBodyPart3);

//设置邮件子类型为"mixed"，即包含多个部件的混合型邮件
multipart.setSubType("mixed");

 //设置邮件的正文
msg.setContent(multipart);

Transport transport = session.getTransport("smtp");
//连接 SMTP 服务器
transport.connect(sendHost, username, accessCode);
```

```
    //发送邮件
    transport.sendMessage(msg,msg.getAllRecipients());
    System.out.println("邮件发送完毕");
  }

  public static void main(String[] args)throws Exception {
    MailClientSendAttach client=new MailClientSendAttach();
    client.init();
    client.sendMessage(client.fromAddr,client.toAddr);
    client.receiveMessage();
    client.close();
  }
}
```

在创建表示附件的 MimeBodyPart 对象时，调用了 MimeBodyPart 类的以下方法。

- setDataHandler(DataHandler dh)：设置附件的数据处理器。
- setDisposition(String disposition)：设置附件的位置，可选值包括 Part.ATTACHMENT 和 Part.INLINE。接收邮件的客户程序可以根据附件的位置来决定如何处理附件，如果位置为 Part.ATTACHMENT，则通常会把附件下载到本地硬盘，如果位置为 Part.INLINE，则在行内显示附件的内容。
- setFileName(String fileName)：设置附件的文件名。

例程 14-8 的 MailClientReadAttach 类的 processMessage(Message msg)方法演示如何解析并处理可能包括附件的邮件。

例程 14-8　MailClientReadAttach.java

```
import javax.mail.*;
import javax.mail.internet.*;
import javax.activation.*;
import java.util.*;
import java.io.*;

public class MailClientReadAttach extends MailClientFor126{
  public void receiveMessage()throws Exception{
    Folder folder=store.getFolder("inbox");
    folder.open(Folder.READ_ONLY);
    System.out.println("You have "
          +folder.getMessageCount()+" messages in inbox.");
    System.out.println("You have "+folder.getUnreadMessageCount()
          +" unread messages in inbox.");

    //读邮件
    Message[] messages=folder.getMessages();
    for(int i=1;i<=messages.length;i++){
      System.out.println("------第"+i+"封邮件-------");
      //处理邮件
```

```
      processMessage(folder.getMessage(i));
      System.out.println();
    }
    //关闭邮件夹，但不删除邮件夹中标记为"DELETED"的邮件
    folder.close(false);
  }

  public static void processMessage(Message msg)throws Exception{
    processMessageHeader(msg);  //处理邮件头部

    Object body=msg.getContent();  //获得邮件正文
    if(body instanceof Multipart){
      processMultipart((Multipart)body);
    }else{
      processPart(msg);
    }
  }

  public static void processMessageHeader(Message msg)throws Exception{
    for(Enumeration<Header> e=msg.getAllHeaders();
                            e.hasMoreElements();) {
      Header header=e.nextElement();
      System.out.println(header.getName()+":"+header.getValue());
    }
  }

  public static void processMultipart(Multipart mp)throws Exception{
    for(int i=0;i<mp.getCount();i++){
      processPart(mp.getBodyPart(i));
    }
  }

  public static void processPart(Part part)throws Exception{
    String fileName=part.getFileName();
    String disposition=part.getDisposition();
    String contentType=part.getContentType();
    System.out.println("fileName="+fileName);
    System.out.println("disposition="+disposition);
    System.out.println("contentType="+contentType);

    if(contentType.toLowerCase().startsWith("multipart/")){
      processMultipart((Multipart)part.getContent());
    }else if(fileName==null
      && (Part.ATTACHMENT.equalsIgnoreCase(disposition)
      || !contentType.toLowerCase().startsWith("text/plain"))){
      fileName=File.createTempFile("attachment",".data").getName();
    }
```

```
    if(fileName==null){ //如果不是附件，就打印到控制台
      part.writeTo(System.out);
      System.out.println();
    }else{
      File file=new File(fileName);
      //创建一个在文件系统中不存在的文件
      for(int i=1;file.exists();i++){
        String newName=i+"_"+fileName;
        file=new File(newName);
      }
      //把附件保存到一个文件中
      OutputStream out=
          new BufferedOutputStream(new FileOutputStream(file));
      InputStream in=new BufferedInputStream(part.getInputStream());
      int b;
      while((b=in.read())!=-1)out.write(b);
      out.close();
      in.close();
    }
  }

  public static void main(String[] args)throws Exception {
    MailClientReadAttach client=new MailClientReadAttach();
    client.init();
    client.receiveMessage();
    client.close();
  }
}
```

processMessage()方法在解析邮件正文时，先判断邮件正文是否是 Multipart 复合部件，然后进行不同的处理。

```
Object body=msg.getContent();  //获得邮件正文
if(body instanceof Multipart){  //如果是复合部件
  processMultipart((Multipart)body);
}else{
  processPart(msg);
}
```

processMultipart()方法在处理 Multipart 复合部件时，依次取出复合部件中的每个 BodyPart 部件，然后处理它们。

```
public static void processMultipart(Multipart mp)throws Exception{
  for(int i=0;i<mp.getCount();i++){
    processPart(mp.getBodyPart(i));
```

```
    }
  }
```

processPart()方法在处理 Part 部件时，先判断其正文是否为 multipart 类型，如果正文是 multipart 类型，就调用 processMultipart((Multipart)part.getContent())方法处理其正文。接下来确定部件的文件名，如果文件名为空，就调用 part.writeTo(System.out)方法，把部件的内容直接打印到控制台。如果文件名不为空，就调用 part.getInputStream()方法，读取部件的数据，并且把数据保存到本地硬盘的文件中。

14.9　操纵邮件夹

多数接收邮件服务器都会为注册的用户提供一个 inbox 邮件夹，用来存放接收到的邮件。此外，IMAP 允许用户直接操纵接收邮件服务器上的邮件夹，包括创建和删除邮件夹、修改邮件夹的名字，删除或复制邮件夹中的邮件等。值得注意的是，IMAP 不允许用户删除 inbox 邮件夹或修改它的名字。

IMAP 允许用户创建树形结构的邮件夹，即父邮件夹下面还可以包括若干子邮件夹。Store 类的 getDefaultFolder()方法返回最顶层的邮件夹，inbox 邮件夹就位于顶层邮件夹下面。以下代码先获得顶层邮件夹，然后调用它的 list()方法，获得它包含的所有子邮件夹，然后打印这些子邮件夹的信息。

```
Folder rootFolder=store.getDefaultFolder();
Folder[] folders=rootFolder.list();
for(int i=0;i<folders.length;i++){
  System.out.println(folders[i]+"邮件夹："
          +folders[i].getMessageCount()+"封邮件");
}
```

Folder 类提供了一系列操纵邮件夹的方法。

- void open(int mode)：打开邮件夹。参数 mode 指定打开邮件夹的模式，可选值包括 Folder.READ_ONLY（只允许读取邮件夹中的邮件）和 Folder.READ_WRITE（允许读取、添加或删除邮件夹中的邮件）。
- boolean isOpen()：判断邮件夹是否打开。
- void close(boolean expunge)：关闭邮件夹。此方法只适用于已经打开的邮件夹。当参数 expunge 为 true 时，会删除邮件夹中所有设置了 Flags.Flag.DELETE 标记的邮件。
- boolean exists()：判断在邮件服务器上是否存在物理上的邮件夹。
- boolean create(int type)：在邮件服务器上创建一个物理邮件夹。 参数 type 指定邮件夹的类型，可选值包括：Folder.HOLDS_FOLDERS（允许包含子邮件夹）和 Folder.HOLDS_MESSAGES（允许包含邮件）。如果邮件夹创建成功，就返回 true。
- boolean delete(boolean recurse)：删除邮件夹。如果删除成功，就返回 true。该方法

只适用于已经关闭的邮件夹。如果参数 recurse 为 true，那么先删除子邮件夹以及邮件，再删除当前邮件夹。如果参数 recurse 为 false，那么分两种情况处理：（1）如果当前邮件夹只包括邮件或者当前邮件夹为空，就删除邮件，再删除当前邮件夹。（2）如果当前邮件夹包括子邮件夹，就直接返回 false。

- Folder[] list()：返回当前邮件夹下面的所有子邮件夹。
- boolean renameTo(Folder f)：修改邮件夹的名字，如果修改成功，就返回 true。
- Message[] expunge()：永久删除邮件夹中所有设置了 Flags.Flag.DELETE 标记的邮件。
- Message getMessage(int msgnum)：获得特定的邮件。参数 msgnum 指定邮件的索引。邮件的索引从“1”开始。
- Message[] getMessages()：返回邮件夹中的所有邮件。
- int getUnreadMessageCount()：返回邮件夹中所有未读邮件（即没有设置 Flags.Flag.SEEN 标记的邮件）的数目。在 Oracle 公司提供的 Folder 类的实现中，如果邮件夹未打开，就返回“-1”。在有些第三方提供的 Folder 类的实现中，即使邮件夹已经关闭，也会返回确切的未读邮件的数目。
- int getMessageCount()：返回邮件夹中所有邮件的数目。在有些 Folder 类的实现中，如果邮件夹未打开，就返回“-1”。
- void appendMessages(Message[] msgs)：向邮件夹中加入邮件。
- void copyMessages(Message[] msgs, Folder folder)：把当前邮件夹中的一些邮件拷贝到参数 folder 指定的目标邮件夹中。

邮件夹的名字不区分大小写，以下两段代码是等价的，都打开 inbox 邮件夹：

```
Folder folder=store.getFolder("inbox");
或者
Folder folder=store.getFolder("INBOX");
```

Store 类的 getFolder()方法返回的 Folder 对象总是处于关闭状态，并且有可能实际上并不存在。以下程序代码在邮件服务器上创建了物理上的邮件夹 draft。

```
Folder folder=store.getFolder("draft");
if(!folder.exists())
  folder.create(Folder.HOLDS_MESSAGES);
```

如图 14-13 所示，Folder 类的 open()方法打开邮件夹，close()方法关闭邮件夹。

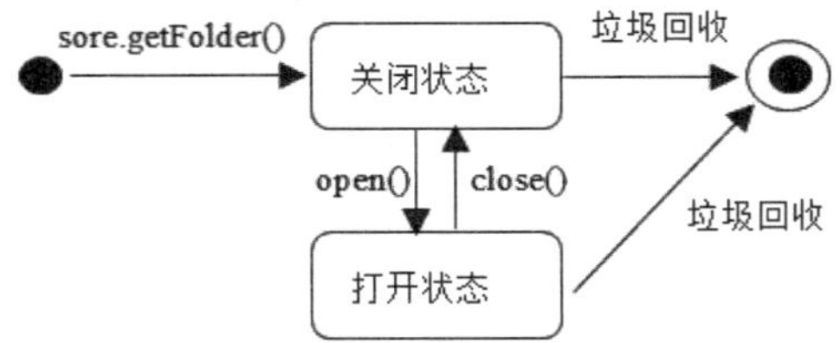

图 14-13　Folder 对象的状态转换图

邮件夹的有些操作只能针对已经打开的邮件夹，有些操作只能针对已经关闭的邮件夹，有些操作对处于打开或关闭的邮件夹都适用。在 Folder 类的不同实现中，特定操作对邮件夹状态的要求会有所区别，开发人员可以从 JavaDoc 文档或者在程序测试中获悉这些区别。

在实际的邮件客户程序中，为了便于管理用户的邮件，往往会提供一些具有特殊用途的保留邮件夹。

- draft：存放草稿邮件。
- sendbox：存放已经发送的邮件。
- trash：存放垃圾邮件，即设置了 Flags.Flag.DELETED 标记的邮件。

当用户删除邮件时，如果邮件不在 trash 邮件夹中，就给邮件设置 Flags.Flag.DELETED 标记，并且把它移动到 trash 邮件夹。如果邮件在 trash 邮件夹中，就把它永久删除。值得注意的是，这种处理逻辑是客户程序自定义的业务逻辑，并不是接收邮件协议提供的规范。

例程 14-9 的 MailClientFolder 类提供了操纵邮件夹的各种实用方法。

- listFolders()：列出根路径下的所有邮件夹。
- deleteFolder(String folderName)：删除邮件夹。
- createFolder(String folderName)：创建邮件夹。
- renameFolder(String fromName,String toName)：修改邮件夹的名字。
- deleteMessage(int arrayOpt[],String folderName)：删除邮件夹中的邮件。
- sendMessage(Message msg)：发送邮件，发送成功后，把邮件保存到 sendbox 邮件夹。
- createReservedFolders()：创建保留的邮件夹：draft、sendbox 和 trash。
- saveMessage(Message msg)：把邮件保存到 draft 邮件夹。
- saveMessage(String folderName,Message msg)：把邮件保存到特定邮件夹。
- moveMessage(String fromFolderName,String toFolderName,Message msg)：把邮件从一个邮件夹移动到另一个邮件夹。

例程 14-9 MailClientFolder.java

```
import javax.mail.*;
import javax.mail.internet.*;
import javax.activation.*;
public class MailClientFolder extends MailClient {
  /** 列出所有的邮件夹 */
  public void listFolders()throws Exception{
    Folder rootFolder=store.getDefaultFolder();
    Folder[] folders=rootFolder.list();
    for(int i=0;i<folders.length;i++){
      System.out.println(folders[i]+"邮件夹："
          +folders[i].getMessageCount()+"封邮件");
    }
  }

  /** 删除邮件夹 */
  public void deleteFolder(String folderName )throws Exception {
    if(folderName.equalsIgnoreCase("inbox")||
```

```
        folderName.equalsIgnoreCase("trash")||
        folderName.equalsIgnoreCase("draft")||
        folderName.equalsIgnoreCase("sendbox")){
      throw new Exception("不允许删除保留邮件夹");
    }

    Folder folder=store.getFolder(folderName);
    if(!folder.exists())throw new Exception(folderName+"邮件夹不存在");
    if(folder.isOpen())folder.close(true);
    folder.delete(true);
  }

  /** 创建邮件夹 */
  public void createFolder(String folderName)throws Exception {
    if(folderName==null || folderName.equals(""))
      throw new Exception("必须指定邮件夹的名字");
    Folder folder=store.getFolder(folderName);
    if(folder.exists())
      throw new Exception(folderName+"邮件夹已经存在了");
    folder.create(Folder.HOLDS_MESSAGES);
  }

  /** 修改邮件夹的名字*/
  public void renameFolder(String fromName,String toName)
                                       throws Exception {
    if(toName==null || toName.equals(""))
       throw new Exception("必须指定邮件夹的新名字");

    if(fromName.equalsIgnoreCase("inbox")||
        fromName.equalsIgnoreCase("trash")||
        fromName.equalsIgnoreCase("draft")||
        fromName.equalsIgnoreCase("sendbox")||
        toName.equalsIgnoreCase("inbox")||

        toName.equalsIgnoreCase("trash")||
        toName.equalsIgnoreCase("draft")||
        toName.equalsIgnoreCase("sendbox")){

      throw new Exception("不允许修改保留的邮件夹的名字");
    }

    Folder folderFrom=store.getFolder(fromName);
    Folder folderTo=store.getFolder(toName);
    if(!folderFrom.exists())
      throw new Exception(folderFrom+"该邮件夹不存在");
    if(folderFrom.isOpen())folderFrom.close(true);
```

```
    folderFrom.renameTo(folderTo);
  }

  /** 删除邮件 */
  public void deleteMessage(int arrayOpt[],String folderName)
                                                throws Exception {
    Folder folder=store.getFolder(folderName);
    if(!folder.exists())throw new Exception(folderName+"该邮件夹不存在");
    if(!folder.isOpen())folder.open(Folder.READ_WRITE);

    for(int i=0;i<arrayOpt.length;i++){
      if(arrayOpt[i]==0)continue;
      Message msg=folder.getMessage(i+1);
      if(!folder.getName().equals("trash")){
         Folder Trash=store.getFolder("trash");
         folder.copyMessages(new Message[]{msg},Trash);
         msg.setFlag(Flags.Flag.DELETED, true);
      }else{
         msg.setFlag(Flags.Flag.DELETED, true);
      }
    }
    folder.expunge();
  }

  /** 发送邮件 */
  public void sendMessage(Message msg)throws Exception {
    Transport.send(msg);

    //把邮件保存到 sendbox 邮件夹
    Folder folder=store.getFolder("sendbox");
    if(!folder.isOpen())folder.open(Folder.READ_WRITE);
    folder.appendMessages(new Message[]{msg});
  }

  /** 创建保留的邮件夹 */
  public void createReservedFolders()throws Exception{
    String[] folderNames={"trash","draft","sendbox"};
    for(int i=0;i<folderNames.length;i++){
      Folder folder=store.getFolder(folderNames[i]);
      if(!folder.exists())
        folder.create(Folder.HOLDS_MESSAGES);
    }
  }

  /** 把邮件保存到 draft 邮件夹 */
  public void saveMessage(Message msg)throws Exception {
    saveMessage("draft",msg);
```

```
    }

    /** 把邮件保存到特定邮件夹 */
    public void saveMessage(String folderName,Message msg)
                                        throws Exception {
      Folder folder=store.getFolder(folderName);
      if(!folder.exists())throw new Exception(folderName+"邮件夹不存在");
      if(!folder.isOpen())folder.open(Folder.READ_WRITE);
      folder.appendMessages(new Message[]{msg});
    }

    /** 把邮件从一个邮件夹移动到另一个邮件夹 */
    public void moveMessage(String fromFolderName,
                  String toFolderName,Message msg)throws Exception {
      Folder folderFrom=store.getFolder(fromFolderName);;
      Folder folderTo=store.getFolder(toFolderName);
      if(!folderFrom.exists())
        throw new Exception(fromFolderName+"邮件夹不存在");
      if(!folderTo.exists())
        throw new Exception(toFolderName+"邮件夹不存在");
      folderFrom.copyMessages(new Message[]{msg},folderTo);
      msg.setFlag(Flags.Flag.DELETED, true);
      folderFrom.expunge();
    }

    public static void main(String[] args)throws Exception {
      MailClientFolder client=new MailClientFolder();
      client.init();
      client.createReservedFolders(); //创建 trash、sendbox 和 draft 邮件夹
      client.createFolder("myfolder"); //创建 myfolder 邮件夹
      client.renameFolder("myfolder","onefolder");
      Message msg=client.createSimpleMessage(
              "admin@mydomain.com","admin@mydomain.com");
      client.sendMessage(msg);
      client.saveMessage("onefolder",msg);
      client.deleteMessage(new int[]{1},"onefolder");
      client.listFolders();
      client.deleteFolder("onefolder");
      client.close();
    }
  }
```

JavaMail API 的 Message 类没有直接提供删除邮件的方法，如果要删除邮件，那么需要先把 Message 的 Flags.Flag.DELETED 标记设为 true，然后调用邮件所在邮件夹 Folder 的 expunge()方法，该方法删除邮件夹中所有 Flags.Flag.DELETED 标记为 true 的邮件。

例如在 deleteMessage()方法中，如果邮件不在 trash 邮件夹中，那么首先把这个邮件在

trash 邮件夹中备份，然后把原来邮件夹中的邮件的 Flags.Flag.DELETED 标记设为 true；如果邮件在 trash 邮件夹中，就直接把邮件的 Flags.Flag.DELETED 标记设为 true。在这两种情况下，最后都调用待删除邮件所在邮件夹的 expunge()方法，该方法永久删除邮件夹中所有 Flags.Flag.DELETED 标记为 true 的邮件。

```
public void deleteMessage(int arrayOpt[],String folderName)
                                          throws Exception {
  Folder folder=store.getFolder(folderName);
  if(!folder.exists())throw new Exception(folderName+"该邮件夹不存在");
  if(!folder.isOpen())folder.open(Folder.READ_WRITE);

  for(int i=0;i<arrayOpt.length;i++){
    if(arrayOpt[i]==0)continue;
    Message msg=folder.getMessage(i+1);
    if(!folder.getName().equals("trash")){
       Folder Trash=store.getFolder("trash");
       folder.copyMessages(new Message[]{msg},Trash);
       msg.setFlag(Flags.Flag.DELETED, true);
    }else{
       msg.setFlag(Flags.Flag.DELETED, true);
    }
  }
  folder.expunge();
}
```

以上 deleteMessage()方法的 arrayOpt 参数用来指定删除邮件夹中哪些邮件，例如，如果 arrayOpt[5]=1，就表示需要删除邮件夹中第 5 封邮件；如果 arrayOpt[5]=0，就表示不需要删除这封邮件。

14.10　小结

邮件服务器可以分为发送邮件服务器和接收邮件服务器。发送邮件服务器常用的是 SMTP，接收邮件服务器使用接收邮件协议，常用的有 POP3 和 IMAP。和 POP3 相比，IMAP 为客户提供了更多的对邮件服务器上邮件的控制权限，如管理邮件和邮件夹等。

JavaMail API 是 Oracle 为 Java 开发者提供的公用 Mail API 框架，它支持各种电子邮件通信协议，如 IMAP、POP3 和 SMTP，为 Java 应用程序提供了处理电子邮件的公共接口。JavaMail API 中最核心的类如下所述。

- Session 类：表示邮件会话，是 JavaMail API 的最高层入口类。
- Store 类：表示接收邮件服务器上的注册用户的存储空间，通过 Store 类的 getFolder()方法，可以访问用户的特定邮件夹。
- Folder 类：代表邮件夹，邮件都放在邮件夹中，Folder 类提供了管理邮件夹以及邮件的各种方法。

- Message 类：代表电子邮件。Message 类提供了读取和设置邮件内容的方法。Message 是个抽象类，常用的具体子类为 Javax.mail.internet.MimeMessage。MimeMessage 是符合 MIME 规范的电子邮件。
- Address 类：代表邮件地址。Address 类是个抽象类。常用的具体子类为 javax.mail.internet.InternetAddress 类。
- Transport 类：根据 mail.transport.protocol 属性指定的邮件发送协议（通常采用 SMTP），通过 mail.smtp.host 属性指定的邮件发送服务器来发送邮件。

14.11 练习题

1．以下哪个协议允许管理远程邮件服务器上的邮件夹？（单选）

a）POP3　　b）SMTP　　c）HTTP　　d）IMAP4

2．以下哪些方法属于 Store 类的方法？（多选）

a）connect(String host,String user,String password)

b）getFolder(String name)

c）send(Message msg)

d）setText(String txt)

e）close()

3．对于以下这段代码，假定接收邮件服务器和发送邮件服务器都需要身份验证，在哪些行会调用 Authenticator 对象的 getPasswordAuthentication()方法？（多选）

```
Properties props = new Properties();
props.put("mail.smtp.host", "localhost");
props.put("mail.smtp.auth","true");

Authenticator ma=new Authenticator(){
  public PasswordAuthentication getPasswordAuthentication() {
    System.out.println("call getPasswordAuthentication()");
    return new PasswordAuthentication(username,password);
  }
};

Session session = Session.getDefaultInstance(props,ma); //lineA
Store store = session.getStore("imap"); //lineB
store.connect(receiveHost,null, null); //lineC
Message msg = createSimpleMessage(fromAddr,toAddr);
Transport.send(msg); //lineD
```

a）lineA　　b）lineB　　c）lineC　　d）lineD

4．假设登入一个 IMAP 服务器的用户名为“Tom”，口令为“1234”，IMAP 服务器的

主机名为 myhost，那么以下哪个 URL 地址代表该用户的 inbox 邮件夹？（单选）

a）imap://myhost/Tom/1234/inbox　　b）imap://inbox.myhost/Tom/1234/

c）imap://1234:Tom@myhost/inbox　　d）imap://Tom:1234@myhost/inbox

5．以下哪些邮件标记只能被客户程序读取，而不能被客户程序修改？（多选）

a）Flags.Flag.ANSWERED　　b）Flags.Flag.DELETED

c）Flags.Flag.RECENT　　d）Flags.Flag.SEEN

e）Flags.Flag.DRAFT　　f）Flags.Flag.USER

6．Multipart 类和 BodyPart 类之间是什么关系？（单选）

a）继承　　b）依赖　　c）组成　　d）实现

7．Folder 类的 expunge()方法有什么作用？（单选）

a）永久删除邮件夹中所有设置了 Flags.Flag.DELETE 标记的邮件。

b）永久删除邮件夹中所有的邮件。

c）给邮件夹中所有邮件加上 Flags.Flag.DELETE 标记。

d）取消邮件夹中所有邮件的 Flags.Flag.DELETE 标记。

8．创建一个具有图形用户界面（GUI）的发送邮件程序，被发送的邮件中允许包含一个附件。

答案：1．d　2．a，b，e　3．c，d　4．d　5．c，f　6．c　7．a

8．参见配套源代码包的 sourcecode/chapter14/src/exercise 目录下的 MailGui 类和 MailUtil 类。MailGui 类创建的图形用户界面如图 14-14 所示。

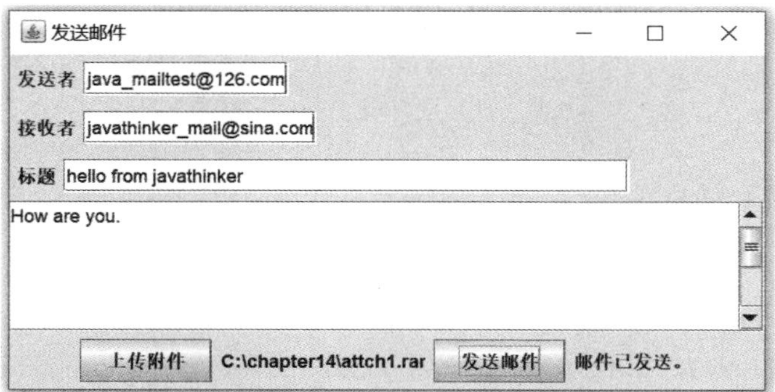

图 14-14　MailGui 类创建的图形用户界面

第 15 章 安全网络通信

在网络上，信息在由源主机到目标主机的传输过程中会经过其他计算机。在一般情况下，中间的计算机不会监听路过的信息。但在使用网上银行或者进行信用卡交易时，网络上的信息有可能被非法分子监听，从而导致个人隐私的泄露。由于 Internet 和 Intranet 体系结构存在一些安全漏洞，总有某些人能够截获并替换用户发出的原始信息。随着电子商务的不断发展，人们对信息安全的要求越来越高，于是 Netscape 公司提出了 SSL 协议，旨在达到在开放网络（Internet）上安全保密地传输信息的目的。

Java 安全套接字扩展（Java Secure Socket Extension，JSSE）为基于 SSL 和 TLS 协议的 Java 网络应用程序提供了 Java API 以及参考实现。JSSE 支持数据加密、服务器端身份验证、数据完整性以及可选的客户端身份验证。使用 JSSE，能保证采用各种应用层协议（比如 HTTP、Telnet 和 FTP 等）的客户程序与服务器程序安全地交换数据。

JSSE 封装了底层复杂的安全通信细节，使得开发人员能方便地利用它来开发安全的网络应用程序。

15.1 SSL 简介

SSL（Secure Socket Layer，安全套接字层）是一种保证网络上的两个节点进行安全通信的协议。IETF（Internet Engineering Task Force）国际组织对 SSL 作了标准化，制定了 RFC2246 规范，并将其称为传输层安全（Transport Layer Security，TLS）。从技术上，目前的 TLS1.0 与 SSL3.0 的差别非常微小。

如表 15-1 所示，SSL 和 TLS 都建立在 TCP/IP 的基础上，一些应用层协议，如 HTTP 和 IMAP，都可以采用 SSL 来保证安全通信。建立在 SSL 协议上的 HTTP 被称为 HTTPS 协议。HTTP 使用的默认端口为 80，而 HTTPS 使用的默认端口为 443。

表 15-1 SSL 和 TLS 都建立在 TCP/IP 的基础上

协 议 层	协 议	协 议 层	协 议
应用层	HTTP、IMAP、NNTP、Telnet 和 FTP 等	传输层	TCP
安全套接字层	SSL，TLS	网络层	IP

用户在网上商店购物，当他输入信用卡信息，进行网上支付交易时，存在以下不安全因素。

- 用户的信用卡信息在网络上传输时有可能被他人截获。
- 用户发送的信息在网络上传输时可能被非法篡改，数据完整性被破坏。
- 用户正在访问的 Web 站点有可能是个非法站点，专门从事网上欺诈活动，比如骗取客户的资金。

SSL 采用加密技术来实现安全通信，保证通信数据的保密性和完整性，并且保证通信双方可以验证对方的身份。

15.1.1　加密通信

当客户与服务器进行通信时，通信数据有可能被网络上的其他计算机非法监听，SSL 使用加密技术实现会话双方信息的安全传递。加密技术的基本原理是：数据从一端发送到另一端时，发送者先对数据加密，然后把它发送给接收者。这样，在网络上传输的是经过加密的数据。如果有人在网络上非法截获了这批数据，由于没有解密的密钥，就无法获得真正的原始数据。接收者接收到加密的数据后，先对数据解密，然后处理。图 15-1 显示了采用 SSL 的通信过程。客户和服务器的加密通信需要在两端进行处理。

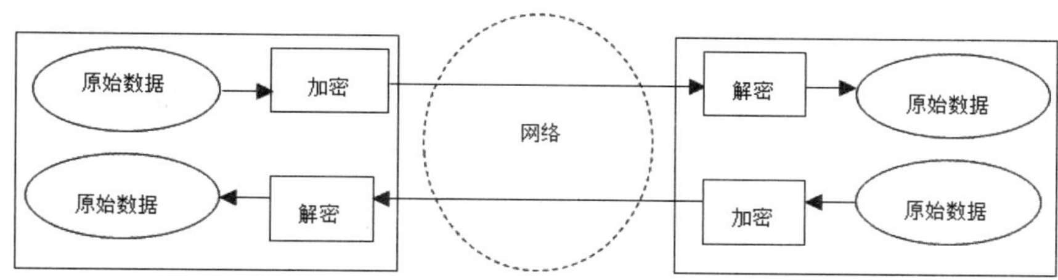

图 15-1　采用 SSL 的通信过程

15.1.2　安全证书

除了对数据加密通信，SSL 还采用了身份认证机制，确保通信双方都可以验证对方的真实身份。它和现时生活中我们使用身份证来证明自己的身份很相似。比如你到银行去取钱，你自称自己是张三，如何让对方相信你的身份呢？最有效的办法就是出示身份证。每人都拥有唯一的身份证，这个身份证上记录了你的真实信息。身份证由国家权威机构颁发，不允许伪造。在身份证不能被别人假冒复制的前提下，只要你出示身份证，就可以证明你自己的身份。

个人可以通过身份证来证明自己的身份，对于一个单位，比如商场，可以通过营业执照来证明身份。营业执照也由国家权威机构颁发，不允许伪造，它保证了营业执照的可信性。

SSL 通过安全证书来证明客户或服务器的身份。当客户通过安全的连接和服务器通信时，服务器会先向客户出示它的安全证书，这个证书声明该服务器是安全的，而且的确是这个服务器。每一个证书在全世界范围内都是唯一的，其他非法服务器无法假冒原始服务器的身份。可以把安全证书比作“电子身份证”。

对于单个客户来说，到公认的权威机构去获取安全证书是一件麻烦的事。为了扩大客户群并且便于客户的访问，许多服务器不要求客户出示安全证书。在某些情况下，服务器也会要求客户出示安全证书，以便核实该客户的身份，这主要是在 B2B（Business to Business）事务中。

获取安全证书有两种方式，一种方式是从权威机构获得证书，还有一种方式是创建自我签名证书。

1. 从权威机构获得证书

安全证书可以有效地保证通信双方的身份的可信性。安全证书采用加密技术制作而成，他人几乎无法伪造。安全证书由国际权威的证书机构（Certificate Authority，CA）如 GlobalSign 和 WoSign 颁发，它们保证了证书的可信性。申请安全证书时，必须支付一定的费用。一个安全证书只对一个 IP 地址有效，如果用户的系统环境中有多个 IP 地址，就必须为每个 IP 地址都购买安全证书。

2. 创建自我签名证书

在某些场合，通信双方只关心数据在网络上可以被安全传输，并不需要对方进行身份验证，在这种情况下，可以创建自我签名（self-assign）的证书，比如通过 JDK 提供的 keytool 工具就可以创建这样的证书。这样的证书就像用户自己制作的名片，缺乏权威性，达不到身份认证的目的。当你向对方递交名片时，名片上声称你是某个大公司的老总，信不信只能由对方自己去判断。

既然自我签名证书不能有效地证明自己的身份，那么有何意义呢？在技术上，无论是从权威机构获得的证书，还是自己制作的证书，采用的加密技术都是一样的，使用这些证书，都可以实现安全地加密通信。

15.1.3 SSL 握手

安全证书既包含了用于加密数据的密钥，又包含了用于证实身份的数字签名。安全证书采用公钥加密技术。公钥加密指使用一对非对称的密钥进行加密或解密。每一对密钥由公钥和私钥组成。公钥被广泛发布。私钥是隐密的，不公开。用公钥加密的数据只能够被私钥解密。反过来，使用私钥加密的数据只能被公钥解密。这个非对称的特性使得公钥加密很有用。

在安全证书中包含了这一对非对称的密钥。只有安全证书的所有者才知道私钥。如图 15-2 所示，当通信方 A 将自己的安全证书发送给通信方 B 时，实际上发给通信方 B 的是公钥，接着通信方 B 可以向通信方 A 发送用公钥加密的数据，只有通信方 A 才能使用私钥对数据解密，从而获得通信方 A 发送的原始数据。

安全证书中的数字签名部分则是通信方 A 的电子身份证。数字签名告诉通信方 B 该信息确实由通信方 A 发出，不是伪造的，也没有被篡改。

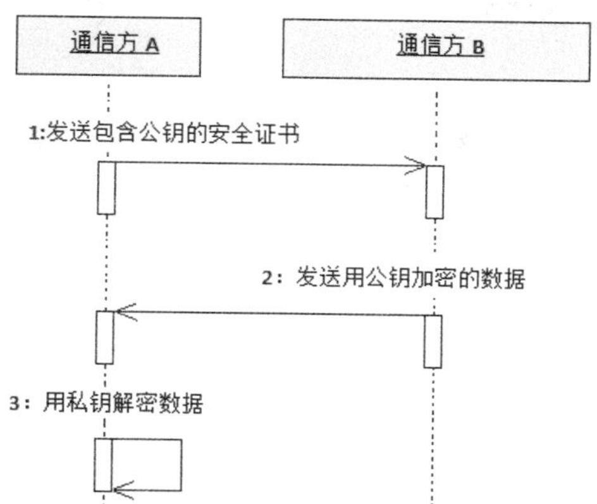

图 15-2　通信方 A 和通信方 B 通过公钥加密技术传送加密数据的过程

客户与服务器通信时，首先要进行 SSL 握手，SSL 握手主要完成以下任务。

- 协商使用的加密套件。加密套件中包括一组加密参数，这些参数指定了加密算法和密钥的长度等信息。
- 验证对方的身份。此操作是可选的。
- 确定使用的加密算法。

SSL 握手过程采用非对称加密方法传递数据，由此来建立一个安全的会话。SSL 握手完成后，通信双方将采用对称加密方法传递实际的应用数据。所谓对称加密，指通信双方使用同样的密钥来加密数据。

以下是 SSL 握手的具体流程。

（1）客户将自己的 SSL 版本号、加密参数、与会话有关的数据以及其他一些必要信息发送到服务器。

（2）服务器将自己的 SSL 版本号、加密参数、与会话有关的数据以及其他一些必要信息发送给客户，同时发送给客户的还有服务器的证书。如果服务器需要验证客户身份，那么服务器还会发出要求客户提供安全证书的请求。

（3）客户端验证服务器证书，如果验证失败，就提示不能建立 SSL 连接。如果成功，就继续下一步骤。

（4）客户端为本次会话生成预备主密码（pre-master secret），并将其用服务器公钥加密后发送给服务器。

（5）如果服务器要求验证客户身份，那么客户端还要再对另外一些数据签名后，将其与客户端证书一起发送给服务器。

（6）如果服务器要求验证客户身份，则检查签署客户证书的 CA 是否可信。如果不在信任列表中，则结束本次会话。如果检查通过，那么服务器用自己的私钥解密收到的预备主密码，并用它通过某些算法生成本次会话的主密码（master secret）。

（7）客户端与服务器均使用此主密码生成本次会话的会话密钥（对称密钥）。在双方 SSL 握手结束后传递任何消息均使用此会话密钥。这样做的主要原因是对称加密比非对称加密的运算量低一个数量级以上，能够显著提高双方会话时的运算速度。

（8）客户端通知服务器此后发送的消息都使用这个会话密钥进行加密，并通知服务器客户端已经完成本次 SSL 握手。

（9）服务器通知客户端此后发送的消息都使用这个会话密钥进行加密，并通知客户端服务器已经完成本次 SSL 握手。

（10）本次握手过程结束，会话已经建立。在接下来的会话过程中，双方使用同一个会话密钥分别对发送以及接收的信息进行加密和解密。

15.1.4 创建自我签名的安全证书

15.1.2 节已经讲过，获得安全证书有两种方式：一种方式是到权威机构购买，还有一种方式是创建自我签名的证书，本节将介绍后一种方式。

JDK 提供了制作证书的工具 keytool。在 JDK1.4 以上版本中包含了这一工具，它的位置为：<JDK 根目录>\bin\keytool.exe。

keytool 工具提出了密钥库的概念。密钥库中可以包含多个条目。每个条目包括一个自我签名的安全证书以及一对非对称密钥。

通过 keytool 工具创建密钥库的命令为

```
keytool -genkeypair -alias weiqin -keyalg RSA
      -keystore C:\chapter15\test.keystore
```

以上命令将生成一个密钥库，这个密钥库中有一个条目。这个命令中的参数的意思如下。

- -genkeypair：生成一对非对称密钥。
- -alias：指定条目以及密钥对的别名，该别名是公开的。
- -keyalg：指定加密算法，本例中采用通用的 RSA 算法。
- -keystore：设定密钥库文件的存放路径以及文件名字。

该命令的运行过程如图 15-3 所示。首先会提示输入密钥库的密码（口令），假定输入“123456”，然后提示输入个人信息，如姓名、组织单位和所在城市等，只要输入真实信息即可。接着会提示输入信息是否正确，输入“y”表示信息正确。

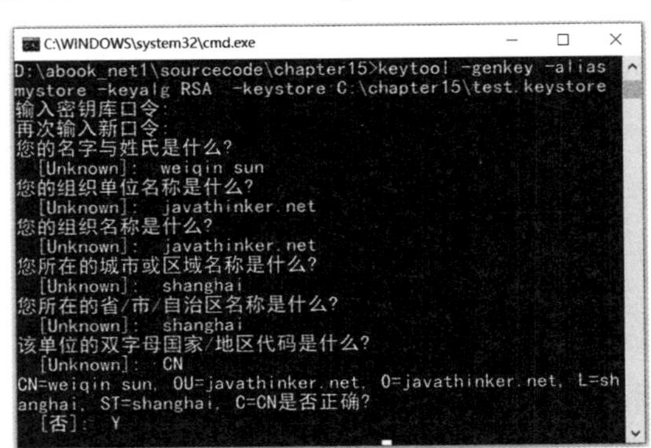

图 15-3　用 keytool 工具生成密钥库

以上命令将在操作系统的 C:\chapter15 目录下生成名为“test.keystore”的文件，它是一个密钥库文件，已经包含一个条目，这个条目的别名是“weiqin”，该条目具有一对非对称密钥和自我签名的安全证书。

以下命令在 test.keystore 密钥库中再加入一个名为“lulu”的条目。

```
keytool -genkeypair -alias lulu -keyalg RSA
        -keystore C:\chapter15\test.keystore
```

以下命令查看 test.keystore 密钥库的信息，会列出所包含的条目的信息。

```
keytool -list -v -keystore C:\chapter15\test.keystore
        -storepass "123456"
```

以上命令的输出结果如下。

```
密钥库类型：PKCS12
密钥库提供方：SUN
您的密钥库包含 2 个条目

别名：weiqin
创建日期：2019 年 11 月 9 日
条目类型：PrivateKeyEntry
证书链长度：1
证书[1]:
所有者：CN=weiqin sun, OU=javathinker.net,
        O=javathinker.net, L=shanghai, ST=shanghai, C=CN
发布者：CN=weiqin sun, OU=javathinker.net,
        O=javathinker.net, L=shanghai, ST=shanghai, C=CN
序列号：6a5997b4
生效时间：Sat Nov 09 21:04:54 EST 2019,
失效时间：Fri Feb 07 21:04:54 EST 2020
证书指纹： ......
签名算法名称：SHA256withRSA
主体公共密钥算法：2048 位 RSA 密钥
版本：3
扩展：......

别名：lulu
创建日期：2019 年 11 月 9 日
条目类型：PrivateKeyEntry
证书链长度：1
证书[1]:
所有者：CN=lulu li, OU=javathinker.net,
        O=javathinker.net, L=beijing, ST=beijing, C=CN
发布者：CN=lulu li, OU=javathinker.net,
        O=javathinker.net, L=beijing, ST=beijing, C=CN
序列号：8ee6853
......
```

从以上输出结果可以看出，test.keystore 密钥库中包含两个条目，别名分别为“weiqin”和“lulu”。

以下命令把 test.keystore 密钥库中别名为“weiqin”的条目导出到一个安全证书文件中，文件名为 weiqin.crt。

```
keytool  -export -alias weiqin  -keystore C:\chapter15\test.keystore
         -file C:\chapter15\weiqin.crt   -storepass "123456"
```

以上命令将在 C:\chapter15 目录下生成一个安全证书文件 weiqin.crt。在 weiqin.crt 文件中包含了自我签名的安全证书，以及密钥对中的公钥，但不包含密钥对中的私钥。

以下命令删除 test.keystore 密钥库中的别名为“weiqin”的条目。

```
keytool -delete  -alias  weiqin
        -keystore C:\chapter15\test.keystore   -storepass 123456
```

以下命令把 weiqin.crt 安全证书导入 testTrust.keystore 密钥库中，生成别名为“weiqin”的条目，这个条目中包含密钥对中的公钥，但不包含密钥对中的私钥。

```
keytool  -import -alias weiqin
         -keystore C:\chapter15\testTrust.keystore
         -file C:\chapter15\weiqin.crt
         -storepass "123456"
```

15.2 JSSE 简介

JSSE 封装了底层复杂的安全通信细节，使得开发人员能方便地用它来开发安全的网络应用程序。JSSE 主要包括 4 个包。

- javax.net.ssl 包：包括进行安全通信的类，比如 SSLServerSocket 和 SSLSocket 类。
- javax.net 包：包括安全套接字的工厂类，比如 SSLServerSocketFactory 和 SSLSocketFactory 类。
- java.security.cert 包：包括处理安全证书的类，如 X509Certificate 类。X.509 是由国际电信联盟（ITU-T）制定的安全证书的标准。
- com.sun.net.ssl 包：包括 Oracle 公司提供的 JSSE 的实现类。

JSSE API 允许采用第三方提供的实现，该实现可作为插件集成到 JSSE 中。这些插件必须支持 Oracle 公司指定的加密套件，在 Oracle 官网上指定了这些加密套件，以下是其中的部分内容。

- SSL_DHE_DSS_EXPORT_WITH_DES_40_CBC_SHA
- SSL_DHE_DSS_WITH_3DES_EDE_CBC_SHA
- SSL_DHE_RSA_EXPORT_WITH_DES40_CBC_SHA
- SSL_DHE_RSA_EXPORT_WITH_DES_40_CBC_SHA

- SSL_DH_ANON_EXPORT_WITH_DES40_CBC_SHA
- SSL_DH_RSA_WITH_3DES_EDE_CBC_SHA
- SSL_RSA_EXPORT_WITH_DES40_CBC_SHA
- SSL_RSA_FIPS_WITH_3DES_EDE_CBC_SHA
- TLS_DHE_DSS_WITH_AES_128_CBC_SHA
- TLS_DHE_RSA_WITH_AES_128_CBC_SHA
- TLS_DH_ANON_WITH_AES_128_CBC_SHA
- TLS_DH_ANON_WITH_AES_256_CBC_SHA
- TLS_DH_DSS_WITH_AES_128_CBC_SHA
- SSL_CK_RC4_128_WITH_MD5
- SSL_CK_RC4_128_EXPORT40_WITH_MD5

加密套件包括一组加密参数，这些参数指定了加密算法和密钥的长度等信息。以上列出的加密套件的名字包括 4 个部分：协议、密钥交换算法、加密算法和校验和。例如加密套件 SSL_DHE_RSA_EXPORT_WITH_DES40_CBC_SHA 表示采用 SSL 协议，密钥交换算法为 DHE，加密算法为 RSA。

JSSE 具有以下重要特征。

- 纯粹用 Java 语言编写。
- 可以出口到大多数国家。
- 提供了支持 SSL 的 JSSE API 和 JSSE 实现。
- 提供了支持 TLS 的 JSSE API 和 JSSE 实现。
- 提供了用于创建安全连接的类，如 SSLSocket、SSLServerSocket 和 SSLEngine。
- 支持加密通信。
- 支持客户端和服务器端的身份验证。
- 支持 SSL 会话。
- JSSE 的具体实现会支持一些常用的加密算法，比如 RSA（加密长度 2048 位）、RC4（密钥长度 128 位）和 DH（密钥长度 1024 位）。

图 15-4 显示了 JSSE API 的主要类框图。

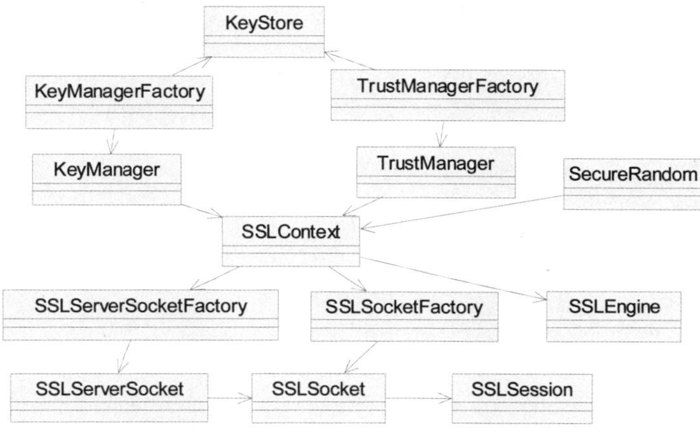

图 15-4　JSSE API 的主要类框图

JSSE 中负责安全通信的最核心的类是 SSLServerSocket 类与 SSLSocket 类，它们分别是 ServerSocket 与 Socket 类的子类。SSLSocket 对象由 SSLSocketFactory 创建，此外，SSLServerSocket 的 accept()方法也会创建 SSLSocket。SSLServerSocket 对象由 SSLServerSocketFactory 创建。SSLSocketFactory、SSLServerSocketFactory 以及 SSLEngine 对象都由 SSLContext 对象创建。SSLEngine 类用于支持非阻塞的安全通信。

例程 15-1 的 HTTPSClient 类与 2.2 节的例程 2-6 的 HTTPClient 类很相似，区别在于 HTTPSClient 类创建了采用 SSL 协议的 SSLSocket 对象。

例程 15-1　HTTPSClient.java

```
import java.net.*;
import java.io.*;
import javax.net.ssl.*;
import java.security.*;

public class HTTPSClient {
  String host="www.alipay.com";
  int port=443;
  SSLSocketFactory factory;
  SSLSocket socket;

  public void createSocket()throws Exception{
    factory=(SSLSocketFactory)SSLSocketFactory.getDefault();
    socket=(SSLSocket)factory.createSocket(host,port);
    String[] supported=socket.getSupportedCipherSuites();
    socket.setEnabledCipherSuites(supported);
  }

  public void communicate()throws Exception{
    StringBuffer sb=new StringBuffer("GET http://"+host
                                    +"/ HTTP/1.1\r\n");
    sb.append("Host:"+host+"\r\n");
    sb.append("Accept: */*\r\n");
    sb.append("\r\n");


    //发出 HTTP 请求
    OutputStream socketOut=socket.getOutputStream();
    socketOut.write(sb.toString().getBytes());
    socketOut.flush();

    //接收响应结果
    System.out.println("开始接收响应结果");
    InputStream socketIn=socket.getInputStream();
    BufferedReader in = new BufferedReader(
                             new InputStreamReader(socketIn));
```

```
    String line;
    while ((line = in.readLine()) != null)
      System.out.println(line);

     socket.close();
  }

  public static void main(String args[])throws Exception{
    HTTPSClient client=new HTTPSClient();
    client.createSocket();
    client.communicate();
  }
}
```

运行“java HTTPSClient”命令，该程序连接到在套接字层使用 SSL 协议并且在应用层使用 HTTPS 协议的 www.alipay.com 网站，然后发送请求访问其网站主页的 HTTP 请求，接着接收网站发回的响应结果。

运行此程序时，你会发现运行速度很慢，这是因为在 SSL 握手阶段需要生成密钥以及交换密钥，并且在通信过程中需要对数据加密和解密，这些过程会对 CPU 以及网络造成很大开销。用安全套接字通信比用普通套接字通信的速度要慢许多。因此，不要滥用 SSL 协议，只有对确实需要保密的通信过程才使用 SSL 协议。

当 SSLSocketFactory 的 createSocket()方法创建了一个 SSLSocket 对象时，仅仅建立了一个普通的 TCP 连接，SSL 握手还没有开始。对于通信的两方，当其中一方第 1 次调用 SSLSocket 的 getOutputStream()或者 getInputStream()方法，试图发送或接收数据时，会先进行 SSL 握手。SSL 握手过程实际上就是利用已经建立的 TCP 连接，交换密钥以及用于身份认证等信息的过程。

15.2.1　KeyStore、KeyManager 与 TrustManager 类

在进行安全通信时，要求客户端与服务器端都支持 SSL 或 TCL 协议。客户端与服务器端可能都需要设置用于证实自身身份的安全证书，还要设置信任对方的哪些安全证书。更常见的情况是，服务器端只需要设置用于证实自身身份的安全证书，而客户端只需要设置信任服务器的哪些安全证书。

KeyStore 类用于存放包含安全证书的密钥库。以下程序代码创建了一个 KeyStore 对象，它从 test.keystore 密钥库文件中加载安全证书。15.1.4 节介绍了 test.keystore 文件的制作过程。

```
String passphrase = "123456";
//JKS 是 JDK 支持的 KeyStore 的类型
KeyStore keyStore = KeyStore.getInstance("JKS");
char[] password = passphrase.toCharArray();
//password 参数用于打开密钥库
keyStore.load(new FileInputStream("test.keystore"), password);
```

KeyManager 接口的任务是选择用于证实自身身份的安全证书，把它发送给对方。KeyManagerFactory 负责创建 KeyManager 对象，例如，

```
KeyManagerFactory keyManagerFactory =
               KeyManagerFactory.getInstance("SunX509");
keyManagerFactory.init(keyStore, password);
KeyManager[] keyManagers= keyManagerFactory.getKeyManagers();
```

TrustManager 接口的任务是，决定是否信任对方的安全证书。TruesManagerFactory 负责创建 TrustManager 对象，例如，

```
TrustManagerFactory trustManagerFactory =
              TrustManagerFactory.getInstance("SunX509");
trustManagerFactory.init(keyStore);
TrustManager[] trustManagers= trustManagerFactory.getTrustManagers();
```

15.2.2 SSLContext 类

SSLContext 类负责设置与安全通信有关的各种信息，比如使用的协议（SSL 或者 TLS），自身的安全证书以及对方的安全证书。SSLContext 还负责构造 SSLServerSocketFactory、SSLSocketFactory 和 SSLEngine 对象。

以下程序代码创建并初始化了一个 SSLContext 对象，然后由它创建了一个 SSLServerSocketFactory 对象。

```
SSLContext sslCtx = SSLContext.getInstance("TLS"); //采用 TLS 协议
sslCtx.init(kmf.getKeyManagers(), tmf.getTrustManagers(), null);
SSLServerSocketFactory ssf=sslCtx.getServerSocketFactory();
```

SSLContext 的 init()方法的定义如下。

```
public final void init(KeyManager[] km,
                  TrustManager[] tm,
                  SecureRandom random) throws KeyManagementException
```

参数 random 用于设置安全随机数，如果该参数为 null，init()方法就会采用默认的 SecureRandom 实现。参数 km 和 tm 也可以为 null。如果参数 km 为 null，那么 init()方法会创建默认的 KeyManager 对象以及与之关联的 KeyStore 对象，KeyStore 对象从系统属性 javax.net.ssl.keyStore 中获取安全证书。如果不存在这样的系统属性，那么 KeyStore 对象的内容为空。

如果参数 tm 为 null，那么 init()方法会创建一个默认的 TrustManager 对象以及与之关联的 KeyStore 对象，KeyStore 对象按照如下步骤获取安全证书。

（1）先尝试从系统属性 javax.net.ssl.trustStore 中获取安全证书。

（2）如果上一步失败，就尝试把<JDK 根目录>/lib/security/jssecacerts 文件作为安全证书。

（3）如果上一步失败，就尝试把<JDK 根目录>/lib/security/cacerts 文件作为安全证书。

（4）如果上一步失败，那么 KeyStore 对象的内容为空。

15.2.3　SSLServerSocketFactory 类

SSLServerSocketFactory 类负责创建 SSLServerSocket 对象。

```
SSLServerSocket serverSocket=
         (SSLServerSocket)sslServerSocketFactory
          .createServerSocket(8000);  //监听端口 8000
```

SSLServerSocketFactory 对象有两种创建方法。

（1）调用 SSLContext 类的 getServerSocketFactory()方法。

（2）调用 SSLServerSocketFactory 类的静态 getDefault()方法。

SSLServerSocketFactory 类的静态 getDefault()方法返回一个默认的 SSLServerSocketFactory 对象，它与一个默认的 SSLContext 对象关联。getDefault()方法的实现按照如下方式初始化这个默认的 SSLContext 对象。

```
sslContext.init(null,null,null);
```

15.2.4　SSLSocketFactory 类

SSLSocketFactory 类负责创建 SSLSocket 对象。

```
SSLSocket socket =
     (SSLSocket) sslSocketFactory.createSocket("localhost",8000);
```

SSLSocketFactory 对象有两种创建方法。

（1）调用 SSLContext 类的 getSocketFactory()方法。

（2）调用 SSLSocketFactory 类的静态 getDefault()方法。

SSLSocketFactory 类的静态 getDefault()方法返回一个默认的 SSLSocketFactory 对象，它与一个默认的 SSLContext 对象关联。getDefault()方法的实现按照如下方式初始化这个默认的 SSLContext 对象。

```
sslContext.init(null,null,null);
```

15.2.5　SSLSocket 类

SSLSocket 类是 Socket 类的子类，因此两者的用法有许多相似之处。此外，SSLSocket 类还具有与安全通信有关的方法。

1. 设置加密套件

客户与服务器在握手阶段需要协商实际使用的加密套件。以下两种情况都会导致握手失败。

（1）不存在双方都可以使用的相同加密套件。

（2）尽管存在这样的加密套件，但是有一方或双方没有使用该加密套件的安全证书。

SSLSocket 类的 getSupportedCipherSuites()方法返回一个字符串数组，它包含当前 SSLSocket 对象所支持的加密套件组。SSLSocket 类的 setEnabledCipherSuites(String[] suites)方法设置当前 SSLSocket 对象的可使用的加密套件组。可使用的加密套件组应该是所支持的加密套件组的子集。

以下代码仅仅启用了具有高加密强度的加密套件，这可以提高该通信端的安全性，禁止那些不支持强加密的通信端连接当前通信端。

```
String[] strongSuites={
        "SSL_RSA_WITH_RC4_128_MD5",
        "SSL_RSA_WITH_RC4_128_SHA",
        "SSL_RSA_WITH_3DES_EDE_CBC_SHA"};
sslSocket.setEnabledCipherSuites(strongSuites) ;
```

SSLSocket 类的 getEnabledCipherSuites()方法返回一个字符串数组，它包含当前 SSLSocket 对象可使用的加密套件组。

2. 处理握手结束事件

SSL 握手需要花很长的时间，当 SSL 握手完成，会发出一个 HandshakeCompletedEvent 事件，该事件由 HandshakeCompletedListener 负责监听。SSLSocket 类的 addHandshakeCompletedListener()方法负责注册 HandshakeCompletedListener 监听器。

HandshakeCompletedEvent 类提供了获取与握手事件相关的信息的方法。

```
public SSLSession getSession()  //获得会话
public String getCipherSuite()   //获得实际使用的加密套件
public SSLSocket getSocket()   //获得发出该事件的套接字
```

HandshakeCompletedListener 接口的以下方法负责处理握手结束事件

```
public void handshakeCompleted(HandshakeCompletedEvent event)
```

例程 15-2 的 HTTPSClientWithListener 类覆盖了 15.2 节开头的例程 15-1 的 HTTPSClient 类的 createSocket()方法，在该方法中为 SSLSocket 注册了 HandshakeCompletedListener。

例程 15-2 HTTPSClientWithListener.java

```
import java.net.*;
import java.io.*;
import javax.net.ssl.*;
```

```
import java.security.*;

public class HTTPSClientWithListener extends HTTPSClient{
  public void createSocket() throws Exception{
    factory=(SSLSocketFactory)SSLSocketFactory.getDefault();
    socket=(SSLSocket)factory.createSocket(host,port);
    String[] supported=socket.getSupportedCipherSuites();
    socket.setEnabledCipherSuites(supported);

    //注册 HandshakeCompletedListener 监听器
    socket.addHandshakeCompletedListener(
      new HandshakeCompletedListener(){
        public void handshakeCompleted(
                   HandshakeCompletedEvent event){
          System.out.println("握手结束");
          System.out.println("加密套件为："+event.getCipherSuite());
          System.out.println("会话为："+event.getSession());
          System.out.println("通信对方为："
                          +event.getSession().getPeerHost());
        }
    });
  }

  public static void main(String args[])throws Exception{
    HTTPSClientWithListener client=new HTTPSClientWithListener();
    client.createSocket();
    client.communicate();
  }
}
```

运行以上程序，当 SSL 握手结束时，会执行 HandshakeCompletedListener 的 HandshakeCompleted()方法，该方法的打印结果如下。

```
握手结束
加密套件为：TLS_ECDHE_RSA_WITH_AES_128_GCM_SHA256
会话为：[Session-2, TLS_ECDHE_RSA_WITH_AES_128_GCM_SHA256]
通信对方为：www.alipay.com
```

3. 管理 SSL 会话

一个客户程序可能会向一个服务器的同一个端口打开多个安全套接字。如果对于每一个安全连接都进行 SSL 握手，就会大大降低通信效率。为了提高安全通信的效率，SSL 协议允许多个 SSLSocket 共享同一个 SSL 会话。在同一个会话中，只有第 1 个打开的 SSLSocket 需要进行 SSL 握手，负责生成密钥以及交换密钥，其余的 SSLSocket 都共享密钥信息。

在一段合理的时间范围内，如果客户程序向一个服务器的同一个端口打开多个安全套接字，JSSE 就会自动重用会话。SSLSession 接口表示 SSL 会话，它具有以下方法。

- byte[] getId():获得会话 ID。每个会话都有唯一的 ID。
- String getCipherSuite():获得实际使用的加密套件。
- long getCreationTime():获得创建会话的时间。
- long getLastAccessedTime():获得最近一次访问会话的时间。访问会话指程序创建一个使用该会话的 SSLSocket。
- String getPeerHost():获得通信对方的主机。
- int getPeerPort():获得对方的通信端口。
- void invalidate():使会话失效。
- boolean isValid():判断会话是否有效。
- Object getValue(String name):获得属性名对应的属性值。
- void putValue(String name, Object value):向会话中存放一对属性名/属性值。
- void removeValue(String name):从会话中删除一对属性名/属性值。

SSLSocket 的 getSession() 方法返回 SSLSocket 所属的会话。SSLSocket 的 setEnableSessionCreation(boolean flag)方法决定 SSLSocket 是否允许创建新的会话。flag 参数的默认值为 true。如果 flag 参数为 true，那么对于新创建的 SSLSocket，如果当前已经有可用的会话，就直接加入该会话，如果没有可用的会话，就创建一个新的会话。如果 flag 为 false 参数，那么对于新创建的 SSLSocket，如果当前已经有可用的会话，就直接加入该会话，如果没有可用的会话，那么该 SSLSocket 无法与对方进行安全通信。

SSLSocket 的 startHandshake()方法显式地执行一次 SSL 握手。该方法具有以下用途。

- 使得会话使用新的密钥。
- 使得会话使用新的加密套件。
- 重新开始一个会话。为了保证不重用原先的会话，应该先将原先的会话失效。

```
socket.getSession().invalidate();
socket.startHandshake();
```

4. 客户端模式

在多数情况下，服务器需要向客户端证实自己的身份，而客户端无须向服务器证实自己的身份。比如用户通过浏览器到亚马逊的安全服务器上购买一本书。安全服务器必须向浏览器证明它确实是亚马逊网站，而不是为了骗取用户信用卡信息的黑客网站。而用户不必向亚马逊网站证明他确实是张三，而不是李四。购买和安装安全证书是非常烦琐的过程。如果用户仅仅为了购买一本书就必须提供可信任的安全证书，这是没有必要的。

但在有些情况下，服务器也会要求客户端证明自己的身份。比如当用户通过浏览器登陆到网上电子银行系统时，服务器为了防止黑客冒充某个用户的身份去盗取用户的存款，会要求浏览器出示证实客户身份的安全证书。希望使用网上电子银行系统的合法用户必须事先申请并且在自己的机器上安装安全证书。

由于多数情况下客户端无须向服务器证实自己的身份，因此当一个通信端无须向对方证实自己身份时，就称它处于客户模式，否则称它处于服务器模式。通信双方只能有一方处于服务器模式，另一方则处于客户模式。值得注意的是，客户模式这种说法很容易引起误导，因为实际上，无论是服务器还是客户程序，都可以处于客户模式或者服务器模式。SSLSocket 的 setUseClientMode(boolean mode)方法被用来设置客户模式或者服务器模式。如果 mode 参数为 true，就表示处于客户模式，即无须向对方证实自己的身份；如果 mode 参数为 false，就表示处于服务器模式，即需要向对方证实自己的身份。

当 SSL 初始握手已经开始，就不允许再调用 SSLSocket 的 setUseClientMode(boolean mode)方法，否则会导致 IllegalArgumentException 异常。

当 SSLSocket 处于服务器模式，还可以通过以下方法来决定是否要求对方提供身份认证：

- setWantClientAuth(boolean want)：当 want 参数为 true 时，表示希望对方提供身份认证。如果对方未出示安全证书，则连接不会中断，通信可继续进行。
- setNeedClientAuth(boolean need)：当 need 参数为 true 时，表示要求对方必须提供身份认证。如果对方未出示安全证书，则连接中断，通信无法继续。

15.2.6　SSLServerSocket 类

SSLServerSocket 类是 ServerSocket 类的子类，因此两者的用法有许多相似之处。此外，SSLServerSocket 类还具有与安全通信有关的方法。这些方法与 SSLSocket 类中的同名方法具有相同的作用。

1．设置加密套件的方法如下。

- String[] getSupportedCipherSuites()：返回一个字符串数组，它包含当前 SSLServerSocket 对象所支持的加密套件组。
- void setEnabledCipherSuites(String[] suites)：设置当前 SSLServerSocket 对象可使用的加密套件组。
- String[] getEnabledCipherSuites()：返回一个字符串数组，它包含当前 SSLServerSocket 对象可使用的加密套件组。

2．管理 SSL 会话的方法如下。

- void setEnableSessionCreation(boolean flag)：决定由当前 SSLServerSocket 对象创建的 SSLSocket 对象是否允许创建新的会话。
- boolean getEnableSessionCreation()：判断由当前 SSLServerSocket 对象创建的 SSLSocket 对象是否允许创建新的会话。

3．设置客户端模式的方法如下：

- void setUseClientMode(boolean mode)：当 mode 参数为 true 时，表示处于客户端模式。当 mode 参数为 false 时，表示处于服务器模式。对于 SSLServerSocket，mode 参数的默认值为 false。
- void setWantClientAuth(boolean want)：当 want 参数为 true 时，表示希望对方提供身份认证。如果对方未出示安全证书，则连接不会中断，通信可继续进行。

- void setNeedClientAuth(boolean need)：当 need 参数为 true 时，表示要求对方必须提供身份认证。如果对方未出示安全证书，则连接中断，通信无法继续。对于 SSLServerSocket，need 参数的默认值为 false。

15.2.7 SSLEngine 类

SSLEngine 类与 SocketChannel 类联合使用，就能实现“非阻塞的”安全通信。SSLEngine 类封装了与安全通信有关的细节，把应用程序发送的应用数据打包为网络数据，打包指对应用数据进行加密，加入 SSL 握手数据，把它变为网络数据。SSLEngine 类还能把接收到的网络数据展开为应用数据，展开指对网络数据解密，并且去除其中的 SSL 握手数据，从而还原为应用程序可以处理的应用数据。SSLEngine 类的 wrap()方法负责打包应用数据，unwrap()方法负责展开网络数据。图 15-5 显示了 wrap()方法与 unwrap()方法的作用。

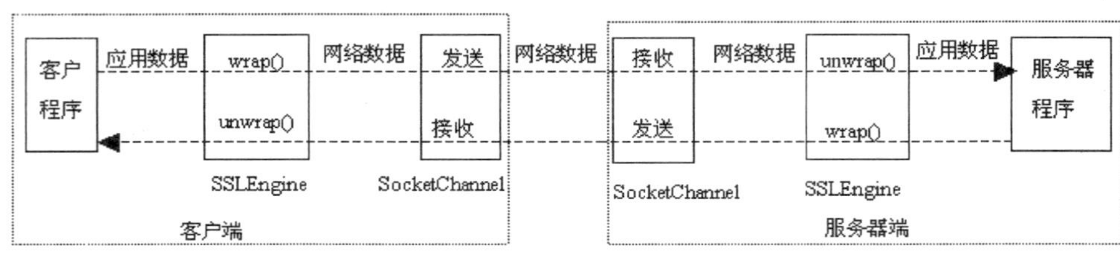

图 15-5　SSLEngine 类与 SocketChannel 类联合使用，实现非阻塞的安全通信

在图 15-5 中，SocketChannel 类负责发送和接收网络数据，SSLEngine 类负责网络数据与应用数据之间的转换。

例程 15-3 的 SSLEngineDemo 类演示了 SSLEngine 类的基本用法。SSLEngineDemo 演示了客户端与服务器端的应用数据与网络数据的转换过程。

例程 15-3　SSLEngineDemo.java

```
import javax.net.ssl.*;
import javax.net.ssl.SSLEngineResult.*;
import java.io.*;
import java.security.*;
import java.nio.*;

public class SSLEngineDemo {
  private static boolean logging = true;
  private SSLContext sslc;

  private SSLEngine clientEngine;  //客户端 Engine
  private ByteBuffer clientOut;   //存放客户端发送的应用数据
  private ByteBuffer clientIn;    //存放客户端接收到的应用数据

  private SSLEngine serverEngine;  //服务器端 Engine
  private ByteBuffer serverOut;   //存放服务器端发送的应用数据
  private ByteBuffer serverIn;    //存放服务器端接收到的应用数据
```

```
private ByteBuffer cTOs;    //存放客户端向服务器端发送的网络数据
private ByteBuffer sTOc;    //存放服务器端向客户端发送的网络数据

//设置密钥库文件和信任库文件以及口令
private static String keyStoreFile = "test.keystore";
private static String trustStoreFile = "test.keystore";
private static String passphrase = "123456";

public static void main(String args[]) throws Exception {
  SSLEngineDemo demo = new SSLEngineDemo();
  demo.runDemo();

  System.out.println("Demo Completed.");
}

/** 初始化SSLContext */
public SSLEngineDemo() throws Exception {
  KeyStore ks = KeyStore.getInstance("JKS");
  KeyStore ts = KeyStore.getInstance("JKS");

  char[] password = passphrase.toCharArray();
  ks.load(new FileInputStream(keyStoreFile), password);
  ts.load(new FileInputStream(trustStoreFile), password);

  KeyManagerFactory kmf = KeyManagerFactory.getInstance("SunX509");
  kmf.init(ks, password);

  TrustManagerFactory tmf =
         TrustManagerFactory.getInstance("SunX509");
  tmf.init(ts);

  SSLContext sslCtx = SSLContext.getInstance("TLS");
  sslCtx.init(kmf.getKeyManagers(), tmf.getTrustManagers(), null);

  sslc = sslCtx;
}

private void runDemo() throws Exception {
  boolean dataDone = false;

  createSSLEngines();
  createBuffers();

  SSLEngineResult clientResult;
  SSLEngineResult serverResult;
```

```
while (!isEngineClosed(clientEngine)
        || !isEngineClosed(serverEngine)) {
  log("================");
  //客户端打包应用数据
  clientResult = clientEngine.wrap(clientOut, cTOs);
  log("client wrap: ", clientResult);
  //完成握手任务
  runDelegatedTasks(clientResult, clientEngine);
  //服务器端打包应用数据
  serverResult = serverEngine.wrap(serverOut, sTOc);
  log("server wrap: ", serverResult);
  runDelegatedTasks(serverResult, serverEngine); //完成握手任务

  cTOs.flip();
  sTOc.flip();

  log("----");
  //客户端展开网络数据
  clientResult = clientEngine.unwrap(sTOc, clientIn);
  log("client unwrap: ", clientResult);
  //完成握手任务
  runDelegatedTasks(clientResult, clientEngine);
  //服务器端展开网络数据
  serverResult = serverEngine.unwrap(cTOs, serverIn);
  log("server unwrap: ", serverResult);
  runDelegatedTasks(serverResult, serverEngine);  //完成握手任务

  cTOs.compact();
  sTOc.compact();

  if (!dataDone && (clientOut.limit() == serverIn.position()) &&
        (serverOut.limit() == clientIn.position())) {
    checkTransfer(serverOut, clientIn);
    checkTransfer(clientOut, serverIn);
    log("\tClosing clientEngine's *OUTBOUND*...");
    clientEngine.closeOutbound();
    dataDone = true;
  }
 }
}

/** 创建客户端以及服务器端的 SSLEngine */
private void createSSLEngines() throws Exception {
 serverEngine = sslc.createSSLEngine();
 serverEngine.setUseClientMode(false);
 serverEngine.setNeedClientAuth(true);
```

```
    clientEngine = sslc.createSSLEngine("client", 80);
    clientEngine.setUseClientMode(true);
  }

  /** 创建客户端以及服务器端的应用缓冲区和网络缓冲区 */
  private void createBuffers() {
    SSLSession session = clientEngine.getSession();
    int appBufferMax = session.getApplicationBufferSize();
    int netBufferMax = session.getPacketBufferSize();
    clientIn = ByteBuffer.allocate(appBufferMax + 50);
    serverIn = ByteBuffer.allocate(appBufferMax + 50);

    cTOs = ByteBuffer.allocateDirect(netBufferMax);
    sTOc = ByteBuffer.allocateDirect(netBufferMax);

    clientOut = ByteBuffer.wrap("Hi Server, I'm Client".getBytes());
    serverOut = ByteBuffer.wrap("Hello Client, I'm Server".getBytes());
  }

  /** 执行 SSL 握手任务 */
  private static void runDelegatedTasks(SSLEngineResult result,
        SSLEngine engine) throws Exception {
    if(result.getHandshakeStatus() == HandshakeStatus.NEED_TASK) {
      Runnable runnable;
      while((runnable = engine.getDelegatedTask()) != null) {
        log("\trunning delegated task...");
        runnable.run();
      }
      HandshakeStatus hsStatus = engine.getHandshakeStatus();
      if(hsStatus == HandshakeStatus.NEED_TASK) {
        throw new Exception(
             "handshake shouldn't need additional tasks");
      }
      log("\tnew HandshakeStatus: " + hsStatus);
    }
  }

  /** 当 SSLEngine 的输出与输入都关闭时，意味着 SSLEngine 被关闭 */
  private static boolean isEngineClosed(SSLEngine engine) {
    return(engine.isOutboundDone() && engine.isInboundDone());
  }

  /** 判断两个缓冲区内容是否相同 */
  private static void checkTransfer(ByteBuffer a, ByteBuffer b)
                                              throws Exception {
    a.flip();
    b.flip();
```

```
    if(!a.equals(b)) {
      throw new Exception("Data didn't transfer cleanly");
    }else{
      log("\tData transferred cleanly");
    }

    a.position(a.limit());
    b.position(b.limit());
    a.limit(a.capacity());
    b.limit(b.capacity());
  }

  private static boolean resultOnce = true;

  /** 输出日志，打印 SSLEngineResult 的结果 */
  private static void log(String str, SSLEngineResult result) {
    if(resultOnce){
      resultOnce = false;
      System.out.println("The format of the SSLEngineResult is: \n"
          + "\t\"getStatus() / getHandshakeStatus()\" +\n"
          + "\t\"bytesConsumed() / bytesProduced()\"\n");
    }
    HandshakeStatus hsStatus = result.getHandshakeStatus();
    log(str +
          result.getStatus() + "/" + hsStatus + ", " +
          result.bytesConsumed() + "/"
                                + result.bytesProduced() +" bytes");
    if (hsStatus == HandshakeStatus.FINISHED) {
       log("\t...ready for application data");
    }
  }

  /** 输出日志*/
  private static void log(String str) {
    System.out.println(str);
  }
}
```

在 SSLEngineDemo 类中定义了一系列的缓冲区，分别用来存放客户端以及服务器端的应用数据以及网络数据，如图 15-6 所示。

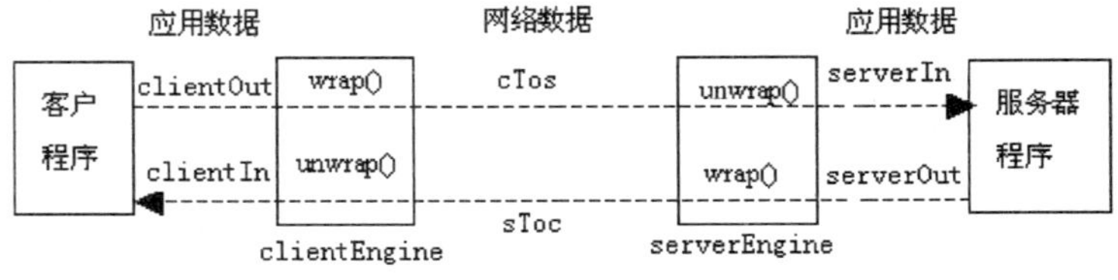

图 15-6　SSLEngineDemo 类定义的缓冲区

SSLEngine 类的 wrap()以及 unwrap()方法都返回一个 SSLEngineResult 对象，它描述执行 wrap()或 unwrap()方法的结果。SSLEngineResult 类的 getHandshakeStatus()方法返回 SSL 握手的状态，如果取值为 HandshakeStatus.NEED_TASK，则表明握手没有完成，应该继续完成握手任务。

```
if(result.getHandshakeStatus() == HandshakeStatus.NEED_TASK){
  Runnable runnable;
  while((runnable = engine.getDelegatedTask()) != null) {
    runnable.run();
  }
}
```

为了尽早完成握手任务，也可以启动多个线程执行握手任务。

```
if(result.getHandshakeStatus() == HandshakeStatus.NEED_TASK){
  Runnable runnable;
  while((runnable = engine.getDelegatedTask()) != null) {
    new Thread(runnable).start();
  }
}
```

15.3　创建基于 SSL 的安全服务器和安全客户

例程 15-4 的 EchoServer 类创建了一个基于 SSL 的安全服务器，它处于服务器模式。

例程 15-4　EchoServer.java

```
import java.net.*;
import java.io.*;
import javax.net.ssl.*;
import java.security.*;
public class EchoServer {
  private int port=8000;
  private SSLServerSocket serverSocket;

  public EchoServer() throws Exception {
    //输出跟踪日志
    //System.setProperty("javax.net.debug", "all");
    SSLContext context=createSSLContext();
    SSLServerSocketFactory factory=context.getServerSocketFactory();
    serverSocket =(SSLServerSocket)factory.createServerSocket(port);
    System.out.println("服务器启动");
    System.out.println(
            serverSocket.getUseClientMode()? "客户模式":"服务器模式");
```

```
    System.out.println(serverSocket.getNeedClientAuth()?
            "需要验证对方身份":"不需要验证对方身份");

    String[] supported=serverSocket.getSupportedCipherSuites();
    serverSocket.setEnabledCipherSuites(supported);
  }


  public SSLContext createSSLContext() throws Exception {
    //服务器用于证实自己身份的安全证书所在的密钥库
    String keyStoreFile = "test.keystore";
    String passphrase = "123456";
    KeyStore ks = KeyStore.getInstance("JKS");
    char[] password = passphrase.toCharArray();
    ks.load(new FileInputStream(keyStoreFile), password);
    KeyManagerFactory kmf = KeyManagerFactory.getInstance("SunX509");
    kmf.init(ks, password);

    SSLContext sslContext = SSLContext.getInstance("SSL");
    sslContext.init(kmf.getKeyManagers(), null, null);

    //当要求客户端提供安全证书时，服务器端可创建 TrustManagerFactory，
    //并由它创建 TrustManager，TrustManger 根据与之关联的 KeyStore 中的信息，
    //决定是否相信客户提供的安全证书。

    //客户端用于证实自己身份的安全证书所在的密钥库
    //String trustStoreFile = "test.keystore";
    //KeyStore ts = KeyStore.getInstance("JKS");
    //ts.load(new FileInputStream(trustStoreFile), password);
    //TrustManagerFactory tmf =
    //    TrustManagerFactory.getInstance("SunX509");
    //tmf.init(ts);
    //sslContext.init(kmf.getKeyManagers(),
    //                tmf.getTrustManagers(), null);

    return sslContext;
  }

  public String echo(String msg) {
    return "echo:" + msg;
  }

  private PrintWriter getWriter(Socket socket)throws IOException{
    OutputStream socketOut = socket.getOutputStream();
    return new PrintWriter(socketOut,true);
  }
  private BufferedReader getReader(Socket socket)throws IOException{
```

```
    InputStream socketIn = socket.getInputStream();
    return new BufferedReader(new InputStreamReader(socketIn));
  }

  public void service() {
    while (true) {
      Socket socket=null;
      try {
        socket = serverSocket.accept();  //等待客户连接
        System.out.println("New connection accepted "
                +socket.getInetAddress()
               + ":" +socket.getPort());
        BufferedReader br =getReader(socket);
        PrintWriter pw = getWriter(socket);

        String msg = null;
        while ((msg = br.readLine()) != null) {
          System.out.println(msg);
          pw.println(echo(msg));
          if (msg.equals("bye")) //如果客户发送的消息为"bye"，就结束通信
            break;
        }
      }catch (IOException e) {
         e.printStackTrace();
      }finally {
         try{
           if(socket!=null)socket.close();  //断开连接
         }catch (IOException e) {e.printStackTrace();}
      }
    }
  }

  public static void main(String args[])throws Exception {
    new EchoServer().service();
  }
}
```

以上 EchoServer 类与本书 1.5.1 节的例程 1-2 的 EchoServer 类很相似，区别在于前者先创建了 SSLContext 对象，然后由它创建 SSLServerSocketFactory 对象，再由该工厂对象创建 SSLServerSocket 对象。对于以下程序代码：

```
System.out.println(serverSocket.getUseClientMode()?
            "客户模式":"服务器模式");
System.out.println(serverSocket.getNeedClientAuth()?
            "需要验证对方身份":"不需要需要验证对方身份");
```

打印结果如下。

```
服务器模式
不需要验证对方身份
```

由此可见，在默认情况下，SSLServerSocket 处于服务器模式，必须向对方证实自身的身份，但不需要验证对方的身份，即不要求对方出示安全证书。

如果希望程序运行时输出底层 JSSE 实现的日志信息，那么可以把“javax.net.debug”系统的属性设为“all”。

```
System.setProperty("javax.net.debug", "all");
```

例程 15-5 的 EchoClient 类创建了一个基于 SSL 的安全客户，它处于客户模式。

例程 15-5　EchoClient.java

```
import java.net.*;
import java.io.*;
import javax.net.ssl.*;
import java.security.*;
public class EchoClient {
  private String host="localhost";
  private int port=8000;
  private SSLSocket socket;

  public EchoClient()throws IOException{
    SSLContext context=createSSLContext();
    SSLSocketFactory factory=context.getSocketFactory();
    socket=(SSLSocket)factory.createSocket(host,port);
    String[] supported=socket.getSupportedCipherSuites();
    socket.setEnabledCipherSuites(supported);
    System.out.println(socket.getUseClientMode()?
                        "客户模式":"服务器模式");
  }

  public SSLContext createSSLContext() throws Exception {
    String passphrase = "123456";
    char[] password = passphrase.toCharArray();

    //设置客户端所信任的安全证书所在的密钥库
    String trustStoreFile = "test.keystore";
    KeyStore ts = KeyStore.getInstance("JKS");
    ts.load(new FileInputStream(trustStoreFile), password);
    TrustManagerFactory tmf =
              TrustManagerFactory.getInstance("SunX509");
    tmf.init(ts);

    SSLContext sslContext = SSLContext.getInstance("SSL");
```

```
    sslContext.init(null,tmf.getTrustManagers(), null);
    return sslContext;
  }
  public static void main(String args[])throws IOException{
    new EchoClient().talk();
  }
  private PrintWriter getWriter(Socket socket)throws IOException{
    OutputStream socketOut = socket.getOutputStream();
    return new PrintWriter(socketOut,true);
  }
  private BufferedReader getReader(Socket socket)throws IOException{
    InputStream socketIn = socket.getInputStream();
    return new BufferedReader(new InputStreamReader(socketIn));
  }
  public void talk()throws IOException {
    try{
      BufferedReader br=getReader(socket);
      PrintWriter pw=getWriter(socket);
      BufferedReader localReader=
          new BufferedReader(new InputStreamReader(System.in));
      String msg=null;
      while((msg=localReader.readLine())!=null){
        pw.println(msg);
        System.out.println(br.readLine());

        if(msg.equals("bye"))
          break;
      }
    }catch(IOException e){
       e.printStackTrace();
    }finally{
       try{socket.close();}catch(IOException e){e.printStackTrace();}
    }
  }
}
```

以上 EchoClient 类与 1.5.2 节的例程 1-3 的 EchoClient 类很相似，区别在于前者先创建了一个 SSLSocketFactory 对象，然后由它创建了 SSLSocket 对象。对于以下程序代码，

```
System.out.println(socket.getUseClientMode()?
                   "客户模式":"服务器模式");
```

打印结果如下。

```
客户模式
```

由此可见，在默认情况下，由 SSLSocketFactory 创建的 SSLSocket 对象处于客户模式，

不必向对方证实自身的身份。

EchoClient 类依靠 TrustManager 来决定是否信任 EchoServer 出示的安全证书。EchoClient 类的 SSLSocketFactory 对象是由 SSLContext 对象来创建的。这个 SSLContext 对象通过 TrustManager 来管理所信任的安全证书。在本例中，TrustManager 所信任的安全证书位于 test.keystore 密钥库文件中。

在本例中，服务器端向客户端出示的安全证书也位于 test.keystore 密钥库文件中，15.1.4 节已经介绍了它的制作过程。在实际应用中，服务器端的密钥库文件中包含密钥对，从安全角度出发，客户端所信任的密钥库文件中应该仅仅包含公钥，所以服务器和客户端应该使用不同的密钥库文件。15.5 节的练习题 7 的服务器和客户端就会使用不同的密钥库文件。

假定该文件与 EchoServer.class 以及 EchoClient.class 文件位于同一目录下。在命令行方式下转到 chapter15 目录下，按照以下步骤运行 EchoServer 和 EchoClient。

（1）设置 classpath，运行命令“set classpath=C:\chapter15\classes”。

（2）运行“start java EchoServer”命令，启动 EchoServer 服务器。

（3）运行“java EchoClient”命令，启动 EchoClient 客户。

15.4 小结

Java 安全套接字扩展（JSSE）为基于 SSL 和 TLS 协议的 Java 网络应用程序提供了 Java API 以及参考实现。JSSE 支持数据加密、服务器端身份验证、数据完整性以及可选的客户端身份验证。使用 JSSE，能保证采用各种应用层协议（比如 HTTP、Telnet 和 FTP 等）的客户程序与服务器程序安全地交换数据。

JSSE 封装了底层复杂的安全通信细节，使得开发人员能方便地利用它来开发安全的网络应用程序。JSSE 中负责安全通信的最核心的类是 SSLServerSocket 类与 SSLSocket 类，它们分别是 ServerSocket 与 Socket 类的子类。SSLSocket 对象由 SSLSocketFactory 创建，此外，SSLServerSocket 的 accept()方法也会创建 SSLSocket 对象。SSLServerSocket 对象由 SSLServerSocketFactory 创建。SSLSocketFactory 和 SSLServerSocketFactory 对象都由 SSLContext 对象创建。SSLContext 负责为 SSLSocket 和 SSLSocketFactory 设置安全参数，比如使用的安全协议、安全证书、KeyManager、TrustManager 和安全随机数等。

15.5 练习题

1．JSSE 支持哪些协议？（多选）

a）FTP　　b）SSL　　c）TLS　　d）HTTP

2．SSL 协议位于哪个层？（单选）

a）网络层　　b）应用层　　c）传输层　　d）安全套接字层

3．以下哪些属于 SSL 协议的内容？（多选）

a）验证通信对方的身份。　　b）保证数据的可靠传输，数据不会丢失。
c）对网络上传输的数据加密。　　d）保证不会接收到乱序的数据包。

4．以下哪些类的对象可以直接由 SSLContext 创建？（多选）

a）SSLServerSocketFactory　　b）SSLSocketFactory
c）SSLEngine　　d）SSLSocket
e）KeyStore

5．在 SSL 协议中，什么叫客户模式？（单选）

a）当一个通信端作为客户程序运行，就称它处于客户模式。
b）当一个通信端无须向对方证实自己的身份，就称它处于客户模式。
c）当一个通信端要求对方必须提供身份验证，就称它处于客户模式。
d）如果一个通信端处于服务器模式，那么另一端就处于客户模式。

6．关于 TrustManager，以下哪些说法正确？（多选）

a）TrustManager 用来证实自己的身份。
b）TrustManager 用来验证对方的身份。
c）当通信方 A 要求验证通信方 B 的身份时，通信方 A 的程序中必须创建 TrustManager。
d）当通信方 A 要求验证通信方 B 的身份时，通信方 B 的程序中必须创建 TrustManager。

7．修改 15.3 节的 EchoServer 与 EchoClient，使它们能进行双向身份验证，并且 EchoServer 和 EchoClient 分别使用不同的密钥库文件。

答案：1．b，c　2．d　3．a，c　4．a，b，c　5．b　6．b，c

7．参见配套源代码包的 sourcecode/chapter15/src/exercise 目录下的 EchoServer 和 EchoClient 类。

编程提示：EchoServer 和 EchoClient 分别处于服务器模式和客户模式。在 EchoServer 类中，通过以下方法要求对客户端进行身份验证。

```
serverSocket.setNeedClientAuth(true);
```

EchoServer 使用以下密钥库文件。

- server.keystore：EchoServer 向客户端出示的安全证书所在的密钥库文件。
- serverTrust.keystore：EchoServer 信任的安全证书所在的密钥库文件。

EchoClient 使用以下密钥库文件。

- client.keystore：EchoClient 向服务器端出示的安全证书所在的密钥库文件。
- clientTrust.keystore：EchoClient 信任的安全证书所在的密钥库文件。

以下是生成上述密钥库文件的 keytool 命令，这些命令在当前目录下生成密钥库文件。

```
//1.生成服务器端的 server.keystore 密钥库
keytool -genkey -keystore server.keystore
```

```
-storepass 123456 -keyalg RSA -validity 365 -keypass 123456

//2.生成服务器端的安全证书 server.crt,包含密钥对中的公钥
keytool -export -keystore server.keystore
-storepass 123456 -file server.crt

//3.将服务端安全证书导入客户端所信任的 clientTrust.keystore 密钥库
keytool -import -keystore clientTrust.keystore
-storepass 123456 -file server.crt

//4.生成客户端的 client.keystore 密钥库
keytool -genkey -keystore client.keystore
-storepass 123456 -keyalg RSA -validity 365 -keypass 123456

//5.生成客户端的安全证书 client.crt,包含密钥对中的公钥
keytool -export -keystore client.keystore
-storepass 123456 -file client.crt

//6.将客户端安全证书导入服务器端所信任的 serverTrust.keystore 密钥库
keytool -import -keystore serverTrust.keystore
-storepass 123456 -file client.crt
```

server.keystore 与 clientTrust.keystore 的区别在于，前者包含了用于服务器端安全验证的密钥对，而后者仅仅包含了服务器端密钥对中的公钥。同样，client.keystore 与 serverTrust.keystore 的区别在于，前者包含了用于客户端安全验证的密钥对，而后者仅仅包含了客户端密钥对中的公钥。

第 16 章 XML 数据处理

XML 是目前广为使用的一种数据格式。XML 具有平台无关性、语言无关性、系统无关性，也就是说它不依赖特定的操作系统平台、编程语言和软件系统。XML 的这些特性给网络通信中数据的集成和交互带来了极大的方便性。本章内容主要为第 17 章和第 18 章做铺垫。第 17 章和第 18 章介绍的 Web 服务会利用 XML 格式的数据作为通信双方交互的数据。

本章将介绍用 Java 来处理 XML 数据的 4 种方法：DOM、SAX、JDOM 和 DOM4J。本章最后介绍了把 JavaBean 序列化为 XML 数据，以及把 XML 数据反序列化 JavaBean 的通用方法。

16.1　用 DOM 处理 XML 文档

DOM（Document Object Model，文档对象模型） 是一种把 XML 文档解析为树型对象模型的官方标准，DOM 由国际组织万维网联盟（W3C）制定。DOM 把 XML 文档看作一棵包含多个节点的树，每个元素都是树中的一个节点。例程 16-1 是一个包含邮件信息的 XML 文档。

例程 16-1　mail.xml

```
<?xml version="1.0" encoding="UTF-8"?>
<Mail>
  <From>Weiqin</From>
  <To>Lulu</To>
  <Date> Sun, 10 Nov 2019 11:15:16 -0600</Date>
  <Subject>XML Introduction</Subject>
  <Body>
    Thanks for reading this article.
  </Body>
</Mail>
```

在以上 mail.xml 文件中，根元素是<Mail>，它包含<From><To>和<Date>等子元素。在 DOM 树模型中，<Mail>元素是根节点，<From><To>和<Date>等子元素是子节点。

在 DOM API 中，最核心的接口是 org.w3c.dom.Document 接口，表示按照 DOM 树型结构建模的 XML 文档。Java 程序通过 DOM API 来解析 XML 文档，主要步骤如下。

（1）创建 DOM 解析器工厂 DocumentBuildFactory 对象。

```
DocumentBuilderFactory dbf = DocumentBuilderFactory.newInstance();
```

（2）由 DOM 解析器工厂对象创建 DOM 解析器 DocumentBuilder 对象。

```
DocumentBuilder db = dbf.newDocumentBuilder();
```

（3）由 DOM 解析器对象对指定的 XML 文件进行解析，依据 XML 文件创建 Document 对象。Document 对象包含了 XML 文件的数据，并且按照 DOM 树结构来存放数据。

```
//xmlFile 为需要解析的 XML 文件
Document dom = db.parse(xmlFile);
```

（4）在 Document 对象表示的 DOM 树中进行查询，返回以参数 tagName 为元素名的所有元素节点的列表。

```
//tagName 为 String 类型，表示元素名字
NodeList  nodelist = dom.getElementsByTagName(tagName);
```

例程 16-2 的 DomDemo 类演示了用 DOM API 解析 XML 文档的过程，它的 parseXML(String xmlFile, String rootElementName)方法对参数 xmlFile 指定的 XML 文件进行解析，打印以 rootElementName 参数作为根元素的分支树中所有元素的名字和内容。

例程 16-2　DomDemo.java

```
import java.io.IOException;

import javax.xml.parsers.DocumentBuilder;
import javax.xml.parsers.DocumentBuilderFactory;
import javax.xml.parsers.ParserConfigurationException;

import org.w3c.dom.Document;
import org.w3c.dom.Element;
import org.w3c.dom.Node;
import org.w3c.dom.NodeList;
import org.xml.sax.SAXException;

public class DomDemo {
  public static void parseXML(String xmlFile,String rootElementName){
    //创建解析器工厂 DocumentBuildFactory 对象
    DocumentBuilderFactory dbf =DocumentBuilderFactory.newInstance();
    DocumentBuilder db = null;
    Document dom = null;
    try{
```

```
      //由解析器工厂对象创建解析器对象，即 DocumentBuilder 对象
      db = dbf.newDocumentBuilder();

      //由解析器对象对指定 XML 文件进行解析，创建 Document 对象
      dom = db.parse(xmlFile);

      /* 在 Document 对象表示的 DOM 树中进行查询，
         返回以 rootElementName 为元素名的所有元素节点的列表 NoteList */
      NodeList  nodelist =dom.getElementsByTagName(rootElementName);
      // 遍历所有的节点
      for (int i = 0; i <  nodelist.getLength(); i++) {
        Node  node =  nodelist.item(i);
        if(node instanceof Element)
          walkThroughTree((Element)node);
      }
    } catch (ParserConfigurationException e) {
       e.printStackTrace();
    } catch (SAXException e) {
       e.printStackTrace();
    } catch (IOException e) {
       e.printStackTrace();
    } finally {
      System.out.println("解析结束");
    }
  }

  /** 递归遍历以参数 element 为根元素的分支树 */
  public static void walkThroughTree(Element element){
    String elementName = element.getTagName();
    String elementContent = element.getTextContent();
    System.out.println("元素名: "
            +elementName+",元素内容: "+elementContent);
    // 遍历子节点
    NodeList childList = element.getChildNodes();
    for (int j = 0; j < childList.getLength(); j++) {
      Node childNode = childList.item(j);
      if(childNode instanceof Element)
        walkThroughTree((Element)childNode);
    }
  }

  public static void main(String[] agrs) {
    String xmlFile="mail.xml"; //待解析的 XML 文件
    String rootElementName="Mail"; //mail.xml 中根元素的名字
    parseXML(xmlFile,rootElementName);
  }
}
```

DomDemo 类的 walkThroughTree(Element element)方法是一个递归方法，会遍历访问以

参数 element 为根元素的分支树上的所有元素。运行 DomDemo 类，打印结果如下。

```
元素名：Mail,元素内容：
  Weiqin
  Lulu
   Sun, 10 Nov 2019 11:15:16 -0600
  XML Introduction

    Thanks for reading this article.
元素名：From,元素内容：Weiqin
元素名：To,元素内容：Lulu
元素名：Date,元素内容： Sun, 10 Nov 2019 11:15:16 -0600
元素名：Subject,元素内容：XML Introduction
元素名：Body,元素内容：
    Thanks for reading this article.

解析结束
```

DOM 把 XML 文档看作一棵包含分层节点的树，并可以方便地对树进行遍历。DOM 的优点是编程容易，开发人员只需创建表示 DOM 树的 Document 对象，就能方便地在 DOM 树中遍历各个节点，或者遍历特定的分支树中的节点。

不过，由于 DOM 会把整个 XML 文档加载到内存中，所以对计算机硬件的运行性能和内存的要求比较高，尤其是当遇到很大的 XML 文档时，加载这样的文档会占用大量内存，并且解析起来也很耗时间。因此 DOM 适用于解析小型的 XML 文档。

16.2 用 SAX 处理 XML 文档

SAX（Simple API for XML，处理 XML 的简单 API）采用了基于事件的模型，它在解析 XML 文档的时候可以触发一系列的事件，当发现指定的元素时，会自动调用相关的处理方法。

SAX 的优点是对内存的要求比较低，因为它不必把整个 XML 文档加载到内存中。SAX 由开发人员来决定要处理哪些 XML 元素。尤其是当开发人员只需要处理文档中的部分数据时，SAX 更能发挥节省内存空间的优势。因此 SAX 适合解析大型的 XML 文档。SAX 的缺点是编程比较麻烦，需要手工编程处理具体的元素。

下面结合具体的范例来演示通过 SAX API 来解析 XML 文档的方法，主要包括以下步骤。

（1）准备好待解析的 XML 文档，本范例中为 customer.xml。

（2）创建和 customer.xml 文件对应的 Customer 类。

（3）创建处理 customer.xml 文档的 CustomerHandler 类。

（4）创建 SaxDemo 类，它创建了 SAXParser 解析器，而 SAXParser 解析器又利用

CustomerHandler 类来解析 customer.xml 文档。

本范例需要解析的 XML 文档为 customer.xml 文件，它包含了两个 Customer 对象的数据，参见例程 16-3。

例程 16-3　customer.xml

```
<?xml version="1.0" encoding="UTF-8"?>
<customers>
   <customer>
      <id>1</id>
      <name>Tom</name>
      <age>25</age>
      <address>shanghai</address>
   </customer>

   <customer>
      <id>2</id>
      <name>Linda</name>
      <age>18</age>
      <address>beijing</address>
   </customer>
</customers>
```

例程 16-4 的 Customer 类表示客户信息。本范例会读取 customer.xml 文件中的 XML 数据，把它们存放到 Customer 对象中。

例程 16-4　Customer.java

```
public class Customer  {
  private long id;
  private String name="";
  private String addr="";
  private int age;
  public Customer(long id,String name,String addr,int age) {
    this.id=id;
    this.name=name;
    this.addr=addr;
    this.age=age;
  }

  public Customer(long id){
    this.id=id;
  }

  public Customer(){}

  public long getId(){
    return id;
```

```
    }

    public void setId(long id){
      this.id=id;
    }
    ……  //省略显示其他属性的 get 和 set 方法

    public String toString(){
     return "Customer: "+id+" "+name+" "+addr+" "+age;
    }
}
```

16.2.1 创建 XML 文档的具体处理类 CustomerHandler

CustomerHandler 类负责解析 customer.xml 文件。CustomerHandler 类继承 org.xml.sax.helpers.DefaultHandler 类，重新实现了以下方法。

- startDocument()：SAX 解析器开始解析文档时调用此方法。
- endDocument()：SAX 解析器解析文档到达结尾时调用此方法。
- characters(char[] ch, int start, int length)：SAX 解析器处理元素的文本内容时调用此方法。
- startElement(String uri, String localName, String qName, Attributes attributes)：SAX 解析器开始解析一个元素时调用此方法。
- endElement(String uri, String localName, String qName)：SAX 解析器解析一个元素到达结尾时调用此方法。

SAX 解析器在解析 XML 文档时，遇到文档的开始、结尾，或者一个元素的开始结尾，以及在处理元素的文本内容时，都会调用以上相关方法。

例程 16-5 是 CustomerHandler 类的源代码。它专门负责解析 customer.xml 文件，把其中的 XML 数据转换成 Customer 对象。把 XML 数据转换成一个 Java 对象的过程也称作对象的 XML 反序列化，16.5 节介绍了 XML 反序列化的通用 API。

例程 16-5 CustomerHandler.java

```
import java.util.ArrayList;
import java.util.List;

import org.xml.sax.Attributes;
import org.xml.sax.SAXException;
import org.xml.sax.helpers.DefaultHandler;

public class CustomerHandler extends DefaultHandler {
  private List<Customer> customers;
  private Customer customer;  //当前正在处理的 Customer 对象
  private String tag;  //当前正在处理的元素名
```

```
/** 开始解析文档时调用此方法 */
public void startDocument() throws SAXException {
  System.out.println("文档解析开始");
  customers=new ArrayList<Customer>();
}

/** 开始解析一个元素时调用此方法 */
public void startElement(String uri, String localName, String qName,
                 Attributes attributes) throws SAXException {
   System.out.println("开始解析一个元素"+qName);
   if(null!=qName) {
     tag=qName;
   }
   if(null!=qName&&qName.equals("customer")) {
     customer=new Customer();
   }
}

/** 处理各个元素的文本内容，把它们保存为 Customer 对象的属性 */
public void characters(char[] ch, int start, int length)
                                       throws SAXException {
  String str=new String(ch,start,length);
  if(null!=tag&&tag.equals("name")) {
    customer.setName(str);
  }else if(null!=tag&&tag.equals("age")) {
    Integer age=Integer.valueOf(str);
    customer.setAge(age);
  }else if(null!=tag&&tag.equals("address")) {
    customer.setAddr(str);
  }else if(null!=tag&&tag.equals("id")) {
    Long id=Long.valueOf(str);
    customer.setId(id);
  }
}

/** 解析元素结尾时调用此方法 */
public void endElement(String uri, String localName, String qName)
                                       throws SAXException {
  System.out.println("结束解析一个元素"+qName);
  if(qName.equals("customer")) {
    this.customers.add(customer);
  }
  tag=null;
}

/** 解析文档结束时调用此方法 */
public void endDocument() throws SAXException {
  System.out.println("文档解析结束");
```

```
  }

  public List<Customer> getCustomers() {
    return customers;
  }

  public void setCustomers(List<Customer> customers) {
    this.customers = customers;
  }
}
```

16.2.2　创建 XML 文档的解析类 SaxDemo

通过 SAX 解析器来解析 XML 文档包含以下步骤。

（1）创建 SAX 解析器工厂 SAXParserFactory 对象。

```
SAXParserFactory  factory=SAXParserFactory.newInstance();
```

（2）通过 SAX 解析器工厂创建 SAX 解析器 SAXParser 对象。

```
SAXParser parser=factory.newSAXParser();
```

（3）SAX 解析器利用具体的 XML 文档处理类来解析文档。

```
CustomerHandler handler=new CustomerHandler();
//用 CustomerHandler 类来解析 XML 文档
parser.parse( new FileInputStream(xmlFile) , handler);
```

例程 16-6 是 SaxDemo 类的源代码，它解析 customer.xml 文档，把它转换成两个 Customer 对象，最后打印这两个 Customer 对象的信息。

例程 16-6　SaxDemo.java

```
import java.io.*;
import java.util.List;

import javax.xml.parsers.ParserConfigurationException;
import javax.xml.parsers.SAXParser;
import javax.xml.parsers.SAXParserFactory;
import org.xml.sax.SAXException;

public class SaxDemo {
  public static void main(String[] args)
     throws ParserConfigurationException, SAXException, IOException {

    String xmlFile="customer.xml"; //待解析的 XML 文档
```

```
      //创建 SAX 解析工厂对象
      SAXParserFactory  factory=SAXParserFactory.newInstance();

      //通过 SAX 解析工厂创建 SAX 解析器对象
      SAXParser parser=factory.newSAXParser();

      CustomerHandler handler=new CustomerHandler();
      //用 CustomerHandler 文档处理器 解析指定的 XML 文件
      parser.parse( new FileInputStream(xmlFile), handler);
      List<Customer> customers=handler.getCustomers();

      for(Customer c:customers) {
        System.out.println(c.getId()+","+c.getName()+","
                            +c.getAge()+","+c.getAddr());
      }
    }
}
```

运行以上程序，打印结果如下。

```
文档解析开始
开始解析一个元素 customers
开始解析一个元素 customer
开始解析一个元素 id
结束解析一个元素 id
……
结束解析一个元素 customer

开始解析一个元素 customer
开始解析一个元素 id
结束解析一个元素 id
……
结束解析一个元素 customer
结束解析一个元素 customers
文档解析结束
1,Tom,25,shanghai
2,Linda,18,beijing
```

从以上打印结果可以看出，当 SAX 解析器解析 customer.xml 文件时，会自动调用 CustomerHandler 类的相关方法。

16.3　用 JDOM 处理 XML 文档

JDOM（Java DOM）是第三方提供的 XML 解析器，它也是依据 DOM 的树型对象模型来为 XML 文档建模。JDOM 把 SAX 和 DOM 的功能有效地结合起来，并且充分利用了 Java 语言的诸多特性，例如方法重载和集合等，以便进一步对处理 XML 文档的 API 进行简化。

JDOM 与 DOM 一样，也需要把整个 XML 文档加载到内存中，因此 JDOM 不适合处理数据量很大的 XML 文档。

在 JDK 中并没有包含 JDOM 的类库，需要到 JDOM 的官方网站下载 jdom-X.zip 文件，解压该文件，其中 jdom/build/jdom-X.jar 文件就是 JDOM 类库文件。在本范例中需要把该 jdom-X.jar 类库文件拷贝到 sourcecode/chapter16/lib 目录下。

例程 16-7 的 JdomDemo 类演示了 JDOM API 的用法。它有两个方法。

- saveCustomersToXml(List<Customer> customerList, String xmlFile)：把参数 customerList 列表中的 Customer 对象保存到 xmlFile 参数指定的 XML 文件中。
- List<Customer> getCustomersFromXml(String xmlFile)：读取参数 xmlFile 指定的 XML 文件中的数据，把它们转换为 Customer 对象，最后返回包含这些 Customer 对象的列表。

例程 16-7 JdomDemo.java

```
import java.io.*;
import java.util.ArrayList;
import java.util.List;

import org.jdom.Document;
import org.jdom.Element;
import org.jdom.JDOMException;
import org.jdom.input.SAXBuilder;
import org.jdom.output.XMLOutputter;

public class JdomDemo {
   /** 把 Customer 对象保存到参数 xmlFile 指定的 XML 文件中 */
  public int saveCustomersToXml(List<Customer> customerList,
                                             String xmlFile) {
    int count = 0;
    //创建文档对象
    Document document = new Document();
    //根元素
    Element elementRoot = new Element("customers");
    document.addContent(elementRoot);
    //遍历所有 Customer 对象，转换成 XML 数据
    for(Customer customer:customerList) {
      Element elementChild = new Element("customer");
      Element elementChildId = new Element("id");
      Element elementChildName = new Element("name");
      Element elementChildAge = new Element("age");
      Element elementChildAddress = new Element("address");
      elementChildId.setText(
                       Long.valueOf(customer.getId()).toString());
```

```
    elementChildName.setText(customer.getName());
    elementChildAge.setText(
                    Integer.valueOf(customer.getAge()).toString());
    elementChildAddress.setText(customer.getAddr());
    //添加到父类节点
    elementRoot.addContent(elementChild);
    elementChild.addContent(elementChildId);
    elementChild.addContent(elementChildName);
    elementChild.addContent(elementChildAge);
    elementChild.addContent(elementChildAddress);

    count++;
  }

  //输出到 XML 文件
  XMLOutputter outPut = new XMLOutputter();
  try {
     outPut.output(document, new FileOutputStream(xmlFile));
   } catch (IOException e) {
      e.printStackTrace();
   }
   return count;
}

/** 把参数 xmlFile 指定的 XML 文件中的数据读取出来，转换成 Customer 对象 */
public List<Customer> getCustomersFromXml(String xmlFile) {
  //创建一个用于存放 Customer 对象的列表
  List<Customer> customerlist = new ArrayList<Customer>();
  //创建 SAX 解析器
  SAXBuilder builder = new SAXBuilder();

   try {
     //创建文档对象
     Document document =builder.build(new FileInputStream(xmlFile));
     //得到<customers>根元素
     Element elementRoot = document.getRootElement();
     //得到<customer>子元素
     List<Element> customerEles = elementRoot.getChildren();
     //遍历所有<customer>元素
     for(Element customerEle:customerEles) {
       Customer customer = new Customer();
       List<Element> childOfCustomerEles=customerEle.getChildren();

       //遍历一个<customer>元素中的所有子元素
       for(Element childOfCustomerEle: childOfCustomerEles){
         String tagName=childOfCustomerEle.getName();
         String text= childOfCustomerEle.getText();
```

```
          switch(tagName){
            case "id":
              customer.setId(Long.parseLong(text));
              break;
            case "name":
              customer.setName(text);
              break;
            case "age":
              customer.setAge(Integer.parseInt(text));
              break;
            case "address":
              customer.setAddr(text);
          }
        }
        //添加到列表中
        customerlist.add(customer);
      }
    } catch (JDOMException e) {
      e.printStackTrace();
    } catch (IOException e) {
      e.printStackTrace();
    }
    return customerlist;
  }

  public static void main(String args[]){
    String xmlFile="customer.xml";
    String xmlFileCopy="customerCopy.xml";

    JdomDemo demo=new JdomDemo();
    List<Customer> customers=demo. getCustomersFromXml(xmlFile) ;
    for(Customer c:customers) {
      System.out.println(c.getId()+","+c.getName()+","
                         +c.getAge()+","+c.getAddr());
    }
    System.out.println("共保存了"
       +demo.saveCustomersToXml(customers,xmlFileCopy)
       +"个 Customer 对象");
  }
}
```

运行以上范例，会把 customer.xml 文件中的 XML 数据转换为 Customer 对象，然后把 Customer 对象转换成 XML 数据，并保存到 customerCopy.xml 文件中。把 Customer 对象转换为 XML 数据称作 Java 对象的 XML 序列化，把 XML 数据转换为 Customer 对象称作 Java 对象的 XML 反序列化。16.5 节介绍了 Java 对象的 XML 序列化和反序列化的通用 API。

编译和运行 JdomDemo 类时，需要把 JDOM 的类库文件加入 classpath 中。在本书配套源代码包的 sourcecode/chapter16/build.xml 文件中定义了名为“runJdomDemo”的 Target。在命令行方式下输入命令“ant runJdomDemo”，就会运行 JdomDemo 类。

16.4　用 DOM4J 处理 XML 文档

DOM4J 最初建立在 JDOM 的基础上，如今已经变成了独立的 API，得到了广泛的运用。DOM4J 比 JDOM 的 API 更为丰富，DOM4J 具有以下优势。

- 提供了更灵活更强大的处理 XML 文档的各种功能。
- 处理 XML 文档的性能优于 JDOM。

在 JDK 中并没有包含 DOM4J 的类库，需要到 JDOM 的官方网站下载 JDOM 类库文件 dom4j-X.jar。在本范例中，把该类库文件拷贝到 sourcecode/chapter16/lib 目录下。

通过 DOM4J 处理 API 主要包括以下步骤。

（1）创建 SAX 解析器。

```
SAXReader saxReader = new SAXReader();
```

（2）通过 SAX 解析器创建 Document 对象。

```
Document document = saxReader.read(xmlFile);
```

（3）通过 Document 对象获得根元素。

```
Element element = document.getRootElement();
```

例程 16-8 的 Dom4JDemo 类演示了通过 DOM4J API 来处理 XML 文档的方法。Dom4JDemo 类不仅能读取 XML 文档中的元素，还能添加、更新或删除元素。

例程 16-8　Dom4JDemo.java

```
import java.util.List;
import org.dom4j.*;
import org.dom4j.io.*;
import java.io.*;

public class Dom4JDemo {
  String xmlFile; //待读取的源 XML 文件
  String xmlFileCopy; //待输出的目标 XML 文件
  SAXReader saxReader;  //SAX 解析器
  Document document ;  //文档对象
  Element element ;  //根元素

  public Dom4JDemo(String xmlFile,String xmlFileCopy)
                              throws DocumentException{
     this.xmlFile=xmlFile;
```

```
      this.xmlFileCopy=xmlFileCopy;
      //创建 SAX 解析器
      saxReader = new SAXReader();
      //创建 Document 对象
      document = saxReader.read(xmlFile);
      //获取根元素
      element = document.getRootElement();
    }

    /** 读取并打印所有 name 元素的内容 */
    public void readElements() throws Exception {
      //获取所有<customer>元素
      List<Element> list = element.elements("customer");
      //遍历<customer>元素
      for (Element c : list) {
        //获取每个 customer 元素中的 name 元素
        Element name = c.element("name");
        //获取 name 元素的内容
        String str = name.getText();
        System.out.println("name:"+str);
      }
    }

    /** 在第 1 个 customer 元素里面添加一个子元素<sex>女</sex> */
    public void addElement() throws Exception {
      //获取第 1 个 customer 元素
      Element customer = element.element("customer");
      //在 customer 元素里面添加一个 sex 子元素
      Element sex = customer.addElement("sex");
      sex.setText("女"); //在新添加的子元素里面写入内容
      saveToXmlFile();//更新 xml 文件
    }

    /** 修改第 1 个 customer 元素中的 age 子元素的值 */
    public  void updateElement() throws Exception {
       //获取第 1 个 customer 元素
       Element customer = element.element("customer");
       //获取第 1 个 customer 元素的 age 子元素
       Element age = customer.element("age");
       age.setText("30"); //修改 age 元素的值为 30
       saveToXmlFile();//更新 xml 文件
    }

    /** 删除第 2 个 customer 元素的 name 子元素 */
    public  void removeElement() throws Exception {
      //获取所有 customer 元素
      List<Element> list = element.elements("customer");
      //获取第 2 个 customer 元素
```

```
    Element customer = list.get(1);
    //获取第 2 个 customer 元素的 name 元素
    Element name = customer.element("name");
    //通过父元素删除子元素（要被删除的元素）
    customer.remove(name);
    //更新 xml 文件
    saveToXmlFile();
  }

  /** 把 Document 对象包含的数据保存到 XML 文件中 */
  public void saveToXmlFile()throws IOException{
    //把 Document 对象中包含的数据保存到 XML 文件
    OutputFormat format = OutputFormat.createPrettyPrint();
    XMLWriter xmlWriter = new XMLWriter(
                new FileOutputStream(xmlFileCopy),format);
    xmlWriter.write(document);
    xmlWriter.close();
  }

  public static void main(String[] args) throws Exception {
    String xmlFile="customer.xml";
    String xmlFileCopy="customerCopy.xml";
    Dom4JDemo demo=new Dom4JDemo(xmlFile,xmlFileCopy);
    demo.readElements(); //读取元素
    demo.addElement();  //添加元素
    demo.updateElement();  //更新元素
    demo.removeElement();  //删除元素
  }
}
```

编译和运行 Dom4JDemo 类时，需要把 DOM4J 的类库文件加入 classpath 中。在本书配套源代码包的 sourcecode/chapter16/build.xml 文件中定义了名为"runDom4JDemo"的 Target。在命令行方式下输入命令"ant runDom4JDemo"，就会运行 Dom4JDemo 类。

如图 16-1 所示，Dom4JDemo 通过 SAXReader 对象加载并解析 customer.xml 文件，把它转换为内存中的 Document 对象，接着对 Document 对象中的元素进行添加、更新和删除操作，并且通过 XMLWriter 对象把修改后的 Document 对象保存到 customerCopy.xml 文件中。

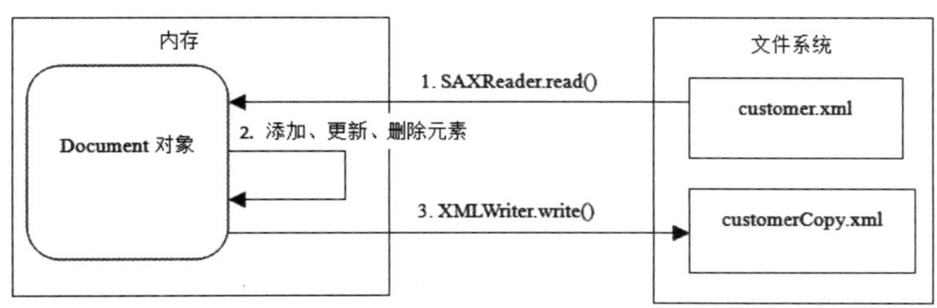

图 16-1　通过 DOM4J API 来读取、修改和写入 XML 文档

16.5 Java 对象的 XML 序列化和反序列化

本书第 9 章介绍了 Java 对象的序列化和反序列化，其中序列化指把 Java 对象转换为二进制数据，而反序列化指把二进制数据转换为 Java 对象。

16.3 节的例程 16-7 的 JdomDemo 类能够把 Customer 对象转换为 XML 数据，这一过程被称为 Java 对象的 XML 序列化（本书有时简称为 XML 序列化）。JdomDemo 类也能把 XML 数据转换为 Customer 对象，这一过程被称为 Java 对象的 XML 反序列化（本书有时简称为 XML 反序列化）。

Java 对象的 XML 序列化数据可以方便地在网络上传输，后面第 17 章介绍的 Web 服务框架中，通信双方就通过 XML 格式的数据来进行交互。客户端发出调用服务方法的请求，服务器端返回执行服务方法的结果。客户端的请求以及服务器端的响应都是 XML 序列化数据。

不过，JdomDemo 类的进行 XML 序列化的程序代码不具有通用性，也就是说，这个类只能对 Customer 对象进行 XML 序列化，如果要对其他 Java 对象进行 XML 序列化，则需要再编写专门的程序来完成相应的任务。

JDK 运用 Java 反射机制，提供了对 Java 对象进行 XML 序列化的通用 API，它能对满足以下条件的 JavaBean 进行 XML 序列化和反序列化。

- 包含 public 类型的不带参数的构造方法。
- 对于需要参与 XML 序列化的属性，需要为该属性提供 public 类型的 get 方法；对于需要参与 XML 反序列化的属性，需要为该属性提供 public 类型的 set 方法。例如，如果希望对 Customer 类的 name 属性进行 XML 序列化，就需要提供 getName()方法；如果希望对 Customer 类的 name 属性进行 XML 反序列化，就需要提供 setName()方法。

JavaBean 是一种符合特殊规范的 Java 类，它的属性具有相应的 get 方法和 set 方法，分别用于读取和设置属性。

例程 16-9 的 SerializableXmlUtil 类能够对满足以上条件的 JavaBean 进行 XML 序列化和反序列化。

例程 16-9　SerializableXmlUtil.java

```
import java.beans.XMLDecoder;
import java.beans.XMLEncoder;
import java.io.BufferedInputStream;
import java.io.BufferedOutputStream;
import java.io.ByteArrayInputStream;
import java.io.ByteArrayOutputStream;

public class SerializableXmlUtil {
```

```
  /** 把 XML 数据反序列化为 JavaBean*/
  public static <T> T parseXML(String xmlText) {
    XMLDecoder decoder=null;
    try{
      ByteArrayInputStream in =
                  new ByteArrayInputStream(xmlText.getBytes());
      decoder = new XMLDecoder(new BufferedInputStream(in));
      return (T) decoder.readObject();
    }finally{
     decoder.close();
    }
  }

  /** 把 JavaBean 序列化为 XML 数据 */
  public static <T> String formatXML(T entity) {
    ByteArrayOutputStream out = new ByteArrayOutputStream();
    XMLEncoder encoder = new XMLEncoder(new BufferedOutputStream(out));
    encoder.writeObject(entity);
    encoder.close();
    return out.toString();
  }

  public static void main(String[] args) throws Exception {
    Customer customer=new Customer(1,"Tom","shanghai",25);
    String xmlText = formatXML(customer);
    System.out.println("序列化为 XML 数据:\n" + xmlText);
    customer = parseXML(xmlText);
    System.out.println("反序列化生成 JavaBean:\n" + customer);
  }
}
```

SerializableXmlUtil 类利用 JDK 中的以下两个类进行 JavaBean 的 XML 序列化和反序列化：

- java.beans.XMLEncoder：对 JavaBean 进行 XML 序列化，把 JavaBean 转换为 XML 数据。
- java.beans.XMLDecoder：对 JavaBean 进行 XML 反序列化，把 XML 数据转换为 JavaBean。

SerializableXmlUtil 类的 main()方法把一个 Customer 对象序列化为 XML 文本数据，接下来又把这 XML 文本数据反序列化为 Customer 对象。本程序的打印结果如下。

```
序列化为 XML 数据:
<?xml version="1.0" encoding="UTF-8"?>
<java version="10" class="java.beans.XMLDecoder">
 <object class="Customer">
  <void property="addr">
```

```
    <string>shanghai</string>
   </void>
   <void property="age">
    <int>25</int>
   </void>
   <void prcperty="id">
    <long>1</long>
   </void>
   <void property="name">
    <string>Tom</string>
   </void>
  </object>
 </java>

反序列化生成 JavaBean:
Customer: 1 Tom shanghai 25
```

16.6 小结

本章主要介绍了用 Java 来处理 XML 数据的 4 种方法：

- DOM：把 XML 文档看作树型结构数据进行解析。JDK 中自带了 DOM 类库。
- SAX：采用事件处理机制来解析 XML 文档。JDK 中自带了 SAX 类库。
- JDOM：用纯 Java 语言开发，整合了 DOM 和 SAX 的功能。由第三方提供实现类库。
- DOM4J：最初建立在 JDOM 的基础上，如今成为独立的 API，具有更灵活更强大的功能。由第三方提供实现类库。

在 JDK 中还提供了对 JavaBean 进行 XML 序列化和反序列化的两个实用类。

- java.beans.XMLEncoder：对 JavaBean 进行 XML 序列化，把 JavaBean 转换为 XML 数据。
- java.beans.XMLDecoder：对 JavaBean 进行 XML 反序列化，把 XML 数据转换为 JavaBean。

16.7 练习题

1．在 JDK 中自带了哪些 XML 处理方式的类库？（多选）

a）DOM　　b）SAX　　c）JDOM　　d）DOM4J

2．以下哪些 XML 处理方式会为 XML 文档建立树型对象模型？（多选）

a）DOM　　b）SAX　　c）JDOM　　d）DOM4J

3．能够被 JDK 中的 java.beans.XMLEncoder 和 java.beans.XMLDecoder 进行 XML 序列

化和反序列化的 Java 类需要满足哪些条件？（多选）

a）可以是任意的 Java 类。

b）必须实现 java.io.Serializable 接口。

c）包含 public 类型的不带参数的构造方法。

d）对需要参与序列化的属性提供 public 类型的 get 方法。对需要参与反序列化的属性提供 public 类型的 set 方法。

4．在 DOM4J 中，以下哪些属于 Element 接口的方法？（多选）

a）getText()　　b）setText()　　c）addElement()

d）remove()　　e）read()

答案：1．a，b　2．a，c，d　3．c，d　4．a，b，c，d

第 17 章 用 Axis 发布 Web 服务

近年来，Web 服务技术逐渐成为非常热门的技术。Web 服务确立了一种基于 Internet 网的分布式软件体系结构。Web 服务支持两个运行在不同平台上，并且用不同编程语言实现的系统进行相互通信。一个系统向另一个系统公开的服务被统称为 Web 服务。Web 服务主要涉及以下两个要素。

- SOAP（Simple Object Access Protocol）：基于 XML 语言的数据交换协议。
- WSDL（Web Service Description Language）：基于 XML 语言的 Web 服务描述语言。

本章把 Web 服务也称为 SOAP 服务。本章首先介绍了 SOAP 的基本概念，接着介绍了一个实现了 SOAP 的 Web 服务框架：Apache Axis。Apache Axis 由开放源代码软件组织 Apache 创建，它是 Apache SOAP 项目的第三代产品。Apache Axis 在运行速度、灵活性和稳定性方面都超过了 Apache SOAP。Apache Axis 支持 SOAP 和 WSDL。本章介绍了利用 Axis 来创建 SOAP 服务和 SOAP 客户的方法。

17.1 SOAP 简介

SOAP（Simple Object Access Protocol），即简单对象访问协议，是在分布式的环境中交换数据的简单协议，它以 XML 作为数据传送语言。

SOAP 采用的通信协议可以是 HTTP/HTTPS（现在用得最广泛）协议，也可以是 SMTP/POP3 协议，还可以是为一些应用而专门设计的特殊通信协议。两个系统之间通过 SOAP 通信的过程如图 17-1 所示。

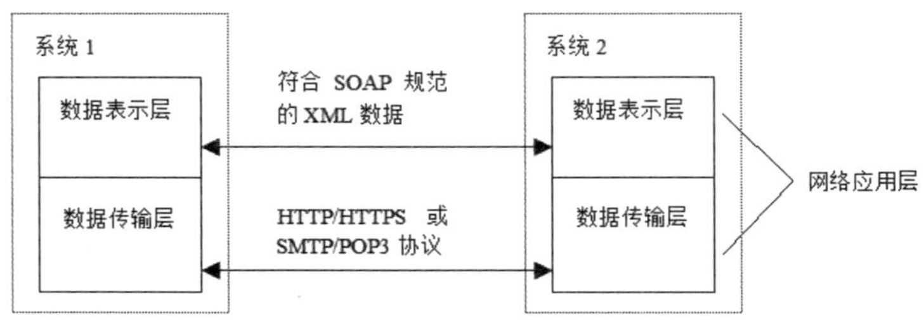

图 17-1 系统间采用 SOAP 通信

按照网络的分层模型，SOAP 和 HTTP 都属于应用层协议。在图 17-1 中，把网络的应用层又细分为数据传输层和数据表示层。SOAP 建立在 HTTP 基础之上。

- HTTP 负责应用层的数据传输，即负责把客户端的 Web 服务请求包装为 HTTP 请求，再把它传输给服务器；并且负责把服务器端的 Web 服务响应包装为 HTTP 响应，再把它传输给客户端。
- SOAP 负责应用层的数据表示，即负责产生 XML 格式的 Web 服务请求和响应。

SOAP 系统有两种工作模式，一种被称为 RPC（Remote Procedure Call），另一种叫法不统一，在 Microsoft 的文档中被称为 Document-Oriented，而在 Apache 的文档中，被称为 Message-Oriented，它可以利用 XML 来交换结构更为复杂的数据，通常以 HTTP 或 SMTP 作为数据传输协议。下文将集中讨论 RPC。

我们可以把 SOAP RPC 简单地理解为这样一个开放协议：SOAP=RPC+HTTP+XML。它有以下特征。

- 采用 HTTP 作为通信协议，采用客户/服务模式。
- RPC 作为统一的远程方法调用途径。
- 传送的数据使用 XML 语言，允许服务提供者和客户经过防火墙在 Internet 上进行通信。

SOAP RPC 的工作流程如图 17-2 所示，从图中可以看到， RPC 建立在 HTTP 的请求/响应模式上。SOAP 客户和 SOAP 服务器交换的是符合 SOAP 规范的 XML 数据。这些 XML 数据被协议连接器包装为 HTTP 请求或 HTTP 响应，然后在网络上传输。RPC 采用 HTTP 作为数据传输协议，HTTP 是个无状态协议，无状态协议非常适合松散耦合系统，而且对于负载平衡等都有潜在的优势和贡献。

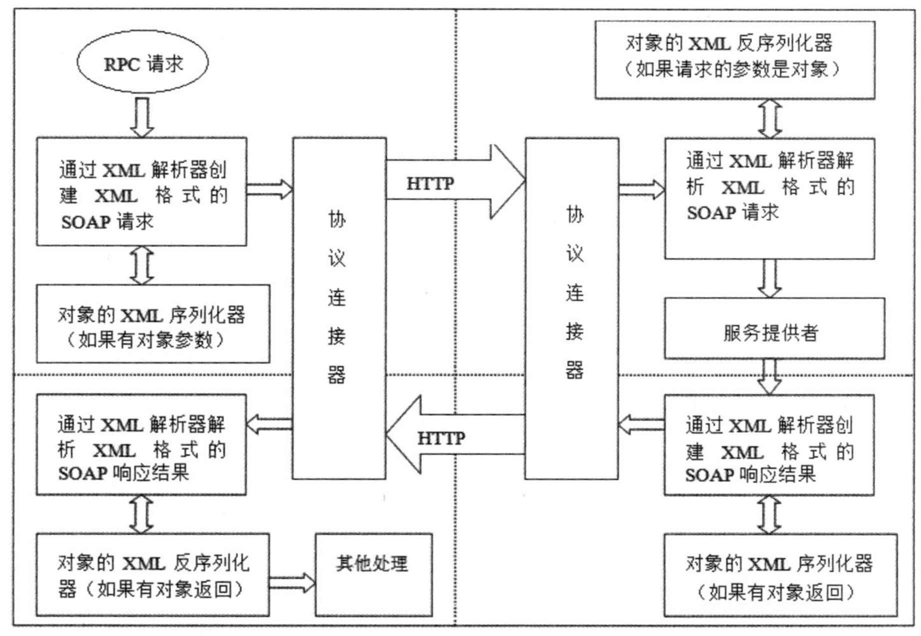

图 17-2　SOAP RPC 的工作流程

SOAP 客户访问 SOAP 服务的流程如下。

（1）客户端创建一个 XML 格式的 SOAP 请求，它包含了提供服务的服务器的 URI、客户请求调用的方法名和参数信息。如果参数是对象，则必须进行序列化操作（把对象转换为 XML 数据）。

（2）客户端的协议连接器把 XML 格式的 SOAP 请求包装为 HTTP 请求，即把 SOAP 请求作为 HTTP 请求的正文，并且增加 HTTP 请求头。

（3）服务器端的协议连接器接收到客户端发送的 HTTP 请求，对其进行解析，获得其中的请求正文，请求正文就是客户端发送的 XML 格式的 SOAP 请求。

（4）服务器对 XML 格式的 SOAP 请求进行解析，如果参数中包含对象，那么先对其进行反序列化操作（把 XML 格式的参数转换为对象），然后执行客户请求的方法。

（5）服务器执行方法完毕后，如果方法的返回值是对象，则先对其进行序列化操作（把对象转换为 XML 数据），然后把返回值包装为 XML 格式的 SOAP 响应。

（6）服务器端的协议连接器把 XML 格式的 SOAP 响应包装为 HTTP 响应，即把 SOAP 响应作为 HTTP 响应的正文，并且增加 HTTP 响应头。

（7）客户端的协议连接器接收到服务器端发送的 HTTP 响应，对其进行解析，获得其中的响应正文，响应正文就是服务器端发送的 XML 格式的 SOAP 响应。

（8）客户端解析 XML 格式的 SOAP 响应，如果返回值中包括对象，则先对其进行反序列化操作（把 XML 格式的返回值转换为对象），最后获得返回值。

XML 解析器具有创建 XML 文档以及解析 XML 文档的功能。

SOAP 客户和 SOAP 服务器之间采用符合 SOAP 规范的 XML 数据进行通信。例如，以下是一个 SOAP 服务器向 SOAP 客户发回的响应数据：

```
<ns:sayHelloResponse xmlns:ns="http://mypack">
  <ns:return>Hello:Tom</ns:return>
</ns:sayHelloResponse>
```

以上 XML 数据中的<ns:sayHelloResponse>元素表示这是一个名为“sayHello”方法的响应结果，<ns:return>元素包含了“sayHello”方法的返回值。

17.2 建立 Apache Axis 环境

建立 Apache Axis 环境需要的软件包括 Tomcat 和 Apache Axis，在本书的技术支持网页上和 Axis 官方网站上都能下载这些软件。

Axis 官方网站提供了两种下载资源。

- axis2-X-bin.zip：包含了用于发布 Axis Web 服务的独立服务器。
- axis2-X-war.zip：包含了 Axis2 Web 应用，该 Web 应用可以被发布到 Tomcat 服务

器中。

Axis 的最新主版本号为“2”。本章范例只需要下载 axis2-X-war.zip 文件。把 axis2-X-war.zip 文件解压到本地，它的展开目录中有一个 axis2.war 文件，这是一个用于发布 SOAP 服务的 Web 应用，下文称其为 Axis Web 应用，或者简称为 Axis 应用。

17.3 在 Tomcat 上发布 Apache-Axis Web 应用

运行 Apache Axis 工程，需要一个 Servlet/JSP 容器，本章用 Tomcat 服务器来发布 Apache-Axis Web 应用。假定 Tomcat 的根目录为<CATALINA_HOME>。Tomcat 安装后，需要在操作系统中设置一个系统环境变量 JAVA_HOME，它的取值为 JDK 的根目录。<CATALINA_HOME>/bin 目录下的 startup.bat 文件为 Tomcat 服务器的启动程序。作者的另一本书《Tomcat 与 Java Web 开发技术详解》详细介绍了安装和启动 Tomcat 的方法。

把 axis2.war 文件复制到 Tomcat 根目录的 webapps 目录下，运行<CATALINA_HOME>/bin/startup.bat 文件启动 Tomcat 服务器，在浏览器地址栏中输入如下 URL。

```
http://localhost:8080/axis2/
```

如看到如图 17-3 所示的 Axis Web 应用的主页面，则表示 Axis Web 应用发布成功。本书配套源代码包的 sourcecode/chapter17/axis2 目录下包含了 axis2.war 文件的所有展开内容。把整个 axis2 目录复制到 Tomcat 根目录的 webapps 目录下，也可以发布 Axis Web 应用。

图 17-3　Axis Web 应用的主页面

选择图 17-3 所示的页面上的“Validate”链接，将运行 happyaxis.jsp。它能够检查 Axis 应用的配置是否正确，例如检测是否准备好了必要的 JAR 文件。如果在 happyaxis.jsp 的返回网页上没有汇报错误，那么说明配置已经成功，可以忽略警告信息。

17.4 创建 SOAP 服务

Tomcat 充当 Axis Web 应用的容器，而 Axis Web 应用又充当 SOAP 服务的容器，SOAP 客户程序可以通过 Axis 的客户端 API 来发出 SOAP 请求，访问 SOAP 服务，如图 17-4 所示。

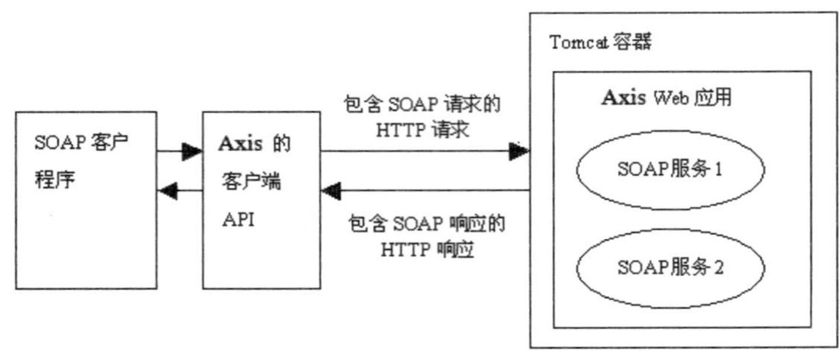

图 17-4　SOAP 客户和 SOAP 服务

创建 SOAP 服务包括两个步骤。

（1）创建提供 SOAP 服务的 Java 类。

（2）创建 SOAP 服务的发布描述文件。

17.4.1 创建提供 SOAP 服务的 Java 类

例程 17-1 的 HelloService 类是一个简单的 SOAP 服务类，它包含了一个方法 sayHello()。

例程 17-1　HelloService.java

```
package mypack;
public class HelloService {
  public String sayHello(String username) {
    return "Hello:"+username;
  }
}
```

HelloService 类是一个非常普通的 Java 类，编译这个 Java 类不需要在 classpath 中引入任何与 Axis 相关的 JAR 文件。

17.4.2 创建 SOAP 服务的发布描述文件

Axis 使用基于 XML 格式的配置文件来发布 SOAP 服务。以下是 HelloService 的发布描述文件，名为 services.xml。

```
<?xml version="1.0" encoding="UTF-8"?>
<service name="HelloService">
```

```
    <description> Web Service Sample </description>
    <parameter name="ServiceClass">
      mypack.HelloService
    </parameter>

    <operation name="sayHello">
      <messageReceiver
        class="org.apache.axis2.rpc.receivers.RPCMessageReceiver"/>
    </operation>
</service>
```

以上文件配置了<service><parameter><operation>和<messageReceiver>等元素，它们的用途如下。

- <service>：配置一个 SOAP 服务，它的 name 属性设定 SOAP 服务的名字。
- <parameter>：配置 SOAP 服务的相关参数。当它的 name 属性取值为“ServiceClass”时，指定提供 SOAP 服务的 Java 类的完整名字（包括类的包名）。
- <operation>：指定 SOAP 服务所提供的方法。
- <messageReceiver>：指定负责处理方法的参数以及返回值的处理类，此处为 RPCMessageReceiver 类，它利用相关的 XML 序列化器以及反序列化器，把来自客户端，并由网络传输过来的 XML 格式的方法参数转换成相应的 Java 数据类型；并且能把 Java 数据类型的方法返回值转换为 XML 格式的数据，由网络传输到客户端。

17.5　发布和管理 SOAP 服务

本节以发布一个简单的 HelloService SOAP 服务为例，介绍在 Axis Web 应用中发布和管理 SOAP 服务的方法。

17.5.1　发布 SOAP 服务

在发布 HelloService 服务之前，本章将先通过 ANT 工具来编译和打包本范例的相关文件。本书配套源代码包的 sourcecode/chapter17 目录下包含了本章范例的源代码。在 chapter17 根目录下有一个 build.xml 文件，它是 ANT 工具所需的工程管理文件，在这个文件中配置了编译和打包本章范例的 ANT target。

下面是编译、打包和发布 HelloService 服务的步骤。

（1）先编译本章范例。在命令行方式下，转到 chapter17 目录下，运行命令“ant compile”，就会编译 chapter17/src/mypack/HelloService.java 文件，编译生成的类文件存放于“chapter17/classes/mypack”目录下。

（2）创建 HelloService 服务的目录结构，把 services.xml 文件（HelloService 服务的发布描述文件）放到 META-INF 目录下。在本书配套源代码包的 chapter17/classes 目录下包含了 HelloService 服务的目录结构，如图 17-5 所示。

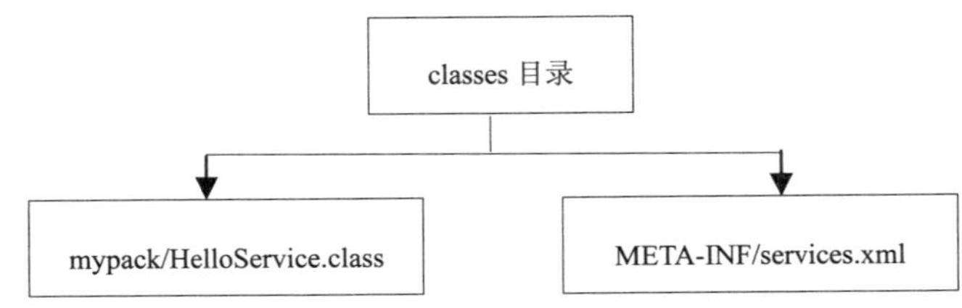

图 17-5　HelloService 服务的目录结构

（3）SOAP 服务的打包文件的扩展名为“aar”。在命令行方式下，在 chapter17 目录下，运行命令“ant build”，就会把图 17-5 所示的 classes 目录下的所有内容打包为 helloservice.aar 文件，该文件存放在 chapter17/build 目录下。

（4）确保 Axis Web 应用已经被发布到 Tomcat 中，它的展开目录的根目录为“axis2”。把 helloservice.aar 文件拷贝到 Tomcat 的如下文件路径中。

```
<CATALINA_HOME>\webapps\axis2\WEB-INF\services\helloservice.aar
```

（5）启动 Tomcat 服务器，Axis Web 应用会自动发布它的 WEB-INF\services 目录下的 helloservice.aar 文件中的 HelloService 服务。

Axis Web 应用具有热部署 SOAP 服务的功能，也就是说，它在运行时能自动检测 WEB-INF\services 目录下的“.aar”文件，对其进行发布。在默认情况下，一旦某个“.aar”文件中的 SOAP 服务发布成功，就不会再监控该“.aar”文件的改动，除非重新启动 Axis Web 应用。

如果希望实时监控“.aar”文件的更新，使得 Axis Web 应用一旦发现“.aar”文件被更新，就及时重新发布该文件包含的 SOAP 服务，那么可以修改 Axis Web 应用的配置文件。Axis Web 应用的配置文件为 axis2/WEB-INF/conf/axis2.xml，把其中的 hotupdate 参数设为 true：

```
<axisconfig name="AxisJava2.0">
  <parameter name="hotdeployment">true</parameter>
  <parameter name="hotupdate">true</parameter>
  <parameter name="enableMTOM">false</parameter>
  <parameter name="enableSwA">false</parameter>
  ......
</axisconfig>
```

以上 hotdeployment 参数的默认值为 true，所以 Axis Web 应用在默认情况下支持热部署。在 SOAP 服务的调试阶段，确保 hotdeployment 和 hotupdate 参数都为 true，可以使调试过程变得更加方便。

当 Axis Web 应用尝试发布 HelloService 服务时，如果在 Tomcat 控制台出现如下错误，就是由于 Axis 和 JDK 的版本不匹配引起的。

```
The version.aar service, which is not valid,
caused The following error occurred during schema generation:
Error looking for paramter names in bytecode:
unexpected bytes in file。
```

Axis Web 应用本身是基于 Java 语言的 Web 应用。由于 Axis 和 JDK 的版本都在不断更新，当用某个 JDK 版本编译的 HelloService 类与 Axis Web 应用的版本不兼容时，就会出现以上错误。解决上述问题的办法是，用与 Axis 版本兼容的 JDK 版本对 HelloService 类重新编译。在 Java 编译命令 “javac” 中可以通过 “-target” 参数来设定编译生成的 Java 类所需兼容的 JDK 版本。

在本章范例的 ANT 工程管理文件 build.xml 的 compile target 中，也设定了编译 Java 类时需要兼容的 JDK 版本。

```
<target name="compile" >
  <javac srcdir="${src.home}" destdir="${classes.home}"
    debug="yes" source="8" target="8"
    includeAntRuntime="false" deprecation="true">

    <classpath refid="compile.classpath"/>
  </javac>
</target>
```

17.5.2　管理 SOAP 服务

Axis Web 应用提供了管理 SOAP 服务的网页，URL 为：

```
http://localhost:8080/axis2/axis2-admin/welcome
```

以上 URL 返回的网页如图 17-6 所示。

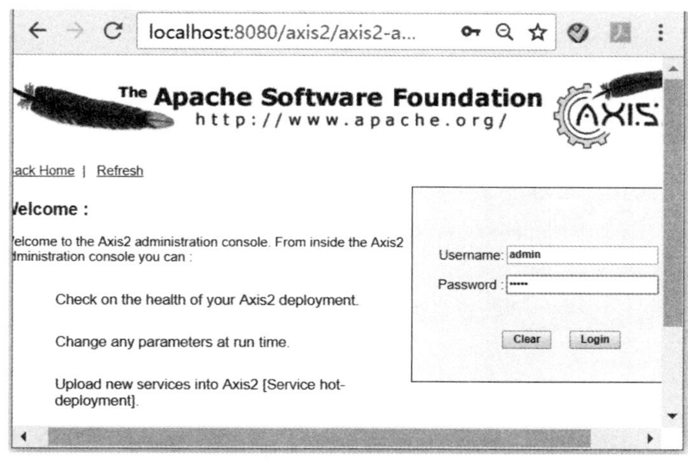

图 17-6　Axis Web 应用的管理 SOAP 服务的登录页面

从图 17-6 可以看出，登录到管理 SOAP 服务的网页需要进行身份验证。在 Axis 应用的 WEB-INF/conf/axis2.xml 配置文件中设置了一个登录用户。

```
<parameter name="userName">admin</parameter>
<parameter name="password">axis2</parameter>
```

在图 17-6 中，以“admin”用户身份进行登录，口令为“axis2”。如果登录成功，就可以查看 Axis Web 应用的所有可用的 SOAP 服务，URL 为

```
http://localhost:8080/axis2/axis2-admin/listServices
```

如果 HelloService 服务已经发布成功，那么可以查看它的信息，如图 17-7 所示。

图 17-7　Axis Web 应用显示 HelloService 服务的信息

在图 17-7 中，只要选择“Remove Service”按钮，就可以删除该 HelloService 服务。

还可以通过以下 URL 查看 HelloService 服务的 WSDL 服务描述信息，如图 17-8 所示。

```
http://localhost:8080/axis2/services/HelloService?wsdl
```

图 17-8　HelloService 服务的 WSDL 服务描述信息

在浏览器中输入如下 URL，就能访问 HelloService 服务的 sayHello()方法：

```
http://localhost:8080/axis2/services/HelloService/sayHello
```

以上 URL 链接的返回页面如图 17-9 所示，它显示的是 sayHello()方法的基于 SOAP 规范的 XML 格式的响应结果。

```
localhost:8080/axis2/services/HelloService/sayHello

▼<ns:sayHelloResponse xmlns:ns="http://mypack">
   <ns:return>Hello:null</ns:return>
 </ns:sayHelloResponse>
```

图 17-9　通过浏览器访问 HelloService 服务的 sayHello()方法的响应结果

17.6　创建和运行 SOAP 客户程序

SOAP 客户程序可以通过 Axis 的客户端 API 发出 SOAP 请求，调用 SOAP 服务的方法。例程 17-2 的 HelloClient 类是访问 HelloService 服务的 sayHello()方法的客户程序。

例程 17-2　HelloClient.java

```
package mypack;
import javax.xml.namespace.QName;
import org.apache.axis2.AxisFault;
import org.apache.axis2.addressing.EndpointReference;
import org.apache.axis2.client.Options;
import org.apache.axis2.rpc.client.RPCServiceClient;

public class HelloClient {
  public static void main(String args[]) throws AxisFault{

    //使用 RPC 方式访问 SOAP 服务
    RPCServiceClient serviceClient = new RPCServiceClient();
    Options options = serviceClient.getOptions();
    //指定调用 HelloService 服务的 URL
    EndpointReference targetEPR = new EndpointReference(
          "http://localhost:8080/axis2/services/HelloService");
    options.setTo(targetEPR);

    //指定 sayHello 方法的参数值
    Object[] parameters = new Object[] {"Tom"};
    //指定 sayHello 方法返回值的数据类型的 Class 对象
    Class[] returnTypes = new Class[] {String.class};
    //指定要调用的 sayHello 方法的命名空间
    QName methodEntry = new QName("http://mypack", "sayHello");
```

```
        //调用 sayHello 方法并输出该方法的返回值
        Object[] response =serviceClient.invokeBlocking(
                    methodEntry, parameters, returnTypes);
        String result=(String)response[0];
        System.out.println(result);
    }
}
```

HelloClient 访问 HelloService 服务包含如下步骤。

（1）创建 RPCServiceClient 对象，它能通过 RPC 方式访问 SOAP 服务。

```
RPCServiceClient serviceClient = new RPCServiceClient();
```

（2）指定调用 HelloService 服务的 URL。

```
EndpointReference targetEPR = new EndpointReference(
        "http://localhost:8080/axis2/services/HelloService");
options.setTo(targetEPR);
```

（3）设定调用 sayHello()方法的参数值，此处为“Tom”；设定 sayHello()方法的返回值的数据类型所对应的 Class 对象，此处为“String.class”；设定 sayHello()方法的命名空间，此处为“http://mypack”。

```
//指定 sayHello 方法的参数值
Object[] parameters = new Object[] {"Tom"};
//指定 sayHello 方法返回值的数据类型的 Class 对象
Class[] returnTypes = new Class[] {String.class};
//指定要调用的 sayHello 方法的命名空间
QName methodEntry = new QName("http://mypack", "sayHello");
```

（4）通过 RPCServiceClient 对象远程调用 HelloService 服务的 sayHello()方法，并且获取返回结果。

```
Object[] response =serviceClient.invokeBlocking(
                methodEntry, parameters, returnTypes);
String result=(String)response[0];
System.out.println(result);
```

编译和运行 HelloClient 类时，要确保把 sourcecode/chapter17/axis2/WEB-INF/lib 目录下的所有 JAR 文件加入 classpath 中。在本书配套源代码包中，已经把 chapter17/axis2/WEB-INF/lib 目录下的所有 JAR 文件复制到了 chapter17/lib 目录下。

下面介绍通过 ANT 工具编译和运行 HelloClient 类的步骤。

（1）在命令行方式下，转到 chapter17 目录下，运行命令“ant compile”，就会编译 chapter17/src/mypack/HelloClient.java 文件，编译生成的类文件存放于“chapter17/classes/mypack”目录下。

（2）在命令行方式下，在 chapter17 目录下，运行命令“ant runClient”，就会运行 chapter17/classes/mypack/HelloClient.class 类。HelloClient 类会远程调用发布到 Axis Web 应用中的 HelloService 服务的 sayHello()方法，得到的返回值为“Hello:Tom”。HelloClient 类会打印这一返回值。

sourcecode/chapter17/build.xml 文件中设置了一个属性 tomcat.home，运行 ANT 命令之前，要确保该属性取值为实际的 Tomcat 的安装根目录。

```
<property name="tomcat.home" value="C:/tomcat" />
```

17.7　小结

Web 服务与其他支持分布式计算的技术相比，优点如下所述。

（1）以目前已经非常普及的 Internet 网以及 Intranet 网为数据传输媒介。

（2）建立在一系列开放式标准的基础之上，如 XML、SOAP、WSDL 和 HTTP。

以上优点使得 Web 服务得到了越来越广泛的运用。Web 服务大大提高了异构的、不兼容的系统间进行互操作的能力。

本章介绍了通过 Axis 来创建和发布 Web 服务的方法，还介绍了通过 Axis 的客户端 API 来创建访问 Web 服务的客户程序的方法。Tomcat 充当 Axis Web 应用的容器，而 Axis Web 应用充当 Web 服务的容器，Axis 客户程序可以通过 Axis 的客户端 API 来发出 SOAP 请求，访问 Web 服务。图 17-10 显示了客户程序访问名为 HelloService 的 Web 服务的时序图。

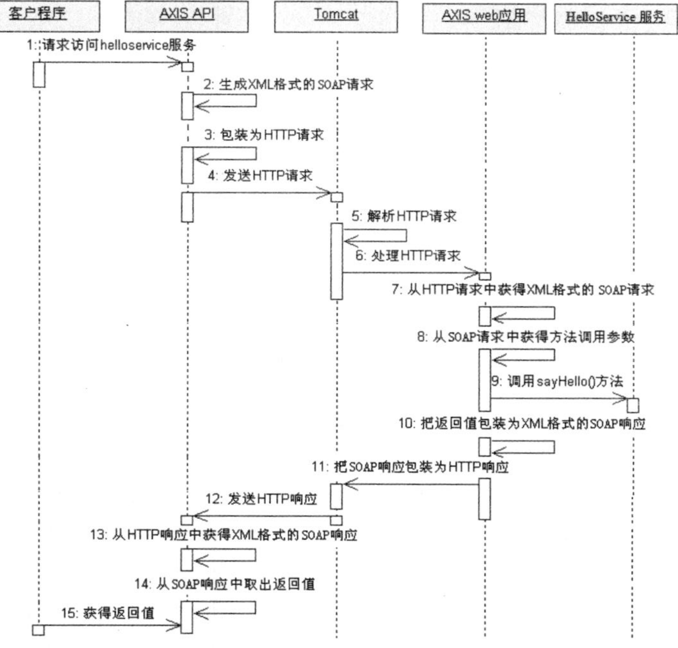

图 17-10　客户程序访问名为 HelloService 的 Web 服务的时序图

17.8 练习题

1. 关于 SOAP，以下哪些说法正确？（多选）
   a）SOAP 是基于 XML 语言的数据交换协议。
   b）SOAP 可以建立在 HTTP 基础之上。
   c）SOAP 要求服务器端与客户端都是 Java 程序。
   d）SOAP 要求在网络上传输的 Java 类型都实现 java.io.Serializable 接口。
2. 用 Tomcat 服务器来发布 Axis Web 应用时，Tomcat 有什么作用？（多选）
   a）接收 HTTP 请求
   b）解析 HTTP 请求
   c）充当 Axis Web 应用的容器
   d）把 SOAP 响应包装为 HTTP 响应，并发送 HTTP 响应
   e）解析 SOAP 请求，对其中的参数进行反序列化
3. Axis Web 应用有什么作用？（多选）
   a）把 SOAP 服务的返回结果包装为符合 HTTP 规范的 HTTP 响应结果
   b）解析 SOAP 请求，对其中的参数进行反序列化
   c）调用相应的 SOAP 服务
   d）把 SOAP 服务的返回结果包装为 SOAP 响应
4. 对于建立在 HTTP 上的 SOAP，SOAP 请求与 HTTP 请求之间是什么关系？（单选）
   a）SOAP 请求是 HTTP 请求的正文部分
   b）HTTP 请求是 SOAP 请求的正文部分
   c）SOAP 请求是 HTTP 请求的头部分
   d）两者没有关系
5. 对于本章介绍的 HelloService 例子，以下哪个选项依赖于 Axis 的客户端 API？（单选）
   a）服务器端的 HelloService 类　　b）Tomcat 服务器
   c）Axis Web 应用　　d）客户端的 HelloClient 类
6. RMI 框架和 Web 服务架构都是一种分布式的软件架构，以下哪些选项属于这两种架构的共同特点？（多选）
   a）客户端和服务器端可以是由不同的任意编程语言开发出来的程序。
   b）客户端和服务器端可以位于不同的操作系统平台上。
   c）客户端和服务器端之间远程通信以 XML 作为数据交换语言。
   d）负责完成业务逻辑的组件具有较高的可重用性。

答案：1. a，b　2. a，b，c，d　3. b，c，d　4. a　5. d　6. b，d

第 18 章 用 Spring 整合 CXF 发布 Web 服务

CXF 和 Axis 一样，也是一种 Web 服务框架，并且都是由 Apache 软件组织提供的开源软件。关于这两种服务框架的取舍，现在公认的一个观点是：如果希望软件系统支持多种编程语言（包括 Java 和 C++等），就选择 Axis；如果软件系统全部用 Java 语言开发，并且需要和 Spring 集成，那么 CXF 是很适合的选择。

Spring 是如今非常流行的 Java 应用框架，它能够把软件应用的客户端和服务器端的现有各种框架软件和中间件整合到一起，为开发人员提供统一的 Spring API，简化软件的开发过程。

CXF 与生俱来就能很和谐地与 Spring 整合，使得开发人员可以在 Spring 框架中创建和发布基于 CXF 的 Web 服务。

本章将结合具体的范例，介绍在 Spring 和 CXF 的整合框架中，创建、发布和访问 Web 服务的过程。

18.1 创建 Web 服务接口和实现类

Oracle 公司在 Java 领域为开发基于 SOAP 的 Web 服务制定了统一的标准。JDK 中的 JWS API（Java Web Service API）就是基于这一标准的 API。

例程 18-1 的 HelloService 接口使用 JWS API 中的@WebService 注解来声明 Web 服务接口，用@WebMethod 注解来声明 sayHello()方法是 Web 服务方法。

例程 18-1 HelloService.java

```
package mypack;
import javax.jws.WebMethod;
import javax.jws.WebService;

@WebService
public interface HelloService {
```

```
  @WebMethod
  public String sayHello(String username) ;
}
```

例程 18-2 的 HelloServiceImpl 类实现了 HelloService 接口，它通过@WebService 注解来声明自身是 Web 服务实现类。

例程 18-2 HelloServiceImpl.java

```
package mypack;
import javax.jws.WebService;

@WebService
public class HelloServiceImpl implements HelloService {
  @Override
  public String sayHello(String username) {
    return "Hello:"+username;
  }
}
```

18.2 在 Spring 配置文件中配置 Web 服务

为了把 HelloService Web 服务整合到 Spring 框架中，需要在 Spring 的配置文件中配置一个表示 HelloService 服务的 Bean 组件。例程 18-3 的 applicationContext.xml 就是 Spring 的配置文件，它通过<jaxws:endpoint>元素配置了一个表示 HelloService 服务的 Bean 组件。客户端将通过<jaxws:endpoint>元素的 address 属性值来定位并访问这个服务。

例程 18-3 applicationContext.xml

```
<beans xmlns=……>
  <jaxws:endpoint id="helloService"
                  implementor="mypack.HelloServiceImpl"
                  address="/HelloService">
    <jaxws:features>
      <bean class="org.apache.cxf.ext.logging.LoggingFeature"/>
    </jaxws:features>
  </jaxws:endpoint>
</beans>
```

18.3 在 web.xml 配置文件中配置 Spring 和 CXF

web.xml 是 Java Web 应用的标准配置文件。为了把在 Spring 和 CXF 的整合框架中创建的 Web 服务发布到 Java Web 应用中，需要在 web.xml 文件中配置 Spring 和 CXF，参见例程 18-4。

例程 18-4　web.xml

```
<?xml version="1.0" encoding="UTF-8"?>
<web-app xmlns:xsi=......>
   <display-name>helloweb</display-name>
   <context-param>
      <param-name>contextConfigLocation</param-name>
      <param-value>classpath:applicationContext.xml</param-value>
   </context-param>

   <listener>
      <listener-class>
        org.springframework.web.context.ContextLoaderListener
      </listener-class>
   </listener>

   <servlet>
      <servlet-name>CXFServlet</servlet-name>
      <servlet-class>
        org.apache.cxf.transport.servlet.CXFServlet
      </servlet-class>
      <load-on-startup>1</load-on-startup>
   </servlet>

   <servlet-mapping>
      <servlet-name>CXFServlet</servlet-name>
      <url-pattern>/WS/*</url-pattern>
   </servlet-mapping>
</web-app>
```

以上 web.xml 文件通过<context-param>元素设置了 Spring 配置文件 applicationContext.xml 的路径，它位于 classpath 的根路径下。web.xml 文件还通过<servlet>元素配置了 CXFServlet，它是 CXF 框架提供的核心 Servlet，负责管理 Web 服务。

18.4　在 Tomcat 中发布 Web 服务

运行本章范例所需的软件包括 Tomcat、CXF 和 Spring。在本书的技术支持网页及软件的官方网站上都能下载这些软件。

Tomcat 的安装和启动参见 17.3 节（在 Tomcat 上发布 Apache-Axis Web 应用）。获得了 Spring 和 CXF 的软件压缩包后，把它们展开，把其中 lib 目录中的所有 JAR 类库文件拷贝到本范例的 chapter18/helloweb/WEB-INF/lib 目录下。

此外，还需要到 Oracle 官方网站下载最新的 JavaBean 激活框架（JavaBean Activation Framework）的类库文件。下载完框架软件包后，解压 jaf_X.zip 文件，就会获得 activation.jar 类库文件，把它也拷贝到本范例的 chapter18/helloweb/WEB-INF/lib 目录下。

开源软件在不断地升级和重新整合中，因此，本章提到的为范例准备的类库文件，仅适用于目前的 Spring 和 CXF 版本，将来这些类库文件会随着这些软件版本的更新而发生变化。

本章创建了一个包含 HelloService Web 服务的 Java Web 应用，它位于 chapter18/helloweb 目录下。图 18-1 展示了 helloweb 目录的结构。

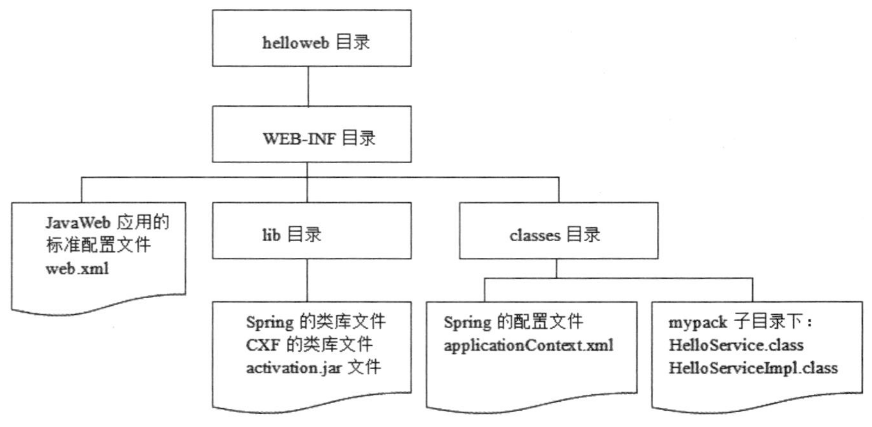

图 18-1　helloweb 目录的结构

按照以下步骤发布并访问 HelloService 服务。

（1）把 helloweb 目录拷贝到 Tomcat 根目录的 webapps 目录下。

（2）运行 Tomcat 根目录的 bin/startup.bat 批处理文件，启动 Tomcat 服务器。

（3）通过浏览器访问以下 URL。

```
http://localhost:8080/helloweb/WS/
```

以上 URL 会列出在 helloweb 应用中发布的 HelloService 服务，如图 18-2 所示。

图 18-2　在 helloweb 应用中发布的 HelloService 服务

（4）通过浏览器访问以下 URL。

```
http://localhost:8080/helloweb/WS/HelloService?wsdl
```

以上 URL 会显示 HelloService 服务的 WSDL 服务描述信息，如图 18-3 所示。

```
localhost:8080/helloweb/WS/HelloService?wsdl

This XML file does not appear to have any style information associated with it. The
shown below.

▼<wsdl:definitions xmlns:xsd="http://www.w3.org/2001/XMLSchema" xmlns:wsdl="http://scher
 xmlns:tns="http://mypack/" xmlns:soap="http://schemas.xmlsoap.org/wsdl/soap/"
 xmlns:ns1="http://schemas.xmlsoap.org/soap/http" name="HelloServiceImplService"
 targetNamespace="http://mypack/">
 ▼<wsdl:types>
   ▼<xs:schema xmlns:xs="http://www.w3.org/2001/XMLSchema" xmlns:tns="http://mypack/"
     elementFormDefault="unqualified" targetNamespace="http://mypack/" version="1.0">
       <xs:element name="sayHello" type="tns:sayHello"/>
       <xs:element name="sayHelloResponse" type="tns:sayHelloResponse"/>
     ▼<xs:complexType name="sayHello">
       ▼<xs:sequence>
           <xs:element minOccurs="0" name="arg0" type="xs:string"/>
         </xs:sequence>
       </xs:complexType>
     ▼<xs:complexType name="sayHelloResponse">
```

图 18-3　HelloService 服务的 WSDL 服务描述信息

18.5　创建和运行客户程序

客户端程序既可以通过 Spring API 来访问 HelloService 服务，也可以通过 CXF API 来访问 HelloService 服务。例程 18-5 的 HelloClient 类通过 CXF API 来访问 HelloService 服务。

例程 18-5　HelloClient.java

```java
package mypack;
import org.apache.cxf.interceptor.LoggingInInterceptor;
import org.apache.cxf.jaxws.JaxWsProxyFactoryBean;

public class HelloClient {
  public static void main(String[] args) throws Exception {
    // 创建 Web 服务的客户端代理工厂
    JaxWsProxyFactoryBean factory = new JaxWsProxyFactoryBean();
    // 注册 Web 服务接口
    factory.setServiceClass(HelloService.class);
    // 设置 Web 服务的地址
    factory.setAddress(
        "http://localhost:8080/helloweb/WS/HelloService?wsdl");
    //获得服务接口的客户端代理对象
    HelloService service = (HelloService) factory.create();
    //调用服务方法
    System.out.println(service.sayHello("weiqin"));
  }
}
```

从 HelloClient 类的源代码可以看出，通过 CXF API 来访问 Web 服务很简单，只要获得了 Web 服务的客户端代理，就能像调用本地方法那样方便地调用远程服务方法。

运行 HelloClient 类，需要把 chapter18/helloweb/WEB-INF/lib 目录下的所有 JAR 类库文件添加到 classpath 中。在 chapter18/build.xml 文件中定义了 runClient Target，它用来运行

HelloClient 类。在命令行方式下输入命令“ant runClient”，就会运行 HelloClient 类，得到以下打印结果。

```
runClient:
[java] 11月 13, 2019 9:36:39 下午
org.apache.cxf.wsdl.service.factory.ReflectionServiceFactoryBean
buildServiceFromClass
[java] 信息: Creating Service {http://mypack/}HelloServiceService
from class mypack.HelloService
[java] Hello:weiqin
```

18.6 小结

本章介绍了在 Spring 和 CXF 整合的框架中创建和发布 Web 服务的方法。本书前面章节介绍了通过底层的 ServerSocket 和 Socket 等创建服务器和客户端程序的技术。而要真正开发实用性的服务器，搭建高性能的分布式软件架构，需要考虑并发性能、可扩展性、可重用性、可维护性和负载均衡等许多问题，对软件开发人员的技术要求非常高。

为了使开发人员能把精力集中在处理具体业务领域的业务，在 Java 领域里出现了许多诸如 Tomcat 的服务器软件，以及诸如 Spring、CXF 和 Axis 等的框架软件，它们封装了底层的通信协议和通信细节，为开发人员提供了简明统一的 API。

需要注意的是，这些开源或商用软件正在不断升级或更新，因此它们的配置方式和 API 也会不断发生变化。开发人员必须不断学习最新软件的用法。

18.7 练习题

1. 以下哪些属于 Apache 软件组织提供的开源软件?（多选）
   a）Tomcat　　b）CXF　　c）Spring　　d）Axis
2. @WebService 注解来自哪个 API? （单选）
   a）JWS API　　b）Axis API　　c）Spring API　　d）CXF API
3. 应该在哪个文件中配置 CXF 中的 CXFServlet 类?
   a）Spring 的配置文件　　b）CXF 的配置文件
   c）Java Web 应用的配置文件 web.xml　　d）开发人员自定义的 Java 类

答案：1. a，b，d　2. a　3. c

附录 A

本书范例的运行方法

本附录归纳了本书涉及的所有软件的下载地址，以及部分软件的安装方法。此外，在书的相关章节中也介绍了部分软件的安装方法。本附录还介绍了书中范例的编译过程，以及运行客户/服务器程序的两种方式。

A.1 本书所用软件的下载地址

本书用到了以下软件：

- JDK：编译和运行本书所有 Java 程序必不开少。
- ANT：本书用它来编译 Java 程序，它需要 JDK 的支持。
- MerakMailServer：是一个邮件服务器程序。第 2 章（Socket 用法详解）的 2.6 节的 MailSender 程序以及第 14 章（通过 Java Mail API 收发邮件）的邮件客户程序都需要访问邮件服务器。
- MySQL：第 12 章（通过 JDBC API 访问数据库）和第 13 章（基于 MVC 和 RMI 的分布式应用）都以 MySQL 作为数据库服务器。
- Tomcat：第 17 章（用 Axis 发布 Web 服务）用 Tomcat 来发布 Axis JavaWeb 应用。
- Axis：第 17 章（用 Axis 发布 Web 服务）用 Axis 框架来创建和发布 Web 服务。
- Spring：第 18 章（用 Spring 整合 CXF 发布 Web 服务）用 Spring 整合 CXF 来创建和发布 Web 服务。
- CXF：第 18 章（用 Spring 整合 CXF 发布 Web 服务）用 Spring 整合 CXF 来创建和发布 Web 服务。

表 A-1 列出了上述各种软件的官方下载网址。

表 A-1 各种软件的官方下载网址

本书所用软件	官方下载地址
JDK	http://www.oracle.com/technetwork/cn/java/javase/downloads/index.html
ANT	http://ant.apache.org/
MerakMailServer	http://www.icewarp.com
MySQL	http://www.mysql.com

（续表）

本书所用软件	官方下载地址
Tomcat	http://tomcat.apache.org/
Axis	http://axis.apache.org
Spring	https://repo.spring.io/libs-release-local/org/springframework/spring/
CXF	http://cxf.apache.org/download.html

此外，在本书的技术支持网址也能下载上述各种软件。

```
http://www.javathinker.net/javanet.jsp
```

A.2 部分软件的安装

本节介绍 JDK、ANT 以及 Tomcat 的安装方法。此外，书的相关章节中介绍了其他软件的安装方法。

A.2.1 安装 JDK

直接运行 JDK 的安装程序。假定 JDK 安装到本地后的根目录为<JAVA_HOME>，在<JAVA_HOME>/bin 目录下提供了以下工具。

- javac.exe：Java 编译器，把 Java 源文件编译成 Java 类文件。
- java.exe：运行 Java 程序。

作者的另一本书《Java 面向对象编程》介绍了 JDK 的各种工具的使用方法。为了便于在命令行方式下直接运行这些工具，需要把<JAVA_HOME>/bin 目录添加到操作系统的系统环境变量 Path 变量中，参见图 A-1。

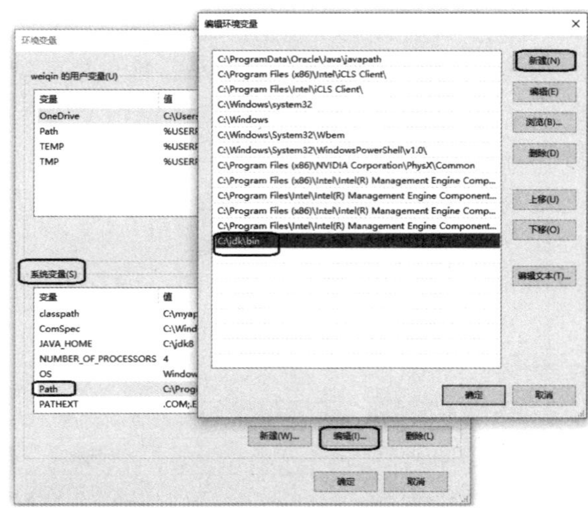

图 A-1 把<JAVA_HOME>/bin 目录添加到操作系统的系统环境变量 Path 变量中

A.2.2　安装 ANT

ANT 工具是 Apache 的一个开放源代码项目，它是一个优秀的软件工程管理工具。安装 ANT 之前，首先需要安装 JDK。接下来把 ANT 的压缩文件 apache-ant-X-bin.zip 解压到本地硬盘，假设解压后 ANT 的根目录为<ANT_HOME>。随后，需要在操作系统中设置如下系统环境变量。

（1）JAVA_HOME：JDK 的安装根目录。

（2）ANT_HOME：ANT 的安装根目录。

（3）Path：把<ANT_HOME>/bin 目录添加到 Path 变量中，以便在命令行方式下直接运行 ant 命令。

图 A-2 演示设置 JAVA_HOME 系统环境变量。上述所有设置完成后，就可以使用 ANT 工具了。

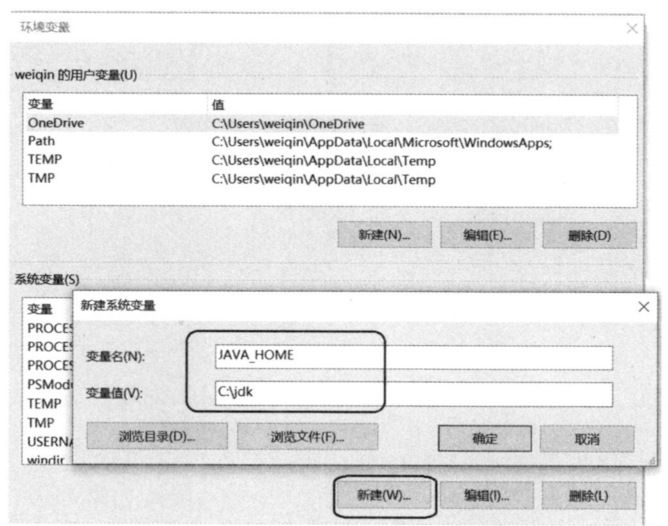

图 A-2　设置 JAVA_HOME 系统环境变量

A.2.3　安装 Tomcat

安装 Tomcat 之前，首先需要安装 JDK。接下来，解压 Tomcat 压缩文件 apache-tomcat-X.zip。解压 Tomcat 的压缩文件的过程就相当于安装的过程。随后，需要设定两个系统环境变量。

（1）JAVA_HOME：JDK 的安装根目录。

（2）CATALINA_HOME：Tomcat 的安装根目录。

要测试 Tomcat 的安装，必须先启动 Tomcat 服务器。Tomcat 的安装根目录下的 bin 子目录下的 startup.bat 批处理文件用于启动 Tomcat 服务器。Tomcat 服务器启动后，就可以通过浏览器访问 URL：http://localhost:8080/。如果浏览器中正常显示 Tomcat 的主页，就表示 Tomcat 安装成功了。

A.3 编译源程序

本书第 X 章的源程序放在 chapterX 目录下。在该目录下有一个 build.xml 文件。它是 ANT 工具的工程文件，负责编译源程序。

把 ANT 工具安装好以后，转到 chapterX 目录下，运行命令：ant compile，就会对 chapterX\src 目录下的 Java 源文件进行编译，编译生成的.class 文件位于 chapterX\classes 目录下。

对于本书的范例，除了可以用 ANT 工具来编译，也可以直接用 JDK 的 javac 命令来编译，还可以把它们加载到 Eclipse 等 Java 开发工具软件中进行编译和运行。

A.4 运行客户/服务器程序

本书许多范例都需要同时运行服务器程序和客户程序。下面以 EchoServer（服务器程序）和 EchoClient（客户程序）为例，介绍运行范例的方法。假定 EchoServer.class 和 EchoClient.class 都位于 C:\chapter01\classes 目录下。

1. 第 1 种运行方式

分别打开两个命令行窗口。在第 1 个命令行窗口中先设置 classpath，再运行 EchoServer，命令如下。

```
C:\chapter01> set classpath=C:\chapter01\classes
C:\chapter01> java EchoServer
```

在第 2 个命令行窗口中先设置 classpath，再运行 EchoClient，命令如下。

```
C:\chapter01> set classpath=C:\chapter01\classes
C:\chapter01> java EchoClient
```

2. 第 2 种运行方式

只需打开一个命令行窗口，先后运行如下命令。

```
C:\chapter01> set classpath=C:\chapter01\classes
C:\chapter01> start java EchoServer
C:\chapter01> java EchoClient
```

以上“start java EchoServer”命令会自动打开一个新的命令行窗口，然后运行 EchoServer 程序。

A.5 处理编译和运行错误

本书提供的配套源代码全部用 JDK10 编译并调试通过。如果读者在编译或运行程序时出现错误，则可能是以下原因引起的。

（1）如果读者使用低于 JDK10 版本的 JDK 来运行程序，则需要对源代码用读者本地机器的 JDK 重新编译再运行，否则部分程序可能会出错。

（2）本书有一些范例需要读写本地系统的文件，在程序中仅仅给出了文件的相对于当前目录的相对路径。如果在运行程序时遇到 FileNotFoundException，则需要修改程序，提供文件的绝对路径，或者确保在当前路径下存在该文件。

（3）本书部分章（如第 17 章和第 18 章）使用了第三方提供的开源软件，如果读者从网上下载的软件版本与书中源代码不匹配，编译就会出错。建议使用本书提供的软件类库，或者根据最新软件版本，修改范例源代码。